国家出版基金项目
NATIONAL PUBLICATION FOUNDATION

大秦岭蝶类志

Butterflies Fauna of
the Great Qinling Mountains

第二卷
弄蝶科

房丽君　编著

西安出版社

图书在版编目（CIP）数据

　　大秦岭蝶类志 . 2，蛱蝶科 / 房丽君编著 . — 西安：
西安出版社，2023.8
　　ISBN 978-7-5541-5801-2

　　Ⅰ . ①大… Ⅱ . ①房… Ⅲ . ①秦岭—蛱蝶科—昆虫志
Ⅳ . ① Q969.420.8

　　中国版本图书馆 CIP 数据核字 (2021) 第 248841 号

大秦岭蝶类志　第二卷　蛱蝶科
DA QINLING DIELEI ZHI DI ER JUAN JIADIEKE

房丽君　编著

出 版 人：屈炳耀
出版统筹：贺勇华　李宗保
项目策划：王　娟
审稿专家：李后魂
责任编辑：王　娟　杨　花
责任校对：陈梅宝　赵梦媛
装帧设计：雅昌设计中心·北京
责任印制：尹　苗
出版发行：西安出版社
社　　址：西安市曲江新区雁南五路 1868 号曲江影视大厦 11 层
电　　话：（029）85253740
邮政编码：710061
印　　刷：北京雅昌艺术印刷有限公司
开　　本：787mm×1092mm　1/16
印　　张：81
插　　页：110
字　　数：2000 千
版　　次：2023 年 8 月第 1 版
印　　次：2023 年 12 月第 1 次印刷
书　　号：ISBN 978-7-5541-5801-2
定　　价：680.00 元（全三卷）

Species Monograph

蛱蝶科　1—352

目 录 Contents

蛱蝶科 Nymphalidae Rafinesque, 1815

Nymphalidae Rafinesque, 1815; Swainson, 1827; Joicey & Talbot, 1928: 3; Seitz, 1929, *Macrolepid. World I.*, *Suppl.*: 191; Chou, 1998, *Class. Ident. Chin. Butt.*: 101.

体强健、活泼，胸部健壮，腹部长或短。复眼裸出或有毛；上唇须大，突出，下唇须各亚科不同；触角长，多节，上有鳞片，端部锤状，基部有两沟与头的中脊隔离。

除喙蝶亚科 Libytheinae 的雌性外，成虫两性的前足退化，不能用于行走，缩在胸部下方，因此，这个科有时又被称为四足类或四足蝴蝶。雌性跗节多 4~5 节，有时略膨大，下方有刺；雄性跗节 1 节，多毛，呈小毛刷状。跗节通常无爪，个别属有很小的爪。中、后足正常；胫节和跗节有刺，胫节端部有 1 对距；具爪中垫及侧垫。

前翅主脉基部膨大（眼蝶亚科 Satyrinae）或不膨大；中室闭式或开式；R 脉 5 条，基部多在中室顶角处合并；A 脉 1~2 条。后翅中室通常开式，A 脉 2 条，尾突有或无。

雄性外生殖器不同属种变化很大，有的类群抱器上常有抱握铗及其他附属构造。

翅型和色斑变化较大，易受环境的影响。根据翅型和斑纹记述，有大量地方种群（亚种）和型。少数种类有性二型，有的呈现季节型，极少数种类模拟斑蝶。

喜在日光下活动，飞翔迅速或缓慢，行动多活泼；有的呈波浪形飞行；多数种类在低地可见，有的种类仅发现于高海拔地带；有的种类有特殊的气味，可避免鸟类和肉食昆虫的袭击；有的种类有群栖性，能长距离迁飞。常吸食花蜜或积水，有些种类（如尾蛱蝶属 *Polyura*、螯蛱蝶属 *Charaxes* 等）喜吸食过熟果子汁液，流出的树汁液或牛、马粪汁液。

卵形状多样；多数有明显的纵脊、横脊，有的呈多角形雕刻纹；散产或聚产。

幼虫头上常有突起；体节光滑或有毛、棘刺或多皱纹；有的肛节有成对的向后突起；有的有吐丝结网、群栖的习性，有的种类能散发臭气御敌。

蛹多为悬蛹，少数种类做茧，在土中化蛹。色彩和形状变化很大；头常有分叉；体背常有不同的突起。

寄主为双子叶植物或单子叶植物。

全世界记载 6500 余种，广泛分布于世界各大地理区系。中国已知 800 余种，大秦岭分布 372 种。

亚科检索表

喙蝶亚科 Libytheinae Boisduval, 1833

Libytheinae Boisduval, 1833.

Libytheidae Duponchel, 1844.

Libytheinae (Nymphalidae); Vane-Wright & de Jong, 2003, *Zool. Verh. Leiden*, 343: 167.

Libytheidae (Papilionoidea); Chou, 1998, *Class. Ident. Chin. Butt.*: 175; Korb & Bolshakov, 2011, *Eversmannia Suppl.*, 2: 28.

  喙蝶亚科 Libytheinae 是蛱蝶科中最为原始的一个分支。黑褐色或棕褐色，有白色和橙色斑纹。有些学者将其作为一个独立的科，有些学者据其某些特征与蚬蝶科 Riodinidae 相似而将两科合并为喙蚬蝶科 Erycinidae，本志书则将该类群作为一个亚科保留在蛱蝶科中。

  前翅顶角钩状突出，端部斜截；R 脉 5 条；A 脉 2 条，2A 脉完整，3A 脉仅留基部一小段，其余部分与 2A 脉合并。后翅方阔；外缘齿形；A 脉 2 条；有肩脉。前后翅中室均被极退化的端脉闭合。

  全世界记载 14 种，分布于古北区、东洋区、澳洲区、非洲区、新北区等。中国已知 3 种，大秦岭分布 1 种。

喙蝶属 *Libythea* Fabricius, 1807

Libythea Fabricius, 1807, *Mag. f. Insektenk.* (Illiger), 6: 284. **Type species**: *Papilio celtis* Laicharting, 1782.

Hecaerge Ochsenheimer, 1816, *Schmett. Eur.*, 4: 32. **Type species**: *Papilio celtis* Laicharting, 1782.

Chilea Billberg, 1820, *Enum. Ins. Mus. Billb.*: 79 (repl. for *Libythea* Fabricius, 1807).

Hypatus Hübner & Libraries, 1822, *Syst.-alph. Verz.*: 3. **Type species**: *Papilio celtis* Laicharting, 1782.

Libythaeus Boitard, 1828, *Manuel Ent.*, 2: 299 (emend. of *Libythea* Fabricius, 1807).

Libythea (Libythaeinae); Moore, [1881], *Lepid. Ceylon*, 1(2): 67.

Dichora Scudder, 1889, *Ann. Rep. U.S. Geol. Survey*, 8(1): 470. **Type species**: *Libythea labdaca* Westwood, [1851].

Libythea (Libytheidae); Chou, 1998, *Class. Ident. Chin. Butt.*: 175, 176; Korb & Bolshakov, 2011, *Eversmannia Suppl.*, 2: 28; Wu & Xu, 2017, *Butts. Chin.*: 640.

Libythea (Libytheinae); Vane-Wright & de Jong, 2003, *Zool. Verh. Leiden*, 343: 167.

  黑褐色或棕褐色，有白色及橙色斑纹。头部小；下唇须特别长，约与胸部等长；触角较短，锤状部明显；复眼无毛。雌性前足正常；雄性前足退化，跗节 1 节，无爪。

前翅顶角钩状突出，端部斜截；R₂脉从中室上缘分出；A脉2条，2A脉完整，3A脉仅留基部一小段，其余部分与2A脉合并。后翅方阔，外缘齿形；A脉2条；有肩脉。前后翅中室被极退化的端脉闭合。

雄性外生殖器：背兜及基腹弧窄；钩突长；囊突舌形；抱器阔，端部尖。

雌性外生殖器：囊导管膜质；交配囊体近椭圆形；交配囊片有或无。

寄主为榆科 Ulmaceae 朴属 Celtis 植物。

全世界记载9种，分布于古北区、东洋区、澳洲区、非洲区。中国已知3种，大秦岭分布1种。

朴喙蝶 *Libythea celtis* (Laicharting, [1782])（图版 2：1—3）

Papilio celtis Laicharting, [1782], *In*: Fuessly, *Arch. Insectengesch*., (Heft 2) (4): 1, pl. 8, f. 1-3. **Type locality**: Bolzano [Italy].

Libythea celtis livida de Sagarra, 1926, *Butll. Inst. Catal. Hist. Nat*., (2) 6 (6-7): 135.

Libythea celtis; Chou, 1994, *Mon. Rhop. Sin*.: 599; Korb & Bolshakov, 2011, *Eversmannia Suppl.* 2: 28.

Libythea lepita; Wu & Xu, 2017, *Butts. Chin*.: 640, f. 641: 1-6.

形态 成虫：中型蛱蝶。翅灰褐色或黑褐色，有橙色或白色斑纹。前翅正面顶角截形并钩状外突，亚顶区有2组相对排列的斑纹，白色至橙色；中室眉形斑纹上缘端部有缺刻，外侧有1个近圆形斑纹，相连或分离。反面顶角有粉白色晕染和黑色麻点纹；其余斑纹同前翅正面。后翅近马蹄形；外缘有1列小齿突，翅中域有1个与外缘近平行的橙色长条斑；反面密布粉白色晕染和黑色麻点纹。

卵：长椭圆形，淡黄色，表面密布纵脊和细小凹刻，精孔突出。

幼虫：圆筒形；头小；中后胸稍大；淡绿色至黄绿色；体表覆有细毛；背面紫褐色，密布淡黄色小点斑；背中线及足基带淡黄色。

蛹：圆锥形，光滑，表面密布白色或黄色颗粒状小点斑；胸部两侧各有1条淡黄色细斜线，并与腹部的黄色背中线相交；腹部侧面各有1条黄色细线纹。

寄主 榆科 Ulmaceae 朴树 *Celtis sinensis*、四蕊朴 *C. tetrandra*、南欧朴 *C. australis*、光滑朴 *C. glabrata*、西川朴 *C. vandervoetiana*、珊瑚朴 *C. julianae*、紫弹树 *C. biondii*。

生物学 1年1~2代，以成虫越冬。成虫多见于3~11月。常在山地活动，飞翔迅速，喜群集于石壁上，多在阳光照射的溪边及湿地吸水，或吸食腐果、兽粪补充营养。卵多聚产于寄主植物的嫩芽上。

分布 中国（吉林、辽宁、北京、天津、河北、山西、河南、陕西、甘肃、安徽、浙江、湖北、江西、福建、台湾、广东、海南、广西、四川、贵州），朝鲜，日本，印度，缅甸，泰国，斯里兰卡，欧洲。

大秦岭分布 河南（登封、内乡、西峡、嵩县、栾川、陕州）、陕西（蓝田、长安、鄠邑、周至、渭滨、陈仓、眉县、太白、凤县、华州、潼关、汉台、南郑、洋县、西乡、宁强、略阳、留坝、佛坪、汉滨、平利、汉阴、石泉、宁陕、商州、丹凤、山阳、镇安、柞水）、甘肃（麦积、秦州、武山、武都、康县、文县、徽县、两当、礼县、迭部）、湖北（远安、南漳、神农架、武当山、郧阳）、四川（青川、安州、平武）。

斑蝶亚科 Danainae Boisduval, [1833]

Danaides Boisduval, [1833], *Icon. hist. Lépid. Eur.*, 1(9-10): 84. **Type genus**: *Danaus* Kluk, 1780.

Danainae (Nymphalidae); Chou, 1998, *Class. Ident. Chin. Butt.*: 46; Vane-Wright & de Jong, 2003, *Zool. Verh. Leiden*, 343: 214.

Danaidae (Papilionoidea); Korb & Bolshakov, 2011, *Eversmannia Suppl.*, 2: 28.

色彩艳丽，以黄色、红色、黑色或白色为主，有的种类有闪光。体翅强健有力，生命力顽强。头、胸部多黑色，被有白色圆形斑点；眼光滑；触角线状，端部略加粗。前足退化，缩于前胸下，无步行作用；雌性跗节 3 节；雄性跗节 1 节，末端皱缩成刷状，无爪。中、后足正常。腹部细长。

翅外缘平或中部凹入；中室长，闭式。前翅 R 脉 5 条，R_3-R_5 脉基部合并；R_5 及 M_1 脉从中室上顶角伸出；A 脉 2 条，2A 脉发达，3A 脉仅留基部一小段，其余部分并入 2A 脉。后翅肩脉发达，直立、弯曲或分叉；无尾突。雄性前翅 Cu 脉上或后翅臀区有发香鳞。

全世界记载 500 余种，主要分布于热带地区。中国已知 25 种，大秦岭分布 6 种。

斑蝶族 Danaini Boisduval, [1833]

Danaides Boisduval, [1833], *Icon. hist. Lépid. Eur.*, 1(9-10): 84. **Type genus**: *Danaus* Kluk, 1780.

Danaini (Danainae); Chou, 1998, *Class. Ident. Chin. Butt.*: 46; Vane-Wright & de Jong, 2003, *Zool. Verh. Leiden*, 343: 215; Brower, Wahlberg, Ogawa, Boppre & Vane-Wright, 2010, *Syst. Biodiv.*, 8(1): 84.

翅多青白色，少数橙红色或橙黄色；脉纹黑色；沿外缘有黑色斑纹。

全世界记载 168 种，中国已知 15 种，大秦岭分布 6 种。

属检索表

斑蝶属 *Danaus* Kluk, 1780

Danaus Kluk, 1780, *Hist. nat. pocz. gospod.*, 4: 84. **Type species**: *Papilio plexippus* Linnaeus, 1758.

Danaida Latreille, 1804, *Nouv. Dict. Hist. nat.*, 24(6): 185, 199. **Type species**: *Papilio plexippus* Linnaeus, 1758.

Limnas Hübner, [1806], *Tent. Determ. digestionis.*: [1] (rej.). **Type species**: *Papilio chrysippus* Linnaeus, 1758.

Danais Latreille, 1807, *Mag. f. Insektenk.*, 6: 291. **Type species**: *Papilio plexippus* Linnaeus, 1758.

Danaus Latreille, 1809, *Gen. Crust. Insect.*, 4: 201. **Type species**: *Papilio plexippus* Linnaeus, 1758; Wu & Xu, 2017, *Butts. Chin.*: 642.

Anosia Hübner, 1816, *Verz. bek. Schmett.*, (1): 16. **Type species**: *Papilio gilippus* Cramer, [1775].

Festivus Crotch, 1872, *Cist. ent.*, 1: 62. **Type species**: *Papilio plexippus* Linnaeus, 1758.

Danais; Godman & Salvin, [1879], *Biol. centr.-amer., Lep. Rhop.*, 1: 1.

Salatura Moore, [1880], *Lepid. Ceylon*, 1(1): 5. **Type species**: *Papilio genutia* Cramer, [1779].

Nasuma Moore, 1883, *Proc. zool. Soc. Lond.*, (2): 233. **Type species**: *Papilio ismare* Cramer, [1780].

Tasitia Moore, 1883, *Proc. zool. Soc. Lond.*, (2): 235. **Type species**: *Papilio gilippus* Cramer, [1775].

Salaturia; Swinhoe, 1893, *Trans. ent. Soc. Lond.*, (3): 268 (missp.).

Danaomorpha Kremky, 1925, *Ann. zool. Mus. polon. Hist. nat.*, 4: 164, 167. **Type species**: *Papilio gilippus* Cramer, [1775].

Panlymnas Bryk, 1937, *Lep. Cat.*, 28(78): 56. **Type species**: *Papilio chrysippus* Linnaeus, 1758.

Danais; Godman & Salvin, [1879], *Biol. centr.-amer., Lep. Rhop.*, 1: 1.

Danaus (Danaidae); Chou, 1998, *Class. Ident. Chin. Butt.*: 46, 47; Korb & Bolshakov, 2011, *Eversmannia Suppl.*, 2: 28.

Danaus (Danaina); Vane-Wright & de Jong, 2003, *Zool. Verh. Leiden*, 343: 220; Brower, Wahlberg, Ogawa, Boppre & Vane-Wright, 2010, *Syst. Biodiv.*, 8(1): 84.

翅白色、黄色或橙色。前后翅边缘的黑色带中有 1~2 列白色小点斑，排列整齐而密集。前翅三角形，前缘弱弧形，顶角圆；中室长约为前翅长的 1/2，中室端脉向中室内呈钝角内凹；R$_2$、R$_5$ 及 M$_1$ 脉从中室顶角生出，R$_3$、R$_4$ 及 R$_5$ 脉基部合并。后翅梨形；肩脉发达，与 Sc+R$_1$ 脉同点分出，有肩室。雄性性标斑（发香鳞区）通常位于后翅 Cu$_2$ 脉中部，或在 2A 脉和 3A 脉上，呈袋状。

蛱蝶
科
Nymphalidae

雄性外生殖器：背兜、钩突、囊突、基腹弧、抱器多连成一体，呈长筒靴形；背兜骨化弱；钩突部分骨化，片形，密布长毛；基腹弧与抱器完全愈合，部分骨化，抱器有多个角状外突；囊突长；阳茎管形，直或弯曲，前端有角状器；阳茎轭片大。

雌性外生殖器：囊导管粗，局部骨化；交配囊体长袋状；交配囊片椭圆形，表面有刺突。

寄主为萝藦科 Asclepiadaceae、旋花科 Convolvulaceae、大戟科 Euphorbiaceae、菊科 Asteraceae、夹竹桃科 Apocynaceae、蔷薇科 Rosaceae、玄参科 Scrophulariaceae、锦葵科 Malvaceae、无患子科 Sapindaceae、白花丹科 Plumbaginaceae、杜鹃花科 Ericaceae、桑科 Moraceae 等植物。

全世界记载 11 种，为广布属，但多数种类分布于热带地区。中国已知 4 种，大秦岭分布 2 种。

种检索表

后翅外缘黑色带狭窄，镶有 1 列白色小点斑 ························ 金斑蝶 *D. chrysippus*
后翅外缘黑色带较宽，镶有 2 列白色小点斑 ························ 虎斑蝶 *D. genutia*

金斑蝶 *Danaus chrysippus* (Linnaeus, 1758)（图版 3：4）

Papilio chrysippus Linnaeus, 1758, *Syst. Nat.* (Edn 10), 1: 471, f. 81. **Type locality**: Canton, China.

Papilio asclepiadis Gagliardi, 1811, *Atti Inst. Incorr. Napol.*, 1: 155, pl. 1.

Danais chrysippus; Moore, 1878, *Proc. zool. Soc. Lond.*, (4): 822.

Salatura chrysippus; Moore, [1880], *Lepid. Ceylon*, 1(1): 7, pl.3, f. 1a-b.

Limnas bataviana Moore, 1883, *Proc. zool. Soc. Lond.*, (2): 238. **Type locality**: Java.

Limnas bowringi Moore, 1883, *Proc. zool. Soc. Lond.*, (2): 239. **Type locality**: Hong Kong, China.

Danais clarippus Weymer, 1884, *Ent. Nachr.*, 10(17): 257.

Limnas klugii Butler, [1885], *Proc. zool. Soc. Lond.*, (4): 758. **Type locality**: Somaliland; Moore, [1890], *Lepid. Ind.*, 1: 42, pl. 9, f. 1, 1a.

Salatura chrysippus kanariensis Fruhstorfer, 1899, *Stett. Ent. Ztg.*, 59(10-12): 412. **Type locality**: Canary Is.

Limnas chrysippus; Moore, [1890], *Lepid. Ind.*, 1: 36, pl. 8, f. 1, 1a-e; Kudrna, 1974, *Atalanta*, 5: 98.

Danaida (Limnas) chrysippus; Fruhstorfer, 1910b, 9: 193, pl. 77e.

Danaida chrysippus bataviana; Rothschild, 1915, *Novit. zool.*, 2(1): 116.

Danais chrysippus f. *limbata* Matsumura, 1929, *Ins. Matsum.*, 3(2/3): 91. **Type locality**: "Formosa" [Taiwan, China].

Danais chrysippus f. *subpurpurea* Matsumura, 1929, *Ins. Matsum.*, 3(2/3): 91. **Type locality**: "Formosa" [Taiwan, China].

Danaus chrysippus chrysippus f. *amplifascia* Talbot, 1943, *Trans. R. ent. Soc. Lond.*, 93(1): 122. **Type locality**: India, S. China, Tonkin.

Anosia chrysippus; Kawazoé & Wakabayashi, 1977, *Colour. illust. Butts. Jap.*: 185, pl. 38, fig. 1; Morishita, 1981a, *Butts. south east Asian islands.*, 2: 445, pl. 85, figs. 2-24, pl. 86, figs. 1-21.

Danaus (Anosia) chrysippus; Ackery & Vane-Wright, 1984, *Milk. Butts. Cladist. Boil.*: 209, pl. 19, f. 112-115, pl. Ⅸ, f. 98, pl. Ⅹ, f. 115, 133, pl. Ⅺ, f. 150, 152; Vane-Wright & de Jong, 2003, *Zool. Verh. Leiden*, 343: 222.

Danaus chrysippus chrysippus; Larsen & Torben, 1996: 256, pl. 27, f. 385.

Danaus chrysippus; Chou, 1994, *Mon. Rhop. Sin.*: 270; Korb & Bolshakov, 2011, *Eversmannia Suppl.*, 2: 28; Wu & Xu, 2017, *Butts. Chin.*: 642, f. 645: 9-12.

形态　成虫：中型斑蝶。翅橙色。前翅正面前缘带、外缘带、顶角区及亚顶区黑色或黑褐色，镶有白色斑纹；亚顶区有1条白色斜斑带。反面顶角区橙黄色。后翅正面前缘带及外缘带黑色，镶有白色点斑列，内侧齿状；中室端脉上有3个黑色斑纹；雄性在cu$_2$室中部有1个袋状黑色性标斑，中心为白色。反面外缘带内的白色斑列较正面大而完整。

卵：淡黄色；子弹头形；精孔在顶端；表面有纵脊及细横脊。

幼虫：5龄期。头小；体节多皱褶；初龄幼虫灰白色；生长后密布黑、黄、白3色横条斑；胸部1对、腹部2对黑色触角状突起，基部红色，能散发臭气以御敌害。

蛹：纺锤形；有绿色和红褐色2种色型；中胸背面突起；末节细，臀棘圆柱形；腹部第3节有由银色、黑色及淡黄色组成的斑纹。

寄主　萝藦科 Asclepiadaceae 马利筋 *Asclepias curassavica*、叙利亚马利筋 *A. syriaca*、牛角瓜 *Calotropis gigantea*、白花牛角瓜 *C. procera*、鹅绒藤 *Cynanchum abyssinicum*、钉头果 *Gomphocarpus fruticosus*、膀胱状钉头果 *G. physocarpa*、大花藤 *Raphistemma pulchellum*、尖槐藤 *Oxystelma esculentum*、吊灯花属 *Ceropegia* spp.、水牛掌属 *Caralluma* spp.、细叶杠柳 *Periploca linearifolia*；旋花科 Convolvulaceae 月光花 *Ipomoea alba*；大戟科 Euphorbiaceae 大戟 *Euphorbia pekinensis*；白花丹科 Plumbaginaceae 黛萼花 *Dyerophytum indicum*；无患子科 Sapindaceae 赤才 *Erioglossum rubiginosum*；玄参科 Scrophulariaceae 金鱼草属 *Antirrhinum* spp.；蔷薇科 Rosaceae 蔷薇属 *Rosa* spp.。

生物学　1年多代，多以成虫越冬。成虫多见于5~8月。本种是一种迁徙蝴蝶，每年进行一次特定线路的迁飞，次年再飞回来。飞翔缓慢，喜访花，多栖息在阳光充足的开阔地，森林中少见。卵单产于叶片、叶柄、花梗、花苞、茎秆上。初孵幼虫有取食卵壳习性，有咬伤叶柄使叶内汁液流出再吸食的行为；老熟幼虫多在寄主植物或附近植物的叶片或枝干下化蛹。成虫体内积聚有幼虫期从寄主植物中吸收来的毒素（卡烯内酯），故能让捕食者望而生畏。

分布　中国（河南、陕西、甘肃、上海、安徽、浙江、湖北、江西、湖南、福建、台湾、广东、海南、香港、广西、重庆、四川、贵州、云南、西藏），日本，印度，不丹，尼泊尔，孟加拉国，缅甸，越南，老挝，泰国，柬埔寨，斯里兰卡，菲律宾，马来西亚，印度尼西亚，希腊，澳大利亚，新西兰，非洲。

大秦岭分布 河南（内乡）、陕西（周至、汉台、西乡）、甘肃（武都、文县）、湖北（谷城）、重庆（巫溪）、四川（宣汉）。

虎斑蝶 *Danaus genutia* (Cramer, [1779])

Papilio genutia Cramer, [1779], *Uitl. Kapellen*, 3(17-21): 23, pl. 206, f. C, D. **Type locality**: Canton, China.

Danaus nipalensis Moore, 1877, *Ann. Mag. nat. Hist.*, (4) 20: 43. **Type locality**: Katmandu, Nepal.

Salatura genutia; Moore, [1880], *Lepid. Ceylon*, 1(1): 6, pl. 4, f. 2, 2a; Moore, [1890], *Lepid. Ind.*, 1: 45, pl. 10, f. 1, 1a-c; Kudrna, 1974, *Atalanta*, 5: 99.

Salatura intermedia Moore, 1883, *Proc. zool. Soc. Lond.*, (2): 241.

Salatura nipalensis; Moore, [1890], *Lepid. Ind.*, 1: 48, pl. 10, f. 2, 2ª.

Salatura genutia; Kawazoé & Wakabayashi, 1977, *Colour. illust. Butts. Jap.*: 185, pl. 38, fig. 2.

Anosia genutia; Morishita, 1981a, *Butts. south east Asian islands.*: 449, pl. 87, figs. 13-16, pl. 88, figs. 1-20, pl. 89, figs. 1-8.

Danaus genutia; Chou, 1994, *Mon. Rhop. Sin.*: 270; Wu & Xu, 2017, *Butts. Chin.*: 642, f. 643: 1-4, 644: 5-8.

Danaus (Salatura) genutia; Vane-Wright & de Jong, 2003, *Zool. Verh. Leiden*, 343: 221.

形态 成虫：中型斑蝶。翅橙色。前翅正面端半部、前缘、外缘、后缘及翅脉黑色；其余翅面橙色，并被加宽的黑色翅脉分割成条带状；亚顶区斑列白色；外缘带有 2 列小白斑，时有消失或退化；前缘带中部有 4 个小白斑。反面外缘带 2 列白斑较正面清晰、完整。后翅外缘带黑色至黑褐色，镶有 2 列白色小斑列；翅脉加宽明显；雄性在 cu_2 室中部有 1 个袋状黑色性标斑，中心为白色。反面外缘带内的白色点斑较正面完整而清晰。

卵：白色；子弹头形；表面有纵横脊。

幼虫：5 龄期。初龄幼虫灰白色，后变为红褐色至黑褐色；头部小；体节多皱褶，密布黄、白 2 色斑纹；胸部有 1 对、腹部有 2 对黑色触角状突起，基部红色，能散发臭气以御敌害。

蛹：纺锤形；有绿色和红褐色 2 种色型；中胸背面突起，顶部有白色横带纹，并镶有黑色线纹。

寄主 萝藦科 Asclepiadaceae 萝藦 *Metaplexis japonica*、马利筋 *Asclepias curassavica*、中间吊灯花 *Ceropegia intermedia*、台湾牛皮消 *Cynanchum taiwanianum*、牛皮消 *C. auriculatum*、琉球鹅绒藤 *C. liukiuensis*、刺瓜 *C. corymbosum*、天星藤 *Graphistemma pictum*、匙羹藤属 *Gymnema* spp.、蓝叶藤 *Marsdenia tinctoria*、假防己 *M. tomentosa*、夜来香 *Telosma* cordata、大花藤 *Raphistemma pulchellum*、茉莉球兰 *Stephanotis floribunda*、常春藤娃儿藤 *Tylophora cissoides*、尖槐藤 *Oxystelma esculentum*；杜鹃花科 Ericaceae 吊钟花 *Enkianthus quinqueflorus*；桑科 Moraceae 垂叶榕 *Ficus benjamina*。

生物学 1 年多代，以成虫越冬。成虫多见于 6~8 月。喜访花采蜜，飞行较缓慢，路线不规则，常在林缘、沟边活动。卵单产于寄主叶片背面。初孵幼虫有取食卵壳和受惊后假死的习性。由于幼虫以有毒的天星藤等植物为食，毒素积聚在蝴蝶体内，有防御捕食者的作用。老熟幼虫多在寄主植物或其附近植物的叶片或枝下化蛹。

分布 中国（河南、陕西、甘肃、安徽、浙江、湖北、江西、湖南、福建、台湾、广东、海南、香港、广西、重庆、四川、贵州、云南、西藏），日本，阿富汗，印度，克什米尔地区，不丹，尼泊尔，缅甸，越南，老挝，泰国，柬埔寨，斯里兰卡，菲律宾，马来西亚，新加坡，印度尼西亚，意大利，巴布亚新几内亚，所罗门群岛，澳大利亚，新西兰。

大秦岭分布 河南（内乡）、陕西（周至、汉台）、甘肃（麦积）、湖北（兴山、神农架）、四川（宣汉、平武）。

青斑蝶属 *Tirumala* Moore, [1880]

Tirumala Moore, [1880], *Lepid. Ceylon*, 1(1): 4. **Type species**: *Papilio limniace* Cramer, [1775].

Tirumala (Euploeinae); Moore, [1880], *Lepid. Ceylon*, 1(1): 4.

Melinda Moore, 1883, *Proc. zool. Soc. Lond.*, (2): 229 (preocc. *Melinda* Robineau-Desvoidy, 1830). **Type species**: *Danais formosa* Godman, 1880.

Elsa Honrath, 1892, *Berl. ent. Z.*, 36(2): 436. **Type species**: *Elsa morgeni* Honrath, 1892.

Tirumala (Danaina); Chou, 1998, *Class. Ident. Chin. Butt.*: 47, 48; Vane-Wright & de Jong, 2003, *Zool. Verh. Leiden*, 343: 218; Brower, Wahlberg, Ogawa, Boppre & Vane-Wright, 2010, *Syst. Biodiv.*, 8(1): 84; Wu & Xu, 2017, *Butts. Chin.*: 646.

从斑蝶属 *Danaus* 中分出。翅黑褐色，有青白色斑纹；或翅青白色，斑纹黑褐色。前翅三角形，前缘弱弧形，顶角圆；中室端脉向中室内呈直角或锐角凹入；M_2 脉从凹入角的上缘分出；R_5 及 M_1 脉从中室顶角生出，R_2-R_5 脉基部合并；中室长超过前翅长的 1/2。后翅梨形；肩脉弯曲，肩室小；亚缘斑列不整齐，远离外缘斑列。雄性后翅 Cu_2 脉中部或 2A 和 3A 脉上有袋状发香鳞。

雄性外生殖器：背兜与钩突愈合，钩突片形；基腹弧与抱器愈合，部分骨化，抱器端下角长指状下突；囊突中等长；阳茎粗；阳茎轭片大。

寄主为萝藦科 Asclepiadaceae、豆科 Fabaceae、防己科 Menispermaceae 及夹竹桃科 Apocynaceae 植物。

全世界记载 11 种，分布于非洲、亚洲、大洋洲。中国已知 4 种，大秦岭分布 1 种。

蔷青斑蝶 *Tirumala septentrionis* (Butler, 1874)

Danais septentrionis Butler, 1874a, *Ent. mon. Mag.*, 11(7): 163. **Type locality**: Nepal.

Tirumala septentrionis; Moore, [1880], *Lepid. Ceylon*, 1(1): 5, pl.1, f. 2; Moore, [1890], *Lepid. Ind.*, 1: 34, pl. 7, f. 2, 2a; Chou, 1994, *Mon. Rhop. Sin.*: 273; Wu & Xu, 2017, *Butts. Chin.*: 646, f. 649: 11-12, 650: 13-16.

Danaus microsticta Kheil, 1884, *Rhopal. Ins. Nias*: 16 (preocc. *Danais microsticta* Butler, 1874). **Type locality**: Nias.

Tirumala septentrionis palawana Fruhstorfer, 1899a, *Berl. ent. Zs.*, 44(1/2): 114, 120. **Type locality**: Palawan.

Tirumala septentrionis rufiventris Fruhstorfer, 1899a, *Berl. ent. Zs.*, 44(1/2): 114. **Type locality**: Nias.

Danais septentrionis; Seitz, 1908a, *Macrolepid. World*: 77, pl. 28d; Moore, 1878, *Proc. zool. Soc. Lond.*, (4): 822.

Tirumala mistella Swinhoe, 1915, *Ann. Mag. nat. Hist.*, (8) 16(93): 171. **Type locality**: Malang, Java.

Danaida melissa; Fruhstorfer, 1910b, *In*: Seitz, *Gross-Schmett. Erde*, 9: 202, pl. 78a (in part).

Danaus melissa; Forbes, 1939, *Ent. Am.* (*N.S.*), 19: 129 (in part).

Danaus jacouleti Nakahara, 1941, *Zephyrus*, 9: 1-3.

Danaus addenda Dufrane, 1948, *Bull. mens. Soc. linn. Lyon*, 17(10): 192.

Danaus nocturalis Murayama, 1958, *New Ent.*, 7(1): 27. **Type locality**: "Formosa"[Taiwan, China].

Tirumala hamata septentrionis; Kudrna, 1974, *Atalanta*, 5: 98.

形态 成虫：中型斑蝶。斑纹青白色，半透明。前翅黑褐色；密布大小和形状不一的斑纹；基生条纹 2 条，中室端部有 1 个近 U 形斑纹。后翅棕褐色；端部有 2 列斑纹，排列不整齐；基生条纹 8 条，中间 6 条基部两两合并呈 V 形；中室端部外侧有 1 列形状不一的斑纹，放射状排列；肩脉两侧各有 1 个斑纹。雄性在 Cu_2 脉中部有 1 个耳状香鳞袋。

卵：黄色；子弹头形；表面有纵横脊。

幼虫：5 龄期。体节多皱纹，密布黄、白、黑 3 色条斑；胸部及腹部末端各有 1 对黑色触角状突起，基段有白色纹，能散发臭气以御敌害。

蛹：纺锤形；多绿色；中胸背面突起的顶部有白色横带纹，其上镶有黑色斑纹。

寄主 夹竹桃科 Apocynaceae 纽子花属 *Vallaris* spp.、同心结属 *Parsonsia* spp.；萝藦科 Asclepiadaceae 南山藤 *Dregea volubilis*、刺瓜 *Cynanchum corymbosum*、醉魂藤 *Heterostemma alatum*、台湾醉魂藤 *H. brownii*、娃儿藤属 *Tylophora* spp.；防己科 Menispermaceae 木防己属 *Cocculus* spp.。

生物学 1 年多代，以成虫越冬。成虫多见于 6~8 月。成虫喜欢在草原环境活动，飞行速度慢，通常少振翅，多滑翔，喜食花蜜，其中菊科植物最受其青睐。有迁徙行为。

分布　中国（江西、湖南、福建、台湾、广东、海南、香港、广西、重庆、四川、贵州、云南、西藏），阿富汗，印度，不丹，尼泊尔，缅甸，越南，老挝，泰国，斯里兰卡，菲律宾，马来西亚，新加坡，印度尼西亚。

大秦岭分布　四川（安州）。

绢斑蝶属 *Parantica* Moore, [1880]

Parantica (Euploeinae) Moore, [1880], *Lepid. Ceylon*, 1(1): 7. **Type species**: *Papilio aglea* Stoll, [1782].

Chittira (Euploeinae) Moore, [1880], *Lepid. Ceylon*, 1(1): 8. **Type species**: *Danais fumata* Butler, 1866.

Caduga Moore, 1882, *Proc. zool. Soc. Lond.*, (1): 235. **Type species**: *Danais tytia* Gray, 1846.

Lintorata Moore, 1883, *Proc. zool. Soc. Lond.*, (2): 229. **Type species**: *Lintorata menadensis* Moore, 1883.

Ravadeba Moore, 1883, *Proc. zool. Soc. Lond.*, (2): 244. **Type species**: *Papilio cleona* Stoll, [1782].

Bahora Moore, 1883, *Proc. zool. Soc. Lond.*, (2): 245. **Type species**: *Euploea philomela* Zinken, 1831.

Phirdana Moore, 1883, *Proc. zool. Soc. Lond.*, (2): 245. **Type species**: *Danais pumila* Boisduval, 1859.

Asthipa Moore, 1883, *Proc. zool. Soc. Lond.*, (2): 246. **Type species**: *Danais vitrina* C. & R. Felder, 1861.

Mangalisa Moore, 1883, *Proc. zool. Soc. Lond.*, (2): 248. **Type species**: *Euploea albata* Zinken, 1831.

Caduga Moore, 1883, *Proc. zool. Soc. Lond.*, (2): 249. **Type species**: *Danais tytia* Gray, 1846.

Badacara Moore, [1890], *Lepid. Ind.*, 1: 65. **Type species**: *Danais nilgiriensis* Moore, 1877.

Chlorochropsis Rothschild, 1892, *Dt. ent. Z. Iris*, 5(2): 430. **Type species**: *Chlorochropsis dohertyi* Rothschild, 1892.

Ravadebra [sic, recte *Ravadeba*]; Rothschild, 1892, *Dt. ent. Z. Iris*, 5(2): 431.

Revadebra [sic, recte *Ravadeba*]; Grose-Smith, 1895, *Novit. zool.*, 2(2): 77.

Chlorochopsis [sic, recte *Chlorochropsis*]; Fruhstorfer, 1899a, *Berl. ent. Zs.*, 44(1/2): 76.

Chithira [sic, recte *Chittira*]; Grünberg, 1908, *S. B. Ges naturf. Fr. Berl.*, 1908: 290.

Ashtipa [sic, recte *Asthipa*]; Fruhstorfer, 1910b, *In*: Seitz, *Gross-Schmett. Erde*, 9: 205, 209.

Parantica (Danaina); Chou, 1998, *Class. Ident. Chin. Butt.*: 48; Vane-Wright & de Jong, 2003, *Zool. Verh. Leiden*, 343: 215.

Parantica (Amaurina); Vane-Wright, Boppré & Ackery, 2002, *Zool. Anz.*, 241: 261; Brower, Wahlberg, Ogawa, Boppre & Vane-Wright, 2010, *Syst. Biodiv.*, 8(1): 84.

Miriamica (Amaurina); Vane-Wright, Boppré & Ackery, 2002, *Zool. Anz.*, 241: 256, **Type species**: *Danaus weiskei* Rothschild, 1901.

Parantica (Danaidae); Korb & Bolshakov, 2011, *Eversmannia Suppl.*, 2: 28.

Parantica; Wu & Xu, 2017, *Butts. Chin.*: 651.

翅黑褐色至红褐色；有半透明的青白色斑纹。前翅前缘弱弧形，顶角圆；中室端脉向中室内呈钝角凹入；Sc 与 R_1 脉分离；R_2、R_5 及 M_1 脉从中室顶角生出；R_3-R_5 脉基部合并；中室长超过前翅长的 1/2。后翅梨形；前缘较平直；中室长约为后翅长的 2/3；M_2-M_3 与 M_3-Cu_1 两横脉组成钝角；肩脉弯曲，与 $Sc+R_1$ 脉同点分出。雄性臀角区有黑色性标斑。

雄性外生殖器：背兜窄；钩突二指状分叉，密生长毛；囊突小；基腹弧窄；抱器近三角形，后下角突出，骨化强；阳茎烟袋形；阳茎轭片小。

雌性外生殖器：囊导管短；交配囊体袋状；交配囊片大，表面密布刺突。

寄主为萝藦科 Asclepiadaceae 植物。

全世界记载 39 种，分布于南亚、东亚及东南亚和大洋洲的巴布亚新几内亚。中国已知 5 种，大秦岭分布 3 种。

种检索表

1. 后翅正面端部红棕色，亚缘点模糊 ·· **大绢斑蝶 *P. sita***
   后翅正面端部黑褐色，有灰蓝色亚缘点 ··· 2
2. 后翅 m_3 室和 cu_1 室中部的白色小斑极度退化或消失 ··············· **史氏绢斑蝶 *P. swinhoei***
   后翅 m_3 室和 cu_1 室中部的白色小斑明显 ··························· **黑绢斑蝶 *P. melaneus***

大绢斑蝶 *Parantica sita* (Kollar, [1844])（图版 3：5—6）

Danais sita Kollar, [1844], *In*: Hügel, *Kasch Reich Siek*, 4(5): 424, pl. 6, 2, figs.. **Type locality**: Mussoorie, N. India.

Caduga loochooana Moore, 1883, *Proc. zool. Soc. Lond.*, (2): 250. **Type locality**: Loo Choo Is.

Parantica sita; Chou, 1994, *Mon. Rhop. Sin.*: 277; Korb & Bolshakov, 2011, *Eversmannia Suppl.*, 2: 28; Wu & Xu, 2017, *Butts. Chin.*: 651, f. 653: 1-4, 654: 5-8, 655: 9.

形态 成虫：中大型斑蝶。斑纹青白色，半透明。前翅黑色至黑褐色；外缘及亚外缘各有 1 列斑点，外缘斑小，在顶角区消失，亚外缘斑大；亚顶区有 5~6 个大小、形状不一的斑纹，放射状排成 1 列；基生条纹 3 条，中室及 cu_2 室条斑粗，2a 室条斑细；m_3 室及 cu_2 室基半部各有 2 个不规则大斑；反面顶角区红褐色。后翅红棕色；外缘区及亚外缘区各有 2 列对斑，模糊；M_1-M_3 脉及 Cu_1 脉端部加黑加粗；基生条纹 7 条，其中中室及 cu_2 室 2 条基部合并；中室端部外侧放射状排列 5 个大小、形状不一的斑纹；雄性 cu_2 室和 2a 室亚缘区有棕色块状香鳞斑；反面外缘区及亚外缘区对斑列清晰；雄性臀角有黑色香鳞斑。

卵：乳白色；大米粒形；表面密布纵横脊。

幼虫：5 龄期。黑色，体表密布白色点斑和黄色圆斑；中胸及第 8 节腹背部各有 1 对细长的黑、白 2 色肉质突起。

蛹：翡翠色；胸背部有 1 列黑色点斑列。

寄主 萝藦科 Asclepiadaceae 马利筋 Asclepias curassavica、牛皮消 Cynanchum auriculatum、蔓剪草 C. grandifolium、白薇 C. atratum、镇江白前 Vincetoxicum sublanceolatum、球兰 Hoya carnosa、台湾球兰 H. formosana、牛奶菜 Marsdenia sinensis、蓝叶藤 M. tinctoria、假防己 M. tomentosa、台湾牛奶菜 M. formosana、萝藦属 Metaplexis spp.、马兜铃状娃儿藤 Tylophora aristolochioides、七层楼 T. floribunda、日本娃儿藤 T. japonica、娃儿藤 T. ovata、兰屿欧蔓 T. lanyuensis、台湾醉魂藤 Heterostemma brownii、黑鳗藤 Jasminanthes mucronata。

生物学 1 年多代。成虫多见于 5 ~ 8 月。有迁徙习性。飞翔缓慢，喜访花，休息时喜栖于高枝条，特别是枯枝上。卵单产于寄主植物叶片背面，从幼虫起即开始以富含生物碱基的植物为食，致使体内积聚大量毒素。鲜艳的颜色能警示鸟类，避免被其捕食。

分布 中国（河南、陕西、甘肃、浙江、湖北、江西、湖南、福建、台湾、广东、海南、广西、重庆、四川、贵州、云南、西藏），朝鲜，日本，阿富汗，巴基斯坦，克什米尔地区，印度，不丹，尼泊尔，孟加拉国，缅甸，越南，老挝，泰国，柬埔寨，菲律宾，马来西亚，印度尼西亚。

大秦岭分布 陕西（太白、南郑、洋县、西乡、镇坪）、甘肃（麦积）、湖北（兴山、神农架）、重庆（巫溪）、四川（宣汉、南江、青川、都江堰、安州、平武、汶川）。

黑绢斑蝶 *Parantica melaneus* (Cramer, [1775])

Papilio melaneus Cramer, [1775], *Uitl. Kapellen*, 1(1-7): 48, pl. 30, fig. D. **Type locality**: China.

Danais melaneus; Moore, 1878, *Proc. zool. Soc. Lond.*, (4): 822.

Caduga melaneus; Moore, [1890], *Lepid. Ind.*,1: 60, pl. 14, f. 2, 2a-b.

Hestia ephyre Hübner, 1816, *Verz. bek. Schmett.*, (1): 15.

Danais melane Godart, 1819, *Encycl. Méth.*, 9(1): 192.

Danais melanea; Bingham, 1905, *Fauna Brit. Ind., Butts.* (ed. 1), 1: 7, pl. 2.

Danais melanus paculus Fruhstorfer, 1908d, *Ent. Zs.*, 22(25): 102. **Type locality**: Koshun.

Parantica melanea; Chou, 1994, *Mon. Rhop. Sin.*: 278.

Parantica melaneus; Wu & Xu, 2017, *Butts. Chin.*: 651, f. 655: 11-12, 656: 13-16.

形态 成虫：中型斑蝶。翅黑色至黑褐色，斑纹青白色，半透明。前翅正面外缘及亚外缘各有 1 列斑纹，外缘斑小，在顶角区消失，亚外缘斑大；亚顶区有 6 个大小、形状不一的斑纹，放射状排成 1 列；基生条纹 3 条，中室、cu₂ 室及 2a 室各 1 条；m₃ 室及 cu₂ 室基半部各有 2 个不规则大斑。反面顶角区红褐色。后翅正面外缘有 1 列小斑点；亚外缘斑列上部有

3 个大圆斑，其余为点状斑纹；基生条纹 6 条，中室 1 条较粗，cu$_2$ 室 2 条基部合并；中室端部外侧放射状排列 5 个大小、形状不一的斑纹；雄性臀角区有棕色性标斑。反面红褐色；雄性臀域有黑色香鳞斑。

卵：白色；大米粒形；直立，精孔在顶端；表面有纵脊及细横脊。

幼虫：5 龄期。初孵白色，体表密布白色和黄色斑纹；中胸及第 8 节腹背部各有 1 对细长的黑、白 2 色肉质突起。

蛹：翡翠色；胸背部有 1 列黑色点斑列；体表散布银色、黑色及墨绿色斑纹。

寄主 萝藦科 Asclepiadaceae 小叶娃儿藤 *Tylophora tenuis*、牛奶菜 *Marsdenia sinensis*、台湾牛奶菜 *M. formosana*、蓝叶藤 *M. tinctoria*。

生物学 1 年多代。成虫多见于 5 ~ 8 月。喜访花，飞行较缓慢，路线不规则。

分布 中国（浙江、湖北、江西、湖南、福建、台湾、广东、海南、香港、广西、重庆、四川、贵州、云南、西藏），印度，不丹，尼泊尔，孟加拉国，缅甸，越南，老挝，泰国，柬埔寨，马来西亚，印度尼西亚。

大秦岭分布 湖北（兴山）、四川（青川、都江堰、安州、平武）。

史氏绢斑蝶 *Parantica swinhoei* (Moore, 1883)

Caduga swinhoei Moore, 1883, *Proc. zool. Soc. Lond.*, (2): 250. **Type locality**: N. "Formosa"[Taiwan, China].

Parantica melanea swinhoei; Chou, 1994, *Mon. Rhop. Sin.*: 278.

Parantica swinhoei; Wu & Xu, 2017, *Butts. Chin.*: 652, f. 657: 17-20, 658: 21-24.

形态 成虫：中型斑蝶。与黑绢斑蝶 *P. melaneus* 近似，主要区别为本种体型较大。雄性前翅顶角向外突出较明显。后翅 m$_3$ 室和 cu$_1$ 室中部的白色小斑极度退化或消失；雄性后翅的性标斑大而长。

本种原为黑绢斑蝶的台湾亚种 *P. melanea swinhoei*，后作为单独的种被提出。

分布 中国（甘肃、浙江、湖北、福建、台湾、广东、香港、广西、四川、贵州、云南、西藏），日本，印度，缅甸，越南，老挝，泰国，越南。

大秦岭分布 甘肃（徽县）、湖北（兴山）、四川（安州、平武）。

螯蛱蝶亚科 Charaxinae Guénée, 1865

Charaxinae Guénée, 1865.

Charaxeidi Wheeler, *Butt. Switz.*, 1903: 99-149.

Charaxinae; Chou, 1998, *Class. Ident. Chin. Butt.*: 102.

活动力强。眼无毛；须上举，有鳞；触角粗，锤部细长；腹部短。

前翅中室短，闭式；R_3、R_4 脉从 R_5 脉基部分出；R_4 与 R_5 分叉长于共柄。后翅中室开式或闭式，闭式时端脉细，较退化；外缘在 M_3 与 Cu_2 脉常有短的尾突；肩脉从 $Sc+R_1$ 脉分出。

全世界记载 350 余种，分布于澳洲、欧洲、亚洲、非洲等。中国已知 15 种，大秦岭分布 5 种。

螯蛱蝶族 Charaxini Guénée, 1865

Charaxinae Guénée, 1865.

Charaxini; Chou, 1998, *Class. Ident. Chin. Butt.*: 102, 103.

前翅三角形，顶角尖出。后翅 M_3 脉与 Cu_2 脉在翅外缘有细尖的尾突。

全世界记载 220 余种，中国已知 14 种，大秦岭分布 5 种。

属检索表

后翅中室开式，有 2 个较发达尾突 ·····································尾蛱蝶属 *Polyura*

后翅中室闭式，尾突仅 1 个较发达或均不发达 ·····························螯蛱蝶属 *Charaxes*

尾蛱蝶属 *Polyura* Billberg, 1820

Polyura Billberg, 1820, *Enum. Ins. Mus. Billb.*: 79. **Type species**: *Papilio pyrrhus* Linnaeus, 1758.

Eulepis Scudder, 1875, *Proc. Amer. Acad. Arts Sci.*, 10(2): 170 (preocc. *Eulepis* Billberg, 1820). **Type species**: *Papilio athamas* Drury, [1773].

Eulepis (Nymphalinae); Moore, [1880], *Lepid. Ceylon*, 1(1): 29.

Murwareda Moore, [1896], *Lepid. Ind.*, 2(24): 263. **Type species**: *Charaxes dolon* Westwood, 1847.

Eulepis; Rothschild & Jordan, 1898, *Novit. zool.*, 5(4): 562.

Pareriboea Roepke, 1938, *Rhopal. Javanica*, 3: 346 (nom. nud.). **Type species**: *Papilio athamas* Drury, [1773].

Pareriboea Hemming, 1964, *Annot. lep*., (4): 126.

Polyura; Smiles, 1982, *Bull. Br. Mus. nat. Hist*., 44(3): 126; Wu & Xu, 2017, *Butts. Chin*.: 821.

Polyura (Charaxini); Chou, 1998, *Class. Ident. Chin. Butt*.: 103, 104; Vane-Wright & de Jong, 2003, *Zool. Verh. Leiden*, 343: 187.

体粗壮有力；翅绿白色或淡黄色。前翅三角形，前缘强弓形；顶角尖；外缘中部凹入；中室短，闭式；R_3、R_4 脉从 R_5 脉近基部分出。后翅 M_3、Cu_2 脉末端有 2 个尖齿状尾突；中室开式。

雄性外生殖器：背兜小，两侧下延短；钩突短，近指形；颚突侧观臂状；囊突宽；抱器长椭圆形，末端有 1 个指钩形突起，铗片 1 个，位于抱器中基部；阳茎极细长；盲囊膨大明显；阳茎轭片长。

雌性外生殖器：囊导管骨化，管壁有横纹脊；囊颈细短；交配囊长圆形，有两条上下贯穿囊体的交配囊片，条带形，平行排列。

寄主为豆科 Fabaceae、榆科 Ulmaceae、蔷薇科 Rosaceae、鼠李科 Rhamnaceae 植物。

全世界记载 27 种，分布于古北区和东洋区。中国已知 10 种，大秦岭分布 4 种。

种检索表

1. 前翅反面中室末端有 I 形纹 ································· **针尾蛱蝶 *P. dolon***

   前翅反面中室末端有 Y 形纹 ··· 2

2. 后翅反面亚缘带外侧各翅室均有 V 形斑 ········· **大二尾蛱蝶 *P. eudamippus***

   后翅反面亚缘带外侧半数以下翅室有 V 形斑 ······················· 3

3. 前翅 M_1 和 M_2 脉从中室端脉不同点分出 ··········· **二尾蛱蝶 *P. narcaea***

   前翅 M_1 和 M_2 脉从中室端脉近同点分出 ········· **雅二尾蛱蝶 *P. eleganta***

二尾蛱蝶 *Polyura narcaea* (Hewitson, 1854)（图版 4：7—8）

Nymphalis narcaeus Hewitson, 1854, *Ill. exot. Butts*. [3] (Nymphalis): [85], pl. [45], f. 1, 4. **Type locality**: Chekiang.

Eulepis narcaeus; Rothschild & Jordan, 1899, *Novit. zool*., 6(2): 277, pl. 7, figs. 9-10.

Eriboea narcaeas; Stichel, 1909: 170, pl. 52d; Stichel, 1914: 722.

Polyura narcaeus; Stichel, 1939: 573; D'Abrera, 1985, *Butts. Orient. Reg*.: 389.

Polyura narcaea; Lewis, *Butts. World*: 1974: 288, pl. 197, fig. 10; Smiles, 1982, *Bull. Br. Mus. nat. Hist*. (Ent.), 44(3): 194; Chou, 1994, *Mon. Rhop. Sin*.: 413; Wu & Xu, 2017, *Butts. Chin*.: 821, f. 823: 6-7, 824: 8-10.

形态 成虫：中大型蛱蝶。翅淡绿色或淡黄色。前翅外缘中部浅凹或平直；顶角区、前缘带、外缘带、亚缘带黑色或褐色；亚缘区斑列斑纹近圆形，淡绿色或黄色；中横带宽，淡绿色或黄色；中域 Y 形斑纹向外倾斜，黑色或褐色；中室黑色或黄色；反面前缘带、外缘带、外中带棕色；亚外缘带银白色；亚缘斑列淡绿色；中室银白色至淡绿色，内有 1~2 个黑色圆点；中域 Y 形斑纹深褐色，缘线黑色。后翅外缘齿状；外缘带、亚缘带黑色或褐色；亚外缘区有 1 列淡绿色或淡黄色斑纹；基斜带从翅基斜向臀角，棕褐色；Cu$_2$ 和 M$_3$ 脉端延伸成 2 个小尾突，尾突中间有蓝灰色亮线；臀角眼状斑橙黄色，瞳点黑色，外圈湖蓝色。反面外缘带黄褐色；亚外缘带银灰色，中间有 1 列淡绿色或黄色圆斑，圆斑外侧有黑色圆点相伴，有时斑纹相连成带；亚缘带红褐色或褐色，内侧有 2 条缘线，银灰色及黑色；基斜带赭黄色，上半部两侧缘线黑色；臀角眼状斑有 2 个带有白色圈纹的黑色小瞳点。

卵：近鼓形；初产时淡黄色，后变为橙黄色，密布红褐色至黑褐色斑纹，上半部斑纹密集时连接成黑褐色带纹。

幼虫：5 龄期。1 龄幼虫黄色；头部及其突起褐色。2~5 龄幼虫绿色，密布白色小点斑；头顶部有 2 对绿色长指状突起物和 1 对黑红色小刺突；体侧有 1 条由黄色小点斑组成的线纹；尾端有 1 对指向斜后方的短突起；受惊时身体前半部会仰起做威吓动作。

蛹：绿色，密布淡黄色斑点。

寄主 豆科 Fabaceae 亮叶围涎树 *Pithecellobium lucidum*、合欢 *Albizia julibrissin*、山合欢 *A. kalkora*、阔荚合欢 *A. lebbeck*、紫藤 *Wisteria sinensis*、胡枝子 *Lespedeza bicolor*、笐子梢 *Campylotropis macrocarpa*、黄檀 *Dalbergia hupeana*；蔷薇科 Rosaceae 腺叶野樱 *Prunus phaeosticta*；榆科 Ulmaceae 山黄麻 *Trema tomentosa*、四蕊朴 *Celtis tetrandra* 等。

生物学 1 年 2 代，以蛹越冬。成虫多见于 4~9 月。飞翔迅速，对发酵水果、腐烂肉类及排泄物有趋性，喜群集吸食人畜粪便，常在潮湿地面吸水，多在林区开阔地及山谷间活动，沿林间道路及溪流飞行。卵单产于叶片正面。幼虫有吐丝做垫习性，不取食时在丝垫上休息。老熟幼虫多选择在寄主小枝上化蛹，垂挂于植物的枝叶下侧。

分布 中国（辽宁、吉林、内蒙古、北京、天津、河北、山西、山东、河南、陕西、甘肃、江苏、上海、安徽、浙江、湖北、江西、湖南、福建、台湾、广东、广西、重庆、四川、贵州、云南），印度，缅甸，越南，泰国。

大秦岭分布 河南（荥阳、登封、鲁山、内乡、宜阳、嵩县、灵宝、洛宁、陕州）、陕西（临潼、蓝田、长安、鄠邑、周至、渭滨、陈仓、眉县、太白、凤县、华州、华阴、汉台、南郑、城固、洋县、西乡、略阳、留坝、佛坪、平利、岚皋、汉阴、石泉、宁陕、商州、丹凤、商南、山阳、镇安）、甘肃（麦积、秦州、武都、文县、徽县、两当）、湖北（兴山、保康、神农架、武当山、郧阳、竹山、郧西）、重庆（巫溪、城口）、四川（宣汉、青川、都江堰、安州、平武）。

大二尾蛱蝶 *Polyura eudamippus* (Doubleday, 1843)（图版 5：10）

Charaxes eudamippus Doubleday, 1843, *Ann. Soc. Ent. Fr.*, (2) 1(3): 218, pl. 8. **Type locality**: Silhet.

Eulepis eudamippus; Rothschild & Jordan, 1898, *Novit. zool.*, 5(4): pl. 8, figs.1-6, pl. 13, figs.15, 16; Rothschild & Jordan, 1899, *Novit. zool.*, 6(2): 263.

Eriboea eudamippus; Fruhstorfer, 1914a, *Gross-Schmett. Erde*, 9: 722, pl. 134d.

Polyura eudamippus; Stichel, 1939: 577; Lewis, 1974, *Butts. World*: 271, pl. 150, fig. 3; Duckworth, Watson & Whalley, 1975: 267, figs.236d, e; Morishita, 1977, *Yadoriga*, 91/92: 3, figs.1, 3, 4, 6, 8-14; Smiles, 1982, *Bull. Br. Mus. nat. Hist.*(Ent.), 44(3): 199; D'Abrera, 1985, *Butts. Orient. Reg.*: 389; Chou, 1994, *Mon. Rhop. Sin.*: 413; Wu & Xu, 2017, *Butts. Chin.*: 825, f.826: 1-3, 827: 4-6.

Eriboea eudamippus f. *Noko* Matsumura, 1939, *Ins. Matsum.*, 13(4): 111. **Type locality**: Hokujoko, "Formosa" [Taiwan, China] .

形态 成虫：大型蛱蝶。前翅正面黑褐色；斑纹白色、淡黄色或淡绿色；外缘中部浅凹；亚外缘区、亚缘区各有 1 列淡色斑纹；中横带宽，仅达 M_3 脉；亚顶区 R_5 和 M_2 脉间有 2 个并列斑；中室端脉外侧有 1 个斑纹。反面白色、淡绿色或淡黄色；前缘带、外缘带、外斜带橄榄绿色或棕褐色；外斜带外侧缘线黑色，并有 1 列白色圆形斑纹相连；亚外缘区及亚缘区银灰色；亚外缘斑列白色；中室有 2 个黑色圆斑；中域 Y 形斑纹斜置，橄榄色，缘线黑色。后翅白色、淡黄色或淡绿色；外缘齿状；正面翅端部黑褐色；外缘斑列斑纹长方形，黄色，覆有蓝灰色晕染，外侧缘线黑色；亚外缘斑列白色；亚缘有 1 列蓝灰色 V 形斑纹；基斜带上宽下窄，从前缘基部伸达臀角或未达臀角，覆有黄色或棕色长毛；Cu_2 和 M_3 脉端延伸成 2 个小尾突，中间亮线蓝灰色；臀角有黄色大眼斑，瞳点蓝黑色。反面外缘带蓝灰色或赭黄色；亚外缘带银灰色，中间镶有黑、白 2 列圆斑，外侧缘线赭黄色；亚缘带赭黄色，内侧伴有 1 列 V 形斑纹，蓝灰色，缘线黑色；内斜带赭黄色，缘线黑色；翅基部银白色；臀角上方有 1 条黑色线纹。雌性个体较雄性大，斑纹粗壮。

卵：鼓形，光滑；黄绿色；上截面中部凹入。

幼虫：绿色；体粗壮，光滑；头部有 2 对长指状突起，中间 2 个绿色，外侧 2 个枣红色；头顶正中有 1 对枣红色小刺突；第 3 及第 5 腹节背面各有 1 个白色梯形大斑，斑上密布黑色小点斑；腹部末节有 1 对短刺突。

蛹：绿色，体表有黄色云纹斑。

寄主 豆科 Fabaceae 合欢属 *Albizia* spp.、阔裂叶羊蹄甲 *Bauhinia apertilobata*、亮叶鸡血藤 *Callerya nitida*、颌垂豆 *Archidendron lucida*、疏花鱼藤 *Derris laxijlora*；鼠李科 Rhamnaceae 小刺鼠李 *Rhamnus parvifolia*；榆科 Ulmaceae 朴树 *Celtis sinensis*。

生物学 1 年多代。成虫多见于 3～10 月。飞翔快速，喜食腐烂果实、植物汁液。常在溪流沿岸活动。

分布　中国（陕西、甘肃、浙江、湖北、江西、福建、台湾、广东、海南、广西、重庆、四川、贵州、云南、西藏），日本，印度，缅甸，越南，老挝，泰国，马来西亚。

大秦岭分布　陕西（长安、南郑、城固、西乡、略阳、留坝、佛坪、岚皋）、甘肃（武都、文县、徽县、两当）、湖北（兴山、神农架、房县）、重庆（巫溪）、四川（安州、平武）。

针尾蛱蝶 *Polyura dolon* (Westwood, 1847)

Charaxes dolon Westwood, 1847, *Cabinet Orient. Ent.*: 55, pl. 27, figs.2-3. **Type locality**: Almora, India.

Nymphalis dolon; Westwood, [1850], *Gen. diurn. Lep.*, (2): 309.

Murwarda [sic] *dolon*; Moore, [1896], *Lepid. Ind.*, 2(24): 263, pl. 187, figs.1, 1a.

Eulepis dolon; Rothschild & Jordan, 1898, *Novit. zool.*, 5(4): pl. 9, f. 1-2; Rothschild & Jordan, 1899, *Novit. zool.*, 6(2): 271; Bingham, 1905, *Fauna Brit. Ind.*: 226; Antram, 1924: 129, fig. 263.

Eriboea dolon; Stichel, 1909: 170, pl. 61a; Fruhstorfer, 1914a, *Gross-Schmett. Erde*, 9: 723; Wynter-Blyth, 1957, *Butts. Ind. Reg.*: 149, pl. 21, fig. 1.

Polyura dolon; Stichel, 1939: 582; Lewis, 1974, *Butts. World*: 288, pl. 197, fig.9; Duckworth, Watson & Whalley, 1975: 267, fig. 236h; Boonsong, Askins, Nabhitabhata & Samruadkit, 1977, *Field guide butts. Tha.*: 140, pl. 68, fig.340; Smiles, 1982, *Bull. Br. Mus. nat. Hist.*(Ent.), 44(3): 208; D'Abrera, 1985, *Butts. Orient. Reg.*: 390; Chou, 1994, *Mon. Rhop. Sin.*: 416; Wu & Xu, 2017, *Butts. Chin.*: 825, f. 828: 7-8.

形态　成虫：大型蛱蝶。翅淡绿色或淡黄色。前翅顶角较尖，黑褐色；外缘中部浅凹或平直；前缘带、翅端部黑褐色；亚外缘区斑列斑纹点状，淡绿色或黄色，时有模糊或消失；中室端斑棒状，黑褐色。反面前缘带、外缘带及外斜带棕黄色，外缘带与外斜带之间银灰色；外斜带外侧伴有 1 列淡绿色斑纹，斑纹内侧缘线黑色；中室上缘中部有 1 个黑色圆点；中室端脉处有 1 条棕黄色棒状纹，缘线黑色。后翅外缘齿状；外缘带由 1 组黄色长方形斑列组成，覆有蓝灰色晕染，外侧缘线黑色；亚外缘带黑褐色，外侧镶有 1 列蓝灰色斑纹；沿 Cu_2 脉覆有淡绿色或淡黄色长毛；M_3 和 Cu_2 脉端延伸成 2 个小尾突，中间亮线蓝灰色；臀角外缘黄色。反面外缘带橄榄黄色，外侧缘线灰黑色；亚外缘带银灰色，中间镶有 1 列黑色小圆点；亚缘带橄榄黄色，外侧 1 列 V 形斑纹，缘线黑色；内斜带赭黄色，缘线黑色。雌性显著大于雄性。

寄主　豆科 Fabaceae 亮叶围涎树 *Pithecellobium lucidum*、黄檀 *Dalbergia hupeana*、山合欢 *Albizia kalkora*；榆科 Ulmaceae 朴树 *Celtis sinensis*、山黄麻 *Trema tomentosa*；蔷薇科 Rosaceae 腺叶野樱 *Prunus phaeosticta*。

生物学　1 年多代，以蛹越冬。成虫多见于 5～9 月。飞翔快速，多活动于林间开阔地及山谷间，喜食腐烂果实、植物汁液及动物的粪便，也常在溪边吸水。卵散产于寄主叶面。

分布 中国（浙江、湖北、江西、四川、贵州、云南、西藏），印度，不丹，尼泊尔，缅甸，越南，泰国。

大秦岭分布 湖北（神农架）、四川（青川、安州、平武）。

雅二尾蛱蝶 *Polyura eleganta* Fang & Zhang, 2018（图版 5：9）

Polyura eleganta Fang & Zhang, 2018, *Entomotaxonomia*, 40(1): 27, figs. 75-83.

形态 成虫：中大型蛱蝶。与二尾蛱蝶 *P. narcaea* 近似，主要区别为：前翅 M_1 脉及 M_2 脉从中室端脉近同点分出。前翅顶角尖出明显；外缘较平直。后翅亚缘带内移，离外缘较远，且变窄。其雄性外生殖器解剖特征与二尾蛱蝶亦有较大区别。

分布 中国（甘肃）。

大秦岭分布 甘肃（文县）。

螯蛱蝶属 *Charaxes* Ochsenheimer, 1816

Charaxes Ochsenheimer, 1816, *Schmett. Eur.*, 4: 18. **Type species**: *Papilio jasius* Linnaeus, 1767.

Paphia Fabricius, 1807, *Mag. f. Insektenk.*, 6: 282 (*Paphia* Lamarck, 1799, nec *Paphia* [Röding], 1798).
  Type species: *Papilio jasius* Linnaeus, 1767.

Eriboea Hübner, [1819], *Verz. bek. Schmett.*, (3): 46. **Type species**: *Papilio etheocles* Cramer, [1777].

Jasia Swainson, 1832, *Zool. Illustr.*, (2) 2(19): pl. 90 (suppl.). **Type species**: *Papilio jasius* Linnaeus, 1767.

Monura Mabille, 1877, *Bull. Soc. zool. Fr.*, 1: 280 (preocc. *Monura* Ehrenberg, 1831, *Monura* Gistl,
  1848). **Type species**: *Papilio zingha* Stoll, [1780].

Haridra (Nymphalinae) Moore, [1880], *Lepid. Ceylon*, 1(1): 30. **Type species**: *Charaxes psaphon*
  Westwood, 1847.

Zingha Hemming, 1939, *Proc. R. ent. Soc. Lond.*, (B) 8(3): 136 (repl. For *Monura* Mabille, 1877). **Type
  species**: *Papilio zingha* Stoll, [1780].

Iasius; Westwood, [1850], *Gen. diurn. Lep.*, (2): 306(missp.).

Charaxes (Nymphalinae); Moore, [1880], *Lepid. Ceylon*, 1(1): 28.

Charaxes (Charaxini); Chou, 1998, *Class. Ident. Chin. Butt.*: 104; Vane-Wright & de Jong, 2003, *Zool.
  Verh. Leiden*, 343: 185.

Charaxes; Wu & Xu, 2017, *Butts. Chin.*: 831.

前翅顶角尖；前缘强弓形；外缘中部凹入；中室短，闭式；R_3 和 R_4 脉从 R_5 脉近基部分出。后翅 M_3 脉末端雄性有 1 个长齿突，雌性通常有 1 个尾突；Cu_2 脉多有 1 个小齿突；中室被细端脉封闭。翅反面有波状细纹。

雄性外生殖器：背兜较短；钩突分叉形成 2 个尖突；囊突粗长；颚突大，侧观臂状；基腹弧长，倾斜；抱器长；阳茎轭片片状，长，端部舌形，基部形成 2 个底部膨大的叉突；阳茎粗长，中部或端部有 1 列角状器；盲囊开式。

雌性外生殖器：交配囊导管部分骨化；交配囊体半球形；有 2 条并列的条带形交配囊片。

寄主为豆科 Fabaceae、樟科 Lauraceae、芸香科 Rutaceae 植物。

全世界记载 197 种，广泛分布于澳洲区及欧洲、亚洲、非洲。中国已知 4 种，大秦岭分布 1 种。

白带螯蛱蝶 *Charaxes bernardus* (Fabricius, 1793)

Papilio bernardus Fabricius, 1793, *Ent. Syst.*, 3(1): 71, no. 223.**Type locality**: China.

Papilio polyxena Cramer, [1775], *Uitl. Kapellen*, 1(1-7): 85, pl. 54, f. A, B (homonym).

Charaxes polyxena; Rothschild & Jordan, 1900, *Novit. zool.*, 7(3): 325.

Charaxes polyxena polyxena; Rothschild & Jordan, 1900, *Novit. zool.*, 7(3): 334.

Charaxes polyxena; Wynter-Blyth, 1957, *Butts. Ind. Reg.*:148; Lewis, 1974, *Butts. World*: X, pl. 194, f. 4-5.

Charaxes bernardus; D'Abrera, 1985, *Butts. Orient. Reg.*: 398; Chou, 1994, *Mon. Rhop. Sin.*: 419; Vane-Wright & de Jong, 2003, *Zool. Verh. Leiden*, 343: 186; Wu & Xu, 2017, *Butts. Chin.*: 831, f. 833: 5-6, 834: 7-8.

形态 成虫：大型蛱蝶。翅正面橙褐色，反面色稍淡。前翅顶角尖；外缘中部凹入；中斜带白色，宽或窄，到达前缘或仅到中室端部，外侧常有白色或黄色斑列，大或小，内侧齿状，缘线黑色；中横带外侧至翅外缘黑色；内侧至翅基部红褐色或棕褐色。反面亚外缘带灰白色，顶角处加宽；亚缘斑列黑色或褐色，有时模糊不清；中斜带白色，有黄褐色晕染，缘线黑色；中室有数条黑色波纹；中室端斑灰白色。后翅正面亚缘带黑色，上宽下窄，下部带纹多分离成斑列，外缘齿状，带内隐约可见白色小点；中横带白色，下半部消失；后缘淡黄色。反面亚外缘斑列斑纹灰白色，外侧有黑色圆点相伴；亚缘带红褐色，缘线黑色；中横带与亚缘带相接，白色，缘线黑色，下部带纹消失；基部黑色线纹有或无。

卵：鼓形；有纵脊；初产时黄绿色，逐渐变为黄色，密布红褐色斑纹。

幼虫：5 龄期。绿色，密布白色小点斑；头顶有 4 个棕褐色长指状突起；第 3 节背中央有 1 个近椭圆形斑纹，白色或棕灰色。

蛹：绿色，密布淡黄色斑点。

寄主 樟科 Lauraceae 樟树 *Cinnamomum camphora*、油樟 *C. longepaniculatum*、阴香 *C. burmanni*、潺槁木姜子 *Litsea glutinosa*、浙江楠 *Phoebe chekiangensis*；豆科 Fabaceae 海红豆 *Adenanthera pavonina*、南洋楹 *Albizia falcataria*；芸香科 Rutaceae 降真香 *Acromychia pedunculata*。

生物学 1年多代，以 4 龄幼虫越冬。成虫多见于 4~10 月。飞翔迅速，有吸吮树汁液补充营养习性，领域行为强，长时间守候于树梢，当雌性出现时立即追赶。卵散产于老叶片正面。幼虫多在清晨和上午孵化，孵化后先取食卵壳；1~3 龄幼虫食量小，仅啃食叶片边缘，使叶片呈缺刻状；5 龄幼虫可取食全叶或仅留残叶；幼虫取食后多栖息在叶片正面。老熟幼虫化蛹前吐丝缠在树枝或小枝叶柄上，悬垂化蛹。

分布 中国（上海、安徽、浙江、江西、湖南、福建、广东、海南、香港、广西、重庆、四川、贵州、云南），印度，缅甸，越南，老挝，泰国，斯里兰卡，菲律宾，马来西亚，新加坡，印度尼西亚，澳大利亚。

大秦岭分布 四川（宣汉、都江堰）。

绢蛱蝶亚科 Calinaginae Moore, 1895

Calinaginae (Nymphalidae), Moore, 1895, Chou, 1998, *Class. Ident. Chin. Butt.*: 171.

拟似绢斑蝶属 *Parantica* 或绢粉蝶属 *Aporia* 的种类。翅薄，白色，有暗色斑纹。两翅中室闭式。前翅 R_2 脉从中室分出；R_3 脉从 R_5 脉近 1/2 处分出。后翅 Rs 脉近中室末端分出；肩脉从 $Sc+R_1$ 脉分出。

全世界记载 10 种，分布于古北区及东洋区。中国已知 6 种，大秦岭分布 4 种。

绢蛱蝶属 *Calinaga* Moore, 1857

Calinaga Moore, 1857, *In*: Horsfield & Moore, *Cat. lep. Ins. Mus. East India Coy*, 1: 162. **Type species**: *Calinaga buddha* Moore, 1857.
Calinaga (Calinaginae); Chou, 1998, *Class. Ident. Chin. Butt.*: 171.
Calinaga; Wu & Xu, 2017, *Butts. Chin.*: 680.

本属拟似绢斑蝶属 *Parantica* 或绢粉蝶属 *Aporia* 的种类。翅薄，白色，有暗色斑纹。飞翔缓慢。触角短，只有前翅长的 1/3。前翅狭长，外缘倾斜，平滑；顶角圆，外突；R_2 脉从中室上缘端部分出；R_3 脉从 R_5 脉 1/2 处分出；R_5 脉与 M_1 脉从中室顶角分出；中室长，闭式。后翅梨形，外缘光滑；Rs 脉近中室末端分出；肩脉从 $Sc+R_1$ 脉分出；有肩室；中室长，闭式。

雄性外生殖器：背兜与钩突愈合；钩突长，弯钩形；颚突基部与钩突愈合，带状；囊突短小；抱器阔，两端窄，有抱器铗；阳茎短。

雌性外生殖器：囊导管细；交配囊体近椭圆形；交配囊片 2 个，条带形。

寄主为桑科 Moraceae 植物。

全世界记载 10 种，主要分布于东洋区。中国已知 6 种，大秦岭分布 4 种。

种检索表

1. 后翅 M_3 脉与 Cu_1 脉从中室下端角不同点分出 ·························· **大卫绢蛱蝶 *C. davidis***
   后翅 M_3 脉与 Cu_1 脉从中室下端角同点分出 ·······································2
2. 后翅臀角非黄色 ·· **绢蛱蝶 *C. buddha***
   后翅臀角黄色 ···3
3. 前翅外中区无哑铃形斑纹 ·· **丰绢蛱蝶 *C. funebris***
   前翅外中区有哑铃形斑纹 ·· **黑绢蛱蝶 *C. lhatso***

大卫绢蛱蝶 *Calinaga davidis* Oberthür, 1879（图版 6：11—12）

Calinaga davidis Oberthür, 1879, *Ét. ént.*, 4:107. **Type locality**: Moupin Baoxing, Sichuan.

Calinaga cercyon de Nicéville, 1897, *J. asiat. Soc. Bengal*, 66: 550, pl. 2: 9. **Type locality**: Ta-chien-lu, Kangding, Sichuan.

Calinaga davidis nubilosa Oberthür, 1920, *Ét. Lép. Comp.*, 17: 19, pl. 516: 4313. **Type locality**: Ta-chien-lu, Kangding, Sichuan.

Calinaga davidis; Chou, 1994, *Mon. Rhop. Sin.*: 590; Wu & Xu, 2017, *Butts. Chin.*: 680, f. 682: 5-8, 683: 9-12, 684: 13.

形态 成虫：中型蛱蝶。翅灰色，脉纹黑色，斑纹及臀区白色。前翅端缘有 2 列斑纹；中室基半部乳白色，端部有灰色弧形斑；中室外侧有 1 圈乳白色长条斑，放射状排列。后翅端半部有 2 列斑纹；中室白色，中室外侧放射状排列 1 圈长短不一的斑纹，端脉外侧的斑纹短或消失；M_3 脉和 Cu_1 脉从中室不同点分出，而本属的其他种均为同点分出。

卵：白色，半透明，表面密布细小凹刻，斗笠状。

幼虫：5 龄期。初龄幼虫黄绿色；头黑褐色。末龄幼虫绿色，体表密布淡黄色颗粒状瘤突和细毛；头顶有 1 对红褐色圆柱状突起，密布褐色刺毛。

蛹：有褐色和绿色两型；近圆形，密布褐色斑带和细纹。

寄主 桑科 Moraceae 鸡桑 *Morus australis*、桑树 *M. alba* 等。

生物学 1 年 1 代，以蛹越冬。成虫多见于 4~9 月。常在山地、林缘、溪沟边活动，喜群集在潮湿地面吸水，吸食人畜粪便和腐烂发酵物，飞行缓慢。卵单产于叶背。初龄幼虫会将粪粒以丝固定于叶脉末端，呈塔状，并栖息于上；成长的幼虫会在叶片表面吐一层厚丝，使叶缘反卷形成憩巢；老熟幼虫化蛹于寄主枝条或其他植物上。

分布 中国（辽宁、河南、陕西、甘肃、安徽、浙江、湖北、湖南、福建、广东、重庆、四川、贵州、云南、西藏），印度，缅甸。

大秦岭分布 河南（鲁山、内乡、嵩县、栾川）、陕西（长安、鄠邑、周至、渭滨、陈仓、太白、凤县、华州、华阴、汉台、南郑、留坝、佛坪、平利、岚皋、汉阴、石泉、宁陕、商州、山阳、镇安、柞水、洛南）、甘肃（麦积、徽县、两当）、湖北（神农架）、重庆（城口）、四川（青川、都江堰、平武）。

绢蛱蝶 *Calinaga buddha* Moore, 1857

Calinaga buddha Moore, 1857, *In*: Horsfield & Moore, *Cat. lep. Ins. Mus. East India Coy*, 1: 163, pl. 3a, f. 5.
Calinaga buddha; Lewis, 1974, *Butts. World*: pl. 194, f. 2; Chou, 1994, *Mon. Rhop. Sin.*: 591; Wu & Xu, 2017, *Butts. Chin.*: 680, f. 681: 1- 4.

形态 成虫：中型蛱蝶。与大卫绢蛱蝶 *C. davidis* 近似，主要区别为：本种个体较大；翅色较深，褐色或黑褐色。后翅 M_3 脉与 Cu_1 脉从中室下端角同点分出；外缘斑列多退化消失。

寄主 桑科 Moraceae 鸡桑 *Morus australis*。

生物学 成虫多见于 4~6 月。

分布 中国（甘肃、浙江、湖北、江西、广东、重庆、四川、贵州、云南），印度，缅甸。

大秦岭分布 甘肃（两当、麦积、徽县、合作、舟曲、玛曲）、湖北（神农架、房县）、重庆（巫溪、城口）、四川（青川、安州、平武）。

黑绢蛱蝶 *Calinaga lhatso* Oberthür, 1893（图版 7：13—14）

Calinaga lhatso Oberthür, 1893, *Étud. d'Ent.*, 18: 13, pl. 7: 81. **Type locality**: Tseku Cigu, Deqin, Yunnan.
Calinaga dubernardi Oberthür,1920. *Ét. Lép. Comp.*, 17: 17, pl. 513: 4302. **Type locality**: Tseku Cigu, Deqin,Yunnan.
Calinaga lhatso; Chou, 1994, *Mon. Rhop. Sin.*: 592; Wu & Xu, 2017, *Butts. Chin.*: 680, f. 684: 15-16.

形态 成虫：中型蛱蝶。翅正面灰黑色，反面色稍淡；脉纹黑色，斑纹乳黄色。前翅中室有 1 个端部断开的棒纹；中室外放射状排列 1 圈近哑铃形斑纹，cu_2 室斑纹最长。后翅中室乳黄色；中室外放射状排列 1 圈近串珠形斑纹；后缘区斑纹为长条形；臀区黄色。

卵：白色，半透明；扁圆锥形，表面密布细小刻纹。

幼虫：5龄期。初龄幼虫黄绿色；头部红褐色，头顶有 1 对圆形黑斑。末龄幼虫绿色，体表密布淡黄色颗粒状瘤突和细毛；头顶有 1 对黑色圆柱状突起，密布黑色刺毛。

蛹：有褐色和绿色两型。近圆形，密布黑色斑点和细纹。

寄主　桑科 Moraceae 桑属 *Morus* spp. 植物。

生物学　成虫多见于 4~6 月。与大卫绢蛱蝶 *C. davidis* 常混合发生，飞行缓慢，多在山地、溪沟边、林缘活动，喜吸食人畜粪便和发酵物。

分布　中国（陕西、甘肃、浙江、湖北、四川、贵州、云南、西藏），越南。

大秦岭分布　陕西（长安、蓝田、周至、渭滨、眉县、太白、汉台、城固、洋县、留坝、佛坪、镇坪、宁陕）、甘肃（麦积、秦州、徽县、两当）。

丰绢蛱蝶 *Calinaga funebris* Oberthür, 1919

Calinaga funebris Oberthür, 1919, *Bull. Soc. Ent. Fr.*: 174. **Type locality**: Pe-Yen-Tsing Shiyang, Dayao, Yunnan.

Calinaga funebris; Wu & Xu, 2017, *Butts. Chin.*: 685, f. 686: 1-2.

形态　成虫：中型蛱蝶。与黑绢蛱蝶 *C. lhatso* 近似，主要区别为：本种个体较大；翅斑纹退化变小；有亚缘斑列和中横斑列；后缘区黄色。

寄主　桑科 Moraceae 植物。

生物学　成虫 4~6 月出现。喜吸食人畜粪便和发酵物，飞行缓慢。

分布　中国（陕西、四川、云南、贵州），越南。

大秦岭分布　陕西（汉台）。

袖蛱蝶亚科 Heliconiinae Swainson, 1822

Heliconiinae Swainson, 1822.

Heliconiinae (Nymphalidae); Vane-Wright & de Jong, 2003, *Zool. Verh. Leiden*, 343: 229; Korb & Bolshakov, 2011, *Eversmannia Suppl.*, 2: 28; Pelham, 2008, *J. Res. Lepid.*, 40: 290.

翅多为橙色、棕褐色或白色，斑纹黑色、白色或橙色。前翅 R_2 脉从中室端部或 R_5 脉分出；中室闭式，中室端脉直或弯曲；Cu_1 脉多从中室下缘分出。后翅外缘波状或平滑，尾突有或无；肩脉分出点位于 $Sc+R_1$ 脉基部。

全世界记载 500 余种，分布于古北区、东洋区、新北区、新热带区、非洲区等。中国已知近 60 种，大秦岭分布 25 种。

族检索表

两翅正面端缘黑色，镶有整列大 V 形斑纹，R_2 脉从 R_5 脉分出 ·················**珍蝶族 Acraeini**

两翅端缘不如上述，R_2 脉从中室端部或 R_5 脉根部分出 ·····················**豹蛱蝶族 Argynnini**

珍蝶族 Acraeini Boisduval，1833

Acraeini Boisduval, 1833.

Actinotina (Acraeini) Henning, 1992, *Metamorphosis*, 3(3): 101. **Type genus**: *Actinote* Hübner, [1819].

Acraeinae (Nymphalidae); Henning, 1992, *Metamorphosis*, 3(3): 101.

Acraeini (Acraeinae); Henning, 1992, *Metamorphosis*, 3(3): 101; Henning, 1993, *Metamorphosis*, 4(1): 5.

Acraeina (Acraeini); Henning, 1992, *Metamorphosis*, 3(3): 101; Henning, 1993, *Metamorphosis*, 4(1): 5.

Actinotina (Acraeini); Henning, 1993, *Metamorphosis*, 4(1): 5, (2): 53.

Pardopsidini(Acraeinae); Henning, 1992, *Metamorphosis*, 3(3): 101; Henning, 1993, *Metamorphosis*, 4(1): 6, (2):62.

Acraeini (Heliconiinae); Vane-Wright & de Jong, 2003, *Zool. Verh. Leiden*, 343: 236; Paluch, 2006, *PhD. Dissert*: 77; Henning & Williams, 2010, *Metamorphosis*, 21(1): 4.

腹部细长，飞行缓慢。翅橙黄色或灰褐色；中室闭式。前翅狭长，R_2、R_3 及 R_4 脉与 R_5 脉共柄。后翅无尾突。

全世界记载 300 余种，中国已知 5 种，大秦岭分布 2 种。

属检索表

两翅狭长，外缘平滑 ·· **珍蝶属 *Acraea***

两翅方阔，外缘锯齿状 ·· **锯蛱蝶属 *Cethosia***

锯蛱蝶属 *Cethosia* Fabricius, 1807

Cethosia Fabricius, 1807, *Mag. f. Insektenk*., 6: 280. **Type species**: *Papilio cydippe* Linnaeus, 1763.

Alazonia Hübner, [1819], *Verz. bek. Schmett*., (3): 46. **Type species**: *Papilio cydippe* Linnaeus, 1763.

Eugramma Billberg, 1820, *Enum. Ins. Mus. Billb.*: 78(repl. for *Cethosia* Fabricius, 1807). **Type species:** *Papilio cydippe* Linnaeus, 1763.

Cethosia (Nymphalinae); Moore, [1881], *Lepid. Ceylon*, 1(2): 51.

Cethosia (Heliconiinae); Chou, 1998, *Class. Ident. Chin. Butt*: 105, 106.

Cethosia (Acraeini); Vane-Wright & de Jong, 2003, *Zool. Verh. Leiden*, 343: 237.

Cethosia; Wu & Xu, 2017, *Butts. Chin.*: 728.

性二型显著。翅橙红色、绿色或白色；外缘深锯齿状；端缘黑色，镶有白色 V 形纹；翅反面多变化。前翅 R_2 脉从 R_5 脉分出；R_4 脉从翅的近顶角处分出；R_5 脉与 M_1 脉均从中室上角分出。后翅 $Sc+R_1$ 脉长，到达顶角。两翅中室端部被不完全的脉纹封闭。

雄性外生殖器：背兜极度隆起，近半球形；钩突分叉，弯刀状；囊突长；抱器小，豆瓣状；阳茎长。

寄主为西番莲科 Passifloraceae 西番莲属 *Passiflora* spp. 植物。

全世界记载 16 种，主要分布于东洋区。中国已知 2 种，大秦岭分布 1 种。

红锯蛱蝶 *Cethosia biblis* (Drury, [1773])

Papilio biblis Drury, [1773], *Illust. Nat. Hist. Exot. Ins.*, 1: 9, pl. 4, f. 2 (& Index).

Cethosia biblina Godart, 1819, *Encycl. Méth.*, 9(1): 248.

Alazonia symbiblis Hübner, [1819], *Verz. bek. Schmett.*, (3): 46.

Cethosia biblis tonkingiana Stichel, 1908, *Gen. Ins.*, 63: 23. **Type locality:** Tonkin.

Cethosia biblis; Lewis, 1974, *Butts. World*: pl. 194, f. 3; Chou, 1994, *Mon. Rhop. Sin.*: 423; Vane-Wright & de Jong, 2003, *Zool. Verh. Leiden*, 343: 237; Wu & Xu, 2017, *Butts. Chin.*: 728, f. 729: 1-4.

Cethosia (group *biblis*) *biblis*; Küppers, 2006, *Butt. World*, 24: 1.

形态 成虫：中型蛱蝶，雌雄异型。雄性翅正面橙红色，外缘锯齿状；顶角钝圆形尖出；端缘黑褐色至黑色。前翅正面外缘及外中域斑列白色，斑纹 V 形；亚缘斑列由白色圆形斑纹组成，未达后缘；亚顶区有宽的白色斑带；中室密布黑色细线纹。反面橙黄色，中室橙红色；外缘斑列斑纹近 V 形，黑、白 2 色；外中斑带斑纹近人面形，由黑、白、淡黄色 3 色组成；中横斑列淡黄色，镶有黑色细线纹；中室有 3 条淡黄色横条斑，镶有黑色细线纹。后翅正面橙红色；端缘黑色，内侧有 1 列人面形斑纹，较模糊；外缘斑列白色，斑纹 V 形；基半部斑纹多为反面斑纹的映射。反面橙黄色，基部橙红色；基横带淡黄色，两侧镶有断续的黑色细条纹；外缘斑列、外横斑列及中横斑列同前翅反面；肩角区有淡黄色斑纹和黑色斑纹。臀角内缘弧形凹入，镶有淡黄色和黑色条纹。雌性翅正面为白褐色或黄褐色。

卵：炮弹头形；黄色；密布纵脊。

幼虫：5~6 龄期。1 龄幼虫黄色或棕色，头部黑色无突起物，刚毛黑色，体逐渐转为深黄色或深黄红色。从 2 龄幼虫起头部有突起物，并随着龄数的增加而增长，体深红色或褐黄色。3~6 龄幼虫有长的枝刺及鲜艳的颜色，每节有黑色、红色和白色的环纹。

蛹：浅褐色，体表密布白色、棕褐色及褐色的斑驳纹。

寄主 西番莲科 Passifloraceae 西番莲属 *Passiflora* spp. 植物。

生物学 1 年多代，以幼虫越冬。成虫多见于 4~9 月。飞行缓慢，常短距离飞行，喜访花，多活动于林缘开阔地，雌性在林内穿行，寻找合适寄主。卵聚产于寄主的嫩枝、嫩叶上。幼虫群居取食。老熟幼虫多选择在寄主周围的灌木枝条上化蛹。

分布 中国（湖北、江西、福建、广东、海南、香港、广西、四川、云南、西藏），印度，不丹，尼泊尔，缅甸，越南，老挝，泰国，斯里兰卡，马来西亚。

大秦岭分布 湖北（神农架）。

珍蝶属 *Acraea* Fabricius, 1807

Acraea Fabricius, 1807, *Mag. f. Insektenk.* (Illiger), 6: 284. **Type species**: *Papilio horta* Linnaeus, 1764.

Telchinia Hübner, [1819], *Verz. bek. Schmett.*, (2): 27. **Type species**: *Papilio serena* Fabricius, 1775.

Gnesia Doubleday, [1848], *Gen. diurn. Lep.*, (1): 141. **Type species**: *Papilio circeis* Drury, 1782.

Hyalites Doubleday, [1848], *Gen. diurn. Lep.*, (1): 140. **Type species**: *Papilio lycia* Fabricius, 1775.

Pareba Doubleday, [1848], *Gen. diurn. Lep.*, (1): 142. **Type species**: *Papilio vesta* Fabricius, 1787.

Planema Doubleday, [1848], *Gen. diurn. Lep.*, (1): 140. **Type species**: *Acraea lycoa* Godart, 1819.

Aphanopeltis Mabille, 1887, *In*: Grandidier, *Hist. phys. nat. pol. Madagascar*, 18(Lép. 1): 85. **Type species**: *Papilio horta* Linnaeus, 1764.

Phanopeltis Mabille, 1887, *In*: Grandidier, *Hist. phys. nat. pol. Madagascar*, 18(Lép. 1): 84. **Type species**: *Acraea ranavalona* Boisduval, 1833.

Solenites Mabille, 1887, *In*: Grandidier, *Hist. phys. nat. pol. Madagascar*, 18(Lép. 1): 82. **Type species**: *Acraea igati* Boisduval, 1833.

Miyana Fruhstorfer, 1914a, *In*: Seitz, *Gross-Schmett. Erde*, 9: 743. **Type species**: *Acraea moluccana* Felder, 1860.

Acraea (Acraeina); Henning, 1992, *Metamorphosis*, 3(3): 101; Henning, 1993, *Metamorphosis*, 4(1): 5, 7; Henning & Williams, 2010, *Metamorphosis*, 21(1): 4.

Acraea (Acraeidae); Chou, 1998, *Class. Ident. Chin. Butt*: 173, 174.

Acraea (Acraeini); Vane-Wright & de Jong, 2003, *Zool. Verh. Leiden*, 343: 236; Silva-Brandão, Wahlberg, Francini, Azeredo-Espin, Brown, Paluch, Lees & Freitas, 2008, *Mol. Phyl. Evol.*, 46(2): 528.

Acraea; Wu & Xu, 2017, *Butts. Chin.*: 726.

翅褐色或黄色。两翅及中室狭长，中室长超过翅长的 1/2，闭式；脉纹完整。前翅 R_1 脉从中室前缘末端分出；R_2 脉与 R_5 脉同柄；M_1 脉从中室顶角或其附近分出，与 M_2 脉基部远离。后翅 Rs 脉与 M_1 脉有短共柄；肩脉向翅端部弯曲。

雄性外生殖器：中等骨化；背兜屋脊形；钩突发达，长指形；颚突小或无；囊突及阳茎长；抱器小，基部宽。

雌性外生殖器：囊导管极粗，膜质；交配囊球形。

寄主为荨麻科 Urticaceae、榆科 Ulmaceae、玄参科 Scrophulariaceae 植物。

全世界记载 142 种，主要分布于新热带区、非洲区，极少数分布于东洋区及澳洲区。中国已知 2 种，大秦岭分布 1 种。

苎麻珍蝶 *Acraea issoria* (Hübner, [1819])

Telchinia issoria Hübner, [1819], *Verz. bek. Schmett.*, (2): 27.

Papilio vesta Fabricius, 1787, *Mant. Insect.*, 2: 14 (preocc. *Papilio vesta* Cramer, [1777]).

Acraea anomala Kollar, 1848, *In*: Hügel, *Kasch. Reich Siek*, 4: 425, pl. 3, f. 3-4.

Acraea vesta; Eltringham, 1912, *Trans. ent. Soc. Lond.*, (1) : 350.

Acraea issoria, D'Abrera, 1985, *Butts. Orient. Reg.*: 406; Chou, 1994, *Mon. Rhop. Sin.*: 595; Wu & Xu, 2017, *Butts. Chin.*: 726, f. 727: 2-6.

Acraea (*Actinote*) (subgroup *anacreon*) *issoria*; Pierre & Bernaud, 2009, *Butt. World*, 31: 4, pl. 18, f. 11-14.

形态 成虫：中型蛱蝶。翅正面黄色，反面色稍淡，斑带灰褐色；翅脉明显。前翅前缘区、外缘区和顶角区灰黑色；外缘斑列斑纹近圆形；亚顶区有长条斑；中斜带从前缘中部斜向后缘臀角附近，波状，时有模糊或消失；中室中上部有条斑。后翅外缘带锯齿形，橙色，缘线黑色。雌性个体较大；灰褐色脉纹及斑带加粗。

卵：长圆形；黄色；表面密布细小刻纹。

幼虫：圆柱形；初龄幼虫黄绿色，头部褐色。末龄幼虫红褐色；胴部密布黄、白 2 色纵斑列和 6 排黑色枝刺。

蛹：梭形，乳白色或乳黄色；翅区橙黄色，黑色脉纹清晰；腹部有成列的橙黄色锥形瘤突，端部黑色。

寄主 荨麻科 Urticaceae 苎麻 *Boehmeria nivea*、柳叶水麻 *B. saeneb*、密花苎麻 *B. densiflora*、野线麻 *B. japonica*、水麻 *Debregeasia orientalis*、狭叶楼梯草 *Elatostema lineolatum*、雅致雾水葛 *Pouzolzia elegans*、糯米团 *Gonostegia hirta*；榆科 Ulmaceae 榉树 *Zelkova serrata*、四蕊朴 *Celtis tetrandra*；玄参科 Scrophulariaceae 醉鱼草属 *Buddleja* spp. 等植物。

蛱蝶科 Nymphalidae

生物学 1年2代，以幼虫越冬。成虫多见于5~9月。多在林缘山地活动，飞行缓慢。卵聚产于寄主植物叶片反面。低龄幼虫有群集现象。

分布 中国（吉林、河南、陕西、甘肃、安徽、浙江、湖北、江西、湖南、福建、台湾、广东、海南、广西、四川、贵州、云南、西藏），印度，缅甸，越南，泰国，菲律宾，马来西亚，印度尼西亚。

大秦岭分布 陕西（汉台、南郑、洋县、留坝、佛坪）、甘肃（康县、文县、宕昌）、湖北（兴山、神农架）、四川（剑阁、青川、都江堰、安州、平武）。

豹蛱蝶族 Argynnini Swainson, 1833

Argynnini Swainson, 1833.

Argynninae (Nymphalidae).

Issoriinae (Nymphalidae).

Argyreinae (Nymphalidae).

Yrameinae (Nymphalidae).

Dryadinae; Reuss, 1926, *Dt. Ent. Zs*., (1): 65.

Argynnini (Heliconiinae); Vane-Wright & de Jong, 2003, *Zool. Verh. Leiden*, 343: 235; Pelham, 2008, *J. Res. Lepid*., 40: 295.

翅橙色，斑纹黑色。两翅中室闭式。前翅近三角形，前缘弧形；R_3、R_4 与 R_5 脉共柄；R_5 与 M_1 脉从中室顶角分出。后翅无尾突。

全世界记载 100 余种，中国已知 38 种，大秦岭分布 23 种。

属检索表

1. 中型种类，后翅外缘波状 ·· 2
   小型种类，后翅外缘不呈波状 ·· 10
2. 后翅反面有银色斑 ·· 3
   后翅反面无银色斑 ·· 4
3. 雄性前翅正面 Cu_1 或 Cu_2 脉上有 1~2 条黑色性标 ············**福蛱蝶属 *Fabriciana***
   雄性前翅正面有 3 条较细的黑色性标 ···························**斑豹蛱蝶属 *Speyeria***
4. 雄性前翅正面臀脉及肘脉上均无性标 ······································ 5
   雄性前翅正面臀脉或肘脉上有性标 ·· 6

5. 后翅正面外缘区黑色，镶有 2 列白色细条斑 ································ 斐豹蛱蝶属 *Argyreus*

   后翅正面外缘区不如上述 ·· 小豹蛱蝶属 *Brenthis*

6. 雄性前翅 M_3、Cu_1、Cu_2 脉及 2A 脉上有 4 条性标 ·············· 豹蛱蝶属 *Argynnis*

   雄性前翅正面性标 3 条以下 ·· 7

7. 雄性前翅正面仅 Cu_2 脉上有 1 条性标 ································ 云豹蛱蝶属 *Nephargynnis*

   雄性前翅正面有 2~3 条性标 ·· 8

8. 后翅反面有数条银白色纹带交织成网纹 ·························· 银豹蛱蝶属 *Childrena*

   后翅反面不如上述 ·· 9

9. 雌雄异型，后翅反面基部 1 条宽带从前缘 1/3 处到达中室端部 ···· 青豹蛱蝶属 *Damora*

   雌雄同型，后翅反面基部仅有细线或无 ························· 老豹蛱蝶属 *Argyronome*

10. 后翅反面整个翅面布满银白色大斑，后翅外缘中部呈钝角外突，臀角尖出
   ·· 珠蛱蝶属 *Issoria*

   后翅反面银白色斑纹少而小，后翅外缘中部不外突，臀角不尖出 ····················· 11

11. 后翅外缘在 $Sc+R_1$ 脉处呈角度 ······································ 宝蛱蝶属 *Boloria*

   后翅外缘在 $Sc+R_1$ 脉处不呈角度 ································· 珍蛱蝶属 *Clossiana*

豹蛱蝶属 *Argynnis* Fabricius, 1807

Argynnis Fabricius, 1807, *Mag. f. Insektenk*. (Illiger), 6: 283. **Type species**: *Papilio paphia* Linnaeus, 1758.

Argyreus Scopoli, 1777, *Introd. Hist. nat*.: 431 (suppr. ICZN 161, *Argynnis* has priority). **Type species**: *Papilio niphe* Linnaeus, 1767.

Acidalia Hübner, [1819], *Verz. bek. Schmett*., (2): 31. **Type species**: *Papilio niphe* Linnaeus, 1767.

Argyronome Hübner, [1819], *Verz. bek. Schmett*., (2): 32. **Type species**: *Papilio laodice* Pallas, 1771.

Argyrea Billberg, 1820, *Enum. Ins. Mus. Billb*.: 77 (emend. *Argyreus* Scopoli, 1777). **Type species**: *Papilio niphe* Linnaeus, 1767.

Damora Nordmann, 1851, *Bull. Soc. imp. Nat. Moscou*, 24: 439. **Type species**: *Damora paulina* Nordmann, 1851.

Acidalia (Nymphalinae); Moore, [1881], *Lepid. Ceylon*, 1 (2): 60.

Mimargyra (*Argynnis*) Reuss, 1922, *Archiv Naturg*., 87 A(11): 221. **Type species**: *Papilio hyperbius* Linnaeus, 1763.

Eudaphne (*Argynnis*) Reuss, 1922, *Archiv Naturg*., 87 A(11): 221. **Type species**: *Papilio laodice* Pallas, 1771.

Mesodryas Reuss, 1926a, *Deuts. ent. Z*., (5): 435. **Type species**: *Papilio paphia* Linnaeus, 1758.

Eudryas Reuss, 1926b, *Int. ent. Zs*., 20: 253 (preocc. *Eudryas* Boisduval, [1836], *Eudryas* Harris, 1841, *Eudryas* Fitzinger, 1843, *Eudryas* Gistl, 1848). **Type species**: *Argynnis childreni* Gray, 1831.

Eudryas (Dryadinae) Reuss, 1926a, *Dt. ent. Zs.*, (5): 434. **Type species**: *Argynnis childreni* Gray, 1831.

Pandoriana Warren, 1942, *Entomologist* , 75: 245. **Type species**: *Papilio maja* Cramer, [1775].

Childrena Hemming, 1943, *Proc. R. ent. Soc. Lond.*, (B) 12(2): 30 (repl. *Eudryas* Reuss, 1926). **Type species**: *Argynnis childreni* Gray, 1831.

Nephargynnis Shirôzu & Saigusa, 1973, *Sieboldia*, 4(3): 111. **Type species**: *Argynnis anadyomene* C. & R. Felder, 1862.

Argynnis (Argynninae); Chou, 1998, *Class. Ident. Chin. Butt*: 125, 126.

Argyreus (Argynnini); Vane-Wright & de Jong, 2003, *Zool. Verh. Leiden*, 343: 235.

Argynnis (Argynnini); de Moya, Savage, Tenney, Bao, Wahlberg & Hill, 2017, *Syst. Ent.*, 42(4): 643.

Argynnis; Wu & Xu, 2017, *Butts. Chin*.: 739.

雌雄异型。本属是一个较古老的属，原来包括很多种，之后陆续分出，现只保留 1 种。翅正面雄性橙黄色，雌性灰褐色或橙黄色，有典型的豹纹。前翅前缘弧形；R_2 脉从中室上端角分出；Cu_1 与 Cu_2 脉分出点接近，中室端脉 M_1-M_2 段短于 M_2-M_3 段。后翅外缘波状；反面灰绿色；有白色条带及点斑。雄性前翅有 4 条黑色性标斑，分别位于 M_3、Cu_1、Cu_2 脉及 2A 脉上。

雄性外生殖器：骨化强；背兜基部胯形，背面有膜质区；柄突钩形；钩突长，下弯；颚突宽短，半月形；囊突粗短，端部尖；抱器方阔，结构复杂，内突掌形，铗片 2 个；阳茎近棒形，角状器黑色。

雌性外生殖器：囊导管短，膜质；交配囊长圆形。

寄主为堇菜科 Violaceae、蔷薇科 Rosaceae、榆科 Ulmaceae 植物。

全世界记载 1 种，分布于古北区及东洋区。大秦岭有分布。

绿豹蛱蝶 *Argynnis paphia* (Linnaeus, 1758)（图版 8：15—16）

Papilio paphia Linnaeus, 1758, *Syst. Nat.* (Edn 10), 1: 481.

Argynnis rosea Cosmovici, 1892, *Naturaliste*, (2) 6(136): 256. **Type locality**: Romania.

Argynnis paphia Leech, 1887, *Proc. zool. Soc. Lond.*: 424; Leech, 1894, *Butts. Chin. Jap. Cor*: 239; Chou, 1994, *Mon. Rhop. Sin*.: 464; Korb & Bolshakov, 2011, *Eversmannia Suppl.*, 2: 30; de Moya, Savage, Tenney, Bao, Wahlberg & Hill, 2017, *Syst. Ent.*, 42(4): 643; Wu & Xu, 2017, *Butts. Chin*.: 739, f. 740: 1-3.

Argynnis paphia paphioides Nire, 1918, 30(355): 17; Nire, 1920, *Zool. Mag. Tokyo*, 32: 50; Okamoto, 1923: 66; Matsumura, 1927, *Ins. Matsum.*, 1: 161.

Argyronome paphia zariquleyi de Sagarra, 1924, *Butll. Inst. Catal. Hist. Nat.*, (2) 4(9): 200. **Type locality**: Puerto de Orihuela del Tremedal (Aragón).

形态　成虫：中型蛱蝶，雌雄异型。两翅雄性橙黄色，雌性灰褐色；翅面密布黑色豹纹；雄性 M_3、Cu_1、Cu_2、2A 脉各有 1 条黑色性标；雌性在顶角区近前缘有 1 个白色三角形斑纹。前翅中室有 4 个条斑；反面顶角绿色或有绿色晕染。后翅正面外缘带黑色；亚外缘及亚缘斑列斑纹圆形；中室端斑条形；中横带波曲状。反面灰绿色；外缘带及亚外缘带细，灰白色；亚缘眼斑列模糊，有灰白色缘线环绕，瞳点白色；白色外横带端部加宽；2 条白色基斜带仅达翅中部；rs 室及 m_1 室基部条斑相连。

卵：锥形；初产黄色；有纵脊。

幼虫：体黑色；背部有 2 条黄色纵线；侧面密布黄色网纹；棘刺基部黄色，端部红褐色或黑色。

蛹：淡褐色或褐色，有深色斑驳纹；腹面中部有锥状突起。

寄主　堇菜科 Violaceae 紫花地丁 *Viola philippica*、犁头草 *V. inconspicua*；蔷薇科 Rosaceae 悬钩子属 *Rubus* spp.；榆科 Ulmaceae 朴树 *Celtis sinensis*。

生物学　1 年 1 代，以幼虫或蛹越冬。成虫多见于 5～9 月。飞翔迅速，多在山地活动，喜在大戟科等植物上访花吸蜜。

分布　中国（黑龙江、吉林、辽宁、内蒙古、北京、天津、河北、山西、山东、河南、陕西、宁夏、甘肃、新疆、安徽、浙江、湖北、江西、湖南、福建、台湾、广东、广西、重庆、四川、贵州、云南、西藏），日本，英国，亚洲，欧洲，非洲。

大秦岭分布　河南（登封、内乡、西峡、宜阳、嵩县、栾川）、陕西（临潼、蓝田、长安、鄠邑、周至、渭滨、陈仓、眉县、太白、凤县、华州、华阴、汉台、南郑、洋县、西乡、略阳、留坝、佛坪、汉滨、岚皋、石泉、宁陕、商州、丹凤、商南、山阳、镇安、柞水）、甘肃（麦积、秦州、武都、康县、文县、徽县、两当、宕昌、礼县、舟曲、迭部）、湖北（兴山、保康、神农架、武当山、郧阳、房县）、重庆（巫溪、城口）、四川（宣汉、昭化、青川、都江堰、安州、江油、平武、汶川、九寨沟）。

斐豹蛱蝶属 *Argyreus* Scopoli, 1777

Argyreus Scopoli, 1777, *Introd. Hist. nat.*: 431. **Type species**: *Papilio niphe* Linnaeus, 1767.

Argyrea Billberg, 1820, *Enum. Ins. Mus. Billb.*: 77 (unj. emend. *Argyreus* Scopoli, 1777).

Mimargyra Reuss, 1922, *Archiv. Naturgesch.*, 87 (1921) (A11): 211. **Type species**: *Papilio hyperbius* Linnaeus, 1763.

Argyreus (Argynninae); Chou, 1998, *Class. Ident. Chin. Butt*: 126.

Argyreus; de Moya, Savage, Tenney, Bao, Wahlberg & Hill, 2017, *Syst. Ent.*, 42(4): 643; Wu & Xu, 2017, *Butts. Chin.*: 739.

和豹蛱蝶属 *Argynnis* 近似，雌雄异型。雌性前翅端半部黑色，外斜带白色。雄性无性标。前翅顶角外突，前缘弧形，外缘微凹；R_1 与 R_2 脉从中室端部分出，与 R_5 脉分出处接近；R_3 与 R_4 脉从 R_5 脉中部分出；中室长超过前翅长的 1/3，中室端脉直。后翅梨形，外缘波状；M_1 及 M_2 脉分出点和 Rs 脉分出点近而远离 $Sc+R_1$ 脉；中室长约为后翅长的 1/2；反面斑纹方形或圆形，棕绿色。

　　雄性外生殖器：骨化较强；背兜背中部膜质；钩突长，端部下弯；无颚突；囊突粗；抱器长阔，结构复杂，阳茎宽短，端部匙形，角状器黑色。

　　雌性外生殖器：囊导管粗于交配囊，周缘骨化，有皱褶和纵纹脊；交配囊短，端部骨化区有纵纹脊；囊尾小。

　　寄主为堇菜科 Violaceae 植物。

　　全世界记载 1 种，分布于古北区及东洋区。大秦岭有分布。

斐豹蛱蝶 *Argyreus hyperbius* (Linnaeus, 1763)（图版 9：17—18）

Papilio hyperbius Linnaeus, 1763, *Amoenitates Acad.*, 6: 408.

Papilio niphe Linnaeus, 1767, *Syst. Nat.* (Edn 12), 1(2): 785 (unnec. repl. for *Papilio hyperbius* Linnaeus, 1763).

Papilio argyrius Linnaeus, 1768, *Amoen. Acad.*, 7: 502 n.

Papilio argynnis Drury, [1773], *Illust. Nat. Hist. Exot. Ins.*, 1: pl. 6, f. 2.

Papilio tigris Jung, 1792, *Alph. Verz. Schmett.*, 2: 239.

Argynnis tephania Godart, 1819, *Encycl. Méth.*, 9(1): 262.

Argynnis aruna Moore, [1858], *In*: Horsfield & Moore, *Cat. lep. Ins. Mus. East India Coy*, (1): 156, pl. 3, f. 4.

Acidalia niphe; Moore, [1881], *Lepid. Ceylon*, 1(2): 60, pl. 31, f. 2a-b.

Argynnis hybrida hybrida Evans, 1912, *J. Bombay nat. Hist. Soc.*, 21(2): 558.

Argynnis hyperbius centralis Martin, 1913, *Dt. ent. Z. Iris*, 27(2): 109.

Argynnis hyperbius hyperbius Nire, 1920, *Zool. Mag. Tokyo*, 32: 49; Okamoto, 1924, 1: 82-83.

Argynnis hyperbius; Okamoto, 1923: 65; Matsumura, 1927, *Ins. Matsum.*,1: 161; D'Abrera, 1985, *Butts. Orient. Reg.*: 274.

Argynnis (*Dryas*) *castetsoides* Reuss, 1926, *Dt. ent. Zs.*, (1): 66.

Argynnis montorum (Joicey & Talbot, 1926), *Encycl. Ent.* (B Ⅲ), 2(1): 13.

Argynnis coomani (Le Cerf, 1933), *Bull. Mus. Paris*, (2)5: 212.

Argynnis niphe Seok, 1934, 25 *Anniv.*, 1: 727; Seok, 1937, *Zephyrus*, 7: 170; Seok, 1938, 8: 27.

Argyreus hyperbius; Chou, 1994, *Mon. Rhop. Sin.*: 464; Vane-Wright & de Jong, 2003, *Zool. Verh. Leiden*, 343: 236; Korb & Bolshakov, 2011, *Eversmannia Suppl.*, 2: 31; de Moya *et al.*, 2017, *Syst. Ent.*, 42(4): 643; Wu & Xu, 2017, *Butts. Chin.*: 739, f. 740: 4, 741: 5-8.

形态　成虫：中型蛱蝶。雌雄异型，雄性无性标。两翅正面橙色，密布黑色豹纹；反面色稍淡。前翅正面外缘和亚外缘斑列、斑纹错位排列；亚缘斑列、斑纹大小不一；中横斑列 Z 形；中室有 4 个条斑；中室基部和 cu₂ 室基部各有 1 个点斑。反面顶角区淡黄绿色；有 2 个赭绿色眼斑，瞳点白色；其余斑纹同前翅正面。后翅正面外缘区黑色，镶有 2 列白色条斑；亚外缘斑列长于亚缘斑列；中横斑列 V 形。反面外缘带赭绿色；镶有黑色结节状线纹，缘线白色；赭绿色亚外缘斑列、斑纹多相连；亚缘眼斑列赭绿色，瞳点白色；中横斑列有 2 列斑纹，赭绿色，外侧 1 列镶有黑、白 2 色缘线；翅基部赭绿色斑纹花瓣形排列，外侧 1 列斑纹缘线黑色，中部大斑有白色瞳点。雌性前翅正面从顶角至中室端脉和臀角区域覆有蓝紫色晕染，密布黑色圆形斑纹；顶角区散布灰白色点斑；亚顶区斜带白色，边缘锯齿形；外缘带黑色，镶有 2 列白色条斑。反面顶角区白色，密布赭绿色斑纹；中斜斑列黑色斑纹有 2 排；内侧至基部橙红色或橙黄色；其余斑纹同雄性。

卵：鼓形，上端变窄；密布纵脊。初产时乳黄色，后变为黄色，孵化前呈黄褐色。

幼虫：5～6 龄期。初产时白色，后变为褐色，有黄、白 2 色纵斑列，背中线白色。末龄幼虫黑色，背中线由橙色变为红色；体表有 6 列红色棘刺，端部黑色。

蛹：褐色，密布深褐色网状细纹；背面有 2 列黑色锥突；胸节及第 1、2 腹节背面各有 1 对具金属光泽的银色小斑纹。

寄主　堇菜科 Violaceae 光瓣堇菜 *Viola yedoensis*、戟叶堇菜 *V. betonicifolia*、台湾堇菜 *V. formosana*、台北堇菜 *V. magasawai*、紫花地丁 *V. philippica*、三色堇 *V. tricolor*、白花堇菜 *V. lactiflora*、堇菜 *V. verecunda*、长萼堇菜 *V. inconspicua*、七星莲 *V. diffusa*。

生物学　1 年多代，以蛹越冬。成虫多见于 5～10 月。飞翔迅速，常在林缘、开阔草地活动，喜吸食花蜜和在湿地吸水。卵单产于寄主植物叶片反面或附近的植物及枯草上。老熟幼虫多化蛹于灌木丛的枝条上。

分布　中国（黑龙江、吉林、辽宁、北京、天津、河北、山西、山东、河南、陕西、宁夏、甘肃、青海、新疆、江苏、上海、安徽、浙江、湖北、江西、湖南、福建、台湾、广东、海南、香港、广西、重庆、四川、贵州、云南、西藏），朝鲜，日本，阿富汗，巴基斯坦，印度，尼泊尔，孟加拉国，缅甸，泰国，斯里兰卡，菲律宾，印度尼西亚。

大秦岭分布　河南（登封、鲁山、郏县、内乡、西峡、宜阳、嵩县、栾川、灵宝）、陕西（蓝田、长安、周至、眉县、太白、凤县、华州、汉台、南郑、城固、洋县、西乡、留坝、佛坪、汉滨、石泉、宁陕、岚皋、商州、丹凤、商南、山阳、镇安、柞水）、甘肃（麦积、秦州、武都、文县、徽县、两当、礼县、舟曲、迭部）、湖北（兴山、保康、神农架、武当山、郧阳、房县、郧西）、重庆（巫溪、城口）、四川（宣汉、万源、朝天、青川、都江堰、安州、江油、平武、汶川）。

老豹蛱蝶属 *Argyronome* Hübner, [1819]

Argyronome Hübner, [1819], *Verz. bek. Schmett.*, (2): 32. **Type species**: *Papilio laodice* Pallas, 1771.

Eudaphne Reuss, 1922, *Archiv. Naturgesch.*, 87 (1921) (A 11): 221. **Type species**: *Papilio laodice* Pallas, 1771.

Argyronome (Argynninae); Chou, 1998, *Class. Ident. Chin. Butt*: 126, 127.

Argyronome; de Moya *et al.*, 2017, *Syst. Ent.*, 42(4): 643; Wu & Xu, 2017, *Butts. Chin.*: 742.

从豹蛱蝶属 *Argynnis* 中分出，与其近似。翅形较圆。前翅前缘弧形；R_1 脉从中室端部分出；R_2 脉从中室上顶角附近或 R_5 脉分出；Cu_1 脉与 Cu_2 脉起点远离；中室长约为前翅长的 2/5；雄性前翅有 2 或 3 条性标。后翅梨形；中室长短于后翅长的 2/5；反面基半部色淡，端半部色深。

雄性外生殖器：中等骨化；背兜小，背面中部膜质；钩突细长；颚突宽短；囊突短或中等长；抱器结构复杂，方阔，基部窄，阳茎端部分叉，角状器黑色。

雌性外生殖器：囊导管骨化，有纵纹脊；交配囊长圆形。

寄主为堇菜科 Violaceae 及蔷薇科 Rosaceae 植物。

全世界记载 3 种，分布于古北区及东洋区。中国均有记录，大秦岭分布 2 种。

种检索表

前翅顶角较突出，雄性性标 3 条 ···红老豹蛱蝶 *A. ruslana*

前翅顶角不突出，雄性性标 2 条 ···老豹蛱蝶 *A. laodice*

老豹蛱蝶 *Argyronome laodice* (Pallas, 1771)（图版 11：23）

Papilio laodice Pallas, 1771, *Reise Russ. Reich.*, 1: 470.

Papilio cethosia Fabricius, 1793, *Ent. Syst.*, 3(1): 143, n. 440.

Argynnis laodice cydrana Fruhstorfer, 1915, *Gross-Schmett. Erde*, 9: 745.

Argynnis (*Eudaphne*) *samana* f. geogr. *melli* Reuss, 1922, *Archiv Naturg.*, 87 A(11): 221. **Type locality**: S. China.

Argynnis (*Eudaphne*) *laodice*; Reuss, 1922, *Archiv Naturg.*, 87 A(11): 221.

Argynnis laodice producta Matsumura, 1929, *Ins. Matsum.*, 3(4): 154. **Type locality**: Korea.

Argyronome laodice; D'Abrera, 1985, *Butts. Orient. Reg.*: 275; Chou, 1994, *Mon. Rhop. Sin.*: 465; Wu & Xu, 2017, *Butts. Chin.*: 742, f. 744: 1-3.

Argynnis laodice; de Moya, Savage, Tenney, Bao, Wahlberg & Hill, 2017, *Syst. Ent.*, 42(4): 643.

形态　成虫：中型蛱蝶。两翅正面橙色；反面色稍淡；斑纹多黑色，似豹纹；翅端部有 3 列黑色斑列。前翅正面中域斑列 Z 形；中室有 4 条波曲状横纹；雄性 2 条性标分别位于 Cu_2 和 2A 脉上。反面顶角赭绿色；外中域白色斑列模糊或无；其余斑纹同前翅正面。后翅正面中横斑列波浪形；中室端斑黑色。反面基半部覆有赭绿色晕染；基横带细，红褐色；端部覆有粉褐色晕染；外中域褐色或黑褐色，镶有白色波状带纹；中横线短，W 形；仅达中域中上部。

卵：锥形，有纵脊；初产淡黄色，后变为黄褐色至黑紫色。

幼虫：土褐色；背部有 2 条黄色纵纹，两侧有黑色细条纹；棘刺黄色。

蛹：红黄色。

寄主　堇菜科 Violaceae 紫花堇菜 *Viola grypoceras*；蔷薇科 Rosaceae 合叶子 *Filipendula kamtschatica*。

生物学　1 年 1 代，以 1 龄幼虫在卵内越冬。成虫多见于 5～9 月。与豹蛱蝶的其他种类混合出现，喜采食花蜜。常在林地、灌丛和草地活动。

分布　中国（黑龙江、吉林、辽宁、北京、天津、河北、山西、山东、河南、陕西、宁夏、甘肃、青海、新疆、江苏、安徽、浙江、湖北、江西、湖南、福建、台湾、广东、广西、海南、重庆、四川、贵州、云南、西藏），朝鲜，日本，印度，欧洲。

大秦岭分布　河南（登封、鲁山、郏县、内乡、西峡、南召、宜阳、嵩县、栾川、洛宁、灵宝）、陕西（临潼、蓝田、长安、鄠邑、周至、渭滨、陈仓、眉县、太白、凤县、华州、华阴、汉台、南郑、洋县、西乡、留坝、镇巴、佛坪、宁陕、商州、丹凤、商南、山阳、镇安、柞水、洛南）、甘肃（麦积、秦州、武都、康县、文县、徽县、两当、礼县、宕昌、合作、卓尼、迭部、碌曲）、湖北（兴山、保康、谷城、神农架、武当山、丹江口、郧西）、重庆（巫溪、城口）、四川（宣汉、剑阁、青川、都江堰、平武、汶川、九寨沟）。

红老豹蛱蝶 *Argyronome ruslana* (Motschulsky, 1866)

Argynnis ruslana Motschulsky, 1866, *Bull. Soc. imp. Nat. Moscou*, 39(3): 117. **Type locality**: Amur.
Argynnis ruslana lysippe Matsumura, 1927, *Ent. Zs.*, 1: 161; Matsumura, 1929, *Ent. Zs.*: Ⅲ 1, App.:18.
Argyronome ruslana; Chou, 1994, *Mon. Rhop. Sin.*: 466; Wu & Xu, 2017, *Butts. Chin.*: 742, f. 744: 4.
Argynnis ruslana; de Moya *et al.*, 2017, *Syst. Ent.*, 42(4): 643.

形态　成虫：中型蛱蝶。与老豹蛱蝶 *A. laodice* 相似，主要区别为：本种雄性性标 3 条，分别位于前翅 Cu_1、Cu_2 及 2A 脉上。前翅顶角较突出；反面顶角暗褐色。

卵：锥形，有纵脊；初产淡黄色，后变黄褐色或紫褐色。

幼虫：土红色；背面有 2 条细的纵带纹；棘刺黄绿色。

蛹：红褐色。

寄主 堇菜科 Violaceae 植物。

生物学 1 年 1 代，以 1 龄幼虫在卵内越冬。成虫多见于 6 ~ 9 月。飞翔较快，常在山地、林缘、溪沟活动，有吸食花蜜的习性。

分布 中国（黑龙江、吉林、辽宁、内蒙古、河北、河南、陕西、甘肃、宁夏、湖北、湖南、重庆、四川），朝鲜，日本。

大秦岭分布 河南（内乡、灵宝）、陕西（长安、周至、眉县、太白、汉台、南郑、城固、洋县、勉县、镇巴、留坝、佛坪、宁陕、商州、丹凤、商南、山阳、镇安、柞水）、甘肃（武都、文县、舟曲、迭部）、湖北（兴山、南漳、武当山）、四川（青川、平武）。

云豹蛱蝶属 *Nephargynnis* Shirôzu & Saigusa, 1973

Nephargynnis Shirôzu & Saigusa, 1973, *Sieboldia*, 4(3): 111. **Type species**: *Argynnis anadyomene* C. & R. Felder, 1862.

Nephargynnis (Argynninae); Chou, 1998, *Class. Ident. Chin. Butt*: 127, 128.

Nephargynnis; de Moya *et al*., 2017, *Syst. Ent*. 42 (4): 643; Wu & Xu, 2017, *Butts. Chin.*:743.

从豹蛱蝶属 *Argynnis* 中分出。后翅反面枯草色。前翅顶角微突，前缘弧形，外缘凹入；雄性在 Cu_2 脉上有 1 条黑色性标；R_1 及 R_2 脉从中室端部分出；Cu_1 脉与 Cu_2 脉起点远离；中室长约为前翅长的 2/5。后翅梨形，前缘平直，外缘波状；M_1 脉分出点和 Rs 脉分出点近而远离 $Sc+R_1$ 脉，M_2 脉从中室端脉中部分出；$Sc+R_1$ 脉伸达外缘；中室长短于后翅长的 1/2。

雄性外生殖器：中等骨化；背兜胯形，背面中部膜质；钩突细长，上弯；颚突极小，条形；抱器阔；结构复杂，基部窄，抱器端指形分叉；阳茎烟斗形，短于抱器，前端背面密布红褐色角状器。

雌性外生殖器：囊导管细，膜质，有纵向纹脊；交配囊体短小，梨形。

寄主为堇菜科 Violaceae 植物。

全世界记载 1 种，分布于古北区及东洋区。大秦岭有分布。

云豹蛱蝶 *Nephargynnis anadyomene* (C. & R. Felder, 1862)（图版 10：19—20）

Argynnis anadyomene C. & R. Felder, 1862, *Wien. ent. Monats.*, 6(1): 25. **Type locality**: Central China.

Argynnis anadiomene parasoides Matsumura (Syn. by seok 1934), 1927, *Ins. Matsum.*, 1: 161; Matsumura, 1929, *Ins. Matsum.*, Ⅲ 1, App.:18; 1931, 6000 Ⅲ : 511.

Nephargynnis anadyomene (C. & R. Felder), Chou, 1994, *Mon. Rhop. Sin.*: 467; Korb & Bolshakov, 2011, *Eversmannia Suppl.*, 2: 30; Wu & Xu, 2017, *Butts. Chin.*: 743, f. 744: 6.

Argynnis anadyomene; de Moya *et al.*, 2017, *Syst. Ent.* 42(4): 643.

形态 成虫：中型蛱蝶。两翅橙色；黑色豹纹；翅端半部有 3 列斑纹；中横斑列近 Z 形。前翅中室有 4 个条斑。反面顶角区、亚顶区及端缘斑纹较模糊，有赭绿色晕染；其余斑纹同前翅正面。后翅正面中室端斑黑色；中横斑列中部 V 形外突。反面灰绿色；斑纹多为正面斑纹的投射，模糊；翅端缘各斑列均有白色缘线；亚缘斑列斑纹有白色瞳点。雄性前翅 Cu_2 脉上有 1 条性标。雌性前翅正面顶角区黑色，有 1 个白色斑纹。

卵：初产黄白色，后变黄褐色，孵化前近透明。

幼虫：老熟幼虫背部有 1 条宽的纵带纹。

蛹：浅红褐色；头部有 1 对尖突。

寄主 堇菜科 Violaceae 植物。

生物学 1 年 1 代，以 1 龄幼虫或蛹越冬。成虫多见于 4～11 月。常与豹蛱蝶的其他种类混合出现，飞行迅速，多在林地和开阔草地活动，喜采食花蜜。

分布 中国（黑龙江、吉林、辽宁、河北、山西、山东、河南、陕西、宁夏、甘肃、安徽、浙江、湖北、江西、湖南、福建、广东、重庆、四川、贵州、云南），俄罗斯，朝鲜，日本，亚洲。

大秦岭分布 河南（登封、内乡、西峡、栾川、渑池、陕州）、陕西（长安、周至、陈仓、眉县、太白、凤县、汉台、南郑、城固、洋县、西乡、略阳、留坝、佛坪、石泉、岚皋、宁陕、商州、丹凤、商南、山阳、镇安）、甘肃（麦积、秦州、康县、文县、徽县、两当、礼县、临潭、舟曲、迭部）、湖北（兴山、神农架、武当山）、重庆（巫溪、城口）、四川（青川、平武）。

小豹蛱蝶属 *Brenthis* Hübner, [1819]

Brenthis Hübner, [1819], *Verz. bek. Schmett.*, (2): 30. **Type species**: *Papilio hecate* Denis & Schiffermüller, 1775.

Brenthis (Dryadinae); Reuss, 1926, *Dt. ent. Zs.*, (1): 67.

Neobrenthis Koçak, 1980, *Comm. Fac. Sci. Univ. Ankara*, (C)24(3): 30. **Type species**: *Papilio hecate* Denis & Schiffermüller.

Brenthis (Argynninae); Chou, 1998, *Class. Ident. Chin. Butt*: 124, 125.

Brenthis; Wu & Xu, 2017, *Butts. Chin.*: 745.

从豹蛱蝶属 *Argynnis* 中分出；雌雄同型，雄性无性标。前翅前缘弧形；R_1 及 R_2 脉从中室端部分出；Cu_1 脉与 Cu_2 脉起点远离；中室长约为前翅长的 2/5。后翅梨形，外缘波状；M_1 与 M_2 脉分出点和 Rs 脉分出点近而远离 $Sc+R_1$ 脉；$Sc+R_1$ 脉伸达顶角下方的外缘；中室长约为后翅长的 2/5。

雄性外生殖器：骨化弱；背兜鞍形，背面中部膜质；钩突弯指形，端部分叉；颚突小；囊突粗短，开式；抱器方阔，后端突起指形；阳茎短，两端斜截。

雌性外生殖器：囊导管较粗；交配囊体近椭圆形。

寄主为堇菜科 Violaceae 及蔷薇科 Rosaceae 植物。

全世界记载 3 种，分布于古北区。大秦岭均有分布。

种检索表

欧洲小豹蛱蝶 *Brenthis hecate* (Denis & Schiffermüller, 1775)

Papilio hecate Denis & Schiffermüller, 1775, *Ank. syst. Schmett. Wienergegend*: 179. **Type locality**: Wien.

Argynnis hecate harmothoe Fruhstorfer, 1917, *Soc. ent.*, 32(6): 26. **Type locality**: Alpes-Maritimes.

Argynnis hecate nautaca Fruhstorfer, 1917, *Soc. ent.*, 32(6): 26. **Type locality**: Krain; Wippach.

Brenthis hecate weissiana de Sagarra, 1924, *Butll. Inst. Catal. Hist. Nat.*, (2) 4(9): 199. **Type locality**: "Montsec d'Ager (Catalunya)".

Brenthis hecate poecilla de Sagarra, 1924, *Butll. Inst. Catal. Hist. Nat.*, (2) 4(9): 200. **Type locality**: Albarracín (Aragó).

Brenthis hecate rubecula de Sagarra, 1924, *Butll. Inst. Catal. Hist. Nat.*, (2) 4(9): 200. **Type locality**: Orihuela del Tremedal (Aragó).

Argynnis tristicula (Rocca, 1946), *Boll. Soc. ent. ital.*, 76: 36.

Brenthis hecate; Lewis, 1974, *Butts. World*: pl. 1, f. 21; Chou, 1994, *Mon. Rhop. Sin.*; 468; Korb & Bolshakov, 2011, *Eversmannia Suppl.*, 2: 31; Wu & Xu, 2017, *Butts. Chin.*: 745, f. 747: 1.

形态 成虫：小型蛱蝶。两翅橙黄色，斑纹黑色；翅端部有 3 列斑纹。前翅正面中横斑列 Z 形；中室有 4~5 条波状纹。反面顶角区有淡黄色晕染；其余斑纹同前翅正面。后翅正面基部有黑色花瓣状网纹。反面端部淡黄色，覆有黄褐色斑驳纹；基部淡黄色斑纹花瓣状排列；内横斑带淡黄色，斑纹周缘镶有黑色圈纹。

生物学 1年1代。成虫多见于6~8月。

分布 中国（黑龙江、甘肃、新疆、浙江），俄罗斯，伊朗，西班牙，希腊，土耳其。

大秦岭分布 甘肃（武都、文县、岷县）。

小豹蛱蝶 *Brenthis daphne* (Denis & Schiffermüller, 1775)（图版 11：21—22）

Papilio daphne Denis & Schiffermüller, 1775, *Ank. syst. Schmett. Wienergegend*: 177, no. 10 (nom. nud.). **Type locality**: Vienna.

Papilio chloris Esper, 1778, *Die Schmett. Th. I, Bd.*, 1(7): pl. 44, f. 3 (preocc.).

Papilio daphne Bergsträsser, 1780, *Nomen. Ins.*, 4: 32, pl. 86, f. 1-2.

Argynnis daphne mashuensis Kôno, 1931, *Zephyrus*, 3: 219. **Type locality**: Japan.

Argynnis taccanii (Turati, 1932), *Boll. Soc. ent. ital.*, 64: 58. **Type locality**: Italy.

Argynnis kingana (Matsumura, 1939), *Bull. biogeogr. Soc. Japan*, 9(20): 355. **Type locality**: Manchuria.

Brenthis daphne; Chou, 1994, *Mon. Rhop. Sin.*: 468; Kudrna & Belicek, 2005, *Oedippus*, 23: 28; Korb & Bolshakov, 2011, *Eversmannia Suppl.*, 2: 31; Yakovlev, 2012, *Nota lepid.*, 35(1): 91; Wu & Xu, 2017, *Butts. Chin.*: 745, f. 747: 3.

形态 成虫：中小型蛱蝶。两翅橙黄色，斑纹黑色；翅端部有3列斑纹。前翅正面中横斑列Z形；中室有4~5条波状纹；cu$_2$室基部有L形斑纹。反面顶角区有赭绿色和红褐色晕染；顶角区及翅端缘斑纹退化变小，时有模糊；其余斑纹同前翅正面。后翅正面基半部有黑色花瓣状网纹。反面基部黄绿色；内横带黄绿色，波状，缘线褐色；端半部覆有紫褐色斑驳纹；外缘带紫褐色；亚外缘及亚缘斑列黄绿色，有边界模糊的紫褐色圈纹；中域有紫褐色X形带纹。

卵：平锥形；淡黄色；有纵脊。

幼虫：老熟幼虫头、尾部各有1对短角状突起；棘刺土红色；体表上有白色细纵带。

蛹：黄色，有金色斑纹。

寄主 堇菜科 Violaceae 堇菜属 *Viola* spp.；蔷薇科 Rosaceae 悬钩子属 *Rubus* spp.、欧洲木莓 *R. caesius*、库页悬钩子 *R. sachalinensis*、地榆 *Sanguisorba officinalis*、蚊子草 *Filipendula palmata* 等植物。

生物学 1年1代，以幼虫越冬。成虫多见于6~8月。飞翔迅速，常与其他豹蛱蝶混合出现，喜吸食花蜜。卵单产于寄主植物叶片上。

分布 中国（黑龙江、吉林、辽宁、北京、河北、山西、山东、河南、陕西、宁夏、甘肃、新疆、浙江、福建、云南），朝鲜，日本，土耳其，希腊，欧洲。

大秦岭分布 河南（内乡、西峡、灵宝、卢氏）、陕西（长安、鄠邑、周至、眉县、太白、凤县、汉台、南郑、城固、勉县、留坝）、甘肃（麦积、秦州、武都、文县、徽县、两当、礼县、合作、舟曲、迭部、碌曲）。

伊诺小豹蛱蝶 *Brenthis ino* (Rottemberg, 1775)

Papilio ino Rottemberg, 1775, *Naturforscher*, 6: 19. pl. 1, f. 3-4.

Papilio dictynna Denis & Schiffermüller, 1775, *Ank. syst. Schmett. Wienergegend*: 179.

Papilio parthenie Bergsträsser, 1780, *Nomen. Ins.*, 4: 34.

Argynnis chlorographa (Cabeau, 1919), *Rev. mens. Soc. ent. Namur*: 49.

Argynnis cadmeis (Cabeau, 1922), *Rev. mens. Soc. ent. Namur*: 1.

Argynnis interligata (Cabeau, 1922), *Rev. mens. Soc. ent. Namur.*: 46.

Argynnis semicadmeis (Cabeau, 1922), *Rev. mens. Soc. ent. Namur.*: 46.

Argynnis gracilens (Cabeau, 1925), *Rev. mens. Soc. ent. Namur.*, 25: 7.

Brenthis ino erilda de Sagarra, 1925, *Butll. Inst. Catal. Hist. Nat.*, (2) 5(9): 270. **Type locality**: Orihuela del Tremedal (Aragón).

Brenthis ino pyrenaica de Sagarra, 1925, *Butll. Inst. Catal. Hist. Nat.*, (2) 5(9): 270. **Type locality**: Salardú.

Argynnis melanosa (Cabeau, 1926), *Lambillionea*, 26: 10.

Argynnis minor (Cabeau, 1928), *Lambillioena*, 28: 11.

Argynnis basinigrana (Cabeau, 1930), *Lambillionea*, 30: 70.

Argynnis callisto (Mairlot, 1932), *Lambillionea*, 32: 209.

Brenthis ino; Chou, 1994, *Mon. Rhop. Sin.*: 69; Korb & Bolshakov, 2011, *Eversmannia Suppl.*, 2: 31; Wu & Xu, 2017, *Butts. Chin.*: 745, f. 747: 2.

形态　成虫：中小型蛱蝶。与小豹蛱蝶 *B. daphne* 近似，主要区别为：本种中横斑列斑纹之间由黑线相连；反面前缘区端部有 2 个白色圆斑。后翅反面亚缘眼斑列黑色，瞳点白色；翅端部晕染粉紫色。

寄主　蔷薇科 Rosaceae 悬钩子属 *Rubus* spp.、绣线菊属 *Spiraea* spp.、地榆 *Sanguisorba officinalis*。

分布　中国（黑龙江、吉林、辽宁、内蒙古、北京、山西、陕西、甘肃、浙江、山东、新疆），俄罗斯，朝鲜，日本，欧洲。

大秦岭分布　陕西（蓝田、太白）、甘肃（麦积、秦州、徽县、两当、礼县）。

青豹蛱蝶属 *Damora* Nordmann, 1851

Damora Nordmann, 1851, *Bull. Soc. imp. Nat. Moscou*, 24(4): 439. **Type species**: *Damora paulina*
　　Nordman, 1851.

Damora (Argynninae); Chou, 1998, *Class. Ident. Chin. Butt*: 128, 129.

Damora; de Moya *et al.*, 2017, *Syst. Ent.*, 42(4): 643; Wu & Xu, 2017, *Butts. Chin.*: 746.

　　雌雄异型。雄性翅橙黄色，黑色豹纹，4 条性标斑别位于 M_3、Cu_1、Cu_2 及 2A 脉上；雌性翅青灰色，斑纹黑、白 2 色。后翅反面基部色淡，端部加黑。前翅顶角雌性外突，雄性钝圆，外缘凹入，微波状；R_1 脉及 R_2 脉从中室端部分出；Cu_1 脉与 Cu_2 脉起点远离；中室长短于前翅长的 1/3。后翅梨形，前缘平直，外缘波状；M_1、M_2 脉与 Rs 脉分出点近而远离 $Sc+R_1$ 脉；$Sc+R_1$ 脉伸达外缘；中室长超过后翅长的 1/3。

　　雄性外生殖器：骨化强；背兜与钩突发达；钩突鸡冠形；囊突粗；颚突宽短；抱器方阔，结构复杂，有铗片和内突，阳茎前端钩状，角状器刺形。

　　雌性外生殖器：囊导管短，膜质；交配囊长袋形。

　　寄主为堇菜科 Violaceae 植物。

　　全世界记载 1 种，分布于古北区及东洋区。大秦岭有分布。

青豹蛱蝶 *Damora sagana* (Doubleday, [1847])（图版 12：24—25）

Argynnis sagana Doubleday, [1847], *Gen. diurn. Lep.*, (1): pl. 21, f. 1. **Type locality**: N. China.

Damora sagana; Chou, 1994, *Mon. Rhop. Sin.*: 470; Korb & Bolshakov, 2011, *Eversmannia Suppl.*, 2:
　　29; Wu & Xu, 2017, *Butts. Chin.*: 746, f. 747: 4-5, 748: 6-8.

Argynnis sagana; de Moya *et al.*, 2017, *Syst. Ent.*, 42(4): 643.

　　形态　成虫：大型蛱蝶，雌雄异型。雄性翅橙黄色，豹纹黑色；翅端部黑色斑列 3 排。前翅正面亚顶区前缘附近有 1 个三角形无斑区；中横斑列 Z 形；中室端部有 2 个条斑呈八字形排列，中部有 1 个黑色圈纹。反面顶角区及翅端缘斑纹退化变小；其余斑纹同前翅正面。后翅正面中横带未达前后缘，飞燕形。反面翅端部灰褐色；亚缘区红褐色，镶有 1 列灰褐色眼斑，瞳点灰白色；中斜带白色，弯曲；基斜带赭绿色，至中室端部后变成 1 条红褐色细带纹；后缘乳白色。雌性正面绿褐色，反面赭绿色，斑纹黑色和白色。前翅顶角区及亚顶区青黑色；顶角区有 1~3 个白色斑纹；亚顶区有 1 排白色斜斑列；亚外缘白色眼斑列未达顶角，瞳点黑色；中央 2 个白色条斑与后缘近平行排列。反面中后部有大片灰黑色晕染；中室端部及端脉外侧有蓝灰色晕染；其余斑纹同前翅正面。后翅正面外缘斑列、亚缘斑列及外横斑带黑褐色；亚外缘斑列斑纹白色，三角形；白色中横带宽，外侧有蓝灰色晕染；后缘乳白色。反面赭绿色；基部及后缘区银灰色，有珠光；中域有白色近 Y 形斜带纹；外中域灰黑色，镶有 1 列白色点斑；亚外缘斑列灰白色，模糊。

卵：圆锥形，顶端平截；淡黄色至淡褐色；表面有刻纹和纵脊。

幼虫：初龄幼虫淡黄色；头部褐色。末龄幼虫黑色；密布黄褐色棘刺，端部黑色；前胸背部的 1 对长棘刺，如触角状前伸。

蛹：褐色，体表密布黑褐色线纹；胸背面有银白色斑纹；背面有 2 列锥状突起，中部 2 个突起大，头端部 2 个突起角状。

寄主 堇菜科 Violaceae 睿山堇 *Viola eizanensis*、紫花堇菜 *V. grypoceras*、如意草 *V. arcuata*、心叶堇菜 *V. yunnanfuensis*、堇菜 *V. verecunda*、犁头草 *V. inconspicua*。

生物学 1 年 2~3 代，以幼虫越冬。成虫多见于 5~9 月。飞翔快速，常在丘陵、山地活动，喜吸食花蜜。卵单产于寄主周围的植物上。幼虫白天取食，夜晚栖息于寄主根部或周围的草丛根部。老熟幼虫化蛹于寄主植物叶片背面或附近草丛的茎秆上。

分布 中国（黑龙江、吉林、辽宁、内蒙古、河北、河南、陕西、甘肃、江苏、安徽、浙江、湖北、江西、湖南、福建、广东、广西、重庆、四川、贵州），西伯利亚，蒙古，朝鲜，日本，印度。

大秦岭分布 河南（内乡）、陕西（长安、鄠邑、陈仓、眉县、汉台、城固、洋县、西乡、留坝、佛坪、石泉、宁陕、商州、商南、山阳、镇安）、甘肃（麦积、武都、康县、文县、徽县、两当、礼县）、湖北（兴山、神农架、郧阳、郧西）、重庆（城口）、四川（宣汉、青川、都江堰、安州、平武）。

银豹蛱蝶属 *Childrena* Hemming, 1943

Childrena Hemming, 1943, *Proc. R. ent. Soc. Lond.*, (B) 12(2): 30 (repl. *Eudryas* Reuss, 1926). **Type species**: *Argynnis childreni* Gray, 1831.

Eudryas Reuss, 1926b, *Int. ent. Z.*, 20: 253 (preocc. *Eudryas* Boisduval, [1836], *Eudryas* Harris, 1841, *Eudryas* Fitzinger, 1843, *Eudryas* Gistl, 1848). **Type species**: *Argynnis childreni* Gray, 1831.

Childrena (Argynninae); Chou, 1998, *Class. Ident. Chin. Butt*: 129, 130.

Childrena; de Moya *et al.*, 2017, *Syst. Ent.*, 42(4): 643; Wu & Xu, 2017, *Butts. Chin.*: 749.

从豹蛱蝶属 *Argynnis* 分出。翅正面有典型的豹纹，有 3 条性标分别在 Cu_1、Cu_2 及 2A 脉上。后翅反面赭绿色，密布银白色网状纹。前翅 R_1 及 R_2 脉从中室端部分出；Cu_1 脉与 Cu_2 脉起点远离；中室长约为前翅长的 2/5；中室端脉 M_1-M_2 段向中室凹入，M_2-M_3 段直。后翅梨形，外缘波状；M_1 和 Rs 脉分出点近而远离 M_2 和 $Sc+R_1$ 脉；$Sc+R_1$ 脉伸达翅外缘；中室长略短于后翅长的 1/2。

雄性外生殖器：中等骨化；背兜发达，背面有膜质区；钩突长指形，端部下弯；颚突短；囊突宽短，端部尖；抱器方阔，结构复杂，有铗片和内突，密布毛簇，抱器端突起；阳茎粗短或中等长短，角状器发达。

雌性外生殖器：囊导管细长，膜质；交配囊短小，与囊导管近等粗。

寄主为堇菜科 Violaceae 植物。

全世界记载 2 种，分布于古北区和东洋区。中国均有分布，大秦岭亦有分布。

种检索表

后翅端缘中下部青蓝色，反面白色外横带直 ·· **银豹蛱蝶** *C. childreni*
后翅端缘无青蓝色，反面白色外横带弯曲 ······························· **曲纹银豹蛱蝶** *C. zenobia*

银豹蛱蝶 *Childrena childreni* (Gray, 1831)（图版 13：26）

Argynnis childreni Gray, 1831, *Zool. Miscell.*, (1): 33.
Argynnis childreni binghami Oberthür, 1912, *Étud. Lépid. Comp.*, 6: 314, pl. 103, f. 966.
Childrena childreni; D'Abrera, 1985, *Butts. Orient. Reg.*: 274; Chou, 1994, *Mon. Rhop. Sin.*: 471; de
　　Moya *et al.*, 2017, *Syst. Ent.*, 42(4): 643; Wu & Xu, 2017, *Butts. Chin.*: 749, f. 750: 1-3, 751: 4.

形态 成虫：大型蛱蝶，雌雄异型。两翅正面橙色，密布黑色豹纹；外缘带黑色；亚外缘及亚缘各有 1 列近圆形斑纹。前翅正面亚顶区前缘有 1 个三角形斑纹；中横斑列 Z 形；中室有 4 条黑色波状斑；雄性 Cu_1、Cu_2、2A 脉各有 1 个黑色性标。反面顶角区赭绿色，椭圆形白环两端断开；亚顶区淡黄色；其余斑纹同前翅正面。后翅正面翅端缘中后部蓝灰色；中横斑列中部 V 形外突；中室端斑细条形或消失。反面赭绿色，密布银白色网状纹，网纹缘线黑色；亚缘眼斑列模糊，瞳点白色；银白色外横带直；臀角有黑色晕染，内侧凹入。雌性前翅正面顶角区有蓝灰色晕染，后翅正面端部蓝灰色区域宽。

卵：圆锥形，顶端平截；绿色；表面有刻纹和纵脊。

幼虫：末龄幼虫黑色；密布黄色棘刺，端部黑色，前胸背部的 1 对棘刺如触角状前伸；背中线黄色。

蛹：灰褐色，体表密布深褐色线纹；胸背面有银白色斑纹；背面有 2 列锥状突起，中部有 2 个大突起，头端部有 2 个角状突起。

寄主 堇菜科 Violaceae 犁头草 *Viola inconspicua*、紫花地丁 *V. philippica*、戟叶堇菜 *V. betonicifolia*、柔毛堇菜 *V. principis*、匍匐堇菜 *V. serpens* 等植物。

生物学 1年1代，以蛹越冬。成虫多见于5~9月。常在浅山、丘陵地带活动，喜吸食花蜜，常与其他豹蛱蝶混合出现。

分布 中国（辽宁、北京、河北、河南、陕西、甘肃、安徽、浙江、湖北、江西、湖南、福建、广东、广西、重庆、四川、贵州、云南、西藏），印度，缅甸。

大秦岭分布 河南（内乡、栾川）、陕西（周至、眉县、汉台、南郑、宁强、宁陕）、甘肃（麦积、秦州、康县、文县、徽县、两当、礼县）、湖北（兴山、保康、神农架、武当山、郧阳、丹江口）、重庆（巫溪、城口）、四川（青川、都江堰、安州、平武、汶川）。

曲纹银豹蛱蝶 *Childrena zenobia* (Leech, 1890)（图版13：27）

Argynnis zenobia Leech, 1890, *Entomologist*, 23: 188, pl. 22, figs. 4-6. **Type locality**: Ta-Chien-Lu [Ta-Tsien-Lou, Sichuan].

Childrena zenobia; D'Abrera, 1985, *Butts. Orient. Reg.*: 274, Chou, 1994, *Mon. Rhop. Sin.*: 472; Korb & Bolshakov, 2011, *Eversmannia Suppl.*, 2: 30; Wu & Xu, 2017, *Butts. Chin.*: 749, f. 751: 5-6.

Argynnis zenobia; de Moya *et al.*, 2017, *Syst. Ent.*, 42(4): 643.

形态 成虫：大型蛱蝶。与银豹蛱蝶 *C. childreni* 近似，主要区别为：本种前翅反面亚顶区黑色斑纹清晰。后翅正面翅端部无蓝灰色区域；中室端斑大。反面深绿色；银白色网状纹较细而密集；外横带不直，波曲状。

卵：圆锥形，顶端平截；淡黄色；表面有刻纹和纵脊。

幼虫：末龄幼虫黑色；密布基部红色而端部黑色的棘刺，前胸背部的1对棘刺长，如触角状前伸；背中线红色。

蛹：黑褐色，体表密布深黑色线纹；背面有2列锥状突起，中部2个突起大，头端部1对角状突起。

寄主 堇菜科 Violaceae 斑叶堇菜 *Viola variegata*、早开堇菜 *V. prionantha*、紫花地丁 *V. philippica*。

生物学 1年1代。成虫多见于6~9月。飞翔迅速，常在针阔叶混交林区、山地活动，喜采食花蜜。

分布 中国（吉林、辽宁、北京、天津、河北、山西、河南、陕西、甘肃、广东、重庆、四川、贵州、云南、西藏），印度。

大秦岭分布 河南（登封、鲁山、内乡、嵩县、栾川、陕州、灵宝）、陕西（临潼、蓝田、长安、周至、陈仓、太白、南郑、勉县、宁强、宁陕、商州、丹凤、山阳）、甘肃（麦积、秦州、文县、徽县、两当、礼县、迭部、岷县）、重庆（城口）、四川（青川）。

斑豹蛱蝶属 *Speyeria* Scudder, 1872

Speyeria Scudder, 1872, *Ann. Rep. Peabody Acad. Sci.*, 4th(1871): 44. **Type species**: *Papilio idalia*
　　Drury, [1773].

Semnopsyche Scudder, 1875a, *Bull. Buffalo Soc. Nat. Sci.*, 2: 238, 258. **Type species**: *Papilio diana*
　　Cramer, [1777].

Subgenus *Mesoacidalia* (*Acidalia*) Reuss, 1926, *Dt. Ent. Zs.*, (1): 69. **Type species**: *Papilio aglaja*
　　Linnaeus, 1758.

Subgenus *Proacidalia* (*Acidalia*) Reuss, 1926, *Dt. Ent. Zs.*, (1): 69. **Type species**: *Argynnis clara*
　　Blanchard, [1844].

Neoacidalia Reuss, 1926, *Dt. Ent. Zs.*, (1): 69. **Type species**: *Papilio cybele* Fabricius, 1775.

Subgenus *Semnopsyche* (*Acidalia*); Reuss, 1926, *Dt. Ent. Zs.*, (1): 69.

Speyeria (Argynninae); Chou, 1998, *Class. Ident. Chin. Butt*: 130.

Speyeria (Argynnina); Pelham, 2008, *J. Res. Lepid.*, 40: 306.

Speyeria (Argynnini); de Moya *et al.*, 2017, *Syst. Ent.*, 42(4): 643.

Speyeria; Wu & Xu, 2017, *Butts. Chin.*: 752.

48

从豹蛱蝶属 *Argynnis* 分出。翅正面有典型豹纹；前翅有 3 条较细的性标；后翅反面黄绿色，有圆或方形银色斑。前翅外缘平直或弧形，顶角钝圆；R_1 脉从中室端部分出；R_2、R_3、R_4 脉从 R_5 脉分出；Cu_1、Cu_2 脉分出点相距远；中室端脉 M_1-M_2 段向中室微凹，M_2-M_3 段直，较长。后翅外缘弧形，无凹凸；顶角及臀角圆；M_1 及 M_2 脉分出点和 Rs 脉分出点近而远离 $Sc+R_1$ 脉。

雄性外生殖器：中等骨化；背兜发达，背面有膜质区，端半部颈状缢缩；钩突长，鸡冠形，下弯；颚突小；囊突粗短，开式；抱器方阔，结构复杂，端部长指状尖出，有内突、铗片、毛簇和刺突；阳茎粗，中部密布角状器。

雌性外生殖器：囊导管粗，端部管壁螺旋状骨化；交配囊体小。

寄主为堇菜科 Violaceae 及蓼科 Polygonaceae 植物。

全世界记载 20 种，分布于古北区和新北区。中国已知 2 种，大秦岭均有分布。

种检索表

后翅反面银色斑纹圆形 ·· **银斑豹蛱蝶 *S. aglaja***
后翅反面银色斑纹条形 ·· **镁斑豹蛱蝶 *S. clara***

银斑豹蛱蝶 *Speyeria aglaja* (Linnaeus, 1758)（图版 14：28）

Papilio aglaja Linnaeus, 1758, *Syst. Nat*. (Edn 10), 1: 481. **Type locality**: Sweden.

Papilio pasilhoe Linnaeus, 1767, *Syst. Nat*. (Edn 12), 1(2): 755 (repl. for *Papilio aglaja* Linnaeus, 1758).

Papilio charlotta Haworth, 1802, *Prodr. Lep. Brit*.: 3.

Papilio emilia Acerbi, 1802, *Travels North Cape*, 2: 253, pl. 2, f. 1-2.

Argynnis aglaja Fixsen, 1887, 3: 305; Leech, 1887, *Proc. zool. Soc. Lond*.: 423; Matsumura, 1907, 4: 93, pl, 71, fig. 2; Mori, 1927, (4): 22; Seok, 1939, 7(61): 49; Tuzov (ed.), 2000, *Guide Butt. Rusr*., 2: 36, pl. 23, f. 1-15.

Argynnis aglaja; Grum-Grshimailo, 1890, *Mém. Lép*., 4: 439.

Argynnis suffusa (Tutt, 1896), *Brit. Butts*: 290.

Argynnis aurea (Tutt, 1896), *Brit. Butts*: 291.

Argynnis flavescens (Tutt, 1896), *Brit. Butts*: 291.

Argynnis pallida (Tutt, 1896), *Brit. Butts*: 291.

Argynnis fusca (Tutt, 1896), *Brit. Butts*: 292.

Argynnis aglaja methana Fruhstorfer, 1908i, *Ent. Zs*., 22(39): 161. **Type locality**: Sierra de Guadarrama, Castilia.

Argynnis aglaja plutus Oberthür, 1909, *Étud. Lépid. Comp*., 3: 209. **Type locality**: W. China, Wa-ssu-kow.

Argynnis aglaia ashretha Evans, 1912, *J. Bombay nat. Hist. Soc*., 21(2): 558, 582. **Type locality**: Ashreth Valley, Chitral.

Argynnis aglaja yopala Fruhstorfer, 1912, *In*: Seitz, *Gross-Schmett. Erde*, 9: 515. **Type locality**: Chitral.

Argynnis aglaja taldena Fruhstorfer, 1912, *In*: Seitz, *Gross-Schmett. Erde*, 9: 516. **Type locality**: Setchuan.

Argynnis aglaja appenninicola Verity, 1914, *Boll. Soc. ent. ital*., 45: 213, f. 4-5.

Argynnis scotica (Watkins, 1923), *Entomologist*, 56: 105.

Argynnis aglaja mirabilis de Sagarra, 1925, *Butll. Inst. Catal. Hist. Nat*., (2)5(1): 45. **Type locality**: Orihuela del Tremedal (Aragó).

Argynnis aglaja montesignum de Sagarra, 1926, *Butll. Inst. Catal. Hist. Nat*., (2)6(6-7): 132.

Acidalia valesinoides (Reuss, 1926), *Dt. ent. Zs*., (1): 69. **Type locality**: Kashmir.

Argynnis ovalis (Cabeau, 1930), *Lambillionea*, 30: 179.

Mesoacidalia linnaei (Hemming, 1942), *Proc. R. ent. Soc. Lond*., (B)11(11): 159.

Argynnis aglaja kansuensis Eisner, 1942, *Zool. Meded. Leiden*, 24(4): 123. **Type locality**: Sining, Kansu, 2500 m.

Mesoacidalia sinenigra (Aagesen, 1977); *Lepid. Kbh*., 3(2-3): 48.

Mesoacidalia aglaja; Korb & Bolshakov, 2011, *Eversmannia Suppl*., 2: 31.

Argynnis aglaja; Yakovlev, 2012, *Nota lepid*., 35(1): 92.

Speyeria aglaja; Chou, 1994, *Mon. Rhop. Sin*.: 473; de Moya *et al*., 2017, *Syst. Ent*., 42(4): 643; Wu & Xu, 2017, *Butts. Chin*.: 752, f. 753: 1.

形态 成虫：大型蛱蝶。两翅正面橙黄色，斑纹黑色；反面色稍淡，斑纹黑色或银白色，银白色斑均有珍珠光泽；正面外缘斑列、斑纹间由细线相连。前翅正面亚外缘斑列斑纹近三角形；外横斑列斑纹大小不一；亚顶区近前缘处有 1 个黑色斑纹；中横斑列近 Z 形，中室有 4 个黑色条纹。反面顶角区、外缘区多绿色；顶角区 1 列银白色小斑与亚外缘斑并列；其余斑纹同前翅正面。后翅正面亚外缘斑列与亚缘斑列近平行排列；外横带中部 V 形外突；中室端斑蝌蚪形。反面除亚缘区外其他区域覆有绿色晕染；斑纹银白色；亚外缘斑列斑纹近半圆形；外横斑列近 V 形；基半部 6 个银白色斑纹梅花形排列。

卵：锥形；初产黄白色，之后颜色加深。

幼虫：黑色；筒形；棘刺黑色；体两侧各有 1 列橘红色斑纹。

蛹：黑红色，有黑色斑驳纹；粗壮。

寄主 堇菜科 Violaceae 堇菜 *Viola verecunda*、硬毛堇菜 *V. hirta*；蓼科 Polygonaceae 支柱蓼 *Bistorta suffulta*。

生物学 1 年 1 代，以 1 龄幼虫在卵内越冬。成虫多见于 6～8 月。卵散产在寄主植物叶片上或周围土块、枯叶和枯枝上。

分布 中国（黑龙江、吉林、辽宁、内蒙古、北京、河北、山西、山东、河南、陕西、宁夏、甘肃、青海、新疆、浙江、四川、云南、西藏），西伯利亚，朝鲜，日本，克什米尔地区，尼泊尔，欧洲，非洲北部。

大秦岭分布 河南（嵩县、栾川）、陕西（长安、周至、眉县、太白、凤县、华阴、洋县、佛坪、宁陕、柞水）、甘肃（麦积、秦州、文县、徽县、两当、合作、舟曲、迭部、碌曲、岷县）、四川（宣汉）。

镁斑豹蛱蝶 *Speyeria clara* (Blanchard, [1844])

Argynnis clara Blanchard, [1844], *Voy. Inde.*, 4(Zool.): 20, pl. 2, f. 2-3; de Nicéville, 1889, *J. Bombay nat. Hist. Soc.*, 4(3): 165, pl. A, f. 6 ♀.

Speyeria clara; de Moya *et al.*, 2017, *Syst. Ent.*, 42(4): 643; Wu & Xu, 2017, *Butts. Chin.*: 752, f. 753: 2-3.

形态 成虫：大型蛱蝶。与银斑豹蛱蝶 *S. aglaja* 近似，主要区别为：本种个体较小。后翅反面晕染深绿色；亚外缘斑列斑纹小，近三角形；中室中部银色斑纹圆形，其余斑纹均为细条形。

生物学 成虫多见于 6～8 月。

分布 中国（甘肃、青海、新疆、四川、西藏），印度，克什米尔地区。

大秦岭分布 甘肃（迭部）。

福蛱蝶属 *Fabriciana* Reuss, 1920

Fabriciana Reuss, 1920, *Ent. Mitt.*, 9: 192 nota. **Type species**: *Papilio niobe* Linnaeus, 1758.

Fabriciana Reuss, 1922, *Archiv. Naturgesch.*, 87(A11): 197. **Type species**: *Papilio niobe* Linnaeus, 1758.

Subgenus *Prodryas* (*Dryas*) Reuss, 1926, *Dt. ent. Zs.*, (1): 66 (preocc. *Prodryas* Scudder, 1878). **Type species**: *Argynnis kamala* Moore, 1857.

Subgenus *Profabriciana* (*Fabriciana*) Reuss, 1926, *Dt. ent. Zs.*, (1): 70. **Type species**: *Argynnis jainadeva* Moore, 1864.

Protodryas Reuss, 1928, *Int. ent. Z.*, 22: 146 (repl. *Prodryas* Reuss, 1926). **Type species**: *Argynnis kamala* Moore, 1857.

Fabriciana (*Dryas*); Reuss, 1926, *Dt. ent. Zs.*, (1): 70.

Fabriciana (Argynninae); Chou, 1998, *Class. Ident. Chin. Butt*: 130, 131.

Fabriciana (Argynnini); de Moya *et al.*, 2017, *Syst. Ent*. 42(4): 643.

Fabriciana; Wu & Xu, 2017, *Butts. Chin*.: 752.

从豹蛱蝶属 *Argynnis* 分出，翅正面有典型的豹纹。雄性前翅正面有 1~2 条性标，在 Cu_1 及 Cu_2 脉上；后翅反面有绿色晕染和银白色斑纹。前翅外缘中部微凹；R_1、R_2 脉从中室端部分出；Cu_1 脉弯曲，Cu_2 脉弯或直，分出处远离；中室端脉 M_1-M_2 段向中室凹入，短于 M_2-M_3 段。后翅外缘波状；反面覆有灰绿色晕染；M_1 及 M_2 和 Rs 脉分出点近而远离 $Sc+R_1$ 脉。

雄性外生殖器：中等骨化，背兜鞍形，背面膜质区近三角形，端半部缢缩变细；钩突较长，鹅头形，前端指形，下钩；颚突宽短，基部与背兜愈合；囊突粗，开式；抱器方阔，结构复杂，有铗片、内突、上端缘指突和刺突；阳茎短于抱器，中部有黑褐色角状器。

雌性外生殖器：囊导管粗长，膜质；交配囊长圆形。

寄主为堇菜科 Violaceae、菊科 Asteraceae 植物。

全世界记载 8 种，分布于古北区和东洋区。中国已知 4 种，大秦岭均有分布。

种检索表

1. 雄性前翅性标 1 条，位于 Cu_2 脉上 ·· 2
   雄性前翅性标 2 条，位于 Cu_1 和 Cu_2 脉上 ······················· 3
2. 后翅 rs 室及 m_2 室无黑色圆斑 ································· 蟾福蛱蝶 *F. nerippe*
   后翅 rs 室及 m_2 室有黑色圆斑 ································· 东亚福蛱蝶 *F. xipe*
3. 后翅 rs 室及 m_2 室有黑色圆斑 ································· 灿福蛱蝶 *F. adippe*
   后翅 rs 室及 m_2 室无黑色圆斑 ································· 福蛱蝶 *F. niobe*

福蛱蝶 *Fabriciana niobe* (Linnaeus, 1758)

Papilio niobe Linnaeus, 1758, *Syst. Nat.* (Edn 10), 1: 481.

Papilio herse (Hufnagel, 1766), *Berlin. Mag.*, 2: 82.

Papilio pelopia Borkhausen, 1788, *Naturges. Eur. Schmett.*, 1: 36.

Papilio cleodoxa Esper, 1789, *Die Schmett.*, Suppl. *Th*, 1(1-2): 3, pl. 94, f. 3.

Argynnis niobe sisenna Fruhstorfer, 1910, *Ent. Zs.*, 24(7): 37. **Type locality**: Krain, Klausen, S. Tyrol.

Argynnis niobe laranda Fruhstorfer, 1910, *Ent. Zs.*, 24(7): 37. **Type locality**: Dalmatia.

Argynnis diocletiana (Stauder, 1911), *Boll. Soc. Adriat.*, 25: 107.

Argynnis fasciata (Blachier, 1912), *Bull. Soc. Lep. Genève*: 2.

Argynnis niobe appenninica Verity, 1914, *Boll. Soc. ent. ital.*, 45: 213.

Argynnis niobe rubida Verity, 1914, *Boll. Soc. ent. ital.*, 45: 214.

Argynnis prufferi (Biezanko, 1922), *Prace. Kom. mat. przyr. Pognaf.* (B), 1: 347.

Argynnis altonevadensis (Reisser, 1927), *Int. ent. Zs.*, 20: 373.

Argynnis niobe austriaca Verity, 1929, *Bull. Soc. Ent. Fr.*, 34(15): 241.

Argynnis superlata (Gaillard, 1929), *Bull. Soc. Sci. nat. Nimes*, 46: 254.

Argynnis erisoides (Pictet, 1930), *Bull. Soc. Lép. Genève*, 6: 111. **Type locality**: Switzerland.

Argynnis niobe ancyrensis Rebel, 1933, *Ann. Mus. Wien*, 46: 3.

Argynnis erispallida (Collier, 1933), *Ent. Rundsch.*, 50: 55. **Type locality**: Spain.

Argynnis fasciata (Valle, 1935), *Anim. fenn.* 2I *Diurna*: 75. **Type locality**: Finland.

Argynnis sequanica (Varin, 1945), *Bull. Soc. Ent. Fr.*, 49(6): 83.

Argynnis niobe erispallida; Eisner, 1942, *Zool. Meded. Leiden*, 24(4): 123.

Fabriciana niobe; Lewis, 1974, *Butts. World*: pl. 2, f. 16, 18; Chou, 1994, *Mon. Rhop. Sin.*: 474; Korb & Bolshakov, 2011, *Eversmannia Suppl.*, 2: 30; de Moya *et al.*, 2017, *Syst. Ent.*, 42(4): 643; Wu & Xu, 2017, *Butts. Chin.*: 752.

形态　成虫：中型蛱蝶。两翅橙黄色；正面斑纹及带纹黑色。前翅外缘带结节状；亚外缘斑列斑纹箭头形；亚缘斑列斑纹近圆形；中横斑带近 Z 形，斑纹间有细带相连；中室有 4 条黑色横波纹；雄性 Cu_1 及 Cu_2 脉上有性标。反面顶角区、前缘区及外缘区多黄绿色；其余斑纹同前翅正面。后翅正面外缘带黑褐色，中间镶有橙色条斑列；亚外缘带锯齿形；中横带波曲状；亚缘斑列近圆形，rs 及 m_2 室斑纹多缺失；中室端部有 2 个条斑。反面覆有绿色晕染；外缘区淡黄色，镶有 2 条平行的黑褐色线纹，内侧线纹连有 1 列白色近三角形斑纹；外横斑带及基半部散布的斑纹白色，多有弱珍珠光泽和绿色或黑色缘线，外横斑带外侧多有橙褐色眼斑列相伴。雌性个体较大；斑纹较发达。

寄主　堇菜科 Violaceae 堇菜属 *Viola* spp. 植物。

生物学　1 年1代。成虫多见于 6～8 月。

分布 中国（吉林、辽宁、河北、甘肃、新疆），中亚，欧洲，非洲北部。

大秦岭分布 甘肃（文县、合作、临潭、迭部、玛曲）。

蟾福蛱蝶 *Fabriciana nerippe* (C. & R. Felder, 1862)

Argynnis nerippe C. & R. Felder, 1862, *Wien. ent. Monats.*, 6(1): 24. **Type locality**: Japan.

Argynnis nerippe chlorotis Fruhstorfer, 1907a, *Soc. Ent.*, 22(9): 68. **Type locality**: Nagasaki.

Argynnis nerippe megalothymus Fruhstorfer, 1907a, *Soc. Ent.*, 22(9): 68. **Type locality**: Japan.

Argynnis nerippe kuangshui Fruhstorfer, 1915, *In*: Seitz, *Gross-Schmett. Erde*, 9: 746.

Fabriciana nerippe; Kudrna, 1974, *Atalanta*, 5: 107; Chou, 1994, *Mon. Rhop. Sin.*: 475; Korb & Bolshakov, 2011, *Eversmannia Suppl.*, 2: 30; de Moya *et al.*, 2017, *Syst. Ent.*, 42(4): 643; Wu & Xu, 2017, *Butts. Chin.*: 754, f. 757: 12-14.

形态 成虫：中型蛱蝶。两翅橙黄色；正面斑纹黑色；外缘及亚缘斑纹间多有细线纹相连。前翅亚顶区近前缘处有 1 个黑色斑纹；外中斑列时有断续；中横斑列 Z 形；中室黑色横纹 4 条；雄性 Cu_1 脉上有性标。反面顶角区及外缘区斑纹多黄绿色；其余斑纹同前翅正面。后翅正面中横带波曲状；亚缘斑列斑纹近圆形，rs 室及 m_2 室斑纹多缺失；中室端部有 2 个条斑。反面覆有绿色晕染；外缘区有 2 条平行的线纹；亚缘斑列黑色；亚外缘斑列、外横斑列及基半部散布的斑纹银白色，有珍珠光泽，多有绿色或黑色缘线。雌性个体较大；斑纹发达；前翅反面顶角区有白色斑纹。

卵：初产淡黄色，孵化前暗灰色；锥形；有纵脊和刻纹。

幼虫：褐色，密布淡褐色棘刺和褐色细毛；背线乳白色，两侧各有 1 列黑色斑纹。

蛹：土灰色，密布黑褐色斑驳纹；翅区有黑色大斑；胴体背面小斑具金属光泽。

寄主 堇菜科 Violaceae 东北堇菜 *Viola mandshurica*、早开堇菜 *V. prionantha*、紫花地丁 *V. philippica*。

生物学 1 年 1 代，以 1 龄幼虫或蛹越冬。成虫多见于 5~9 月。

分布 中国（黑龙江、吉林、辽宁、内蒙古、北京、天津、河北、山西、河南、陕西、宁夏、甘肃、新疆、安徽、浙江、湖北、江西、重庆、四川、贵州、西藏），朝鲜，日本。

大秦岭分布 河南（登封、内乡、嵩县）、陕西（临潼、蓝田、长安、鄠邑、周至、陈仓、眉县、太白、洋县、勉县、留坝、佛坪、宁陕、商州、丹凤、商南、山阳）、甘肃（麦积、秦州、文县、徽县、两当、礼县、临潭、迭部、碌曲）、湖北（兴山、武当山）、重庆（城口）、四川（宣汉、青川、安州）。

灿福蛱蝶 *Fabriciana adippe* (**[Schiffermüller], 1775**)（图版 14：29—30）

Papilio adippe [Schiffermüller], 1775, *Ank. syst. Schmett. Wien.*: 177.

Papilio cydippe Linnaeus, 1761, *Fauna Suec.* (ed. 2): 281 (rejected).

Papilio adippe Linnaeus, 1767, *Syst. Nat.* (ed. 12), 1(2): 786.

Papilio berecynthia (Poda, 1761), *Ins. Mus. Graecensis*: 75 (nom. nud.).

Papilio adippe Linnaeus, 1767, *Syst. Nat.* (ed. 12), 1(2): 786 (repl. for. *Papilio cydippe* Linnaeus, 1761).

Papilio phryxa Bergsträsser, 1780, *Nomen. Ins.*, 4: 27.

Papilio syrinx Borkhausen, 1788, *Naturges. Eur. Schmett.*, 1: 37.

Papilio aspasia Borkhausen, 1788, *Naturges. Eur. Schmett.*, 1: 38.

Argynnis chlorodippe de Villiers & Guenée, 1835, *Tabl. Synop.*, 1: 56. **Type locality**: Sicily.

Argynnis cuneata (Tutt, 1896), *Brit. Butts*: 286.

Argynnis intermedia (Tutt, 1896), *Brit. Butts*: 286.

Argynnis virgata (Tutt, 1896), *Brit. Butts*: 286.

Argynnis adippe mainalia Fruhstorfer, 1910, *Ent. Zs.*, 24(7): 37. **Type locality**: Klausen, S. Tyrol.

Argynnis adippe adelassia Fruhstorfer, 1910, *Ent. Zs.*, 24(7): 37. **Type locality**: Menton, Moulinet, Alpes-Maritimes.

Argynnis esperi Verity, 1913, *J. Linn. Soc. Zool. Lond.*, 32(215): 183 (repl. *Papilio cydippe* Linnaeus, 1761).

Argynnis callisto (Cabeau, 1922), *Rev. mens. Soc. ent. Namur.*: 2. **Type locality**: France.

Argynnis magnaclarens (Gaillard, 1929), *Bull. Soc. Sci. nat. Nimes*, 46: 253.

Argynnis adippe pseudocleodoxa Verity, 1929a, *Bull. Soc. Ent. Fr.*, 34 (17): 278.

Argynnis adippe vulgoadippe Verity, 1929a, *Bull. Soc. Ent. Fr.*, 34(17): 279.

Argynnis adippe parvavirescens Verity, 1929a, *Bull. Soc. Ent. Fr.*, 34(17): 280. **Type locality**: Portugal.

Argynnis adippe cannelata Peschke, 1934, *Int. ent. Zs.*, 28: 431. **Type locality**: Baltistan, Gilgit, 6000ft.

Argynnis cydippe persephone Hemming, 1934, *Stylops*, 3(5): 97 (repl. *Argynnis adippe* r. *pallida* Evans, 1912).

Argynnis adippe alpiumixta Verity, 1936, *Ent. Rec. J. Var.* (Suppl), 48: 84.

Argynnis adippe neclinnaei Verity, 1936, *Ent. Rec. J. Var.* (Suppl), 48: 84. **Type locality**: Scandinavia.

Argynnis adippe magnaclarens Verity, 1936, *Ent. Rec. J. Var.* (Suppl), 48: 85.

Argynnis adippe semiclarens Verity, 1936, *Ent. Rec. J. Var.* (Suppl), 48: 85.

Argynnis adippe olympena Verity, 1937, *Ent. Rec. J. Var.* (Suppl.), 49: 21. **Type locality**: Mt Olympus.

Argynnis adippe astorica Tytler, 1940, *J. Bombay nat. Hist. Soc.*, 42(1): 120. **Type locality**: Rama, Astor.

Argynnis albomaculata (Goodson, 1948), *Entomologist*, 81: 177.

Argynnis klinzigi (Niculescu, 1961), *Bull. Soc. ent. Mulhouse*, 17: 46.

Fabriciana adippe; Chou, 1994, *Mon. Rhop. Sin.*: 475; Korb & Bolshakov, 2011, *Eversmannia Suppl.*, 2: 31; de Moya *et al.*, 2017, *Syst. Ent.*, 42(4): 643; Wu & Xu, 2017, *Butts. Chin.*: 752, f. 755: 3-5, 756: 6-9, 757: 10-11.

Argynnis adippe; Lee, 2005, *Lucanus*, 5: 6; Yakovlev, 2012, *Nota lepid.*, 35(1): 91.

形态　成虫：中型蛱蝶。与蟾福蛱蝶 F. nerippe 近似，主要区别为：本种前翅有 2 条性标，分别位于 Cu$_1$ 和 Cu$_2$ 脉上；外横斑列 rs 室及 m$_2$ 室各有 1 个小圆斑。

　　卵：平锥形；初产淡黄色，后黄褐色，孵化前变黑；有多条纵脊。

　　幼虫：黑褐色；棘刺灰白色；体上纵条纹细，白色。

　　蛹：棕褐色；头部 1 对突起较短；腹面突起小，端部白色。

　　寄主　堇菜科 Violaceae 三色堇 Viola tricolor、犬齿堇菜 V. canina、香堇菜 V. odorata、白花地丁 V. patrinii；菊科 Asteraceae 蒲公英 Taraxacum mongolicum。

　　生物学　1 年 1 代，以幼虫或蛹越冬。成虫多见于 5～10 月。飞行迅速，常在林缘、开阔地活动，喜采食花蜜，多与其他豹蛱蝶混合采花。卵单产于枯叶上。

　　分布　中国（黑龙江、吉林、辽宁、内蒙古、北京、天津、河北、山西、山东、河南、陕西、甘肃、新疆、江苏、安徽、浙江、湖北、江西、重庆、四川、贵州、云南、西藏），西伯利亚、朝鲜、日本。

　　大秦岭分布　河南（登封、内乡、西峡、宜阳、嵩县、栾川、陕州）、陕西（长安、蓝田、鄠邑、周至、渭滨、陈仓、眉县、太白、凤县、华州、华阴、南郑、城固、洋县、略阳、西乡、勉县、镇巴、留坝、佛坪、汉阴、石泉、宁陕、商州、丹凤、商南、山阳、镇安、柞水、洛南）、甘肃（麦积、秦州、康县、文县、两当、徽县、礼县、卓尼、迭部、玛曲）、湖北（当阳、兴山、保康、神农架、武当山、郧阳）、重庆（巫溪、城口）、四川（宣汉、青川、都江堰、安州、平武、汶川）。

东亚福蛱蝶 *Fabriciana xipe* (Grum-Grshimailo, 1891)

Argynnis adippe var. *xipe* Grum-Grshimailo, 1891, *Horae Soc. ent. Ross.*, 25(3-4): 457. **Type locality**: [Chinchkhuza, Dzhakhar Mts., Amdo region, Tibet].

Argynnis adippe var. *coredippe* Leech, [1892], *Butts Chin. Jap. Cor.*, (1): 233, pl. 22, f. 3-4.

Fabriciana coredippe; Korb & Bolshakov, 2011, *Eversmannia Suppl.*, 2: 30.

Argynnis xipe; Lee, 2005, *Lucanus*, 5: 2.

Fabriciana xipe; de Moya *et al.*, 2017, *Syst. Ent.*, 42 (4): 643; Wu & Xu, 2017, *Butts. Chin.*: 754, f. 757: 12-14.

　　形态　成虫：中型蛱蝶。与蟾福蛱蝶 F. nerippe 近似，主要区别为：本种后翅外横斑列 rs 及 m$_2$ 室各有 1 个小圆斑；反面淡黄色斑纹珠光弱。

　　生物学　1 年 1 代。成虫多见于 5～8 月。

　　分布　中国（黑龙江、辽宁、内蒙古、北京、河北、山西、山东、河南、陕西、甘肃、新疆、江苏、湖北、江西、四川、云南、西藏），俄罗斯，蒙古，朝鲜，日本。

　　大秦岭分布　陕西（宁陕）、甘肃（麦积、武山）、湖北（兴山）、四川（汶川、九寨沟）。

珠蛱蝶属 *Issoria* Hübner, [1819]

Issoria Hübner, [1819], *Verz. bek. Schmett.*, (2): 31. **Type species**: *Papilio lathonia* Linnaeus, 1758.

Rathora Moore, [1900], *Lepid. Ind.*, 4(48): 241. **Type species**: *Papilio lathonia* Linnaeus, 1758.

Yramea Reuss, 1920, *Ent. Mitt.*, 9: 1920. **Type species**: *Papilio cytheris* Drury, [1773].

Kuekenthaliella Reuss, 1921, *Soc. Ent.*, 36(4): 16. **Type species**: *Argynnis gemmata* Butler, 1881.

Pseudorathora (*Rathora*) Reuss, 1926, *Dt. ent. Z.*, (1): 68. **Type species**: *Rathora isaeae*[sic] f. *geogr. isaeoides* Reuss, 1925.

Prokuekenthaliella Reuss, 1926a, *Deuts. ent. Zs.*, (5): 435. **Type species**: *Argynnis excelsior* Butler, [1896].

Rathora (Dryadinae); Reuss, 1926, *Dt. ent. Zs.*, (1): 68.

Chilargynnis Bryk, 1944, *Ark. Zool.*, 36A (No. 1): 8. **Type species**: *Papilio cytheris* Drury, [1773].

Issoria (Argynninae); Chou, 1998, *Class. Ident. Chin. Butt*: 133, 134.

Issoria; Wu & Xu, 2017, *Butts. Chin.*: 765.

翅正面有豹纹；雄性无性标；后翅反面有密集的银白色或珠白色斑纹。前翅外缘弧形或中部凹入；R_1、R_2 脉从中室端部分出；Cu_1 与 Cu_2 脉分出点相距远；中室端脉 M_1-M_2 段向中室凹入，短于 M_2-M_3 段。后翅外缘中部钝角形外突，顶角及臀角明显；M_1 及 M_2 与 Rs 脉分出点近而远离 Sc+R_1 脉。

雄性外生殖器：中等骨化；背兜鞍形，背部有膜质；钩突弯指形；颚突宽；囊突粗短；抱器方阔，结构较复杂，有铗片和内突；阳茎粗短，前端密布角状器。

雌性外生殖器：囊导管粗，膜质；交配囊体长袋形。

寄主为杜鹃花科 Ericaceae 植物。

全世界记载 10 种，分布于古北区、东洋区及非洲区。中国已知 4 种，大秦岭分布 1 种。

曲斑珠蛱蝶 *Issoria eugenia* (Eversmann, 1847)（图版 15：31—32）

Argynnis eugenia Eversmann, 1847, *Bull. Soc. imp. Nat. Moscou*, 20(3): 68. **Type locality**: [Irkutsk region].

Issoria eugenia; Chou, 1994, *Mon. Rhop. Sin.*: 479; Korb & Bolshakov, 2011, *Eversmannia Suppl.*, 2: 31; Wu & Xu, 2017, *Butts. Chin.*: 765, f. 766: 1-8.

Kuekenthaliella eugenia; Huang, 1998, *Neue Ent. Nachr.*, 41: 234 (note), pl. 10, f. 1a, 1c-e; Yakovlev, 2012, *Nota lepid.*, 35(1): 91.

形态 成虫：小型蛱蝶。两翅正面橙黄色；斑纹黑色；外缘带黑色。反面色稍淡；斑纹银白色或黑色。前翅正面亚顶区近前缘处有 1 个黑色斑纹；亚外缘与亚缘斑列近平行排列；

中横斑列 Z 形；中室条斑 4 条。反面顶角区黑褐色或锈红色；外缘与亚缘斑列之间有 1 列白色斑纹，未达臀角；亚顶区近前缘处有 1~2 个白色斑纹；其余斑纹同前翅正面。后翅正面亚外缘斑列橙色，缘线黑色；亚缘及中横斑列近 V 形；中室端部有 1 个斑纹；基部及后缘密布棕黑色长毛。反面覆有暗绿色和黄色晕染；外缘及亚缘斑列银白色；亚外缘斑列墨绿色至黑褐色；基半部有数个银白色和黄色斑纹排列成梅花形，斑纹大小长短不一，其中 m_2 室基部的 1 个银白色大斑延伸至亚缘区。翅面银白色斑均有珍珠光泽。

寄主 杜鹃花科 Ericaceae 植物。

生物学 1 年 1 代。成虫多见于 6~10 月。飞行迅速，喜访花，栖息于高海拔山地灌草丛中。

分布 中国（陕西、甘肃、青海、新疆、四川、云南、西藏），俄罗斯，蒙古。

大秦岭分布 陕西（鄠邑、周至、眉县、太白、洋县、留坝、佛坪、商南）、甘肃（文县、合作、迭部、碌曲）、四川（汶川）。

宝蛱蝶属 *Boloria* Moore, 1900

Boloria Moore, 1900, *Lepid. Ind.*, 4(48): 243. **Type species**: *Papilio pales* Denis & Schiffermüller, 1775.
Boloria (Dryadinae); Reuss, 1926, *Dt. ent. Zs.*, (1): 68.
Boloria (Argynninae); Chou, 1998, *Class. Ident. Chin. Butt*: 133.
Boloria (Boloriina); Pelham, 2008, *J. Res. Lepid.*, 40: 296.
Boloria; Wu & Xu, 2017, *Butts. Chin.*: 763.

与珍蛱蝶属 *Clossiana* 近似。前翅狭长，外缘弧形；顶角明显；R_1 脉从中室端部分出；R_2 从 R_5 脉分出；Cu_1 与 Cu_2 脉分出点相距较 2A 脉分出点近；中室端脉 M_1-M_2 段向中室凹入，短于 M_2-M_3 段。后翅外缘弧形，外缘在 $Sc+R_1$ 脉处弯曲角度明显；M_1 及 M_2 脉分出点和 Rs 脉分出点近而远离 $Sc+R_1$ 脉。

雄性外生殖器：中等骨化；背兜鞍形，背面有膜质区；钩突前端二分叉；颚突及囊突小；抱器方阔，结构较复杂，有铗片及内突；阳茎短，无角状器。

雌性外生殖器：囊导管粗，骨化弱；交配囊体近球形，膜质。

寄主为蓼科 Polygonaceae 及堇菜科 Violaceae 植物。

全世界记载 12 种，分布于古北区、新北区及非洲区。中国已知 5 种，大秦岭分布 2 种。

种检索表

前翅端部 3 列黑色点斑平行，第 2、3 列整齐 ·························· **洛神宝蛱蝶 *B. napaea***
前翅端部 3 列黑色点斑不平行，第 2、3 列不整齐 ·················· **龙女宝蛱蝶 *B. pales***

洛神宝蛱蝶 *Boloria napaea* Hoffmannsegg, 1804

Boloria napaea Hoffmannsegg, 1804, *Mag. f. Insektenk*. (Illiger), 3: 196 (repl. *Papilio isis* Hübner, [1799-1800]).

Papilio isis Hübner, [1799-1800], *Samml. eur. Schmett*., [1]: 9, pl. 7, f. 39-38 (preocc. Drury, 1773).

Papilio dirphya Hoffmannsegg, 1806, *Mag. f. Insektenk*., 5: 180 (repl. *Papilio napaea* Hoffmannsegg, 1804).

Boloria napaea frigida; Korb & Bolshakov, 2011, *Eversmannia Suppl*., 2: 34.

Argynnis napaea; Hübner, [1819], *Verz. bek. Schmett*., (2): 30.

Boloria napaea; Chou, 1994, *Mon. Rhop. Sin*.: 478; Korb & Bolshakov, 2011, *Eversmannia Suppl*., 2: 34.

形态　成虫：小型蛱蝶。两翅正面橙色；斑纹多黑色；翅端部有 3 列近平行的斑纹；基部黑色。前翅正面中横斑列 Z 形，时有模糊；中室 4 条线纹波状。反面斑纹时有退化或模糊。后翅中横带波曲形；反面橙红色；端缘排有 1 列长条斑，其内镶有 3 列斑纹，外侧 1 列白色，内侧 2 列时有模糊，红褐色至黑褐色；中横斑列近 V 形；m_3 室有 1 个黄色梭形长斑；基半部散布形状和大小不一的白色斑纹。

寄主　蓼科 Polygonaceae 珠芽蓼 *Bistorta vivipara*。

分布　中国（山西、陕西、新疆），西伯利亚，欧洲。

大秦岭分布　陕西（五台山）。

龙女宝蛱蝶 *Boloria pales* (Denis & Schiffermüller, 1775)

Papilio pales Denis & Schiffermüller, 1775, *Ank. syst. Schmett. Wienergegend*: 177.

Papilio arsilache Esper, 1780, *Die Schmett. Th. I, Bd*., 2(1): 35, pl. 56, f. 5.

Brenthis pales; Dyar, 1903, *Bull. U.S. natn. Mus*., 52: 16.

Argynnis pales darjana Seitz, 1909, *Gross-Schmett. Erde*, 1: 230, pl. 68 a (Stgr. i.l.). **Type locality**: Syr Darya.

Argynnis interligata (Cabeau, 1922), *Rev. mens. Soc. ent. Namur*.: 46.

Argynnis hockacensis (Cabeau, 1922), *Rev. mens. Soc. ent. Namur*.: 51.

Argynnis othello (Cornelsen, 1923), *Int. ent. Zs*., 16: 212.

Argynnis elongata (Le Charles, 1926), *Amat. Papillons*, 3: 120. **Type locality**: Savoy.

Argynnis zehlae (Bois-Reymond, 1926), *Int. ent. Zs*., 20: 105.

Argynnis alba (Cabeau, 1930), *Lambillionea*, 30: 178.

Argynnis argentaea (Mairlot, 1932), *Lambillionea*, 32: 209. **Type locality**: Belgia.

Argynnis pales contempta Zerny, 1932, *Denkschr. Akad. Wiss. Wien*., 103: 70.

Argynnis pales majellensis Dannehl, 1933, *Ent. Zs*., 46(23): 244. **Type locality**: Montagna Grande.

Argynnis parvula (Collier, 1933), *Ent. Rundsch*., 50: 55.

Brenthis carelica (Valle, 1935), *Anim. fenn*. 2I Diurna: 80. **Type locality**: Finland.

Argynnis pales palinoida Seok, 1937a, *Annot. Zool. Jap*., 16(2): 109. **Type locality**: Mt Sioutaisan.

Argynnis subalpina (Petersen, 1947), *Zool. Bidr. Uppsala*, 26: 404.

Argynnis scandinavica (Petersen, 1947), *Zool. Bidr. Uppsala*, 26: 406.

Brenthis pales rufina Agenjo, 1962, *Eos*, 38(3): 337. **Type locality**: Ull de Ter, Setcasas, Gerona, Spain.

Boloria pales; Chou, 1994, *Mon. Rhop. Sin*.: 478.

形态 成虫：小型蛱蝶。与洛神宝蛱蝶 *B. napaea* 近似，主要区别为：本种前翅亚缘斑列错位，下半段内移；后翅反面 m_3 室黄色梭形长斑有缺口。

寄主 堇菜科 Violaceae 堇菜 *Viola calcarata*。

生物学 1 年 1 代。成虫多见于 7 月。喜访花。

分布 中国（黑龙江、吉林、内蒙古、陕西、甘肃、青海、新疆、四川、云南、西藏），西伯利亚，阿富汗，喜马拉雅西部，不丹，亚洲中部，巴尔干半岛，欧洲，非洲。

大秦岭分布 陕西（眉县、太白）、甘肃（武都、文县、临潭、迭部、碌曲、玛曲）。

珍蛱蝶属 *Clossiana* Reuss, 1920

Clossiana Reuss, 1920, *Ent. Mitt*., 9: 192 nota. **Type species**: *Papilio selene* Denis & Schiffermüller, 1775.

Clossiana (Dryadinae); Reuss, 1926, *Dt. ent. Zs*., (1): 68.

Clossiana (Argynninae); Chou, 1998, *Class. Ident. Chin. Butt*: 131, 132.

Clossiana (Boloria); Pelham, 2008, *J. Res. Lepid*., 40: 298.

Clossiana; Wu & Xu, 2017, *Butts. Chin*.: 758.

从宝蛱蝶属 *Boloria* 分出。翅黄褐色，正面有褐色豹纹；后翅反面中室外围有 1 列放射状排列的斑纹，珍珠白色。前翅狭长，外缘弧形；顶角钝圆或尖出；R_1 脉从中室端部分出；R_2 脉从 R_5 脉分出；Cu_1、Cu_2 脉分出点相距较 2A 脉分出点近；中室端脉 M_1-M_2 段向中室微凹，M_2-M_3 段直，较长。后翅外缘弧形，无凹凸；顶角及臀角较圆；M_1 和 M_2 脉分出点与 Rs 脉分出点近而远离 $Sc+R_1$ 脉。

雄性外生殖器：骨化较强；背兜鞍形，背面有膜质区，端半部颈状缢缩变细；钩突弯指形，前端分叉；颚突宽短，基部与背兜愈合；囊突较短，粗或细；抱器方阔，端部分叉，有内突和铗片；阳茎粗，有角状器。

雌性外生殖器：囊导管粗短，骨化；交配囊体近球形，膜质。

寄主为杜鹃花科 Ericaceae、岩高兰科 Empetraceae、堇菜科 Violaceae、蔷薇科 Rosaceae、唇形科 Lamiaceae 植物。

全世界记载 35 种，分布于古北区、东洋区和新北区。中国已知 20 种，大秦岭分布 3 种。

种检索表

1. 两翅反面外缘斑楔形 ·· **珍蛱蝶 C. gong**
   两翅反面外缘斑非楔形 ··· 2
2. 后翅中室有黑色斑纹 ··· **西冷珍蛱蝶 C. selenis**
   后翅中室无黑色斑纹 ··· **女神珍蛱蝶 C. dia**

珍蛱蝶 *Clossiana gong* (Oberthür, 1884)（图版 15：33）

Argynnis gong Oberthür, 1884, *Étud. d'Ent.*, 9: 15, pl. 2, f. 9. **Type locality**: Ta-Tsien-Lou.

Argynnis eva Grum-Grshimailo, 1891, *Horae Soc. ent. Ross.*, 25(3-4): 456.

Argynnis gong pernimia Fruhstorfer, 1917a, *Archiv Naturg.*, 82 A(2): 17. **Type locality**: Kansu, China.

Argynnis gong f. *pallida* Eisner, 1942, *Zool. Meded. Leiden*, 24(4): 122. **Type locality**: Sung-pan-ting, Szetschwan.

Clossiana gong; Chou, 1994, *Mon. Rhop. Sin.*: 477; Coene & Vis, 2008, *Nota lepid.*, 1(2): 239; Wu & Xu, 2017, *Butts. Chin.*: 758, f. 760: 1-6.

形态 成虫：小型蛱蝶。两翅橙黄色。正面外缘、亚外缘及亚缘斑列近平行排列；基部黑褐色，密被鳞毛；斑纹黑色。反面端部白色楔形纹和橙黄色或橙红色指状纹镶嵌套叠排列；斑纹黑色或银白色。前翅亚顶区近前缘处有 1 个黑色斑纹；中横斑列近 Z 形；中室有 4 个斑纹；cu$_2$ 室基部有 L 形斑纹。反面斑纹同前翅正面。后翅正面中横带齿状；基部有黑色斑纹。反面亚缘眼斑列黑褐色，白色瞳点有或无；中室点斑黑色，周缘放射状排列 1 圈大小及形状不一的银白色斑纹。

幼虫：黑色；棘刺灰黑色，基部红褐色。

寄主 杜鹃花科 Ericaceae 太白杜鹃 *Rhododendron purdomii*。

生物学 成虫于 5～7 月出现。飞行迅速，多在灌草丛中活动，喜访花。

分布 中国（河北、山西、河南、陕西、甘肃、青海、四川、贵州、云南、西藏）。

大秦岭分布 河南（灵宝）、陕西（周至、太白、眉县、凤县、南郑、留坝、宁陕、商州）、甘肃（麦积、武山、武都、文县、徽县、两当、礼县、卓尼、迭部、碌曲、漳县）。

女神珍蛱蝶 *Clossiana dia* (Linnaeus, 1767)

Papilio dia Linnaeus, 1767, *Syst. Nat.* (Edn 12), 1(2): 785. **Type locality**: Austria.

Papilio dia minor Borkhausen, 1788, *Naturges. Eur. Schmett.*, 1: 41.

Brenthis nenoquis Reakirt, 1866, *Proc. Acad. nat. Sci. Philad.*, 18(3): 247; Strecker, 1878, *Synon. Cat. Macroplep.*: 118; Pelham, 2008, *J. Res. Lepid.*, 40: 442.

Argynnis dia diniensis Oberthür, 1909, *Étud. Lépid. Comp.*, 3: 216.

Argynnis nigricans (Ksienschopolski, 1911), *Trudy obshch. Izsl. Volyni Zitomir*, 8: 40, pl. 1, f. 5.

Argynnis dia diniensis; Fruhstorfer, 1917a, *Archiv Naturg.*, 82 A(2): 18.

Argynnis interligata (Cabeau, 1922), *Rev. mens. Soc. ent. Namur.*: 22. **Type locality**: France.

Argynnis bivittata (Cabeau, 1925), *Rev. mens. Soc. ent. Namur.*, 25: 7. **Type locality**: Belgium.

Argynnis posteronubilata (Cabeau, 1930), *Lambillionea*, 30: 122.

Argynnis couleti (Oberthür, 1937), *Lambillionea*, 37: 26. **Type locality**: Basses-Alpes.

Argynnis reducta (Lumma, 1938), *Ent. Zs.*, 52(13): 104.

Clossiana postdia; Verity, 1950, *Farfalle diurn. d'Italia*, 4: 247.

Clossiana dia; Chou, 1994, *Mon. Rhop. Sin.*: 477.

Boloria dia; Korb & Bolshakov, 2011, *Eversmannia Suppl.*, 2: 33.

形态 成虫：小型蛱蝶。与珍蛱蝶 *C. gong* 近似，主要区别为：本种个体较小；翅反面外缘区白色斑纹短。前翅亚缘斑列上半段斑纹相连，并外倾与外缘斑列相接；中横斑列斑纹间有细线相接。

寄主 蔷薇科 Rosaceae 覆盆子 *Rubus idaeus*；唇形科 Lamiaceae 夏枯草 *Prunella vulgaris*。

生物学 1年1~2代。成虫多见于5~9月；高海拔地区1年1代，成虫6~7月出现。

分布 中国（陕西、甘肃、新疆），西伯利亚，小亚细亚，西欧。

大秦岭分布 陕西（南郑、留坝）。

西冷珍蛱蝶 *Clossiana selenis* (Eversmann, 1837)

Argynnis selenis Eversmann, 1837, *Bull. Soc. imp. Nat. Moscou*, (1): 10. **Type locality**: "Kasan" [Kazan, Tatarstan, Russia].

Argynnis selenis takamukuella Matsumura, 1929, *Ins. Matsum.*, 3(4): 155. **Type locality**: Korea.

Clossiana selenis; Lewis, 1974, *Butts. World*: pl. 194, f. 15; Chou, 1994, *Mon. Rhop. Sin.*: 478; Wu & Xu, 2017, *Butts. Chin.*: 758, f. 760:12, 761: 13-15.

Clossiana speranda Grosser, 1979, *Reichenbachia*, 17(39): 331. **Type locality**: NW. Mongolia.

Clossiana mariapaula (Fernández Vidal, 1980), *Revta lepid.*, 8(3): 215.

Boloria selenis; Korb & Bolshakov, 2011, *Eversmannia Suppl.*, 2: 32.

形态 成虫：小型蛱蝶。两翅橙黄色；正面斑纹黑色；外缘、亚外缘及亚缘斑列近平行排列，黑色。前翅外缘带结节状；亚外缘斑近三角形；亚缘斑较圆；亚顶区有模糊前缘斑列；中横斑带近 Z 形；中室有 4 个波状条斑；cu₂ 室基部斑纹近 C 形。反面顶角区赭黄色，中间镶有 1 个红褐色大斑；外缘斑带细线状；其余斑纹同前翅正面。后翅正面基半部黑色斑纹相互串联成网状；中室中部有 1 个圆形斑纹。反面基部和端部多有红褐色和灰白色块状斑；亚外缘斑列斑纹箭头形，红褐色或黑色；亚缘眼斑列多有白色瞳点；中室圆斑黑色；内横斑带近 C 形，赭黄色；基部有 4 个白色或赭黄色斑纹。

寄主 堇菜科 Violaceae 植物。

生物学 1 年 2 代。成虫多见于 5 月及 8 月。喜访花，常在林缘、草灌丛和林间空地活动。

分布 中国（黑龙江、吉林、辽宁、内蒙古、北京、河北、陕西、甘肃、新疆、四川），俄罗斯，蒙古，朝鲜。

大秦岭分布 陕西（周至、陈仓、太白）、甘肃（麦积、武山、文县、两当、迭部、玛曲、漳县）。

线蛱蝶亚科 Limenitinae Behr, 1864

Limenitidinae Behr, 1864.

Limenitidinae (Nymphalidae); Chou, 1998, *Class. Ident. Chin. Butt*: 134.

Limenitidini (Biblidinae); Vane-Wright & de Jong, 2003, *Zool. Verh. Leiden*, 343: 193.

翅缘波状或平滑；正面常有黑色或黄色斑带；两性多同型；雄性无发香鳞。前翅近三角形；R_2 脉多从中室分出；R_3、R_4 与 R_5 脉共柄；中室开式或由较退化的横脉闭合。后翅多无尾突；少数种类有齿突；肩脉与 Sc+R_1 脉在同一点或从 Sc+R_1 脉基部分出；中室多开式。

全世界记载约 1059 种，分布于古北区、新北区、东洋区、澳洲区。中国已知 180 余种，大秦岭分布 89 种。

族检索表

1. 后翅肩脉与 Sc+R_1 脉从同点分出，或前翅外缘长于后缘·····························2

   后翅肩脉从 Sc+R_1 脉基部分出，前翅外缘短于后缘·····················**翠蛱蝶族 Adoliadini**

2. 中室前翅闭式，后翅开式 ······························· **线蛱蝶族 Limenitini**

 不如上述 ··· 3

3. 两翅中室均开式 ·· **环蛱蝶族 Neptini**

 两翅中室均闭式 ·· **姹蛱蝶族 Chalingini**

翠蛱蝶族 Adoliadini Doubleday, 1845

Adoliadini Doubleday, 1845.

Euthaliini (Limenitidinae); Chou, 1998, *Class. Ident. Chin. Butt*: 134.

Adoliadina (Liminitidini); Vane-Wright & de Jong, 2003, *Zool. Verh. Leiden*, 343: 201.

Adoliadini (Limenitidinae); Dhungel & Wahlberg, 2018, *Peer J*, 6(4311):35.

体强壮。翅阔，后翅中室开式；肩脉从 Sc+R$_1$ 脉基部分出。

全世界记载 580 余种，分布于古北区、东洋区、非洲区及澳洲区。中国已知 60 余种，大秦岭分布 18 种。

翠蛱蝶属 *Euthalia* Hübner, [1819]

Euthalia Hübner, [1819], *Verz. bek. Schmett*., (3): 41. **Type species**: *Papilio lubentina* Cramer, [1777].

Symphaedra Hübner, 1818, *Zuträge Samml. exot. Schmett*., 1: 7. **Type species**: *Symphaedra alcandra* Hübner, 1818.

Aconthea Horsfield, [1829], *Descr. Cat. lep. Ins. Mus. East India Coy,* (2): (expl.) [1-2] pl. 5-8. **Type species**: *Aconthea primaria* Hosrfield, [1829].

Adolias Boisduval, 1836, *Hist. nat. Ins., Spec. gén. Lépid*., 1: pl. 3, f. 11, pl. 8, f. 2. **Type species**: *Papilio aconthea* Cramer, [1777].

Symphedra; Doubleday, 1844, *List. Lepid. Ins. Brit. Mus*., 1: 105 (missp.).

Itanus Doubleday, [1848], *Gen. diurn. Lepid*., (1): pl. 2, f. 4. **Type species**: *Itanus phemius* Doubleday, [1848].

Itanus Felder, 1861, *Nov. Act. Leop. Carol*., 28(3): 34. **Type species**: *Adolias anosia* Moore, [1858].

Symphaedra (Nymphalinae); Moore, [1880], *Lepid. Ceylon*, 1(1): 34.

Euthalia (Nymphalinae); Moore, [1880], *Lepid. Ceylon*, 1(2): 41.

Nora (*Euthalia*) de Nicéville, 1893, *J. Bombay nat. Hist. Soc*., 8(1): 54. **Type species**: *Adolias kesava* Moore, 1859.

Kirontisa Moore, [1897], *Lepid. Ind*., 3(27): 49, 3(29):100. **Type species**: *Adolias telchinia* Ménétnés, 1857.

Chucapa Moore, [1897-1898], *Lepid. Ind.*, 3(27): 49, 3(31):137. **Type species**: *Adolias franciae* Gray, 1846.

Limbusa Moore, [1897-1898], *Lepid. Ind.*, 3(27): 49, 3(31):130. **Type species**: *Adolias nara* Moore, 1859.

Mahaldia Moore, [1897-1898], *Lepid. Ind.*, 3(27): 49, 3(31):132. **Type species**: *Adolias sahadeva* Moore, 1859.

Tasinga Moore, [1897], *Lepid. Ind.*, 3(27): 49, 3(29): 101. **Type species**: *Adolias anosia* Moore, [1858].

Sonepisa Moore, [1897], *Lepid. Ind.*, 3(27): 49, (29):110. **Type species**: *Adolias kanda* Moore, 1859.

Zalapia Moore, [1897-1898], *Lepid. Ind.*, 3(27): 49, 3(31):135. **Type species**: *Adolias patala* Kollar, [1844].

Euthalia (Euthaliini); Chou, 1998, *Class. Ident. Chin. Butt*: 135, 138.

Euthalia (Adoliadina); Vane-Wright & de Jong, 2003, *Zool. Verh. Leiden*, 343: 202.

Euthalia (Adoliadini); Dhungel & Wahlberg, 2018, *Peer J.*, 6(4311): 35.

Euthalia; Wu & Xu, 2017, *Butts. Chin.*: 896.

体粗壮有力。雌雄多异型，或呈多型性。翅多有淡色带和白色斑带；雄性多数深褐色，雌性淡褐色；有些种类翠绿色。两翅反面中室及其附近有 3 ~ 5 个黑色环状纹。前翅顶角有时略突出，但不呈镰刀状；中室闭式或开式；有的种类 Sc 脉与 R_1 脉雄性分离，雌性交叉；R_4 脉到达外缘。后翅外缘无齿突或尾突；Sc+R_1 脉到达外缘；肩脉从 Sc+R_1 脉上生出。中室开式。

雄性外生殖器：背兜多头盔形；钩突爪状，末端弯曲而尖；颚突臂状；囊突长或短；抱器狭长，末端圆、尖或有锯齿；阳茎多较短。

雌性外生殖器：囊导管长，多骨化；交配囊膜质，多长圆形；交配囊片有或无。

寄主为壳斗科 Fagaceae、杜鹃花科 Ericaceae、山茶科 Theaceae、漆树科 Anacardiaceae、棕榈科 Palmae、桑寄生科 Loranthaceae、大戟科 Euphorbiaceae 植物。

全世界记载 70 种，分布于东洋区。中国已知近 60 种，大秦岭分布 18 种。

种检索表

1. 前翅正面基半部黑褐色，端半部灰褐色 ······························**拟鹰翠蛱蝶 *E. yao***
   前翅正面不如上述 ·· 2
2. 雌雄异型，前翅顶角尖 ·· 3
   雌雄基本同型，前翅顶角钝圆 ·· 6
3. 后翅端缘有蓝绿色带纹 ··**绿裙边翠蛱蝶 *E. niepelti***
   后翅端缘无蓝绿色带纹 ·· 4
4. 雄性后翅正面黄斑近扇形，延伸到整个中室 ······················**峨眉翠蛱蝶 *E. omeia***
   雄性后翅正面黄斑非扇形，不延伸进中室 ·· 5

5. 雄性后翅正面有 2 个黄色条斑 ·· **黄铜翠蛱蝶 *E. nara***

   雄性后翅正面有 3 个黄色条斑 ·· **太平翠蛱蝶 *E. pacifica***

6. 前翅有中斜带，从前缘中部伸向臀角 ··· 7

   前翅有中横带，从前缘伸向后缘 ··· 8

7. 后翅正面外斜带仅有端部 2 个白色斑纹，其余斑纹为环纹或消失 ·······················

   ··· **珀翠蛱蝶 *E. pratti***

   后翅正面外斜带有 2 个以上白色斑纹 ··· **散斑翠蛱蝶 *E. khama***

8. 前翅中域斑带从 cu_2 室内移折向后缘 ·· 9

   前翅中域斑带从 m_3 室内移折向后缘 ··· 12

9. 前翅中域斑列仅 1 个斑内移 ··· 10

   前翅中域斑列有 1 个以上斑内移 ··· 11

10. 前翅中域带纹窄，上部斑纹非长条形 ·· **黄翅翠蛱蝶 *E. kosempona***

    前翅中域带纹宽，上部斑纹长条形 ··· **孔子翠蛱蝶 *E. confucius***

11. 后翅中域斑列斑纹小，较圆，相互分离 ··· **嘉翠蛱蝶 *E. kardama***

    后翅中域斑列斑纹大，较方，接近或相连 ·· **褐蓓翠蛱蝶 *E. hebe***

12. 后翅中横带外侧有蓝灰色带纹相伴 ·· **渡带翠蛱蝶 *E. duda***

    后翅中横带外侧无蓝灰色带纹相伴 ·· 13

13. 前翅中横带后半段斑纹排列较整齐，基本不错位 ··· 14

    前翅中横带后半段斑纹错位排列 ··· 15

14. 后翅中横带外缘波形 ·· **西藏翠蛱蝶 *E. thibetana***

    后翅中横带外缘较平直 ··· **波纹翠蛱蝶 *E. undosa***

15. 翅正面棕绿色，反面黄绿色 ··· 16

    翅正面赭绿色，反面灰绿色 ··· 17

16. 前翅中域 cu_1 室白斑长方形 ··· **新颖翠蛱蝶 *E. staudingeri***

    前翅中域 cu_1 室白斑近方形 ··· **陕西翠蛱蝶 *E. kameii***

17. 后翅中横带直，后半段不内弯 ··· **阿里翠蛱蝶 *E. aristides***

    后翅中横斑列后半段稍内弯 ··· **锯带翠蛱蝶 *E. alpherakyi***

西藏翠蛱蝶 *Euthalia thibetana* (Poujade, 1885)

Adolias thibetana Poujade, 1885, *Bull. Soc. Ent. Fr.*, (6)5: 215. **Type locality**: Moupin, Sichuan.

Bassarona thibetana; D'Abrera,1993, *Butts. Holarct*. Reg.: 350.

Euthalia thibetana; Chou, 1994, *Mon. Rhop. Sin*.: 499; Wu & Xu, 2017, *Butts. Chin*.: 926, f. 928: 4-5.

形态　成虫：中型蛱蝶。翅正面深褐绿色，反面绿棕色，斑纹白色或淡黄色；外缘带及亚缘带黑褐色；中横斑带前后翅相接。前翅正面亚顶区有 2 个白色斑纹；中横斑带上部 3 个斑纹较小，相互分离，下部 4 个斑纹大，相连较紧密；中室有黑色细线纹，端部有褐白色条斑。反面亚缘区下半部有大块黑色区域，其余斑纹同前翅正面。后翅外缘锯齿形；中横带从上到下逐渐变窄，边缘较平直；反面基部黑色圈纹组成枝叶状图案。

幼虫：绿色；每侧有 1 列呈羽状的侧突水平伸出。

寄主　壳斗科 Fagaceae 多脉青冈 *Cyclobalanopsis multinervis*、曼青冈 *C. oxyodon*；杜鹃花科 Ericaceae 毛棉杜鹃花 *Rhododendron moulmainense*。

生物学　成虫多见于 6~9 月。常在林间活动，飞翔较缓慢，多在树叶上停息，喜吸食树汁液、腐烂水果和动物排泄物。

分布　中国（河南、陕西、甘肃、安徽、浙江、湖北、江西、台湾、广东、重庆、四川、贵州、云南）。

大秦岭分布　河南（内乡、栾川）、陕西（长安、鄠邑、太白、洋县、佛坪、宁陕、柞水）、甘肃（麦积、武都、文县、徽县、两当）、湖北（兴山、神农架）、四川（青川、都江堰、汶川）。

陕西翠蛱蝶 *Euthalia kameii* Koiwava, 1996

Euthalia kameii Koiwava, 1996. **Type locality**: Zhouzhi, Shaanxi.

Euthalia kameii; Huang, 2001, *Neue Ent. Nachr.*, 51: 85; Wu & Xu, 2017, *Butts. Chin.*: 930, f. 931: 2-3.

形态　成虫：中型蛱蝶。与西藏翠蛱蝶 *E. thibetana* 较近似，主要区别为：本种色偏黄，不泛蓝色光泽；中横斑列上部 3 个斑纹比下部 3 个斑纹小，斑纹间相互分离；中室有相间排列的深浅 2 色条斑。后翅外缘波形，凹入较浅；中横带端部第 1 个斑纹明显窄于其他斑纹。

生物学　成虫多见于 6~8 月。喜吸食腐烂水果、人畜排泄物和树汁液。

分布　中国（陕西、福建、四川、云南）。

大秦岭分布　陕西（周至、陈仓、华州、佛坪）、四川（青川）。

阿里翠蛱蝶 *Euthalia aristides* Oberthür, 1907

Euthalia aristides Oberthür, 1907, *Bull. Soc. Ent. Fr.*: 260. **Type locality**: Tientsuen (Tianquan), Sichuan.

Euthalia aristides; Huang, 2001, *Neue Ent. Nachr.*, 51: 85; Yokochi, 2005, *Trans. lepid. Soc. Japan*, 56(1): 15; Wu & Xu, 2017, *Butts. Chin.*: 930, f. 931:1.

形态　成虫：中大型蛱蝶。与陕西翠蛱蝶 *E. kameii* 极近似，主要区别为：本种翅色较深，偏赭绿色。后翅中横带较直。

生物学　成虫多见于 6~8 月。

分布　中国（陕西、浙江、福建、四川、云南、西藏）。

大秦岭分布　陕西（留坝）、四川（都江堰）。

孔子翠蛱蝶 *Euthalia confucius* (Westwood, 1850)

Adolias confucius (Westwood, 1850), *Gen. diurn. Lep*., (2): 291.

Euthalia confucius; Grose-Smith & Kirby, 1891, *Rhop. Exot*., [2] 1: (*Euthalia*) 7, pl. 3, f. 1-2; Chou, 1994, *Mon. Rhop. Sin*.: 496; Wu & Xu, 2017, *Butts. Chin*.: 905, f. 909: 11-12.

形态　成虫：大型蛱蝶。两翅正面棕色，略泛绿色；反面棕绿色；外缘有灰白色模糊斑列；斑纹白色或淡黄色。前翅端部有黑褐色晕染；顶角区有 3 个白斑，末端斑纹小；中横斑带宽，仅 cu_1 室 1 个斑纹折向后缘；中室内有 2 个黑色环状纹和 1 个细线纹。反面亚缘区及外中区下半部有大块黑色区，其余斑纹同前翅正面。后翅外缘波形；中横斑带长短不一，个体间差异较大，多弯曲。反面中横斑带缘线黑色；基部黑色圈纹组成枝叶状图案。

生物学　成虫多见于 6~8 月。喜吸食腐烂水果、人畜排泄物和树汁液。

分布　中国（陕西、甘肃、浙江、湖南、福建、广西、四川、贵州、西藏），印度，缅甸，老挝，越南。

大秦岭分布　陕西（镇巴）、甘肃（武都、文县）、四川（都江堰、安州）。

嘉翠蛱蝶 *Euthalia kardama* (Moore, 1859)（图版 16：34）

Adolias kardama Moore, 1859, *Trans. ent. Soc. Lond*., (2)5(2): 80, pl. 9, f. 3. **Type locality**: China.

Adolias armandiana Poujade, 1885, *Bull. Soc. Ent. Fr*., (6)5: 216. **Type locality**: Mou-pin.

Euthalia kardama; Grose-Smith & Kirby, 1891, *Rhop. Exot*., [2] 1: (*Euthalia*) 5, pl. 2, f. 1-3; Chou, 1994, *Mon. Rhop. Sin*.: 495; Wu & Xu, 2017, *Butts. Chin*.: 910, f. 912: 1-2.

形态　成虫：大型蛱蝶。翅正面绿褐色，反面灰绿色。前翅顶角区有 2 个白斑；亚外缘及亚缘区淡黄色，中间镶有 1 列灰黑色斑纹；白色中横斑列近 V 形，斑纹小，近三角形，缘线黑色，斑纹间相互分离；中室有 2 个淡色条斑，圈纹黑色；cu_2 室基部圈纹圆形。反面斑纹同前翅正面。后翅正面外横带灰绿色，外侧镶有灰黑色斑列，内侧镶有白色斑列；中室端斑黑褐色。反面外横带棕黄色；基部圈纹组成枝叶样图案；其余斑纹同后翅正面。雌性较雄性个体大，色较深，翅斑纹更发达。

卵：半球形；初产时绿色，渐变为褐色；表面有六边形凹刻和透明刺毛。

幼虫：5~8 龄期。初孵幼虫淡绿色，头黑色。末龄幼虫绿色，背中线白色；背部有 2 排瘤状突起；体侧有羽状棘突。

蛹：翠绿色，孵化前为黑色；头顶有 1 对小突起；体表有银色斑纹。

寄主 棕榈科 Palmae 棕榈 *Trachycarpus fortunei*；壳斗科 Fagaceae 栎属 *Quercus* spp. 植物。

生物学 1 年 1 代，以大龄幼虫或老熟幼虫在棕榈叶中越冬。成虫多见于 6~9 月。多在林缘活动，喜日光，飞行迅速，常在潮湿地面或树基部和枝叶上展翅停息，喜吸食人畜粪便、腐烂水果和树汁液。卵散产于寄主植物叶片上。幼虫有取食卵壳习性，栖息于叶片背面。老龄幼虫多化蛹于寄主植物叶片背面。

分布 中国（陕西、甘肃、安徽、浙江、湖北、江西、湖南、福建、重庆、四川、贵州、云南）。

大秦岭分布 陕西（眉县、凤县、洋县、西乡、留坝、佛坪、岚皋、宁陕、山阳、商南、镇安）、甘肃（武都、康县、文县、徽县）、湖北（兴山、神农架）、重庆（巫溪、城口）、四川（宣汉、青川、都江堰、安州、江油、平武、汶川）。

黄铜翠蛱蝶 *Euthalia nara* (Moore, 1859)

Adolias nara Moore, 1859, *Trans. ent. Soc. Lond.*, (2) 5(2): 78, pl. 8, f. 1. **Type locality**: N. India.

Adolias anyte Hewitson, 1862, *Ill. exot. Butts.*, [3] (Adolias Ⅱ): [65], pl. [35], f. 5. **Type locality**: East India.

Euthalia nara; Chou, 1994, *Mon. Rhop. Sin.*: 488; Wu & Xu, 2017, *Butts. Chin.*: 911, f. 917: 20-21, 918: 22-25, 919: 26.

形态 成虫：中大型蛱蝶，雌雄异型。翅正面黄褐色，反面淡棕黄色，覆有赭绿色晕染；两翅正面外缘带及亚缘斑带黑褐色；反面亚缘斑带赭绿色。雄性个体较小；前翅顶角及后翅臀角尖。前翅正面顶角区有 2 个棕黄色小斑纹；黑褐色中横带上窄下宽，边界模糊；外横斑带淡黄色；中室内有 2 个褐色条斑，圈纹黑色；cu$_2$ 室基部圈纹圆形。反面外中域下半部黑褐色；基部覆有赭绿色晕染，其余斑纹同前翅正面。后翅正面前缘中部淡黄色；外中斑带多模糊不清；亚缘斑列斑纹近三角形。反面外中斑带较清晰；基部圈纹组成枝叶样图案；其余斑纹同后翅正面。雌性个体大；前翅中斜带白色，未达臀角。后翅正面外中区端部白色斑纹，时有模糊或消失；反面外横斑列后半段多消失；其余斑纹同雄性。

寄主 壳斗科 Fagaceae 栎属 *Quercus* spp. 植物。

生物学 1 年 1 代。成虫多见于 5~6 月。飞行迅速，喜吸食人畜粪便、腐烂水果和树汁液。

分布 中国（陕西、安徽、浙江、江西、湖北、湖南、广东、广西、重庆、四川、贵州、云南），印度，不丹，尼泊尔，缅甸。

大秦岭分布 陕西（周至）、湖北（兴山）、四川（都江堰、安州）。

太平翠蛱蝶 *Euthalia pacifica* Mell, 1935

Euthalia nara pacifica Mell, 1935, *Dt ent. Z.*, 1934: 243 [part], pl. 2. **Type locality**: Westtienmoshan, Chekiang, Zhejiang.

Euthalia nara pacifica; Chou, 1994, *Mon. Rhop. Sin.*: 488.

Eutharia [sic] *bunzoi xilingensis* Yoshino, 1997, *Neo Lepid.*, 2(2):5, figs. 35,36,74. **Type locality**: Tayi [Dayi] county, Sichuan.

Euthalia (*Limbusa*) *pacifica*; Yokochi, 1999, *Trans. lepid. Soc. Jap.*, 50(3): 182.

Euthalia comma Chou *et al.*, 2002, *Entomotaxonomia*, 24(1):59. **Type locality**: Lushan, Sichuan.

Euthalia pacifica; Huang, 2001, *Neue Ent. Nachr.*, 51: 88; Wu & Xu, 2017, *Butts. Chin.*: 911, f. 919: 27-28.

形态 成虫：中大型蛱蝶。与黄铜翠蛱蝶 *E. nara* 较近似，主要区别为：本种翅色偏褐色。雄性前翅顶角较尖锐。后翅正面中域前缘块斑大，钩形，宽大部分由 3 个横条斑组成，占据 3 个翅室，但未进入中室。雌性后翅的白斑较模糊，边界不清晰。

寄主 壳斗科 Fagaceae 锥属 *Castanopsis* spp. 植物。

生物学 1 年 1 代。成虫多见于 5 ~ 6 月。飞行迅速。

分布 中国（浙江、湖北、江西、福建、广东、广西、重庆、四川）。

大秦岭分布 湖北（神农架）、四川（都江堰）。

峨眉翠蛱蝶 *Euthalia omeia* Leech, 1891

Euthalia omeia Leech, 1891a, *Entomologist*, 24 (Suppl.): 29. **Type locality**: Omei-Shan, Sichuan.

Euthalia omeia; Grose-Smith & Kirby, 1891, *Rhop. Exot.*, [2]1: (*Euthalia*) 8, pl. 3, f. 3-4; Lewis, 1974, *Butts. World*: pl. 144, f. 18 (text only).

Etthalia consobrina Lecch, 1891, *Entomologist*, 24 (Suppl.): 29. **Type locality**: Omei-shan, Sichuan.

Euthalia nara alutoya Fruhstorfer, 1913, *Macrolepid. World*, 9: 682. **Type locality**: Sze-Tschuan [Sichuan].

Euthalia nara omeia; Chou, 1994, *Mon. Rhop. Sin.*: 488.

Euthalia omeia; Huang, 2001, *Neue Ent. Nachr.*, 51: 88; Wu & Xu, 2017, *Butts. Chin.*: 911, f. 919: 29, 920: 30-32.

形态 成虫：中大型蛱蝶。与太平翠蛱蝶 *E. pacifica* 较近似，主要区别为：本种雄性后翅正面黄斑面积大，近扇形，延伸到整个中室。雌性后翅正面白斑内侧边界清晰，外侧模糊。

寄主 壳斗科 Fagaceae 锥属 *Castanopsis* spp. 植物。

生物学 1 年 1 代。成虫多见于 5 ~ 6 月。飞行迅速。

分布　中国（浙江、江西、福建、广东、广西、重庆、四川、云南），老挝。

大秦岭分布　四川（都江堰）。

新颖翠蛱蝶 *Euthalia staudingeri* Leech, 1891

Euthalia staudingeri Leech, 1891, *Entomologist*, 24(Suppl.): 4. **Type locality**: Chia-Kou-Ho; Wa-Shan; Huang Mu Chang; Chang Yang; Wu & Xu, 2017, *Butts. Chin.*: 926, f. 927: 1-2.

形态　成虫：大型蛱蝶。翅正面深棕褐色，反面棕黄绿色；斑纹白色、淡黄色或黑褐色；亚缘带黑褐色，弯曲，上窄下宽；前后翅中横斑带相接。前翅正面亚顶区有 2 个白色斑纹；中横斑带上部 3 个斑纹较小，相互分离，下部 4 个斑纹大，相连较紧密；中室有黑色细线纹和白褐色条斑。反面亚缘区下半部有大块黑色区域，其余斑纹同前翅正面。后翅外缘锯齿形，外缘带黑褐色；亚缘带宽，黑褐色；中横带从上到下逐渐变窄，边缘微齿形。反面基部有黑色圈纹组成的枝叶状图案；亚缘带纹窄，模糊；其余斑纹同后翅正面。

生物学　成虫多见于 5 ~ 8 月。

分布　中国（四川、云南、西藏）。

大秦岭分布　四川（都江堰）。

渡带翠蛱蝶 *Euthalia duda* Staudinger, 1886

Euthalia duda Staudinger, 1886, *Exot. Schmett.*, 1(13): 152, (10) pl. 53. **Type locality**: Darjeeling.

Euthalia duda; Chou, 1994, *Mon. Rhop. Sin.*: 498.

Euthalia (Limbusa) duda; Yokochi, 1999, *Trans. lepid. Soc. Jap.* 50(3): 179.

形态　成虫：大中型蛱蝶。翅正面黑褐色，反面绿棕色；斑纹白色或淡黄色；外缘锯齿形；外缘带及亚缘带黑褐色，亚缘带较宽。前翅外缘中部凹入；正面亚顶区有 2 个斑纹；中横斑列上部斑纹小；中室端半部有 2 个黑色圈纹，基部有 1 条黑色细线纹。反面臀角有大块黑色斑纹，其余斑纹同前翅正面。后翅正面中横带由上到下逐渐变窄，末端楔形，外侧伴有蓝灰色弧形带纹；亚外缘带棕色，隐约可见。反面基部黑色圈纹组成枝叶状图案；其余斑纹同后翅正面。

生物学　成虫多见于 7 ~ 9 月。

分布　中国（陕西、甘肃、安徽、四川、贵州、云南）。

大秦岭分布　陕西（西乡）、甘肃（徽县、两当）、四川（青川、平武）。

锯带翠蛱蝶 *Euthalia alpherakyi* Oberthür, 1907

Euthalia alpherakyi Oberthür, 1907, *Bull. Soc. Ent. Fr.*: 260. **Type locality**: Tianquan, Sichuan.

Euthalia alpherakyi; Chou, 1994, *Mon. Rhop. Sin.*: 499, Huang, 2001, *Neue Ent. Nachr.*, 51: 86.

形态 成虫：中型蛱蝶。与西藏翠蛱蝶 *E. thibetana* 相似，主要区别为：本种翅正面黑褐绿色，绿色很淡。后翅中横带后半部变细明显，且不是逐渐变细，斑纹外缘弧形凹入，呈锯齿状。

分布 中国（广东、重庆、四川、贵州）。

大秦岭分布 重庆（城口）、四川（青川、平武、汶川）。

波纹翠蛱蝶 *Euthalia undosa* Fruhstorfer, 1906

Euthalia (Dophla) undosa Fruhstorfer, 1906a, *Insekten-Börse*, 23(15):60. **Type locality**: Mou-Pin, W. China.

Euthalia undosa; Chou, 1994, *Mon. Rhop. Sin.*: 501.

形态 成虫：中型蛱蝶。与西藏翠蛱蝶 *E. thibetana* 相似，主要区别为：本种翅色淡，灰绿色。后翅中横带斑纹外缘弧形凹入，呈波状。

卵：半球形，淡黄色，表面有六边形凹刻和透明刺毛。

幼虫：9 龄期。初孵幼虫黄色。末龄幼虫淡绿色，密布淡黄色刻点突；背中线粉、白 2 色；体侧有长羽状枝棘突。

蛹：绿色；头顶有 1 对小突起；胸部有 3 个黄色斑纹；腹背部锥状突起，有 1 条淡黄色 V 形带纹。

寄主 壳斗科 Fagaceae 多脉青冈 *Cyclobalanopsis multinervis*、青冈 *C. glauca*。

生物学 1 年 1~2 代，以 7 龄幼虫在寄主叶片主脉上越冬。成虫多见于 6~9 月。飞行迅速。卵单产于寄主植物叶片反面。幼虫有取食卵壳和受到惊吓时假死的习性。老熟幼虫化蛹于寄主叶片反面。

分布 中国（浙江、江西、福建、广东、重庆、四川、贵州）。

大秦岭分布 重庆（城口）、四川（青川、安州、平武）。

珀翠蛱蝶 *Euthalia pratti* Leech, 1891

Euthalia pratti Leech, 1891, *Entomologist*, 24 (Suppl.): 4. **Type locality**: Chia-Kou-Ho; Ichang; Chang Yang.

Euthalia pratti; Chou, 1994, *Mon. Rhop. Sin*.: 493; Wu & Xu, 2017, *Butts. Chin.*: 921, f. 923: 5-7, 924: 8-9.

形态　成虫：大型蛱蝶。翅正面绿褐色，反面绿棕色；斑纹白色或黑色；外缘带及亚缘斑带黑褐色，亚缘带较宽。前翅正面亚顶区有 2 个白色斑纹；中斜斑列仅达 cu_1 室，斑纹间相互分离；中室有 2 个黑色圈纹和 1 条细线纹。反面中域后半部多有黑灰色晕染，其余斑纹同前翅正面。后翅外缘波状；外横斑列仅有端部 2 个白色斑纹清晰，其余斑纹退化成黑灰色圈纹或线纹；中室端部有 1 个黑色圈纹。反面外横斑列的白色斑纹较清晰；基部黑色圈纹组成枝叶状图案；其余斑纹同后翅正面。

生物学　成虫多见于 6~8 月。飞行迅速，喜吸食人畜粪便、腐烂水果和树汁液。

分布　中国（陕西、甘肃、安徽、浙江、湖北、江西、湖南、福建、广东、重庆、四川、贵州、云南），越南。

大秦岭分布　陕西（镇巴）、湖北（兴山、神农架）、重庆（城口）、四川（安州）。

散斑翠蛱蝶 *Euthalia khama* Alphéraky, 1895

Euthalia khama Alphéraky, 1895, *Dt. ent. Z. Iris*, 8(1): 181.

Limbusa sinica Moore, 1898, *Lepid. Ind.*, 3(31): 131. **Type locality**: Ta Tong Kiao, China.

Euthalia perlella Chou & Wang, 1994, *Mon. Rhop. Sin.*: 763, 492. **Type locality**: Baoxing (1200 m), Sichuan; Wu & Xu, 2017, *Butts. Chin.*: 921, f. 922: 4.

形态　成虫：中型蛱蝶。与珀翠蛱蝶 *E. pratti* 相似，主要区别为：本种个体较小；翅正面褐绿色。前翅中斜斑列斑纹小，cu_1 和 m_2 室斑纹变为点斑。后翅外横斑列较长，正面有白色斑纹 4 个，反面有白色斑纹 5 个，略弯曲。

生物学　成虫多见于 6~8 月。

分布　中国（陕西、甘肃、四川、贵州）。

大秦岭分布　陕西（宁陕）、甘肃（武都、文县）、四川（汶川）。

黄翅翠蛱蝶 *Euthalia kosempona* Fruhstorfer, 1908

Euthalia sahadeva kosempona Fruhstorfer, 1908f, *Ent. Zs.*, 22(29): 118. **Type locality**: Kosempo.

Euthalia hebe shinnin Fruhstorfer, 1908f, *Ent. Zs.*, 22(29): 119. **Type locality**: Kanshirei.

Euthalia kosempona; Chou, 1994, *Mon. Rhop. Sin.*: 497; Wu & Xu, 2017, *Butts. Chin.*: 910, f. 913: 4-6, 914: 7-10, 915: 11.

形态　成虫：中大型蛱蝶。翅正面绿褐色，反面绿棕色；斑纹白色或淡黄色；外缘波状，枯黄色，时有模糊；外缘带及亚缘带黑褐色。前翅正面亚顶区有 2~3 个斑纹；中横斑列从前端到末端斑纹逐渐变大；中室有黑色细线纹、点斑和相间排列的深浅 2 色条斑。反面中后部多有黑灰色晕染；其余斑纹同前翅正面。后翅外缘波形；外横斑带后半段内移，形成弱弧形弯曲；反面基部黑色圈纹组成枝叶状图案。雌性翅橄榄绿色；前翅中域斑带宽，cu_2室斑纹多退化或消失。后翅外横斑带退化变小，斑纹稀疏，仅有上部 3 个小斑；其余斑纹模糊或消失。

寄主　壳斗科 Fagaceae 毛果青冈 *Cyclobalanopsis pachyloma*、青冈 *C. glauca*、卷斗栎 *C. pachyloma*、赤皮青冈 *C. gilva*。

生物学　1 年 1 代，以幼虫越冬。成虫多见于 6~8 月。在林缘活动，以腐果汁液为食。雄性喜湿地吸水，有领域行为；雌性喜在较荫蔽环境中活动。幼虫期长，可达 10 龄期以上。

分布　中国（甘肃、安徽、浙江、湖北、江西、湖南、福建、台湾、广东、四川、贵州、云南），越南，老挝。

大秦岭分布　甘肃（康县、文县）。

褐蓓翠蛱蝶 *Euthalia hebe* Leech, 1891

Euthalia hebe Leech, 1891, *Entomologist*, 24 (Suppl.): 4. **Type locality**: Chang Yang.

Euthalia hebe; Chou, 1994, *Mon. Rhop. Sin.*: 501; Wu & Xu, 2017, *Butts. Chin.*: 910, f. 912: 3.

形态　成虫：大中型蛱蝶。与黄翅翠蛱蝶 *E. kosempona* 相似，主要区别为：本种翅绿色较重；亚外缘斑带宽而清晰。前翅亚顶区有 3 个斑纹，斑纹向内多有拖尾，边界不清晰；中横斑列斑纹较小，排列相对稀疏。后翅外横带斑纹外侧较平直或稍内凹，不呈尖角形。

生物学　成虫多见于 7~8 月。

分布　中国（甘肃、浙江、湖北、江西、福建、广东、重庆、四川、贵州、云南）。

大秦岭分布　甘肃（武都、文县）、湖北（兴山、武当山）。

拟鹰翠蛱蝶 *Euthalia yao* Yoshino, 1997

Eutharia [sic] *asonia* [sic] *yao* Yoshino, 1997, *Neo Lepid.*, 2-2: 4, f. 33-34. **Type locality**: Longsheng, Guangxi.

Euthalia anosia recta Miyata & Hanafusa, 1989, *Futao*, (2): (1-2) (preocc.). **Type locality**: Mt Wuyishan, Fujian.

Euthalia yao; Lang & Han, 2009, *Atalanta*, 40(3/4): 497; Wu & Xu, 2017, *Butts. Chin.*: 902, f. 903: 1-5.

形态　成虫：中型蛱蝶。翅正面深褐色，反面绿棕色；斑纹黑褐色或白色。前翅顶角角状尖出；正面顶角区、亚顶区及基半部黑褐色，其余翅面覆有蓝灰色鳞粉；中室有 2 个黑色圈纹和 1 条细线纹；cu_2室基部圈纹黑褐色。反面外斜带黑褐色，从顶角斜向后缘中上部，上窄下宽；中横细带黑色，弧形；中室及 cu_2 室基部斑纹同前翅正面。后翅外中区覆有蓝灰色鳞粉；外中斑列黑褐色；斑纹点状；中横斑带较宽，端部变窄，弧形；基部有黑色圈纹。反面基部黑色圈纹组成枝叶状图案；中横斑带变窄；其余斑纹同后翅正面。

寄主 壳斗科 Fagaceae 柯属 *Lithocarpus* spp. 植物。

生物学 成虫多见于 6 ~ 9 月。

分布 中国（陕西、甘肃、浙江、湖北、福建、广东、海南、广西、四川、云南）。

大秦岭分布 陕西（洋县）、甘肃（徽县、两当）、湖北（神农架）。

绿裙边翠蛱蝶 *Euthalia niepelti* Strand, 1916

Euthalia niepelti Strand, 1916, *Lep. Niepeltiana*, (2): 9.
Euthalia niepelti; Chou, 1994, *Mon. Rhop. Sin.*: 484.

形态 成虫：中型蛱蝶，雌雄异型。两翅正面黑褐色，反面棕褐色。雄性前翅正面亚前缘斑及中室的 2 个条斑均较模糊，蓝绿色。反面亚缘带黑褐色；中域有黑褐色晕染；中室有 4 条黑色细线纹。后翅正面亚缘带蓝绿色。反面亚缘线黑褐色；基部黑色圈纹组成枝叶状图案；中域有黑褐色晕染。雌性较雄性个体大。前翅正面臀角有蓝绿色斑带；亚前缘斑污白色；中横斑列白色，近 V 形，未达后缘；中室有 2 个淡色条斑。反面外横斑带黑褐色，中域有黑褐色晕染，臀角无蓝绿色斑带，其余斑纹同前翅正面。后翅正面外横斑带宽，蓝绿色，中间镶有黑褐色锯齿纹。反面外横线锯齿形；中横带黑褐色，上宽下窄；基部黑色圈纹组成枝叶状图案。

卵：半圆形，下部截平，绿色，近孵化时呈黑色，表面密布网格状六边形突起。

幼虫：7 龄期。刚孵化时黄色，取食寄主后呈黄绿色；各个腹节均有 1 对黄色突起，其上有黑白相间的原生刚毛。2 龄幼虫体侧开始出现 10 对伸向两侧的羽状刺突；2 龄后期幼虫腹背部中央有成列的黄色圆形斑纹。4 龄幼虫腹背部中央有成列的眼状斑纹，黑色瞳点带有红色外圈；5 ~ 6 龄幼虫与 4 龄幼虫相似。

蛹：绿色，表面光滑，两侧及背面有亮黄色斑纹。

寄主 山茶科 Theaceae 木荷 *Schima superba*。

生物学 1 年多代，以 5 龄幼虫在寄主叶片正面越冬。成虫多见于 6 ~ 8 月。飞行迅速，常在树冠层盘旋，喜在湿地吸水，吸食腐烂水果、树汁液和人畜粪便。卵单产，雌性多选择在林缘、沟谷边生长在较阴暗环境下的寄主上产卵，卵多产在寄主叶片正面和叶尖部分。各龄幼虫均在晚上取食，白天栖息在寄主叶片正面主脉处。老熟幼虫化蛹于寄主叶片反面。

分布 中国（河南、浙江、江西、广东、海南、广西、贵州）。

大秦岭分布 河南（内乡）。

线蛱蝶族 Limenitini Behr，1864

Limenitini Behr, 1864.

Chalingini Morishita, 1996, *Butterflies*, 13: 41. **Type genus**: *Chalinga* Moore, [1898].

Limenitini (Heliconiinae); Korb & Bolshakov, 2011, *Eversmannia Suppl*., 2: 28.

Chalingini (Limenitidinae); Lang, 2010, *Far Eastern Ent*., 218: 3.

Limenitidini (Limenitidinae); Dhungel & Wahlberg, 2018, *Peer J*., 6(4311): 37.

　　翅三角形，黑色或褐色，有白色、黄色、绿色或绿褐色条纹或带纹。前翅中室闭式，后翅中室开式。后翅肩脉与Sc+R$_1$脉基部从同一点分出。

　　全世界记载180余种，分布于古北区、东洋区及新北区。中国已知40种，大秦岭分布27种。

属检索表

1. 腹背面基部有1条灰白色横带 ·······················带蛱蝶属 *Athyma*
   腹背面基部无灰白色横带 ·· 2
2. 后翅正面中室有1个黄色大圆斑 ·····················葩蛱蝶属 *Patsuia*
   后翅正面中室无上述斑纹 ··· 3
3. 后翅反面基部至中横带灰绿色 ····················俳蛱蝶属 *Parasarpa*
   后翅反面基半部色彩不如上述 ··· 4
4. 雌雄异型，雄性翅黄色，斑纹黑褐色 ·················婀蛱蝶属 *Abrota*
   雌雄同型，雄性翅黑褐色，斑纹白色 ··································· 5
5. 后翅反面基部灰绿色，多有1组黑色斑纹 ············线蛱蝶属 *Limenitis*
   后翅反面基部白色，无上述斑纹 ·····················缕蛱蝶属 *Litinga*

线蛱蝶属 *Limenitis* Fabricius, 1807

Limenitis Fabricius, 1807, *Mag. f. Insektenk*. (Illiger), 6: 281. **Type species**: *Papilio populi* Linnaeus, 1758.

Najas Hübner, [1806], *Tent. Deter. Digest*....: [1] (invalid, rejected). **Type species**: *Papilio populi* Linnaeus, 1758.

Limenitis; Dalman, 1816, *K. svenska Vetensk Akad. Handl*., (1): 55 (missp.).

Callianira Hübner, [1819], *Verz. bek. Schmett*., (3): 38 (preocc. *Callianir*a Péron & Lesueur, 1810 (Mollusca). **Type species**: *Callianira ephestiaena* Hübner, [1819].

Nymphalus Boitard, 1828, *Manuel Ent*., 2: 300. **Type species**: *Papilio populi* Linnaeus, 1758.

Nymphalis Felder, 1861, *Nov. Act. Leop. Carol*., 28(3): 41 (preocc. *Nymphalis* Kluk, 1802). **Type species**: *Papilio astynax* Fabricius, 1775.

Basilarchia Scudder, 1872, *Ann. Rep. Peabody Acad. Sci.*, (4th 1871): 29. **Type species**: *Papilio astyanax* Fabricius, 1775.

Limenitis; Godman & Salvin, [1884], *Biol. centr.-amer., Lep. Rhop.*, 1: 311; Wu & Xu, 2017, *Butts. Chin.*: 949.

Ladoga Moore, [1898], *Lepid. Ind.*, 3(32): 146, 3(33): 174. **Type species**: *Papilio camilla* Linnaeus, 1764.

Sinimia Moore, [1898], *Lepid. Ind.*, 3(32): 146, 3(33): 172. **Type species**: *Limenitis ciocolatina* Poujade, 1885.

Chalinga Moore, [1898], *Lepid. Ind.*, 3(32): 146, 3(33): 172. **Type species**: *Limenitis elwesi* Oberthür, 1884.

Nympha Krause, [1939], *In*: Thon, *Faun. Thüringen*, 4 (*Schmett.*) (4/5): 86 (preocc. *Nympha* Fitzinger, 1826). **Type species**: *Papilio populi* Linnaeus, 1758.

Eolimenitis Kurentsov, 1950, *Byull. mosk. Obshch. Isp. Prir.* (Ser. biol), 55(3): 37. **Type species**: *Limenitis eximia* Moltrecht, 1909.

Azuritis Boudinot, 1986, *Nouv. Rev. Ent.* (n.s.), 2(4): 405. **Type species**: *Limenitis camilla* var. *reducta* Staudinger, 1901.

Limenitis (Limenitidini); Chou, 1998, *Class. Ident. Chin. Butt*: 139, 140; Korb & Bolshakov, 2011, *Eversmannia Suppl.*, 2: 28.

Chalinga (Chalingini); Lang, 2010, *Far Eastern Ent.*, 218: 33.

体粗壮。翅褐色或黑褐色；两翅有白色中横带。前翅三角形；顶角圆，外缘略凹入；中室闭式，长约为前翅长的 2/5，中室端脉 M_1-M_2 向中室内凹入，M_2-M_3 段直；R_2 脉从中室上缘端部分出；R_3 和 R_4 脉与 R_5 脉共柄。后翅梨形；外缘波状，无尾突或角突。反面基部密布黑色小点或线纹；中横带未达后缘；肩脉与 Sc+R_1 脉同点分出，Sc+R_1 脉伸达翅外缘；Rs 脉接近 M_1 脉而远离 Sc+R_1 脉。

雄性外生殖器：骨化较强，背兜头盔形；钩突指状，与背兜愈合；颚突侧观臂形；囊突长或短；抱器长三角形；阳茎较短。

雌性外生殖器：囊导管较长或短；交配囊体袋形，膜质，透明；交配囊片及囊尾有或无。

寄主为忍冬科 Caprifoliaceae、杨柳科 Salicaceae、胡桃科 Juglandaceae、绣球花科 Hydrangeaceae、蔷薇科 Rosaceae、马桑科 Coriariaceae 植物。

全世界记载 18 种，分布于古北区、东洋区及新北区。中国已知 15 种，大秦岭分布 12 种。

种检索表

红线蛱蝶 *Limenitis populi* (Linnaeus, 1758)（图版 17：36）

Papilio populi Linnaeus, 1758, *Syst. Nat.* (Edn 10), 1: 476. **Type locality**: Sweden.

Papilio tremulae Esper, 1800, *Die Schmett.*, *Suppl. Th.* 1 (10): pl. 114, f. 3-4.

Papilio semiramis Schrank, 1801, *Fauna Boica*, 2(1): 188.

Limenitis populi rilocola Seitz, 1908, *Gross-Schmett. Erde*, 1: 185.

Limenitis populi goliath Fruhstorfer, 1908b, *Int. ent. Zs.*, 2(8): 50. **Type locality**: Lana, S.Tyrol.

Limenitis populi eumenius Fruhstorfer, 1908b, *Int. ent. Zs.*, 2(8): 50. **Type locality**: Kentei-Gebirge.

Limenitis populi eumenius Fruhstorfer, 1909a, *Int. ent. Zs.*, 3(17): 95. **Type locality**: Atkarsk, Saratov.

Limenitis populi; Chou, 1994, *Mon. Rhop. Sin.*: 506; Korb & Bolshakov, 2011, *Eversmannia Suppl.*, 2: 28; Wu & Xu, 2017, *Butts. Chin.*: 949, f. 951: 2-4.

形态 成虫：中大型蛱蝶，雌雄异型。翅正面黑褐色，反面橙色。前翅外缘线蓝灰色；亚外缘线白色；亚缘斑列斑纹条形，橙色；顶角区有 3 个白色斑纹；外横斑列白色，斑纹错位排列；中室端斑条形。反面翅端缘及基部蓝灰色；顶角区有 4 个白色斑纹；后缘及外中域下半部黑色；其余斑纹同前翅正面。后翅外缘锯齿形；正面端缘黑色；外缘线及亚外缘线蓝灰色；亚缘斑列橙黄色；中横斑带白色。反面翅端部及后缘蓝灰色；外缘及亚外缘线黑色；亚缘斑列及外横斑列黑色；中横斑带白色或蓝灰色；基半部有数个灰蓝色斑纹。雌性个体较大，斑纹发达。

卵：半球形；绿色；有六角形凹纹和刺毛。

幼虫：6 龄期。末龄幼虫体绿色；头部红褐色；胸部有 1 对枝刺；腹端部有白色斑纹。

蛹：绿色，被灰白色粉层；羽化前黄色，翅区黑褐色。

寄主 杨柳科 Salicaceae 杨属 *Populus* spp.、山杨 *P. davidiana*、大叶钻天杨 *P. balsamifera*、黑杨 *P. nigra*、毛白杨 *P. tomentosa*、欧洲山杨 *P. tremula*、小叶杨 *P. simonii*、柳属 *Salix* spp. 植物。

生物学 1 年 1 代，以 3 龄幼虫越冬。成虫多见于 5~8 月。飞行迅速，常在林缘及溪谷环境活动，成虫具有补充营养的习性，吸食各种野花的花蜜及晨露，多在石崖及地面栖息。喜湿地吸水，吸食人畜粪便、腐烂水果和树汁液。卵单产于寄主叶片背面的顶端或叶芽基部。幼虫有在叶尖部取食后形成"粪塔"的习性。

分布 中国（黑龙江、吉林、辽宁、内蒙古、河北、山西、河南、陕西、甘肃、青海、新疆、浙江、湖北、台湾、重庆、四川、贵州、西藏），日本，新加坡，欧洲。

大秦岭分布 河南（灵宝）、陕西（长安、鄠邑、周至、眉县、太白、凤县、华阴、汉台、洋县、南郑、留坝、佛坪、宁陕、商南）、甘肃（麦积、秦州、武山、文县、徽县、两当、迭部）、湖北（神农架）、四川（青川）。

巧克力线蛱蝶 *Limenitis ciocolatina* Poujade, 1885（图版 17：35）

Limenitis ciocolatina Poujade, 1885, *Bull. Soc. Ent. Fr.*, (6)5: 207.

Limenitis ciocolatina; Chou, 1994, *Mon. Rhop. Sin.*: 507; Wu & Xu, 2017, *Butts. Chin.*: 949, f. 951: 1.

形态 成虫：中型蛱蝶，雌雄异型。翅正面黑褐色，反面棕褐色；端部白色线纹前翅 2 条，后翅 3 条。前翅正面顶角区白斑雄性 2 个，雌性 3 个；中域斑列及中室端斑雌性白色，雄性消失或模糊不清。反面基部白色；亚外缘带橙色，其余斑纹同前翅正面。后翅中横带雌性白色，雄性模糊。反面基半部及亚外缘带锈红色，有数条黑色线纹；臀角橙色，镶有 2 个黑色圆斑。

寄主 杨柳科 Salicaceae 杨属 *Populus* spp.、柳属 *Salix* spp.；忍冬科 Caprifoliaceae 忍冬属 *Lonicera* spp. 植物。

生物学 1 年 1 代。成虫多见于 5~8 月。常在林缘、溪谷活动，喜栖息于岩壁上和湿地吸水。

分布 中国（吉林、河北、山西、河南、陕西、甘肃、新疆、湖北、江西、重庆、四川、西藏）。

大秦岭分布 河南（内乡、西峡、嵩县、栾川）、陕西（蓝田、长安、鄠邑、周至、陈仓、眉县、太白、凤县、汉台、南郑、城固、洋县、留坝、佛坪、宁陕、商南）、甘肃（麦积、秦州、武山、康县、徽县、两当、武都、文县）、湖北（神农架、武当山、房县）、重庆（城口）、四川（青川、安州、平武、汶川）。

横眉线蛱蝶 *Limenitis moltrechti* Kardakoff, 1928（图版 18：37—38）

Limenitis moltrechti Kardakoff, 1928, *Ent. Mitt*., 17(4): 269, pl. 6, f. 14-15. **Type locality**: "Narva" [Narva Bay, Ussuri region].

Limenitis amphyssa Nire, 1919, 31: 349, pl. 4, fig. 4; Nire, 1920, *Zool. Mag. Tokyo*, 32: p. 51.

Limenitis moltrechti; Chou, 1994, *Mon. Rhop. Sin*.: 508; Korb & Bolshakov, 2011, *Eversmannia Suppl*., 2: 28; Wu & Xu, 2017, *Butts. Chin*.: 950, f. 952: 8-9.

Limenitis takamukuana Matsumura, 1931, *Ins. Matsum*., 6(1-2): 44, fig. 2. **Type locality**: Korea, Kyuojo, Kanhoku.

形态 成虫：中型蛱蝶。翅正面黑褐色；反面黄褐色，覆有黑色晕染；斑纹白色。前翅正面外缘带细；亚外缘斑列斑纹条形，雄性较模糊；顶角区白斑 3~4 个；中室端部有 1 个与后缘平行的白色条斑；中横斑列近 V 形。反面中室基部斑纹近三角形，灰绿色；其余斑纹同前翅正面。后翅外缘带细；亚缘斑列及中横带清晰。反面外缘带黑、白 2 色，平行排列；中室基部及 sc+r$_1$ 室基部各有 1 个灰绿色斑纹；基部有数条黑色细线纹；后缘灰绿色；其余斑纹同后翅正面。

卵：球形，黄绿色，表面有凹刻和刺毛。

幼虫：末龄幼虫黄绿色；密布淡黄色颗粒状突起；中胸、后胸及第 2、第 7 和第 8 腹节背部各具 1 对长枝刺，基部绿色，其余部分褐色；第 3~6 腹节背面各有 1 对红褐色小枝刺。

蛹：淡褐色；头顶 1 对褐色兔耳形突起；翅区褐色；体侧有白色带纹，镶有黑色点斑列；腹背部有深褐色带纹；腹端背面有片状突起。

寄主 忍冬科 Caprifoliaceae 忍冬 *Lonicera japonica*、早花忍冬 *L. praeflorens*、金花忍冬 *L. chrysantha*、六道木 *Abelia biflora*。

生物学 1年1代。成虫多见于5~8月。飞行迅速，常在林缘、山地、小溪边活动，喜在湿地吸水，吸食烂果和树汁液。

分布 中国（黑龙江、吉林、辽宁、河北、山西、河南、陕西、宁夏、甘肃、湖北、四川、江西、湖南），朝鲜。

大秦岭分布 河南（内乡、西峡、栾川、陕州）、陕西（蓝田、长安、鄠邑、周至、眉县、太白、南郑、洋县、西乡、宁强、略阳、留坝、佛坪、宁陕、商南、镇安、柞水）、甘肃（麦积、秦州、武山、文县、徽县、两当、合作、碌曲）、湖北（兴山、神农架）、四川（青川、平武）。

细线蛱蝶 *Limenitis cleophas* Oberthür, 1893

Limenitis cleophas Oberthür, 1893, *Étud. d'Ent.*, 18: 16, pl. 6, f. 83.

Limenitis cleophas; Chou, 1994, *Mon. Rhop. Sin.*: 508; Wu & Xu, 2017, *Butts. Chin.*: 950, f. 952: 7.

形态 成虫：中型蛱蝶。与横眉线蛱蝶 *L. moltrechti* 相似，主要区别为：本种翅反面色深，黑褐色，无橙黄色调。前翅顶角区仅有2个白斑；反面中室基部灰绿色斑纹内镶有1个黑色小棒纹；cu_2 室基部有灰绿色斑纹。后翅反面基部有多个灰绿色斑纹，分别位于中室中部、端部、$sc+r_1$ 室基部及肩区。

生物学 1年1代。成虫多见于5~8月。常在林缘、溪谷活动，喜在湿地吸水。

分布 中国（陕西、甘肃、湖北、重庆、四川、贵州、西藏）。

大秦岭分布 陕西（西乡）、甘肃（麦积、康县、文县、两当、舟曲、碌曲）、湖北（神农架）、重庆（城口）、四川（安州）。

折线蛱蝶 *Limenitis sydyi* Lederer, 1853（图版 19：39—40）

Limenitis sydyi Lederer, 1853, *Verh. zool.-bot. Ver. Wien*, 3: 357.

Limenitis sydyi; Chou, 1994, *Mon. Rhop. Sin.*: 507; Korb & Bolshakov, 2011, *Eversmannia Suppl.*, 2: 28; Wu & Xu, 2017, *Butts. Chin.*: 949, f. 952: 5-6.

形态 成虫：中型蛱蝶。两翅正面黑褐色，反面土黄色；外缘及亚外缘斑列白色。前翅正面顶角区白斑2~3个；中室端部有1个与后缘平行的白色条纹，基部斑纹蝌蚪形；中横斑带近V形。反面覆有黑色晕染；中室基部及端部各有1个灰白色近三角形斑纹，缘线黑色；其余斑纹同前翅正面。后翅白色中横带宽，端部内弯；亚缘斑列白色。反面翅端部灰白色，有2条黑色波状细带；亚缘斑列及外横斑列黑色；中横带端部与前缘和基部灰白色带纹相连成 C 形；前缘、肩区、基部及后缘灰白色；翅基部有数条黑色线纹和小斑纹；其余斑纹同后翅正面。

卵：球形；淡黄色；有六角形凹纹和刺毛。

幼虫：5 龄期。末龄幼虫黄绿色，化蛹前变成乳黄色；黑色头上有黄色带纹；胸腹部有紫红色枝刺；背中线黑色；体侧有 1 排黑色斜线纹。

蛹：淡黄色；头顶有 1 对兔耳形突起；体表密布成排的黑色斑带。

寄主　蔷薇科 Rosaceae 三裂绣线菊 *Spiraea trilobata*、土庄绣线菊 *S. ouensanensis*、绣线菊 *S. salicifolia*、粉花绣线菊 *S. japonica*、中华绣线菊 *S. chinensis*。

生物学　1 年 1~2 代，以蛹越冬。成虫 5~8 月出现。多在林缘、山地、小溪边活动，喜在湿地吸水和吸食人畜粪便、腐烂水果，偶有访花行为。卵单产于寄主植物叶片正面或反面。幼虫受惊时前胸拱起，利用其上的枝刺进行恐吓。老熟幼虫化蛹于寄主老叶片反面或周边的灌木枝条上。

分布　中国（黑龙江、吉林、辽宁、天津、河北、山西、山东、河南、陕西、宁夏、甘肃、新疆、安徽、浙江、湖北、江西、福建、广东、重庆、四川、贵州、云南），俄罗斯，蒙古，朝鲜，日本。

大秦岭分布　河南（内乡、西峡、栾川、陕州）、陕西（长安、周至、太白、眉县、华州、南郑、宁强、略阳、洋县、镇巴、留坝、佛坪、宁陕、汉阴、商州、丹凤、商南、山阳、柞水）、甘肃（麦积、秦州、武山、武都、徽县、两当、迭部、碌曲）、湖北（神农架、武当山）、重庆（巫溪、城口）、四川（宣汉、青川、都江堰、安州）。

重眉线蛱蝶 *Limenitis amphyssa* Ménétnés, 1859（图版 20：41—42）

Limenitis amphyssa Ménétnés, 1859, *Bull. phys.-math. Acad. Sci. St. Pétersb.*, 17(12-14): 215, pl. 3, f. 1.
Limenitis amphyssa; Chou, 1994, *Mon. Rhop. Sin.*: 508; Wu & Xu, 2017, *Butts. Chin.*: 950, f. 952: 10.

形态　成虫：中型蛱蝶。与横眉线蛱蝶 *L. moltrechti* 近似，主要区别为：本种前翅中室基部有 1 个蝌蚪形斑纹。后翅亚缘斑列较模糊；反面基部灰绿色斑纹宽大。

幼虫：末龄幼虫黄绿色；密布淡黄色颗粒状突起；中胸、后胸及第 2、第 7 和第 8 腹节背面各具 1 对长枝刺，褐色或淡褐色，其中第 2 腹节枝刺最长，褐色；第 3~6 腹节背面各有 1 对黑色小枝刺。

蛹：头胸部及翅区淡绿色；腹部黄色，有金属光泽；头顶有黑色锥状突起；翅区周缘褐色；体侧有 3 条带纹，中间 1 条白色，两侧带纹褐色。

寄主　忍冬科 Caprifoliaceae 双盾木 *Dipelta floribunda*、金花忍冬 *Lonicera chrysantha*。

生物学　1年1代。成虫多见于5～8月。常在林缘、山地、小溪边活动，喜在湿地吸水和吸食人畜粪便及树汁液。

分布　中国（黑龙江、吉林、辽宁、河北、山西、河南、陕西、甘肃、湖北、江西、重庆、四川），俄罗斯，朝鲜。

大秦岭分布　河南（栾川、陕州、灵宝）、陕西（长安、周至、陈仓、眉县、太白、凤县、华州、南郑、城固、洋县、略阳、留坝、汉台、汉阴、石泉、宁陕、山阳）、甘肃（麦积、秦州、武山、康县、文县、两当、舟曲、迭部、玛曲）、湖北（神农架）、重庆（城口）、四川（宣汉、青川、都江堰）。

扬眉线蛱蝶 *Limenitis helmanni* Lederer, 1853（图版21：43—44）

Limenitis helmanni Lederer, 1853, *Verh. zool.-bot. Ver. Wien*, 3: 356, pl. 1, Abb. 4. **Type locality**: Ust'-Bukhtarmisk, W. Altai.

Limenitis helmanni; Chou, 1994, *Mon. Rhop. Sin*.: 509; Korb & Bolshakov, 2011, *Eversmannia Suppl*., 2: 29; Yoshino, 2016, *Butterflies*, (73): 8; Wu & Xu, 2017, *Butts. Chin*.: 953, f. 954: 1-2.

形态　成虫：中型蛱蝶。两翅正面黑褐色，反面红褐色；斑纹多白色。前翅正面顶角区有斑纹2～4个；亚外缘斑列斑纹条形，多模糊；中横斑列近V形；中室眉形斑端部断开。反面端缘有3列白色条斑，未达顶角；中域中部至后缘多有黑色晕染，其余斑纹同前翅正面。后翅正面亚缘白色斑列未达顶角；中横斑带白色，端部加宽并外突，近S形。反面端缘有3列白色条斑，未达顶角；外横斑列黑灰色，与亚缘斑列相互连接或套叠；翅基部及后缘灰蓝色，基部有数条黑色细线纹和小斑点；臀角有黑色圆斑2个。

幼虫：末龄幼虫绿色；密布淡黄色颗粒状突起；头部淡褐色，密布小棘刺；中胸、后胸及第2、第7和第8腹节背面各有1对蓝绿色长枝刺，基部橙色；第3～6腹节背面各有1对黑色小枝刺。

蛹：头胸部及翅区淡绿色；腹部黄色，侧面有褐色宽带；头顶有1对黑色耳状突起；翅前缘和外缘灰褐色；腹背面端部有1个片状突起。

寄主　忍冬科 Caprifoliaceae 水马桑 *Weigela japonica* var. *sinica*、金银忍冬 *Lonicera maackii*、郁香忍冬 *L. fragrantissima*、唐古特忍冬 *L. tangutica*。

生物学　1年1代。成虫多见于5～10月。飞行迅速，常在林缘、山地、溪谷活动，喜在湿地吸水和吸食人畜粪便、腐烂水果。

分布　中国（黑龙江、吉林、辽宁、河北、山西、河南、陕西、甘肃、青海、新疆、安徽、浙江、湖北、江西、福建、广东、重庆、四川、贵州），俄罗斯，朝鲜。

大秦岭分布 河南（荥阳、新密、登封、巩义、鲁山、内乡、宜阳、嵩县、栾川、洛宁、渑池）、陕西（临潼、蓝田、长安、鄠邑、周至、渭滨、陈仓、岐山、眉县、太白、凤县、华州、华阴、南郑、城固、洋县、西乡、宁强、略阳、镇巴、留坝、佛坪、汉滨、平利、岚皋、汉阴、石泉、宁陕、商州、丹凤、商南、山阳、镇安、柞水、洛南）、甘肃（麦积、秦州、武山、武都、康县、文县、宕昌、两当、礼县、迭部）、湖北（兴山、南漳、谷城、神农架、武当山、房县、竹山、郧西）、重庆（巫溪、城口）、四川（青川、都江堰、平武、汶川）。

戟眉线蛱蝶 *Limenitis homeyeri* Tancré, 1881（图版 22：45—46）

Limenitis homeyeri Tancré, 1881, *Ent. Nachr.*, 7(8): 120. **Type locality**: "Blagoweschtschensk; Raddefskaja" [Blagoveshchensk and Radde].

Limenitis homeyeri; Chou, 1994, *Mon. Rhop. Sin.*: 509; Yoshino, 2016, *Butterflies*, (73): 15; Korb & Bolshakov, 2011, *Eversmannia Suppl.*, 2: 29; Wu & Xu, 2017, *Butts. Chin.*: 953, f. 954: 3-4.

Limenitis homeyeri homeyeri Mori, 1934: 27; Motono, 1936, 6: 284, fig. 4.

形态 成虫：中型蛱蝶。与扬眉线蛱蝶 *L. helmanni* 近似，主要区别为：本种前翅中横斑列 m_3 室纹小。后翅中横斑带外缘平直；雄性亚缘斑列清晰。

寄主 忍冬科 Caprifoliaceae 水马桑 *Weigela japonica* var. *sinica*。

生物学 1年1代。成虫多见于5～9月。飞行迅速，常在林缘、山地、小溪边活动。

分布 中国（黑龙江、吉林、辽宁、山西、河南、陕西、甘肃、安徽、浙江、湖北、江西、广东、重庆、四川、贵州、云南），俄罗斯，朝鲜。

大秦岭分布 河南（内乡、西峡、嵩县、栾川）、陕西（蓝田、长安、鄠邑、周至、陈仓、眉县、太白、凤县、汉台、南郑、洋县、西乡、留坝、佛坪、石泉、宁陕、岚皋、山阳、镇安、柞水）、甘肃（麦积、秦州、康县、文县、徽县、两当、舟曲、迭部、玛曲）、湖北（神农架）、重庆（巫溪、城口）、四川（青川、安州、北川、平武）。

拟戟眉线蛱蝶 *Limenitis misuji* Sugiyama, 1994

Limenitis misuji Sugiyama, 1994, *Pallarge*, 3: (1-12). **Type locality**: Dujiangyan, W. Sichuan.

Limenitis misuji; Yoshino, 1997, *Neo Lepid.*, 2-2: f. 29-30; Huang, 2003, *Neue Ent. Nachr.*, 55: 46, pl. 5, f. 3; Wu & Xu, 2017, *Butts. Chin.*: 953, f. 954: 5-6, 955: 7.

Limenitis helmanni misuji; Yoshino, 2016, *Butterflies*, (73): 13.

形态 成虫：中型蛱蝶。与戟眉线蛱蝶 *L. homeyeri* 近似，主要区别为：本种前翅亚外缘斑纹较大；后翅中横斑带较窄且直，由6个斑纹组成。

生物学 1年1代。成虫多见于5~8月。飞行迅速，常在林缘、小溪边活动。

分布 中国（甘肃、浙江、湖北、江西、湖南、福建、四川、云南）。

大秦岭分布 甘肃（康县）、四川（都江堰）。

断眉线蛱蝶 *Limenitis doerriesi* Staudinger, 1890（图版24：49）

Limenitis doerriesi Staudinger, 1892, *In*: Romanoff, *Mém. Lépid.*, 6: 173, pl. 14, f. 1a, b. **Type locality**: [Suchan (Partizansk), Ussuri].

Limenitis doerriesi; Chou, 1994, *Mon. Rhop. Sin.*: 510; Korb & Bolshakov, 2011, *Eversmannia Suppl.*, 2: 29; Yoshino, 2016, *Butterflies*, (73): 13; Wu & Xu, 2017, *Butts. Chin.*: 953, f. 955: 8-9.

形态 成虫：中大型蛱蝶。与扬眉线蛱蝶 *L. helmanni* 近似，主要区别为：本种前翅中横斑列 m$_3$ 室斑纹缩小成点状；亚外缘斑列 m$_3$ 室斑纹大。后翅亚缘斑列斑纹大而清晰，中央镶有黑色圆斑。

卵：半球形；黄色，孵化时黑色，有六角形凹纹和刺毛。

幼虫：末龄幼虫头部褐色，密布小棘刺；背部绿色，侧面上部绿色，向下渐变为黄色，密布白色颗粒状突起；腹部及足红褐色；中胸、后胸及第2、第7和第8腹节背面各有1对红褐色长枝刺；第3~6腹节背面各有1对黑色小枝刺。

蛹：绿色，有褐色斑纹；头顶有1对黑褐色锥状突起，外弯；后胸背面有银色斑纹；腹背面端部有1个片状突起；腹部侧面有褐色宽带。

寄主 忍冬科 Caprifoliaceae 水马桑 *Weigela japonica* var. *sinica*、早花忍冬 *Lonicera praeflorens*、忍冬 *L. japonica*；马桑科 Coriariaceae 马桑 *Coriaria nepalensis*。

生物学 1年1~2代，以3龄幼虫在寄主植物上越冬。成虫多见于5~10月。飞行迅速，常在林缘、山地、小溪边和小路上活动。卵单产于寄主植物叶片上。老熟幼虫化蛹于寄主植物的叶片反面或枝条上。

分布 中国（黑龙江、吉林、辽宁、内蒙古、天津、河南、陕西、甘肃、安徽、湖北、浙江、江西、福建、重庆、四川、云南），俄罗斯，朝鲜。

大秦岭分布 河南（内乡、栾川）、陕西（长安、鄠邑、周至、太白、凤县、南郑、洋县、西乡、留坝、佛坪、汉阴、宁陕、商州、山阳、镇安）、甘肃（麦积、秦州、武山、文县、徽县、两当、舟曲）、湖北（神农架）、重庆（巫溪）、四川（青川、安州、平武）。

残锷线蛱蝶 *Limenitis sulpitia* (Cramer, [1779])（图版 23：47—48）

Papilio sulpitia Cramer, [1779], *Uitl. Kapellen*, 3(17-21): 37, pl. 214, f. E, F.

Nymphalis strophia Godart, [1824], *Encycl. Méth.*, 9(2): 431.

Athyma sulpitia Moore, 1858a, *Proc. zool. Soc. Lond.*, (347/348): 17.

Pantoporia sulpitia; Fruhstorfer, 1906, *Verh. zool.-bot. Ges. Wien.*, 56(6/7): 432.

Limenitis sulpitia; Chou, 1994, *Mon. Rhop. Sin.*: 510; Wu & Xu, 2017, *Butts. Chin.*: 953, f. 955: 10-12, 956: 13-15.

形态 成虫：中型蛱蝶。翅正面黑褐色，反面红褐色。前翅正面外缘及亚外缘斑列模糊或不完整，斑纹条形；亚顶区有 2~4 个白色斑纹；中横斑列 V 形，m_3 室斑缩小；中室眉形斑端部上缘 1/3 处有豁口。反面翅中后部有黑色晕染，其余斑纹同前翅正面。后翅正面亚缘斑列及中横斑列白色；外横斑列黑褐色，模糊不清。反面外缘线黑褐色；亚外缘斑列斑纹条形，白色；银灰色带纹从基部伸向中横带端部，其上密布黑色点斑；其余斑纹同后翅正面。雌性斑带较雄性宽大。

卵：球形；初产时绿色，后变成黄色，有六角形凹纹和刺毛。

幼虫：5 龄期。低龄幼虫绿褐色至褐色。末龄幼虫绿色，密布白色颗粒状突起。侧面下部有淡黄色带纹；足基带红褐色；头部褐色，密布小棘刺；中胸、后胸及第 2、第 7 和第 8 腹节背面各有 1 对红褐色至白色长枝刺；第 3~6 腹节背部各有 1 对黑色小枝刺。

蛹：绿色，有褐色斑纹；头顶有 1 对黑褐色锥状突起，外弯；后胸有银色斑纹；腹背面端部有 1 个片状突起；腹部侧面有褐色宽带。

寄主 忍冬科 Caprifoliaceae 水马桑 *Weigela japonica* var. *sinica*、忍冬 *Lonicera japonica*、华南忍冬 *L. confusa*、长花忍冬 *L. longiflora*、大花忍冬 *L. macrantha*；马桑科 Coriariaceae 马桑 *Coriaria nepalensis*；胡桃科 Juglandaceae 核桃 *Juglans regia* 等。

生物学 1 年多代，以 3 龄幼虫于枯叶中越冬。成虫多见于 5~10 月。飞行迅速，常在林缘、山地、小溪边活动，有在湿地吸水的习性。卵单产于寄主植物叶片正面的尖端。低龄幼虫喜在用虫粪和枯叶做成的虫巢中栖息，5 龄后离开虫巢，栖息于寄主的叶片正面或枝条上，多在傍晚取食。老熟幼虫化蛹于寄主植物的叶片反面或枝条上。

分布 中国（黑龙江、河南、陕西、甘肃、安徽、浙江、湖北、江西、湖南、福建、台湾、广东、海南、香港、广西、重庆、四川、贵州、云南），印度，缅甸，越南。

大秦岭分布 陕西（周至、华州、南郑、洋县、西乡、略阳、留坝、佛坪、汉阴、宁陕、商州、丹凤、商南、山阳、镇安）、甘肃（麦积、文县、徽县、两当）、湖北（兴山、谷城、神农架、郧西）、重庆（城口）、四川（青川、都江堰、安州、平武、汶川）。

愁眉线蛱蝶 *Limenitis disjuncta* (Leech, 1890)

Athyma disjuncta Leech, 1890, *Entomologist*, 23(2): 33. **Type locality**: Chang Yang, China.

Pantoporia disjuncta, Lewis, 1974, *Butts. World*, X: pl. 196, f. 25.

Limenitis disjuncta, Chou, 1994, *Mon. Rhop. Sin.*: 511; Wu & Xu, 2017, *Butts. Chin.*: 953, f. 956: 16.

Pantoporia disjuncta; Fruhstorfer, 1906, *Verh. zool.-bot. Ges. Wien.*, 56(6/7): 433.

形态　成虫：中型蛱蝶。与残锷线蛱蝶 *L. sulpitia* 近似，主要区别为：本种前翅中室白色眉形纹端部断开，基部斑纹弯曲呈蝌蚪形。后翅反面基部灰白色柳叶纹伸向前缘基部，不与中横带端部相连。

寄主　忍冬科 Caprifoliaceae 水马桑 *Weigela japonica* var. *sinica*；绣球花科 Hydrangeaceae 溲疏属 *Deutzia* spp.。

生物学　1 年 1 代。成虫多见于 5～7 月。常在林缘、山地、小溪边活动。

分布　中国（河南、陕西、甘肃、湖北、江西、四川、贵州）。

大秦岭分布　河南（灵宝）、陕西（周至、眉县、太白、汉台、南郑、洋县、留坝、佛坪、宁陕、商南）、甘肃（麦积、武都、文县、徽县、两当）、湖北（神农架、武当山）。

带蛱蝶属 *Athyma* Westwood, [1850]

Athyma Westwood, [1850], *Gen. diurn. Lepid.*, (2): 272. **Type species**: *Papilio leucothoe* Linnaeus, 1758.

Parathyma Moore, [1898], *Lepid. Ind.*, 3(32): 146. **Type species**: *Papilio sulpitia* Cramer, [1779].

Tatisia Moore, [1898], *Lepid. Ind.*, 3(32): 146. **Type species**: *Athyma kanwa* Moore, 1858.

Kironga Moore, [1898], *Lepid. Ind.*, 3(32): 146, (34):209. **Type species**: *Athyma ranga* Moore, [1858].

Zabana Moore, [1898], *Lepid. Ind.*, 3(32): 146. **Type species**: *Athyma urvasi* C. & R. Felder, 1860.

Condochates Moore, [1898], *Lepid. Ind.*, 3(32): 146. **Type species**: *Limenitis opalina* Kollar, [1844].

Sabania Moore, [1898], *Lepid. Ind.*, 3(32): 146. **Type species**: *Athyma speciosa* Staudinger, 1889.

Balanga Moore, [1898], *Lepid. Ind.*, 3(32): 146. **Type species**: *Athyma kasa* Moore, 1858.

Zamboanga Moore, [1898], *Lepid. Ind.*, 3(32): 146. **Type species**: *Athyma gutama* Moore, 1858.

Chendrana Moore, [1898], *Lepid. Ind.*, 3(32): 146, (33): 182. **Type species**: *Athyma pravara* Moore, [1858].

Tacola Moore, [1898], *Lepid. Ind.*, 3(32): 146, (33): 192. **Type species**: *Limenitis larymna* Doubleday, [1848].

Tharasia Moore, [1898], *Lepid. Ind.*, 3(32): 146, (33): 180. **Type species**: *Athyma jina* Moore, [1858].

Tacoraea Moore, [1898], *Lepid. Ind.*, (32):146, 3 (33): 176. **Type species**: *Athyma asura* Moore, [1858].

Pseudohypolimnas Moore, [1898], *Lepid. Ind*., 3(32): 146, 3 (34): 208. **Type species**: *Athyma punctata* Leech, 1890.

Athyma (Limenitidina); Chou, 1998, *Class. Ident. Chin. Butt*: 140, 142.

Tacola (Limenitidina); Vane-Wright & de Jong, 2003, *Zool. Verh. Leiden* 343: 196.

Athyma; Wu & Xu, 2017, *Butts. Chin*.: 957.

近似线蛱蝶属 *Limenitis*，但后翅反面肩区有灰白色斜带，无黑色小点群；也近似环蛱蝶属 *Neptis*，但有较阔的翅；多数种类腹基部有灰白色带纹。翅褐色或黑褐色，多有白色的斑带，个别种类黄色。前翅中室多闭式，长约为前翅长的 2/5；中室端脉直或 M_1-M_2 向中室内凹入，M_2-M_3 段直或弯曲；R_2 脉从中室上缘端部分出，R_3 和 R_4 与 R_5 脉共柄。后翅近梨形，外缘波状，无尾突或角突；基横带下端未达后缘；肩脉发达，与 $Sc+R_1$ 脉同点分出；$Sc+R_1$ 脉伸达翅外缘；Rs 脉接近 M_1 脉而离 $Sc+R_1$ 脉较远；反面基部有灰白色斜带。

雄性外生殖器：骨化较强；背兜头盔形；钩突指形，与背兜愈合；颚突侧观臂形；囊突及阳茎短或中等长；抱器长三角形，顶部齿突有或无，内突较发达。

雌性外生殖器：囊导管较细；交配囊体袋形，膜质，透明；交配囊片及囊尾有或无。

寄主为茜草科 Rubiaceae、大戟科 Euphorbiaceae、木犀科 Oleaceae、马齿苋科 Portulacaceae、蔷薇科 Rosaceae、冬青科 Aquifoliaceae、忍冬科 Caprifoliaceae、小檗科 Berberidaceae、防己科 Menispermaceae、叶下珠科 Phyllanthaceae、樟科 Lauraceae 植物。

全世界记载 43 种，分布于古北区和东洋区。中国已知 15 种，大秦岭分布 10 种。

种检索表

6. 后翅亚缘斑纹口字形 ·· **珠履带蛱蝶 *A. asura***
   后翅亚缘斑纹非口字形 ··· **六点带蛱蝶 *A. punctata***
7. 雌雄异型 ·· **新月带蛱蝶 *A. selenophora***
   雌雄同型 ·· 8
8. 后翅反面白色外横斑列内侧镶有黑色圆斑 ······················ **玄珠带蛱蝶 *A. perius***
   后翅反面白色外横斑列内侧无黑色圆斑 ····································· 9
9. 前翅亚顶区 2 个斑纹长短相差 2 倍以上 ···················· **东方带蛱蝶 *A. orientalis***
   前翅亚顶区 2 个斑纹长短相差 1 倍以下 ······················ **虹眉带蛱蝶 *A. opalina***

虹眉带蛱蝶 *Athyma opalina* (Kollar, [1844])（图版 24：50）

Limenitis opalina Kollar, [1844], *In*: Hügel, *Kasch. Reich Siek*, 4(2): 427. **Type locality**: India.

Athyma opalina; Moore, 1858a, *Proc. zool. Soc. Lond.*, (347/348): 11; D'Abrera, 1985, *Butts. Orient. Reg.*: 322; Chou, 1994, *Mon. Rhop. Sin.*: 513; Huang, 1998, *Neue Ent. Nachr.*, 41: 239 (note), pl. 9, f. 3c-d, 4c-d; Wu & Xu, 2017, *Butts. Chin.*: 957, f. 958: 1-5.

Pantoporia opalina; Lewis, 1974, *Butts. World*, X: pl. 149, f. 10.

形态 成虫：中型蛱蝶。翅正面黑褐色，反面红褐色；斑纹白色。前翅外缘及亚外缘各有 1 列条形斑纹，多有模糊；中横斑列近 V 形，m_2 室斑小；中室斑纹端部串珠状。反面下半部多有黑褐色晕染；其余斑纹同前翅正面。后翅亚外缘带、外横斑列及基横带白色。反面基部近前缘有 1 个柳叶状斑纹；后缘区银灰色，其余斑纹同后翅正面。

寄主 小檗科 Berberidaceae 具芒小檗 *Berberis aristata*、十大功劳属 *Mahonia* spp.；防己科 Menispermaceae 天仙藤 *Fibraurea recisa*；茜草科 Rubiaceae 洋玉叶金花 *Mussaenda frondosa*。

生物学 1 年 2~3 代。成虫多见于 5~10 月。常在林缘、山地活动，喜吸食人畜粪便及腐烂水果。

分布 中国（河南、陕西、甘肃、安徽、浙江、湖北、江西、福建、台湾、广东、海南、广西、重庆、四川、贵州、云南、西藏）。

大秦岭分布 河南（内乡）、陕西（鄠邑、周至、陈仓、凤县、南郑、洋县、西乡、略阳、留坝、佛坪、石泉、宁陕、商州、丹凤、商南、山阳、镇安、柞水）、甘肃（麦积、秦州、徽县、文县、宕昌）、湖北（兴山、神农架）、重庆（城口）、四川（宣汉、剑阁、青川、都江堰、安州、江油、平武、汶川）。

东方带蛱蝶 *Athyma orientalis* Elwes, 1888

Athyma orientalis Elwes, 1888, *Trans. ent. Soc. Lond.*, 354, pl. 9, f. 4.

Athyma orientalis; Huang, 1998, *Neue Ent. Nachr.*, 41: 239 (note), pl. 9, f. 3a-b, 4a-b; Wu & Xu, 2017, *Butts. Chin.*: 957, f. 959: 7-10.

形态　成虫：中型蛱蝶。与虬眉带蛱蝶 *A. opalina* 近似，主要区别为：本种前翅亚顶区 2 个斑纹长短相差 2 倍以上；中室条细长，端部长而尖。

寄主　小檗科 Berberidaceae 十大功劳属 *Mahonia* spp. 植物。

生物学　1 年 2~3 代。成虫多见于 5~10 月。

分布　中国（河南、陕西、浙江、湖北、江西、福建、台湾、广东、海南、广西、四川、贵州、云南、西藏），印度，越南，老挝。

大秦岭分布　陕西（南郑）、四川（都江堰）。

玉杵带蛱蝶 *Athyma jina* Moore, 1857（图版 25：51—52）

Athyma jina Moore, 1857, *In*: Horsfield & Moore, *Cat. lep. Ins. Mus. East India Coy*, 1: 172, pl. 5, f. 3. **Type locality**: Darjeeling.

Athyma jina Moore, 1858a, *Proc. zool. Soc. Lond.*, (347/348): 18; Fruhstorfer, 1906, *Verh. zool.-bot. Ges. Wien.*, 56(6/7): 397; Chou, 1994, *Mon. Rhop. Sin.*: 519; Wu & Xu, 2017, *Butts. Chin.*: 965, f. 968: 12-17.

形态　成虫：中型蛱蝶。翅正面黑褐色，反面红褐色；斑纹白色。前翅顶角区有 3 个白色斑纹；外缘斑列及亚外缘斑列时有模糊或断续；中横斑列近 V 形，m_2 室斑小；中室斑纹杵状。反面中后部有黑褐色晕染；其余斑纹同前翅正面。后翅外缘斑列条形，模糊不清；外横斑列上窄下宽；横带宽。反面肩区柳叶状斑纹宽，占据整个肩区；中横带下部加宽；其余斑纹同后翅正面。

卵：馒头形；绿色，有六角形凹纹和刺毛。

幼虫：黑褐色，密布白色颗粒状点斑；头部褐色，密布小棘刺；体侧有 1 列斜向排列的细带纹；中胸、后胸及第 2、第 7 和第 8 腹节背面各有 1 对棕黄色长枝刺；第 3~6 腹节背面各有 1 对黑色枝刺。

蛹：棕褐色，有黑褐色和白色斑纹；头顶有 1 对钩状突起；腹背面端部有 1 个钩形突起。

寄主　忍冬科 Caprifoliaceae 忍冬 *Lonicera japonica*、华南忍冬 *L. confusa*。

生物学　1 年 2~3 代。成虫多见于 5~10 月。飞行迅速，有领地性，喜阳光和在湿地吸水，常在林缘、山地、溪边活动。

分布　中国（辽宁、陕西、甘肃、新疆、安徽、浙江、湖北、江西、福建、台湾、广东、重庆、四川、贵州、云南），印度，缅甸。

大秦岭分布 陕西（长安、鄠邑、周至、眉县、太白、凤县、南郑、洋县、西乡、镇巴、勉县、宁强、略阳、留坝、佛坪、旬阳、平利、岚皋、汉阴、石泉、宁陕、山阳、镇安、柞水、洛南）、甘肃（麦积、康县、徽县、文县、武都）、湖北（兴山、神农架、郧西）、重庆（巫溪、城口）、四川（宣汉、朝天、青川、都江堰、安州、江油、平武、汶川）。

幸福带蛱蝶 *Athyma fortuna* Leech, 1889（图版 26：53）

Athyma fortuna Leech, 1889, *Trans. ent. Soc. Lond*., (1): 107, pl. 8, f. 1, 1a. **Type locality**: Kiukiang.

Athyma fortuna; Chou, 1994, *Mon. Rhop. Sin*.: 520; Wu & Xu, 2017, *Butts. Chin*.: 965, f. 969: 18-21.

形态 成虫：中型蛱蝶。与玉杵带蛱蝶 *A. jina* 相似，主要区别为：本种前翅顶角区有2个白色斑纹；中室内的棒纹较细。后翅反面柳叶纹较窄，在 Sc+R$_1$ 脉下方；中横带端部宽，末端窄。

寄主 忍冬科 Caprifoliaceae 荚蒾 *Viburnum dilatatum*、吕宋荚蒾 *V. luzonicum*、宜昌荚蒾 *V. erosum*。

生物学 1年2~3代，以幼虫越冬。成虫多见于5~8月。常在林缘、山地、溪边活动，喜在林缘灌丛、路边飞翔。

分布 中国（河南、陕西、甘肃、安徽、浙江、湖北、江西、福建、台湾、广东、广西、重庆、四川、贵州），日本。

大秦岭分布 陕西（蓝田、鄠邑、周至、眉县、太白、汉台、城固、洋县、西乡、略阳、留坝、佛坪、平利、石泉、宁陕、商南、镇安）、甘肃（麦积、秦州、武都、文县、徽县、两当）、湖北（兴山、神农架）、重庆（巫溪、城口）、四川（青川、都江堰、安州、平武）。

六点带蛱蝶 *Athyma punctata* Leech, 1890

Athyma punctata Leech, 1890, *Entomologist*, 23(2): 33. **Type locality**: Chang Yang.

Pantoporia punctata; Fruhstorfer, 1906, *Verh. Zool.-Bot. Ges. Wien*, 56(6/7): 433.

Athyma punctata; Chou, 1994, *Mon. Rhop. Sin*.: 517; Wu & Xu, 2017, *Butts. Chin*.: 965, f. 966: 1-5.

形态 成虫：中型蛱蝶，雌雄异型。两翅正面黑褐色，反面红褐色至棕黄色；外缘斑列白色，外侧缘线黑褐色。雄性：前翅正面外缘带及亚缘带较模糊；2个白色斜斑上小下大，位于亚顶区和中后域中部。反面中室眉形纹端部断开；亚外缘带红褐色；翅面密布黑褐色晕染；其余斑纹同前翅正面。后翅正面中央有1个近椭圆形大块斑；外缘带及亚缘带灰白色。反面中横带扭曲，上窄中下部宽，未达后缘；肩区有柳叶纹；亚缘带白色至灰白色；后缘蓝灰色或灰白色。雌性：斑纹正面黄色或白色，反面白色。前翅正面中横斑列近八字形；外缘带和亚缘带模糊。反面斑纹同前翅正面。后翅正面外缘带模糊；外横斑列较中横带窄。反面中横斑列白色；外横斑列黑褐色，斑纹边界模糊；肩区有白色柳叶形斑纹；其余斑纹同后翅正面。

寄主　马齿苋科 Portulacaceae 马齿苋 *Portulaca oleracea*；蔷薇科 Rosaceae 刺莓 *Rubus taiwanianus*。

生物学　1 年 1 代。成虫多见于 5~9 月。常在林地活动。

分布　中国（陕西、甘肃、安徽、浙江、湖北、江西、湖南、福建、广东、广西、重庆、四川、贵州），老挝，越南。

大秦岭分布　陕西（眉县、南郑）、甘肃（康县、文县）、湖北（兴山、神农架）、四川（青川、安州）。

倒钩带蛱蝶 *Athyma recurva* Leech, 1893（图版 26：54）

Athyma recurva Leech, 1893, *Butts Chin. Jap. Cor.*, (1): 176, pl. 16, f. 9. **Type locality**: W. China.
Athyma recurva; Chou, 1994, *Mon. Rhop. Sin.*: 518; Wu & Xu, 2017, *Butts. Chin.*: 961, f. 963: 12.
Pantoporia recurva; Fruhstorfer, 1906, *Verh. Zool.-Bot. Ges. Wien*, 56(6/7): 433.

形态　成虫：中型蛱蝶。两翅正面黑褐色，反面红褐色；斑纹白色。前翅正面亚外缘斑列端部模糊或消失；顶角区有 3 个白斑；中横斑列近 V 形；中室斑纹倒钩形。反面外缘斑列端部模糊；其余斑纹同前翅正面。后翅正面亚缘斑列斑纹排列整齐；中横带上窄下宽。反面外缘带黑、白 2 色；亚缘斑带白色；外中域黑褐色，有模糊斑纹；基部柳叶斑与中横带在前缘相交；其余斑纹同后翅正面。

寄主　茜草科 Rubiaceae 及大戟科 Euphorbiaceae 植物。

生物学　成虫多见于 6~9 月。常在林缘、溪沟边活动，飞行迅速，喜吸食腐烂水果和在小溪边沙地吸水。

分布　中国（河南、陕西、甘肃、湖北、重庆、四川、贵州）。

大秦岭分布　河南（西峡）、陕西（汉台、洋县、宁强）、甘肃（麦积、徽县、两当）、湖北（兴山、神农架）、四川（宣汉、青川、都江堰、安州）。

珠履带蛱蝶 *Athyma asura* Moore, [1858]

Athyma asura Moore, [1858], *In*: Horsfield & Moore, *Cat. lep. Ins. Mus. East Ind. Coy*, 1: 171, pl. 5a, f. 1.
Athyma asura; Moore, 1858a, *Proc. zool. Soc. Lond.*, (347/348): 17; Chou, 1994, *Mon. Rhop. Sin.*: 512;
　　Wu & Xu, 2017, *Butts. Chin.*: 965, f. 970: 22-27.

形态 成虫：中型蛱蝶。两翅正面黑褐色，反面棕褐色；斑纹多白色。前翅前缘弧形，后缘平直，外缘波状，中部浅凹；外缘斑列斑纹条形，模糊；亚外缘斑列斑纹新月形；顶角区有 2～3 个小斑；中横斑列近 V 形，m_2 室斑纹小；中室斑纹 i 形。反面亚缘斑方形，白色，内有圆形黑斑；中室斑纹较翅正面粗；后缘有黑色晕染；cu_1 室基部眼斑灰色，眼点大，黑色；其余斑纹同前翅正面。后翅正面外缘带模糊；亚缘斑方形，白色，内有黑色圆斑；基横带上部较宽。反面基横带与肩区柳叶状斑纹近平行；后缘区蓝灰色；其余斑纹同后翅正面。

卵：半球形；黄色，有六角形凹纹和密集刺毛。

幼虫：绿色；密布黑色斑点和细带纹，头部黄色，头顶有锥刺；侧面有 1 列斜向排列的黑色细带纹；胸部和腹末端背面绿色枝刺较长，基部黑色；第 2 腹节背面有 1 对黑色瘤突，顶端有锈红色簇毛；其余腹节背面绿色枝刺较短。

蛹：红褐色，有黑褐色斑纹；头顶有 1 对突起；胸背面突起。

寄主 茜草科 Rubiaceae 台北茜草树 *Aidia canthioides*；樟科 Lauraceae 香楠 *Machilus zuihoensis*；冬青科 Aquifoliaceae 大叶冬青 *Ilex latifolia*。

生物学 1 年 2～3 代。成虫多见于 5～8 月。

分布 中国（安徽、浙江、江西、湖南、福建、台湾、广东、海南、湖北、广西、重庆、四川、贵州、云南、西藏），印度，不丹，尼泊尔，缅甸，泰国，马来西亚，印度尼西亚。

大秦岭分布 湖北（兴山）、四川（都江堰、平武）。

新月带蛱蝶 *Athyma selenophora* (Kollar, [1844])

Limenitis selenophora Kollar, [1844], *In*: Hügel, *Kasch. Reich Siek*, 4(5): 426, pl. 7, f. 1-2. **Type locality**: India [Mussourie].

Athyma selenophora; Moore, 1858a, *Proc. zool. Soc. Lond*., (347/348): 14; Wood-Mason & de Nicéville, 1881, *J. asiat. Soc. Bengal*, 49 Pt.II (4): 229; D'Abrera, 1985, *Butts. Orient. Reg*.: 322; Chou, 1994, *Mon. Rhop. Sin*.: 514; Wu & Xu, 2017, *Butts. Chin*.: 961, f. 962: 5-6, 963: 7-11.

Pantoporia selenophora; Fruhstorfer, 1906, *Verh. zool.-bot. Ges. Wien*., 56(6/7): 420.

Pantoporia selenophora kanara Evans, 1924, *J. Bombay nat. Hist. Soc*., 30(1): 74. **Type locality**: India.

Athyma zhangi Gu & Wang, 1997: 193.

形态 成虫：中大型蛱蝶，雌雄异型。两翅正面黑褐色，反面红褐色；斑纹白色。雄性：前翅外缘中部凹入；外缘及亚外缘斑列正面模糊，反面清晰；亚顶区有 1 列条形斜斑列；中横带短，从中室下端角至后缘中部，两侧晕染紫灰色；中室有 1 个圆形白色斑纹和 2 个锈红色斑纹，时有模糊。反面中室剑纹断成 4 段，缘线黑色；cu_2 室基部眼斑灰色，瞳点黑色，较大；翅面晕染黑色；其余斑纹同前翅正面。后翅外缘及亚缘斑列斑纹条形，模糊；中横带从前缘中部斜向后缘，止于 2A 脉，两侧晕染紫灰色。反面外中斑列黑褐色，斑纹边界模糊；肩区斑纹柳叶状；sc+r$_1$ 室及中室基部各有 2 条黑褐色细线纹；后缘银灰色；其余斑纹同后翅正面。雌性：前翅正面外缘及亚外缘斑列近平行排列，外缘斑列未达顶角；中横斑列近 V 形，m$_2$ 室斑小；中室剑纹断成 4 段，端段毛笔尖形。反面翅面晕染黑褐色；cu$_2$ 室基部眼斑灰色，瞳点黑色；其余斑纹同前翅正面。后翅亚缘斑列端部内弯；中横带上宽下窄，止于 2A 脉基部。反面外中斑带黑褐色，边界模糊；肩区斑纹柳叶状；sc+r$_1$ 室及中室基部各有 2 条黑褐色细线纹；后缘银灰色；其余斑纹同后翅正面。

卵：半球形；初产时黄色，后变为绿褐色，有六角形凹纹和密集刺毛。

幼虫：5 龄幼虫刚蜕皮时褐色，后变为绿色；密布白色颗粒状斑点；头后部周缘有紫红色锥刺；身体背面密布紫红色长枝刺。

蛹：深褐色，有黑褐色和金属灰色斑纹；头顶有 1 对弯向外侧的突起；背面腹端片状突起，和胸部突起侧观呈 C 形。

寄主 茜草科 Rubiaceae 玉叶金花 *Mussaenda pubescens*、小玉叶金花 *M. parviflora*、水团花 *Adina pilulifera*、水金京 *Wendlandia formosana*、心叶木 *Haldina cordifolia*。

生物学 1 年多代，以低龄幼虫越冬。成虫多见于 5～9 月。飞行迅速，喜在湿地吸水，吸食花粉、花蜜、植物汁液。卵单产于寄主植物叶尖处。老熟幼虫在寄主植物叶片反面或小枝上化蛹。

分布 中国（陕西、甘肃、安徽、浙江、湖北、江西、湖南、福建、台湾、广东、海南、广西、重庆、四川、贵州、云南、西藏），印度，不丹，缅甸，孟加拉国，越南，泰国，马来西亚，印度尼西亚。

大秦岭分布 陕西（西乡）、甘肃（宕昌）、湖北（兴山）。

玄珠带蛱蝶 *Athyma perius* (Linnaeus, 1758)

Papilio perius Linnaeus, 1758, *Syst. Nat.* (Edn 10), 1: 471. **Type locality**: "Indiis" [India or Canton, China].

Papilio leucothoe Linnaeus, 1758, *Syst. Nat.* (Edn 10), 1: 478.

Papilio eriosine Cramer, [1779], *Uitl. Kapellen*, 3(17-21): pl. 203, f. E, F.

Athyma leucothoe; Moore, 1858a, *Proc. zool. Soc. Lond.*, (347/348): 11.

Athyma perius; Fruhstorfer, 1906, *Verh. zool.-bot. Ges. Wien*, 56(6/7): 398; Chou, 1994, *Mon. Rhop. Sin.*: 514; Wu & Xu, 2017, *Butts. Chin.*: 961, f. 962: 1-4.

Pantoporia perius f. *hoso* Matsumura, 1939, *Ins. Matsum.*, 13(4): 111. **Type locality**: "Formosa"[Taiwan, China].

Tacoraea perius ab. *atramenta* Murayama & Shimonoya, 1963, *Tyô Ga*, 13(3): 55, f. 5, 8. **Type locality**: Musha, "Formosa"[Taiwan, China].

Tacoraea perius ab. *insolitus* Murayama & Shimonoya, 1966, *Tyô Ga*, 15(3/4): 60, f. 35. **Type locality**: Poli, "Formosa"[Taiwan, China].

形态　成虫：中型蛱蝶。与虬眉带蛱蝶 *A. opalina* 相似，主要区别为：本种两翅斑纹较粗圆。正面前翅中室斑及后翅外横斑列的斑纹间距大。反面色偏黄，黄褐色或橙黄色；外缘带黑色；斑纹多有黑色缘线。后翅外横斑列内侧镶有 1 列黑色圆斑；基横斑带两侧有黑色缘斑列相伴。

卵：球形；黄色；有六角形凹纹和密集刺毛。

幼虫：低龄幼虫黑褐色。末龄幼虫黄绿色，密布黑色细环纹和紫红色枝刺。

蛹：红褐色；头顶有 1 对尖突起；腹部有淡黄色带纹；背面腹端片状突起和胸部突起侧观形成 C 形。

寄主　叶下珠科 Phyllanthaceae 毛果算盘子 *Glochidion eriocarpum*、香港算盘子 *G. zeylanicum*、白背算盘子 *G. wrightii*、台闽算盘子 *G. rubrum*、算盘子 *G. puberum*、艾胶算盘子 *G. lanceolarium*。

生物学　1 年多代。成虫多见于 5～9 月。喜吸食花粉、花蜜、植物汁液。幼虫有取食卵壳和皮蜕的习性；幼虫取食叶片时仅留主脉并栖息其上；喜躲藏于自己的粪便堆中。老熟幼虫化蛹于寄主小枝上或叶片反面的主脉上。

分布　中国（黑龙江、陕西、浙江、江西、湖南、福建、台湾、广东、海南、香港、广西、四川、贵州、云南），印度，不丹，尼泊尔，缅甸，越南，老挝，泰国，斯里兰卡，马来西亚，印度尼西亚。

大秦岭分布　陕西（蓝田、眉县）、四川（宣汉）。

离斑带蛱蝶 *Athyma ranga* Moore, 1857

Athyma ranga Moore, 1857, *In*: Horsfield & Moore, *Cat. lep. Ins. Mus. East India Coy*, (1): 175, pl. 5a, f. 6. **Type locality**: "Sikkim".

Athyma ranga; Moore, 1858a, *Proc. zool. Soc. Lond.*, (347/348): 15; D'Abrera, 1985, *Butts. Orient. Reg.*: 321; Chou, 1994, *Mon. Rhop. Sin.*: 517; Wu & Xu, 2017, *Butts. Chin.*: 965, f. 967: 6-10.

Pantoporia ranga; Lewis, 1974, *Butts. World*, X, pl.149, f. 14.

形态　成虫：中型蛱蝶。两翅褐色至黑褐色；斑纹白色或灰白色；反面色稍淡；斑纹较正面清晰；亚外缘及亚缘斑列近平行排列。前翅外缘中部凹入；正面中横斑列近 V 形，斑纹大小不一，多错位排列；基半部散布模糊碎斑纹。反面斑纹同前翅正面，较清晰；基部多有紫灰色晕染。后翅正面基横带从前缘斜向后缘，止于 2A 脉；肩区有 1 个三角形小斑。反面亚缘斑大；基部密布大小和形状不一的斑纹；后缘区灰色；其余斑纹同后翅正面。

卵：子弹头形，黄绿色，孵化前变成黑色，有六角形凹纹和密集的白色刺毛。

幼虫：5 龄期。1 ~ 4 龄幼虫褐色。5 龄幼虫绿色，第 5 腹节淡黄色。老熟幼虫淡褐色；体表有淡褐色枝刺。

蛹：黄褐色；头顶有 1 对尖突起；体表散布带金属光泽的银白色斑纹；背面腹端片状突起，和胸部突起侧观形成 C 形。

寄主 木犀科 Oleaceae 桂花 *Osmanthus fragrans*、女贞 *Ligustrum lucidum*、山指甲小蜡 *L. sinense*、卵叶小蜡 *L. sinense* var. *stauntonii*。

生物学 1 年多代，多以低龄幼虫越冬。成虫多见于 5 ~ 9 月。飞行迅速，喜在湿地吸水、吸食动物排泄物。卵单产于寄主植物的正面叶尖。1 ~ 4 龄幼虫有堆积虫粪和残渣并栖息其中的习性。老熟幼虫化蛹于寄主植物叶片反面或小枝上。

分布 中国（浙江、江西、福建、广东、海南、香港、四川、贵州、云南），印度，不丹，尼泊尔，缅甸，泰国。

大秦岭分布 四川（宣汉、昭化）。

缕蛱蝶属 *Litinga* Moore, [1898]

Litinga Moore, [1898], *Lepid. Ind*., 3(32): 146, (33):173. **Type species**: *Limenitis cottini* Oberthür,
　　1884.

Litinga (Limenitidini); Chou, 1998, *Class. Ident. Chin. Butt*: 142.

Litinga; Wu & Xu, 2017, *Butts. Chin*.: 971.

本属从线蛱蝶属 *Limenitis* 分出。翅斑纹比线蛱蝶属 *Limenitis* 原始；黑褐色；斑纹白色或淡黄色；有淡黄色的缘区点状斑列及亚缘点斑列；中横带宽或窄。前翅三角形，顶角圆，外缘略凹入；中室闭式，长约为前翅长的 2/5，中室端脉 M_1-M_2 向中室内浅凹，M_2-M_3 段直；R_2 脉从中室上缘端部或 R_5 脉分出；R_3 和 R_4 脉与 R_5 脉共柄。后翅梨形，外缘波状，无尾突或突出；肩脉与 Sc+R_1 脉同点分出；Sc+R_1 脉伸达翅顶角或外缘；Rs 脉接近 M_1 脉而离 Sc+R_1 脉较远。

雄性外生殖器：中等骨化；背兜头盔形；钩突长指形；颚突侧观臂形；囊突长匙形，上翘；抱器长条形，两端尖窄，内突发达，阳茎短于抱器。

雌性外生殖器：囊导管细；交配囊体椭圆形。

寄主为杨柳科 Salicaceae 及榆科 Ulmaceae 植物。

全世界记载 3 种，分布于古北区和东洋区。中国已知 3 种，大秦岭分布 1 种。

拟缕蛱蝶 *Litinga mimica* (Poujade, 1885)（图版 27：55—56）

Limenitis mimica Poujade, 1885, *Bull. Soc. Ent. Fr.*, (6)5: 200. **Type locality**: Sichuan.

Litinga mimica; Chou, 1994, *Mon. Rhop. Sin.*: 522; Wu & Xu, 2017, *Butts. Chin.*: 971, f. 972: 3-4.

形态　成虫：中型蛱蝶。翅黑褐色，反面色稍淡；斑纹淡黄色或白色。前翅正面亚顶区有 3 个斑纹；外缘斑列及亚外缘斑列平行排列，斑纹点斑状，外缘斑列时有消失；中室外放射状排列 1 列长条斑，其中 cu_2 室条斑前端开叉；中室棒纹粗。反面外缘斑列清晰，其余斑纹同前翅正面。后翅正面端缘有 3 列斑纹，外缘斑列时有模糊或消失；其余翅面从前缘至后缘放射状排列 1 排基生长条斑，前缘及臀区条斑多为黄色。反面基部 3 个小斑纹分别位于 $sc+r_1$ 室基部和肩区基部；外缘斑列清晰；其余斑纹同后翅正面。

寄主　榆科 Ulmaceae 朴树 *Celtis sinensis*。

生物学　成虫多见于 6~7 月。飞行迅速，常在林缘、山地、溪边活动，喜吸食人畜粪便及污水。

分布　中国（吉林、辽宁、河南、陕西、甘肃、安徽、湖北、广西、重庆、四川、云南）。

大秦岭分布　河南（内乡、西峡）、陕西（蓝田、长安、鄠邑、周至、陈仓、眉县、太白、凤县、汉台、南郑、洋县、西乡、宁强、留坝、佛坪、宁陕、商南）、甘肃（麦积、秦州、徽县、两当、武都）、湖北（兴山、神农架）、重庆（巫溪、城口）、四川（安州、江油、平武）。

葩蛱蝶属 *Patsuia* Moore, [1898]

Patsuia Moore, [1898], *Lepid. Ind.*, 3(32): 146, 3(33): 172. **Type species**: *Limenitis sinensium* Oberthür, 1876.

Putsuia; Moore, [1898], *Lepid Ind.*, 3(33): 172 (missp.) ; Wu & Xu, 2017, *Butts. Chin.*: 973.

Patsuia (Limenitidini); Chou, 1998, *Class. Ident. Chin. Butt*: 144.

本属从线蛱蝶属 *Limenitis* 分出。翅黑褐色。前翅顶角圆；外缘端半部外突，中部略凹入；R_2 脉在基部与 R_5 脉共柄；中室闭式，长约为前翅长的 2/5。后翅外缘波状；Rs 脉接近 M_1 脉；中室开式。

雄性外生殖器：骨化强；背兜头盔形；钩突弯指形，顶端尖；颚突臂形；囊突较短，上翘；抱器长三角形，端部有刺突；阳茎约与抱器等长。

雌性外生殖器：囊导管较短，膜质；交配囊长椭圆形；无交配囊片及囊尾。

寄主为杨柳科 Salicaceae 植物。

全世界记载 1 种，分布于古北区及东洋区。中国特有种，大秦岭有分布。

蛱蝶科　Nymphalidae

中华黄蟠蛱蝶 *Patsuia sinensis* (Oberthür, 1876)（图版 28：57）

Limenitis sinensium Oberthür, 1876, *Étud. d'Ent.*, 2: 25, pl. 4, f. 8.

Limenitis sinensium; Lewis, 1974, *Butts. World*: pl. 195, f. 19.

Patsuia sinensis; Chou, 1994, *Mon. Rhop. Sin.*: 527; Wu & Xu, 2017, *Butts. Chin.*: 973, f. 972: 1-3.

形态　成虫：中型蛱蝶。翅正面黑褐色；外缘及亚外缘带隐约可见；反面前翅黑褐色，后翅黄色；斑纹黄色或红褐色。前翅亚顶区有 4 个斑纹，前缘 1 个细窄，其余 3 个较大；外横斑列端部斑纹小，多模糊或消失，中后部 3 个斑纹较圆，近品字形排列；中室端部和中部各有 1 个条斑。反面顶角区及亚顶区黄色，并延伸至臀角；外横斑列斑纹清晰完整；中室基部黄色；cu_1 室基部及 cu_2 室中部各有 1 个边界模糊的斑纹，灰白色至淡黄色。后翅脉纹黑色，清晰；亚外缘带红褐色，时有模糊或退化；外横斑列弧形；基部有 1 个被脉纹分割的黄色大圆斑。反面中横带红褐色，近 V 形，边界模糊。

寄主　杨柳科 Salicaceae 杨属 *Populus* spp. 植物。

生物学　1 年 1 代。成虫多见于 6 ~ 8 月。飞行迅速，常在阔叶林及溪流附近活动，喜在潮湿的地面吸水、吸食腐烂水果和动物粪便。

分布　中国（辽宁、内蒙古、河北、山西、河南、陕西、甘肃、福建、四川、云南）。

大秦岭分布　河南（内乡、嵩县、灵宝）、陕西（长安、鄠邑、周至、眉县、太白、凤县、汉台、南郑、西乡、洋县、留坝、佛坪、宁陕）、甘肃（麦积、秦州、康县、徽县、两当、礼县、合作、迭部、碌曲）、四川（安州、平武、汶川）。

俳蛱蝶属 *Parasarpa* Moore, [1898]

Parasarpa Moore, [1898], *Lepid. Ind.*, 3(32): 146, 147. **Type species**: *Limenitis zayla* Doubleday, [1848].

Hypolimnesthes Moore, [1898], *Lepid. Ind.*, 3(32): 146, 154. **Type species**: *Limenitis albomaculata* Leech, 1891.

Parasarpa (Limenitidini); Chou, 1998, *Class. Ident. Chin. Butt*: 144, 145.

Parasarpa; Wu & Xu, 2017, *Butts. Chin.*: 973.

前翅顶角较尖；外缘略凹入；中室闭式，端脉 M_1-M_2 段短，向中室凹入，M_2-M_3 段长；R_1 与 R_2 脉独立；R_3 脉较长，从 R_5 脉基部分出；R_4 脉从 R_5 脉端部分出。后翅外缘波状；臀角尖；中室开式；Sc+R_1 脉达顶角或外缘；Rs 脉基部接近 M_1 脉而离 Sc+R_1 脉较远。

雄性外生殖器：骨化较强；背兜头盔形；钩突指形，顶端尖；颚突臂形；囊突舌形，上翘；抱器长三角形，内突有或无；阳茎短于抱器。

雌性外生殖器：囊导管长，膜质；交配囊球形；无交配囊片及囊尾。

寄主为壳斗科 Fagaceae、忍冬科 Caprifoliaceae 植物。

全世界记载 9 种，分布于古北区和东洋区。中国已知 4 种，大秦岭分布 2 种。

<h3 style="text-align:center">种检索表</h3>

前翅有 Y 形横带纹 ·· **Y 纹俳蛱蝶 *P. dudu***
前翅无 Y 形横带纹 ·· **白斑俳蛱蝶 *P. albomaculata***

白斑俳蛱蝶 *Parasarpa albomaculata* (Leech, 1891)

Limenitis albomaculata Leech, 1891a, *Entomologist*, 24 (Suppl.): 28. **Type locality**: Sichuan.

Parasarpa albomaculata; Chou, 1994, *Mon. Rhop. Sin.*: 528; Wu & Xu, 2017, *Butts. Chin.*: 973, f. 975: 4-5.

Limenitis albomaculata; Huang, 2003, *Neue Ent. Nachr.*, 55: 86 (note), f. 128, pl. 9, f. 5.

形态 成虫：中型蛱蝶，雌雄异型。翅正面黑褐色，反面红褐色。雄性：两翅正面斑纹白色，周缘覆有蓝紫色晕染；反面外缘及亚外缘线白色。前翅正面顶角斑近圆形；中央斑纹近梭形。反面覆有大片的黑褐色晕染；顶角区 2 个白斑；中室斑纹 2~3 个，灰白色；中央白色大斑与前缘中部灰色斑纹相连。后翅正面中央块斑近椭圆形，斑纹下缘有灰色晕染。反面亚缘斑列斑纹近 V 形；外横斑列黑褐色；中横带银白色至白色；翅基至中横带之间区域，前缘红褐色，其余蓝灰色，密布黑色细线纹；后缘蓝灰色。雌性：翅面斑纹黄色。前翅外缘及亚外缘带未达顶角；顶角区斑纹 3 个；中横斑列弧形；中室棒纹长。反面斑纹同前翅正面，但多为灰白色；中室中部有 2 个条斑。后翅外缘锯齿形，外缘带细，波形；亚缘斑列宽，镶有黑色斑纹；中横带黄色。反面基部蓝灰色，密布黑色细线纹；其余斑纹同后翅正面。

寄主 壳斗科 Fagaceae 板栗 *Castanea mollissima*、茅栗 *C. seguinii*；忍冬科 Caprifoliaceae 荚蒾属 *Viburnum* spp. 植物。

生物学 1 年 1~2 代。成虫多见于 5~9 月。飞行迅速，喜阳光、在湿地吸水和吸食花蜜，常在林缘、山地活动。

分布 中国（河南、陕西、甘肃、湖北、湖南、福建、广东、重庆、四川、贵州、云南、西藏），泰国，缅甸，越南，印度。

大秦岭分布 河南（栾川）、陕西（太白、南郑、洋县、西乡、留坝、佛坪、宁陕）、甘肃（麦积、秦州、徽县）、湖北（神农架）、重庆（城口）、四川（都江堰、平武）。

Y 纹俳蛱蝶 *Parasarpa dudu* (Westwood, 1850)

Limenitis dudu Westwood, 1850, *Gen. diurn. Lep.*, (2): 276.

Limenitis dudu (Doubleday, [1848]), *Gen. diurn. Lep.*, (1): pl. 35, f. 4.

Limenitis dudu ab. *isshikii* Matsumura, 1929, *Ins. Matsum.*, 3(2/3): 94. **Type locality**: "Formosa"
[Taiwan, China].

Limenitis dudu; Lewis, 1974, *Butts. World*: pl. 147, pl. 3.

Parasarpa dudu; Chou, 1994, *Mon. Rhop. Sin.*: 528; Wu & Xu, 2017, *Butts. Chin.*: 974, f. 975: 6, 976:
7-12.

形态 成虫：中型蛱蝶。翅正面黑褐色，斑纹白色；反面粉褐色；白色中横带宽，横贯两翅中域，缘线红褐色或黑灰色。前翅外缘弧形凹入；顶角有 1 个橙色斑纹；中横带 Y 形；亚外缘带棕褐色；中室端部和中部有棕色和红色横条斑，有时红色条斑退化。反面顶角区、前缘区及外缘区红褐色；中室端部和中部各有 1 个红褐色横条斑，缘线黑色；cu_2 室基部有 1 个红褐色圆斑，圈纹黑色。后翅外缘微波形；正面外缘带及亚外缘带微波形，棕褐色；臀角有红色斑纹。反面端部多有红褐色晕染；亚缘斑列灰黑色，斑纹边界模糊；肩角区粉褐色；臀角区红褐色；基部至后缘有灰色晕染；$sc+r_1$ 室基部有 1 个白色斑纹；中室基半部有 2 个白色斑纹；臀角尖。

寄主 忍冬科 Caprifoliaceae 华南忍冬 *Lonicera confusa*。

生物学 1 年 1 代。成虫多见于 6~8 月。飞行迅速，常在林缘、山地活动。

分布 中国（陕西、福建、台湾、广东、海南、香港、云南、西藏），泰国，缅甸，越南，印度。

大秦岭分布 陕西（凤县、留坝、商南）。

婀蛱蝶属 *Abrota* Moore, 1857

Abrota Moore, 1857, *In*: Horsfield & Moore, *Cat. lep. Ins. Mus. East India Coy*, (1): 176. **Type species**:
Abrota ganga Moore, 1857.

Abrota (Limenitini); Chou, 1998, *Class. Ident. Chin. Butt*: 142.

Abrota; Wu & Xu, 2017, *Butts. Chin.*: 944.

雌雄异型。前翅近直角三角形；前缘强弧形；顶角尖；中室短于翅长的 1/2，端脉有 1 条短回脉，上段微小，下段极细，向内成钝角；R_1 与 R_2 脉从中室前缘端部分出；M_3 与 Cu_1 脉从中室下顶角生出。后翅圆阔，臀角明显，雄性尖出；中室开式；Rs 在 $Sc+R_1$ 与 M_1 脉之间；M_1 与 M_2 脉起点接近。

雄性外生殖器：骨化强；背兜围巾形；钩突指形，顶端尖，短于背兜；颚突短，侧观臂形；囊突舌形，上翘；抱器长条形，端部圆，有锯齿；阳茎较短。

雌性外生殖器：囊导管粗，短于交配囊体，膜质；交配囊体长圆形；交配囊片长，贯穿整个交配囊体。

寄主为金缕梅科 Hamamelidaceae 及壳斗科 Fagaceae 植物。

全世界仅记载 1 种，分布于东洋区。大秦岭有分布。

婀蛱蝶 *Abrota ganga* Moore, 1857（图版 28：58）

Abrota ganga Moore, 1857, *In*: Horsfield & Moore, *Cat. lep. Ins. Mus. East India Coy*, (1): 178, pl. 6a, f. 1.

Abrota ganga; D'Abrera, 1985, *Butts. Orient. Reg.*: 337; Chou, 1994, *Mon. Rhop. Sin*.: 523; Wu & Xu, 2017, *Butts. Chin*.: 944, f. 945: 1-4, 946: 5-8.

Abrota jumna Moore, [1866], *Proc. zool. Soc. Lond*., 1865(3): 764.

形态　成虫：中大型蛱蝶，雌雄异型。雄性：个体较小。翅正面橙色，斑纹黑褐色；反面淡黄色，斑纹淡褐色至红褐色；翅面有紫灰色晕染。前翅前缘及顶角有黑色细带纹；亚外缘斑带时有消失；中横带波曲状，时有模糊；中室端斑近 W 形，中部斑纹 1~2 个。反面顶角有模糊黑斑；外中域斑纹边界模糊不清；中斜带从后缘中部斜向顶角；中室端部及中部有环纹。后翅正面从外缘至基部共有 4 条横带纹；中室中部斑纹圆形。反面基部有 3 个环形圈纹；其余斑纹同后翅正面。雌性：翅正面黑褐色，反面棕褐色至黄褐色；斑纹淡黄色至白色。前翅正面亚外缘斑列较模糊；顶角区有 2~3 个白色小斑；中域斑列近 V 形排列，m₃ 室斑消失，中室剑纹上缘有锯齿形缺刻。反面有紫褐色和灰白色晕染；中室有 2 个圈纹；中斜斑列从后缘中部斜向顶角；其余斑纹同前翅正面。后翅外中斑列端部弧形内弯；基横宽带被黑色翅脉分割；前缘淡黄色或白色。反面晕染灰紫色；基部有圈纹；外中域有 2 条锯齿纹；其余斑纹同后翅正面。

卵：半圆形，黄绿色，有六角形凹纹和密集的白色刺毛。

幼虫：5 龄期。初龄幼虫黄绿色。末龄幼虫绿色，背中线白色，镶有 1 列粉红色圆斑，体两侧有长羽状棘突。

蛹：翠绿色；头顶有 1 对银白色尖突；背面散布带金属光泽的银白色斑纹，斑纹周缘均有玫红色圈纹环绕。

寄主　金缕梅科 Hamamelidaceae 秀柱花 *Eustigma oblongifolium*、水丝梨 *Sycopsis sinensis*；壳斗科 Fagaceae 青冈 *Cyclobalanopsis glauca*、曼青冈 *C. oxyodon*、钩锥 *Castanopsis tibetana*。

生物学　1年1代，以幼虫越冬。成虫多见于7~9月。常在山地活动，喜食腐烂果类和树汁液。卵聚产于寄主植物叶面。初龄幼虫有群居性，3龄后开始独栖。

分布　中国（陕西、甘肃、浙江、江西、福建、台湾、广东、湖北、海南、重庆、四川、云南），印度，不丹，缅甸，越南。

大秦岭分布　陕西（长安、鄠邑、周至、凤县、洋县、西乡、留坝、佛坪、宁陕、商南）、甘肃（麦积、秦州）、湖北（神农架）、重庆（城口）、四川（青川、安州、平武）。

姹蛱蝶族 Chalingini Morishita，1996

Chalingini Morishita, 1996, *Butterflies*, 13: 41. **Type genus**: *Chalinga* Moore,[1898].

Chalingini (Limenitidinae); Chou, 1998, *Class. Ident. Chin. Butt*: 145, 146; Lang, 2010, *Far East. Ent.*, 218: 3.

森下和彦（1996）建立，原记载中只包括锦瑟蛱蝶属 *Seokia* 及姹蛱蝶属 *Chalinga*，周尧（1998）增加2属。

前后翅中室均闭式。后翅肩脉多与 Sc+R$_1$ 脉同点分出。

中国已知5种，大秦岭分布3种。

属检索表

1. 大型种类，中域有贯穿两翅的横带纹 ·· **奥蛱蝶属 *Auzakia***

   中型种类，中域无贯穿两翅的横带纹 ··· 2

2. 翅正面有红色斑列 ··· **锦瑟蛱蝶属 *Seokia***

   翅正面无红色斑列 ··· **姹蛱蝶属 *Chalinga***

锦瑟蛱蝶属 *Seokia* Sibatani, 1943

Seokia Sibatani, 1943, *Trans. Kans. ent. Soc.*, 13(2): 12. **Type species**: *Limenitis pratti* Leech, 1890.

Eolimenitis Kurentzov, 1950, *Byull. mosk. Obshch. Isp. Prir*. (Ser. biol), 55(3): 37. **Type species**: *Limenitis eximia* Moltrecht, 1909.

Ussuriensia Nekrutenko, 1960, *Zool. Anz.*, 165: 438. **Type species**: *Ussuriensia jefremovi* Nekrutenko, 1960.

Seokia (Chalingini); Chou, 1998, *Class. Ident. Chin. Butt*: 147.

Chalinga; Lang, 2010, *Far East. Ent.*, 218: 3.

Seokia (Limenitini); Korb & Bolshakov, 2011, *Eversmannia Suppl.*, 2: 28.

翅黑色，有数列白色、黄色、橙色或红色的斑列。前翅正三角形；外缘中部浅凹；中室闭式，长短于前翅长的 1/2，端脉上段凹入中室，下段直，连到 M_3 脉上；R_1 脉从中室分出；R_2 脉从 R_5 脉分出。后翅近梨形，外缘微波状；中室闭式，端脉连到 M_3 脉的分出点附近。

雄性外生殖器：强骨化；背兜筒形；钩突长，分叉，钩形下弯；颚突短，细棒形，紧贴于背兜侧壁，末端伸达柄突处；囊突长，上翘；抱器阔，斜方形，端半部窄，端缘平截，有细齿；阳茎粗大，长于抱器，棒形，中部有 1 长排针形角状器。

雌性外生殖器：囊导管粗，骨化强，长于交配囊体；无交配囊片。

寄主为杨柳科 Salicaceae、松科 Pinaceae 植物。

全世界记载 1 种，分布于古北区。中国已知 1 种，大秦岭有分布。

锦瑟蛱蝶 *Seokia pratti* (Leech, 1890)（图版 29：59—60）

Limenitis pratti Leech, 1890, *Entomologist*, 23: 34. **Type locality**: Chang Yang.

Seokia pratti, Chou, 1994, *Mon. Rhop. Sin.*: 529; Korb & Bolshakov, 2011, *Eversmannia Suppl.*, 2: 28.

Chalinga pratti; Lang, 2010, *Far East. Ent.*, 218: 5; Wu & Xu, 2017, *Butts. Chin.*: 891, f. 892: 1-3.

形态 成虫：中型蛱蝶，雌雄异型。翅正面褐色或赭绿色，反面赭绿色；斑纹白色、橙黄色和红色；端缘 3 列斑纹近平行排列，外侧 2 列白色，内侧 1 列红色。前翅亚顶区有 2 个白色斑纹；中横斑列分 3 段，阶梯式排列；中室条斑 3 条，时有模糊。反面基部有白色斑纹，其余斑纹同前翅正面。后翅正面白色中横斑列宽。反面基部密布形状及大小不一的斑纹，有红色、橙黄色和黑色 3 色；后缘区有 3 条长带纹。雌性斑纹较雄性清晰而宽大。

寄主 杨柳科 Salicaceae 杨属 *Populus* spp.、垂柳 *Salix babylonica*；松科 Pinaceae 松属 *Pinus* spp.、红松 *P. koraienis*。

生物学 1 年 1 代。成虫多见于 5~9 月。常在林缘、山地活动，喜在潮湿地面、石崖上栖息。

分布 中国（黑龙江、吉林、河南、陕西、甘肃、浙江、湖北、江西、福建、重庆、四川、贵州）。

大秦岭分布 河南（西峡、栾川、灵宝）、陕西（蓝田、长安、鄠邑、周至、陈仓、眉县、太白、汉台、南郑、洋县、勉县、留坝、佛坪、宁陕、商州、丹凤、商南、山阳）、甘肃（麦积、康县、徽县、两当、迭部）、湖北（神农架）、重庆（巫溪、城口）、四川（宣汉）。

奥蛱蝶属 *Auzakia* Moore, [1898]

Auzakia Moore, [1898], *Lepid. Ind.*, 3(32): 146, 148. **Type species**: *Limenitis danava* Moore.

Auzakia (Chalingini); Chou, 1998, *Class. Ident. Chin. Butt*: 146.

Auzakia; Wu & Xu, 2017, *Butts. Chin.*: 944.

　　雌雄异型。前翅三角形；顶角略突出；外缘微凹入；中室闭式，约为前翅长的 2/5，端脉上段短，微凹，下段细长；R_1 和 R_2 脉独立；R_4 脉在 R_5 脉近顶角处分出，其分叉点在 R_2 脉终点附近。后翅顶角圆，臀角尖出；前后缘弧形；中室闭式，短于后翅长的 1/3；M_1 脉接近 M_2 脉，离 Rs 脉较远。

　　雄性外生殖器：骨化强；背兜头盔形；钩突弯指形，端部尖；颚突侧观臂形，基部膨大明显；囊突短，方铲形；抱器长条形，端部窄，顶缘有齿突；阳茎极短，约为抱器长的 1/5。

　　雌性外生殖器：囊导管细长，膜质；交配囊体长椭圆形，稍短于囊导管；无囊尾。

　　全世界记载 1 种，分布于东洋区。中国已知 1 种，大秦岭有分布。

奥蛱蝶 *Auzakia danava* (Moore, [1858])

Limenitis danava Moore, [1858], *In*: Horsfield & Moore, *Cat. lep. Ins. Mus. East India Coy*, 1: 180, pl. 6a, f. 2.

Auzakia danava; Chou, 1994, *Mon. Rhop. Sin.*: 524; Wu & Xu, 2017, *Butts. Chin.*: 944, f. 947: 9-11, 948: 12-14.

　　形态　成虫：大型蛱蝶，雌雄异型。两翅正面黑褐色，反面土黄色。雄性：前翅正面顶角耳状尖出；外缘浅凹；外缘带较窄；亚缘带宽，灰绿色，中间镶有棕褐色斑列；中横带棕褐色，模糊，内缘不规则齿状；中室端部及中部各有 1 个棕色条斑。反面顶角有白斑；中横带 2 色，棕色及污白色，两侧波状，内侧端部尖齿状；中室条斑粉白色；cu_2 室基部圈纹褐色。后翅外缘带较窄；亚缘带灰绿色，镶有棕褐色斑列；中横带棕褐色，边缘模糊，中间镶有褐色带纹。反面 sc+r_1 室基部有 1 个灰白色圆斑，缘线黑褐色；中室端部及中部各有 1 个灰白色条斑，缘线黑褐色；其余斑纹同后翅正面。雌性：个体较大。翅正面黑色；反面黑褐色；亚缘斑列土黄色；中横带白色，清晰。

　　生物学　1 年 1 代。成虫多见于 6~9 月。飞行迅速，不访花，喜在湿地吸食水和矿物质。

　　分布　中国（江苏、浙江、湖北、江西、湖南、福建、广东、四川、贵州、云南、西藏），印度，不丹，缅甸。

　　大秦岭分布　湖北（神农架）、四川（青川、安州、平武）。

姹蛱蝶属 *Chalinga* Moore, [1898]

Chalinga Moore, [1898], *Lepid. Ind.*, 3(33): 172, (32):146. **Type species**: *Limenitis elwesi* Oberthür, 1884.

Chalinga (Chalingini); Chou, 1998, *Class. Ident. Chin. Butt*: 148; Lang, 2010, *Far East. Ent.*, 218: 3.

Chalinga; Wu & Xu, 2017, *Butts. Chin.*: 891.

从线蛱蝶属 *Limenitis* 分出。翅黑色；有白色斑纹；反面大部分橙红色。前翅正三角形；前缘较平直；顶角尖；外缘斜；R_2 脉从 R_5 脉分出；R_3 脉及 R_4 脉的起点分别对应于 R_1 脉和 R_2 脉的终点；中室闭式，长短于前翅长的 1/2。后翅三角形；外缘弧形；中室闭式，长约为后翅长的 2/3。

雄性外生殖器：背兜大而平坦；钩突分叉，钩状；囊突短小；抱器阔圆，端上部瓣状突出；阳茎短小。

雌性外生殖器：囊导管粗短，骨化强；交配囊体球形；无交配囊片。

寄主为杨柳科 Salicaceae 植物。

全世界记载 1 种，分布于中国。大秦岭有分布。

姹蛱蝶 *Chalinga elwesi* (Oberthür, 1884)

Limenitis elwesi Oberthür, 1884, *Bull. Soc. Ent. Fr.*, (6)3: 128.

Limenitis (*Chalinga*) *elwesi*; Huang, 2003, *Neue Ent. Nachr.*, 55: 86 (note).

Chalinga elwesi; Chou, 1994, *Mon. Rhop. Sin.*: 529; Wu & Xu, 2017, *Butts. Chin.*: 891, f. 892: 4-6.

形态　成虫：中型蛱蝶。两翅正面黑色至黑褐色，有赭绿色光泽；斑纹橙色或白色；外缘斑列与亚外缘斑列近平行排列。反面前翅棕褐色至黑褐色，后翅红褐色。前翅正面亚缘斑列黑色，时有模糊；顶角区有 3 个小白斑；外中域斑列分 3 段阶梯式平行排列，向内倾斜；中室内白色条斑 2 个；cu_2 室基部有 1 个白斑。反面从前缘中部到亚外缘中部向上区域橙红色，向下至翅基部赭绿色；翅基部灰色；cu_2 室基部 V 形斑纹灰色；其余斑纹同前翅正面，但白色斑纹有银灰色缘线。后翅正面外中域斑列斑纹子弹头形，黑、白 2 色，较模糊；肩区白色；基部有数个灰白色斑纹，时有模糊。反面亚外缘斑列橙红色；亚缘带黑色；外中斑列 2 色，橙红色和白色；基部有 2 排碎斑纹近平行排列；$sc+r_1$ 室基部有圆形斑纹；cu_2 室有 1 条棕黄色带纹。雌性个体较大；翅色较浅。

寄主　杨柳科 Salicaceae 杨属 *Populus* spp.、柳属 *Salix* spp. 植物。

分布　中国（四川、云南、西藏）。

大秦岭分布　四川（宣汉）。

环蛱蝶族 Neptini Newman，1870

Neptini Newman, 1870, *Illust. Nat. Hist. Brit. Butts.*: 67. **Type genus**: *Neptis* Fabricius, 1807.

Neptina (Limenitidini); Vane-Wright & de Jong, 2003, *Zool. Verh. Leiden*, 343: 197.

Neptini (Limenitidinae); Chou, 1998, *Class. Ident. Chin. Butt*: 148; Dhungel & Wahlberg, 2018, *PeerJ.*, 6(4311): 31.

本族蝴蝶种类间斑纹较为相似。翅多黑色；斑纹多白色或黄色。前翅亚顶区有斑纹。后翅有数条横带；中室开式。

全世界记载 199 种，广泛分布于古北区、印澳区及东洋区。中国已知 68 种，大秦岭分布 41 种。

属检索表

1. 前翅 R_2 脉从 R_5 脉分出 ·· 2
   前翅 R_2 脉从中室分出 ·· 3
2. 翅无橙色带纹 ·· 伞蛱蝶属 *Aldania*
   翅有橙色带纹 ·· 蟠蛱蝶属 *Pantoporia*
3. 雄性后翅 $Sc+R_1$ 脉止于前缘近顶角处；镜纹不明显（少数例外）····· 环蛱蝶属 *Neptis*
   雄性后翅 $Sc+R_1$ 脉止于顶角附近；镜纹显著 ························ 菲蛱蝶属 *Phaedyma*

蟠蛱蝶属 *Pantoporia* Hübner, [1819]

Pantoporia Hübner, [1819], *Verz. bek. Schmett.*, (3): 44. **Type species**: *Papilio hordonia* Stoll, [1790].

Rahinda (Nymphalinae) Moore, [1881], *Lepid. Ceylon*, 1(2): 56. **Type species**: *Papilio hordonia* Stoll, [1790].

Atharia Moore, 1898, *Lepid. Ind.*, 3(32): 146. **Type species**: *Limenitis consimilis* Boisduval, 1832.

Marosia Moore, 1898, *Lepid. Ind.*, 3(32): 146. **Type species**: *Neptis antara* Moore, 1858.

Tagatsia Moore, 1898, *Lepid. Ind.*, 3(32): 146. **Type species**: *Athyma dama* Moore, 1858.

Pantoporia (Neptina); Vane-Wright & de Jong, 2003, *Zool. Verh. Leiden*, 343: 197.

Pantoporia (Neptini); Eliot, 1969, *Bull. Br. Mus. nat. Hist.* (Ent.) Suppl., 15: 6, 25; Chou, 1998, *Class. Ident. Chin. Butt*: 148, 149; Dhungel & Wahlberg, 2018, *PeerJ.*, 6(4311): 31.

Pantoporia; Wu & Xu, 2017, *Butts. Chin.*: 1015.

从环蛱蝶属 *Neptis* 中分出。翅黑色，有橙色或黄色带纹。前翅较阔，长三角形；顶角钝；外缘直或微凹入；臀角圆；中室开式；R_2 脉从 R_5 脉基部分出；R_3 脉和 R_4 脉从 R_5 脉中上部分出。后翅前缘与外缘多弧形；中室开式；Rs 脉距 Sc+R$_1$ 脉与 M$_1$ 脉等距。雄性性标位于前后翅贴合处。

雄性外生殖器：背兜发达，后缘突出；钩突与背兜愈合；颚突钉状；囊突小而尖；抱器近卵形；阳茎细长。

雌性外生殖器：囊导管细，膜质；交配囊体多长圆形。

寄主为豆科 Fabaceae 植物。

全世界记载 14 种，分布于东洋区、古北区和澳洲区。中国已知 5 种，大秦岭分布 1 种。

苾蟠蛱蝶 *Pantoporia bieti* (Oberthür, 1894)

Neptis bieti Oberthür, 1894, *Étud. d'Ent.*, 19: 16, pl. 8, f. 69. **Type locality**: Ta-Tsien-Lou, Szetchua.

Rahinda bieti; Fruhstorfer, 1908g, *Stett. Ent. Ztg.*, 69(2): 266, 256.

Pantoporia bieti; Eliot, 1969, *Bull. Br. Mus. nat. Hist.* (Ent.) Suppl., 15: 38; Chou, 1994, *Mon. Rhop. Sin.*: 531; Monastyrskii, 2005, *Atalanta*, 36: 148; Wu & Xu, 2017, *Butts. Chin.*: 1016, f. 1017: 6-9.

形态　成虫：中小型蛱蝶。两翅正面黑褐色；反面覆有黄色晕染，色稍淡。前翅外横斑列八字形；中室剑纹伸达外中域，端部加宽，顶端尖。反面棕褐色；亚外缘带与亚缘带近平行排列，前缘基半部有淡黄色细带纹；其余斑纹同前翅正面。后翅亚缘带窄；中横带宽，未达前缘；前缘淡棕色。反面翅端部紧密排列有 4 条宽窄不一的带纹，黄色或红褐色；中横带宽，缘线黑褐色；基部密布大小不一的黄色斑纹；肩区有 1 个淡黄色柳叶斑。

寄主　豆科 Fabaceae 黄檀属 *Dalbergia* spp. 植物。

生物学　1 年 1 代，以幼虫越冬。成虫多见于 5~8 月。飞行较缓慢，喜在林缘和树冠层活动。

分布　中国（陕西、甘肃、湖北、广东、海南、广西、重庆、四川、云南、西藏），印度，缅甸，泰国。

大秦岭分布　陕西（洋县）、甘肃（麦积、徽县）、湖北（神农架）、重庆（城口）、四川（青川、平武）。

环蛱蝶属 *Neptis* Fabricius, 1807

Neptis Fabricius, 1807, *Mag. f. Insektenk.* (Illiger), 6: 282. **Type species**: *Papilio aceris* Esper, 1783.

Acca Hübner, [1819], *Verz. bek. Schmett.*, (3): 44. **Type species**: *Papilio venilia* Linnaeus, 1758.

Philonoma Billberg, 1820, *Enum. Ins. Mus. Billb.*: 78 (repl. for *Neptis* Fabricius, 1807). **Type species**: *Papilio aceris* Esper, 1783.

Paraneptis Moore, 1898, *Lepid. Ind.*, 3(32): 146, (34): 214. **Type species**: *Papilio lucilla* Denis & Schiffermüller, 1775.

Kalkasia Moore, 1898, *Lepid. Ind.*, 3(32): 146. **Type species**: *Limenitis alwina* Bremer & Grey.

Hamadryodes Moore, 1898, *Lepid. Ind.*, 3(32): 146, (34): 215. **Type species**: *Athyma lactaria* Butler, 1866.

Bimbisara Moore, 1898-[1899], *Lepid. Ind.*, 3(32): 146, 4(37): 1 ([1899]). **Type species**: *Neptis amba* Moore, 1858.

Stabrobates Moore, 1898-[1899], *Lepid. Ind.*, 3(32): 146 (1898), 4(37): 15 ([1899]). **Type species**: *Neptis radha* Moore, 1857.

Rasalia Moore, 1898-[1899], *Lepid. Ind.*, 3(32): 146 (1898), 4(39): 44 ([1899]). **Type species**: *Athyma gracilis* Kirsch, 1885.

Neptidomima Holland, 1920, *Bull. Amer. Mus. Nat. Hist.*, 43(6): 116, 164. **Type species**: *Neptis exaleuca* Karsch, 1894.

Acca (Neptina); Ohshima & Yata, 2005, *Trans. lepid. Soc. Japan*, 56(4): 298.

Neptis (Nymphalinae); Moore, [1881], *Lepid. Ceylon*, 1(2): 54.

Neptis (Neptina); Vane-Wright & de Jong, 2003, *Zool. Verh. Leiden*, 343: 198.

Neptis (Neptini); Eliot, 1969, *Bull. Br. Mus. nat. Hist.* (Ent.) Suppl., 15: 6, 49.

Neptis (Limenitini); Korb & Bolshakov, 2011, *Eversmannia Suppl.*, 2: 29.

Neptis (Limenitidini); Chou, 1998, *Class. Ident. Chin. Butt*: 150-154; Dhungel & Wahlberg, 2018, *PeerJ.*, 6(4311): 31.

Neptis; Wu Xu, 2017, *Butts. Chin.*: 980.

本属为蛱蝶科中的大属之一。翅正面黑褐色，反面色稍淡；斑纹白色或黄色；两翅中室均为开式。前翅长三角形；R$_2$ 脉从中室分出，终止于 R$_3$ 脉的起点之前。后翅阔圆；Sc+R$_1$ 脉短，仅达后翅的前缘。雄性性标位于前后翅贴合处。

雄性外生殖器：背兜头盔形，背缘平坦，钩突较长；囊突短或较长；颚突臂状；抱器狭长；阳茎粗，约与抱器等长。

雌性外生殖器：囊导管细，膜质；交配囊体长圆形或圆形；无交配囊片。

成虫栖息于林缘、林中空地、岩壁及溪谷两岸。

寄主为豆科 Fabaceae、椴树科 Tiliaceae、木棉科 Bombacaceae、榆科 Ulmaceae、梧桐科 Sterculiaceae、壳斗科 Fagaceae、蔷薇科 Rosaceae、樟科 Lauraceae、桦木科 Betulaceae、槭树科 Aceraceae、忍冬科 Caprifoliaceae、桑科 Moraceae 等植物。

全世界记载 156 种，分布于东洋区、古北区、澳洲区和非洲区。中国已知 50 余种，大秦岭分布 37 种。

种检索表

36. 后翅反面 a 室基部有黑色小斑·································**细带链环蛱蝶 *N. andetria***

后翅反面 a 室基部无黑色小斑·································**链环蛱蝶 *N. pryeri***

小环蛱蝶 *Neptis sappho* (Pallas, 1771)（图版 30：61—62）

Papilio sappho Pallas, 1771, *Reise Russ. Reich*., 1: 471. **Type locality**: Russia [Volga].

Papilio aceris Esper, 1783, *Die Schmett.*, *Th.*, *I, Bd.*, 2(7): 142, pl. 81, f. 3-4; Lepechin, 1774, *Reise.*, 1: 203, pl. 17, f. 5-6.

Papilio lucilla Schrank, 1801, *Fauna Boica*, 2(1): 191.

Papilio flautilla Hübner, [1799-1800], *Samml. eur. Schmett.*, [1] : pl. 21, f. 99.

Papilio plautilla Hübner, 1805, *Eur. Scmett.*, 1: 17.

Neptis hylas sappho; Fruhstorfer, 1907, *Int. ent. Zs.*, 1(22): 159; Fruhstorfer, 1908g, *Stett. Ent. Ztg.*, 69(2): 291.

Neptis sappho; Eliot, 1969, *Bull. Br. Mus. nat. Hist.* (Ent.) Suppl., 15: 58; Chou, 1994, *Mon. Rhop. Sin.*: 532; Korb & Bolshakov, 2011, *Eversmannia Suppl.*, 2: 29; Wu & Xu, 2017, *Butts. Chin.*: 980, f. 981: 1-4.

形态 成虫：小型蛱蝶。两翅正面黑色至黑褐色，反面红咖色；斑纹白色。前翅外缘、亚外缘及亚缘各有 1 列斑纹，亚外缘斑列较完整，其余斑列时有断续；外横斑列近 V 形，中间斑纹缺失；中室条端部被暗色线切断；中室端脉外侧有 1 个近三角形斑纹。反面前缘基半部有 1 条灰白色细纹线；后缘灰色；其余斑纹同前翅正面。后翅正面亚外缘斑列及外中线模糊；亚缘斑列清晰，端部变窄；中横带从后缘伸达前缘，幅宽一致。反面外缘斑列清晰、模糊或消失，其余斑带清晰；肩区基条及亚基条近平行排列；其余斑纹同后翅正面。

卵：长圆形；淡绿色；表面密布六角形凹刻和白色细毛。

幼虫：5 龄期。初孵幼虫绿色，2 龄后变为淡褐色；体表密布黑色云状纹及白色和墨绿色颗粒状突起；中后胸和第 2 及第 8 腹节背面各有 1 对棘突。老熟幼虫淡褐色，形状似枯叶。

蛹：淡黄色；头部有 2 个外弯的锥状突起；体表密布褐色细线纹。

寄主 豆科 Fabaceae 矮山黧豆 *Lathyrus humilis*、香豌豆 *L. odoratus*、胡枝子 *Lespedeza bicolor*、美丽胡枝子 *L. formosa*、野葛 *Pueraria lobata*、紫藤 *Wisteria sinensis*、鸡血藤 *Millettia reticulata*、笘子梢 *Campylotropis macrocarpa*、槐属 *Sophora* spp.；榆科 Ulmaceae 珊瑚朴 *Celtis julianae*。

生物学 1 年多代，以老熟幼虫越冬。成虫多见于 4～10 月。飞行较缓慢，常贴地飞行；喜访花和在湿地吸水；多在林缘、山地、溪边活动，常在潮湿地面和树枝叶上栖息。卵单产于寄主植物叶片正面叶尖处。幼虫栖息时胸部拱起，取食时多从寄主叶尖的外缘向中脉啃食。老熟幼虫化蛹于寄主植物叶片反面或枝条上。

分布　中国（黑龙江、吉林、辽宁、北京、天津、山东、河南、陕西、甘肃、安徽、浙江、湖北、江西、福建、台湾、广东、广西、重庆、四川、贵州、云南），朝鲜，日本，巴基斯坦，印度，越南，泰国，欧洲。

　　大秦岭分布　河南（新郑、荥阳、新密、登封、巩义、宝丰、鲁山、郏县、内乡、西峡、南召、宜阳、洛宁、嵩县、栾川、渑池、陕州、灵宝、卢氏）、陕西（临潼、蓝田、长安、鄠邑、周至、渭滨、陈仓、岐山、眉县、太白、凤县、华州、华阴、潼关、南郑、洋县、西乡、镇巴、勉县、略阳、留坝、佛坪、汉滨、平利、镇坪、岚皋、紫阳、汉阴、石泉、宁陕、商州、丹凤、商南、山阳、镇安、柞水、洛南）、甘肃（麦积、秦州、武山、武都、文县、徽县、两当、礼县、迭部、碌曲）、湖北（谷城、神农架、武当山、郧阳、郧西）、重庆（巫溪、城口）、四川（宣汉、朝天、旺苍、青川、都江堰、绵竹、安州、江油、平武、汶川）。

中环蛱蝶 *Neptis hylas* (Linnaeus, 1758)

Papilio hylas Linnaeus, 1758, *Syst. Nat.* (Edn 10), 1: 486. **Type locality**: China.

Neptis swinhoei Butler, 1883, *Proc. zool. Soc. Lond.*, (2): 145, pl. 24, f. 9. **Type locality**: Nilgiris.

Neptis formosanella Matsumura, 1929, *Illust. Com. Ins. Jap*. Vol. 1 "*Butterflies*": 21 (repl. *Neptis formosana* Matsumura).

Neptis hylas; Fruhstorfer, 1907, *Int. ent. Zs*., 1(21): 149; Fruhstorfer, 1908g, *Stett. Ent. Ztg*., 69(2): 287, 257 #13; Eliot, 1969, *Bull. Br. Mus. nat. Hist.* (Ent.) Suppl., 15: 60; Chou, 1994, *Mon. Rhop. Sin*.: 533; Vane-Wright & de Jong, 2003, *Zool. Verh. Leiden*, 343: 199; Wu & Xu, 2017, *Butts. Chin*.: 980, f. 981: 5-7, 982: 8-11.

　　形态　成虫：小型蛱蝶。与小环蛱蝶 *N. sappho* 相似，主要区别为：本种个体较大；翅反面黄褐色。后翅反面白色斑带有黑色缘线。

　　卵：长圆形；绿色；表面密布六角形凹刻和白色细毛。

　　幼虫：5龄期。1龄幼虫绿色，大龄后变为绿褐色；体表密布白色颗粒状突起；体侧有白色近S形弯曲的细带纹；中后胸和第2及第8腹节背面各有1对棘突；腹部末端两侧有不规则大斑，黄绿色。

　　蛹：淡褐色；头部有2个锥状突起；体表密布褐色细线纹；腹背面有银白色小斑。

　　寄主　豆科 Fabaceae 千斤拔属 *Flemingia* spp.、黧豆属 *Mucuna* spp.、直生刀豆 *Canavalia ensiformis*、眉豆 *Vigna catjang*、短豇豆 *V. unguiculata cylindrica*、假地豆 *Desmodium heterocarpon*、长波叶山蚂蝗 *D. sequax*、异叶山蚂蝗 *D. heterophyllum*、葫芦茶 *Tadehagi triquebum*、野葛 *Pueraria lobata*、葛麻姆 *P. thunbergiana*、三裂叶野葛 *P. phaseoloides*、山葛 *P. montana*、小槐花 *Ohwia caudata*、胡枝子 *Lespedeza bicolor*、美丽胡枝子 *L. formosa*；椴树

科 Tiliaceae 扁担属 *Grewia* spp.、刺蒴麻属 *Triumfetta* spp.、黄麻属 *Corchorus* spp.；木棉科 Bombacaceae 木棉属 *Bombax* spp.；榆科 Ulmaceae 山黄麻 *Trema tomentosa*。

生物学 1 年多代。成虫多见于 4~9 月。喜访花，常在林缘小路、溪流附近及林中开阔地活动，在树丛、庭院、潮湿的林沟、丘陵和高山均可见，飞行缓慢，起飞前振翅，然后悠闲地在离地不高处滑翔或在林中阳光处飞舞，在潮湿的石砾地吸水时，平展双翅，休息时，双翅直立。卵单产于寄主植物叶片正面。幼虫栖息时胸部拱起。老熟幼虫化蛹于寄主植物叶片反面或枝条上。

分布 中国（天津、河南、陕西、甘肃、安徽、浙江、湖北、江西、台湾、广东、海南、广西、重庆、四川、贵州、云南），印度，缅甸，越南，老挝，泰国，马来西亚，印度尼西亚。

大秦岭分布 河南（内乡、嵩县、栾川）、陕西（临潼、长安、鄠邑、周至、陈仓、眉县、太白、凤县、洋县、西乡、勉县、宁强、略阳、留坝、佛坪、镇坪、紫阳、岚皋、宁陕、商州、丹凤、商南、山阳、镇安、柞水）、甘肃（麦积、文县、徽县）、湖北（当阳、兴山、神农架、武当山、房县、竹山、竹溪）、重庆（巫溪、城口）、四川（宣汉、青川、都江堰、绵竹、安州、平武）。

珂环蛱蝶 *Neptis clinia* Moore, 1872

Neptis clinia Moore, 1872, *Proc. zool. Soc. Lond.*, (2): 563, pl. 32, f. 5. **Type locality**: Bengal.

Neptis acalina Fruhstorfer, 1908g, *Stett. Ent. Ztg.*, 69 (2): 325.

Neptis gonatina Fruhstorfer, 1908g, *Stett. Ent. Ztg.*, 69(2): 324.

Neptis clinia; Eliot, 1969, *Bull. Br. Mus. nat. Hist.* (Ent.) Suppl., 15: 56; Chou, 1994, *Mon. Rhop. Sin.*: 532; Wu & Xu, 2017, *Butts. Chin.*: 983, f. 985: 1-3.

形态 成虫：小型蛱蝶。与小环蛱蝶 *N. sappho* 相似，主要区别为：本种斑纹乳白色；中室条多未被黑色细线分割。前翅 r_4 和 r_5 室缘毛深褐色；反面中室条与中室端脉外眉形纹相连，且眉形纹较细长；外横斑列斑纹较大。

卵：长圆形；暗绿色；表面密布六角形凹刻和白色细毛。

幼虫：5 龄期。初孵幼虫绿色，2 龄以后变为褐色；体表密布白色颗粒状突起和黑褐色斑带。末龄幼虫腹背面有淡色近 Y 形大斑；中后胸和第 2 及第 8 腹节背面各有 1 对棘突；腹部末端两侧有密集排列的淡绿色小斑。

蛹：淡褐色，有弱金属光泽；头部有 2 个锥状突起；体表有褐色细线纹。

寄主 榆科 Ulmaceae 紫弹树 *Celtis biondii*；梧桐科 Sterculiaceae 假苹婆 *Sterculia lanceolata*、翻白叶树 *Pterospermum heterophyllum*。

生物学 1年多代。成虫多见于6~9月。常在山地、林缘活动。初孵幼虫先取食卵壳，再从叶尖开始取食叶片，留下主脉并在其上栖息，同时会咬断叶脉，使叶片枯萎再将这些叶片相连，并停留其间。老熟幼虫化蛹于叶片背面或叶柄上。

分布 中国（陕西、甘肃、浙江、江西、湖南、福建、广东、海南、重庆、四川、贵州、云南、西藏），印度，缅甸，越南，马来西亚。

大秦岭分布 陕西（南郑、洋县、西乡、平利、岚皋）、甘肃（文县）、重庆（巫溪、城口）、四川（青川、都江堰、安州、江油、平武）。

仿珂环蛱蝶 *Neptis clinioides* de Nicéville, 1894

Neptis clinioides de Nicéville, 1894, *J. asiat. Soc. Bengal*, 63 Pt. Ⅱ (1): 6, pl. 1, f. 8.

Neptis yerburyi[sic] *clinioides*; Fruhstorfer, 1908g, *Stett., Ent. Ztg.*, 69(2): 327.

Neptis clinioides; Eliot, 1959, *Bull. Br. Mus. nat. Hist.* (Ent.), 7(8): 375, pl. 10, f. 1; Eliot, 1969, *Bull. Br. Mus. nat. Hist.* (Ent.) Suppl., 15: 55; Chou, 1994, *Mon. Rhop. Sin*.: 532.

形态 成虫：小型蛱蝶。与珂环蛱蝶 *N. clinia* 相似，主要区别为：本种后翅中横带端半部逐渐加宽。

分布 中国（陕西、湖北、湖南、重庆、四川、贵州）。

大秦岭分布 陕西（长安、宁陕）、湖北（神农架）、重庆（巫溪、城口）、四川（安州、平武）。

卡环蛱蝶 *Neptis cartica* Moore, 1872

Neptis cartica Moore, 1872, *Proc. zool. Soc. Lond.*, (2): 562. **Type locality**: Nepal.

Neptis carticoides Moore, 1881, *Trans. ent. Soc. Lond.*, (3): 309.

Neptis cartica; Fruhstorfer, 1908g, *Stett, Ent. Ztg.*, 69(2): 352, 258 #40; Eliot, 1969, *Bull. Br. Mus. nat. Hist.* (Ent.) Suppl., 15: 93; Chou, 1994, *Mon. Rhop. Sin*.: 539; Wu & Xu, 2017, *Butts. Chin*.: 989, f. 991: 9-10.

形态 成虫：中型蛱蝶。与珂环蛱蝶 *N. clinia* 相似，主要区别为：本种前翅亚外缘斑列斑纹近 V 形；中室条及中室外眉形纹细。后翅中横带端部第 1 个斑纹分离成 3 个细斜纹，灰白色；外中线内移，靠近中横带；反面无亚基条。

卵：长圆形；暗绿色；表面密布六角形凹刻和白色细毛。

幼虫：黄褐色；体表密布黑色颗粒状突起和黑褐色斑带；胸部白色；中后胸和第 2 及第 8 腹节背面各有 1 对棘突；腹部中末端两侧有白色大斑。

蛹：乳白色；头部有 2 个锥状突起；体表密布褐色细线纹；腹部有淡褐色晕染；背中线红褐色。

寄主 壳斗科 Fagaceae 鳞苞锥 *Castanopsis fissa*。

生物学 1 年 1 代。成虫多见于 5 ~ 7 月。常在山地、林缘活动。

分布 中国（陕西、浙江、江西、福建、广东、海南、广西、重庆、四川、贵州、云南），印度，不丹，尼泊尔，缅甸，越南，老挝，泰国。

大秦岭分布 陕西（南郑）、重庆（城口）、四川（平武）。

耶环蛱蝶 *Neptis yerburii* Butler, 1886（图版 31：64）

Neptis yerburii Butler, 1886, *Proc. zool. Soc. Lond.*, (3): 360.

Neptis yerburyi[sic, recte *yerburii*]; Fruhstorfer, 1908g, *Stett., Ent. Ztg.*, 69(2): 327, 257 #17.

Neptis yerburii; Eliot, 1969, *Bull. Br. Mus. nat. Hist.* (Ent.) Suppl., 15: 68; Chou, 1994, *Mon. Rhop. Sin.*: 533; Wu & Xu, 2017, *Butts. Chin.*: 980, f. 982: 12-14.

Neptis nata peilei Eliot, 1969, *Bull. Br. Mus. nat. Hist.* (Ent.) Suppl., 15: 74, pl. 1, f. 2. **Type locality**: Mussoorie, N. W. Himalayas.

Neptis yerburii yerburii; Eliot, 1969, *Bull. Br. Mus. nat. Hist.* (Ent.) Suppl., 15: 69.

Neptis nata yerburii; Smetacek, 2011, *J. Lep. Soc.*, 65(3): 157.

形态 成虫：中小型蛱蝶。与小环蛱蝶 *N. sappho* 相似，主要区别为：本种个体稍大。前翅中室条无暗色断痕。后翅缘毛黑、白 2 色，白色缘毛较黑色缘毛窄。

寄主 榆科 Ulmaceae 朴树 *Celtis sinensis*、南欧朴 *C. australis*。

生物学 1 年多代。成虫多见于 4 ~ 10 月。

分布 中国（陕西、甘肃、安徽、浙江、湖北、江西、福建、重庆、四川、贵州、西藏），巴基斯坦，印度，缅甸，泰国。

大秦岭分布 陕西（洋县、西乡、佛坪、岚皋、宁陕、镇安）、甘肃（麦积、徽县、两当、礼县）、湖北（神农架）、四川（青川、安州、平武）。

娑环蛱蝶 *Neptis soma* Moore, 1858（图版 31：65）

Neptis soma Moore, 1858a, *Proc. zool. Soc. Lond.*, (347/348): 9, pl. 49. **Type locality**: Silhet, N. India.

Neptis soma; Eliot, 1969, *Bull. Br. Mus. nat. Hist.* (Ent.) Suppl., 15: 70; Chou, 1994, *Mon. Rhop. Sin.*: 534; Wu & Xu, 2017, *Butts. Chin.*: 983, f. 985: 4-9.

形态　成虫：中型蛱蝶。与小环蛱蝶 *N. sappho* 相似，主要区别为：本种个体较大。前翅中室条无暗色断痕。后翅中横带不等宽，从后缘至前缘逐渐变宽；反面暗红褐色。

卵：长圆形，暗绿色，表面密布六角形凹刻和白色细毛。

幼虫：棕褐色；体表密布白色颗粒状突起和刺毛；中后胸和第 2 及第 8 腹节背面各有 1 对棘突；腹部末端两侧有白色 L 形斑纹。

蛹：淡褐色，有金属光泽；头部有 2 个锥状突起；体表有褐色细线纹。

寄主　榆科 Ulmaceae 四蕊朴 *Celtis tetrandra*、异色山黄麻 *Trema orientalis*；豆科 Fabaceae 葛麻姆 *Pueraria montana* var. *lobata*、野葛 *P. lobata*、多花紫藤 *Wistaria floribunda*、歪头菜 *Vicia unijuga*、巴豆藤 *Craspedolobium unijuga*、崖豆藤属 *Millettia* spp. 植物。

生物学　1 年多代。成虫多见于 7～9 月。多在林缘、山地活动。卵单产于寄主植物叶尖。幼虫有取食卵壳习性；幼虫取食从叶尖开始，留下主脉并在其上栖息，有时会咬断叶脉，使叶片枯萎再将这些叶片相连，并停留其中。老熟幼虫化蛹于叶片背面或叶柄上。

分布　中国（陕西、甘肃、浙江、湖北、湖南、福建、台湾、广东、海南、香港、广西、重庆、四川、贵州、云南、西藏），印度，尼泊尔，缅甸，老挝，泰国，菲律宾，马来西亚。

大秦岭分布　陕西（长安、周至、陈仓、太白、汉台、南郑、城固、西乡、留坝、佛坪、岚皋、平利、宁陕、山阳、镇安）、甘肃（麦积、文县、徽县、两当）、重庆（巫溪、城口）、四川（青川、都江堰、安州、北川、平武）。

宽环蛱蝶 *Neptis mahendra* Moore, 1872

Neptis mahendra Moore, 1872, *Proc. zool. Soc. Lond.*, (2): 560. **Type locality**: NW. Himalaya (Simla, Masuri).

Neptis mahendra; Fruhstorfer, 1908g, *Stett. Ent. Ztg.*, 69(2): 326, 257 #16; Eliot, 1969, *Bull. Br. Mus. nat. Hist.* (Ent.) Suppl., 15: 78; Chou, 1994, *Mon. Rhop. Sin.*: 535; Wu & Xu, 2017, *Butts. Chin.*: 983, f. 986: 12-14.

形态　成虫：中型蛱蝶。两翅正面黑褐色至黑色，反面暗红褐色；白色斑带较宽大。前翅正面亚外缘斑列斑纹在中部多消失；中室条与端脉外眉形纹不愈合；外横斑列近 V 形，V 底斑纹相距远。反面外缘斑列中部和端部斑纹多消失；亚外缘斑列斑纹较发达；后缘灰褐色；其余斑纹同前翅正面。后翅正面亚外缘带及外中线细，模糊；外横带较宽，清晰；中横带宽，由后缘向前缘逐渐加宽。反面外缘带、亚外缘带及外中线细；基条长于亚基条；其余斑纹同后翅正面。

生物学　成虫多见于 5～7 月。常在林缘和山地活动。

分布　中国（陕西、甘肃、湖北、广东、重庆、四川、云南、西藏），巴基斯坦，印度，尼泊尔。

大秦岭分布　陕西（南郑）、甘肃（武都、文县）、湖北（神农架）、重庆（城口）、四川（青川、平武）。

周氏环蛱蝶 *Neptis choui* Yuan & Wang, 1994

Neptis choui Yuan & Wang, 1994, *Entomotaxonomia*, 16(2): 116, fig. 5-6. **Type locality**: Shaanxi.

Neptis choui; Chou, 1994, *Mon. Rhop. Sin*.: 535; Huang, 2001, *Neue Ent. Nachr.*, 51: 84 (note); Wu & Xu, 2017, *Butts. Chin*.: 983, f. 986: 15, 987: 16.

形态　成虫：中型蛱蝶。与宽环蛱蝶 *N. mahendra* 相似，主要区别为：本种个体稍大；斑带较细。前翅有波曲形亚缘带，反面较正面清晰。后翅中横带较窄，等宽，端部被翅脉断开；基条与亚基条约等长或亚基条稍长。

生物学　成虫多见于 6～8 月。

分布　中国（河南、陕西、甘肃、湖北）。

大秦岭分布　河南（栾川）、陕西（周至、渭滨、陈仓、佛坪、宁陕）、甘肃（舟曲、迭部）、湖北（神农架）。

断环蛱蝶 *Neptis sankara* (Kollar, [1844])（图版 32：66—67）

Limenitis sankara Kollar, [1844], *In*: Hügel, *Kasch. Reich Siek*, 4: 428. **Type locality**: Masuri.

Athyma sankara; Moore, 1858a, *Proc. zool. Soc. Lond.*, (347/348): 18.

Neptis amboides Moore, 1882, *Proc. zool. Soc. Lond.*, (1): 241. **Type locality**: Kashmir.

Neptis nar de Nicéville, 1891, *J. Bombay nat. Hist. Soc.*, 6(3): 349, pl. F, f. 6. **Type locality**: Andamans.

Bimbisara sinica Moore, 1899, *Lepid. Ind.*, 4(37): 10.

Neptis (Bimbisara) sankara antonia f. *ambina* Fruhstorfer, 1908g, *Stett. Ent. Ztg.*, 69(2): 389. **Type locality**: W. China.

Neptis (Bimbisara) sankara nar; Fruhstorfer, 1908g, *Stett. Ent. Ztg.*, 69(2): 388.

Neptis (Bimbisara) sankara; Fruhstorfer, 1908g, *Stett. Ent. Ztg.*, 69(2): 387, 259 #56.

Neptis sankara; Eliot, 1969, *Bull. Br. Mus. nat. Hist.* (Ent.) Suppl., 15: 90; Chou, 1994, *Mon. Rhop. Sin*.: 537; Wu & Xu, 2017, *Butts. Chin*.: 989, f. 990: 1-5.

形态　成虫：中型蛱蝶。本种有黄、白 2 种色型，斑纹差异不大。两翅正面黑褐色；亚外缘斑列时有模糊。反面棕红色或红褐色，多有黑褐色斑驳纹；斑纹黄色或白色。前翅外横斑列近 V 形；中室条与中室端外眉形纹多愈合，上方有缺刻。反面外缘斑列中部和端部多有消失，其余斑纹同前翅正面。后翅正面外横斑列上窄下宽；中横带端部与外横带相接；前缘基部灰白色。反面外缘斑列与亚外缘斑列平行；基条与亚基条近等长；其余斑纹同后翅正面。

幼虫：末龄幼虫淡棕褐色；体表密布白色和褐色颗粒状突起；头部深褐色，顶端有 1 对小尖突；前胸、中胸和腹侧面色深；后胸有 1 对伸向头部的锥状长突起；第 7 腹节侧面有乳白色条斑。

蛹：背面棕褐色，其余部分淡棕褐色；密布褐色纹；头部有 2 个锥状突起。

寄主　蔷薇科 Rosaceae 枇杷 *Eriobotrya japonica*。

生物学　1 年 1 代。成虫多见于 6～9 月。常在林缘活动，喜栖息于树木枝叶上。

分布　中国（河南、陕西、甘肃、安徽、浙江、湖北、江西、湖南、福建、广东、广西、重庆、四川、贵州、云南、西藏），巴基斯坦，印度，缅甸，马来西亚。

大秦岭分布　河南（内乡、陕州）、陕西（长安、鄠邑、周至、华州、陈仓、眉县、太白、华州、南郑、洋县、西乡、宁强、留坝、佛坪、商州、商南、镇安）、甘肃（麦积、秦州、康县、徽县、两当、武都、礼县）、湖北（兴山、神农架、武当山）、重庆（巫溪、城口）、四川（宣汉、青川、都江堰、安州、平武）。

弥环蛱蝶 *Neptis miah* Moore, 1857

Neptis miah Moore, 1857, *In*: Horsfield & Moore, *Cat. lep. Ins. Mus. East India Coy*, (1): 164, pl. 4a, f. 1.

Neptis miah Moore, 1858a, *Proc. zool. Soc. Lond.*, (347/348): 4. **Type locality**: Darjeeling, Sikkim.

Neptis (Bimbisara) miah; Fruhstorfer, 1908g, *Stett. Ent. Ztg.*, 69(2): 396, 259 #65.

Neptis miah; Eliot, 1969, *Bull. Br. Mus. nat. Hist.* (Ent.) Suppl., 15: 89; Chou, 1994, *Mon. Rhop. Sin.*: 536; Wu & Xu, 2017, *Butts. Chin.*: 984, f. 987: 19-21, 988: 22.

形态　成虫：中型蛱蝶。两翅正面黑色；反面红褐色，有黑褐色晕染；斑纹黄色或淡黄色。前翅正面亚外缘带模糊；中室条与中室端外眉形纹愈合不完整，前缘有缺刻；外横斑列近 V 形，除 V 底斑纹缺失外，其余斑纹紧密排列在一起。反面亚外缘带时有断续。后翅亚缘带橙黄色；中横带淡黄色；前缘棕灰色。反面中线、亚外缘线银灰色，有金属闪光，中线内移，靠近中横带；基条与亚基条约等长；其余斑纹同后翅正面。

卵：长圆形；初产时蓝色，后变为绿色；表面密布六角形凹刻和白色细毛。

幼虫：5 龄期。刚孵化幼虫绿褐色；2 龄之后幼虫为褐色；头顶有 2 个尖突；体表密布白色颗粒状突起；后胸和第 8 腹节背面各有 1 个叉状突起。

蛹：初始为褐绿色，后变为褐色；头圆；体表密布黑褐色叶脉纹。

寄主　豆科 Fabaceae 龙须藤 *Bauhinia championi*。

生物学　成虫多见于 5~8 月。有访花和在湿地吸水习性，常在阔叶林活动。卵单产于寄主植物叶片上。幼虫有取食卵壳和吐丝习性。老熟幼虫化蛹于叶柄和叶片反面。

分布　中国（陕西、甘肃、浙江、湖北、江西、湖南、福建、广东、海南、香港、广西、重庆、四川、贵州、云南），印度，不丹，缅甸，越南，老挝，泰国，马来西亚，印度尼西亚。

大秦岭分布　陕西（西乡）、甘肃（武都、文县）、湖北（神农架）、重庆（城口）、四川（宣汉、都江堰、汶川）。

阿环蛱蝶 *Neptis ananta* Moore, 1858

Neptis ananta Moore, 1858a, *Proc. zool. Soc. Lond.*, (347/348): 5.

Neptis ananta Moore, [1858], *Cat. lep. Ins. Mus. East India Coy*, (1): 166, pl. 4a, f. 3.

Neptis (Bimbisara) ananta Fruhstorfer, 1908g, *Stett. Ent. Ztg.*, 69(2): 392, 259 #63.

Neptis ananta; Eliot, 1969, *Bull. Br. Mus. nat. Hist.* (Ent.) Suppl., 15: 98; Chou, 1994, *Mon. Rhop. Sin*.: 540; Wu & Xu, 2017, *Butts. Chin*.: 992, f. 995: 8-9.

形态　成虫：中型蛱蝶。与弥环蛱蝶 *N. miah* 近似，主要区别为：本种前翅正面外横斑列斑纹间排列较稀疏，尤其是下半部斑纹间相距较远。后翅反面基条棕灰色，较宽，无亚基条。

卵：长圆形；绿色；表面密布六角形凹刻和白色细毛。

幼虫：褐色；头顶有 2 个尖突；体表密布白色颗粒状突起；后胸背面有 1 个枝突。

蛹：褐色；头顶有 2 个锥状突起；体表密布黑褐色叶脉纹和白色晕染；翅区白色。

寄主　樟科 Lauraceae 乌药 *Lindera aggregata*、台楠 *Phoebe formosana*。

生物学　成虫多见于 5~8 月。常在山地及林缘活动。

分布　中国（陕西、甘肃、安徽、浙江、江西、福建、广东、广西、海南、重庆、四川、云南、贵州、西藏），印度，不丹，尼泊尔，缅甸，越南，老挝，泰国。

大秦岭分布　陕西（凤县、南郑、宁强、岚皋、商南）、甘肃（麦积、徽县、两当）、四川（宣汉、青川、都江堰、安州、平武）。

娜巴环蛱蝶 *Neptis namba* Tytler, 1915

Neptis namba Tytler, 1915, *J. Bombay nat. Hist. Soc*., 23(3): 510, 24(1) pl. 3, f. 20. **Type locality**: Naga Hills.

Neptis namba; Eliot, 1969, *Bull. Br. Mus. nat. Hist.* (Ent.) Suppl., 15: 100; Chou, 1994, *Mon. Rhop. Sin*.: 540; Wu & Xu, 2017, *Butts. Chin*.: 992, f. 996: 11-12.

形态　成虫：中型蛱蝶。与阿环蛱蝶 *N. ananta* 近似，主要区别为：本种翅缘毛黑白相间明显；正面斑带较细；反面色彩偏红。

生物学　成虫多见于 5～8 月。

分布　中国（陕西、甘肃、湖北、江西、福建、广东、海南、广西、重庆、四川、贵州、云南），印度，不丹，缅甸，越南，老挝，泰国。

大秦岭分布　陕西（凤县、宁强、留坝、宁陕）、甘肃（徽县）、湖北（神农架）、四川（南江、青川、都江堰、安州、平武）。

羚环蛱蝶 *Neptis antilope* Leech, 1892（图版 33：68）

Neptis antilope Leech, 1892, *Entomologist*, 23: 35. **Type locality**: Chang Yang.

Neptis antilope; Fruhstorfer, 1908g, *Stett. Ent. Ztg.*, 69(2): 338, 257 #27; Eliot, 1969, *Bull. Br. Mus. nat. Hist.* (Ent.) Suppl., 15: 103; Chou, 1994, *Mon. Rhop. Sin.*: 541; Wu & Xu, 2017, *Butts. Chin.*: 993, f. 997: 19-21.

形态　成虫：中型蛱蝶。两翅正面黑褐色，反面棕黄色，中后域有黑褐色晕染；斑纹黄色。前翅正面亚外缘带模糊不清；亚前缘斑模糊或消失；中室条与室外眉形纹愈合成矛状；外横斑列分成远离的 3 段。反面亚外缘带近 W 形，红褐色；亚前缘斑清晰，灰白色；其余斑纹同前翅正面。后翅亚缘斑列橙黄色，较窄；中横带宽，淡黄色，未达前缘；前缘区棕黄色。反面亚外缘线红褐色，时有模糊或消失；外横带内移，靠近中横带，红褐色；基部至中横带之间无斑纹；其余斑纹同后翅正面。

寄主　桦木科 Betulaceae 湖北鹅耳枥 *Carpinus hupeana*。

生物学　成虫多见于 5～8 月。常在林缘、沟边活动。

分布　中国（河北、山西、河南、陕西、甘肃、浙江、湖北、湖南、福建、广东、重庆、四川、贵州、云南），越南。

大秦岭分布　河南（鲁山、内乡、嵩县、栾川）、陕西（鄠邑、周至、陈仓、眉县、太白、凤县、华阴、南郑、城固、洋县、留坝、佛坪、宁陕、商南、柞水）、甘肃（麦积、徽县）、湖北（神农架）、重庆（巫溪、城口）、四川（青川、安州、平武）。

矛环蛱蝶 *Neptis armandia* (Oberthür, 1876)（图版 30：63）

Limenitis armandia Oberthür, 1876, *Étud. d'Ent.*, 2: 23, pl. 4, f. 4a-b. **Type locality**: China.

Neptis (*Bimbisara*) *armandia*; Fruhstorfer, 1908g, *Stett. Ent. Ztg.*, 69(2): 391, 259 #62.

Neptis armandia; Eliot, 1969, *Bull. Br. Mus. nat. Hist.* (Ent.) Suppl., 15: 104; Chou, 1994, *Mon. Rhop. Sin.*: 543; Wu & Xu, 2017, *Butts. Chin.*: 998, f. 1002: 10.

形态　成虫：中型蛱蝶。与羚环蛱蝶 *N. antilope* 近似，主要区别为：本种前翅反面外横斑列中 m_1 室斑白色。后翅反面基部有橙色对斑；端部带纹波浪形，雌性尤其明显。

生物学　成虫 5~8 月出现。常在林缘、山地活动。

分布　中国（陕西、甘肃、浙江、湖北、江西、湖南、广东、海南、广西、重庆、四川、贵州、云南、西藏等），印度，不丹，尼泊尔，缅甸，越南，老挝，泰国。

大秦岭分布　陕西（鄠邑、周至、陈仓、眉县、太白、凤县、华州、南郑、洋县、宁强、留坝、佛坪、宁陕、商南）、甘肃（麦积、秦州、文县、徽县、两当）、湖北（兴山、神农架）、重庆（城口）、四川（青川、都江堰、安州、平武）。

啡环蛱蝶 *Neptis philyra* Ménétnés, 1859

Neptis philyra Ménétnés, 1859a, *Bull. phys.-math. Acad. Sci. St. Pétersb.*, 17(12-14): 214, pl. 2, f. 8. **Type locality**: [Amur region].

Neptis okazimai Seok, 1936, *Zool. Mag.*, 48: 60.

Neptis philyra; Fruhstorfer, 1908g, *Stett. Ent. Ztg.*, 69(2): 336, 258 #35; Eliot, 1969, *Bull. Br. Mus. nat. Hist.* (Ent.) Suppl., 15: 92; Chou, 1994, *Mon. Rhop. Sin.*: 538; Korb & Bolshakov, 2011, *Eversmannia Suppl.*, 2: 29; Wu & Xu, 2017, *Butts. Chin.*: 992, f. 994: 1-4, 995: 5-7.

蛱蝶
科
Nymphalidae

120

形态　成虫：中型蛱蝶。翅正面黑褐色，反面棕红色；斑纹白色；亚外缘斑列时有断续。前翅正面亚顶区有 4 个斑纹；中室条前缘有齿形缺刻；中室条与中室端外侧条相连，并与 m_3、cu_1 室斑构成 1 条置于翅中部的曲棍球杆状的斑带。反面外缘斑列及亚外缘斑列平行排列，时有断续；曲棍球杆状斑带下部黑褐色；中室上下角各有 1 个灰白色点斑；其余斑纹同前翅正面。后翅正面亚缘斑列及中横带宽，端部向内弯曲。反面亚外缘斑列灰白色；外中斑列模糊不清；亚基条粗短；其余斑纹同后翅正面。

寄主　槭树科 Aceraceae 五裂槭 *Acer oliverianum*、台湾五裂枫 *A. serrulatum*、鸡爪槭 *A. palmatum*、羽扇槭 *A. japonicum*；蔷薇科 Rosaceae 新高山绣线菊 *Spiraea morrisonicola*、粉花绣线菊 *S. japonica*；桦木科 Betulaceae 千金榆 *Carpinus cordata*；榆科 Ulmaceae 春榆 *Ulmus davidiana* var. *japonica*；忍冬科 Caprifoliaceae 水马桑 *Weigela japonica* var. *sinica*。

生物学　成虫多见于 5~8 月。飞行迅速，喜访花和吸食腐烂水果。

分布　中国（黑龙江、吉林、辽宁、天津、河南、陕西、甘肃、安徽、浙江、湖北、江西、台湾、广东、重庆、四川、云南），俄罗斯，朝鲜，日本。

大秦岭分布　河南（内乡、栾川、陕州）、陕西（鄠邑、周至、眉县、太白、凤县、洋县、佛坪、镇安、柞水）、甘肃（麦积、秦州、徽县、两当）、湖北（兴山、神农架、郧西）、重庆（城口）、四川（青川、安州、江油）。

司环蛱蝶 *Neptis speyeri* Staudinger, 1887（图版 33：69）

Neptis speyeri Staudinger, 1887, *In*: Romanoff, *Mém. Lépid.*, 3: 145, pl. 7, f. 3 a-b. **Type locality**: "Ussuri".

Neptis speyeri; Fruhstorfer, 1908g, *Stett. Ent. Ztg.*, 69(2): 356, 258 #36; Eliot, 1969, *Bull. Br. Mus. nat. Hist.* (Ent.) Suppl., 15: 93; Chou, 1994, *Mon. Rhop. Sin.*: 539; Korb & Bolshakov, 2011, *Eversmannia Suppl.*, 2: 29; Wu & Xu, 2017, *Butts. Chin.*: 989, f. 991: 11.

形态　成虫：中型蛱蝶。与啡环蛱蝶 *N. philira* 相似，主要区别为：本种前翅正面中室条与中室端脉外侧的眉形纹连接处的前缘有深缺刻，眉形纹短钝，与 m_3 室的斑纹相距较远。后翅反面有深褐色的外横斑列；亚基条粗长。

幼虫：末龄幼虫深褐色；2 龄之后变为褐色；头黑褐色，顶部有 2 个尖突；体表密布白色颗粒状突起；体侧有 1 列黑褐色斜带纹；中后胸和第 2、7、8 腹节背面各有 1 对锥状突起。

蛹：乳白色至乳黄色，有珍珠光泽；翅区有黑色枝状纹；外缘有 1 列黑色三角形斑纹；腹部有多列黑色斑纹。

寄主　桦木科 Betulaceae 湖北鹅耳枥 *Carpinus hupeana*、昌化鹅耳枥 *C. tschonoskii*、榛 *Corylus heterophylla*；豆科 Fabaceae 蔓花生 *Arachis duranensis*。

生物学　成虫多见于 5~9 月。

分布　中国（黑龙江、吉林、辽宁、陕西、浙江、湖北、江西、湖南、广东、重庆、贵州、云南），俄罗斯。

大秦岭分布　陕西（鄠邑、周至、洋县、佛坪）、湖北（神农架）、重庆（巫溪、城口）。

朝鲜环蛱蝶 *Neptis philyroides* Staudinger, 1887（图版 34：70—71）

Neptis philyroides Staudinger, 1887, *In*: Romanoff, *Mém. Lépid.*, 3: 146. **Type locality**: "Raddeefka" [Radde, Amur region].

Neptis philyroides; Fruhstorfer, 1908g, *Stett. Ent. Ztg.*, 69(2): 336; Eliot, 1969, *Bull. Br. Mus. nat. Hist.* (Ent.) Suppl., 15: 113; Chou, 1994, *Mon. Rhop. Sin.*: 549; Korb & Bolshakov, 2011, *Eversmannia Suppl.*, 2: 29; Wu & Xu, 2017, *Butts. Chin.*: 1007, f. 1008: 3-6.

形态　成虫：中型蛱蝶。与啡环蛱蝶 *N. philyra* 相似，主要区别为：本种前翅有显著的亚前缘斑；中室条前缘平滑，无缺刻。后翅反面亚基条较长，端部分离成碎斑块。

卵：绿色；球形。

幼虫：5 龄期。

蛹：淡褐色或红褐色。

寄主　桦木科 Betulaceae 榛 *Corylus heterophylla*、毛榛 *C. mandshurica*、千金榆 *Carpinus cordata*、阿里山鹅耳枥 *C. kawakamii*、细齿鹅耳枥 *C. minutiserrata*。

生物学　1 年 1 代，以幼虫越冬。成虫多见于 5～8 月。飞行迅速，常在林缘、山地活动。喜吸食动物尸体和排泄物等。雄性有吸水习性，栖息于林中。卵单产于叶片上。

分布　中国（黑龙江、吉林、辽宁、内蒙古、天津、河南、陕西、甘肃、浙江、湖北、江西、台湾、重庆、四川、贵州），俄罗斯，朝鲜，越南。

大秦岭分布　河南（内乡、栾川、陕州）、陕西（长安、鄠邑、周至、渭滨、陈仓、眉县、太白、凤县、华州、汉台、南郑、洋县、宁强、留坝、佛坪、紫阳、石泉、汉阴、宁陕、商州、丹凤、商南、山阳、镇安、柞水）、甘肃（麦积、两当）、湖北（兴山、神农架）、重庆（巫溪、城口）、四川（青川、安州、平武）。

折环蛱蝶 *Neptis beroe* Leech, 1890（图版 35：73）

Neptis beroe Leech, 1890, *Entomologist*, 23: 26. **Type locality**: Chang Yang.

Neptis beroe; Fruhstorfer, 1908g, *Stett. Ent. Ztg.*, 69(2): 338, 257 #25; Eliot, 1969, *Bull. Br. Mus. nat. Hist.* (Ent.) Suppl. 15: 108; Chou, 1994, *Mon. Rhop. Sin.*: 545; Wu & Xu, 2017, *Butts. Chin.*: 999, f. 1003: 14-15.

形态　成虫：中型蛱蝶。与啡环蛱蝶 *N. philyra* 近似，主要区别为：本种两翅反面黄褐色。前翅亚顶区有 3 个斑纹；亚前缘斑反面较正面清晰；反面曲棍球杆状纹下方有镜纹。后翅前缘中部雄性强度拱起，使 Sc+R$_1$ 与 Rs 脉强烈弯曲。反面基部无斑纹；亚外缘带橙色；外中带红褐色。

寄主　桦木科 Betulaceae 湖北鹅耳枥 *Carpinus hupeana*、鹅耳枥 *C. turczaninowii*。

生物学　以幼虫越冬。成虫多见于 5～9 月。常在林缘、山地、溪边活动。

分布　中国（河南、陕西、甘肃、安徽、浙江、湖北、江西、广东、重庆、四川、贵州、云南）。

大秦岭分布　河南（内乡、栾川、西峡）、陕西（长安、鄠邑、周至、眉县、太白、凤县、南郑、洋县、西乡、略阳、宁强、镇巴、留坝、佛坪、汉阴、宁陕、商州、丹凤、商南、山阳、镇安）、甘肃（麦积、秦州、徽县、两当）、湖北（神农架）、四川（青川、江油、平武）。

玛环蛱蝶 *Neptis manasa* Moore, 1857

Neptis manasa Moore, 1857, *In*: Horsfield & Moore, *Cat. lep. Ins. Mus. East India Coy*, 1: 165, pl. 4a, f. 2.

Neptis (*Bimbisara*) *manasa*; Fruhstorfer, 1908g, *Stett. Ent. Ztg.*, 69(2): 390, 259 #58.

Neptis manasa; Moore, 1858a, *Proc. zool. Soc. Lond.*, (347/348): 5; Eliot, 1969, *Bull. Br. Mus. nat. Hist.* (Ent.) Suppl., 15: 109; Chou, 1994, *Mon. Rhop. Sin.*: 546; Wu & Xu, 2017, *Butts. Chin.*: 999, f. 1003: 19, 1004: 20-22.

形态 成虫：大型蛱蝶。与折环蛱蝶 *N. beroe* 近似，主要区别为：本种前翅亚顶区第 3 个斑纹方形。后翅前缘中部雄性未强度拱起；反面亚外缘斑列及外中斑列银灰色；前缘中部有银灰色对斑。

卵：半球形；初产时白色，后变为黄色，孵化前为黑色。

幼虫：末龄幼虫黄褐色；头与身体颜色基本相同；顶部有 2 个尖突；体表密布白色颗粒状突起；背中线黑色，两侧有 1 列黑褐色斑纹；中后胸和第 2、7、8 腹节背面各有 1 对枝棘突。

蛹：淡黄褐色；体密布黑褐色叶脉纹；背中线白色；头顶弧形凹入。

寄主 桦木科 Betulaceae 千金榆 *Carpinus cordata*、雷公鹅耳枥 *C. viminea*。

生物学 1 年 1 代，以 4 龄幼虫越冬。成虫多见于 5~7 月。飞行缓慢，常在林缘活动；有访花习性。卵单产于寄主植物的叶片尖端。1~2 龄幼虫有栖息于自身粪堆中的习性；3 龄幼虫离开粪巢，开始吐丝做丝巢。4 龄幼虫吐丝缀叶准备越冬。

分布 中国（陕西、安徽、浙江、湖北、湖南、福建、广东、海南、广西、重庆、四川、贵州、云南、西藏），印度，尼泊尔，缅甸，越南，老挝，泰国。

大秦岭分布 陕西（宁陕）。

泰环蛱蝶 *Neptis thestias* Leech, 1892

Neptis thestias Leech, 1892, *Butts Chin. Jap. Cor.*, (1): 196. **Type locality**: W. China.

Neptis annaika Oberthür, 1906, *Étud. Lépid. Comp.*, 2: 13, pl. 8, f. 5. **Type locality**: "Chinese Tibet".

Neptis thestias; Fruhstorfer, 1908g, *Stett. Ent. Ztg.*, 69(2): 338, 257 #26; Eliot, 1969, *Bull. Br. Mus. nat. Hist.* (Ent.) Suppl., 15: 103; Chou, 1994, *Mon. Rhop. Sin.*: 541; Wu & Xu, 2017, *Butts. Chin.*: 993, f. 997: 17-18.

形态 成虫：中型蛱蝶。两翅正面黑褐色，反面棕黄色；斑纹黄色；正面亚外缘带模糊不清。前翅中室条与室外眉形纹愈合成矛状；外横斑列近八字形；后缘 S 形弯曲。反面有红褐色及黑褐色晕染；亚缘带红褐色；其余斑纹同前翅正面。后翅亚缘斑列端部窄，内弯；中横带宽，未达前缘；前缘区棕黄色。反面亚外缘线红褐色，时有模糊；前缘中部有红褐色晕染；外横带红褐色，中部宽；基部无斑纹；其余斑纹同后翅正面。

生物学 成虫多见于 5~8 月。

分布 中国（陕西、甘肃、重庆、四川、贵州、云南、西藏）。

大秦岭分布 陕西（眉县）、甘肃（文县、徽县）、四川（安州）。

玫环蛱蝶 *Neptis meloria* Oberthür, 1906

Neptis meloria Oberthür, 1906, *Étud. Lépid. Comp*., 2: 12, pl. 8, f. 5. **Type locality**: Tien-tsuen, Sichuan, Tchang-kou.

Neptis meloria; Eliot, 1969, *Bull. Br. Mus. nat. Hist.* (Ent.) Suppl., 15: 104; Chou, 1994, *Mon. Rhop. Sin*.: 542; Wu & Xu, 2017, *Butts. Chin*.: 998, f. 1001: 4-5.

　　形态　成虫：中型蛱蝶。与泰环蛱蝶 *N. thestias* 近似，主要区别为：本种前翅反面有模糊的灰白色亚前缘斑纹。后翅中横带较窄；反面亚外缘带灰白色；中横带与亚缘带之间无中线，而是大片的红褐色至褐色晕染。

　　寄主　槭树科 Aceraceae 植物。

　　生物学　成虫多见于 6~7 月。

　　分布　中国（甘肃、福建、四川、贵州）。

　　大秦岭分布　甘肃（两当）、四川（都江堰）。

茂环蛱蝶 *Neptis nemorosa* Oberthür, 1906（图版 35：72）

Neptis nemorosa Oberthür, 1906, *Étud. Lépid. Comp*., 2: 16, pl. 9, f. 5.

Neptis nemorosa; Eliot, 1969, *Bull. Br. Mus. nat. Hist.* (Ent.) Suppl., 15: 108; Chou, 1994, *Mon. Rhop. Sin*.: 546; Wu & Xu, 2017, *Butts. Chin*.: 993, f. 996: 16.

　　形态　成虫：中型蛱蝶。两翅正面黑褐色，反面土黄色，有黑褐色晕染；斑纹正面黄色，反面乳白色；亚外缘带时有断续。前翅亚顶区有 3 个斑纹；亚前缘斑短，远离下方眉形纹；中室条与中室端外侧条相连，并与 m_3、cu_1 室斑构成 1 条置于翅中部的曲棍球杆状斑带。反面中室端斑灰白色；后缘有镜纹；其余斑纹同前翅正面。后翅亚缘斑带及中横带色彩相同。反面基部密布灰白色斑纹；外横带锯齿形，红褐色；中横带未达前缘；亚外缘带橙褐色。

　　生物学　成虫多见于 6~9 月。常在林缘、路旁、溪边活动，喜在湿地吸水。

　　分布　中国（陕西、甘肃、湖北、重庆、四川、贵州、云南）。

　　大秦岭分布　陕西（蓝田、长安、周至、太白、汉台、南郑、洋县、宁强、留坝、佛坪、宁陕）、甘肃（麦积、康县、徽县、两当）、湖北（兴山、神农架）、重庆（巫溪、城口）、四川（青川、都江堰、平武）。

蛛环蛱蝶 *Neptis arachne* Leech, 1890（图版 36：74）

Neptis arachne Leech, 1890, *Entomologist*, 23: 38.

Neptis arachne; Fruhstorfer, 1908g, *Stett. Ent. Ztg*., 69(2): 338, 257; Eliot, 1969, *Bull. Br. Mus. nat.*

Hist. (Ent.) Suppl., 15: 108; Chou, 1994, *Mon. Rhop. Sin.*: 546; Wu & Xu, 2017, *Butts. Chin.*: 999, f. 1003: 17-18.

形态 成虫：中型蛱蝶。与茂环蛱蝶 *N. nemorosa* 近似，主要区别为：本种两翅反面鲜黄色。前翅反面前缘基部散布灰白色碎斑纹；亚前缘斑4个，与下方眉形纹相连。后翅亚缘斑列较窄；反面前缘区中部至顶角区被大片红褐色鳞片覆盖；翅基部有红褐色和灰白色斑纹。

生物学 成虫多见于5~8月。常在林缘、山地、溪边活动。

分布 中国（陕西、甘肃、浙江、湖北、江西、湖南、广东、重庆、四川、云南）。

大秦岭分布 陕西（长安、鄠邑、周至、陈仓、眉县、太白、凤县、南郑、洋县、西乡、宁强、略阳、留坝、佛坪、石泉、宁陕）、甘肃（麦积、文县、徽县、两当）、湖北（兴山、神农架）、重庆（城口）、四川（安州、平武、汶川）。

黄重环蛱蝶 *Neptis cydippe* Leech, 1890

Neptis cydippe Leech, 1890, *Entomologist*, 23: 36. **Type locality**: Chang Yang, W. China.

Neptis cydippe; Fruhstorfer, 1908g, *Stett. Ent. Ztg.*, 69(2): 338, 257 #28; Eliot, 1969, *Bull. Br. Mus. nat. Hist.* (Ent.) Suppl., 15: 107; Chou, 1994, *Mon. Rhop. Sin.*: 545; Monastyrskii, 2005, *Atalanta*, 36: 150; Wu & Xu, 2017, *Butts. Chin.*: 999, f. 1002: 19.

形态 成虫：中大型蛱蝶。翅正面黑褐色，反面红褐色，有大片红黄色晕染；斑纹黄色或乳白色。前翅正面亚外缘带模糊；有亚前缘斑；中室条与室外眉形纹愈合成矛状；外横斑列分成3段。反面亚外缘带清晰；后缘棕灰色；其余斑纹同前翅正面。后翅亚缘斑列及中横带未达前缘。反面基部散布灰白色不规则形斑纹；翅端缘黄色；亚缘带两侧各有1列红褐色斑纹；其余斑纹同后翅正面。

生物学 成虫多见于6~8月。常在林缘、山地、溪边活动，喜在湿地吸水。

分布 中国（河南、陕西、甘肃、安徽、浙江、湖北、江西、广东、重庆、四川、贵州），印度。

大秦岭分布 河南（内乡、栾川、西峡）、陕西（周至、眉县、太白、南郑、洋县、留坝、佛坪、宁陕）、甘肃（麦积、秦州、武山、武都、文县、徽县、两当、礼县、漳县）、湖北（神农架）、重庆（巫溪）、四川（青川、安州、平武、汶川）。

紫环蛱蝶 *Neptis radha* Moore, 1857

Neptis radha Moore, 1857, *In*: Horsfield & Moore, *Cat. lep. Ins. Mus. East India Coy*, (1): 166, pl. 4a, f. 4. **Type locality**: Bhutan.

Neptis (*Bimbisara*) *radha*; Fruhstorfer, 1908g, *Stett. Ent. Ztg.*, 69(2): 390, 259 #59.

Neptis radha; Moore, 1858a, *Proc. zool. Soc. Lond.*, (347/348): 6; Eliot, 1969, *Bull. Br. Mus. nat. Hist.* (Ent.) Suppl., 15: 105; Chou, 1994, *Mon. Rhop. Sin.*: 544; Wu & Xu, 2017, *Butts. Chin.*: 998, f. 1002: 11-12.

形态 成虫：中大型蛱蝶。翅正面黑褐色，反面红褐色；斑纹黄色或灰紫色。前翅正面亚外缘带模糊；有亚前缘斑；中室条与室外眉形纹愈合不完整，前缘有缺刻，眉形纹下方连有1个近三角形斑纹；外横斑列近八字形。反面亚外缘带较清晰；亚顶区覆有粉紫色晕染；其余斑纹同前翅正面。后翅亚缘斑列及中横带未达前缘。反面翅面散布粉紫色晕染；翅基部、亚外缘带及外中带灰紫色；其余斑纹同后翅正面。

生物学 1年1代。成虫多见于5~7月。喜在林缘活动。

分布 中国（陕西、四川、重庆、贵州、云南、西藏），印度，不丹，尼泊尔，缅甸，越南，老挝，泰国。

大秦岭分布 陕西（南郑）、四川（青川、安州）。

莲花环蛱蝶 *Neptis hesione* Leech, 1890（图版 36：75）

Neptis hesione Leech, 1890, *Entomologist*, 23: 34. **Type locality**: Chang Yang.

Neptis (*Bimbisara*) *hesione*; Fruhstorfer, 1908g, *Stett. Ent. Ztg.*, 69(2): 391, 259 #61.

Neptis hesione; Eliot, 1969, *Bull. Br. Mus. nat. Hist.* (Ent.) Suppl., 15: 105; Chou, 1994, *Mon. Rhop. Sin.*: 544; Wu & Xu, 2017, *Butts. Chin.*: 998, f. 1001: 6, 1002: 7-8.

形态 成虫：中型蛱蝶。两翅正面黑褐色，反面红褐色；斑纹白色或黄色。前翅正面亚外缘带未达顶角；中室条与室外眉形纹愈合完整；外横斑列分成3段。反面外缘斑列及亚外缘斑列平行排列；有亚前缘斑；其余斑纹同前翅正面。后翅正面亚外缘带模糊；亚缘斑带淡黄色；中横带白色或黄白色，未达前缘，端部加宽；前缘淡棕色。反面中横带至外缘有数条紧密排列的多色带纹，淡黄色、灰白色、红褐色及黑褐色；中横带宽，端部加宽；基条细；亚基条宽。

寄主 桑科 Moraceae 珍珠莲 *Ficus sarmentosa* var. *henryi*。

生物学 1年1代。成虫多见于5~8月。栖息于阔叶林，常在林缘、溪边活动，喜吸食腐烂水果，多在湿地吸水。

分布 中国（陕西、浙江、湖北、福建、广东、台湾、四川、贵州）。

大秦岭分布 陕西（南郑、洋县、留坝、佛坪）、四川（青川、都江堰、安州）。

那拉环蛱蝶 *Neptis narayana* Moore, 1858

Neptis narayana Moore, 1858a, *Proc. zool. Soc. Lond.*, (347/348): 6, pl. 49, f. 3. **Type locality**: N. India.

Neptis (*Bimbisara*) *narayana*; Fruhstorfer, 1908g, *Stett. Ent. Ztg.*, 69(2): 389, 259 #57.

Neptis narayana; Eliot, 1969, *Bull. Br. Mus. nat. Hist.* (Ent.) Suppl., 15: 106; Chou, 1994, *Mon. Rhop. Sin.*: 544; Wu & Xu, 2017, *Butts. Chin.*: 998, f. 1002: 9.

形态 成虫：中型蛱蝶。与莲花环蛱蝶 *N. hesione* 近似，主要区别为：本种两翅斑纹较细；反面黄褐色。前翅正面中室条与中室外眉形纹愈合不完整，前缘有缺刻。后翅正面带纹均为黄色。反面中横带至外缘间带纹少，稀疏；无基条；亚基条细，分叉；中横带较窄，端部基本不加宽。

生物学 成虫多见于 5~8 月。

分布 中国（四川、云南、西藏），印度，不丹，尼泊尔，越南，老挝，泰国。

大秦岭分布 四川（青川、平武）。

黄环蛱蝶 *Neptis themis* Leech, 1890（图版 37：76—77）

Neptis thisbe var. *themis* Leech, 1890, *Entomologist*, 23: 35. **Type locality**: Sichuan.

Neptis themis kumgangsana Murayama, 1978, *Tyô Ga*, 29(3): 159. **Type locality**: Mt. Seol-Ak, Gang-Won-Do, Korea.

Neptis thisbe var. *themis*; Leech, [1892], *Butts. Chin. Jap. Cor.*, (1): 191, pl. 18, f. 8 ♀.

Neptis thisbe themis; Fruhstorfer, 1908g, *Stett. Ent. Ztg.*, 69(2): 337.

Neptis themis; Eliot, 1969, *Bull. Br. Mus. nat. Hist.* (Ent.) Suppl., 15: 111; Chou, 1994, *Mon. Rhop. Sin.*: 548; Wu & Xu, 2017, *Butts. Chin.*: 1000, f. 1005: 29-31, 1006: 32-33.

形态 成虫：中型蛱蝶。两翅正面黑褐色；反面红褐色，有大片黑褐色晕染；斑纹黄色或白色。前翅正面亚顶区有 3 个斑纹；亚外缘带及亚前缘斑较模糊；中室条与中室端外侧斑相连，并与 m_3 和 cu_1 室斑构成 1 条置于翅中部的曲棍球杆状斑带。反面外缘带黄色；亚前缘斑清晰；前缘区基半部有 1 列灰白色点状斑；后缘灰棕色；其余斑纹同前翅正面。后翅黄色亚缘带窄；中横带较宽，黄色至黄白色。反面翅端缘黄色；亚外缘带橙红色；亚缘带灰白色，缘线黑色；外横带红褐色至橙黄色；中横带黄色或白色；亚基条长而宽，完整，白色。

幼虫：末龄幼虫黄绿色；头部顶端有 2 个尖突；体表密布白色颗粒状突起；背中线白色；体侧有暗绿色和白色斜带；中后胸和第 2、7、8 腹节背面各有 1 对枝棘突；腹部末端两侧乳黄色。

蛹：淡黄绿色；后胸背部有 1 对银白色斑纹；腹背面前端有褐色小突起。

寄主 桦木科 Betulaceae 湖北鹅耳枥 *Carpinus hupeana*。

生物学 成虫多见于 5～9 月。飞行迅速，喜在湿地吸水。

分布 中国（黑龙江、吉林、辽宁、北京、天津、河北、山西、河南、陕西、甘肃、浙江、湖北、江西、湖南、广东、重庆、四川、贵州、云南、西藏），越南。

大秦岭分布 河南（内乡、西峡、栾川、卢氏）、陕西（蓝田、长安、鄠邑、周至、陈仓、眉县、太白、凤县、华州、南郑、洋县、西乡、宁强、留坝、佛坪、岚皋、石泉、宁陕、商州、商南、镇安、柞水）、甘肃（麦积、秦州、康县、文县、宕昌、徽县、两当、礼县、舟曲、迭部）、湖北（兴山、神农架）、重庆（城口）、四川（剑阁、青川、都江堰、安州、平武、汶川）。

海环蛱蝶 *Neptis thetis* Leech, 1890（图版 37：78）

Neptis thisbe var. *thetis* Leech, 1890, *Entomologist*, 23: 35. **Type locality**: Hubei.

Neptis thisbe var. *thetis*; Leech, [1892], *Butts. Chin. Jap. Cor.*, (1): 191, pl. 18, f. 10.

Neptis thetis; Eliot, 1969, *Bull. Br. Mus. nat. Hist.* (Ent.) Suppl., 15: 112; Chou, 1994, *Mon. Rhop. Sin.*: 548; Wu & Xu, 2017, *Butts. Chin.*: 1007, f. 1008: 1-2.

形态 成虫：中型蛱蝶。与黄环蛱蝶 *N. themis* 近似，主要区别为：本种后翅反面亚基条仅端段较清晰，中基部模糊或消失，灰色。

生物学 成虫多见于 6～7 月。常在林地活动，喜停息在潮湿地面。

分布 中国（北京、陕西、甘肃、湖北、江西、湖南、福建、重庆、四川、贵州、云南）。

大秦岭分布 陕西（长安、鄠邑、周至、陈仓、眉县、太白、汉台、洋县、西乡、留坝、佛坪、紫阳、汉阴、宁陕、商州、商南、山阳、镇安、柞水）、甘肃（麦积、武都）、湖北（兴山、神农架）、重庆（城口）、四川（青川、都江堰、平武、汶川）。

伊洛环蛱蝶 *Neptis ilos* Fruhstorfer, 1909（图版 38：79）

Neptis themis ilos Fruhstorfer, 1909, *Ent. Zs.*, 23(8): 42. **Type locality**: "Amur Gebiet".

Neptis ilos; Chou, 1994, *Mon. Rhop. Sin*: 548; Yuan & Wang, 1994, *Entomotaxonomia*, 16(2): (115, 119); Dubatolov, 1997, *Far East. Ent.*, 44: 4; Korb & Bolshakov, 2011, *Eversmannia Suppl.*, 2: 29; Wu & Xu, 2017, *Butts. Chin.*: 1000, f. 1006: 34-36.

形态 成虫：中型蛱蝶。与黄环蛱蝶 *N. themis* 近似，主要区别为：本种个体稍小；雄性前翅反面镜纹内有边界清晰的淡色斑。

生物学 成虫多见于 5～8 月。常在林缘、溪边活动。

分布 中国（黑龙江、吉林、辽宁、北京、河北、山西、河南、陕西、甘肃、湖北、湖南、台湾、福建、广东、重庆、四川、贵州、云南），俄罗斯，朝鲜。

大秦岭分布 河南（西峡）、陕西（周至、陈仓、太白、汉台、南郑、洋县、西乡、宁强、留坝、佛坪、汉阴、宁陕、商南）、甘肃（麦积、秦州、徽县、两当）、湖北（神农架）、重庆（巫溪、城口）、四川（青川、平武）。

提环蛱蝶 *Neptis thisbe* Ménétnés, 1859（图版 38：80）

Neptis thisbe Ménétnés, 1859a, *Bull. phys.-math. Acad. Sci. St. Pétersb.*, 17(12-14): 214. **Type locality**: [Bureinskie Mts., Amur region, Ussuri region].

Neptis thisbe; Fruhstorfer, 1908g, *Stett. Ent. Ztg.*, 69(2): 337, 257 #24; Eliot, 1969, *Bull. Br. Mus. nat. Hist.* (Ent.) Suppl., 15: 109; Chou, 1994, *Mon. Rhop. Sin.*: 548; Korb & Bolshakov, 2011, *Eversmannia Suppl.*, 2: 29; Wu & Xu, 2017, *Butts. Chin.*: 1000, f. 1004: 23-24.

形态 成虫：中型蛱蝶。与黄环蛱蝶 *N. themis* 极相似，主要区别为：本种后翅反面 rs 室的中带斑短小；亚基条模糊，中部时有断续；翅端部色较暗，棕色。

寄主 壳斗科 Fagaceae 蒙古栎 *Quercus mongolica*、土耳其栎 *Q. cerris*。

生物学 成虫多见于 5～8 月。飞行迅速，常在林缘、溪边活动。

分布 中国（黑龙江、吉林、辽宁、河南、陕西、甘肃、浙江、湖北、福建、广东、重庆、四川、贵州、云南），俄罗斯，朝鲜，韩国。

大秦岭分布 河南（内乡、西峡、嵩县、栾川）、陕西（长安、鄠邑、周至、陈仓、眉县、太白、凤县、南郑、洋县、西乡、留坝、佛坪、汉阴、石泉、宁陕、丹凤、山阳、柞水）、甘肃（麦积、秦州、文县、徽县、两当、迭部）、湖北（神农架）、重庆（巫溪、城口）、四川（青川、都江堰、平武）。

奥环蛱蝶 *Neptis obscurior* Oberthür, 1906

Neptis thisbe var. *obscurior* Oberthür, 1906, *Ét. Lép. Comp.*, 2: 9, pl. 9: 1. **Type locality**: Sichuan.

Neptis thisbe obscurior; Eliot, 1969, *Bull. Br. Mus. nat. Hist.* (Ent.) Suppl., 15: 110; Chou, 1994, *Mon. Rhop. Sin.*: 548.

Neptis obscurior; Lang & Wang, 2010, *Atalanta*, 41(1/2): 224; Wu & Xu, 2017, *Butts. Chin.*: 1000, f. 1004: 25, 1005: 26.

形态 成虫：中型蛱蝶。与提环蛱蝶 *N. thisbe* 相似，由其亚种提升而来，主要区别为：本种两翅反面红褐色。后翅反面中横带 rs 室的斑纹退化变小，灰紫色，模糊；翅端部鲜黄色；亚基条和中横带之间有数个紫灰色斑纹。

生物学　成虫多见于 6~7 月。

分布　中国（黑龙江、吉林、辽宁、北京、河北、陕西、甘肃、湖北、福建、四川），俄罗斯，朝鲜。

大秦岭分布　陕西（眉县、太白、凤县、华州、佛坪）、湖北（兴山）。

单环蛱蝶 *Neptis rivularis* (Scopoli, 1763)（图版 38：81）

Papilio rivularis Scopoli, 1763, *Ent. Carniolica*: 165, f. 443. **Type locality**: Graz, Austria.

Papilio lucilla [Schiffermüller], 1775, *Ankünd. Syst. Werk. Schmett. Wien.*: 173.

Neptis innominata Lewis, 1872, *Zoologist*, (2)7: 3074 (rej.).

Neptis fridolini Fruhstorfer, 1907b, *Soc. Ent.*, 22(7): 51. **Type locality**: Saratov.

Neptis lucilla insularum Fruhstorfer, 1907b, *Soc. Ent.*, 22(7): 51. **Type locality**: Hondo, Japan.

Limenitis rivularis herculeana Seitz, 1908, *Gross-Schmett. Erde*, 1: 183.

Limenitis tricolorata (Grund, 1908), *Soc. ent.*, 23: 81.

Limenitis primigenia (Verity & Querci, 1924), *Ent. Rec.*, 36: 35. **Type locality**: Florence.

Limenitis rivularis r. *pygmaeana* Verity, 1928, *Ent. Rec.*, 40: 143. **Type locality**: Cottian Alps.

Limenitis akanumana Kanda, 1930, *Ins. World Gifu*, 34: 340. **Type locality**: Japan.

Limenitis aino Shirôzu, 1953, *Sieboldia*, 1(1952): 26. **Type locality**: Japan.

Neptis rivularis; Eliot, 1969, *Bull. Br. Mus. nat. Hist.* (Ent.) Suppl., 15: 113; Chou, 1994, *Mon. Rhop. Sin.*: 550; Korb & Bolshakov, 2011, *Eversmannia Suppl.*, 2: 29; Yakovlev, 2012, *Nota lepid.*, 35(1): 87; Wu & Xu, 2017, *Butts. Chin.*: 1007, f. 1009: 7-8.

形态　成虫：小型蛱蝶。本种显著特征为中室条串珠形。翅正面黑褐色，反面红褐色；斑纹白色。前翅正面有亚顶斑和亚前缘斑；近 U 形斑列从中室基部经中室端脉和 cu$_2$ 室中部转向后缘中部。反面外缘、亚外缘及亚缘斑列中部及端部斑纹消失；中室基半部密布碎斑纹；其余斑纹同前翅正面。后翅正面亚外缘斑列模糊或消失；中横斑带宽。反面外缘及亚外缘斑列清晰；亚基条碎片化。

卵：球形；绿色。

幼虫：红褐色；体表有白色条纹。

蛹：黄褐色；侧面有突起。

寄主　蔷薇科 Rosaceae 绣线菊 *Spiraea salicifolia*、金丝桃叶绣线菊 *S. hypericifolia*、圆齿叶绣线菊 *S. crenata*、楼斗菜叶绣线菊 *S. aquilegifolia*、绣球绣线菊 *S. blumei*、李叶绣线菊 *S. prunifolia*、珍珠绣线菊 *S. thunbergii*、麻叶绣线菊 *S. cantoniensis*、粉花绣线菊 *S. japonica*、石蚕叶绣线菊 *S. chamaedryfolia*、旋果蚊子草 *Filipendula ulmaria*；豆科 Fabaceae 胡枝子 *Lespedeza bicolor*。

生物学 成虫多见于 5~8 月。常在林缘、山地活动。卵单产于寄主叶片上。

分布 中国（黑龙江、吉林、辽宁、内蒙古、北京、天津、河北、山西、河南、陕西、宁夏、甘肃、青海、新疆、湖北、台湾、重庆、四川），俄罗斯，蒙古，朝鲜，韩国，日本，哈萨克斯坦，吉尔吉斯斯坦，塔吉克斯坦，欧洲中东部。

大秦岭分布 河南（登封、鲁山、内乡、西峡、嵩县、栾川、灵宝、卢氏）、陕西（蓝田、长安、鄠邑、周至、渭滨、陈仓、眉县、太白、凤县、华州、华阴、南郑、洋县、西乡、略阳、留坝、佛坪、岚皋、石泉、宁陕、商州、商南、柞水、洛南）、甘肃（麦积、秦州、武都、康县、文县、徽县、两当、礼县、合作、迭部、玛曲、岷县）、湖北（兴山、神农架、武当山）、重庆（巫溪、城口）、四川（南江、青川、安州、平武）。

链环蛱蝶 *Neptis pryeri* Butler, 1871（图版 39：82）

Neptis pryeri Butler, 1871, *Trans. ent. Soc. Lond.*, (3): 403. **Type locality**: Shanghai.

Neptis pryeri ab. *ater* Ushoda, 1938, *Ent. World Tokyo*, 6: 155. **Type locality**: Japan.

Neptis pryeri; Fruhstorfer, 1908g, *Stett. Ent. Ztg.*, 69(2): 334, 258 #32; Eliot, 1969, *Bull. Br. Mus. nat. Hist.* (Ent.) Suppl., 15: 115; Kudrna, 1974, *Atalanta*, 5: 104; Chou, 1994, *Mon. Rhop. Sin.*: 350; Wu & Xu, 2017, *Butts. Chin.*: 1007, f. 1009: 9-11.

形态 成虫：中型蛱蝶。与单环蛱蝶 *N. rivularis* 近似，主要区别为：本种个体较大。后翅外横斑列宽，斑纹近梯形。反面基部灰色，无亚基条，密布黑色近圆形斑；中横带外侧有黑、白 2 色斑列相伴。

卵：球形；绿色。

蛹：褐色。

寄主 蔷薇科 Rosaceae 新高山绣线菊 *Spiraea morrisonicola*、粉花绣线菊 *S. japonica*、李叶绣线菊 *S. prunifolia*。

生物学 1 年多代。成虫多见于 5~8 月。常在林缘、山地活动。卵单产。幼虫有缀叶习性。

分布 中国（黑龙江、吉林、辽宁、天津、河南、山西、陕西、甘肃、新疆、江苏、上海、安徽、浙江、湖北、江西、湖南、福建、台湾、广东、重庆、四川、贵州），韩国，日本。

大秦岭分布 河南（鲁山、内乡、西峡、嵩县、栾川、灵宝、卢氏）、陕西（临潼、长安、蓝田、鄠邑、周至、陈仓、眉县、太白、凤县、华州、华阴、南郑、洋县、西乡、略阳、留坝、佛坪、紫阳、汉阴、宁陕、商州、山阳、柞水）、甘肃（麦积、秦州、武山、武都、文县、两当、迭部、漳县）、湖北（神农架、武当山）、重庆（巫溪、城口）、四川（青川、都江堰、安州、平武）。

细带链环蛱蝶 *Neptis andetria* Fruhstorfer, 1913（图版 39：83）

Neptis pryeri andetria Fruhstorfer, 1913, *In*: Seitz, *Gross-Schmett. Erde*, 9: 609. **Type locality**: Amurland.

Neptis kusnetzovi Kurentsov, 1949, *Ent. Obozr.*, 30: 362. **Type locality**: Central Sikhoté-Alin.

Neptis pryeri kusnetzovi; Eliot, 1969, *Bull. Br. Mus. nat. Hist.* (Ent.) Suppl., 15: 116.

Neptis andetria; Fukuda, Minotani & Takahashi, 1999, *Trans. lepid. Soc. Jap.*, 50(3): 129; Korb & Bolshakov, 2011, *Eversmannia Suppl.*, 2: 29; Wu & Xu, 2017, *Butts. Chin.*: 1007, f. 1009: 12.

形态 成虫：中型蛱蝶。与链环蛱蝶 *N. pryeri* 近似，主要区别为：本种斑纹细小。后翅外横斑接近 M 形；反面基部黑色点斑蔓延至 a 室基部。

寄主 蔷薇科 Rosaceae 绣线菊属 *Spiraea* spp. 植物。

生物学 成虫多见于 6~8 月。

分布 中国（黑龙江、北京、陕西、甘肃、湖北、重庆、四川、贵州、云南），俄罗斯，朝鲜，韩国。

大秦岭分布 陕西（长安、周至、眉县、留坝、佛坪、宁陕）、甘肃（文县）、湖北（兴山、神农架）、重庆（巫溪）、四川（都江堰、平武）。

重环蛱蝶 *Neptis alwina* Bremer & Grey, [1852]（图版 40：84—85）

Neptis alwina Bremer & Grey, [1852], *In*: Motschulsky, *Étud. d'Ent.*, 1: 59. **Type locality**: "Pekin" [Beijing].

Neptis alwina; Bremer & Grey, 1853, *Schmett. N. China*: 7, pl. 1, f. 4; Fruhstorfer, 1908g, *Stett. Ent. Ztg.*, 69(2): 335, 258 #33; Eliot, 1969, *Bull. Br. Mus. nat. Hist.* (Ent.) Suppl., 15: 117; Chou, 1994, *Mon. Rhop. Sin.*: 551; Korb & Bolshakov, 2011, *Eversmannia Suppl.*, 2: 29; Wu & Xu, 2017, *Butts. Chin.*: 1010, f. 1011: 1-3.

形态 成虫：中大型蛱蝶。两翅正面黑褐色，反面红褐色；斑纹白色。前翅正面亚顶区有 V 形斑列；亚外缘斑列时有断续；中室条与中室端外侧条相连，并与 m₃、cu₁、cu₂ 室及 2a 室中部斑纹构成曲棍球杆状斑带，斑纹间相互分离，中室条前缘有多个缺刻；雄性顶角有 1 个白色斑纹；反面斑纹同前翅正面。后翅正面前缘区棕褐色；亚外缘斑列模糊；亚缘斑列较中横斑带窄；中横斑列到达前后缘。反面亚基条完整；亚外缘斑列清晰；其余斑纹同后翅正面。

卵：卵圆形；绿色；表面有网状六角形凹刻和细毛。

幼虫：末龄幼虫淡黄绿色；头部淡褐色，顶端有 2 个尖突；体表密布白色颗粒状突起；

背中线淡褐色；背侧面有 2 条宽的深色斜带；中后胸和第 2、7、8 腹节背面各有 1 对棘突；腹部末端两侧乳黄色。

蛹：淡黄绿色，密布褐色细纹；头顶部弧形凹入。

寄主　蔷薇科 Rosaceae 梅 *Prunus mume*、李 *P. salicina*、桃 *Amygdalus persica*、山杏 *Armeniaca sibirica*、枇杷 *Eriobotrya japonica* 等。

生物学　1 年 1 代，以 3 龄幼虫越冬。成虫多见于 5~8 月。常在林缘、山地活动。

分布　中国（黑龙江、吉林、辽宁、内蒙古、北京、天津、河北、山西、河南、陕西、甘肃、青海、安徽、浙江、湖北、江西、湖南、福建、重庆、四川、贵州、云南、西藏），俄罗斯，蒙古，朝鲜，韩国，日本。

大秦岭分布　河南（内乡、西峡、栾川、渑池、灵宝）、陕西（临潼、蓝田、长安、鄠邑、周至、陈仓、眉县、太白、华州、华阴、汉台、南郑、城固、洋县、西乡、勉县、略阳、留坝、佛坪、宁陕、商州、丹凤、商南、山阳、镇安、柞水）、甘肃（麦积、秦州、文县、徽县、两当、临潭、迭部、玛曲）、湖北（兴山、神农架、武当山）、重庆（巫溪、城口）、四川（宣汉、剑阁、青川、都江堰、安州、平武）。

菲蛱蝶属 *Phaedyma* Felder, 1861

Phaedyma Felder, 1861, *Nov. Act. Leop. Carol.*, 28(3): 31. **Type species**: *Papilio heliodora* Cramer, [1779].

Andrapana Moore, 1898-[1899], *Lepid. Ind.*, 3(32): 146 (1898), 4(35): 218 ([1899]). **Type species**: *Papilio columella* Cramer, [1780].

Andasenodes Moore, 1898-[1899], *Lepid. Ind.*, 3(32): 146(1898), 4(39): 44 ([1899]). **Type species**: *Neptis mimetica* Grose-Smith, 1895.

Andrasenodes[sic]; Moore, [1899], *Lepid. Ind.*, 4: 248.

Phaedyma (Neptina); Vane-Wright & de Jong, 2003, *Zool. Verh. Leiden*, 343: 200.

Phaedyma (Neptini); Eliot, 1969, *Bull. Br. Mus. nat. Hist.* (Ent.) Suppl., 15: 6; Chou, 1998, *Class. Ident. Chin. Butt*: 149, 150; Dhungel & Wahlberg, 2018, *PeerJ.*, 6(4311): 31.

Phaedyma; Wu & Xu, 2017, *Butts. Chin.*: 1010.

前翅 R_2 脉长，到达 R_4 脉的起点；R_3 脉从 R_5 脉基部的 1/3 处分出，与 R_1 脉的终点相对应。后翅 Sc+R_1 脉和前翅 A 脉约等长；Rs 脉离 Sc+R_1 脉比离 M_1 脉近；镜区明显。

雄性外生殖器：背兜头盔形；钩突发达，与背兜愈合；有颚突；囊突短；抱器阔长；阳茎粗短。

雌性外生殖器：囊导管膜质，短于交配囊体；交配囊体多长圆形，膜质；无交配囊片。

寄主为豆科 Fabaceae 及山柑科 Capparaceae 植物。

全世界记载 11 种，分布于东洋区。中国已知 3 种，大秦岭分布 2 种。

种检索表

后翅反面基部无斑纹 ·· **蔼菲蛱蝶 *P. aspasia***

后翅反面基部有斑纹 ·· **秦菲蛱蝶 *P. chinga***

蔼菲蛱蝶 *Phaedyma aspasia* (Leech, 1890)

Neptis aspasia Leech, 1890, *Entomologist*, 23: 37. **Type locality**: Chang Yang.

Neptis (Phaedyma) aspasia; Fruhstorfer, 1908g, *Stett. Ent. Ztg.*, 69(2): 376, 258 #49.

Phaedyma aspasia; Eliot, 1969, *Bull. Br. Mus. nat. Hist.* (Ent.) Suppl., 15: 118; Chou, 1994, *Mon. Rhop. Sin.*: 553; Wu & Xu, 2017, *Butts. Chin.*: 1010, f. 1012: 6-7.

Neptis aspasia; Dhungel & Wahlberg, 2018, *PeerJ.*, 6(4311): 31.

形态　成虫：中大型蛱蝶。两翅正面黑褐色，反面红褐色；斑纹多黄色。前翅正面亚顶区有 3 个斑纹；亚外缘带模糊；有亚前缘斑；中室条与中室端外侧条相连，并与 m_3、cu_1、cu_2 室及 2a 室中部斑构成曲棍球杆状斑带。反面亚前缘斑列灰白色；前缘区基部黄色；后缘雄性灰色，雌性黑褐色；其余斑纹同前翅正面。后翅亚缘带窄；中横带较宽，未达前缘；雄性前缘镜纹很大，极为显著。反面亚缘带淡黄色，两侧缘线灰色；外中线灰色；基部土黄色，无斑纹；中横带黄白色，端部窄。

生物学　1 年多代。成虫多见于 6~8 月。常在山地的阔叶林区活动，喜在湿润地面停息。

分布　中国（陕西、甘肃、安徽、浙江、湖北、江西、广东、重庆、四川、贵州、云南、西藏），印度，不丹，缅甸。

大秦岭分布　陕西（眉县、南郑、西乡、宁强、宁陕）、甘肃（麦积、徽县、两当）、湖北（神农架）、四川（青川、都江堰、安州、平武）。

秦菲蛱蝶 *Phaedyma chinga* Eliot, 1969

Phaedyma chinga Eliot, 1969, *Bull. Br. Mus. nat. Hist.* (Ent.) Suppl., 15: 117, pl. 2, f. 18. **Type locality**: Ichang, Central China.

Phaedyma chinga; Chou, 1994, *Mon. Rhop. Sin.*: 554; Wu & Xu, 2017, *Butts. Chin.*: 1010, f. 1012: 9.

形态　成虫：中型蛱蝶。与蔼菲蛱蝶 *P. aspasia* 近似，主要区别为：本种前翅正面亚顶区 r_5 室斑纹向外方延伸，外缘与 m_1 室斑纹的外缘在一条直线上，但 r_5 室斑纹延伸部分在翅反面不显著。后翅反面基部有淡色斑驳纹；亚外缘带、亚缘带及外中带均波状弯曲；中横带端部上弯。

生物学　成虫多见于 6~8 月。常在阔叶林活动。

分布　中国（河南、陕西、甘肃、湖北、重庆、贵州、四川）。

大秦岭分布　陕西（长安、鄠邑、周至、渭滨、陈仓、眉县、太白、南郑、洋县、佛坪、宁陕）、甘肃（麦积、秦州、徽县、两当）、四川（青川）。

伞蛱蝶属 *Aldania* Moore, [1896]

Aldania Moore, [1896], *Lepid. Ind*., 3(26): 46. **Type species**: *Diadema raddei* Bremer, 1861.

Aldania (Limenitini); Korb & Bolshakov, 2011, *Eversmannia Suppl*., 2: 29.

Aldania (Neptini); Eliot, 1969, *Bull. Br. Mus. nat. Hist.* (Ent.) Suppl., 15: 6; Chou, 1998, *Class. Ident. Chin. Butt*: 154-155.

Aldania; Wu & Xu, 2017, *Butts. Chin*.: 1013.

翅暗灰色或灰白色；脉纹黑色；中室开式。前翅顶角圆；外缘端部外突；R_2 脉从 R_5 脉分出。后翅阔卵形；$Sc+R_1$ 脉较短，仅达前缘。

雄性外生殖器：背兜头盔形；钩突及颚突发达；囊突粗短；抱器窄长，末端突起，指状；阳茎极短。

雌性外生殖器：囊导管短，骨化；交配囊体多长茄形，膜质。

寄主为榆科 Ulmaceae 植物。

全世界记载 2 种，分布于古北区和东洋区。中国均有记录，大秦岭分布 1 种。

黑条伞蛱蝶 *Aldania raddei* (Bremer, 1861)（图版 41：86—87）

Diadema raddei Bremer, 1861, *Bull. Acad. Imp. Sci. St.-Pétersb*., 3: 467. **Type locality**: [Bureinskie Mts., Amur region].

Adlania raddei; Eliot, 1969, *Bull. Br. Mus. nat. Hist.* (Ent.) Suppl., 15: 130.

Aldania raddei; Chou, 1994, *Mon. Rhop. Sin*.: 554; Korb & Bolshakov, 2011, *Eversmannia Suppl*., 2: 29; Wu & Xu, 2017, *Butts. Chin*.: 1013, f. 1014: 1-2.

形态　成虫：中型蛱蝶。两翅灰白色，翅面密布黑色鳞片；翅脉黑色，多有加宽；外缘带黑色；亚外缘线齿状，黑色。前翅中室黑色纵纹长 V 形。后翅中室有 1 条线纹；反面基部黑色。

寄主 榆科 Ulmaceae 春榆 *Ulmus davidiana* var. *japonica*。

生物学 1年多代。成虫多见于5~7月。飞行迅速，常在林缘活动，喜在湿地、石岩栖息。

分布 中国（黑龙江、吉林、辽宁、河南、陕西、甘肃、湖北），俄罗斯，朝鲜。

大秦岭分布 河南（内乡、栾川、渑池）、陕西（长安、周至、太白、华州、华阴、南郑、宁强、留坝、平利、宁陕、丹凤、商南、镇安）、湖北（神农架）、甘肃（文县、徽县、两当）。

秀蛱蝶亚科 Pseudergolinae Jordan，1898

Pseudergolinae Jordan, 1898.

Pseudergolinae (Nymphalidae); Chou, 1998, *Class. Ident. Chin. Butt*: 118.

Pseudergolini (Cyrestinae); Vane-Wright & de Jong, 2003, *Zool. Verh. Leiden*, 343: 192.

翅红褐色或黑褐色；翅面有数条纵线纹、圆点斑或 V 形纹。前翅近三角形，中室闭或半开式；R_2 脉从中室前缘端部分出；R_5 与 M_1 脉均从中室上角分出。后翅外缘波状或平直；中室闭式。

全世界记载 7 种，分布于古北区和东洋区。中国已知 4 种，大秦岭均有分布。

属检索表

1. 两翅端半部有 3 条平行波状纹；前翅外缘 M_1-M_2 脉外突··········**秀蛱蝶属 *Pseudergolis***

   两翅端半部无平行波状纹；前翅外缘 M_1-M_2 脉未外突···2

2. 后翅正面端缘斑纹口字形或元宝形 ·······························**饰蛱蝶属 *Stibochiona***

   后翅正面端缘斑纹 V 形··**电蛱蝶属 *Dichorragia***

秀蛱蝶属 *Pseudergolis* C. & R. Felder, [1867]

Pseudergolis C. & R. Felder, [1867], *Reise Freg. Novara*, Bd 2 (Abth. 2)(3): 404. **Type species**:
   Pseudergolis avesta C. & R. Felder, [1867].

Pseudergolis (Pseudorgolinae); Chou, 1998, *Class. Ident. Chin. Butt*: 118.

Pseudergolis (Pseudergolini); Vane-Wright & de Jong, 2003, *Zool. Verh. Leiden*, 343: 193.

Pseudergolis; Wu & Xu, 2017, *Butts. Chin.*: 878.

两翅红褐色；翅面有黑色波状横带纹；中室闭式。前翅 Sc 脉基部不膨大；外缘在 M_1 脉与 M_2 脉间角状外突；R_2 脉从中室前缘端部分出；R_3 和 R_4 脉与 R_5 脉共柄；R_5 脉与 M_1 脉均从中室上角分出；中室端脉 M_1-M_2 段向中室凹入。后翅外缘波状。

雄性外生殖器：中等骨化；背兜较大；钩突锥形，与背兜愈合，端部分叉；颚突臂状；囊突长；抱器近菱形；阳茎较粗。

雌性外生殖器：囊导管长，膜质；交配囊体袋形，膜质；交配囊片梭形。

寄主为荨麻科 Urticaceae、大戟科 Euphorbiaceae 植物。

全世界记载 2 种，分布于古北区和东洋区。中国已知 1 种，大秦岭有分布。

秀蛱蝶 *Pseudergolis wedah* (Kollar, 1848)（图版 43：90）

Ariadne wedah (Kollar, 1848), *In*: Hügel, *Kasch. Reich Siek*, 4: 437. **Type locality**: India Orientali.

Pseudergolis wedah; D'Abrera, 1985, *Butts. Orient. Reg.*: 252; Chou, 1994, *Mon. Rhop. Sin.*: 455; Wu & Xu, 2017, *Butts. Chin.*: 878, f. 879: 5-6.

Precis hara; Moore, Horsfield & Moore, 1857, *Cat. Lep. Ins. Mus. East-Ind. Comp.*: 143, pl. iii. a, fig.1. **Type locality**: Sylhet & N. India.

形态 成虫：中型蛱蝶。翅正面红褐色，反面棕褐色；斑纹黑色；端半部有 3 条黑褐色波状细带纹；亚缘斑列斑纹点状；中室上半部有 4 条黑色细线纹。前翅外缘在 M_1-M_2 脉间角状外突；反面顶角区灰白色。后翅外缘波状；sc+r_1 室基部有 1 个条斑。

寄主 荨麻科 Urticaceae 二色水麻 *Debregeasia bicolor*；大戟科 Euphorbiaceae 蓖麻 *Ricinus communis*。

生物学 1 年多代。成虫多见于 4～10 月。飞行较慢，喜访花，吸食腐烂水果、树汁液和人畜排泄物，常在丘陵、沟壑及林缘活动，在叶面、岩石及地面上停息。

分布 中国（陕西、甘肃、湖北、湖南、重庆、四川、贵州、云南、西藏），印度，克什米尔地区，喜马拉雅山，缅甸，老挝。

大秦岭分布 陕西（周至、太白、南郑、西乡、镇巴、勉县、略阳、留坝、佛坪、岚皋、商州、商南）、甘肃（武都、文县）、湖北（兴山、神农架）、重庆（巫溪、城口）、四川（宣汉、万源、旺苍、彭州、青川、都江堰、安州、江油、北川、平武、汶川）。

电蛱蝶属 *Dichorragia* Butler, [1869]

Dichorragia Butler, [1869], *Proc. zool. Soc. Lond.*, 1868(3): 614. **Type species**: *Adolias nesimachus* Boisduval, [1846].

Dichorrhagia; Scudder, 1882, *Bull. U.S. nat. Mus.*, 19(2): 97 (unj. emend. *Dichorragia* Butler, [1869]) ;
Wu & Xu, 2017, *Butts. Chin.*: 882.

Dichorragia (Pseudergolinae); Chou, 1998, *Class. Ident. Chin. Butt*: 119.

Dichorragia (Pseudergolini); Vane-Wright & de Jong, 2003, *Zool. Verh. Leiden*, 343: 192.

两翅方阔；黑褐色，反面色稍淡；外缘波状；端缘有 V 形斑纹。前翅外缘中部微凹入。后翅臀角明显。前翅 R_2 脉从中室前缘端部分出；R_3 和 R_4 脉与 R_5 脉共柄；R_5 与 M_1 脉从中室上顶角分出；中室半开式（M_1-M_2 横脉呈凹弧形，M_2-M_3 横脉消失）。后翅中室闭式。

雄性外生殖器：骨化强；背兜头盔形；钩突端部弯钩形；颚突基部与钩突愈合，臂状；囊突长；抱器近椭圆形；阳茎长锥形，有角状器。

雌性外生殖器：囊导管骨化；交配囊体近圆球形；有 1 对交配囊片。

寄主为清风藤科 Sabiaceae 植物。

全世界记载 3 种，主要分布于东洋区。中国已知 2 种，大秦岭均有分布。

种检索表

前后翅端部 V 形斑纹长，与亚顶区前缘斜斑列相接 ·························**长波电蛱蝶 *D. nesseus***

前后翅端部 V 形斑纹短，未与亚顶区前缘斜斑列相接 ·····················**电蛱蝶 *D. nesimachus***

电蛱蝶 *Dichorragia nesimachus* (Doyère, [1840])

Adolias nesimachus Doyère, [1840], *In*: Cuvier, *Règne Anim. ditribué.* (Edn 3) *Atlas Ins.*, 2: pl. 139 bis, (livr. 101). **Type locality**: Himalayas.

Adolias nesimachus Boisduval, [1846], *In*: Cuvier, *Règne Anim.* (Disciples'ed.) 6(vol. 4): explic, pl. 139 bis.

Dichorragia nesimachus; D'Abrera, 1985, *Butts. Orient. Reg.*: 293; Chou, 1994, *Mon. Rhop. Sin.*: 456, 457; Vane-Wright & de Jong, 2003, *Zool. Verh. Leiden*, 343: 192; Wu & Xu, 2017, *Butts. Chin.*: 882, f. 883: 1-6.

形态　成虫：中型蛱蝶。翅正面黑绿色，反面黑褐色；斑纹多白色。前翅外缘斑列斑纹小；亚外缘区至亚缘区有 1 列重叠的 V 形斑纹；亚顶区近前缘有 4 个条斑；中室下部至外中区下部散布大小不一的点斑，白色，有蓝紫色闪光；中室端部和中部各有 1 个蓝紫色条斑。反面斑纹同前翅正面，但较正面清晰。后翅外缘斑列斑纹半月形；亚外缘有 1 列 V 形斑纹；亚缘有 1 列窄眼斑，瞳点黑色，眼斑内侧有淡蓝色斑纹相伴，时有模糊；中室端部 3 个蓝色斑纹品字形排列，时有模糊。反面 sc+r_1 室基部有 1 个圆形斑纹，蓝色或白色；其余斑纹同后翅正面。

卵：黄色；圆球形；有白色纵棱脊。

幼虫：5龄期。低龄幼虫墨绿色；密布白色颗粒状瘤突；体侧有白色和褐色斜带纹。老熟幼虫绿褐色至红褐色；头顶有1对长牛角状突起；体侧有深褐色线纹；腹部背面淡绿色，末端变尖；背中线细，黑褐色；腹部末端褐色，锥状。

蛹：枯黄色；密布褐色细线纹，似枯叶；胸部背面钩状突起向后，腹端背面钩状突起向前，形成C形突起；腹中线黑褐色，端部分叉；腹侧有黑褐色线纹。

寄主　清风藤科 Sabiaceae 泡花树 *Meliosma cuneifolia*、薄叶泡花树 *M. callicarpaefoli*、羽叶泡花树 *M. oldhamii*、多花泡花树 *M. myriantha*、漆叶泡花树 *M. rhoifolia*、香皮树 *M. fordii*、笔罗子 *M. rigida*、绿樟 *M. squamulata*。

生物学　1年1代，以蛹越冬。成虫多见于6~10月。常在林缘活动。卵单产于寄主植物叶片背面。幼虫有取食卵壳习性。老熟幼虫化蛹于寄主植物的茎枝和叶背面。

分布　中国（陕西、甘肃、安徽、浙江、江西、湖南、湖北、福建、台湾、广东、海南、香港、重庆、四川、贵州、云南），朝鲜，日本，印度，不丹，缅甸，越南，马来西亚。

大秦岭分布　陕西（长安、周至、眉县、太白、凤县、城固、勉县、留坝、宁陕、商南、柞水）、甘肃（麦积、秦州）、湖北（兴山）、四川（都江堰、安州、平武）。

长波电蛱蝶 *Dichorragia nesseus* Grose-Smith, 1893（图版 42：88—89）

Dichorragia nesseus Grose-Smith, 1893, *Ann. Mag. nat. Hist*., (6) 11(63): 217. **Type locality**: Omei-shan, North-west China.

Dichorragia nesseus; Grose-Smith & Kirby, 1898, *Rhop. Exot*., [2]3: (Dichorragia) 16, pl. 1, f. 3-4; Wu & Xu, 2017, *Butts. Chin*.: 882, f. 884: 7-9.

形态　成虫：中型蛱蝶。与电蛱蝶 *D. nesimachus* 近似，主要区别为：本种两翅反面端部V形斑纹长，与亚顶区斜斑列相接；亚顶区条斑退化变短。后翅正面外中域褐绿色眼斑由内侧延伸至中室外侧。

寄主　清风藤科 Sabiaceae 植物。

生物学　1年1代，以蛹越冬。成虫多见于6~7月。多沿山间溪流飞翔，常与琉璃蛱蝶 *K. canace* 为争领地而相互追逐。

分布　中国（浙江、河南、陕西、甘肃、广东、四川、云南）。

大秦岭分布　河南（内乡、嵩县、栾川）、陕西（周至、眉县、佛坪、宁强、宁陕）。

饰蛱蝶属 *Stibochiona* Butler, [1869]

Stibochiona Butler, [1869], *Proc. zool. Soc. Lond.*, 1868(3): 614. **Type species**: *Hypolimnas coresia* Hübner, [1826].

Stibochiona (Pseudergolinae); Chou, 1998, *Class. Ident. Chin. Butt*: 118, 119.

Stibochiona; Wu & Xu, 2017, *Butts. Chin.*: 880.

与电蛱蝶属 *Dichorragia* 近似。前翅 R_2 脉从中室前缘端部分出；R_3-R_5 脉共柄；R_5 与 M_1 脉从中室上顶角生出；中室半开式。后翅外缘波状；中室以细线闭合。

雄性外生殖器：中等骨化；背兜与钩突愈合；钩突锥形，尖端分叉；颚突臂状；囊突长；抱器宽，近斜方形，内突骨化强；阳茎粗，汤勺形。

雌性外生殖器：囊导管短，膜质；交配囊体长袋形；中部有 2 个条形交配囊片。

寄主为山茱萸科 Cornaceae 和荨麻科 Urticaceae 植物。

全世界记载 3 种，分布于东洋区。中国已知 1 种，大秦岭有分布。

素饰蛱蝶 *Stibochiona nicea* (Gray, 1846)（图版 43：91）

Adolias nicea Gray, 1846, *Descr. lep. Ins. Nepal*: 13, pl. 12, f. 1. **Type locality**: Nepal.

Stibochiona nicea; D'Abrera, 1985, *Butts. Orient. Reg.*: 292; Chou, 1994, *Mon. Rhop. Sin.*: 455; Wu & Xu, 2017, *Butts. Chin.*: 880, f. 881: 1-6.

形态 成虫：中型蛱蝶。翅正面黑绿色，反面黑褐色。前翅外缘斑列白色，斑纹近圆形；亚外缘斑列斑纹淡蓝色，多有消失；亚缘斑列的白色斑纹点状，未达后缘；中横斑列近问号形排列，未达前后缘，斑纹时有消失；中室端部有 2 个蓝色或白色点状斑，中部有 2 个细条斑。反面斑纹较正面清晰。后翅正面端缘有 1 列口字形或元宝形斑纹，斑纹如为口字形则呈蓝、白 2 色，如为元宝形则呈白色。反面亚缘及外中斑列点状，未达前后缘，白色或淡蓝色，时有消失；sc+r_1 室基部及中部各有 1 个蓝色斑纹。

卵：淡黄色，圆球形，有纵棱脊。

幼虫：末龄幼虫黑色；头顶有 1 对长突起，端部球状膨大；第 3~8 腹节背面有淡绿色大块斑，块斑中部凹入，末端变尖；第 9 腹节背面有 1 对角突。

蛹：枯草色至黑褐色，密布褐色细线纹和斑驳纹；长椭圆形；胸背面突起。

寄主 山茱萸科 Cornaceae 灯台树 *Cornus controversa*；荨麻科 Urticaceae 粗齿冷水花 *Pilea sinofasciata*。

生物学 1 年多代。成虫多见于 5~9 月。飞行迅速，常在林地活动，栖息于石崖或树叶上，休息时翅平展，喜吸食人畜粪便。卵单产于寄主植物叶片背面。老熟幼虫化蛹于寄主植物的茎枝或叶片背面。

分布 中国（陕西、甘肃、浙江、湖北、江西、湖南、福建、广东、海南、广西、重庆、四川、贵州、云南、西藏），印度，不丹，尼泊尔，孟加拉国，克什米尔地区，缅甸，老挝，越南，泰国，马来西亚。

大秦岭分布 陕西（南郑、城固、岚皋、汉阴）、甘肃（文县）、湖北（神农架）、四川（青川、都江堰、安州、汶川）。

丝蛱蝶亚科 Cyrestinae Guenée, 1865

Cyrestinae Guenée, 1865.

Marpesiinae; Chou, 1998, *Class. Ident. Chin. Butt*: 156.

翅薄，白色或橙色；翅面密布暗色细横纹；外缘平直或波形；前翅近三角形，顶角多尖出或斜截；R_2 脉从中室前缘端部或 R_5 脉上分出；R_5 与 M_1 脉均从中室上角分出。后翅中室闭式；外缘波状或平直；M_3 脉端部有尾突；臀角多有臀瓣。

全世界记载近 50 种，分布于东洋区。中国已知 5 种。大秦岭分布 1 种。

丝蛱蝶属 *Cyrestis* Boisduval, 1832

Cyrestis Boisduval, 1832, *In*: d'Urville, *Voy. Astrolabe*, 11: 17. **Type species**: *Papilio thyonneus* Cramer, [1779].

Apsithra Moore, [1899], *Lepid. Ind*., 4(39): 58. **Type species**: *Papilio cocles* Fabricius, 1787.

Sykophages Martin, 1903, *Dt. ent. Z. Iris*, 16(1): 81. **Type species**: *Papilio thyonneus* Cramer, [1779].

Azania Martin, 1903, *Dt. ent. Z. Iris*, 16(1): 160. **Type species**: *Papilio camillus* Fabricius, 1871.

Cyrestes; Rothschild, 1915, *Novit. zool*., 22(2): 206(missp.).

Cyrestis; Chou, 1998, *Class. Ident. Chin. Butt*: 156, 157; Wu & Xu, 2017, *Butts. Chin*.: 885.

Cyrestis (Cyrestini); Vane-Wright & de Jong, 2003, *Zool. Verh. Leiden*, 343: 189.

前翅 R_2 脉从中室前缘端部分出；R_4 从 R_5 脉近顶角端分出，到达顶角附近的前缘；R_3、R_4 及 R_5 脉共柄；R_5 与 M_1 脉从中室上顶角分出；中室短，约为前翅长的 1/3，闭式。后翅

sc+r$_1$ 室和 cu$_2$ 室外缘凹入；M$_3$ 脉端部尾状突出；cu$_2$ 室端部瓣状突出；中室短，约为后翅长的 1/3，闭式。

雄性外生殖器：背兜骨化弱；钩突小，端部尖；无颚突；囊突细长；抱器端部阔，基部渐窄，抱器背附近有内突，L 形；阳茎细长，长于抱器，前端尖；阳茎轭片 Y 形。

雌性外生殖器：囊导管细；交配囊近球形；有交配囊片。

寄主为桑科 Moraceae 和五桠果科 Dilleniaceae 植物。

全世界记载 23 种，分布于东洋区。中国已知 4 种，大秦岭分布 1 种。

网丝蛱蝶 *Cyrestis thyodamas* Boisduval, 1846

Cyrestis thyodamas Boisduval, 1846, *Règne anim. Ins.*, 2: pl. 138. **Type locality**: N. India.

Cyrestis thyodamas; Moore, 1878, *Proc. zool. Soc. Lond.*, (4): 828; Wood-Mason & de Nicéville, 1881, *J. asiat. Soc. Bengal*, 49 Pt.II (4): 228; Chou, 1994, *Mon. Rhop. Sin.*: 560; Wu & Xu, 2017, *Butts. Chin.*: 885, f. 886: 1-5.

Cyrestis theresae de Nicéville, 1884, *J. asiat. Soc. Bengal*, (1): 18; D'Abrera, 1985, *Butts. Orient. Reg.*: 297.

Cyrestis (Sykophages) thyodamas; Martin, 1903, *Dt. ent. Z. Iris*, 16(1): 83.

Cyrestis (Sykophages) thyodamas afghan Martin, 1903, *Dt. ent. Z. Iris*, 16(1): 86. **Type locality**: Afghanistan.

Cyrestis thyodamas f. *tappana* Matsumura, 1929, *Ins. Matsum.*, 3(2/3): 93. **Type locality**: "Formosa" [Taiwan, China].

形态 成虫：中型蛱蝶。两翅白色或淡黄色；脉纹褐色，清晰；基半部深褐色纵向细线纹和翅脉交织成网状。前翅顶角尖，兔耳状；端缘黑褐色，有 1~2 列白色斑纹镶嵌其中；外缘微波形，近臀角处弧形凹入；臀角斑纹花瓣形，内侧缘线墨绿色，有黑色眼斑。后翅外缘齿形；M$_3$ 脉端部外延，形成细指状尾突，黑色；外缘端部弱弧形凹入，形成上顶角和下顶角；端部有 1 个黑色近 Y 形大斑，从上顶角和下顶角伸向臀角，缘线黑色；亚缘斑列斑纹黑、白 2 色，并与 Y 形纹交织在一起；后缘灰黄色，端部赭黄色且弧形凹入；臀角花瓣形外突，黑、白、黄 3 色。

卵：黄色；棱柱形，端部收缩变细；有纵棱脊。

幼虫：5 龄期。黄褐色；密布淡黄色颗粒状突起；体侧有黄绿色宽纵带；头顶、胸背部及腹末端有弯曲的长指状突起。

蛹：枯黄色，密布褐色细线纹；头顶有 1 对指状突起；腹背面端部强突起；背中线黑色。

寄主 桑科 Moraceae 细叶榕 *Ficus microcarpus*、孟加拉榕 *F. bengalensis*、菩提树 *F. religiosa*、

薜荔 *F. pumila*、变叶榕 *F. variolosa*、琴叶榕 *F. pandurata*、斜叶榕 *F. tinctoria*；五桠果科 Dilleniaceae 毛果锡叶藤 *Tetracera scandens* 等。

生物学 1年多代，以成虫越冬。成虫多见于 4~10 月。飞行迅速，有访花习性，喜在湿地吸水和吸食动物排泄物。卵单产于嫩叶或嫩芽上。幼虫常在主叶脉上用丝和粪便做成虫巢，栖息于其中。老熟幼虫化蛹于寄主植物的枝干或叶片背面。

分布 中国（浙江、江西、福建、台湾、广东、海南、广西、重庆、四川、贵州、云南、西藏），日本，印度，尼泊尔，缅甸，越南，泰国，马来西亚，印度尼西亚，巴布亚岛，新几内亚岛。

大秦岭分布 四川（都江堰、汶川）。

闪蛱蝶亚科 Apaturinae Boisduval, 1840

Apaturides Boisduval, 1840: 24.

Apaturidi Chapman, 1895: 128, 465.

Apaturinae Tutt, 1896, *Brit. Butts*.: 84, 86, 380.

Apaturidae Wheeler, 1903: 99.

Nymphalinae Stichel, I, 1909: 160.

Apaturinae (Nymphalidae); Chou, 1998, *Class. Ident. Chin. Butt*: 106; Vane-Wright & de Jong, 2003, *Zool. Verh. Leiden*, 343: 204; Korb & Bolshakov, 2011, *Eversmannia Suppl*., 2: 35.

本亚科为古老的类群，是活化石。成虫形态与蛱蝶相似，幼期特征与眼蝶相似。现代的闪蛱蝶栖息于热带地区和部分温带区。

身体强壮。翅正面色彩鲜艳，有的种类翅闪光。中室多数开式，个别闭式。前翅中室短，近三角形，顶角多数属略突出；不及前翅长的 1/2，端部倾斜；R_1 脉从中室上缘端部分出；R_2 脉从中室端部或 R_5 脉上分出；R_5 与 M_1 脉分出于中室上顶角；R_3-R_5 脉共柄；M_2 脉从中室上端角下方分出。后翅多呈梨形；无尾突；中室短，开式。

全世界记载 89 种，分布于古北区、东洋区及澳洲区。中国已知 48 种，大秦岭分布 27 种。

属检索表

2. 翅正面有黄色斑纹 ·· 窗蛱蝶属 *Dilipa*

   翅正面无黄色斑纹 ·· 累积蛱蝶属 *Lelecella*

3. 前翅 R_2 脉从中室前缘分出 ·· 4

   前翅 R_2 脉从 R_5 脉上分出 ··· 8

4. 后翅 $Sc+R_1$ 脉短，未达后翅顶角 ··· 闪蛱蝶属 *Apatura*

   后翅 $Sc+R_1$ 脉长，伸达后翅顶角 ·· 5

5. 翅基部或后翅臀角有 1 个红斑 ·· 紫蛱蝶属 *Sasakia*

   翅基部或后翅臀角无红斑 ·· 6

6. 前翅反面中室内有 2 个以上黑色圆斑 ································· 迷蛱蝶属 *Mimathyma*

   前翅反面中室内无黑色圆斑 ·· 7

7. 雌雄同型，翅反面银白色 ·· 白蛱蝶属 *Helcyra*

   雌雄异型，雄性翅反面非银白色 ··· 铠蛱蝶属 *Chitoria*

8. 翅正面橘黄色，密布黑色圆形豹纹，或翅端部密布放射纹 ············· 猫蛱蝶属 *Timelaea*

   翅正面斑纹不如上述 ··· 9

9. 前翅正面中室有棒形纹，如无则翅纯白色 ································· 脉蛱蝶属 *Hestina*

   前翅正面中室无棒形纹 ·· 帅蛱蝶属 *Sephisa*

闪蛱蝶属 *Apatura* Fabricius, 1807

Apatura Fabricius, 1807, *Mag. f. Insektenk.* (Illiger), 6: 280. **Type species**: *Papilio iris* Linnaeus, 1758.

Potamis Hübner, [1806], *Tent. Determinat. Digest*[1]. (rejected). **Type species**: *Papilio iris* Linnaeus, 1758.

Aeola Billberg, 1820, *Enum. Ins. Mus. Billb.*: 78. **Type species**: *Papilio iris* Linnaeus, 1758.

Apaturia Sodoffsky, 1837, *Bull. Soc. imp. Nat. Moscou*, 10(6): 81 (unj. emend. *Apatura* Fabricius, 1807).

Apatura (Nymphalinae); Moore, [1881], *Lepid. Ceylon*, 1(2): 57; Tuzov (ed.), 2000, *Guide Butt. Rusr.*, 2: 13.

Mimathyma Moore, [1896], *Lepid. Ind.*, 3(25): 8; Tuzov (ed.), 2000, *Guide Butt. Rusr.*, 2: 15.

Chitoria Moore, [1896], *Lepid. Ind.*, 3(25): 10.

Athymodes Moore, [1896], *Lepid. Ind.*, 3(25): 10; Tuzov (ed.), 2000, *Guide Butt. Rusr.*, 2: 15.

Sincana Moore, [1896], *Lepid. Ind.*, 3(25): 13.

Dravira Moore, [1896], *Lepid. Ind.*, 3(25): 14.

Bremeria Moore, [1896], *Lepid. Ind.*, 3(25): 9.

Apatura (Apaturinae); Chou, 1998, *Class. Ident. Chin. Butt*: 107; Korb & Bolshakov, 2011, *Eversmannia Suppl.*, 2: 35.

Apatura; Wu & Xu, 2017, *Butts. Chin.*: 837.

原为一大属，包括很多形态差异较大的种类，现许多种类已陆续分出，建立了一些新属。

雌雄同型。雌性个体较大，斑纹粗壮；多数种类翅有紫色或褐色闪光；两翅中室开式。前翅三角形；外缘在 R_5 脉处突出，m_2-m_3 室处凹入；R_2 脉从中室端部分出；R_5 与 M_1 脉分出于中室上顶角；R_3-R_5 脉共柄；M_2 脉从中室上端角下方分出。后翅方，外缘波状，后缘灰白色；臀角无瓣。

雄性外生殖器：中等骨化；背兜马鞍形，两侧中部带状下延；钩突锥形；颚突臂状；囊突细长；抱器阔，两端尖出；阳茎长，棒状。

雌性外生殖器：囊导管长，骨化；交配囊体球形或梨形，膜质，透明；交配囊片有或无。

寄主为杨柳科 Salicaceae 及壳斗科 Fagaceae 植物。

全世界记载 4 种，分布于古北区和东洋区。大秦岭均有分布。

种检索表

紫闪蛱蝶 *Apatura iris* (Linnaeus, 1758)（图版 43：92）

Papilio iris Linnaeus, 1758, *Syst. Nat.* (Edn 10), 1: 476. **Type locality**: Germany, England.

Papilio suspirans Poda, 1761, *Ins. Mus. Graecensis*: 70.

Papilio jole Denis & Schiffermüller, 1775, *Ank. syst. Schmett. Wien.*: 172.

Apatura vulgaris Esper, 1777, *Die Schmett., Th. I, Tagsch.*, Bd. 1(9): 314, fig. 1.

Papilio iris rubescens Esper, 1781, *Die Schmett., Th. I, Erlang.*, Bd. 2(4): 109, pl. 71, f. 2-3.

Papilio (Nymphalis) lamia Gmelin, [1790], *In*: Linnaeus, *Syst. Nat.* (edn 13), 1(5): 2308.

Apatura salicis Fabricius, 1938, *In*: Bryk, *Syst. Glossat.*: 77.

Papilio beroe Fabricius, 1793, *Ent. Syst.*, 3(1): 111.

Apatura pallas Leech, 1890, *Entomologist.*, 23: 190. **Type locality**: Chia-Kou-Ho.

Apatura pseudoiris Verity, 1913, *J. Linn. Soc. Zool. Lond.*, 32(215): 180, 190.

Apatura iris; Chou, 1994，*Mon. Rhop. Sin.*: 426; Korb & Bolshakov, 2011, *Eversmannia Suppl.*, 2: 35; Wu & Xu, 2017, *Butts. Chin.*: 837, f. 839: 1.

Apatura iris iris Sugitani; 1932, 4: 100-101; Mori, Doi and Cho, 1934: 35; Seok and Takacuka, 1937, *Zephyrus*: 58.

形态　成虫：中型蛱蝶。翅正面黑褐色，雄性翅面有蓝紫色闪光；反面红褐色。前翅顶角外突，稍斜截；外缘中部凹入；正面顶角区有 2~3 个白色斑纹；亚外缘带仅达顶角区下方；中斜斑列白色；基斜斑列弧形，仅从中室端部下缘至后缘；中室端部有 4 个黑斑，时有模糊或消失。反面端缘灰白色带纹止于顶角下方，端部加宽延至亚顶区；中室灰白色，端半部有 4 个黑色斑纹；cu_1 室中部大眼斑黑色，瞳点蓝紫色，外眶橙黄色；其余斑纹同前翅正面。后翅正面亚缘斑列橙色，时有模糊；中横带白色，其外侧 m_2 室处角状尖出；cu_1 室眼斑黑色，瞳点蓝紫色，外眶橙黄色；臀角有 2 个橙黄色斑纹。反面基部、后缘及翅端部灰白色；亚外缘线灰黑色；中横带上宽下窄，末端楔形；cu_1 室眼斑橙色外眶模糊。

卵：鼓形，表面有纵脊。

幼虫：绿色；密布淡色颗粒状突起；头顶有触角形突起；尾端呈锥形。

蛹：绿色；光滑，两端尖，中部膨大明显。

寄主　杨柳科 Salicaceae 黄花柳 *Salix caprea*、灰柳 *S. cinerea*、杨属 *Populus* spp.、柳属 *Salix* spp.；壳斗科 Fagaceae 辽东栎 *Quercus liaotungensis* 等。

生物学　1 年 1 代，以 3 龄幼虫越冬。成虫多见于 6~9 月。飞翔迅速，常在林缘、沟壑活动，多在石壁上停留休息。雄性常在树冠层飞翔，领地意识强。喜在湿地吸水，吸食人畜粪便、臭水和腐烂水果及树汁液。成虫常聚集于枝干损伤处吮汁。卵单产于寄主植物叶片背面。

分布　中国（黑龙江、吉林、内蒙古、天津、河北、山西、山东、河南、陕西、宁夏、甘肃、青海、安徽、浙江、湖北、江西、湖南、重庆、四川、贵州），俄罗斯，朝鲜，日本，欧洲。

大秦岭分布　河南（内乡、西峡、栾川）、陕西（长安、鄠邑、周至、眉县、太白、凤县、华州、南郑、洋县、西乡、略阳、留坝、佛坪、宁陕、商州、商南、柞水）、甘肃（麦积、秦州、武都、康县、文县、徽县、两当、宕昌、合作、迭部、碌曲）、湖北（兴山、保康、神农架、武当山、郧阳）、重庆（巫溪、城口）、四川（宣汉、青川、都江堰、安州、平武）。

柳紫闪蛱蝶 *Apatura ilia* (Denis & Schiffermüller, 1775)（图版 44：93—95）

Papilio ilia Denis & Schiffermüller, 1775, *Ank. syst. Schmett. Wienergegend*: 172. **Type locality**: Austria.

Papilio clytie Denis & Schiffermüller, 1775, *Ank. syst. Schmett. Wienergegend*: 321.

Papilio iris luteus Esper, 1777, *Die Schmett.*, *Th. I Tagsch.*, Bd. 1(9): 314.

Papilio iris minor Esper, 1777, *Die Schmett.*, *Th. I Tagsch.*, Bd. 1(9): 314, 346, (7) pl. 37, f. 1.

Papilio clythia Schneider, 1785, *Nomencl. Entomol.*: 36.

Papilio iole Schneider, 1785, *Nomencl. Entomol.*: 36.

Papilio eos Rossi, 1794, *Mant. Ins.*, 2: 9.

Papilio iris junoniae de Prunner, 1798, *Lepid. Pedemont.*: 28.

Maniola julia Schrank, 1801, *Fauna Boica*, 2(1): 186.

Papilio (*Nymphalis*) *beroe* Panzer, Hilpert & Schèaffer. 1804, *Icones Insect*.: 143, 2 pl. 152, f. 3 (Fabricius).

Doxocopa astasia Hübner, [1819], *Verz. bek. Schmett.*, (4): 50.

Apatura vitellinae Fabricius, 1938, *In: Bryk, Syst. Gloss.*: 78.

Apatura ilia; Chou, 1994, *Mon. Rhop. Sin.*: 427; Korb & Bolshakov, 2011, *Eversmannia Suppl.* 2: 35; Wu & Xu, 2017, *Butts. Chin.*: 837, f. 839: 2-4, 840: 5-8.

形态　成虫：中型蛱蝶。与紫闪蛱蝶 *A. iris* 近似，主要区别为：本种两翅正面外缘带橙色；亚缘带宽而清晰，直达前缘顶角附近。前翅顶角区有 3 个白斑；中室 4 个黑斑及 cu_1 室中部大眼斑清晰。后翅中横带外侧无刺状突起，内侧多有凹凸，末端无楔形尖出；反面中室内多有黑色小点斑。

卵：半圆形；黄绿色；表面有纵脊。

幼虫：绿色；密布淡色颗粒状突起；头顶有 1 对黄色触角形突起，末端褐色，分叉；胸背面有 2 条平行的黄色细带纹；腹侧有 1 排黄色斜线纹；第 4 腹节背面有 1 对棘刺突；尾端尖，有分叉的尾突。

蛹：绿色；纺锤形；头顶有叉状突起。

寄主　杨柳科 Salicaceae 山杨 *Populus davidiana*、青杨 *P. cathayana*、欧洲山杨 *P. tremula*、黑杨 *P. nigra*、毛白杨 *P. tomentosa*、小叶杨 *P. simonii*、黄花柳 *Salix caprea*、旱柳 *S. matsudana*、垂柳 *S. babylonia* 等。

生物学　1 年 1 至多代，以 2~3 龄幼虫在树干缝隙内或枯叶上越冬。成虫多见于 5~9 月。飞翔迅速，多在林缘活动，喜在湿地吸水，吸食人畜粪便、臭水和腐烂水果及树汁液。雄性常在树冠层活动，领地意识强，喜聚集于枝干损伤处吮汁。卵单产于寄主植物叶片正面边缘处或嫩芽上。老熟幼虫在寄主植物的小枝或叶片背面化蛹。

分布　中国（黑龙江、吉林、辽宁、内蒙古、北京、天津、河北、山东、河南、陕西、宁夏、甘肃、新疆、江苏、安徽、浙江、湖北、江西、湖南、福建、广东、海南、重庆、四川、贵州、云南），朝鲜，日本，缅甸，欧洲。

大秦岭分布　河南（登封、内乡、南召、西峡、陕州）、陕西（长安、鄠邑、周至、眉县、太白、凤县、华州、南郑、城固、洋县、西乡、略阳、留坝、佛坪、汉滨、宁陕、商州、丹凤、商南、山阳、镇安、洛南）、甘肃（麦积、秦州、武山、康县、文县、徽县、两当、礼县、临潭、舟曲、碌曲）、湖北（兴山、保康、谷城、武当山、郧阳）、四川（宣汉、南江、青川、都江堰、平武）。

闪蛱蝶亚科 Apaturinae

细带闪蛱蝶 *Apatura metis* Freyer, 1829

Apatura metis Freyer, 1829, *Beitr. eur. Schmett.*, 2: 67. **Type locality**: Hungary.

Apatura ilia krylovi Kurentzov, 1937, *Bull. Far Eastern Branch USSR Acad. Sci.*, 26: 116, 130. **Type locality**: Sikhote-Alin, northern coastal region.

Apatura metis; Chou, 1994, *Mon. Rhop. Sin.*: 429; Korb & Bolshakov, 2011, *Eversmannia Suppl.*, 2: 35; Wu & Xu, 2017, *Butts. Chin.*: 837, f. 840: 9.

形态 成虫：中型蛱蝶。与柳紫闪蛱蝶 *A. ilia* 近似，主要区别为：本种后翅中横带细，外缘凹凸不平。

寄主 杨柳科 Salicaceae 柳属 *Salix* spp.、垂柳 *S. babylonica*、杨属 *Populus* spp. 植物。

生物学 1 年 1 ~ 2 代。成虫多见于 5 ~ 8 月。飞翔迅速，多栖息于森林中，在靠近河流的地方出没。雄性常在树冠层活动，领地意识强，喜在湿地吸水，吸食人畜粪便、臭水和腐烂水果及树汁液，常聚集于枝干损伤处吮汁。

分布 中国（吉林、辽宁、河北、山西、陕西、甘肃、江苏、湖北、江西、湖南、福建、重庆、四川、贵州、云南），朝鲜，日本，欧洲。

大秦岭分布 陕西（长安、眉县、洋县、西乡）、甘肃（麦积、徽县、两当、迭部）、湖北（兴山）、四川（文县）。

曲带闪蛱蝶 *Apatura laverna* Leech, 1893（图版 45：96—97）

Apatura laverna Leech, 1893, *Butts Chin. Jap. Cor.*, (1): 164, pl. 15, f. 6.

Apatura laverna; Chou, 1994, *Mon. Rhop. Sin.*: 429; Wu & Xu, 2017, *Butts. Chin.*: 837, f. 840: 10, 841: 11-13.

形态 成虫：中型蛱蝶，雌雄异型。雄性：翅正面黑褐色，有微弱的蓝紫色闪光；反面黄褐色，斑纹橙色。前翅顶角外突，稍斜截；外缘中部凹入；亚外缘斑列波形；亚顶区 U 形斑开口于前缘；cu_1 室端部大眼斑黄色，瞳点黑色；中室梭形黄斑镶有 4 个黑色斑纹；cu_2 室基半部有 1 条梭形带纹，端部有 3 个黄色斑纹。反面 cu_1 室圆形大眼斑瞳点蓝紫色，内眶黑色，外眶橙黄色；其余斑纹同前翅正面。后翅正面基部黑褐色或黄色；中横带宽，近 C 形；外中带与亚外缘带近平行排列，上述 3 条带纹均被翅脉分割；m_3、cu_1 室中部各有 1 个黑色斑纹。反面亚缘区中下部有 3 个模糊小眼斑，瞳点蓝白色；中室中部有 1 个黑色点斑；其余斑纹同后翅正面。雌性：个体较大；斑纹多黄白色。后翅中横带宽，淡黄色；外中带退化成斑列，时有模糊或消失。

卵：半圆形；绿色；表面有纵脊。

幼虫：绿色；头顶有 1 对触角形突起。

蛹：绿色；纺锤形。

寄主 杨柳科 Salicaceae 垂柳 *Salix babylonica*、黄花柳 *S. caprea*、白杨树 *Populus alba*、青杨 *P. cathayana*。

生物学 1 年 1 代，以 3 龄幼虫在枝条芽基部越冬。成虫多见于 5 ~ 7 月。飞翔迅速，常在林地活动。雄性领地意识强，喜在湿地吸水，吸食人畜粪便和腐烂水果及树汁液，常聚集于枝干损伤处吮汁。卵单产于寄主植物叶片正面边缘处或嫩芽上。

分布 中国（吉林、辽宁、内蒙古、北京、河北、山西、河南、陕西、甘肃、湖北、四川、贵州、云南）。

大秦岭分布 河南（西峡）、陕西（蓝田、长安、鄠邑、周至、渭滨、陈仓、眉县、太白、凤县、南郑、洋县、留坝、佛坪、石泉、宁陕、商州、柞水）、甘肃（麦积、文县、徽县、两当、迭部）、湖北（兴山、神农架）、四川（青川、安州）。

迷蛱蝶属 *Mimathyma* Moore, [1896]

Mimathyma Moore, [1896], *Lepid. Ind*., 3(25): 8. **Type species**: *Athyma chevana* Moore, [1866].

Bremeria Moore, [1896], *Lepid. Ind*., 3(25): 9 (preocc. *Bremeria* Alphéraky, 1892). **Type species**: *Adolias schrenkii* Ménétnés, 1859.

Athymodes Moore, [1896], *Lepid. Ind*., 3(25): 10. **Type species**: *Atyma*[sic] *nycteis* Ménétnés, 1859.

Amuriana Korshunov & Dubatolov, 1984, *Ins. Hel*., 17: 52 (repl. *Bremeria* Moore, [1896]). **Type species**: *Adolias schrenkii* Ménétnés, 1859.

Mimathyma (Apaturinae); Chou, 1998, *Class. Ident. Chin. Butt*: 107, 108.

Amuriana (Apaturinae); Korb & Bolshakov, 2011, *Eversmannia Suppl*., 2: 35.

Athymodes (Apaturinae); Korb & Bolshakov, 2011, *Eversmannia Suppl*., 2: 36.

Mimathyma; Wu & Xu, 2017, *Butts. Chin*.: 848.

本属从闪蛱蝶属 *Apatura* 分出。翅正面黑色，有白色斑带；反面多银白色，有黑色和赭色斑纹；中室开式。前翅三角形；外缘中部凹入；R_2 脉从中室端部分出；R_5 与 M_1 脉从中室上顶角分出；R_3-R_5 脉共柄；M_2 脉从中室上端角下方分出。后翅方；外缘弧形，微波状；臀角明显；M_1 与 M_2 脉分出点近；反面多有 1 条赭色横带从顶角通到臀角。雌性个体较大；斑纹粗壮。

雄性外生殖器：中等骨化；背兜鞍形；钩突尖；颚突臂状；囊突及阳茎细长；抱器近多边形。

雌性外生殖器：囊导管细长，骨化；交配囊体梨形，膜质；交配囊片小，近梭形。

寄主为榆科 Ulmaceae、桦木科 Betulaceae 植物。

全世界记载 5 种，分布于古北区和东洋区。中国已知 4 种，大秦岭分布 3 种。

种检索表

1. 后翅反面褐色，sc+r$_1$ 室基部有白色梭形斑 ·································**夜迷蛱蝶 *M. nycteis***
   后翅反面银白色，无上述斑纹 ··· 2
2. 前翅正面中室箭纹白色 ··**迷蛱蝶 *M. chevana***
   前翅正面中室无白色箭纹 ··**白斑迷蛱蝶 *M. schrenckii***

迷蛱蝶 *Mimathyma chevana* (Moore, [1866])（图版 46：98—99）

Athyma chevana Moore, [1866], *Proc. zool. Soc. Lond.*, 1865(3) : 763, pl. 41, f. 1.

Apatura chevana; D'Abrera, 1985, *Butts. Orient. Reg.*: 372.

Mimathyma chevana; Chou, 1994, *Mon. Rhop. Sin.*: 431; Wu & Xu, 2017, *Butts. Chin.*: 848, f. 849: 1-4.

形态 成虫：中型蛱蝶。翅正面黑褐色，反面银灰色；斑纹白色。前翅正面亚外缘斑列中部 2 个斑纹大；亚顶区有 2~3 个白斑；中横斑列 V 形；中室剑纹长，上缘端部有缺刻。反面外缘带及外斜带红褐色；外斜带近 V 形，从前缘中部斜向臀角后拐向后缘端部；翅中后部黑褐色；中室端部有上下排列的黑色斑纹；其余斑纹同前翅正面。后翅白色外缘斑列隐约可见；正面亚缘斑列端部上弯；中内横带宽，未达翅后缘。反面外缘带及外中带红褐色；外中带外侧镶有 1 列黑色斑纹，时有退化或消失；其余斑纹同后翅正面。

卵：长圆形；初产时淡绿色；孵化前墨绿色，表面有半透明纵脊。

幼虫：初龄幼虫黄绿色；头部褐色。2 龄起头部有 1 对枝刺形突起。末龄幼虫绿色；密布淡黄色颗粒状突起；头顶有 1 对紫红色枝刺形突起，密布细毛，末端分叉；腹侧有 1 排淡黄色斜线纹；第 2、4 及第 7 腹节背面各有 1 对棘刺簇；尾端尖，分叉。越冬幼虫褐色。

蛹：黄绿色；拟态树叶；体表被白色蜡质层；腹背部弧形弯曲，形成棱脊，上有 1 列锥突。

寄主 榆科 Ulmaceae 朴树 *Celtis sinensis*、榆树 *Ulmus pumila*、大果榆 *U. macrocarpa*、榔榆 *U. parvifolia*、杭州榆 *U. changii*；桦木科 Betulaceae 鹅耳枥 *Carpinus turczaninowii*。

生物学 1 年 1 代，以 3 龄幼虫在寄主植物上越冬。成虫多见于 6~9 月。飞行迅速，有在湿地吸水和吸食动物排泄物的习性，常在林缘活动。卵单产于寄主植物叶片背面。幼虫有吐丝做垫并栖息其上的习性，一般仅在取食时离开丝垫。越冬幼虫做厚厚的丝垫于栖息叶片上，吐丝缠绕在叶柄与枝条结合处，使得栖息叶片无法脱落。老熟幼虫多选择在寄主周边的灌木枝条上化蛹。

分布 中国（北京、河南、陕西、甘肃、安徽、浙江、湖北、江西、湖南、福建、广东、重庆、四川、贵州、云南）。

大秦岭分布 河南（内乡、卢氏）、陕西（蓝田、周至、凤县、渭滨、南郑、洋县、留坝、佛坪、宁陕、商南）、甘肃（麦积、康县、文县、徽县、两当）、湖北（兴山、神农架）、四川（宣汉、青川、安州、平武）。

夜迷蛱蝶 *Mimathyma nycteis* (Ménétnés, 1859)（图版 47：100—101）

Atyma[sic] *nycteis* Ménétnés, 1859a, *Bull. phys.-math. Acad. Sci. St. Pétersb.*, 17(12-14): 215. **Type locality**: Amur.

Atyma[sic] *cassiope* Ménétnés, 1858, *Bull. phys.-math. Acad. Sci. St. Pétersb.*, 17(12-14): 214.

Neptis nycteis Fixsen, 1887, *Mém. Lépid.*, 3: 295.

Athymodes nycteis; Korb & Bolshakov, 2011, *Eversmannia Suppl.*, 2: 36.

Mimathyma nycteis; Chou, 1994, *Mon. Rhop. Sin.*: 431; Wu & Xu, 2017, *Butts. Chin.*: 848, f. 850: 5-8.

形态 成虫：中型蛱蝶。与迷蛱蝶 *M. chevana* 近似，主要区别为：本种翅反面红褐色至黄褐色。前翅中室箭纹短，与中横斑列相距远。反面中室箭纹宽短，端部斜截，黑色圆斑左右排列。后翅中横斑带斑纹排列不整齐，较稀疏。反面亚缘斑列斑纹大，子弹头形；有外中斑列；sc+r$_1$ 室基部有梭形斑。

幼虫：末龄幼虫绿色；密布淡黄色颗粒状突起；头顶有 1 对淡红色枝刺形突起；腹侧有 1 排淡黄色斜线纹；第 2、4、7 及第 8 腹节背面各有 1 对棘刺簇；尾端尖，分叉。越冬幼虫棕褐色。

蛹：绿色；拟态树叶；体表被白色蜡质层；腹背部弧形弯曲，形成棱脊，上有 1 列圆瘤突。

寄主 榆科 Ulmaceae 朴树 *Celtis sinensis*、榆树 *Ulmus pumila*、大果榆 *U. macrocarpa*、春榆 *U. davidiana* var. *japonica*。

生物学 1 年 1 代，以 3 龄幼虫越冬。成虫多见于 6~9 月。飞翔能力较强，喜欢在高大乔木叶或枝干上栖息，有访花和在湿地吸水的习性。

分布 中国（黑龙江、吉林、辽宁、内蒙古、北京、河北、山西、河南、陕西、甘肃、江西、湖北、福建、四川、云南），俄罗斯，朝鲜。

大秦岭分布 陕西（蓝田、长安、鄠邑、周至、眉县、华州、南郑）、甘肃（麦积、秦州、徽县、两当）、湖北（兴山）。

白斑迷蛱蝶 *Mimathyma schrenckii* (Ménétnés, 1859)（图版 48：102—103）

Adolias schrenckii Ménétnés, 1859a, *Bull. phys.-math. Acad. Sci. St. Pétersb.*, 17(12-14): 215.

Mimathyma schrenckii; Chou, 1994, *Mon. Rhop. Sin.*: 432; Wu & Xu, 2017, *Butts. Chin.*: 848, f. 851: 10-11.

Amuriana schrenckii; Korb & Bolshakov, 2011, *Eversmannia Suppl.*, 2: 35.

形态　成虫：大型蛱蝶。两翅正面黑褐色；反面前翅黑褐色，后翅银灰色；斑纹白色或橙黄色。前翅正面外缘波状；顶角区有 2 个白斑；中斜斑列白色，从前缘中部斜向臀角；cu_1、cu_2 室中部各有 1 个橙色 V 形斑纹；后缘中部白斑三角形。反面外缘带黄褐色；顶角区、翅基部及中室银灰色；中室有 2 个黑色斑纹；其余斑纹同前翅正面。后翅正面亚外缘斑列端部上弯，后半段斑纹模糊；中央大白斑卵形。反面外缘带、前缘带及外斜带黄褐色；外缘带和外斜带在臀角相接，缘线黑色；其余斑纹同后翅正面。

卵：长圆形；绿色；表面有纵脊。

幼虫：末龄幼虫绿色；密布淡黄色颗粒状突起；头顶有 1 对黄绿色枝刺形突起，末端橙色；腹侧有 1 排淡黄色斜线纹；第 2、4 及第 7 腹节背面各有 1 对棘刺簇；尾端尖，分叉。越冬幼虫灰褐色；体表密布白色细毛；拟态树皮。

蛹：黄绿色；拟态树叶；体表被白色蜡质层；腹背部弧形弯曲形成棱脊，其上有 1 列圆突起。

寄主　榆科 Ulmaceae 榆树 *Ulmus pumila*、大果榆 *U. macrocarpa*、春榆 *U. davidiana* var. *japonica*、裂叶榆 *U. laciniata*、朴树 *Celtis sinensis*；桦木科 Betulaceae 鹅耳枥 *Carpinus turczaninowii*、千金榆 *C. cordata*。

生物学　成虫多见于 6~8 月。多在林缘活动，飞翔极快，不易捕捉，常在树木枝叶及石崖上栖息，对人畜粪便、尿液有趋向性。卵单产于寄主植物叶片反面。

分布　中国（黑龙江、吉林、辽宁、北京、天津、河北、山西、河南、陕西、甘肃、浙江、湖北、江西、湖南、福建、重庆、四川、贵州、云南），俄罗斯，朝鲜。

大秦岭分布　河南（内乡、西峡、栾川、陕州）、陕西（蓝田、长安、鄠邑、周至、陈仓、眉县、太白、凤县、华州、南郑、城固、洋县、留坝、佛坪、宁陕、商州、商南、山阳、柞水）、甘肃（麦积、秦州、康县、文县、徽县、两当、礼县）、湖北（兴山、神农架、武当山）、重庆（城口）、四川（青川、安州）。

铠蛱蝶属 *Chitoria* Moore, [1896]

Chitoria Moore, [1896], *Lepid. Ind.*, 3(25): 10. **Type species**: *Apatura sordida* Moore, [1866].

Sincana Moore, [1896], *Lepid. Ind.*, 3(25): 13. **Type species**: *Apatura fulva* Leech, 1891.

Dravira Moore, [1896] , *Lepid. Ind.*, 3(25): 14. **Type species**: *Potamis ulupi* Doherty, 1889.

Chitoria (Apaturinae); Chou, 1998, *Class. Ident. Chin. Butt*: 108, 109; Korb & Bolshakov, 2011, *Eversmannia Suppl.*, 2: 35.

Chitoria; Wu & Xu, 2017, *Butts. Chin.*: 842.

本属从闪蛱蝶属 *Apatura* 分出，外形与之相似。翅正面黑褐色、褐色或黄褐色；斑纹白色、黄色或黑褐色；中室开式。前翅三角形，外缘凹入；R_2 脉从中室端部分出；R_5 与 M_1 脉分出于中室上顶角；R_3-R_5 脉共柄；M_2 脉从中室上端角下方分出。后翅圆阔；外缘微波状；臀角明显；M_1 与 M_2 脉分出点近。

雄性外生殖器：中等骨化；背兜鞍形；钩突锥形；颚突短；囊突细长，末端长圆形膨大；抱器长阔，端部尖；阳茎长，棒状。

雌性外生殖器：囊导管细长，骨化强或弱；交配囊体长圆形，膜质。

寄主为榆科 Ulmaceae 及杨柳科 Salicaceae 植物。

全世界记载 9 种，分布于古北区和东洋区。中国已知 8 种，大秦岭分布 5 种。

种检索表

1. 前翅 cu_2 室无黑色圆斑 ·················· **黄带铠蛱蝶 *C. fasciola***
   前翅 cu_2 室有黑色圆斑 ··· 2
2. 后翅中横带中段 C 形外突 ···················· **铂铠蛱蝶 *C. pallas***
   后翅中横带直 ·· 3
3. 雄性前翅正面中室端斑倒 V 形 ················ **金铠蛱蝶 *C. chrysolora***
   雄性前翅正面中室端斑不如上述 ····································· 4
4. 前翅正面中室端斑近方形 ···················· **武铠蛱蝶 *C. ulupi***
   前翅正面中室端斑三角形 ···················· **栗铠蛱蝶 *C. subcaerulea***

黄带铠蛱蝶 *Chitoria fasciola* (Leech, 1890)

Apatura fasciola Leech, 1890, *Entomologist*, 23: 33. **Type locality**: Chang Yang.

Chitoria fasciola; Chou, 1994, *Mon. Rhop. Sin.*: 433; Wu & Xu, 2017, *Butts. Chin.*: 842, f. 843: 1-3.

Apatura fasciola; Grose-Smith & Kirby, 1892, *Rhop. Exot.*, [2]1: (Apatura) 1, pl. 1, f. 1-2.

形态　成虫：中型蛱蝶。翅正面黑褐色，反面棕灰色至红褐色；斑纹多黄色。前翅顶角区小圆斑白色；外缘带窄，红褐色；前缘棕黄色细带未达顶角区；中横斑列近 V 形。反面端缘栗褐色；外中斑列斑点白色，模糊；中室端部有 1~2 个模糊的黄褐色条纹；其余斑纹同前翅正面，但较模糊。后翅正面外缘带及亚外缘斑列细，黄褐色；中横带宽；cu_1 室圆斑黑色。反面中横带土黄色或棕红色，内侧缘线褐色；外中斑列斑纹圆点状，灰白色，多模糊；cu_1 室黑色眼斑小，瞳点白色，圈纹黄、黑 2 色。

寄主 榆科 Ulmaceae 朴树 *Celtis sinensis*；杨柳科 Salicaceae 柳属 *Salix* spp. 植物。

生物学 成虫多见于 6~8 月。多在林间活动，飞行迅速，喜在树冠上方飞翔，常在树木枝叶上栖息。

分布 中国（辽宁、河南、陕西、甘肃、浙江、湖北、江西、台湾、广西、四川、贵州、云南、西藏）。

大秦岭分布 河南（栾川）、陕西（眉县、太白、城固、南郑、留坝、佛坪、商南）、甘肃（麦积、武都、文县、徽县）、湖北（兴山、神农架）、四川（青川、都江堰、平武）。

金铠蛱蝶 *Chitoria chrysolora* (Fruhstorfer, 1908)

Apatura chrysolora Fruhstorfer, 1908d, *Ent. Zs*., 22(25): 102. **Type locality**: Kosempo.

Apatura fulva chrysolora; Fruhstorfer, 1909, *Ent. Zs*., 23(8): 40.

Chitoria chrysolora; Chou, 1994, *Mon. Rhop. Sin*.: 433; Wu & Xu, 2017, *Butts. Chin*.: 844, f. 846: 8, 847: 9.

形态 成虫：中型蛱蝶，雌雄异型。雄性：翅正面橙黄色，反面色稍淡；斑纹多黑色。前翅正面外缘和顶角区黑色；亚顶区有模糊黑斑；中室端上角黑斑倒 V 形；cu_1 室和 cu_2 室各有 1 个圆形黑斑，错位排列，斜向臀角。反面顶角区有 1 个模糊的灰白色圆斑；其余斑纹同前翅正面，但除 cu_2 室圆斑外，其余斑纹均模糊不清。后翅正面外缘斑列斑纹间有黑色线纹相连；亚外缘斑列斑纹由上到下逐渐变小；cu_1 室端部圆斑黑色；中横带模糊。反面外缘带细，橙色；亚缘斑列灰褐色；cu_1 室端部眼斑黑色，瞳点白色；外斜带淡黄色，内侧缘线黄褐色。雌性：翅正面黑褐色或棕褐色，反面黄绿色；斑纹多白色或淡黄色。前翅正面基部棕绿色；端半部黑褐色；顶角区有一大一小 2 个斑纹，白色或淡黄色；中横带扭曲，近 3 字形；外中区中部有黄色或白色斑纹；cu_2 室端部圆斑黑色。反面亚外缘带淡黄色；cu_1 室有黑褐色晕染；其余斑纹同前翅正面。后翅正面端部黑褐色；基部棕绿色；外缘及亚缘斑列斑纹条形；亚缘斑列黑褐色；外中域灰白色斑列模糊；cu_1 室端部眼斑黑色；中斜带未达臀角。反面外缘带淡黄色；亚外缘带及外中斑列灰白色；中斜带达臀角附近；cu_1 室端部眼斑黑色，瞳点白色。

寄主 榆科 Ulmaceae 四蕊朴 *Celtis tetrandra*、朴树 *C. sinensis*、紫弹树 *C. biondii*。

生物学 成虫多见于 6~8 月。飞行迅速，喜吸食腐烂水果和树汁液。

分布 中国（陕西、浙江、湖北、江西、福建、台湾、广东、广西、四川、贵州）。

大秦岭分布 陕西（长安、太白）、湖北（武当山）、四川（青川）。

栗铠蛱蝶 *Chitoria subcaerulea* (Leech, 1891)

Apatura subcaerulea Leech, 1891a, *Entomologist*, 24(Suppl.): 29 (known only from one female). **Type locality**: Omei-Shan.

Apatura subcaerulea var. *formosana* Moltrecht, 1909, *Ent. Zs.*, 23(29): 131. **Type locality**: "Formosa" [Taiwan, China].

Apatura subcaerulea; Grose-Smith & Kirby, 1892, *Rhop. Exot.*, [2] 1: (Apatura) 2, pl. 1, f. 3-4.

Chitoria subcaerulea; Chou, 1994, *Mon. Rhop. Sin.*: 434; Wu & Xu, 2017, *Butts. Chin.*: 844, f. 847: 10.

Chitoria ulupi subcaerulea; Shirôzu, 1959, *Kontyû*, 27(1): 91 (note).

Chitoria ulpi[sic] *subcaerulea*; Yoshino, 1997, *Neo Lepid.*, 2-2: f. 39-40.

形态 成虫：中型蛱蝶，雌雄异型。与金铠蛱蝶 *C. chrysolora* 近似，主要区别为：本种前翅顶角外突明显，使外缘中部凹入深；中室端斑三角形；cu_2 室端部无圆斑。后翅中横带退化，仅缘线隐约可见。

寄主 榆科 Ulmaceae 西川朴 *Celtis vandervoetiana*；杨柳科 Salicaceae 柳属 *Salix* spp.。

生物学 成虫多见于 6 ~ 8 月。飞行迅速，喜在树干上吸食树汁液。

分布 中国（辽宁、陕西、甘肃、浙江、福建、台湾、广东、广西、重庆、四川、贵州、云南、西藏），朝鲜，印度，不丹，缅甸，越南，老挝。

大秦岭分布 陕西（周至）、甘肃（麦积、徽县、两当）。

武铠蛱蝶 *Chitoria ulupi* (Doherty, 1889)（图版 49：104）

Potamis ulupi Doherty, 1889, *J. asiat. Soc. Bengal*, (2) 58 Pt. II (1): 125, pl. 10, f. 2.

Apatura pseudofasciola (Fruhstorfer, 1913), *In*: Seitz, *Gross-Schmett. Erde*, 9: 700.

Chitoria ulupi; Chou, 1994, *Mon. Rhop. Sin.*: 434; Wu & Xu, 2017, *Butts. Chin.*: 844, f. 845: 1-4, 846: 5-7.

Chitoria leei Lang, 2009, *Atalanta*, 40(3/4): 487, pl. 8: 7-8. **Type locality**: Mt. Shennongjia, Hubei.

形态 成虫：中型蛱蝶，雌雄异型。雄性：前翅正面橙黄色；顶角外突；外缘区、顶角区、亚顶区及后缘黑褐色；顶角区有 2 个淡黄色圆斑；中斜带上宽下窄，黑褐色；cu_1 室端部有 1 个黑色圆斑。反面赭黄色，顶角区及亚顶区赭绿色；中斜带黄褐色；其余斑纹同前翅正面。后翅外缘波状；正面橙黄色；外缘带及前缘带褐色；亚外缘斑列斑纹由上到下逐渐变小；

闪蛱蝶亚科 Apaturinae

cu$_1$ 室端部圆斑黑褐色；外斜带模糊不清。反面外缘带细；亚外缘斑列模糊；cu$_1$ 室端部眼斑黑色，瞳点白色；中斜带灰白色，内侧缘线黄褐色。雌性：翅正面黑褐色或棕褐色，反面灰白色或灰绿色；斑纹白色或淡黄色。前翅正面基部棕灰色，其余翅面黑褐色；顶角区有一大一小 2 个斑纹，白色；中横带扭曲，近 3 字形，中部断开；亚缘区中部有 2 个淡色斑纹；cu$_2$ 室端部圆斑黑色，模糊；臀角有 2 个黄色斑纹。反面灰白色或灰绿色；亚外缘带灰白色；臀角有黑褐色晕染；其余斑纹同前翅正面。后翅正面棕褐色或黑褐色；亚外缘斑带黄褐色；外中域灰白色斑列模糊；cu$_1$ 室端部眼斑黑色；白色中斜带未达臀角。反面亚外缘带及外中斑列白色；中斜带达臀角，内侧缘线粗，黄褐色；cu$_1$ 室端部眼斑黑色，圈纹黄色，瞳点白色。

幼虫：末龄幼虫绿色；密布淡黄色颗粒状突起；头顶有 1 对淡黄色枝刺形突起，末端分叉；体侧有 2 条淡黄色纵纹；尾端有 1 对长锥状突起。越冬幼虫灰褐色。

蛹：绿色；体背棱状突起；背中线淡黄色；体侧有 1 排淡黄色斜线纹。

寄主 榆科 Ulmaceae 朴树 *Celtis sinensis*、珊瑚朴 *C. julianae*、西川朴 *C. vandervoetiana*；杨柳科 Salicaceae 柳属 *Salix* spp.。

生物学 成虫多见于 6 ~ 9 月。飞行迅速，常在林缘活动。

分布 中国（辽宁、河南、陕西、甘肃、江苏、安徽、浙江、湖北、江西、湖南、福建、台湾、广东、广西、重庆、四川、贵州、云南、西藏），朝鲜，印度。

大秦岭分布 河南（陕州）、陕西（陈仓、太白、留坝）、甘肃（麦积、康县、文县、徽县、两当）、湖北（神农架）、四川（都江堰、平武、汶川）。

铂铠蛱蝶 *Chitoria pallas* (Leech, 1890)

Apatura pallas Leech,1890, *Entomologist*, 23: 190. **Type locality**: Chia-Kou-Ho.

Chitoria pallas; Chou, 1994, *Mon. Rhop. Sin*.: 434; Wu & Xu, 2017, *Butts. Chin*.: 842, f. 843: 4.

形态 成虫：中型蛱蝶。翅正面黑褐色，反面赭绿色；斑纹黄色或白色。前翅顶角区有 2 个白斑；中斜斑列和基斜斑列近平行排列；翅基部棕黄色；cu$_1$ 室眼斑黑色，有橙黄色圈纹。反面亚外缘带白色；中域黑褐色；中室端脉外侧有黑褐色及灰白色斑纹；其余斑纹同前翅正面。后翅正面外缘斑列橙黄色；亚外缘斑黄色，上部新月形，下部条形；外斜斑列黄色；cu$_1$ 室端部眼斑黑色，外眶橙黄色；中横带淡黄色，中部向外 C 形弯曲；后缘灰白色。反面斑纹同后翅正面，但为白色。

寄主 榆科 Ulmaceae 朴树 *Celtis sinensis*；杨柳科 Salicaceae 柳属 *Salix* spp. 植物。

生物学 成虫多见于 6 ~ 9 月。飞行迅速，常在林间活动，喜在树木枝叶上栖息。

分布 中国（陕西、甘肃、湖北、重庆、四川、贵州）。

大秦岭分布 陕西（留坝、南郑、城固）、甘肃（康县、文县）、湖北（保康）、重庆（城口）。

猫蛱蝶属 *Timelaea* Lucas, 1883

Timelaea Lucas, 1883, *Bull. Soc. Ent. Fr.*, (6)3: xxxv. **Type species**: *Melitaea maculata* Bremer & Grey, [1852].

Timelaea (Apaturinae); Chou, 1998, *Class. Ident. Chin. Butt*: 110, 111.

Timelaea; Wu & Xu, 2017, *Butts. Chin.*: 875.

翅黄色；斑纹黑色，似豹纹；外缘波状；中室开式。前翅近三角形；前缘及外缘弱弧形；顶角圆；中室短，约为前翅长的 1/3；R_5 与 M_1 脉从中室上顶角分出；R_2-R_5 脉共柄；M_2 脉从中室上端角下方分出。后翅近梨形，无臀角；M_1 与 M_2 脉分叉点接近。

雄性外生殖器：中等骨化；背兜鞍形；钩突约与背兜等长；颚突短小，瓜子形；基腹弧窄，底边中部上突；囊突细长；抱器近扇形，端上缘突起；阳茎轭片侧观长方形；阳茎细长，较囊突长，端部细尖，盲囊膨大。

雌性外生殖器：囊导管细长，骨化；交配囊体长圆形，膜质。

寄主为榆科 Ulmaceae 朴属 *Celtis*、锦葵科 Malvaceae 植物。

全世界记载 5 种，分布于亚洲的古北区及东洋区。中国已知 5 种，大秦岭分布 4 种。

种检索表

1. 翅黑色；后翅端缘有橙色箭头形斑纹 ················ **放射纹猫蛱蝶 *T. radiata***
   翅黑色；后翅端缘无上述斑纹 ·· 2
2. 后翅正面黄色；前翅中室黑斑 6 个 ···················· **猫蛱蝶 *T. maculata***
   后翅正面基半部白色；前翅中室黑斑 3 ~ 4 个 ····························· 3
3. 前翅中室黑斑 4 个 ································ **白裳猫蛱蝶 *T. albescens***
   前翅中室黑斑 3 个 ··································· **娜猫蛱蝶 *T. nana***

猫蛱蝶 *Timelaea maculata* (Bremer & Gray, [1852]) （图版 49：105）

Melitaea maculata Bremer & Gray, [1852], *In*: Motschulsky, *Étud. d'Ent.*, 1: 59.

Argynnis leopardina Lucas, 1866, *Ann. Soc. Ent. Fr.*, (4)6: 221, pl. 3, f. 3 ♂, 3b ♀. **Type locality**: Peking.

Timelaea maculata; D'Abrera, 1985, *Butts. Orient. Reg.*: 251; Chou, 1994, *Mon. Rhop. Sin.*: 436; Wu & Xu, 2017, *Butts. Chin.*: 875, f. 876: 1-2.

形态　成虫：中型蛱蝶。翅正面橙黄色，反面淡黄色；翅面密布黑色豹纹。前翅中室有6个斑纹；2a室条斑从基部伸至近臀角处；cu$_2$室基部有棒纹。反面亚顶区及中域乳白色，时有消失。后翅正面中室有4个圆斑；cu$_2$室基部有1条短棒纹。反面除端缘及后缘外翅面乳白色。

卵：黄色；球形；有纵棱脊。

幼虫：初孵幼虫淡黄色，后呈绿色。

蛹：绿色。

寄主　榆科 Ulmaceae 四蕊朴 *Celtis tetrandra*、紫弹树 *C. biondii*、朴树 *C. sinensis*；锦葵科 Malvaceae 木槿 *Hibiscus syriacus*。

生物学　1年1至多代，多以4龄幼虫越冬。成虫多见于5~9月。飞行迅速，喜在山地、林缘活动。栖息于森林内较阴暗的场所，喜访花、吸食树汁液，静止时翅平展。卵单产于寄主植物叶片背面。越冬幼虫在叶片背面吐厚丝，做成窝状越冬巢。老熟幼虫化蛹于叶片反面。

分布　中国（吉林、辽宁、内蒙古、北京、天津、河北、山西、河南、陕西、甘肃、青海、江苏、安徽、浙江、湖北、江西、湖南、福建、台湾、重庆、四川、贵州、西藏）。

大秦岭分布　河南（登封、内乡、西峡、陕州）、陕西（临潼、长安、周至、渭滨、眉县、太白、华州、华阴、南郑、城固、洋县、西乡、略阳、留坝、佛坪、商州、商南、山阳、镇安）、甘肃（麦积、徽县、两当、迭部）、湖北（兴山、神农架、武当山）、重庆（巫溪、城口）、四川（青川、汶川）。

白裳猫蛱蝶 *Timelaea albescens* (Oberthür, 1886)

Argynnis maculate var. *albescens* Oberthür, 1886, *Étud. d'Ent*., 11: 18. **Type locality**: Shaba, Luding, Sichuan.

Timelaea albescens; Chou, 1994, *Mon. Rhop. Sin*.: 436; Wu & Xu, 2017, *Butts. Chin*.: 875, f. 876: 3-6.

形态　成虫：中型蛱蝶。与猫蛱蝶 *T. maculata* 相似，主要区别为：本种前翅中室仅有4个黑色斑纹。后翅外横斑列斑纹多为长方形；反面白色区域窄，仅基半部为白色。

卵：白色；球形；有纵棱脊。

幼虫：初孵幼虫黄绿色，头黑色。末龄幼虫绿色；蛞蝓形，体中部膨大；头胸部背面有2条白色线纹；背部有淡黄色横线纹；头顶有1对深褐色枝刺形突起，长枝刺位于端半部；尾端有1对长锥状突起。

蛹：绿色；拟态叶片；头顶有1对尖突；腹背部棱脊状上突，脊部有1列锯齿状突起；腹部气孔区有1条深绿色带纹。

寄主 榆科 Ulmaceae 黑弹朴 *Celtis bungeana*、四蕊朴 *C. tetrandra*、紫弹树 *C. biondii*、朴树 *C. sinensis*。

生物学 1年1至多代，以幼虫越冬。成虫多见于5~9月。卵多产于寄主植物叶片背面。幼虫在叶片背面吐丝做虫巢越冬。

分布 中国（山西、山东、陕西、江苏、安徽、浙江、湖北、江西、福建、台湾、广东、重庆、四川、贵州）。

大秦岭分布 陕西（周至）、湖北（兴山、神农架）、重庆（城口）、四川（青川、平武）。

放射纹猫蛱蝶 *Timelaea radiata* Chou & Wang, 1994

Timelaea radiata Chou & Wang, 1994, *In*: Chou, *Mon. Rhop. Sin.*: 437. **Type locality**: Wenxian, Gansu.

形态 成虫：中型蛱蝶。两翅黑色；斑纹橙黄色。前翅端部有1列梭形斑列；后缘带纹延伸至翅基部；中室中下部有1个环形斑纹。反面中室下缘有橙色带纹，镶有3个黑色圆形斑纹；m_3、cu_1 及 cu_2 室基部及后缘中部各有1个黑色斑纹。后翅端缘有1列三角形斑纹。

本种或许是猫蛱蝶 *T. maculata* 的变异种，是否成立有待进一步深入研究。

分布 中国（甘肃、湖北）。

大秦岭分布 甘肃（文县）。

娜猫蛱蝶 *Timelaea nana* Leech, 1893

Timelaea nana Leech, 1893, *Butts. Chin. Jap. Cor.*, (1): 246, pl. 23, f. 8.

形态 成虫：中型蛱蝶。与白裳猫蛱蝶 *T. albescens* 相似，主要区别为：本种前翅中室仅有3个黑斑。

分布 中国（陕西、甘肃、四川、云南）。

大秦岭分布 甘肃（文县）。

窗蛱蝶属 *Dilipa* Moore, 1857

Dilipa Moore, 1857, *Cat. lep. Ins. Mus. East India Coy*, (1): 201. **Type species**: *Apatura morgiana* Westwood, [1850].

Dilipa (Apaturinae); Chou, 1998, *Class. Ident. Chin. Butt*: 111; Korb & Bolshakov, 2011, *Eversmannia Suppl.*, 2: 35.

Dilipa; Wu & Xu, 2017, *Butts. Chin.*: 877.

外形与闪蛱蝶属 *Apatura* 相似。两翅中室闭式。近三角形，尖出，前翅顶角有透明窗斑。前翅近三角形，顶角尖出；前缘弧形；外缘中部凹入；中室短于前翅长的 1/2；Sc 脉、R 脉、M_1 及 M_2 脉波状扭曲；R_5 与 M_1 脉从中室上顶角分出；R_2-R_4 脉与 R_5 脉共柄；M_2 脉从中室上顶角下方分出。后翅近梨形；前缘基部弧起上突；顶角圆；外缘波状；肩脉分叉；Rs、M_1 与 M_2 脉分叉点相互接近。

雄性外生殖器：中等骨化；背兜马鞍形；钩突锥状；颚突侧观弯臂形；囊突细长，基部弯曲；抱器近三角形；阳茎细长。

雌性外生殖器：囊导管长，骨化弱；交配囊体长圆形，膜质，透明；1 对交配囊片长梭形。

寄主为菝葜科 Smilacaceae 菝葜属 *Smilax* spp.；榆科 Ulmaceae 朴属 *Celtis* spp. 植物。

全世界记载 2 种，分布于古北区和东洋区。中国均有分布，大秦岭分布 1 种。

明窗蛱蝶 *Dilipa fenestra* (Leech, 1891)（图版 49：106）

Vanessa fenestra Leech, 1891a, *Entomologist*, 24 (Suppl.): 26. **Type locality**: Omei-Shan, Sichuan, China.

Aptura chrysus Oberthür, 1891, *Étud. d'Ent.*, 15: 10, pl. 1, f. 6. **Type locality**: Lufeng, Yunnan.

Dilipa fenestra takacukai Seok, 1937, *Zephyrus*, 7: 31.

Dilipa fenestra; Chou, 1994, *Mon. Rhop. Sin.*: 438; Korb & Bolshakov, 2011, *Eversmannia Suppl.*, 2: 35; Wu & Xu, 2017, *Butts. Chin.*: 877, f. 879: 1-2.

Dilipa shaanxiensis Chou et al., 2002, *Entomotaxonomia*, 24(1): 53. **Type locality**: Ningqiang, Shaanxi.

形态 成虫：中型蛱蝶，雌雄异型。雄性：翅正面暗黄色，反面淡黄色；斑纹黑褐色。前翅正面前缘带、外缘带、亚顶区黑褐色；顶角区有 2 个透明斑；中斜及基斜斑列斑纹不规则。反面顶角区及亚顶区密布褐色网状细纹；cu_1 室眼斑黑色，瞳点蓝紫色；其余斑纹同前翅正面。后翅正面外缘带黑褐色；亚缘斑列中部斑纹大；基部黑褐色。反面翅面密布褐色细网纹；基斜带从前缘 1/3 处伸达臀角，带中部伸出侧枝达翅基，形成 Y 形斑纹。雌性：个体较大；翅正面黄褐色；斑纹黑色或黄色。前翅顶角区有 3~4 个透明白斑；后缘基半部黑色区域宽；亚顶区及中斜斑列黄色；中室端部有黑色斑纹。后翅亚外缘斑列淡黄色，模糊；基部及端半部的中下方黑褐色。反面翅面密布褐色细网纹；基半部有 Y 形斑纹；亚缘斑列模糊。

寄主 榆科 Ulmaceae 朴树 *Celtis sinensis*、四蕊朴 *C. tetrandra*；菝葜科 Smilacaceae 菝葜属 *Smilax* spp.。

生物学 1 年 1 代，以蛹越冬。成虫多见于 3~5 月。飞行迅速，常在林地及溪流附近活动。休息时翅平展，喜在湿地吸水和岩壁上停留。幼虫有织丝巢习性。

分布 中国（辽宁、北京、天津、河北、山西、河南、陕西、甘肃、安徽、浙江、湖北、重庆、四川、云南），朝鲜。

大秦岭分布 河南（登封、内乡、南召）、陕西（长安、周至、渭滨、眉县、华州、洋县、留坝、佛坪、镇平、宁陕、商州、洛南）、甘肃（麦积、徽县、两当）、湖北（兴山）、重庆（巫溪）、四川（青川、平武）。

累积蛱蝶属 *Lelecella* Hemming, 1939

Lelecella Hemming, 1939, *Proc. R. ent. Soc. Lond.*, (B) 8(3): 39, (repl. *Lelex* de Nicéville, 1900). **Type species**: *Vanessa limenitoides* Oberthür, 1890.

Lelex de Nicéville, 1900, *J. asiat. Soc. Bengal*, 68 Pt. II (3): 234 (preocc. *Lelex* Rafinesque, 1815). **Type species**: *Vanessa limenitoides* Oberthür, 1890.

Lelecella (Apaturinae); Chou, 1998, *Class. Ident. Chin. Butt*: 111, 112; Dhungel & Wahlberg, 2018, *PeerJ*, 6(4311): 3.

Lelecella; Wu & Xu, 2017, *Butts. Chin.*: 878.

两翅中室闭式。前翅近三角形；顶角尖出；前缘弱弧形；外缘波状，端部约 1/3 外突，微斜截，中部凹入；中室短于前翅长的 1/2；R_5 与 M_1 脉分出于中室上顶角；R_2-R_5 脉共柄；M_2 脉从中室上端角下方分出。后翅近梨形；前缘基半部弧形拱起；顶角尖；外缘弧形，波状；臀角明显；肩脉分叉；中室约占后翅长的 1/2；M_2 与 M_1 脉分出点相近。

雄性外生殖器：中等骨化；背兜头盔形；钩突指形，前端下弯；颚突侧观臂状；囊突及阳茎极细长；抱器近扇形，上端部锥状上突。

雌性外生殖器：囊导管骨化极弱，稍长于交配囊；交配囊梨形，膜质。

寄主为杨柳科 Salicaceae、榆科 Ulmaceae 及桦木科 Betulaceae 植物。

全世界记载 1 种，分布于古北区。中国特有种，大秦岭有分布。

累积蛱蝶 *Lelecella limenitoides* (Oberthür, 1890)（图版 50：107—108）

Vanessa limenitoides Oberthür, 1890, *Étud. d'Ent.*, 13: 39, pl. 9, f. 96.

Lelex de Nicéville, 1900, *J. asiat. Soc. Bengal*, 68 Pt. II (3): 234.

Lelecella limenitoides; Chou, 1994, *Mon. Rhop. Sin.*: 439; Wu & Xu, 2017, *Butts. Chin.*: 878, f. 879: 4.

形态 成虫：中型蛱蝶。翅黑褐色；斑纹多白色。前翅正面顶角区有 2 个透明白斑；亚顶区有 3 个斜向排列的斑纹；亚外缘斑列斑纹大小不一，未达前缘；中室内 2 个白斑有或无；cu_1、cu_2 室中部各有 1 个白色斑纹。反面顶角区棕色；亚外缘斑列及中室 2 个斑纹较翅正面大；

其余斑纹同前翅正面。后翅正面亚外缘斑列斑纹条形，时有模糊或退化消失；亚缘斑列斑纹点状；中横带中部加宽；中室黑斑条形。反面棕色；翅面密布黑褐色细纹；肩区、中室端部及中部斑纹黑褐色；端缘中后部有黑褐色不规则大斑；其余斑纹同后翅正面。

寄主　杨柳科 Salicaceae 垂柳 *Salix babylonica*；榆科 Ulmaceae 四蕊朴 *Celtis tetrandra*；桦木科 Betulaceae 榛 *Corylus heterophylla*。

生物学　1年1代。成虫多见于4~6月。常在林缘活动。

分布　中国（天津、河北、河南、陕西、甘肃、湖北、福建、广东、重庆、四川、西藏）。

大秦岭分布　河南（内乡、西峡、渑池、灵宝）、陕西（长安、鄠邑、周至、渭滨、陈仓、眉县、太白、凤县、临渭、华阴、潼关、洋县、留坝、佛坪、镇坪、宁陕、商州、丹凤、商南、柞水、洛南）、甘肃（麦积、秦州、武都、文县、徽县、两当）、湖北（神农架）、重庆（城口）、四川（青川、平武）。

帅蛱蝶属 *Sephisa* Moore, 1882

Sephisa Moore, 1882, *Proc. zool. Soc. Lond.*, (1): 240 (repl. *Castalia* Westwood). **Type species**: *Limenitis dichroa* Kollar, [1844].

Castalia Westwood, [1850], *Gen. diurn. Lep.*, (2): 303 (preocc. *Castalia* Lamarck, 1810, *Castalia* Savigny, 1822, *Castalia* Laporte & Gory, 1837). **Type species**: *Limenitis dichroa* Kollar, [1844].

Castalia Moore, 1857, *In*: Horsfield & Moore, *Cat. lep. Ins. Mus. East India Coy*, (1): 199. **Type species**: *Limenitis dichroa* Kollar, [1844].

Sephisa (Apaturinae); Chou, 1998, *Class. Ident. Chin. Butt*: 112; Korb & Bolshakov, 2011, *Eversmannia Suppl.*, 2: 35.

Sephisa; Wu & Xu, 2017, *Butts. Chin.*: 859.

两翅中室开式。前翅近三角形；顶角尖出；前缘弱弧形；外缘在 M_2 脉与 Cu_2 脉间凹入；中室长约为前翅长的1/3；R_5 与 M_1 脉分出于中室上顶角；R_2 脉从中室上缘端部分出；R_3-R_5 脉共柄；M_2 脉从中室上端角下方分出。后翅近梨形；外缘弧形，波状；肩脉弯曲；中室长短于后翅长的1/2；M_2 脉与 M_1 脉分出点接近。

雄性外生殖器：中等骨化；背兜马鞍形；钩突粗指状；颚突侧观臂状；囊突长；抱器方阔；阳茎长。

雌性外生殖器：囊导管粗短，骨化；交配囊体细，长袋状，膜质，透明。

寄主为壳斗科 Fagaceae 植物。

全世界记载4种，分布于东洋区和古北区。中国已知3种，大秦岭分布2种。

种检索表

雄性前翅中斜带黄色；雌性后翅中室无黄色斑纹 ·························· **黄帅蛱蝶 *S. princeps***

雄性前翅中斜带白色；雌性后翅反面中室有 1 个黄色斑纹 ····················· **帅蛱蝶 *S. chandra***

黄帅蛱蝶 *Sephisa princeps* Fixsen, 1887（图版 51：109）

Sephisa princeps Fixsen, 1887, *In*: Romanoff, *Mém. Lépid*., 3: 289, pl. 13, f. 7a, b. **Type locality**: "Pung-Tung" [Korea].

Apatura cauta Leech, 1887, *Proc. zool. Soc. Lond*., 1887: 417, pl. 35, f. 2.

Sephisa princeps var. *albimacula* Leech, 1890, *Entomologist*, 23: 190. **Type locality**: Chang Yang.

Sephisa princeps albomacula; Chou, 1994, *Mon. Rhop. Sin*.: 441.

Sephisa princeps; Chou, 1994, *Mon. Rhop. Sin*.: 441; Korb & Bolshakov, 2011, *Eversmannia Suppl*., 2: 35; Wu & Xu, 2017, *Butts. Chin*.: 859, f. 860: 3-4, 861: 5-6.

Sephisa princeps leechi Oberthür, 1912, *Étud. Lépid. Comp*., 6: 316, pl. 106, f. 975.

形态　成虫：中型蛱蝶，雌雄异型。翅黑褐色；斑纹橙黄色或白色；外缘斑列模糊。前翅亚外缘斑列清晰；亚顶区有 3 个斑纹，下方斑纹点状；中域斑列斑纹形状不一；cu$_1$ 室斑纹长，中部镶有黑色圆斑；中室基半部有 2 个黄色斑纹。反面中室中部近上缘处有 2 个淡黄色小斑。后翅外缘斑列斑纹条形；亚缘斑列斑纹长短不一；基部至外中域放射状排列 1 圈长短不一的斑纹；外中域的 cu$_2$ 室有 1 个圆形斑纹。反面中室有 3~4 个黑色圆斑；其余斑纹同后翅正面。雌性个体较大，斑纹除前翅中室斑外，其余斑纹均为白色。

寄主　壳斗科 Fagaceae 蒙古栎 *Quercus mongolica*、栓皮栎 *Q. variabilis* 等栎类植物。

生物学　1 年 1 代。成虫多见于 6~9 月。栖息于山地阔叶林，飞行迅速，有领域性，常在林缘、沟壑、小溪、水坑、湿地边活动，不访花，喜在湿地吸水和吸食腐烂水果。

分布　中国（黑龙江、吉林、辽宁、天津、河北、山西、河南、陕西、甘肃、安徽、浙江、湖北、江西、湖南、福建、广东、海南、重庆、四川、贵州、云南），朝鲜。

大秦岭分布　河南（内乡、嵩县、栾川）、陕西（蓝田、长安、鄠邑、周至、眉县、太白、华州、汉台、南郑、城固、洋县、留坝、佛坪、宁陕、商州、丹凤、商南、山阳）、甘肃（麦积、秦州、康县、文县、徽县、两当、礼县）、湖北（兴山、神农架）、重庆（城口）、四川（青川、都江堰、安州、平武）。

帅蛱蝶 *Sephisa chandra* (Moore, [1858])

Castalia chandra Moore, [1858], *In*: Horsfield & Moore, *Cat. lep. Ins. Mus. East India Coy*, 1: 200, pl. 6a, f. 4.

Sephisa chandra; Chou, 1994, *Mon. Rhop. Sin*.: 441; Wu & Xu, 2017, *Butts. Chin*.: 859, f. 860: 1-2.

閃蛱蝶亚科 Apaturinae

163

形态 成虫：中型蛱蝶，雌雄异型。雄性：前翅正面亚外缘斑列及亚缘斑列白色，模糊，覆有淡蓝色晕染；中斜斑列及 3 个亚顶斑均为白色；基斜斑列黄色，近 C 形排列。反面斑纹多覆有淡蓝色晕染；中室端脉外侧有 3 个蓝色小斑。后翅正面亚外缘斑列斑纹条形，模糊不清；亚缘斑列黄色；基部至外中域放射状排列长短不一的黄色条斑；中室端部有 1 个黑色圆斑。反面亚外缘斑列淡蓝色；基部密布淡蓝色碎斑纹；其余斑纹同后翅正面。雌性：个体较大，黑色或黑褐色。前翅正面中斜斑列斑纹较雄性退化变小；基斜斑列淡蓝色，端部斑纹时有消失；中室中部有 1 个黄色斑纹，基部斑纹淡蓝色；基部前缘和后缘各有 1 个淡蓝色基生长条斑。反面斑纹同前翅正面。后翅正面亚外缘斑列白色，条形；亚缘斑列大，白色；中室外放射状排列白色条斑，有时覆有淡蓝色晕染；中室中部有 1 个模糊的黄斑。反面翅基部密布碎点斑；亚缘斑列黄色；其余斑纹同后翅正面。

寄主 壳斗科 Fagaceae 短叶栎 *Quercus incana*、森氏栎 *Q. morii*。

生物学 1 年 1 代。成虫多见于 5 ~ 9 月。飞行迅速，有领域意识，不访花，喜在湿地吸水和吸食腐烂水果。

分布 中国（河南、陕西、浙江、湖北、江西、福建、台湾、广东、海南、广西、重庆、四川、贵州、云南、西藏），印度，不丹，尼泊尔，孟加拉国，缅甸，老挝，泰国，马来西亚。

大秦岭分布 河南（内乡）、陕西（山阳）、湖北（兴山）。

白蛱蝶属 *Helcyra* Felder, 1860

Helcyra Felder, 1860, *Sber. Akad. Wiss. Wien*, 40(11): 450. **Type species**: *Helcyra chionippe* Felder, 1860.

Limina Moore, [1896], *Lepid. Ind.*, 3(25): 7. **Type species**: *Apatura subalba* Poujade, 1885.

Helcyra (Apaturinae); Chou, 1998, *Class. Ident. Chin. Butt*: 113, 114; Vane-Wright & de Jong, 2003, *Zool. Verh. Leiden*, 343: 204.

Helcyra; Wu & Xu, 2017, *Butts. Chin.*: 856.

翅反面银白色；中室开式。前翅近三角形；前缘弱弧形；外缘中部微凹入；中室短，不足前翅长的 1/3；R_5 与 M_1 脉分出于中室上顶角；R_2 脉从中室上缘端部分出；R_3-R_5 脉共柄；M_2 脉从中室上端角下方附近分出。后翅外缘波状；M_3、Cu_1、Cu_2 脉外缘微突；肩脉较长，弯曲；中室长短于后翅长的 1/2；后缘区腹褶阔；Rs、M_1 及 M_2 脉分出点较近，远离 Sc+R_1 脉的基部。

雄性外生殖器：背兜头盔形；钩突小，指状，与背兜愈合；颚突侧观 L 形，亦与背兜愈合；基腹弧窄；囊突极细长，端部水滴状膨大；抱器近三角形；阳茎粗长，有角状器。

雌性外生殖器：囊导管长，端部细，中部粗，部分骨化；交配囊体阔圆形，膜质，透明；交配囊片发达。

寄主为杨柳科 Salicaceae 及榆科 Ulmaceae 植物。

全世界记载 7 种，分布于古北区和东洋区。中国已知 4 种，大秦岭分布 2 种。

种检索表

翅正面白色 ·· 傲白蛱蝶 *H. superba*
翅正面棕褐色 ·· 银白蛱蝶 *H. subalba*

银白蛱蝶 *Helcyra subalba* (Poujade, 1885)（图版 52：111）

Apatura subalba Poujade, 1885, *Bull. Soc. Ent. Fr.*, (6)5: 207.

Helcyra subalba; Chou, 1994, *Mon. Rhop. Sin.*: 443; Wu & Xu, 2017, *Butts. Chin.*: 856, f. 858: 5-7.

形态 成虫：中型蛱蝶。翅正面棕褐色，反面银白色。前翅正面亚顶区有 2~3 个斜向排列的白斑；外横斑列上半部消失。反面外横斑列外侧有棕色斑纹相伴；其余斑纹同前翅正面。后翅正面白色外缘斑列隐约可见；白色外横斑列未达后缘。反面前缘端部有 2~3 个白色斑纹；波状亚外缘线灰黑色。

卵：扁圆形；有纵棱脊；初产时白色，后变为黄色，密布红色受精斑。

幼虫：蛞蝓形，体中部膨大。末龄幼虫淡绿色；背中部有突起；体背两侧有 2 条白色带纹，从头部突起基部伸达尾突；背部有淡黄色横线纹；头顶有 1 对绿色触角形突起，端部分叉，褐色；尾端分叉。越冬幼虫褐色。

蛹：绿色；较扁平，拟态叶片；密布淡黄色叶脉形网纹；头顶有 1 对尖突；腹背部棱脊状上突；背中线淡黄色。

寄主 榆科 Ulmaceae 紫弹树 *Celtis biondii*、珊瑚朴 *C. julianae*、朴树 *C. sinensis*。

生物学 1 年 1 代，以 3 龄幼虫在寄主枝条顶端吐丝做垫越冬。成虫多见于 5~8 月。飞行疾速，常在林区的树冠层活动，在栎树枝叶上栖息，喜在天牛钻蛀的树干空洞处吸食树汁液，有时也在潮湿地面和人畜粪便上吸食营养。卵单产于寄主植物叶片反面。幼虫多栖息于寄主植物叶片背面。老熟幼虫选择在寄主植物的小枝条近叶柄处化蛹。

分布 中国（河南、陕西、甘肃、江苏、安徽、浙江、湖北、江西、湖南、福建、广东、广西、重庆、四川、贵州、云南）。

大秦岭分布 河南（内乡）、陕西（汉台、南郑、城固、镇巴、留坝、山阳）、甘肃（麦积、徽县、两当）、湖北（兴山、神农架）、四川（青川）。

傲白蛱蝶 *Helcyra superba* Leech, 1890

Helcyra superba Leech, 1890, *Entomologist*, 23: 189. **Type locality**: Chia-Kou-Ho.

Helcyra superb; D'Abrera, 1985, *Butts. Orient. Reg.*: 374; Chou, 1994, *Mon. Rhop. Sin.*: 444; Wu & Xu, 2017, *Butts. Chin.*: 856, f. 857: 1-4.

形态　成虫：中型蛱蝶。翅正面白色，反面银白色。前翅正面顶角至中域黑褐色，内缘波曲状；顶角区有 2 个白色圆斑；中室端斑褐色。反面斑纹多为正面斑纹的透射。后翅外缘线黑褐色，波曲形；亚缘带锯齿形；外斜斑列斑纹小，黑褐色，时有退化和消失。反面外斜斑列灰色，斑纹内侧有黑色半月纹相伴；rs、cu₁ 室斑纹变成黄色眼斑，瞳点黑色。

卵：扁圆形；有纵棱脊；初产时白色，随后出现红色斑纹，后变为黄色。

幼虫：蛞蝓形，体中部膨大。末龄幼虫淡绿色；背中部有突起；体背两侧有 2 条白色带纹，从头突基部伸达尾突；背部有淡黄色横线纹；头顶有 1 对绿色触角形突起，端部分叉，褐色；尾端分叉。越冬幼虫褐色。

蛹：悬蛹，绿色；较扁平，拟态叶片；密布淡黄色叶脉形网纹；头顶有 1 对尖突；腹背部棱脊状上突；背中线淡黄色。

寄主　榆科 Ulmaceae 紫弹树 *Celtis biondii*、四蕊朴 *C. tetrandra*、朴树 *C. sinensis*、珊瑚朴 *C. julianae*；杨柳科 Salicaceae 细柱柳 *Salix gracilistyla*。

生物学　1 年 1 代，以 3 龄幼虫在叶片上做丝垫越冬。成虫多见于 5～8 月。飞翔快速，常在树顶、石崖停息和高空飞翔，喜在潮湿地面吸水和人畜粪便上吸食营养，也以大树干上流出的发酵的树汁液为食。卵单产于寄主植物叶片反面。幼虫多栖息于寄主植物叶片反面和近顶端的小枝上。老熟幼虫多选择在寄主植物的小枝条近叶柄处化蛹。

分布　中国（陕西、甘肃、安徽、浙江、湖北、江西、湖南、福建、台湾、广东、广西、重庆、四川、贵州、云南）。

大秦岭分布　陕西（南郑、西乡、留坝、佛坪、岚皋、山阳）、甘肃（麦积、武都、文县、徽县、两当）、湖北（神农架）、四川（都江堰、安州、平武）。

脉蛱蝶属 *Hestina* Westwood, [1850]

Hestina Westwood, [1850], *Gen. diurn. Lep.*, (2): 281. **Type species**: *Papilio assimilis* Linnaeus, 1758.

Diagora Snellen, 1894, *Tijdschr. Ent.*, 37: 67. **Type species**: *Apatura japonica* C. & R. Felder, 1862; Masui & Inomata, 1997, *Yadoriga*, 170: 7.

Parhestina Moore, [1896], *Lepid. Ind.*, 3(26): 34. **Type species**: *Diadema persimilis* Westwood, [1850].

Hestinalis Bryk, 1938, *In*: Stichel, *Lep. Cat.*, 86: 291. **Type species**: *Hestina mimetica* Butler, 1874.

Hestina (Apaturinae); Chou, 1998, *Class. Ident. Chin. Butt*: 116, 117.

Hestina; Wu & Xu, 2017, *Butts. Chin*.: 871.

拟似青斑蝶属 *Tirumala*；两性相似，雌性较大。两翅中室开式。前翅近三角形；前缘弱弧形；顶角与臀角圆；外缘中下部凹入；中室短，不足前翅长的 1/3；R_5 与 M_1 脉分出于中室上顶角；R_1 脉从中室前缘端部分出；R_2 脉多与 R_5 脉共柄，个别种类从中室近上端角分出；R_3-R_5 脉共柄；M_2 脉分出于中室上端角下方附近。后翅梨形；外缘下部微凹入；中室长短于后翅长的 1/2；肩脉微弯曲；Rs、M_1 及 M_2 脉分出点较近，远离 Sc+R_1 脉的基部；臀角呈钝角。

雄性外生殖器：中等骨化；背兜头盔形；钩突锥形；颚突侧观 L 形；囊突细长，端部膨大；抱器方阔；阳茎长棒形。

雌性外生殖器：囊导管粗长，骨化；交配囊长圆形，膜质，透明；交配囊片有或无。

寄主为榆科 Ulmaceae、桑科 Moraceae、杨柳科 Salicaceae 植物。

全世界记载 9 种，分布于古北区和东洋区。中国已知 6 种，大秦岭分布 3 种。

种检索表

1. 翅白绿色，翅面除外缘区斑列外，几乎无斑纹 ·······················**绿脉蛱蝶 *H. mena***
   翅非白绿色，翅面有多列斑纹 ·· 2
2. 后翅亚缘区中后部有 4~5 个红色斑·······························**黑脉蛱蝶 *H. assimilis***
   后翅无红色斑 ···**拟斑脉蛱蝶 *H. persimilis***

黑脉蛱蝶 *Hestina assimilis* (Linnaeus, 1758)（图版 51：110）

Papilio assimilis Linnaeus, 1758, *Syst. Nat*. (Edn 10), 1: 479. **Type locality**: Asia.

Hestina assimilis, Leech, 1887: 419; Leech, 1894, *Butts. Chin. Jap. Cor*., (1): 143; Leech, 1906, 6: 185; D'Abrera, 1985, *Butts. Orient. Reg*.: 379; Chou, 1994, *Mon. Rhop. Sin*.: 447; Masui & Inomata, 1997, *Yadoriga*, 170: 10; Wu & Xu, 2017, *Butts. Chin*.: 871, f. 872: 1-4, 873: 5-8.

Hestina assimilis assimilis Nire, 1920, *Zool. Mag. Tokyo*, 32: 51.

Hestina assimilis coreana Kishida and Nakamura, 1936, 9: 105.

形态 成虫：中大型蛱蝶。翅黑色至黑褐色；斑纹乳白色和红色。前翅正面端部有 3 排斑列；中室棒纹端部断开；中室外侧放射状排列 1 圈长短不一的条斑，条斑中部多断开。反面斑纹同前翅正面。后翅正面外缘波状，后段微凹入；外缘斑列圆形；亚缘区上部圆斑 3 个，中后部有 4~5 个红色圆斑，中间 2 个红斑内移，并有黑色瞳点；从 sc+r_1 到 3a 室各室均有基生条斑。反面斑纹同后翅正面。

卵：近球形；表面密布纵脊；初产时淡绿色，后变为深绿色，表面密布黑色斑点。

幼虫：蛞蝓形，体中部膨大。末龄幼虫绿色；头顶有 1 对橙色触角形突起，端部分叉，褐色；中胸、第 2 及第 7 腹节背部各有 1 对肉棘状小突起，第 4 腹节背部有 1 对大的棘突；体表密布淡黄色颗粒状突起；侧面有 1 列黄色斜线纹；尾端分叉。越冬幼虫褐色。

蛹：绿色；较扁平，拟态叶片；密布白色蜡粉层；头顶有 1 对尖突；腹背部棱脊状上突，脊上有 1 排角状突起。

寄主　榆科 Ulmaceae 朴树 *Celtis sinensis*、四蕊朴 *C. tetrandra*、西川朴 *C. vandervoetiana*、紫弹树 *C. biondii*、山黄麻 *Trema tomentosa*；桑科 Moraceae 桑 *Morus alba*；杨柳科 Salicaceae 垂柳 *Salix babylonica*、白杨树 *Populus alba*。

生物学　1 年多代，以 3~4 龄幼虫在寄主周围枯叶下或主干上越冬。成虫多见于 5~9 月。飞行迅速，多在林缘活动，喜吸食人畜排泄物、树汁液。卵单产于寄主植物叶片反面，有时也会产于叶片正面或叶柄上。幼虫多栖息于寄主植物叶片正面。老熟幼虫多选择寄主植物的小枝条化蛹。

分布　中国（黑龙江、辽宁、北京、天津、河北、山西、山东、河南、陕西、甘肃、江苏、上海、安徽、浙江、湖北、江西、湖南、福建、台湾、广东、香港、广西、重庆、四川、贵州、云南、西藏），朝鲜，日本。

大秦岭分布　河南（登封、内乡、西峡、嵩县、栾川、陕州）、陕西（临潼、长安、蓝田、周至、渭滨、陈仓、岐山、眉县、太白、凤县、华州、南郑、城固、洋县、西乡、勉县、略阳、留坝、佛坪、平利、商州、丹凤、商南、山阳、镇安）、甘肃（麦积、秦州、武山、武都、文县、徽县、两当、礼县）、湖北（兴山、神农架）、重庆（巫溪、城口）、四川（宣汉、青川、都江堰、安州、江油、平武、汶川）。

绿脉蛱蝶 *Hestina mena* Moore, 1858（图版 53：114—115）

Hestina mena Moore, 1858, *Ann. Mag. nat. Hist.*, (3)1: 48.

Diadema mena; Butler, 1865, *Ann. Mag. nat. Hist.*, (3)16(96): 398.

Parhestina mena; Moore, [1896], *Lepid. Ind.*, 3(26): 37, pl. 202, f. 1, 1a.

Hestina viridis Leech, 1890, *Entomologist*, 23: 32. **Type locality**: Chang Yang.

Hestina assimilis mena; Chou, 1994, *Mon. Rhop. Sin.*: 447.

Hestina persimilis viridis; Masui & Inomata, 1997, *Yadoriga*, 170: 17.

形态　成虫：中大型蛱蝶。翅正面白绿色；翅脉灰黑色；外缘区有 1 列灰黑色小斑纹。前翅顶角区及臀角灰黑色。后翅白色，除翅脉灰黑色外，几乎无斑纹。

本种由黑脉蛱蝶的华西亚种提升而来，是否成立，有待进一步研究。

寄主 榆科 Ulmaceae 朴树 *Celtis sinensis*。

生物学 1年多代。成虫多见于5~9月。常在林缘和溪沟活动。

分布 中国（辽宁、山西、河南、陕西、甘肃、浙江、福建、四川、贵州）。

大秦岭分布 河南（登封、巩义、内乡、西峡、嵩县、洛宁）、陕西（渭滨、陈仓、城固、留坝）、甘肃（麦积、秦州、徽县、两当）。

拟斑脉蛱蝶 *Hestina persimilis* Westwood, [1850]（图版 52：112—113）

Hestina persimilis Westwood, [1850], *Gen. diurn. Lep.*, (2): 281.

Parhestina persimilis; Moore, [1896], *Lepid. Ind.*, 3(26): 34, pl. 201, f. 1, 1a-b.

Hestina persimilis; D'Abrera, 1985, *Butts. Orient. Reg.*: 379; Chou, 1994, *Mon. Rhop. Sin.*: 449; Masui & Inomata, 1997, *Yadoriga*, 170: 13; Wu & Xu, 2017, *Butts. Chin.*: 871, f. 874: 9-11.

形态 成虫：大型蛱蝶，有春、夏2型。翅黑褐色，反面色稍淡，泛灰绿色调；斑纹淡绿或淡黄色；外缘斑列斑纹点状。前翅正面亚顶区有3个斑纹；中斜斑列和基斜斑列近平行排列；cu_2 室基生条斑长于中室条斑2~3倍。反面斑纹同前翅正面。后翅正面外缘斑列及亚外缘斑列斑纹小，近圆形；基生条纹7~9条，放射状排列，季节性不同，条纹长短多有变化，春型基生条纹长，夏型短。反面肩区条纹黄色；臀区条带有时为黄色；其余斑纹同后翅正面。

寄主 榆科 Ulmaceae 朴树 *Celtis sinensis* 及南欧朴 *C. australis*。

生物学 1年2代，以5龄幼虫在落叶里越冬。成虫多见于5~9月。飞行迅速，在树枝叶上栖息，常在林间山地活动，喜吸食树汁液和人畜粪便，也喜欢在潮湿的地表面吸水。

分布 中国（辽宁、内蒙古、北京、天津、河北、河南、陕西、甘肃、浙江、湖北、福建、台湾、海南、广西、重庆、四川、贵州、云南），朝鲜，日本，印度。

大秦岭分布 河南（内乡、栾川、陕州）、陕西（长安、蓝田、鄠邑、周至、渭滨、陈仓、眉县、太白、凤县、华州、汉台、南郑、城固、洋县、勉县、略阳、留坝、佛坪、平利、石泉、宁陕、商州、商南、镇安、柞水）、甘肃（麦积、秦州、文县、徽县、两当）、湖北（兴山、神农架、郧西）、四川（青川、安州、平武）。

紫蛱蝶属 *Sasakia* Moore, [1896]

Sasakia Moore, [1896], *Lepid. Ind.*, 3(26): 39. **Type species**: *Diadema charonda* Hewitson, 1863.

Sasakia (Apaturinae); Chou, 1998, *Class. Ident. Chin. Butt*: 117.

Sasakia; Wu & Xu, 2017, *Butts. Chin.*: 862.

体粗壮。翅的脉纹似闪蛱蝶属 *Apatura*，雄性多具紫色闪光。两翅中室开式。前翅近三角形；前缘弱弧形；臀角圆；外缘中部微凹；中室短，约为前翅长的 1/3；R_2、R_5 与 M_1 脉分出于中室上顶角；R_1 脉从中室前缘端部分出；R_3-R_5 脉共柄；R_4 与 R_5 脉分叉点接近翅外缘；M_2 脉从中室上端角下方分出。后翅梨形；前缘平直；肩脉弯曲或分叉；中室长不足后翅长的 1/2；臀角圆；Rs、M_1 及 M_2 脉分出点远离 Sc+R_1 脉基部。

雄性外生殖器：背兜骨化强，头盔形；钩突圆锥形；颚突较大；囊突长，端部膨大；抱器方阔；阳茎细长。

雌性外生殖器：囊导管长，骨化强；交配囊体近椭圆形，膜质，透明；1 对交配囊片长梭形。

寄主为榆科 Ulmaceae 植物。

全世界记载 3 种，分布于古北区。大秦岭分布 2 种。

种检索表

后翅臀角有红色斑纹 ┄┄┄┄┄┄┄┄┄┄┄┄┄┄┄┄┄┄┄┄┄┄┄┄┄┄┄┄┄ **大紫蛱蝶** *S. charonda*
后翅臀角无红色斑纹 ┄┄┄┄┄┄┄┄┄┄┄┄┄┄┄┄┄┄┄┄┄┄┄┄┄┄┄ **黑紫蛱蝶** *S. funebris*

黑紫蛱蝶 *Sasakia funebris* (Leech, 1891)（图版 54：116）

Euripus funebris Leech, 1891a, *Entomologist*, 24 (Suppl.): 27. **Type locality**: Omei-Shan.

Euripus funebris; Leech, [1892], *Butts Chin. Jap. Cor*., (1): 150, (2):655, (1) pl. 16, f. 1; Fruhstorfer, 1899b, *Dt. ent. Z. Iris*, 12(1): 71.

Sasakia funebris; Chou, 1994, *Mon. Rhop. Sin*.: 451; Wu & Xu, 2017, *Butts. Chin*.: 862, f. 866: 7-8, 867: 9-10.

形态　成虫：大型蛱蝶。翅黑色，有蓝黑色天鹅绒闪光；端半部各室有拉长的 V 形斑。前翅正面中室基部棒纹红色。反面中横斑列 4 个斑纹位于下半部，淡蓝色；cu_2 室基部有 1 个淡蓝色斑纹；中室基部红斑箭头形。后翅反面基部环状斑红色，环纹下方有 2 处断裂。

寄主　榆科 Ulmaceae 朴树 *Celtis sinensis*、西川朴 *C. vandervoetiana*、紫弹树 *C. biondii*、四蕊朴 *C. tetrandra* 等朴属植物。

生物学　1 年 1 代，以幼虫在寄主基部枝条上越冬。成虫多见于 6～7 月。飞翔迅速，常在林缘活动，在高空或树顶环绕盘旋，喜吸食腐烂的果汁和壳斗科茅栗树树干上的伤流汁液。

分布　中国（河南、陕西、甘肃、安徽、浙江、湖北、江西、福建、台湾、广东、海南、广西、重庆、四川、贵州、云南）。

大秦岭分布 河南（西峡）、陕西（周至、眉县、太白、城固、南郑、洋县、镇巴、留坝、山阳、商南）、甘肃（麦积、武都、文县、徽县、两当）、湖北（兴山、神农架）、重庆（城口）、四川（青川、都江堰、平武）。

大紫蛱蝶 *Sasakia charonda* (Hewitson, 1863)（图版 55：117—118）

Diadema charonda Hewitson, 1863, *Ill. exot. Butts.*, [3] (Diadema): [20], pl. [10], f. 2-3. **Type locality**: Japan.

Sasakia charonda; Kudrna, 1974, *Atalanta*, 5: 103, 378; D'Abrera, 1985, *Butts. Orient. Reg.*: 378; Chou, 1994, *Mon. Rhop. Sin.*: 452.

Sasakia charonda choronda Sugitani, 1932, 4: 101, 102, pl. 11, fig. 2; Seok, 1934, 25, 1: 744, 745; Wu & Xu, 2017, *Butts. Chin.*: 862, f. 863: 1-3, 864: 4-5, 865: 6.

形态 成虫：大型蛱蝶。翅黑褐色或褐色。前翅顶角区有 2～3 个斑纹，白色或黄色；外缘斑列时有模糊；亚外缘斑列淡黄色；中域有 2 列斜斑列，外侧 1 列淡黄色，内侧 1 列白色；cu_2 室基生条斑细长，白色或淡黄色。反面中域斜斑列 3 列，中间 1 列短，止于翅中部，斑纹较小。后翅正面顶角有 2 个淡黄色斑纹；亚外缘带黑褐色，时有模糊或消失；亚缘斑列黄色或白色；外中域下半部有 3 个淡黄色斑纹；中横斑列近 V 形；臀角区 2 个相连斑纹红色；中室端斑大，白色或黄色；$sc+r_1$ 室基部有 2 个白色斑纹。反面黄绿色；斑纹同后翅正面。雄性前后翅基半部有紫蓝色闪光；雌性个体较大，翅面无紫蓝色闪光。

卵：初产绿色，渐变淡紫色，孵化前黑褐色；有纵脊。

幼虫：6 龄期。绿色；背中部有数对肉刺；头部有 1 对长触角状突起。

寄主 榆科 Ulmaceae 朴树 *Celtis sinensis*、紫弹树 *C. biondii*、西川朴 *C. vandervoetiana*。

生物学 1 年 1 代，以 3～4 龄幼虫在寄主基部枯叶中越冬。成虫多见于 5～8 月。飞翔迅速，常在林地活动，栖息于树冠层，喜在栎树、核桃树树干或天牛蛀空的树干上吸食营养，有吸食人畜粪便习性。幼虫在寄主植物叶片上做丝垫并停栖其上，冬季会爬行至寄主植物根部附近落叶堆中越冬。

分布 中国（吉林、辽宁、天津、河北、山西、河南、陕西、甘肃、安徽、浙江、湖北、江西、湖南、福建、台湾、广东、重庆、四川、贵州、云南），韩国，日本。

大秦岭分布 河南（鲁山、内乡、栾川、陕州）、陕西（长安、鄠邑、周至、陈仓、眉县、太白、华州、汉台、南郑、城固、洋县、留坝、佛坪、宁陕）、甘肃（麦积、秦州、武都、文县、徽县、两当、碌曲）、湖北（兴山、神农架、武当山）、重庆（城口）、四川（青川、安州）。

蛱蝶亚科 Nymphalinae Rafinesque, 1815

Nymphalinae Rafinesque, 1815.

Nymphalinae (Nymphalidae); Chou, 1998, *Class. Ident. Chin. Butt*: 158; Vane-Wright & de Jong, 2003,
Zool. Verh. Leiden, 343: 205; Korb & Bolshakov, 2011, *Eversmannia Suppl.*, 2: 36.

触角长超过翅长的 1/2，棒状部明显；下唇须有毛，第 3 节长。前翅 R_3 脉从 R_5 脉近顶角
处分出，终止于外缘；Cu_1 脉从中室下缘近下端角处分出。后翅肩脉从 Sc+R_1 脉分出；中室
多开式。

全世界记载 500 余种。中国记录 88 种，大秦岭分布 39 种。

族检索表

1. 小型种类；前翅顶角圆，不截形；后翅 M_3 脉末端不突出 ············ **网蛱蝶族 Melitaeini**
    大型或中型种类；前翅顶角尖出或截形；后翅 M_3 脉末端突出 ····························· 2
2. 中型种类，眼有毛 ··· **蛱蝶族 Nymphalini**
    大型或中型种类，眼无毛 ··· 3
3. 中型种类 ·· **眼蛱蝶族 Junoniini**
    大型种类 ·· **枯叶蛱蝶族 Kallimini**

枯叶蛱蝶族 Kallimini Doherty, 1886

Kallimini Doherty, 1886.

Kallimini (Nymphalinae); Vane-Wright & de Jong, 2003, *Zool. Verh. Leiden*, 343: 208.

Hypolimni; Chou, 1998, *Class. Ident. Chin. Butt*: 158.

翅反面拟态枯叶；前翅顶角尖出或截形；后翅尾突明显。

全世界记载 24 种，主要分布于东洋区。中国已知 4 种，大秦岭分布 1 种。

枯叶蛱蝶属 *Kallima* Doubleday, [1849]

Kallima Doubleday, [1849], *Gen. diurn. Lep.*, (1): pl. 52, f. 2-3. **Type species**: *Paphia paralekta*
Horsfield, [1829].

Callima Herrich-Schäffer, [1858], *Samml. aussereurop. Schmett*., (II) 1: 54 (unj. emend. *Kallima* Doubleday, [1849]).

Kallima (Nymphalinae); Moore, [1880], *Lepid. Ceylon*, 1(1): 36.

Kallima (Hypolimni); Chou, 1998, *Class. Ident. Chin. Butt*: 159.

Kallima; Shirôzu & Nakanishi, 1984, *Tyô Ga*, 34(3): (97-110); Wu & Xu, 2017, *Butts. Chin*.: 767.

翅反面有枯叶状斑纹，拟似枯叶。前翅顶角尖出；前缘弧形弯曲明显；外缘端部凹入，并在 Cu_2 脉处突出；R_2 脉从中室上缘近上端角处分出；R_3-R_5 脉共柄，与 M_1 脉同时从中室顶角分出；R_1 与 Sc 脉在中室外有短暂的接触。后翅肩脉端部分叉；臀角延长成椎状尾突。前后翅中室均为闭式。

雄性外生殖器：背兜与钩突较发达；囊突较长；抱器长阔；阳茎长。

雌性外生殖器：囊导管细长；交配囊体发达。

寄主为爵床科 Acanthaceae、虎耳草科 Saxifragaceae 植物。

全世界记载 10 种，分布于东洋区。中国已知 4 种，大秦岭分布 1 种。

枯叶蛱蝶 *Kallima inachus* (Boisduval, 1846)

Paphia inachus (Boisduval, 1846), *In*: Cuvier, *Règne anim. Ins*., 2: pl. 139, f. 3. **Type locality**: W. Himalayas.

Kallima inachis[sic] *eucerca* Fruhstorfer, 1898, *Ent. Zs*., 12(14): 99; Fruhstorfer, 1898a; *Berl. Ent. Zs*., 43(1/2): 191. **Type locality**: Okinawa.

Kallima inachus; Moore, 1879, *Ent. Soc. Lond*.:11; Chou, 1994, *Mon. Rhop. Sin*.: 563; Wu & Xu, 2017, *Butts. Chin*.: 767, f. 769: 1-3, 770: 4-6.

形态 成虫：大型蛱蝶。翅正面深褐色或紫褐色，有藏青色光泽；反面黄褐色至枯黄色。两翅亚外缘区各有1条深色波状纹。前翅顶角指钩状尖出；正面中域有1条宽阔的橙黄色斜带，从前缘中部斜向外缘近臀角处；亚顶区和 cu_2 室中部各有1个圆形小白斑。后翅前缘及外缘棕褐色或灰褐色；臀角延伸成椎状的尾突。两翅反面密布深色小点斑；从前翅顶角到后翅臀角有1条深褐色细带纹，其上伸出多条斜线，酷似叶脉，是蝶类中典型的拟态蝶种。

卵：绿色；鼓形；有白色纵棱脊。

幼虫：5 龄期。黑褐色；有白色背点；体表密布红色棘刺。

蛹：黑褐色，密布棕色斑驳纹；头部顶端有1对突起；腹部背面略隆起；头侧及腹部各节有锥状突起。

寄主 爵床科 Acanthaceae 马蓝 *Strobilanthes formosanus*、曲茎马蓝 *S. flexicautis*、云南马蓝

S. yunnanensis、腺毛马蓝 *S. forrestii*、圆苞金足草 *S. pentstemonoides*、板蓝 *S. cusia*、山马蓝 *S. grandissimus*、赛山蓝 *Ruellia blechum*、鳞球花 *Leppidagathis formosensis*、水蓑衣 *Hygrophila salicifolia*、黄球花 *Sericocalyx chinensis*、老鼠簕属 *Acanthus* spp.、狗肝菜 *Dicliptera chinensis*、黄猄草 *Championella tetra*；虎耳草科 Saxifragaceae 常山 *Dichroa febrifuga*。

生物学 1年多代，多以成虫越冬。成虫多见于5~9月。飞翔迅速，多不访花，通常吸食树汁液或过熟水果流出的汁液和动物粪便，是典型的食腐蝶类。常栖息在潮湿的阔叶林、灌木丛、毛竹林中和溪流两岸；多在林内或沿着林中河床及采伐地来回盘旋。雄性有时也在山路两旁的树枝上守候雌性掠过，但绝不远离林地。受扰时，常立即冲进附近的灌丛间，并合拢两翅，合拢的两翅就像一片枯叶，连鸟类也难以发现它们的存在。卵多单产于寄主植物叶片上，或产于寄主植物附近的枯叶、树干、矮草及石壁等场所。幼虫有取食卵壳习性；多栖息于寄主植物根茎附近较阴暗处，取食时爬于叶片背面。大龄幼虫常栖于寄主植物根部附近杂草中，活动、取食常在傍晚和清晨。老熟幼虫在寄主植物周围垂挂于叶片背面、枝干、石块下侧化蛹。

分布 中国（陕西、甘肃、安徽、浙江、湖北、江西、湖南、福建、台湾、广东、海南、广西、重庆、四川、贵州、云南、西藏），日本，印度，缅甸，越南，泰国。

大秦岭分布 陕西（石泉、宁陕）、甘肃（文县）、湖北（神农架）、四川（宣汉、都江堰、江油、平武）。

眼蛱蝶族 Junoniini Reuter, 1896

Junoniini (Nymphalinae) Reuter, 1896.

翅面有眼状斑或宽横带或斜带；前翅顶角多斜截；后翅外缘锯齿形或有小尾突。全世界记载95种，主要分布于东洋区。中国已知10种，大秦岭分布5种。

属检索表

翅亚缘有眼斑 ·· **眼蛱蝶属 *Junonia***
翅亚缘无眼斑 ·· **斑蛱蝶属 *Hypolimnas***

斑蛱蝶属 *Hypolimnas* Hübner, [1819]

Hypolimnas Hübner, [1819], *Verz. bek. Schmett*., (3): 45. **Type species**: *Papilio pipleis* Linnaeus, 1758.

Esoptria Hübner, [1819], *Verz. bek. Schmett*., (3): 45. **Type species**: *Papilio bolina* Linnaeus, 1758.

Hypolimnas Hübner, 1821, *Index exot. Lep*.: [5]; Wu & Xu, 2017, *Butts. Chin*.: 767, f. 769: 1-3, 770: 4-6.

Diadema Boisduval, 1832, *In*: d'Urville, *Voy. Astrolabe*, 1: 135 (preocc. *Diadema* Gray, 1825). **Type species**: *Papilio bolina* Linnaeus, 1758.

Euralia Westwood, [1850], *Gen. diurn. Lep*., (2): 281. **Type species**: *Papilio dubius* Palisot de Beauvois, 1805.

Eucalia Felder, 1861, *Nov. Act. Leop. Carol*., 28(3): 25. **Type species**: *Diadema anthedon* Doubleday, 1845.

Hypolimnas; de Nicéville, 1886, *Butt. Ind*., 2: 121.

Hypolimnas (Hypolimni); Chou, 1998, *Class. Ident. Chin. Butt*: 160, 161.

Hypolimnas (Kallimini); Vane-Wright & de Jong, 2003, *Zool. Verh. Leiden*, 343: 211.

翅橙红色或紫褐色；有蓝色或白色斑纹；雌性拟似斑蝶，是典型的拟态型种类。雌雄异型，雌性呈多型性。前翅前缘强弧形；外缘 M_1 脉处稍突出，其下凹入；中室短，闭式；R_3-R_5 脉共柄，且与 M_1 脉共同从中室上端角分出；M_3 及 Cu_1 脉均从中室下端角前分出。后翅阔卵形；外缘齿状；无尾突；中室开式。

雄性外生殖器：背兜宽阔；钩突狭；颚突发达；骨环较大；囊突长；抱器基部宽大，端部较圆，分裂成两瓣；阳茎中等长，端部矛状。

雌性外生殖器：囊导管细长或短；交配囊体较发达。

寄主为爵床科 Acanthaceae、旋花科 Convolvulaceae、锦葵科 Malvaceae、马齿苋科 Portulacaceae、车前草科 Plantaginaceae、荨麻科 Urticaceae、苋科 Amaranthaceae、茜草科 Rubiaceae 及菊科 Asteraceae 植物。

全世界记载 24 种，分布于亚洲、非洲、澳洲、北美洲及南美洲。中国已知 3 种，大秦岭分布 1 种。

金斑蛱蝶 *Hypolimnas misippus* (Linnaeus, 1764)

Papilio misippus Linnaeus, 1764, *Mus. Lud. Ulr*.: 264.

Papilio diocippus Cramer, 1775, *Uitl. Kapellen*, 1(1-7): pl. 28, f. B, C. **Type locality**: "Batavia".

Papilio inaria Cramer, [1779], *Uitl. Kapellen*, 3(17-21): pl. 214, f. A. **Type locality**: B;"Amboina, Java".

Euploea dioxippe Hübner, 1816, (repl. name). **Type locality**: "Batavia".

Danais misippe Godart, 1819, (repl. name). **Type locality**: America.

Apatura misippus; Moore, [1881], *Lepid. Ceylon*, 1(2): 59, pl. 29, f. 1a-c; Dyar, 1903, *Bull. U.S. nat. Mus*., 52:17.

Hypolimnas alcippoides Butler, 1883a, *Ann. Mag. nat. Hist*., (5) 12(68): 102. **Type locality**: Victoria Nyanza.

Hypolimnas misippus; Butler, 1900, *Mon. Christmas Isl*.: 62; Kudrna, 1974, *Atalanta*, 5: 106; Lewis, 1974, *Butts. World*: 146; Vane-Wright & de Jong, 2003, *Zool. Verh. Leiden*, 343: 213.

Hypolimnas picta Fruhstorfer, 1912, *Gross-Schmett. Erde*, 9: 547.

Hypolimnas pallens Nire, 1917, *Dobut. Zassh*., 29: (145-148).

Hypolimnas horina Tanaka, 1941, *Zephyrus*, 9(1): 4. **Type locality**: "Formosa" [Taiwan, China].

Hypolimnas immima Bernardi, 1959, *Bull. I.F.A.N.*, (A)21: 1023.

Hypolimnas misippus ab. *luculentus* Murayama & Shimonoya, 1966, *Tyô Ga*, 15(3/4): 61, f. 36. **Type locality**: Urai, "Formosa" [Taiwan, China].

Hypolimnas missipus; Chou, 1994, *Mon. Rhop. Sin*.: 566; D'Abrera, 1977, *Butts. Aust. Reg*.: 222 (2nd edn); Wu & Xu, 2017, *Butts. Chin*.: 777, f. 778: 1-4.

Hypolimnas misippus misippus; Eliot, Corbet & Pendlebury, 1992, *Butts. Malay Peninsula*, 4th ed: 165, pl. 24, f. 8-9.

　　形态　成虫：中型蛱蝶，雌雄异型。雌性以模拟金斑蝶 *D. chrysippus* 而闻名。雄性：翅正面黑褐色，反面暗黄褐色。前翅外缘有 2 列白色条斑列，正面模糊，反面清晰；中室端脉外侧有 1 个长椭圆形大白斑，斜穿 r_5、m_1、m_2、m_3、cu_1 室；顶角区有 1 个白色斜条斑；反面中室上缘内侧有 1 列镶有黑色圈纹的白色斑纹；亚缘区有 1 列弧形排列的白色点斑列。后翅正面外缘区有 2 列模糊的白色斑纹；中央有 1 个大白斑。反面翅端缘黑色，镶有白色花边纹；亚缘区有 1 列白色点斑列；中域有 1 条白色宽带纹，从前缘中部伸达后缘中下部，宽带顶部和底部各镶有 1 个黑色近 V 形斑纹。前后翅正面白斑边缘均有蓝紫色光泽。雌性：翅橙黄色。前翅顶角至中室端脉、外缘区、前缘区黑色；外缘区有 2 列白色斑列；顶角区及前缘区下半部有白色斑纹；亚顶区有 1 列白色斜斑列。反面色稍淡；顶角区赭黄色；前缘区下半部至中室上缘附近黑色，镶有白色小斑列；中域黑色斜带从前缘中部斜向外缘下部。后翅外缘区黑褐色，镶有 2 列白色斑列；正面前缘近中部有 1 个边缘模糊的黑色斑纹；m_1 室基部有 1 个黑色斑纹，时有退化消失。反面前缘中部有 1 个 V 形黑色斑纹；端缘黑色，镶有白色花边纹；m_1 室基部有 1 个清晰的黑色斑纹；肩区基部有 1 个黑色楔形斑纹。

　　本种雌性与金斑蝶 *D. chrysippus* 的主要区别为：后翅外缘波状；反面 m_1 室基部仅有 1 个黑色斑纹；外缘区有 2 列白色斑列。

　　卵：黄绿色至亮黄色；鼓形，上端中央凹入；表面有纵脊。

　　幼虫：5 龄期。黑色；头部橙红色，有 1 对黑色突起；胴部密布枝刺；足基带橙红色。

　　蛹：褐色，密布棕色斑驳纹；腹部背面有锥状突起。

　　寄主　马齿苋科 Portulacaceae 马齿苋 *Portulaca oleracea*；锦葵科 Malvaceae 苘麻属 *Abutillon* spp.、木槿属 *Hibiscus* spp.；车前草科 Plantaginaceae 车前 *Plantago asiatica*、大车前

P. major；爵床科 Acanthaceae 小花十万错 *Asystasia gangetica*、六角英 *Justicia procumbens*、百箭花属 *Blepharis* spp.、芦莉草属 *Ruellia* spp.、山壳骨属 *Pseuderanthmum* spp.。

生物学 1 年多代。成虫多见于 8~9 月。飞行迅速，有访花习性，雄性有领域意识；常在针阔叶混交的林缘活动。卵单产于寄主植物叶片的正面或反面。幼虫多栖息于寄主植物茎秆上，喜在傍晚或凌晨取食。老熟幼虫在寄主植物周围的灌木丛中化蛹。

分布 中国（陕西、甘肃、浙江、江西、福建、台湾、广东、海南、贵州、云南），日本，印度，缅甸，澳大利亚。

大秦岭分布 陕西（洋县、西乡、镇巴、留坝）、甘肃（武都、文县）。

眼蛱蝶属 *Junonia* Hübner, [1819]

Junonia Hübner, [1819], *Verz. bek. Schmett.*, (3): 34. **Type species**: *Papilio lavinia* Cramer, 1775.

Alcyoneis Hübner, [1819], *Verz. bek. Schmett.*, (3): 35. **Type species**: *Alyconeis almane* Hübner.

Aresta Billberg, 1820, *Enum. Ins. Mus. Billb.*: 79. **Type species**: *Papilio laomedia* Linnaeus, 1767.

Dunonia Mabille, 1876, *Bull. Soc. zool. Fr.*, 1: 203 (missp.).

Kamilla Collins & Larsen, 1991, *In*: Larsen, *Butts. Kenya nat. Hist.*: 444. **Type species**: *Papilio cymodoce* Cramer, [1777].

Junonia (Nymphalinae); Moore, [1880], *Lepid. Ceylon*, 1(1): 40.

Junonia; Godman & Salvin, [1882], *Biol. centr.-amer., Lep. Rhop.*, 1: 219；Wu & Xu, 2017, *Butts. Chin.*: 796.

Junonia (Nymphalini); Chou, 1998, *Class. Ident. Chin. Butt*: 166, 167.

Junonia (Kallimini); Vane-Wright & de Jong, 2003, *Zool. Verh. Leiden*, 343: 208.

正面多为鲜艳的颜色，有的呈褐色；前后翅有眼状斑。有的种类有季节型，旱季型翅边缘的突出明显，反面色暗，呈枯叶状；雨季型翅面的眼斑明显。

前翅前缘弧形；R_2 脉从中室前缘端部分出；R_3-R_5 脉共柄，和 M_1 脉同时从中室的顶端分出；外缘 M_1 脉和 Cu_2 脉微突出，中间凹入。后翅无尾突，但臀角角状突出。前后翅中室均为开式。

雄性外生殖器：钩突和背兜长；颚突大，明显；囊突中等长；抱器狭或阔，末端分裂，有齿；阳茎细长，内部通常有弱的小齿。

雌性外生殖器：囊导管短，膜质；交配囊体长茄形。

寄主为爵床科 Acanthaceae、旋花科 Convolvulaceae、野牡丹科 Melastomataceae、苋科 Amaranthaceae、玄参科 Scrophulariaceae、车前草科 Plantaginaceae、薯蓣科 Dioscoreaceae、马鞭草科 Verbenaceae 植物。

全世界记载 24 种，分布于东洋区。中国已知 6 种，大秦岭分布 4 种。

美眼蛱蝶 *Junonia almana* (Linnaeus, 1758)

Papilio almana Linnaeus, 1758, *Syst. Nat.* (Edn 10), 1: 472. **Type locality**: Canton, China.

Papilio asterie Linnaeus, 1758, *Syst. Nat.* (Edn 10), 1: 472.

Alcyoneis almane Hübner, [1819], *Verz. bek. Schmett.*, (3): 35.

Vanessa almana; Godart, 1819, *Enc. Méth.*, (4): 313.

Junonia almana; Moore, 1878, *Proc. zool. Soc. Lond.*, (4): 828; Wood-Mason & de Nicéville, 1881, *J. asiat. Soc. Bengal*, 49 Pt. II(4): 227; de Nicéville, 1886, *Butt. Ind.*, 2: 68; D'Abrera, 1985, *Butt. Orien. Reg.* 2: 279; Chou, 1994, *Mon. Rhop. Sin.*: 577; Vane-Wright & de Jong, 2003, *Zool. Verh. Leiden*, 343: 209; Wu & Xu, 2017, *Butts. Chin.*: 796, f. 797: 1-6.

Junonia asterie; Moore, [1881], *Lepid. Ceylon*, 1(2): 43, pl. 22, f. 2; Wood-Mason & de Nicéville, 1881, *J. asiat. Soc. Bengal*, 49 Pt. II (4): 227; van Eecke, 1913, *Notes Leyden Mus.*, 35: 245.

Precis almana asterie ab. *inauditus* Murayama, 1961, *Tyô Ga*, 11(4): 57, f. 15, 21. **Type locality**: South Cape, "Formosa" [Taiwan, China].

Precis almana asterie ab. *fluentis* Murayama, 1961, *Tyô Ga*, 11(4): 57, f. 16, 22. **Type locality**: Gynai, "Formosa" [Taiwan, China].

Precis almana asterie ab. *liquefactus* Murayama, 1961, *Tyô Ga*, 11(4): 57, f. 17, 23. **Type locality**: Poli, "Formosa" [Taiwan, China].

Precis almana; Kudrna, 1974, *Atalanta*, 5: 106.

形态 成虫：中型蛱蝶。两翅橙色；端缘有 3 条波状褐色线纹。前翅正面顶角区黑色，斜截；亚顶区有 2 个眼斑，上小下大，分别位于 m_3 和 cu_1 室内，白色瞳点多模糊；前缘区至中室下缘有 4 个前缘斑，前缘端部的前缘斑与亚顶区小眼斑相连；M_1 脉和 Cu_2 脉端部呈角状突出。反面中横带淡黄色，缘线褐色；基半部密布黑褐色线纹；其余斑纹同前翅正面。后翅外中域近前缘处有 1 个圆形大眼斑，内有 2 个白色瞳点，眼斑内部紫红色或黑色，圈纹橙黄色或黑色。反面色稍淡；中横带淡黄色；外中域有 3 个眼斑，上部 2 个眼斑相连，上小下大；基横线波状。

蛱蝶科 Nymphalidae

本种有季节型，即夏（春）型和秋（冬）型，也有称为湿季型、旱季型与高温型、低温型。二型的明显区别是：秋型前翅外缘和后翅臀角有角状突起；反面翅面斑纹不明显，后翅中线清晰，色泽呈枯叶状。

卵：绿色；短棱柱形；有白色纵棱脊。

幼虫：5龄期。1龄幼虫黄绿色，无枝刺，有原生刚毛。2龄幼虫有短枝刺，随着龄期的增加，枝刺变长。老熟幼虫深褐色，枝刺黄褐色，端部黑色；体表密布白色颗粒状小点斑；背中线黑色；胸部有橙色横纹。

蛹：暗褐色，密布由灰色、浅褐色、黑色、白色形成的斑驳花纹；胴部有圆锥状突起。

寄主 爵床科 Acanthaceae 水蓑衣 *Hygrophila lancea*、大安水蓑衣 *H. pogonocalyx*、假杜鹃属 *BaRleria* spp.；野牡丹科 Melastomataceae 金锦香属 *Osbeckia* spp.；苋科 Amaranthaceae 空心莲子草 *Alternanthera philoxeroides*；玄参科 Scrophulariaceae 水丁黄 *Vandellia ciliata*、刺齿泥花草 *Lindernia ciliata*、旱田草 *L. antipoda*、长蒴母草 *L. anagallis*、金鱼草 *Antirrhinum majus*；车前草科 Plantaginaceae 车前 *Plantago asiatica*、大车前 *P. major*。

生物学 1年多代，以成虫在灌草丛或农舍屋檐下越冬。成虫多见于5~9月。飞行迅速，多在中低海拔的林缘、溪边、山地、园林、草地活动，喜采食花蜜，常出现在花圃，在晴朗的天气访花采蜜。卵单产于寄主植物叶片正面或嫩芽上。老熟幼虫在寄主或周边植物的叶片反面或茎秆上化蛹。

分布 中国（河北、河南、陕西、甘肃、江苏、安徽、浙江、湖北、江西、湖南、福建、台湾、广东、海南、香港、广西、重庆、四川、贵州、云南、西藏），日本，巴基斯坦，印度，不丹，尼泊尔，孟加拉国，缅甸，越南，老挝，泰国，柬埔寨，斯里兰卡，新加坡，印度尼西亚。

大秦岭分布 河南（内乡）、陕西（汉台、南郑、洋县、西乡、留坝、岚皋、汉阴）、甘肃（武都、文县）、湖北（郧阳、郧西）、四川（宣汉、都江堰、安州）。

翠蓝眼蛱蝶 *Junonia orithya* (Linnaeus, 1758)（图版56—57：119—122）

Papilio orithya Linnaeus, 1758, *Syst. Nat*. (Edn 10), 1: 473. **Type locality**: S. China.

Papilio oritya; Linnaeus, 1764, *Mus. Lud. Ulr*.: 473 (missp.).

Junonia orithya f. *isocratia* Hübner, [1819], *Verz. bek. Schmett*., (3): 34.

Junonia phycites (Fruhstorfer, 1912) (Precis), *Gross-Schmett. Erde*, 9: 522.

Junonia orithya; Hübner, 1816, *Verz. bek. Schmett*.: 34; Double & Hewitson, 1849, *Gen. diurn. Lep*., 1: 209; Butler, 1869, *Cat. Fabr. Lep. B. M*.: 73; Moore, 1878, *Proc. zool. Soc. Lond*., (4): 828; Moore, 1881, *Lep. Ceyl*., 1(2): 41; de Nicéville, 1886, *Butt. Ind*., 2: 73; Chou, 1994, *Mon. Rhop. Sin*.: 578; Vane-Wright & de Jong, 2003, *Zool. Verh. Leiden*, 343: 210; Wu & Xu, 2017, *Butts. Chin*.: 796, f. 798: 7-13.

Precis orithya ab. *flava* Wichgraf, 1918, *Int. ent. Z.*, 12: 26.

Cynthia orithya; Donovan, 1842, *Ins. Chin.*(New ed.): 64.

Precis adamauana Schultze, 1920, *Ergeb. 2tn. Dt. Zent. Afrika Exp.*, 1(14): 823.

Precis orithya ab. *jacouleti* Watari, 1941, *Zephyrus*, 9: 70-72.

Precis orithya; Kudrna, 1974, *Atalanta*, 5: 106.

形态　成虫：中型蛱蝶，雌雄异型。翅正面深蓝色、青蓝色或棕蓝色，反面棕黄色至棕灰色。前翅基部藏青色至青褐色；外缘线淡黄色，模糊；亚外缘斑列淡黄色；M_1 脉端部微突出，使顶角斜截；亚顶区有 1 个白色或淡黄色 V 形带纹，开口于前缘，并与亚缘区 2 个黑色眼斑（在 m_1 和 cu_1 室）相互套叠；亚顶区眼斑瞳点蓝色，圈纹橙色；中室端半部有 2 个橙色条斑，缘线黑色。反面中域有黑色波状斜带纹。后翅基部藏青色至青褐色；端缘淡黄色，镶有 3 条黑褐色线纹；其余翅面青蓝色；亚缘区中部有 2 个橙色大眼斑，分别位于 m_1 室和 cu_1 室，瞳点及圈纹黑色。反面密布褐色波状纹；外斜带褐色至橙色，边缘波状。雌性个体较大；颜色较淡；正面的斑纹较大且清晰；眼状斑比雄性大而醒目。

本种季节型明显。秋型前翅 M_1 脉尖突；反面色深。后翅深灰褐色；斑纹模糊。

卵：绿色；短棱柱形；有白色纵棱脊。

幼虫：5 龄期。幼虫亮黑色，密布黑色枝刺；头橙红色；背中线黑色，密布颗粒状白色小点斑。

蛹：褐色至黑褐色，密布白色和棕褐色斑纹；胴部背面有圆锥状突起。

寄主　爵床科 Acanthaceae 爵床 *Justicia procumbens*、鳞花草 *Lepidagathis prostrata*；旋花科 Convolvulaceae 番薯 *Ipomoea batatas*；玄参科 Scrophulariaceae 金鱼草 *Antirrhinum majus*、独脚金 *Striga asatica*、泡桐 *Paulownia fortunei*；薯蓣科 Dioscoreaceae 甘薯 *Dioscorea esculenta*；马鞭草科 Verbenaceae 马鞭草 *Verbena officinalis*。

生物学　1 年多代，以成虫越冬。成虫多见于 7～10 月。飞行迅速，垂直分布高度较低，喜在开阔、干燥、阳光充足的地方低空飞舞；有访花习性。卵单产于寄主植物的花芽、嫩芽、嫩枝和叶面上。大龄幼虫有转移取食习性，常栖息于寄主植物的根部；有受惊坠地习性。老熟幼虫在寄主或周边植物的叶片反面或茎秆上化蛹。

分布　中国（河南、陕西、甘肃、安徽、浙江、湖北、江西、湖南、台湾、广东、香港、广西、重庆、四川、贵州、云南），日本，印度，不丹，尼泊尔，缅甸，越南，老挝，泰国，柬埔寨，斯里兰卡，菲律宾，马来西亚，印度尼西亚，澳大利亚。

大秦岭分布　河南（内乡）、陕西（周至、凤县、汉台、南郑、城固、洋县、西乡、宁强、佛坪、紫阳、岚皋、商州、丹凤、商南）、甘肃（麦积、康县、徽县、两当）、湖北（当阳、兴山、神农架、武当山、郧西）、重庆（巫溪、城口）、四川（宣汉、青川、都江堰、安州）。

蛱蝶科 Nymphalidae

黄裳眼蛱蝶 *Junonia hierta* (Fabricius, 1798)

Papilio hierta Fabricius, 1798, *Ent. Syst*. (Suppl.): 424. **Type locality**: "South India".

Papilio oenone Cramer, 1775, *Uitl. Kapellen*, 1: pl.35: a, b, c. **Type locality**: China.

Junonia oenone; Hübner, 1816, *Verz. bek. Schmett*.: 34; Moore, 1881, *Lep. Ceyl*., 1(2): 42.

Cynthia oenone; Donovan, 1842, *Ins. Chin*. (New ed.): 66.

Junoni hierta; Swinhoe, 1884, *Proc. zool. Soc. Lond*.: 505; de Nicéville, 1886, *Butt. Ind*., 2: 71; Leech, 1892, *Butt. Chin. Janp. Cor*., 1: 282; Chou, 1994, *Mon. Rhop. Sin*.: 578; Wu & Xu, 2017, *Butts. Chin*.: 799, f. 800: 1-3.

Precis ab. *demaculata* (Neustetter, 1916), *Dt. ent. Z. Iris*, 30(2-3): 99.

形态 成虫：中型蛱蝶，雌雄异型。前翅 M_1 脉端部微突出，使顶角稍斜截；正面大部分橙黄色；前缘区、外缘区、顶角区、后缘区和臀区黑色至黑褐色；顶角区有白色的小斑和亚缘斑列；亚缘区下部的 cu_1 室有 1 个模糊的黑色眼斑，内有蓝色鳞片。反面土黄色；正面黄色区域在反面为淡黄色；亚外缘区有 1 列黑褐色斑列，时有模糊，亚缘区中部有 2 ~ 4 个黑褐色圆斑，中间 2 个圆斑点状，多有消失，外侧 2 个圆斑较大，分别位于 m_1 和 cu_1 室内；中室内有 3 条缘线为黑色的黄色条斑，端斑飞燕形。后翅上半部及外缘区黑色；基部近前缘有 1 个椭圆形蓝紫色斑纹；端半部有 1 个黄色大块斑。反面土黄色；中斜带褐色，波曲形；亚缘区有 1 列褐色小斑列；基部有 1 条波状纹线；端缘有 2 条褐色波曲线。雌性斑纹似雄性，但前翅正面黄色区域小；亚缘区 cu_1 室黑色眼斑清晰；中室基部褐色，端部有 2 条黑色带纹。后翅基部蓝色斑纹及端半部黄色块斑小；m_1 室和 cu_1 室各有 1 个黑色小圆斑，内有蓝色鳞片。

卵：淡黄绿色；短棱柱形；有白色纵棱脊。

幼虫：5 龄期。亮黑色；密布黑色枝刺；头部黑色；体表密布颗粒状白色小点斑。

蛹：褐色至黑褐色；密布白色和黑褐色斑驳纹；胴部背面有圆锥状突起。

寄主 爵床科 Acanthaceae 假杜鹃 *BaRleria cristata*。

生物学 1 年多代。成虫多见于 4 ~ 10 月。飞行迅速，喜在开阔、干燥、阳光充足的地方活动，有访花习性。卵单产于寄主植物的嫩芽、嫩枝和叶面上。老熟幼虫在寄主的叶片反面或茎秆上化蛹。

分布 中国（陕西、湖北、广东、海南、四川、贵州、云南），印度，缅甸，泰国，斯里兰卡。

大秦岭分布 四川（宣汉）。

钩翅眼蛱蝶 *Junonia iphita* (Cramer, [1779])

Papilio iphita Cramer, [1779], *Uitl. Kapellen*, 3(17-21): 30, pl. 209, f. C, D. **Type locality**: China.

Precis iphita siccata Fruhstorfer, 1900, *Berl. ent. Zs*., 45(1/2): 22. **Type locality**: N. India.

Precis iphita ab. *pullus* Murayama, 1961, *Tyô Ga*, 11(4): 57, f. 8, 13. **Type locality**: Poli, "Formosa" [Taiwan, China].

Junonia iphita; D'Abrera, 1985, *Butt. Orien. Reg.*, 2: 278; Chou, 1994, *Mon. Rhop. Sin.*: 580; Wu & Xu, 2017, *Butts. Chin.*: 799, f. 801: 7-12.

Precis iphita; Moore, 1878, *Proc. zool. Soc. Lond.*, (4): 828; Moore, [1880], *Lepid. Ceylon*, 1(1): 39, (2) pl. 21, f. 1a-b.

形态 成虫：中型蛱蝶。翅正面棕褐色；反面色稍深，有蓝紫色光泽；外缘波状；端缘有 3 条黑褐色波状线。前翅顶角斜截明显；M_1 脉端部尖出成鸟喙状；Cu_2 脉端部呈角状突出，使外缘中部弧形凹入；亚顶区近前缘处有 1 个白色小点斑；中横带近 V 形弯曲；中室端半部有 4 条黑褐色波状纹；亚缘区眼斑列模糊不清。反面基半部有 3 条灰褐色横带纹；中室端脉外侧有 1 个长方形斑纹；亚缘眼斑列瞳点白色。后翅臀角指状突出；亚缘眼斑列清晰，瞳点黄色；黑褐色中斜带从前缘中部直达臀角。反面基部有 C 形带纹。

卵：淡黄绿色；短棱柱形；有纵棱脊。

幼虫：5 龄期。头部黑色；体黑褐色，密布黑色枝刺；老熟幼虫头部顶端呈红色。

蛹：灰褐色；各体节有圆锥状突起。

寄主 爵床科 Acanthaceae 马蓝 *Strobilanthes formosanus*、爵床 *Justicia procumbens*、台湾鳞草花 *Lepidagathis formosensis*、台湾曲蕊马蓝 *Goldfussia formosanus*、赛山蓝 *Ruellia blechum*。

生物学 1 年多代，以成虫越冬。成虫多见于 4～10 月。本种普遍分布于平原至低海拔山区，飞行较缓慢，常在寄主附近活动，喜访花，吸食树汁液、腐果；雄性常在路边低矮的灌丛中守候雌性的到来。卵单产于寄主植物的嫩芽正面、老叶反面或寄主植物附近的枯枝、败叶、土块等杂物上。幼虫不取食时常栖息于叶片反面；有受惊时卷曲身体滚落地面的习性。老熟幼虫在寄主或周围植物的叶片反面或茎秆上化蛹。

分布 中国（陕西、甘肃、江苏、浙江、江西、台湾、广东、海南、广西、重庆、四川、贵州、云南、西藏），印度，不丹，尼泊尔，孟加拉国，缅甸，越南，泰国，斯里兰卡，印度尼西亚。

大秦岭分布 甘肃（文县）、重庆（巫溪）、四川（都江堰）。

蛱蝶族 Nymphalini Rafinesque, 1815

Nymphalini Rafinesque, 1815.

Nymphalini; Chou, 1998, *Class. Ident. Chin. Butt*: 161, 162; Vane-Wright & de Jong, 2003, *Zool. Verh. Leiden*, 343: 205; Korb & Bolshakov, 2011, *Eversmannia Suppl.*, 2: 36.

眼有毛。前翅外缘在 M$_3$ 脉突出或尖出。后翅在 M$_3$ 脉或 2A 脉处有齿突或尾突；翅面有红色、黄色、蓝色或黑色组成的斑纹。

全世界记载近 90 种，分布于世界各大区。中国已知 41 种，大秦岭分布 21 种。

属检索表

麻蛱蝶属 *Aglais* Dalman, 1816

Aglais Dalman, 1816, *K. Svenska vetensk Acad. Handl. Stockholm*, (1): 56. **Type species**: *Papilio urticae* Linnaeus, 1758.

Ichnusa Reuss, 1939, *Ent. Zs.*, 53 (1) (1): 3. **Type species**: *Papilio* (*Vanessa*) *ichnusa* Bonelli, 1826.

Aglais; Chou, 1998, *Class. Ident. Chin. Butt.*: 163; Wu & Xu, 2017, *Butts. Chin.*: 785.

从蛱蝶属 *Nymphalis* 分出。眼有毛。翅中室均闭式；正面橘红色，端缘黑色；反面有密集的波状黑色细纹。前翅后缘平直；外缘在 M$_1$ 脉处尖出；中室下缘下方分别在 m$_3$、cu$_1$、cu$_2$ 室各有 1 个黑斑，不同种类黑斑的大小和位置不同。后翅外缘 M$_3$ 脉处有尖出，基半部与端半部颜色不同。前翅 R$_1$、R$_2$ 脉从中室前缘分出；R$_3$-R$_5$ 脉共柄，并与 M$_1$ 脉从中室端部分出。

雄性外生殖器：背兜宽阔；钩突小；颚突长；抱器狭，抱器背裂开；囊突长；阳茎细长。

雌性外生殖器：囊导管短，骨化；交配囊体长茄形。

寄主为荨麻科 Urticaceae、桑科 Moraceae 植物。

全世界记载 6 种，分布于全北区。中国已知 4 种，大秦岭分布 1 种。

荨麻蛱蝶 *Aglais urticae* (Linnaeus, 1758)

Papilio urticae Linnaeus, 1758, *Syst. Nat.* (Edn 10), 1: 477.

Vanessa urticae; Godart, 1819, *Enc. Méth*., (4): 306; Lang, 1884, *Butt. Eur.*: 173; Pryer, 1888, *Rhop. Nihon.*: 26; Grum-Grshimailo, 1890, *Mém. Lép*., 4: 425.

Vanessa conexa Butler, 1881a, *Proc. zool. Soc. Lond.*: 851.

Vanessa thibetana (Austaut, 1898). **Type locality**: Tibet, China.

Vanessa obtuse (Bang-Haas, 1927). **Type locality**: Kansu, China.

Aglais urticae variegate de Sagarra, 1930, *Butll. Inst. Catal. Hist. Nat.*, (2)10(7): 113.

Aglais urticae; D'Abrera, 1992, *Butt. Holar. Reg.*, (2): 322; Chou, 1994, *Mon. Rhop. Sin.*:569; Korb & Bolshakov, 2011, *Eversmannia Suppl.*, 2: 36; Yakovlev, 2012, *Nota lepid.*, 35(1): 87; Wu & Xu, 2017, *Butts. Chin.*: 785, f. 786: 3-4.

形态 成虫：中型蛱蝶。两翅正面橘红色；端缘黑色；外缘区有 2 条淡黄色波状线纹；亚外缘斑列斑纹蓝色，近三角形。反面黑褐色；密布褐色细线纹。前翅基部黑褐色；外缘齿状；顶角斜截明显；M_1 脉端部尖出成鸟喙状；亚顶区有 1 个黄白色小斑纹和 1 个黑色大斑纹；前缘黄色，基半部密布褐色线纹；前缘至中室下缘有 2 个长方形黑斑，分别在中室中部、中室端部；中室下缘外侧有 3 个黑色斑纹，分别位于 m_3、cu_1、cu_2 室的中基部并依次变大。反面斑纹同前翅正面。后翅基半部黑色，密布褐色长毛；M_3 脉端部角状外突。反面外中带宽，淡褐色，缘线黑色。

卵：椭圆形；有纵脊线；初产绿色，孵化前黑色。

幼虫：黑色；密布淡黄色枝刺；背部有宽的黄色纵条纹。

蛹：头部二分叉；胸背面有突起。

寄主 荨麻科 Urticaceae 荨麻 *Urtica fissa*、狭叶荨麻 *U. angustifolia*、欧荨麻 *U. urens*、异株荨麻 *U. dioeca*、苎麻 *Boehmeria nivea*；桑科 Moraceae 啤酒花 *Humulus lupulus*、大麻 *Cannabis sativa*。

生物学 1 年 1~2 代，以成虫在建筑物、洞穴和空心树中越冬。成虫多见于 5~9 月。常在林缘、山地活动，有访花习性，喜食花蜜、树汁液和在湿地吸水，雄性有较强的领地意识。卵堆产于寄主植物叶片背面，每堆约 200 粒。幼虫喜群居生活，栖息于叶巢中；老龄幼虫分散取食。蛹悬挂在植物茎或其他物体上。

分布 中国（黑龙江、吉林、辽宁、内蒙古、北京、山西、陕西、甘肃、青海、新疆、湖北、四川、贵州、西藏），蒙古，韩国，日本。

大秦岭分布 陕西（长安、太白、南郑、西乡、留坝）、甘肃（麦积、秦州、武都、文县、徽县、两当、礼县、岷县、临潭、迭部、碌曲）、湖北（兴山）、四川（安州）。

红蛱蝶属 *Vanessa* Fabricius, 1807

Vanessa Fabricius, 1807, *Mag. f. Insektenk.* (Illiger), 6: 281. **Type species**: *Papilio atalanta* Linnaeus, 1758.

Nymphalis Latreille, 1804, *Nouv. Dict. Hist. nat.*, 24(6): 184, 199 (preocc. *Nymphalis* Kluk, 1780). **Type species**: *Papilio atalanta* Linnaeus, 1758.

Cynthia Fabricius, 1807, *Mag. f. Insektenk.* (Illiger), 6: 281. **Type species**: *Papilio cardui* Linnaeus, 1758.

Pyrameis Hübner, [1819], *Verz. bek. Schmett.*, (3): 33. **Type species**: *Papilio atalanta* Linnaeus, 1758; Doubleday, 1849, *Gen. diurn. Lep.*, 1: 202; Godman & Salvin, [1882], *Biol. centr.-amer.*, *Lep. Rhop.*, 1: 217; de Nicéville, 1886, *Butt. Ind.*, 2: 225; Leech, 1892, *Butt. Chin. Jap. Cor.*, (1): 249.

Bassaris Hübner, [1821], *Samml. exot. Schmett.*, 2: pl. [24]. **Type species**: *Papilio itea* Fabricius, 1775.

Pyrameides; Hübner, [1826], *Verz. bek. Schmett.* (Anz.), (1-9): 7(missp.).

Ammiralis Rennie, 1832, *Consp. Butts. Moths*: 10. **Type species**: *Papilio atalanta* Linnaeus, 1758.

Phanessa Sodoffsky, 1837, *Bull. Soc. imp. Nat. Moscou*, 10(6): 80 (unj. emend. of *Vanessa* Fabricius, 1807).

Vanessa; Godman & Salvin, [1882], *Biol. centr.-amer.*, *Lep. Rhop.*, 1: 214; Wu & Xu, 2017, *Butts. Chin.*: 793.

Neopyrameis Scudder, 1889, *Butts. east. U.S. Can.*, 1: 434. **Type species**: *Papilio cardui* Linnaeus, 1758.

Fieldia Niculescu, 1979, *Revue verviét. Hist. nat.*, 36(1-3): 3. **Type species**: *Vanessa carye* Hübner, [1812].

Neofieldia Özdikmen, 2008, *Mun. Ent. Zool.*, 3(1): 321 (repl. *Fieldia* Niculescu, 1979). **Type species**: *Hamadryas carye* Hübner, [1812].

Vanessa (Nymphalinae); Moore, [1881], *Lepid. Ceylon*, 1(2): 48.

Cynthia (Nymphalinae); Moore, [1881], *Lepid. Ceylon*, 1(2): 53.

Vanessa (Nymphalini); Chou, 1998, *Class. Ident. Chin. Butt.*: 162, 163; Korb & Bolshakov, 2011, *Eversmannia Suppl.*, 2: 37; Vane-Wright & de Jong, 2003, *Zool. Verh. Leiden*, 343: 207.

前翅外缘波状；后缘平直；外缘 M_1 脉处略突出；R_3-R_5 脉共柄，并与 M_1 脉从中室端部分出。后翅外缘弧形，微呈波状；无尾突；臀角尖。前后翅中室均为闭式。

雄性外生殖器：背兜大；钩突长，端部分叉或不分叉；颚突发达；囊突短小；抱器阔，有抱器铗；阳茎端部尖。

雌性外生殖器：囊导管细长，膜质；交配囊体长圆形至圆形。

寄主为荨麻科 Urticaceae、菊科 Asteraceae、榆科 Ulmaceae、豆科 Fabaceae、紫草科 Boraginaceae、葫芦科 Cucurbitaceae、葡萄科 Vitaceae、锦葵科 Malvaceae 植物。

全世界记载 20 种，广泛分布于世界各地。中国已知 2 种，大秦岭均有分布。

种检索表

后翅正面棕褐色，端缘有 1 条橙色带，镶有 2 列黑色小斑 ······················大红蛱蝶 *V. indica*

后翅正面端半部红色，镶有 4 列黑色斑纹 ····························小红蛱蝶 *V. cardui*

大红蛱蝶 *Vanessa indica* (Herbst, 1794)（图版 60：129）

Papilio indica (Herbst, 1794), *In*: Jablonsky, *Naturs. Ins. Schmett.*, 7: pl.180. f. 1, 2. **Type locality**: India.

Pyrameis calliroë Hübner, 1816, *Verz. bek. Schmett.*: 33.

Pyrameis callirohë; Horsfield & Moore, 1857, *Cat. Lep. Mus. E. I. C.*: 138.

Pyrameis indica; Moore, 1881, *Lepid. Ceylon*, 1(2): 50, pl.27, f. 2.; de Nicéville, 1886, *Butt. Ind.*, 2: 229.

Vanessa callirohë; Pryer, 1889, *Rhop. Nihon.*:126.

Pryameis indica; Leech, 1892, *Butt. Chin. Jap. Cor.*, 1: 252.

Pyrameis indica v. *asakurae* Matsumura, 1908, *Ent. Zs.*, 22(39): 158. **Type locality**: "Formosa" [Taiwan, China].

Pyrameis horishanus (Nire, 1917), *Dobut. Zasshi*, 29: 145-148.

Vanessa indica; Kudrna, 1974, *Atalanta*, 5: 105; Antram, 1986, *Butt. Ind.*: 176; Chou, 1994, *Mon. Rhop. Sin.*: 569; Vane-Wright & Hughes, 2007, *J. Lep. Soc.*, 61(4): 212; Korb & Bolshakov, 2011, *Eversmannia Suppl.*, 2: 37; Wu & Xu, 2017, *Butts. Chin.*: 793, f. 794: 1-4.

形态 成虫：中型蛱蝶。翅外缘波状。前翅正面黑色；顶角斜截；外缘在 M_1 脉端部角状突出；顶角区及亚顶区有 1 个 V 形斑列，斑纹大小不一，白色，开口于前缘；基部深褐色；中域斜带宽，橙色，从前缘 1/3 处斜向臀角，内侧镶有 3 个黑色斑纹。反面外缘区有 2 条淡黄色断续带纹；顶角区有茶褐色斑驳纹；中室端脉处有蓝色环状纹；后缘区棕褐色，其余斑纹同前翅正面。后翅深褐色；外缘区橙色，镶有 1 列黑色小斑列，内侧相连有 1 列黑色斑纹；臀角区和翅脉端部覆有紫色鳞片。反面密布棕褐色和黑褐色大理石状斑纹，并交织有白色网纹；外缘及亚外缘各有 1 列黑褐色斑纹，并覆有淡蓝色和粉红色鳞片；亚缘区有 5 个较模糊的眼斑；顶角和后缘区覆有灰白色鳞片。

卵：绿色；棱柱形；有纵脊。

幼虫：头部黑色；体暗黑褐色；密布黑色枝刺、淡色长毛和黄色颗粒状点斑；体侧有淡黄色半月形斑纹。

蛹：褐色；胸背部突起大；表面覆有一层白霜；腹面有刺突。

寄主 荨麻科 Urticaceae 咬人荨麻 *Urtica thunbergiana*、异叶蝎子草 *Girardinia heterophylla*、密花苎麻 *Boehmeria densiflora*、苎麻 *B. nivea*、兰屿水丝麻 *Maoutia setosa*；菊科 Asteraceae 小蓟 *Cirsium belingschanicum*；榆科 Ulmaceae 榆树 *Ulmus pumila*。

蛱蝶科 Nymphalidae

生物学 1年多代，以成虫在杂草及落叶下越冬。成虫多见于5～10月。飞行迅速，不易捕捉。常在较开阔的林缘、山地、溪边活动，喜采食花蜜，吸食腐烂水果和树汁液。卵单产于寄主植物嫩叶和嫩芽上。幼虫有缀叶取食习性。老熟幼虫多在5龄幼虫做成的虫巢中化蛹。

分布 中国（黑龙江、吉林、辽宁、天津、河南、陕西、甘肃、安徽、湖北、江西、广东、重庆、四川、贵州），亚洲东部，欧洲，非洲西北部。

大秦岭分布 河南（登封、内乡、西峡）、陕西（临潼、长安、鄠邑、周至、渭滨、眉县、太白、凤县、华州、汉台、南郑、洋县、西乡、勉县、宁强、留坝、佛坪、汉滨、平利、岚皋、宁陕、商州、丹凤、商南、山阳、镇安）、甘肃（麦积、秦州、康县、徽县、两当、礼县、迭部）、湖北（南漳、神农架、武当山、竹山）、重庆（巫溪、城口）、四川（宣汉、青川、都江堰、安州、平武、茂县、汶川）。

小红蛱蝶 *Vanessa cardui* (Linnaeus, 1758)（图版57：123—124）

Papilio cardui Linnaeus, 1758, *Syst. Nat*. (Edn 10), 1: 475. **Type locality**: Sweden.

Papilio carduelis Cramer, 1775, *Pap. Exot*. **Type locality**: "Cap de Bonne Espérance".

Vanessa cardui; Hübner, 1816, *Verz. bek. Schmett*.: 33; Lang, 1884, *Butt. Eur*.: 17; Pyre, 1889, *Rhop. Nihon*.: 26; Grum-Grshimailo, 1890, *Mém. Lép*., 4: 426; Dyar, 1903, *Bull. U.S. Natn. Mus*., 52: 24; Kudrna, 1974, *Atalanta*, 5: 105; Chou, 1994, *Mon. Rhop. Sin*.: 570; Yakovlev, 2012, *Nota lepid*., 35(1): 87; Korb & Bolshakov, 2011, *Eversmannia Suppl*., 2: 37; Wu & Xu, 2017, *Butts. Chin*.: 793, f. 794: 5-6, 795: 7-12.

Pyrameis cardui; Moore, 1857, *In*: Horsfield & Moore, *Cat. Lep. Mus. E. I. C*.: 138; Moore, [1881], *Lep. Ceyl*., 1(2): 50, pl. 27, f. 1, 1a; Godman & Salvin, [1882], *Biol. centr.-amer., Lep. Rhop*., 1: 217; de Nicéville, 1886, *Butt. Ind*., 2: 227; Godman & Salvin, [1901], *Biol. centr.-amer., Lep. Rhop*., 2: 683.

Pryameis cardui; Leech, 1892, *Butt. Chin. Jap. Cor*., (1): 251.

形态 成虫：中型蛱蝶。两翅正面黑褐色；基部土黄色；外缘有白色缘毛；外缘区橙色，镶有1列黑色斑纹。前翅亚外缘条斑列白色，内侧有黑色斑纹相伴；顶角及亚顶区有1个白色V形斑列；基半部橙色，中间镶有不规则形的黑色斜斑列。反面顶角区土黄色；中室端脉两侧有黑、白2色条斑；基部有3个黑色斑纹；其余斑纹同前翅正面。后翅正面基部黑褐色；前缘及后缘棕褐色；端半部橙色；亚外缘斑列及亚缘斑列黑色；中域有1列褐色斑列，时有断续。反面密布黑褐色、褐色、白色及黄色的云状纹和斑驳纹，并与灰白色网状纹交织；亚缘区有5个黑褐色眼斑，圈纹黄色；亚外缘斑列及眼斑均覆有蓝灰色鳞粉。

卵：棱柱形；赭绿色；有纵脊。

幼虫：体深褐色；密布枝刺、长毛及黄色颗粒状点斑；足基带黄褐色。

蛹：长椭圆形；灰棕色；密布黑褐色小点斑；翅区密布褐色网状细线纹；体背面有 2 列小刺突，端部黄色；背中线乳白色。

寄主　荨麻科 Urticaceae 苎麻 *Boehmeria nivea*、异株荨麻 *Urtica dioeca*、柳叶水麻 *Debregeasia saeneb*；菊科 Asteraceae 丝毛飞廉 *Carduus crispus*、艾草 *Artemisia vulgaris*、艾纳香属 *Blumea* spp.、小牛蒡 *Arctium minus*、毛头牛蒡 *A. tomentosum*、堆心蓟 *Cirsium helenioides*、小蓟 *C. belingschanicum*、翼蓟 *C. vulgare*、丝路蓟 *C. arvense*、西洋蓍草 *Achillea millefolium*、宽叶鼠曲草 *Gnaphalium adnatum*、丝棉草 *G. luteo-album*、勋章菊属 *Gazania* spp.；豆科 Fabaceae 丁葵草 *Zornia diphylla*、菜豆 *Phaseolus vulgaris*、苜蓿 *Medicago sativa*；紫草科 Boraginaceae 牛舌草属 *Anchursa* spp.、车前叶蓝蓟 *Echium plantagineum*；葫芦科 Cucurbitaceae 药西瓜 *Citrullus colocynthis*；葡萄科 Vitaceae 葡萄 *Vitis vinifera*；锦葵科 Malvaceae 锦葵 *Malva cathayensis* 等。

生物学　1 年多代，以成虫或幼虫越冬。成虫多见于 5~10 月。生境和习性与大红蛱蝶相同，喜在多种植物特别是菊科植物上吸蜜。卵单产于寄主植物叶面。幼虫以超过 100 种植物为食，吐丝卷叶，破坏生长点，喜取食嫩叶。休息时双翅闭合，后翅斑纹与石砾、泥土等环境协调，是避免被天敌发现的一种自我保护手段。

分布　世界广布，仅南美洲尚未发现。

大秦岭分布　河南（登封、西峡）、陕西（长安、蓝田、鄠邑、周至、渭滨、陈仓、眉县、太白、凤县、华州、华阴、潼关、汉台、南郑、洋县、西乡、镇巴、留坝、佛坪、岚皋、汉阴、石泉、宁陕、商州、丹凤、山阳、镇安、柞水、洛南）、甘肃（麦积、秦州、武山、武都、文县、徽县、两当、礼县、合作、迭部、碌曲、漳县）、湖北（保康、神农架、武当山、郧西）、重庆（巫溪、城口）、四川（宣汉、青川、都江堰、安州、平武）。

蛱蝶属 *Nymphalis* Kluk, 1780

Nymphalis Kluk, 1780, *Hist. nat. pocz. gospod.* 4: 86. **Type species**: *Papilio polychloros* Linnaeus, 1758.

Hamadryas Hübner, [1806], *Tent. Determinat. digest.* ...[1] (reject.). **Type species**: *Papilio io* Linnaeus, 1758.

Aglais Dalman, 1816, *K. Svenska vetensk Acad. Handl. Stockholm*, (1): 56. **Type species**: *Papilio urticae* Linnaeus, 1758.

Polygonia Hübner, [1819], *Verz. bek. Schmett.*, (3): 36. **Type species**: *Papilio c-aureum* Linnaeus, 1758.

Eugonia Hübner, [1819], *Verz. bek. Schmett.*, (3): 36. **Type species**: *Papilio angelica* Stoll, [1872].

Inachis Hübner, [1819], *Verz. bek. Schmett.*, (3): 37. **Type species**: *Papilio io* Linnaeus, 1758.

Comma Rennie, 1832, *Consp. Butts. Moths*: 8. **Type species**: *Papilio c-album* Linnaeus, 1758.

Grapta Kirby, 1837, *Fauna Boreal Amer.*: 292. **Type species**: *Vanessa c-argenteum* Kirby, 1837.

Scudderia Grote, 1873, *Can. Ent.*, 5(8): 144 (preocc. *Scudderia* Stål, 1873). **Type species**: *Papilio antiopa* Linnaeus, 1758.

Euvanessa Scudder, 1889, *Butts. East. U.S. Can.*, 1: 387. **Type species**: *Papilio antiopa* Linnaeus, 1758.

Kaniska Moore, [1899], *Lepid. Ind.*, 4 (41): 91. **Type species**: *Papilio canace* Linnaeus, 1763.

Ichnusa (*Aglais*) Reuss, 1939, *Ent. Zs.*, 53(1)(1): 3. **Type species**: *Papilio* (*Vanessa*) *ichnusa* Bonelli, 1826.

Roddia Korshunov, 1995, *Butt. Asian Russia*: 81. **Type species**: *Papilio l-album* Esper, 1781.

Grapta; Godman & Salvin, [1882], *Biol. centr.-amer., Lep. Rhop.*, 1: 216.

Nymphalis (Nymphalini); Chou, 1998, *Class. Ident. Chin. Butt*: 163, 164; Korb & Bolshakov, 2011, *Eversmannia Suppl.*, 2: 36.

Aglais (Nymphalini); Korb & Bolshakov, 2011, *Eversmannia Suppl.*, 2: 36.

Polygonia (Nymphalini); Korb & Bolshakov, 2011, *Eversmannia Suppl.*, 2: 36.

Kaniska (Nymphalini); Vane-Wright & de Jong, 2003, *Zool. Verh. Leiden*, 343: 208; Korb & Bolshakov, 2011, *Eversmannia Suppl.*, 2: 36.

Inachis (Nymphalini); Korb & Bolshakov, 2011, *Eversmannia Suppl.* 2: 37.

Nymphalis; Wu & Xu, 2017, *Butts. Chin.*: 781.

蛱蝶属是一个古老的属,许多种类已分出。

翅紫褐色、黑褐色或橙色,有黄色、白色、橙色或黑色的缘带。翅外缘齿状。前翅后缘平直;外缘前翅在 M_1 脉和 Cu_2 脉处、后翅在 M_3 脉处突出成尖角;反面有密集的细波纹;前翅 R_3-R_5 脉共柄,与 M_1 脉共同从中室端部分出。两翅中室均为闭式。

雄性外生殖器:背兜小;钩突细长;颚突左右愈合成 U 形;囊突短;抱器近长方形,背端突起并向腹面弯曲,端部尖锐,抱器铗短;阳茎短,基部较粗,端部尖细,向上弯曲。

雌性外生殖器:囊导管细长,膜质;交配囊体长圆形至圆形。

寄主为杨柳科 Salicaceae、榆科 Ulmaceae、桦木科 Betulaceae、荨麻科 Urticaceae 及漆树科 Anacardiaceae 植物。

全世界记载 6 种,分布于古北区及北美洲。中国已知 3 种,大秦岭均有分布。

种检索表

1. 翅浓紫褐色,端缘有黄色宽带 ································· **黄缘蛱蝶 *N. antiopa***
   翅橙褐色,端缘有黑色宽带 ··· 2
2. 后翅正面前缘中部有白色斑纹;反面中室有白色 L 形斑纹 ··· **白矩朱蛱蝶 *N. vau-album***
3. 后翅正面前缘中部无白色斑纹;中室有 1 个白色小点斑 ········· **朱蛱蝶 *N. xanthomelas***

黄缘蛱蝶 *Nymphalis antiopa* (Linnaeus, 1758)

Papilio antiopa Linnaeus, 1758, *Syst. Nat.* (Edn 10), 1: 476. **Type locality**: Sweden; America.

Vanessa antiopa; Gordart, 1819, *Enc. Méth.*, 4: 308; Godman & Salvin, [1882], *Biol. centr.-amer., Lep. Rhop.*, 1: 215; Godman & Salvin, [1901], *Biol. centr.-amer., Lep. Rhop.*, 2: 682; Lang, 1884, *Butt. Eur.*: 176; de Nicéville,1886, *Butt. Ind.*, 2: 232; Pryer, 1888, *Rhop. Nihon.*: 26; Leech, 1892, *Butt. Chin. Jap. Cor.*, 1: 256.

Vanessa hygiaea Heydenreich, 1851, *Verz. eur. Schmett.*: 7.

Pusilla (Strand, 1901), *Schrift. Nat. Ges. Danzig*, N.F.,10: 285.

Euvanessa antiopa; Dyar, 1903, *Bull. U.S. natn. Mus.*, 52: 23.

Nymphalis antiopa; Lewis, 1974, *Butts. World*: pl. 2, f. 25; D'Abrera, 1992, *Butt. Holar. Reg.*, 2: 320; Chou, 1994, *Mon. Rhop. Sin.*: 571, 572; Wu & Xu, 2017, *Butts. Chin.*: 781, f. 782: 1-2.

Nymphalis (Nymphalis) antiopa; Korb & Bolshakov, 2011, *Eversmannia Suppl.*, 2: 36.

形态　成虫：中型蛱蝶。两翅端缘有黄色宽边，密布褐色麻点纹；正面紫褐色；亚缘带黑色，镶有排列整齐的蓝色斑纹。反面色稍深，具极密的淡黄色或灰白色细波纹。前翅顶角斜截；外缘在 M_1 脉和 Cu_2 脉处成尖角突出；正面前缘区密布淡黄色细横线；亚顶区近前缘有 2 个淡黄色前缘斑。反面无蓝色斑列，其余斑纹同前翅正面。后翅反面前缘中部有 1 个黑色 S 形线纹。

卵：黄褐色，棱柱形，有纵脊。

幼虫：黑色；各节背面有蝶状红斑；密布毛瘤和枝刺。

蛹：土灰色；体表有尖锐突起。

寄主　杨柳科 Salicaceae 柳属 *Salix* spp.、五蕊柳 *S. pentandra*、波纹柳 *S. starkeana*、黄花柳 *S. caprea*、耳柳 *S. aurita*、灰柳 *S. cinerea*、东陵山柳 *S. phylicifolia*、欧洲山杨 *Populus tremula*；榆科 Ulmaceae 榆属 *Ulmus* spp.、南欧朴 *Celtis australis*；桦木科 Betulaceae 坚桦 *Betula chinensis*、垂枝桦 *B. pendula*、灰桤木 *Alnus incana*；漆树科 Anacardiaceae 全缘黄连木 *Pistacia integerrima*。

生物学　1 年 1~2 代，以成虫越冬。成虫寿命可达 10~11 个月，这在蝴蝶中较少见。飞行迅速，喜访花和在湿地吸水。卵堆产于寄主植物茎叶上，排列成环形或半环形，每个卵块近 200 粒卵。低龄幼虫群聚生活，高龄后分散取食。幼虫以杨柳及榆树等为食，属林业害虫。

分布　中国（黑龙江、吉林、辽宁、内蒙古、北京、河北、山西、河南、陕西、甘肃、青海、新疆、四川、西藏），朝鲜，日本，印度，欧洲西部。

大秦岭分布　陕西（宁陕）、甘肃（文县、合作、临潭、迭部、碌曲）。

蛱蝶科 Nymphalidae

朱蛱蝶 *Nymphalis xanthomelas* (Esper, 1781)（图版 58：125—126）

Papilio xanthomelas Esper, 1781, *Die Schmett., Th. I, Bd.* 2(3): 77, pl. 63, f. 4.

Papilio xanthomelas Denis & Schiffermüller, 1775, *Ank. syst. Schmett. Wien.*: 175 (nom. nud.).

Vanessa xanthomelas; Gordart, 1819, *Enc. Méth.*, 4: 820; Horsfield & Moore, 1857, *Cat. Lep. Mus. E. I. C.*, 1: 137; Lang, 1884, *Butt. Eur.*:172; de Nicéville, 1886, *Butt. Ind.*, 2: 235; Pryer, 1888, *Rhop. Nihon.*: 26; Leech,1892, *Butt. Chin. Jap. Cor.*, 1: 260.

Nymphalis xanthomelas; D'Abrera, 1992, *Butt. Holar. Reg.*, 2: 321; Chou, 1994, *Mon. Rhop. Sin.*: 572; Kudrna & Belicek, 2005, *Oedippus*, 23: 28; Wu & Xu, 2017, *Butts. Chin.*: 781, f. 782: 3-6, 783: 7-9.

Nymphalis (*Nymphalis*) *xanthomelas*; Korb & Bolshakov, 2011, *Eversmannia Suppl.*, 2: 36.

形态 成虫：中型蛱蝶。两翅外缘锯齿状；正面橙色；外缘带黄色，密布褐色和淡蓝色鳞粉；亚外缘斑列淡蓝色；亚缘带黑褐色。反面基半部黑褐色，密布黑色和白色细波纹；外侧带宽，贯穿两翅，淡黄色至灰白色，密布褐色细线纹。前翅亚顶区近前缘有淡黄色和黑色斜斑；前缘区褐色，镶有黄色碎斑纹；中室内有 2 个黑斑，相连或分开；中室端脉外侧有 1 个黑色大横斑；m_3 室、cu_1 室各有 1 个黑色斑纹，cu_2 室有 2 个黑色斑纹。后翅外缘在 M_3 脉和 Cu_2 脉处尖出明显；正面前缘中部有 1 个块状大黑斑；前缘及后缘棕灰色；基部密布褐色长毛；反面中室内有 1 个白色斑纹。

卵：淡褐色；棱柱形，有白色纵脊。

幼虫：体黑色；密布黄色斑纹和枝刺；背中线及侧线黑色；腹足红色。

蛹：灰褐色；腹部棕黄色；胸背部有 1 个大尖突；腹背有 2 列小突起。

寄主 杨柳科 Salicaceae 黄花柳 *Salix caprea*、旱柳 *S. matsudana*、垂柳 *S. babylonica*、齿叶柳 *S. denticulata*；漆树科 Anacardiaceae 全缘黄连木 *Pistacia integerrima*；榆科 Ulmaceae 南洋朴树 *Celtis austratis*、朴树 *C. sinensis*、榆树 *Ulmus pumila*、圆冠榆 *U. densa*、欧洲白榆 *U. laevis*；桦木科 Betulaceae 桦属 *Betula* spp.、桤木 *Alnus cremastogyne*。

生物学 1 年 1~2 代，以成虫越冬。成虫多见于 4~9 月。飞行迅速，喜停栖在岩石上和在湿地吸水，山地、丘陵及平原均有发现，喜采食花粉、花蜜及植物汁液。卵聚产于寄主植物嫩芽上或休眠芽周围。幼虫孵化后吐丝筑巢群聚生活，有时幼虫数量过多，甚至将整棵植物的叶片吃光。老熟幼虫在寄主植物枝干上化蛹。

分布 中国（黑龙江、吉林、辽宁、内蒙古、北京、河北、山西、河南、陕西、宁夏、甘肃、青海、新疆、湖北、台湾、重庆、四川），朝鲜，日本。

大秦岭分布 河南（鲁山、内乡、嵩县、栾川、灵宝）、陕西（蓝田、长安、鄠邑、周至、眉县、太白、凤县、华阴、南郑、洋县、留坝、佛坪、宁陕）、甘肃（麦积、秦州、武都、文县、徽县、两当、礼县、卓尼、迭部、碌曲）、湖北（兴山、神农架）、四川（青川、安州）。

白矩朱蛱蝶 *Nymphalis vau-album* (Denis & Schiffermüller, 1775)

Papilio vau-album Denis & Schiffermüller, 1775, *Syst. Wer. Schmett. Wien*.: 176 (nom. nud.). **Type locality**: Vienna.

Papilio l-album Esper, 1781, *Die Schmett.*, *Th. I, Bd.* 2(3): 69, (2): pl. 62, f. 3a, 3b. **Type locality**: "Ungarn & Oesterreich".

Papilio v-album Fabricius, 1787, *Mant. Ins.*, 2: 50.

Vanessa v-album; Gordart, 1819, *Enc. Méth.*, 4: 306; Lang, 1884, *Butt. Eur.*: 172; de Nicéville, 1886, *Butt. Ind.*, 2: 236; Pryer, 1888, *Rhop. Nihon.*: 25.

Vanessa vau-album; Leech, 1892, *Butt. Chin. Jap. Cor.*, 1: 261.

Vanessa l-album ab. *chelone* Schultz, 1903, *Dt. ent. Z. Iris*, 15(2): 324. **Type locality**: Oesterreich.

Polygonia l-album ab. *koentzeyi* Diószeghy, 1913, *Rovartani Lapok*, 20: 193. **Type locality**: [W. Romania, Arad] Ineu.

Polygonia l-album f. *mureisana* Matsumura, 1939, *Bull. biogeogr. Soc. Jap.*, 9(20): 356. **Type locality**: Mt. Murei.

Nymphalis vau-album; D'Abrera, 1992, *Butt. Holar. Reg.*, 2: 322; Chou, 1994, *Mon. Rhop. Sin.*: 573; Wu & Xu, 2017, *Butts. Chin.*: 781, f. 783: 10-12.

Nymphalis l-album; Kudrna & Belicek, 2005, *Oedippus*, 23: 28.

Nymphalis (*Roddia*) *vau-album* [sic, recte *vaualbum*]; Korb & Bolshakov, 2011, *Eversmannia Suppl.*, 2: 36.

形态 成虫：中型蛱蝶。与朱蛱蝶 *N. xanthomelas* 极为近似，主要区别为：本种后翅正面前缘中部有 1 个白色斑纹；亚外缘无淡蓝色斑带；有橙色亚缘斑列；反面中室有 1 个白色 L 形斑纹。

卵：初产淡黄色，后色加深；有纵脊。

幼虫：体背部黑色，体侧红色；背上有 2 条鲜黄色纵条纹。

蛹：土灰白色；有白斑。

寄主 桦木科 Betulaceae 黑桦 *Betula dahurica*；榆科 Ulmaceae 榆树 *Ulmus pumila*；荨麻科 Urticaceae 荨麻 *Urtica fissa*；杨柳科 Salicaceae 杨属 *Populus* spp.、柳属 *Salix* spp. 等。

生物学 1 年 1 代，以成虫在树洞、石缝、杂草叶中越冬和越夏。成虫多见于 5～7 月。飞行迅速，多停栖在岩石上，常在林缘活动，喜在湿地吸水、采食花蜜及植物汁液。卵堆产于寄主植物叶片及小枝上，每堆 35～45 粒。幼虫喜群居生活。

分布 中国（黑龙江、吉林、辽宁、内蒙古、天津、山西、陕西、甘肃、新疆、云南），俄罗斯，蒙古，朝鲜，日本，巴基斯坦，欧洲东部，北美。

大秦岭分布 陕西（长安、凤县）、甘肃（麦积、秦州、文县）。

琉璃蛱蝶属 *Kaniska* Moore, [1899]

Kaniska Moore, [1899], *Lepid. Ind.*, 4(41): 91. **Type species**: *Papilio canace* Linnaeus, 1763.

Kaniska; Chou, 1998, *Class. Ident. Chin. Butt*: 164, 165; Wu & Xu, 2017, *Butts. Chin.*: 788.

翅黑色；有宽的蓝色亚缘带；顶角斜截；外缘齿状，中部凹入；脉相与蛱蝶属 *Nymphalis* 近似；M_2 脉离 M_1 脉较远。后翅外缘在 Rs 脉前凹入；$Sc+R_1$ 脉强度弯曲；M_3 脉端部突出成短尾。前后翅中室均为闭式。

雄性外生殖器：与蛱蝶属 *Nymphalis* 相似，但抱器阔，抱器端、抱器铗及阳茎均强度弯曲。

雌性外生殖器：囊导管细短，膜质；交配囊体大，圆形。

寄主为菝葜科 Smilacaceae 及百合科 Liliaceae 植物。

全世界仅记载 1 种，广布于亚洲古北区及东洋区。大秦岭亦有分布。

琉璃蛱蝶 *Kaniska canace* (Linnaeus, 1763)（图版 59：127—128）

Papilio canace Linnaeus, 1763, *Amoenit. Acad.*, 6: 406. **Type locality**: E. China.

Vanessa canace siphnos Fruhstorfer, 1912, *In*: Seitz, *Gross-Schmett. Erde*, 9: 527. **Type locality**: Liu-Kiu.

Vanessa canace f. *mandarina* Matsumura, 1939, *Bull. biogeogr. Soc. Jap.*, 9(20): 356. **Type locality**: Mt. Murei.

Vanessa canace; Antram, 1986, *Butt. Ind.*: 178.

Kaniska canace; D'Abrera, 1984, *Butt. Orien. Reg.*, 2: 276; Chou, 1994, *Mon. Rhop. Sin.*: 570; Tuzov, 2000, *Guide Butt. Rusr.*, 2: 32, pl. 18, f. 7-9; Vane-Wright & de Jong, 2003, *Zool. Verh. Leiden*, 343: 207; Korb & Bolshakov, 2011, *Eversmannia Suppl.*, 2: 36; Wu & Xu, 2017, *Butts. Chin.*: 788, f. 789: 1-6.

形态 成虫：中型蛱蝶。两翅正面黑褐色；外缘锯齿形；外缘和亚外缘区各有 1 条淡蓝色细线纹。反面色稍淡，密布由黑褐色、灰白色、茶褐色等多色组成的树皮状斑驳纹；黑褐色中横带贯穿两翅，外侧锯齿形，缘线黑色。前翅顶角斜截明显；外缘 M_1 脉及 Cu_2 脉端部突出，中部弧形凹入；正面亚顶区近前缘处有 1 个白色斑纹；外中区有 1 条蓝色近 Y 形宽带；反面顶角区黄褐色。后翅顶角及臀角内缘近 V 形凹入；外缘在 M_3 脉端呈角状突出；蓝色外中带宽，外侧镶有 1 列黑色点斑列；反面中央有 1 个黄色小斑纹。

卵：长圆形，底平截；绿色；有纵脊。

幼虫：橙色，密布黑色、白色和黄色的环纹及点斑；长枝刺白色，尖端黑色，基部橙红色。

蛹：黄褐色；头端部有 2 个弯曲的锥状突起；体表密布褐色细线纹；胸背部突起；后胸

及第 1 腹节各有 1 对银色斑纹；体背面有 2 列小刺突。

寄主 菝葜科 Smilacaceae 菝葜 *Smilax china*、穿鞘菝葜 *S. perfoliata*、圆锥菝葜 *S. bracteata*、马甲菝葜 *S. lanceifolia*、牛尾菜 *S. riparia*、尖叶菝葜 *S. arisanensis*、肖菝葜 *Heterosmilax japonica*；百合科 Liliaceae 毛油点草 *Tricyrtis hirta*、卷丹 *Lilium lancifolum*、抱茎叶算盘七 *Streptopus amplexifolius*。

生物学 1 年多代，以成虫越冬。成虫多见于 5~9 月。飞行迅速，雄性具领域性。常在林缘、山地活动，栖息于石崖、溪边、树枝上，喜在湿地吸水，吸食人畜粪便、腐烂果实和树汁液。卵单产于寄主植物叶片正面。幼虫休息时栖息于寄主植物的反面。老熟幼虫多在寄主植物叶片反面或枝条上化蛹。

分布 中国广布，从喜马拉雅山脉到西伯利亚的东南部都有分布。

大秦岭分布 河南（荥阳、登封、内乡、西峡、陕州）、陕西（临潼、蓝田、长安、鄠邑、周至、渭滨、陈仓、眉县、太白、凤县、华州、华阴、潼关、汉台、南郑、洋县、西乡、留坝、佛坪、平利、岚皋、商州、丹凤、商南、山阳、镇安、柞水、洛南）、甘肃（麦积、秦州、武山、康县、文县、徽县、两当、礼县、舟曲、迭部、碌曲、漳县）、湖北（当阳、南漳、神农架）、重庆（城口）、四川（宣汉、剑阁、青川、都江堰、安州、平武、汶川、九寨沟）。

钩蛱蝶属 *Polygonia* Hübner, [1819]

Polygonia Hübner, [1819], *Verz. bek. Schmett.*, (3): 36. **Type species**: *Papilio c-aureum* Linnaeus, 1758.

Eugonia Hübner, [1819], *Verz. bek. Schmett.* (3): 36. **Type species**: *Papilio angelica* Stoll, [1782].

Comma Rennie, 1832, *Consp. Butts. Moths*: 8. **Type species**: *Papilio c-album* Linnaeus, 1758.

Grapta Kirby, 1837, *In*: Richardson, *Fauna Boreal Amer.*: 292. **Type species**: *Vanessa c-argenteum* Kirby, 1837.

Kaniska Moore, [1899], *Lepid. Ind.*, 4(41): 91. **Type species**: *Papilio canace* Linnaeus, 1763.

Polygonia; Chou, 1998, *Class. Ident. Chin. Butt*: 165; Wu & Xu, 2017, *Butts. Chin.*: 790.

常见种类。翅黄褐色至橙色；正面密布黑色斑纹；外缘锯齿状。前翅顶角斜截；M_1 脉和 Cu_2 脉呈角状外突；外缘中部及后缘端部凹入。后翅 M_3 脉成角状突出；臀角尖；反面中室有 1 条银白色 L 形或 C 形斑纹；R_3-R_5 脉共柄，并与 R_2、M_1 脉共同从中室端部伸出。中室前翅闭式，后翅开式，长约为该翅长的 1/2。

雄性外生殖器：背兜发达；钩突长；颚突左右愈合呈 U 形；囊突中等长；抱器较大，背端有各种突起，抱器铗发达；阳茎基部粗，端部尖锐，微弯。

雌性外生殖器：囊导管细长，膜质；交配囊体大，近圆形。

寄主为榆科 Ulmaceae、荨麻科 Urticaceae、杨柳科 Salicaceae、桑科 Moraceae、忍冬科 Caprifoliaceae、虎耳草科 Saxifragaceae、蔷薇科 Rosaceae、桦木科 Betulaceae、亚麻科 Linaceae 及芸香科 Rutaceae 植物。

全世界记载 14 种，分布于古北区、新北区、东洋区的北部及非洲区。中国已知 5 种，大秦岭分布 3 种。

种检索表

1. 体型较大；翅黑色至黑褐色；斑纹橙色；前翅反面中央有 1 个银白色斑纹 …………… ………………………………………………………………**巨型钩蛱蝶 *P. gigantea***
   体型较小；翅橙色；斑纹黑色；前翅反面无银白色斑纹 ……………………………… 2
2. 前翅正面中室基部无黑色斑纹 …………………………………**白钩蛱蝶 *P. c-album***
   前翅正面中室基部有 1 个黑色斑纹 …………………………**黄钩蛱蝶 *P. c-aureum***

白钩蛱蝶 *Polygonia c-album* (Linnaeus, 1758)（图版 60：130）

Papilio c-album Linnaeus, 1758, *Syst. Nat.* (Edn 10), 1: 477.

Papilio f-album Esper, 1783, *Die Schmett.*, *Th. I*, *Bd.* 2(8): 168, pl. 87.

Polygonia marsyas Edwards, 1870, *Trans. amer. ent. Soc.*, 3(1): 16 (based on mislabeled specimens).

Vanessa hamigera Butler, 1877, *Ann. Mag. nat. Hist.*, 15(4): 92.

Vanessa fentoni Butler, 1878, *Cistula ent.*, 2: 281.

Vanessa lunigera Butler, 1881a, *Proc. zool. Soc. Lond.*: 850.

Vanessa c-album; Lang, 1884, *Butt. Eur.*: 170; de Nicéville, 1886, *Butt. Ind.*, 2: 237; Pryer, 1888, *Rhop. Nihon.*: 26.

Vanessa c-album var. *tibetana* Elwes, 1888, *Trans. Ent. Soc.*: 363.

Grapta c-album; Leech, 1892, *Butt. Chin. Jap. Cor.*, 1: 263.

Polygonia c-album coreana Nomura, 1937, *Zephyrus*, 7: 119.

Polygonia c-album f. *manchurica* Matsumura, 1939, *Bull. biogeogr. Soc. Jap.*, 9(20): 355. **Type locality**: Mt. Murei.

Polygonia c-album; D'Abrera, 1992, *Butt. Holar. Reg.*, 2: 326; Chou, 1994, *Mon. Rhop. Sin.*: 574; Korb & Bolshakov, 2011, *Eversmannia Suppl.*, 2: 36; Yakovlev, 2012, *Nota lepid.*, 35(1): 87; Wu & Xu, 2017, *Butts. Chin.*: 790, f. 791: 1-8.

形态 成虫：中型蛱蝶。两翅橙色；正面有黑色斑纹；外缘带黑褐色；黄色亚缘斑列后翅较前翅清晰。反面橙色或褐色；密布褐色细线纹和斑驳云状纹；黑褐色波状中横带横贯两翅。前翅顶角斜截；外缘 M_1 脉和 Cu_2 脉呈角状突出；后缘端部弧形凹入；中室中部有 2

个黑色圆斑，相连或愈合；前缘中室端脉外侧至亚顶区有 2 个斜斑；m_2、cu_1 室各有 1 个黑色斑纹；cu_2 室中部有 2 个黑色斑纹。后翅 M_3 脉呈角状突出；顶角及臀角近 V 形凹入；正面基半部有 3~4 个黑斑；外中域有 2 个黑褐色 M 形斑纹，时有退化或消失；反面中室内有 1 条 L 形或 C 形银白色斑纹。

本种有春型和秋型 2 种形态。春型翅黄褐色；秋型翅正面稍显红色；反面黑褐色；两翅外缘的角突顶端春型稍尖，秋型浑圆。

卵：绿色；棱柱形，表面有纵棱脊。

幼虫：5 龄期。黑褐色；较粗壮；密布淡色棘刺，黄、白 2 色环纹和橙、蓝、黑 3 色斑纹。

蛹：淡褐色；细长；头顶有 1 对向内弯的角状突起；胸背部中央突起大；背面有银白色斑纹。

寄主 榆科 Ulmaceae 榉木 *Zelkova serrata*、大果榆 *Ulmus macrocarpa*、大叶榆 *U. laevis*、光榆 *U. glabra*、榔榆 *U. parvifolia*、阿里山榆 *U. uyematsui*；荨麻科 Urticaceae 异株荨麻 *Urtica dioeca*；杨柳科 Salicaceae 黄花柳 *Salix caprea*、耳柳 *S. aurita*、灰柳 *S. cinerea*、东陵山柳 *S. phylicifolia*；桑科 Moraceae 葎草 *Humulus scandens*、啤酒花 *H. lupulus*；忍冬科 Caprifoliaceae 忍冬属 *Lonicera* spp.；虎耳草科 Saxifragaceae 高山茶藨子 *Ribes alpinum*、黑穗醋栗 *R. nigrum*、红茶藨子 *R. rubrum*；蔷薇科 Rosaceae 覆盆子 *Rubus idaeus*；桦木科 Betulaceae 桦木属 *Betula* spp.、欧洲榛 *Corylus avellana*。

生物学 1 年多代，以成虫或蛹越冬。成虫多见于 5~9 月。飞行迅速，在山地开阔地带、林缘和平原地区、园林、绿地、花圃中常见，喜采吸花蜜及湿地吸水，多栖息于树木枝叶上。卵单产于寄主新芽上。幼虫常栖于叶片背面，身体呈扭曲状，腹部末端抬起。老熟幼虫常在寄主植物叶片反面或枝干上化蛹。

分布 中国（黑龙江、吉林、辽宁、内蒙古、北京、天津、河北、河南、陕西、甘肃、安徽、浙江、湖北、江西、重庆、四川、贵州、西藏），朝鲜，日本，印度，不丹，尼泊尔，欧洲。

大秦岭分布 河南（登封）、陕西（蓝田、长安、周至、陈仓、眉县、太白、汉台、南郑、洋县、宁强、留坝、佛坪、宁陕、商州）、甘肃（麦积、秦州、武山、文县、徽县、两当、迭部、碌曲）、湖北（武当山）、四川（宣汉、昭化、青川、都江堰、安州、汶川）。

黄钩蛱蝶 *Polygonia c-aureum* (Linnaeus, 1758)（图版 60—61：131—133）

Papilio c-aureum Linnaeus, 1758, *Syst. Nat.* (Edn 10), 1: 477.

Papilio angelica Cramer, 1782, *Pap. Exot.*, 4: 388.

Polygonia c-aureum; Hübner, 1816-1824, *Samml. exot. Schmett.*

Vanessa c-aureum; Gordart, 1819, *Enc. Méth.*, 4: 324; Pryer, 1888, *Rhop. Nihon.*: 25.

Vanessa pryeri Janson; 1878, *Cist. Ent*., 2: 269.

Grapta c-aureum; Leech, 1892, *Butt. Chin. Jap. Cor*., 1: 266.

Polygonia c-aureum; Kudrna, 1974, *Atalanta*, 5: 105; D'Abrera, 1992, *Butt. Holar. Reg*., 2: 326; Chou, 1994, *Mon. Rhop. Sin*.: 574; Korb & Bolshakov, 2011, *Eversmannia Suppl*., 2: 36; Wu & Xu, 2017, *Butts. Chin*.: 790, f. 792: 10-11.

形态　成虫：中型蛱蝶。与白钩蛱蝶 *P. c-album* 相似且混合出现，主要区别为：本种体型较大。前翅正面中室内有 3 个黑褐色斑纹；cu₂ 室中部的 2 个黑色斑纹较大。后翅中室基部有 1 个黑色斑纹。正面前翅后角和后翅外中域黑斑上有蓝色鳞片。

卵：绿色；棱柱形，表面有纵棱脊。

幼虫：5 龄期。黑褐色；头部有 1 对棘状突起；体表密布黄色细环纹和橙色棘刺。

蛹：体细长；灰褐色；头顶有 1 对尖角；各腹节背部有 1 对圆锥状短突起；翅区及腹侧有绿褐色带纹；腹背有银色斑纹。

寄主　桑科 Moraceae 葎草 *Humulus scandens*、大麻 *Cannabis satiuv*；亚麻科 Linaceae 亚麻 *Linum usitaissimun*；芸香科 Rutaceae 柑橘属 *Citrus* spp.；蔷薇科 Rosaceae 梨属 *Pyrus* spp. 等植物。

生物学　1 年多代，以成虫越冬。成虫多见于 6～10 月。飞行迅速，喜在寄主或植物蔓生的荒地及空旷的郊野活动，喜吸食腐果、树汁液、花蜜。卵单产于寄主植物的茎叶上或寄主周边植物的茎叶及草秆上。幼虫将叶脉基部切开做成斗蓬状的巢，栖息其中，静止时，体前部弯曲呈扭曲状。老熟幼虫离开虫巢在寄主植物的叶片反面、茎秆上或附近的植物上化蛹。

分布　中国广布，俄罗斯，蒙古，朝鲜，日本，越南。

大秦岭分布　河南（新郑、荥阳、新密、登封、巩义、禹州、长葛、宝丰、鲁山、郏县、镇平、内乡、淅川、西峡、南召、伊川、汝阳、嵩县、栾川、洛宁、渑池、陕州、灵宝、卢氏）、陕西（临潼、蓝田、长安、鄠邑、周至、渭滨、陈仓、岐山、眉县、太白、凤县、华州、华阴、潼关、汉台、南郑、洋县、西乡、勉县、宁强、略阳、留坝、佛坪、汉滨、旬阳、白河、平利、岚皋、紫阳、汉阴、石泉、宁陕、商州、丹凤、商南、山阳、镇安、柞水、洛南）、甘肃（麦积、秦州、武山、徽县、两当、礼县、迭部）、湖北（神农架、房县）、重庆（城口）、四川（宣汉、绵竹、青川、安州、江油、平武）。

巨型钩蛱蝶 *Polygonia gigantea* (Leech, 1890)

Grapta gigantea Leech, 1890, *Entomologist*, 23: 189. **Type locality**: Ta-Chien-Lu.

Grapta gigantea; Leech, 1892, *Butt. Chin. Jap. Cor*., 1: 263.

Grapta bocki Rothschild, 1894, *Novit. zool*., 1(2): 535, pl. 12, f. 7.

蛱蝶亚科 Nymphalinae

Polygonia gigantea; D'Abrera, 1992, *Butt. Holar. Reg.*, 2: 328; Chou, 1994, *Mon. Rhop. Sin.*: 575; Wu & Xu, 2017, *Butts. Chin.*: 790, f. 792: 12-13.

形态 成虫：中大型蛱蝶。两翅黑色至黑褐色；斑纹橙色；外缘锯齿形；反面密布黄色或黄褐色细纹和斑驳云纹斑，呈枯树皮状。前翅顶角斜截；外缘 M_1 脉末端特别突出，呈鹰嘴状；Cu_2 脉角状突出；外缘中部 C 形凹入；后缘端部弧形凹入；正面橙色斑带相互连接呈网状；反面中央有 1 个白色 V 形小斑纹。后翅 M_3 脉末伸长呈尾状；顶角及后缘末端呈 C 形凹入；臀角突出；亚缘区有 1 列橙色斑纹；橙色中横带波形；基部覆有褐色长毛；反面中央有 1 个 L 形银白色斑纹。

生物学 成虫多见于 6~7 月。多在中高海拔的林地活动，喜在湿地吸水。

分布 中国（陕西、甘肃、湖北、四川、云南、西藏）。

大秦岭分布 陕西（长安、陈仓、汉台、洋县、留坝、佛坪、宁陕、商南）、甘肃（麦积、徽县）、湖北（神农架）、四川（都江堰、安州）。

孔雀蛱蝶属 *Inachis* Hübner, [1819]

Inachis Hübner, [1819], *Verz. bek. Schmett.*, (3): 37. **Type species**: *Papilio io* Linnaeus, 1758.
Aglais Dalman, 1816, *K. svenska Vetensk Akad. Handl.*, (1).
Inachis; Chou, 1998, *Class. Ident. Chin. Butt*: 165, 166; Wu & Xu, 2017, *Butts. Chin.*: 784.

翅正面朱红色；前缘近顶角处有 1 个大的孔雀翎状的眼斑；中室前翅闭式，后翅开式。前翅 M_1 脉及后翅 M_3 脉端部角状尖出。前翅正三角形；R_3-R_5 脉共柄，并与 M_1 脉一起从中室端部分出。后翅 Rs、M_1 及 M_2 脉发出点相互靠近

雄性外生殖器：背兜宽；钩突小而狭，末端分叉；囊突细，向上弯曲；抱器阔，抱器铗基部粗壮，端部尖锐，阳茎细长。

雌性外生殖器：囊导管细长，膜质；交配囊体大，圆形。

寄主为荨麻科 Urticaceae、桑科 Moraceae、榆科 Ulmaceae 及唇形科 Lamiaceae 植物。

全世界仅记载 1 种，分布于欧洲及亚洲温带地区。大秦岭有分布。

孔雀蛱蝶 *Inachis io* (Linnaeus, 1758)（图版 62：134—135）

Papilio io Linnaeus, 1758, *Syst. Nat.* (Edn 10), 1: 472.
Vanessa io; Gordart, 1819, *Enc. Méth.*, 4: 309; Lang, 1884, *Butt. Eur.*: 175; Pryer, 1888, *Rhop. Nihon.*: 26; Leech, 1892, *Butt. Chin. Jap. Cor.*, 1: 255.

Inachis io ab. *oligoio* Reuss, 1939, *Ent. Zs*., 53(1): 3.

Inachis io; D'Abrera, 1992, *Butt. Holar. Reg*., 2: 323; Chou, 1994, *Mon. Rhop. Sin*.: 576; Korb & Bolshakov, 2011, *Eversmannia Suppl*., 2: 37; Wu & Xu, 2017, *Butts. Chin*.: 784, figs. 786: 1-2.

形态 成虫：中型蛱蝶。两翅外缘有小齿突；正面朱红色；顶角各有 1 个孔雀翎状的眼斑，圈纹黄色，中间散有青白色鳞片；外缘带棕褐色。反面黑褐色，密布黑、棕 2 色细波纹和云状斑驳纹。前翅前缘基半部黑色，密布淡黄色横纹；外缘 M_1 脉末端突出，呈鹰嘴状；中室端部有 1 个黄色斑纹，时有退化或消失，黄斑内侧相连有 1 个近三角形黑斑，外侧相连有 1 个近梯形褐色斑纹；亚缘区从 R_5 脉向下有 1 列小白点，止于 Cu_2 脉。后翅外缘 M_3 脉端部呈角状外突；基半部棕褐色；后缘灰棕色；大眼斑内侧相连有 1 个黑色半月形斑纹；反面中横带宽，缘线黑色。

卵：扁圆形；有纵脊；初产淡绿色。

幼虫：黑色；密布黑色长枝刺和白色小斑点。

蛹：有淡绿色、褐色、闪金光色 3 种颜色；有顶部分叉的刺突。

寄主 荨麻科 Urticaceae 荨麻 *Urtica fissa*、异株荨麻 *U. dioeca*、狭叶荨麻 *U. angustifolia*；桑科 Moraceae 葎草 *Humulus scandens*、啤酒花 *H. lupulus*；榆科 Ulmaceae 榆属 *Ulmus* spp.；唇形科 Lamiaceae 野薄荷 *Mentha haplocalyx*。

生物学 1 年 2 代，以成虫越冬。成虫多见于 6~9 月。飞行迅速，分布海拔范围较宽，3500 m 以上也有分布；常在林间、草坪、路旁、岩石边静息吸水，或在山萝卜、蓟类植物的花上吸蜜，对腐果有趋性。卵堆产，每堆可达 300 粒以上。幼虫有群居习性。

分布 中国（黑龙江、吉林、辽宁、山西、河南、陕西、宁夏、甘肃、青海、新疆、四川、云南），朝鲜，日本，西欧。

大秦岭分布 河南（内乡）、陕西（周至、陈仓、眉县、太白、凤县、汉台、留坝、汉滨）、甘肃（麦积、文县、徽县、两当、合作、迭部、碌曲）、四川（青川、都江堰、汶川、九寨沟）。

盛蛱蝶属 *Symbrenthia* Hübner, [1819]

Symbrenthia Hübner, [1819], *Verz. bek. Schmett*., (3): 43. **Type species**: *Symbrenthia hippocle* Hübner, [1779].

Laogona Boisduval, [1836], *Hist. nat. Ins., Spec. gén. Lépid*., 1: pl. 10 [pl. 6B]. **Type species**: *Vanessa hypselis* Godart, [1824]; Doubleday, 1848a. *Gen. diurn. Lep*., 1: 190.

Symbrenthia; de Nicéville, 1886. *Butt. Ind*., 2: 238; Wu & Xu, 2017, *Butts. Chin*.: 802.

Brensymthia Huang, 2001, *Atalanta*, 33(3/4): 361-372. **Type species**: *Symbrenthia niphanda* Moore, 1872.

Symbrenthia (Nymphalini); Chou, 1998, *Class. Ident. Chin. Butt*: 167, 168; Vane-Wright & de Jong, 2003, *Zool. Verh. Leiden*, 343: 205.

近似环蛱蝶属 *Neptis*。翅正面黑色或黑褐色；有橙色横带和斑纹；反面斑纹多变化，是区分不同种的主要特征。前翅正三角形；外缘与后缘约等长，较平直；R_3-R_5 脉共柄，并与 M_1 脉一起从中室端部分出；中室闭式。后翅外缘 M_3 脉处有 1 个尖的小尾突；中室开式。

雄性外生殖器：种间差异较大。背兜大或小；钩突长，基部较粗，端部二分叉；颚突细长；囊突长或短；抱器卵圆形，端部钩状；阳茎基部较粗，端部尖。

雌性外生殖器：囊导管细长，端部骨化；交配囊体长茄形或圆形。

寄主为荨麻科 Urticaceae 植物。

全世界记载 14 种，分布于古北区、东洋区到巴布亚新几内亚。中国已知 8 种，大秦岭分布 4 种。

种检索表

1. 后翅反面无黄色或白色中横带 ························ **散纹盛蛱蝶 *S. lilaea***
   后翅反面有黄色或白色中横带 ··· 2
2. 后翅反面后缘中部有 3 个紧密排列的长方形大斑 ················· **斑豹盛蛱蝶 *S. leopard***
   后翅反面后缘中部无上述斑纹 ··· 3
3. 后翅反面亚缘子弹头形斑纹的中心黄色 ···················· **黄豹盛蛱蝶 *S. brabira***
   后翅反面亚缘子弹头形斑纹的中心非黄色 ···················· **云豹盛蛱蝶 *S. niphanda***

散纹盛蛱蝶 *Symbrenthia lilaea* (Hewitson, 1864)（图版 63：136）

Vanessa lilaea Hewitson, 1864, *Trans. ent. Soc. Lond.*, 2(3): 246. **Type locality**: East India.

Symbrenthia lilaea; D'Abrera, 1985, *Butt. Ori. Reg.*, 2: 281; Chou, 1994, *Mon. Rhop. Sin*.: 582; Vane-Wright & de Jong, 2003, *Zool. Verh. Leiden*, 343: 206; Wu & Xu, 2017, *Butts. Chin*.: 802, f. 803: 1-4.

形态 成虫：中小型蛱蝶。两翅正面黑褐色；斑纹黄色。反面黄色，密布红褐色线纹和斑驳云状纹。前翅顶角有橙色小斜斑；外横斑列近八字形排列；中室棒纹端部断开，并向中室外延伸。反面黑褐色斜带从后缘中部伸达亚顶区。后翅外缘 M_3 脉处有 1 个尖的小尾突；正面橙色外缘带细；中横带与外横带近平行排列；肩区黄色。反面基横带黑褐色；外横带模糊；中斜带细，从基横带端部伸向外横带中部；尾突基部有 1 个蓝灰色鳞粉斑。

卵：扁圆形；有单色纵脊；初产黄绿色，孵化前变为黑色。

幼虫：5 龄期。深黑色；体表密布黑色长枝刺和白色小点斑。

蛹：褐色；极像卷曲的枯叶；头顶有 1 对相对弯曲的角突；胸背部有白色斑纹；腹部有刺突。

寄主　荨麻科 Urticaceae 密花苎麻 *Boehmeria densiflora*、苎麻 *B. nivea*、大蝎子草 *Girardinia diversifolia*、柳叶水麻 *Debregeasia saeneb*、水麻 *D. orientalis*、长梗紫麻 *Oreocnide pedunculata*。

生物学　1 年多代，以成虫越冬。成虫多见于 5～8 月。多在中低海拔的林缘活动；有访花习性，好访白色系花，雄性具领域行为，喜在湿地吸水。卵聚产于寄主植物叶片的反面。幼虫有群聚栖息取食习性。老熟幼虫多在寄主叶片反面或茎秆上化蛹。

分布　中国（陕西、浙江、湖北、江西、湖南、福建、台湾、广东、广西、重庆、四川、贵州、云南），印度，越南，菲律宾，印度尼西亚。

大秦岭分布　陕西（南郑、洋县、西乡、镇巴、勉县、岚皋、宁陕、丹凤）、湖北（神农架）、重庆（巫溪、城口）、四川（宣汉、万源、昭化、旺苍、彭州、青川、都江堰、绵竹、安州、江油、北川、平武）。

黄豹盛蛱蝶 *Symbrenthia brabira* Moore, 1872

Symbrenthia brabira Moore, 1872, *Proc. zool. Soc. Lond*., (2): 558. **Type locality**: N. India.

Symbrenthia brabira scatinia Fruhstorfer, 1908c, *Ent. Zs*., 22(31): 127. **Type locality**: Taiwan, China.

Symbrenthia brabira; Chou, 1994, *Mon. Rhop. Sin*., 2: 581; Huang, 1998, *Neue Ent. Nachr*., 41: 236 (note), pl. 9, f. 1a, 2a; Wu & Xu, 2017, *Butts. Chin*.: 802, f. 803: 5-9.

形态　成虫：中小型蛱蝶。两翅正面黑褐色；斑纹黄色。反面黄色；密布分片聚集的黑色碎斑纹。前翅正面顶角橙色小斑有或无；外横斑带近八字形排列；中室棒纹延伸至中室外，端部扭曲。反面黑色外缘线和亚外缘线近平行排列。后翅外缘在 M_3 脉处有小角突；正面端缘橙色带细，时有模糊或消失；中横带与亚缘带近平行排列；肩区黄色。反面端缘有 3 条黑色细带纹；亚缘眼斑列有 5 个子弹头形斑纹，中心黄色；中横带黄色；小尾突至臀角有 1 条蓝灰色细鳞粉带；后缘近臀角处有小蓝斑。

卵：扁圆形；墨绿色；有白色纵脊。

幼虫：5 龄期。初龄幼虫黄绿色，末龄时褐色；体表密布长枝刺，黑、白 2 色斑纹和淡黄色及褐色环纹，枝刺基部红色；背中线白色；体侧有 1 列花边纹形斑纹。

蛹：梭形；胸腹部黄绿色至淡褐色；翅区暗绿色；胸背部有褐色小突起。

寄主　荨麻科 Urticaceae 赤车属 *Pellionia* spp.、宽叶楼梯草 *Elatostema platyphyllum*、圆果冷水花 *Pilea rotundinucula*。

生物学　1 年多代。成虫多见于 5 ~ 8 月。常在林缘活动，有访花习性，喜在湿地吸水。卵聚产于寄主植物叶片的反面。老熟幼虫在寄主叶片反面或茎秆上化蛹。

分布　中国（陕西、安徽、浙江、湖北、江西、福建、台湾、广东、重庆、四川、贵州、云南、西藏），印度，不丹，尼泊尔，孟加拉国，缅甸，泰国。

大秦岭分布　陕西（南郑、汉滨、岚皋）、湖北（神农架）、四川（安州）。

云豹盛蛱蝶 *Symbrenthia niphanda* Moore, 1872

Symbrenthia niphanda Moore, 1872, *Proc. zool. Soc. Lond.*, (2): 559. **Type locality**: Sikkim, Himalayas.
Symbrenthia niphanda; Chou, 1994, *Mon. Rhop. Sin.*: 582; Wu & Xu, 2017, *Butts. Chin.*: 804, f. 805: 4.

形态　成虫：中小型蛱蝶。与黄豹盛蛱蝶 *S. brabira* 相似，主要区别为：本种后翅正面带纹较窄；小尾突完整，较明显；反面亚缘子弹头形斑纹黑色，中心无淡黄色斑纹，斑纹间大小差异大，中间 1 个最大，并附有蓝灰色鳞粉，末端 1 个退化成点斑。

生物学　成虫多见于 5 ~ 8 月。

分布　中国（四川、贵州、云南），印度，不丹，尼泊尔。

大秦岭分布　四川（都江堰）。

斑豹盛蛱蝶 *Symbrenthia leopard* Chou & Li, 1994（图版 63：137）

Symbrenthia leopard; Chou & Li, 1994, *In*: Chou, *Mon. Rhop. Sin.*: 581.

形态　成虫：中小型蛱蝶。与黄豹盛蛱蝶 *S. brabira* 相似，主要区别为：本种翅正面带纹较窄；反面黄色浅；淡色带纹区镶有白色斑块；堆砌的黑色斑纹大而密集。后翅反面亚缘区黑色斑纹等号形；臀角和尾突基部的淡蓝色条带宽。

生物学　成虫多见于 5 ~ 8 月。

分布　中国（陕西、云南）。

大秦岭分布　陕西（镇坪、岚皋）。

蜘蛱蝶属 *Araschnia* Hübner, 1819

Araschnia Hübner, 1819, *Verz. bek. Schmett.*, (3): 37. **Type species**: *Papilio levana* Linnaeus, 1758.

Araschnia (Nymphalini); Chou, 1998, *Class. Ident. Chin. Butt*: 168, 169; Korb & Bolshakov, 2011, *Eversmannia Suppl.*, 2: 37; Wu & Xu, 2017, *Butts. Chin.*: 806.

翅黑褐色，有橙色或白色不规则斑纹和横带；反面基半部有蜘网状细纹，中间穿插白色或黄色横带。前翅 Sc 脉端部与 R_1 脉中下部相接；R_1 脉从近中室端部分出，端部靠近 R_2 脉；R_2-R_5 脉共柄，并与 M_1 脉一起从中室顶角分出。后翅 Rs 和 M_1 脉与 M_2 脉同点分出。中室前翅闭式，后翅开式。

雄性外生殖器：背兜短；钩突细长；颚突小；囊突长短和粗细因种而异；抱器近椭圆形，端部有两个突起，突起的形状和大小是分种的重要依据；阳茎长或短，多弯曲，有的种类基部粗壮。

雌性外生殖器：囊导管长，上部骨化；交配囊体长圆形。

寄主为荨麻科 Urticaceae 植物。

全世界记载 11 种，分布于古北区和东洋区。中国已知 8 种，大秦岭分布 6 种。

种检索表

1. 后翅外缘弧形，M_3 脉处不突出 ·· 曲纹蜘蛱蝶 *A. doris*
   后翅外缘呈角度，M_3 脉处突出 ·· 2
2. 翅面无白色或黄色中横带 ·· 大卫蜘蛱蝶 *A. davidis*
   翅面有白色或黄色中横带 ·· 3
3. 后翅基半部无 K 形纹，前翅白色带纹中部断开 ·· 4
   后翅基半部有 K 形纹，前翅白色带纹中部不断开 ·· 5
4. 后翅正面无亚缘斑列 ·· 直纹蜘蛱蝶 *A. prorsoides*
   后翅正面有亚缘斑列 ·· 断纹蜘蛱蝶 *A. dohertyi*
5. 后翅正面亚缘区中部有白色点斑 ·· 黎氏蜘蛱蝶 *A. leechi*
   后翅正面亚缘区中部无白色点斑 ······································ 中华蜘蛱蝶 *A. chinensis*

直纹蜘蛱蝶 *Araschnia prorsoides* (Blanchard, 1871)（图版 63：138）

Vanessa prorsoides Blanchard, 1871, *C. R. hebd. Séanc. Acad. Sci.*, 72: 810. **Type locality**: W. China.

Araschnia strigosa; Alphéreky (nec Butler), 1889, *Rom. Sur. Lép.*: 111.

Araschnia prorsoides; Elwes, 1891, *Proc. zool. Soc. Lond.*: 285; Leech, 1892, *Butt. Chin. Jap. Cor.*, (1): 273.

Araschnia prorsoides; Chou, 1994, *Mon. Rhop. Sin.*: 583; Wu & Xu, 2017, *Butts. Chin.*: 807, f. 809: 14.

形态 成虫：小型蛱蝶。两翅正面黑色；反面橙黄色；外缘区有 2 条黑色细线纹；亚外缘及亚缘斑列橙色。前翅正面中横斑列 V 形，斑纹在 M_2 脉和 Cu_2 脉间远离；中室有数条细纹和斑点；cu_2 室基部有 2 个斑纹，分别为橙色和淡黄色。反面翅面密布深浅不一的褐色斑驳纹和淡黄色蜘蛛网状纹；中室端部及亚缘区中部覆有蓝灰色鳞粉；其余斑纹同前翅正面。后翅正面外中域斑列橙色，时有模糊或断续；淡黄色中横带直；基部散布淡黄色细线纹。反面亚外缘线黑色；外横眼斑列较模糊，中部覆有淡蓝色鳞粉；中横带淡黄色；其余翅面密布深浅不一的褐色斑驳纹和淡黄色蜘蛛网状纹。

　　寄主 荨麻科 Urticaceae 荨麻 *Urtica fissa*。

　　生物学 成虫多见于 7~8 月。多在林地、阳光充足处活动，飞行迅速，喜访花和在湿地吸水。

　　分布 中国（黑龙江、吉林、内蒙古、陕西、甘肃、安徽、江西、广西、重庆、四川、贵州、云南），蒙古，日本，印度，尼泊尔。

　　大秦岭分布 陕西（南郑、城固、勉县、宁强、留坝）、甘肃（麦积、秦州、文县、徽县、两当、礼县）、重庆（巫溪）、四川（宣汉、青川、都江堰、安州、平武）。

曲纹蜘蛱蝶 *Araschnia doris* Leech, [1892]（图版 64：139—140）

Araschnia doris Leech, [1892], *Butts. Chin. Jap. Cor.*, (1): 272, pl. 26, f. 4-5.

Araschnia doris; Chou, 1994, *Mon. Rhop. Sin.*: 583; Wu & Xu, 2017, *Butts. Chin.*: 806, f. 808: 7-8.

　　形态 成虫：小型蛱蝶。翅黑色，有春、夏型 2 种翅型。夏型：前翅中横带白色，在 m_3 室中断，下半段端部内弯；亚缘区中部有白色点斑列；其余翅面密布橙色斑纹，并相连形成网状。后翅无尾突；中横带端部向内微弯；基部有淡黄色细线纹；正面端半部橙色，镶有 2 列黑色斑纹。反面端半部有 5 条淡黄色横线纹并与淡黄色脉纹密集交织成网格；亚缘眼斑列时有模糊；基部密布淡黄色网状纹。春型：橙色网状纹粗而密集。前翅中横带消失；顶角区和亚顶区有圆形淡黄色区域，镶有淡紫色斑纹；亚缘区白色点斑列清晰。后翅反面外中区有宽的橙色带。雌性比雄性大；颜色较浅；翅形圆阔；黑色斑纹距离较远。

　　本种与直纹蜘蛱蝶 *A. prorsoides* 非常近似，但中横带的前翅 cu_1 室斑与后翅 r_1 室斑向内位移，不连成 1 条直线，端缘多条橙色带纹互相交接，划分出不同大小的 2 列黑斑。

　　卵：深绿色，棱柱形，有纵脊。

　　幼虫：褐色；头部有 1 对枝刺状长突起；胴部密布乳白色长枝刺；体背有白色花边纹。

　　蛹：黄褐色或黄绿色，有时有金属光泽；头部顶端有 1 对尖突；胸背部突起大；腹前端有 1 对突起。

寄主 荨麻科 Urticaceae 苎麻 *Boehmeria nivea* 及荨麻 *Urtica fissa*。

生物学 成虫多见于 5~8 月。常在山地林区活动。卵叠产于寄主植物叶面。幼虫有群栖性，常栖息于叶片背面或嫩茎上。

分布 中国（河南、陕西、甘肃、江苏、安徽、浙江、湖北、江西、湖南、福建、重庆、四川、云南、贵州）。

大秦岭分布 河南（鲁山、内乡、西峡、嵩县、栾川）、陕西（蓝田、长安、周至、太白、凤县、华州、汉台、南郑、城固、洋县、西乡、留坝、佛坪、平利、镇坪、汉阴、石泉、宁陕、商州、丹凤、商南、山阳、镇安）、甘肃（麦积、秦州、文县、徽县、两当）、湖北（兴山、南漳、神农架、房县、竹溪）、重庆（巫溪、城口）、四川（宣汉、青川、都江堰、安州、平武）。

断纹蜘蛱蝶 *Araschnia dohertyi* Moore, [1899]（图版 65：141）

Araschnia dohertyi Moore, [1899], *Lepid. Ind.*, 4: 108, pl. 320, f. 3.

Araschnia dohertyi; Chou, 1994, *Mon. Rhop. Sin.*: 583.

形态 成虫：小型蛱蝶。与曲纹蜘蛱蝶 *A. doris* 较相似，主要区别为：本种体型较小；前翅中室端部白色条斑宽；中横带下半段端部直，不内弯。后翅中横带直而窄，端部不向内弯曲；M_3 脉端部角状外突明显。前后翅反面黑色斑纹少；散布白色和黑褐色条斑及黄褐色斑驳云纹斑。

分布 中国（陕西、甘肃、四川、贵州、云南），缅甸。

大秦岭分布 陕西（周至、洋县、岚皋）、甘肃（麦积、武都、徽县、两当）、四川（青川、平武）。

大卫蜘蛱蝶 *Araschnia davidis* Poujade, 1885

Araschnia davidis Poujade, 1885, *Bull. Soc. Ent. Fr.*, (6)5: 94. **Type locality**: Moupin.

Araschnia davidis; Chou, 1994, *Mon. Rhop. Sin.*: 584; Wu & Xu, 2017, *Butts. Chin.*: 806, f. 808: 9-10, 809: 11.

形态 成虫：小型蛱蝶。本种与该属的其他种类区别较大，无白色或黄色中横带。两翅正面黑褐色；反面黄褐色至深褐色。前翅密布橙色和淡黄色斜带纹，基部带纹细，其余带纹宽；外缘弧形。反面外缘带淡黄色，镶有 2 条黑色细线纹；其余翅面密布白色和黑色宽带纹，并与淡黄色细线纹交织成网状；亚缘区中部有 3 个白色小圆斑，覆有蓝粉色鳞片。后翅外缘 M_3 脉端部呈角状外突；正面亚缘带及外横带橙色，两条带纹间由橙色线纹相连；基半部密布白色蜘蛛网状纹。反面端缘乳白色，镶有 2 条黑色细线纹；外中区中部有 1 个圆形斑纹，覆有青粉色至粉蓝色鳞片；其余翅面淡黄色细线纹呈蜘蛛网状交织排列；臀角尖部有粉蓝色鳞片。

寄主　荨麻科 Urticaceae 荨麻属 *Urtica* spp. 植物。

分布　中国（河南、陕西、甘肃、湖北、重庆、四川、云南、西藏）。

大秦岭分布　陕西（佛坪）、甘肃（武都、文县、迭部）、湖北（神农架）、重庆（城口）。

中华蜘蛱蝶 *Araschnia chinensis* Oberthür, 1917（图版 65：142）

Araschnia chinensis Oberthür, 1917, *Étud. Lépid. Comp.*, 14: 125, 126.

Araschnia burejana chinensis; Chou, 1994, *Mon. Rhop. Sin.*: 584.

Araschnia chinensis; Wu & Xu, 2017, *Butts. Chin.*: 807, f. 809: 12-13.

形态　成虫：小型蛱蝶。两翅黑褐色；反面端缘乳白色，镶有 2 条黑色细线纹。前翅外缘端半部弧形外突明显；Cu_2 脉端部呈小齿状外突；正面密布网状带纹，端半部带纹宽，橙色，基半部带纹细，淡黄色；亚缘区中上部有 2 个白色点斑。反面顶角有淡黄色斑纹；亚顶区有锈红色大圆斑，并镶有白色点斑列；其余翅面密布淡黄色粗细不一的蛛网纹。后翅外缘 M_3 脉端部呈角状外突；正面亚外缘带及亚缘带橙色，两带中间有橙色带纹相连；中域有 1 个淡黄色 K 形中带；基部有白色网状细纹。反面密布淡黄色蛛网纹；K 形中带明显；外中域中部有锈红色斑驳纹，中部有 1～2 个白色点斑，上有青蓝色鳞片；臀角有青蓝色鳞片斑。

卵：扁圆形；有纵脊；初产淡绿色，后逐渐加深，孵化前黑色。

幼虫：黑色；密布肉色枝刺；老龄幼虫有白色点斑、黄褐斑和条纹斑。

蛹：枯叶状。

寄主　荨麻科 Urticaceae 荨麻属 *Urtica* spp. 及小赤麻 *Boehmeria spicata*。

生物学　1 年 2～3 代，以蛹越冬。成虫多见于 5～8 月。常在山地、溪沟活动，喜低空飞行，停息于地面或花朵上。卵叠产在一起，柱状直立。幼虫喜群聚生活。

分布　中国（黑龙江、吉林、辽宁、河北、河南、陕西、四川、西藏），日本。

大秦岭分布　河南（灵宝）、陕西（汉台、洋县、宁陕）。

黎氏蜘蛱蝶 *Araschnia leechi* Oberthür, 1909（图版 65：143）

Araschnia burejana leechi Oberthür, 1909, *Étud. Lépid. Comp.*, 3: 203.

Araschnia burejana leechi; Chou, 1994, *Mon. Rhop. Sin.*: 584.

Araschnia leechi; Zhang & Chen, 2006, *Entomotaxonomia*, 28(1): 49-53.

形态 成虫：中型蛱蝶。与中华蜘蛱蝶 *A. chinensis* 相似，主要区别为：前、后翅正面黄色蛛网纹粗而密集。后翅外缘 M_3 脉端部角状突不明显；正面亚缘区中部有白色点斑。

分布 中国（陕西、湖北、四川）。

大秦岭分布 陕西（秦岭）。

网蛱蝶族 Melitaeini Newman, 1870

Melitaeini Newman, 1870.

Melitaeini (Melitaeinae); Higgins, 1981, *Bull. Br. Mus. nat. Hist.* (Ent.), 43(3): 165; Chou, 1998, *Class. Ident. Chin. Butt*: 169.

多黄褐色；有黑色斑纹；眼有毛。翅外缘无尾突；后翅中室开式。

全世界记载 260 余种，分布于新北区、新热带区及古北区。中国已知 43 种，大秦岭分布12 种。

属检索表

阳茎端部无囊褶 ·· 网蛱蝶属 *Melitaea*

阳茎端部有囊褶 ·· 蜜蛱蝶属 *Mellicta*

网蛱蝶属 *Melitaea* Fabricius, 1807

Melitaea Fabricius, 1807, *Mag. f. Insektenk*. (Illiger), 6: 284. **Type species**: *Papilio cinxia* Linnaeus, 1758.

Schoenis Hübner, [1819], *Verz. bek. Schmett*., (2): 28. **Type species**: *Papilio delia* Denis & Schiffermüller, 1775.

Cinclidia Hübner, [1819], *Verz. bek. Schmett*., (2): 29. **Type species**: *Papilio phoebe* Esper, 1782.

Mellicta Billberg, 1820, *Enum. Ins. Mus. Billb*.: 77. **Type species**: *Papilio athalia* Rottemburg, 1775.

Melinaea Sodoffsky, 1837, *Bull. Soc. imp. Nat. Moscou*, 10(6): 80 (unn. repl. *Melitaea* Fabricius, 1807, preocc. *Melinaea* Hübner, 1816). **Type species**: *Papilio cinxia* Linnaeus, 1758.

Didymaeformia Verity, 1950, *Le Farfalle diurn. d'Italia*, 4: 89, 90. **Type species**: *Papilio didyma* Esper, 1778.

Athaliaeformia Verity, 1950, *Le Farfalle diurn. d'Italia*, 4: 89, 90, 157. **Type species**: *Papilio athalia* Rottemburg, 1775.

Melitaea (Melitaeini); Higgins, 1981, *Bull. Br. Mus. nat. Hist.* (Ent.), 43(3): 165; Chou, 1998, *Class.*

Ident. Chin. Butt: 170; Korb & Bolshakov, 2011, *Eversmannia Suppl*., 2: 38; Dalman, 1816, *K. Vet. Acad. Handl.*: 57.

Didymaeformia (Melitaeini); Higgins, 1981, *Bull. Br. Mus. nat. Hist.* (Ent.), 43(3): 166.

Cinclidia (Melitaeini); Higgins, 1981, *Bull. Br. Mus. nat. Hist.* (Ent.), 43(3): 166.

Melitaea; Wu & Xu, 2017, *Butts. Chin.*: 813.

翅正面黄色或褐色，有黑色斑点；前翅狭长；外缘弧形；R_2-R_5脉共柄，并与M_1脉从中室端部分出；中室前翅闭式，后翅开式。雌性个体较雄性大，斑纹较清晰。

雄性外生殖器：本属的雄性外生殖器不同于其他蝴蝶，形成1个骨环壁，为圆筒状。背兜宽或窄；钩突有或无；囊突扁平，末端多分瓣；抱器卵圆形，末端多有齿，抱器铗发达；阳茎直或弯，端部无囊褶。

雌性外生殖器：囊导管短，多骨化；交配囊体圆形。

寄主为玄参科 Scrophulariaceae、菊科 Asteraceae、败酱科 Valerianaceae、紫草科 Boraginaceae、蓼科 Polygonaceae、禾本科 Gramineae、车前草科 Plantaginaceae、堇菜科 Violaceae 及石竹科 Caryophyllaceae 植物。

该属为蛱蝶亚科中种类较多的一个类群。全世界记载80余种，广泛分布于古北区、东洋区、非洲区及新北区。中国已知30余种，大秦岭分布10种。

种检索表

斑网蛱蝶 *Melitaea didymoides* Eversmann, 1847（图版 66：145—146）

Melitaea didymoides Eversmann, 1847, *Bull. Soc. imp. Nat. Moscou*, 20(3): 67, pl. 1, f. 3-4. **Type locality**: [Kyakhta, Buryatia].

Didymaeformia didymoides; Higgins, 1981, *Bull. Br. Mus. nat. Hist.* (Ent.), 43(3): 166 (name).

Melitaea didymoides; Higgins, 1940, *Illu. Cata. Palear Mel.*: 239; Chou, 1994, *Mon. Rhop. Sin.*: 586; Yakovlev, 2012, *Nota lepid.*, 35(1): 88; Pazhenkova, Zakharov & Lukhtanov, 2015, *ZooKeys*, 538: 43; Wu & Xu, 2017, *Butts. Chin.*: 813, f. 815: 8-11, 816: 12-13.

Melitaea didyma mandschurica Seitz, 1909, *Gross-Schmett. Erde*, 1: 219, pl. 66 e (preocc.).

Melitaea mandschukoana Bryk, 1940, *Fol. Zoolog. Hydrobiol.*, 10(2): 336.

形态 成虫：小型蛱蝶。两翅橙黄色；斑纹黑色或白色。前翅外缘斑带及亚缘斑列黑色；外中斑列仅端部 2 个斑纹清晰，其余斑纹时有模糊；中横斑列近 Z 形；中室中部、端部及 cu$_2$ 室基部有黑色环状纹。反面顶角及端缘白色；黑色亚外缘斑列及亚缘斑列未达后缘；其余斑纹同前翅正面。后翅黑色外缘带宽，内侧波形；黑色亚缘斑列清晰或退化消失；中横斑列 1 ~ 3 列不等，清晰或模糊，近 V 形。反面色稍淡；端缘白色带纹宽，镶有 3 列黑色斑纹；白色中横带宽，镶有 3 列近 V 形排列的斑纹；基部白色，密布黑色斑纹。

卵：圆形；黄色。

幼虫：低龄幼虫黄褐色；头黑色。末龄幼虫灰白色；密布橙色粗棘刺（尖端白色）和黑色细网纹；背中线黑色。

蛹：梭形；白色；密布由黑、橙 2 色斑纹组成的纵斑列。

寄主 紫草科 Boraginaceae 紫草 *Lithospermum erythrorhizon*；玄参科 Scrophulariaceae 地黄 *Rehmannia glutinosa*。

生物学 1 年 2 至多代。成虫多见于 5 ~ 9 月。飞行力较弱，喜访花和在荒草地活动。卵聚产于寄主植物叶片反面。老熟幼虫化蛹于叶片反面或枝干上。

分布 中国（黑龙江、吉林、辽宁、内蒙古、北京、天津、河北、山西、山东、河南、陕西、宁夏、甘肃、青海、新疆），俄罗斯，蒙古，朝鲜，日本，哈萨克斯坦。

大秦岭分布 河南（新郑、登封、鲁山、灵宝）、陕西（长安、宁陕、商州）、甘肃（麦积、秦州、徽县、两当、礼县）。

狄网蛱蝶 *Melitaea didyma* (Esper, 1778)

Papilio didyma Esper, 1778, *Die Schmett.*, *Th. I, Bd.* 1(7): pl. 41, f. 3.

Papilio didyma; Esper, 1781, *Die Schmett.*, *Th. I, Bd.* 2(2): pl. 61, f. 1. **Type locality**: Bavaria.

Papilio cytheris Mueschen, 1781, *In*: Gronovius, *Zoophylacium*: 3(Index).

Papilio athulia [sic] Fabricius, 1787, *Mant. Insect.*, 2: 59.

Melitaea didyma; Bremer & Grey, 1853, *Schmett. N. Chin.*: 7; Lang, 1884, *Butt. Eur.*: 188; Grum-Grshimailo, 1890, *Mém. Lép.*, 4: 429; Leech, 1892, *Butt. Chin. Jap. Cor.*, 1: 211; Belter, 1934, *Arb. Morph. Taxon. Ent. Berl.*, 1(2): 113; Chou, 1994, *Mon. Rhop. Sin.*: 586; Korb & Bolshakov, 2011, *Eversmannia Suppl.*, 2: 38; Pazhenkova, Zakharov & Lukhtanov, 2015, *ZooKeys*, 538: 43; Wu & Xu, 2017, *Butts. Chin.*: 813, f. 815: 5.

Didymaeformia didyma; Higgins, 1981, *Bull. Br. Mus. nat. Hist.* (Ent.), 43(3): 166 (name).

形态 成虫：中型蛱蝶。与斑网蛱蝶 *M. didymoides* 相似，主要区别为：本种个体较小。后翅反面白色外缘带镶有 1 排黑色斑列。

幼虫：黑色，密布白色环斑列；背面枝刺橙色，刺毛黑、白 2 色，侧面枝刺白色；足基带白色。

蛹：梭形；乳白色；密布黑色纵斑列；锥状突起端部橙色。

寄主 车前草科 Plantaginaceae 车前属 *Plantago* spp.；玄参科 Scrophulariaceae 婆婆纳属 *Veronica* spp.、柳穿鱼属 *Linaria* spp.；堇菜科 Violaceae 堇菜属 *Viola* spp.；石竹科 Caryophyllaceae 石竹属 *Dianthus* spp. 植物。

生物学 1 年 1 代。成虫多见于 6 ~ 7 月。飞行力弱，喜访花。老熟幼虫化蛹于叶片背面或枝干上。

分布 中国（甘肃、新疆、四川），中亚，欧洲西南部，北非。

大秦岭分布 甘肃（武山、礼县、漳县）、四川（汶川）。

帝网蛱蝶 *Melitaea diamina* (Lang, 1789)（图版 67：148—149）

Papilio diamina Lang, 1789, *Verz. Schmett. Gegend. Augsburg*, (ed. 2): 44. **Type locality**: Augsburg.

Melitaea protomedia Ménétnés, 1859a, *Bull. Acad. Sci. St. Pétersb.*, 17: 214. **Type locality**: Russia.

Melitaea diamina; Higgins, 1940, *Illu. Cata. Palear Mel.*: 312; Chou, 1994, *Mon. Rhop. Sin.*: 588; Kemal & Koçak, 2011, *Priamus* 25 (Suppl.): 46; Wu & Xu, 2017, *Butts. Chin.*: 817, f. 818: 1-2.

Melitaea (*Melitaea*) *diamina*; Korb & Bolshakov, 2011, *Eversmannia Suppl.*, 2: 42.

Melitaea dictynna aurelita Fruhstorfer, 1919, *Archiv Naturg.*, 83 A(6): 12. **Type locality**: Alserio, Lombardy.

Melitaea dictynna briantea Turati, 1921, *Naturalista sicil.*, 23(7-12): 230.

形态　成虫：小型蛱蝶。两翅正面黑褐色；反面棕褐色；外缘带淡黄色。前翅正面端半部有 3 列橙色斑列近平行排列，端部向内弯曲；中室端部及中部各有 1 个橙色斑纹；中室端脉外侧有 2 个相连的斑纹；cu_2 室基部有黑色斑纹。反面斑纹同前翅正面。后翅正面橙色斑纹小；亚外缘斑列及亚缘斑列近平行排列；中横斑列 V 形；中室中部有 1 个橙色斑纹。反面亚外缘斑列白色；白色中横斑列近 V 形，中间镶有褐色细线纹；基横斑列白色，斑纹大小不一；中室中部有 1 个白色斑纹。

卵：淡茶色，孵化前黑褐色。

幼虫：8 龄期。老熟时黑色。

蛹：乳白色；有黑色斑纹。

寄主　玄参科 Scrophulariaceae 婆婆纳属 *Veronica* spp.、山萝花属 *Melampyrum* spp.；败酱科 Valerianaceae 缬草 *Valeriana officinalis*、老叶缬草 *V. sambucifolia*、败酱属 *Patrinia* spp.；蓼科 Polygonaceae 萹蓄属 *Polygonum* spp. 植物。

生物学　1 年 1 代，以 4 龄幼虫越冬。成虫多见于 6~8 月。喜访花。卵聚产于寄主植物叶片上。幼虫有吐丝下坠习性，幼虫期 320 多天，为幼虫龄期长的种类之一。

分布　中国（黑龙江、吉林、辽宁、内蒙古、河北、山西、河南、陕西、宁夏、甘肃、海南、云南），俄罗斯，朝鲜，日本，西班牙。

大秦岭分布　河南（内乡、西峡、嵩县、栾川、灵宝）、陕西（蓝田、长安、鄠邑、周至、陈仓、太白、华州、华阴、汉台、洋县、留坝、石泉、宁陕、商州、丹凤、山阳、镇安、洛南）、甘肃（麦积、秦州、武山、文县、徽县、两当、礼县、碌曲）。

普网蛱蝶 *Melitaea protomedia* Ménétnés, 1859（图版 66：144）

Melitaea protomedia Ménétnés, 1859a, *Bull. phys.-math. Acad. Sci. St. Pétersb.*, 17(12-14): 214. **Type locality**: [Amur region, Russia].

Melitaea diamina protomedia; Chou, 1994, *Mon. Rhop. Sin.*: 588.

Melitaea (Melitaea) protomedia; Korb & Bolshakov, 2011, *Eversmannia Suppl.*, 2: 42.

Melitaea protomedia; Wu & Xu, 2017, *Butts. Chin.*: 817, f. 818: 7-8.

形态　成虫：小型蛱蝶。与帝网蛱蝶 *M. diamina* 近似，主要区别为：本种个体较大；翅斑纹大而明显。后翅反面亚缘区红褐色，镶有 4 个眼斑，瞳点黑色；基横斑列斑纹大小较均匀。

生物学　1 年 1 代。成虫多见于 6~8 月。喜访花，多在草地和林中道路两侧活动。

分布　中国（北京、河北、河南、陕西、湖北），俄罗斯，朝鲜，日本。

大秦岭分布　河南（内乡、西峡、嵩县）、陕西（长安、周至、太白、宁陕、镇安）、湖北（神农架）。

大网蛱蝶 *Melitaea scotosia* Butler, 1878（图版 68：151—152）

Melitaea scotosia Butler, 1878, *Cist. Ent.*, 2(19): 282. **Type locality**: Tokyo, Japan.

Melitaea scotosia; Higgins, 1940, *Illu. Cata. Palear. Mel.*: 343; Kudrna, 1974, *Atalanta* 5: 107; Chou, 1994, *Mon. Rhop. Sin.*: 589; Wu & Xu, 2017, *Butts. Chin.*: 813, f. 816: 14-15.

Melitaea scotosia butleri Higgins, 1940, *Entomologist*, 73: 53. **Type locality**: "Pekin" [Beijing].

Cinclidia scotosia; Higgins, 1981, *Bull. Br. Mus. nat. Hist.* (Ent.), 43(3): 166 (name).

Melitaea scotosia weiwueria Huang & Murayama, 1992, *Tyô Ga*, 43(1): 7.

Melitaea phoebe parascotosia Collier, 1933, *Ent. Rundsch.*, 50: 54. **Type locality**: Sutschan.

形态　成虫：中型蛱蝶。为本属中个体较大的种类。两翅橙黄色。前翅外缘带黑色；亚外缘带中部内弯；亚顶区近前缘处有 1 个黑色斑纹；中横斑列近 Z 形；中室端部及翅基部有黑色环纹。反面外缘斑列淡黄色，镶有黑色细线纹；亚顶区近前缘有 2 个淡黄色斑纹；其余斑纹同前翅正面，但较模糊。后翅正面端缘黑色，镶有 1 列橙色月牙形斑纹；黑色中横带近 V 形；基部有黑色圈纹。反面端缘斑列淡黄色，镶有黑色月牙纹；亚缘区眼斑列模糊；淡黄色中横带宽，近 C 形弯曲，镶有 3 列黑色斑列；基部淡黄色，密布黑色斑纹；中室中部有 1 个淡黄色月牙纹，缘线黑色。雌性通常比雄性稍大；翅正面黑色；密布橙色横斑列。后翅反面亚缘区眼斑列清晰；脉纹黑色加宽；外中域有黑色带纹。

卵：初产淡黄色，孵化前淡茶色。

幼虫：9 龄期。老熟幼虫体黑色；背面有宽的淡黄色纵条纹；棘刺褐色。

蛹：乳白色；有黑色斑纹。

寄主　菊科 Asteraceae 伪泥胡菜 *Serratula coronata*、大蓟 *Crisium japonicum*、美花风毛菊 *Saussurea pulchella*、篦苞风毛菊 *S. pectinata*、优美山牛蒡 *Synurus ercelsus*、漏芦 *Stemmacantha uniflora*、麻花头 *Klasea centauroides*。

生物学　1 年 1 代，以 4~5 龄幼虫越冬。成虫多见于 6~9 月。飞行较缓慢。卵聚产于寄主植物叶片上。低龄幼虫有群聚习性，幼虫期可达 330 天以上。

分布　中国（黑龙江、吉林、辽宁、内蒙古、河北、山西、山东、河南、陕西、甘肃、湖北、新疆、重庆），蒙古，朝鲜，日本。

大秦岭分布　河南（内乡、西峡、栾川、灵宝）、陕西（临潼、长安、鄠邑、周至、太白、凤县、华州、汉台、南郑、勉县、宁陕、商州、丹凤、山阳、镇安）、甘肃（麦积、秦州、武山、文县、徽县、两当、礼县、迭部、碌曲）、湖北（神农架）。

罗网蛱蝶 *Melitaea romanovi* Grum-Grshimailo, 1891

Melitaea romanovi Grum-Grshimailo, 1891, *Horae Soc. ent. Ross.*, 25(3-4): 454. **Type locality**: [Gansu, China].

Melitaea romanovi; Higgins, 1940, *Illu. Cata. Palear. Mel.*: 274; 1981, *Bull. Br. Mus. nat. Hist.* (Ent.), 43(3): 166 (name); Chou, 1994, *Mon. Rhop. Sin.*: 587; Wu & Xu, 2017, *Butts. Chin.*: 819, f. 820: 1-5.

形态 成虫：小型蛱蝶。两翅橙色；正面外缘斑列斑纹圆形，黑色。前翅正面亚外缘斑带未达后缘；亚顶区近前缘有黑色斑纹；中横斑列近 Z 形；中室端部及翅基部散布黑色斑纹；翅中域有时有淡黄白色横带。反面斑纹同前翅正面。后翅正面密布黑色横斑列，但外中区斑列时有退化或消失；中横斑列及中室中部圆斑黑色。反面翅面及脉纹均为白色；密布黑色横斑列；外中带橙色；中室端部、中部及前缘基部各有 1 个橙色斑纹。

寄主 禾本科 Gramineae 稻 *Oryza sativa*、竹亚科 Bambusoideae；车前草科 Plantaginaceae 车前 *Plantago asiatica*。

生物学 1 年 2 代。成虫多见于 5~7 月。飞行较缓慢，喜访花，栖息于较干旱环境。

分布 中国（黑龙江、内蒙古、山西、陕西、宁夏、甘肃、青海、新疆、四川、西藏），俄罗斯。

大秦岭分布 陕西（华州）、甘肃（临潭、舟曲、碌曲）。

黑网蛱蝶 *Melitaea jezabel* Oberthür, 1886（图版 67：147）

Melitaea jezabel Oberthür, 1886, *Étud. d'Ent.*, 11:18, pl. 2, f. 14.

Melitaea leechi; Alpheraki, 1895, *Deuts. ent. Z. Iris*, 8(1): 182.

Melitaea arcesia jezebel; Higgins, 1940, *Ill. Cata. Palear. Mel.*: 305.

Melitaea jezabel; Higgins, 1981, *Bull. Br. Mus. nat. Hist.* (Ent.), 43(3): 166 (name); D'Abrera, 1992, *Butt. Holar. Regi*, 2: 302; Chou, 1994, *Mon. Rhop. Sin.*: 588; Wu & Xu, 2017, *Butts. Chin.*: 819, f. 820: 11-12.

Melitaea jezabel yunnana Watkins, 1927, *Ann. Mag. nat. Hist.*, (9)19: 316. **Type locality**: Shuantan, Loma valley, NW. Yunnan.

形态 成虫：小型蛱蝶。翅橙色，反面色稍淡；两翅正面端缘黑带宽，镶有 1 列橙色点斑列，时有模糊或消失。前翅正面外中斑列端部向内弯曲；中横斑列问号形；中室端部、中部、基部及 cu_2 室基部各有 1 个黑色斑纹。反面亚外缘斑列白色，斑纹 V 形；其余斑纹同前翅正面，但多模糊缩小。后翅正面基部黑色；端半部黑色横带较退化。反面亚外缘斑列、中横斑列（近 V 形）及基横斑列白色，缘线黑色；中室端部有 1 个白色斑纹。

生物学　1年1代。成虫多见于6月。喜访花，栖息于林缘草甸环境。

分布　中国（内蒙古、陕西、甘肃、四川、贵州、云南、西藏）。

大秦岭分布　陕西（宁陕）、甘肃（武山、文县、迭部、碌曲、漳县）。

兰网蛱蝶 *Melitaea bellona* Leech, [1892]（图版67：150）

Melitaea bellona Leech, [1892], *Butts. Chin. Jap. Cor.*, (1): 219.

Melitaea arcesia bellona; Higgins, 1940, *Ill. Cata. Palear. Mel.*: 305.

Melitaea bellona; Higgins, 1981, *Bull. Br. Mus. nat. Hist.* (Ent.), 43(3): 166 (name); D'Abrera, 1992, *Butt. Holar. Reg*, 2: 302; Chou, 1994, *Mon. Rhop. Sin.*: 588.

形态　成虫：中型蛱蝶。本种与黑网蛱蝶 *M. jezabel* 相似，但个体较大。前翅正面中横斑列与中室端斑分离。

分布　中国（陕西、甘肃、四川、云南、西藏）。

大秦岭分布　陕西（太白）、甘肃（麦积、武山、文县、徽县、宕昌、漳县）。

圆翅网蛱蝶 *Melitaea yuenty* Oberthür, 1886

Melitaea yuenty Oberthür, 1886, *Étud. d'Ent.*, 11: 17, pl. 2, f. 13. **Type locality**: Tibet; Ta-chien-lu.

Didymaeformia yuenty; Higgins, 1981, *Bull. Br. Mus. nat. Hist.* (Ent.), 43(3): 166 (name).

Melitaea yuenty; Chou, 1994, *Mon. Rhop. Sin.*: 587; Wu & Xu, 2017, *Butts. Chin.*: 813, f. 815: 6-7.

形态　成虫：中型蛱蝶。翅橙色；正面斑纹黑色；外缘区、亚外缘区及亚缘区斑列近平行排列，但雄性后翅外缘斑列和亚外缘斑列合并成1列。前翅中横斑列近Z形；中室端部、中部及基部各有1个黑色斑纹；cu$_2$室基部有2个斑纹。反面斑纹同前翅正面，但斑纹较小。后翅正面中横斑列近V形；基部密布黑褐色长毛，斑纹隐约不清。反面外缘斑列白色，镶有黑色条纹，内侧锯齿形，缘线黑色；亚缘斑列斑纹小；中横带白色，近V形，中间镶有3列斑纹；白色基横带密布黑色斑纹，下部与中横斑列相连；中室端斑白色。

生物学　1年2代。成虫多见于5~7月。飞行较缓慢，喜访花。

分布　中国（陕西、甘肃、广西、四川、贵州、云南、西藏）。

大秦岭分布　甘肃（迭部）。

菌网蛱蝶 *Melitaea agar* Oberthür, 1886

Melitaea agar Oberthür, 1886, *Étud. d'Ent.*, 11: 18, pl. 5, f. 31-32.

Melitaea didyma wardi Watkins, 1927, *Ann. Mag. nat. Hist*., (9)19: 316.

Melitaea didyma baileyi Watkins, 1927, *Ann. Mag. nat. Hist*., (9)19: 512.

Melitaea agar baileyi; Chou, 1994, *Mon. Rhop. Sin*.: 587.

Melitaea agar; Belter, 1934, *Arb. Morph. Taxon. Ent. Berl*., 1(2): 114; Higgins, 1981, *Bull. Br. Mus. nat. Hist.* (Ent.), 43(3): 165(name); Lewis, 1974, *Butts. World*: pl. 196, f. 2; Chou, 1994, *Mon. Rhop. Sin*.: 587; Wu & Xu, 2017, *Butts. Chin*.: 819, f. 820: 8-10.

形态 成虫：中型蛱蝶。翅橙色；正面斑纹黑色；外缘区、亚外缘区及亚缘区斑列近平行排列。前翅中横斑列近 Z 形；中室端部、中部及基部各有 1 个黑色斑纹；cu_2 室基部有 2 个斑纹。反面顶角淡黄色；斑纹同前翅正面，但斑纹较小。后翅正面中横斑列近 V 形；基部密布黑褐色长毛，斑纹隐约不清。反面端缘白色或乳白色带宽，外侧镶有 2 列交错排列的黑色斑纹，内侧锯齿形，缘线黑色；黑色亚缘斑列斑纹点状，未达前缘；中横带白色，近 V 形，中间镶有 1 列仅达中部的斑纹，两侧各有 1 列缘斑列；白色基横带镶有密集的黑色斑纹；中室端斑白色，缘线黑色。

生物学 1 年 1 代。成虫多见于 7 月。飞行较缓慢，喜访花。

分布 中国（甘肃、青海、四川、云南、西藏）。

大秦岭分布 甘肃（合作、舟曲、玛曲）。

蜜蛱蝶属 *Mellicta* Billberg, 1820

Mellicta Billberg, 1820, *Enum. Ins. Mus. Billb*.: 77. **Type species**: *Papilio athalia* Rottenburg, 1775.

Athaliaeformia Verity, 1950, *Le Farfalle diurn. d'Italia*, 4: 89, 90, 157. **Type species**: *Papilio athalia* Rottenburg, 1775.

Mellicta (Melitaeini); Higgins, 1981, *Bull. Br. Mus. nat. Hist.* (Ent.), 43 (3): 165; Chou, 1998, *Class. Ident. Chin. Butt*: 170, 171.

Subgenus Mellicta (*Melitaea*); Korb & Bolshakov, 2011, *Eversmannia Suppl*., 2: 42.

Mellicta (Melitaeini); Higgins, 1981, *Bull. Br. Mus. nat. Hist.* (Ent.), 43(3): 165.

Mellicta; Wu & Xu, 2017, *Butts. Chin*.: 812.

眼光滑。翅黄褐色；外形和网蛱蝶属 *Melitaea* 很相似，但翅正面多网状纹或黑色线状纹。前翅 R_2-R_5 脉共柄。后翅反面基部无黑色斑纹。中室前翅闭式，后翅开式。

雄性外生殖器：无钩突；颚突发达；囊突深裂；抱器短阔，端部突起，多齿，抱器铗发达；阳茎直，端部有囊褶。

雌性外生殖器：囊导管粗短，有 1 对杆状骨化带；交配囊体较小，圆形。

寄主为玄参科 Scrophulariaceae 及车前草科 Plantaginaceae 植物。

全世界记载 16 种，分布于古北区。中国已知 7 种，大秦岭分布 2 种。

种检索表

前翅正面黑色脉纹和斑纹未形成网格状 ……………………………………………… 黄蜜蛱蝶 *M. athalia*

前翅正面黑色脉纹和斑纹形成网格状 ……………………………………………… **网纹蜜蛱蝶 *M. dictynna***

黄蜜蛱蝶 *Mellicta athalia* (Rottemburg, 1775)

Papilio athalia Rottemburg, 1775, *Naturforscher*, 6: 5. **Type locality**: Umgebung Paris.

Papilio maturna; Denis & Schiffermüller, 1775, *Ank. syst. Schmett. Wien*.: 179.

Mellicta athalia mod. *satyra* Higgins, 1955, *Trans. R. ent. Soc. Lond*., 106 (1): 41, pl. 1, f. 19. **Type locality**: Karlova, Bulgaria.

Mellicta athalia; D'Abrera, 1992, *Butt. Holar. Reg.*, 2: 290; Chou, 1994, *Mon. Rhop. Sin.*: 585; Tuzov, 2000, *Guide Butt. Russia*, 2: 79; Yakovlev, 2012, *Nota lepid.*, 35(1): 87; Bush & Kolesnichenko, 2016, *Zool. Zh.*, 95(5): (557-566), 468.

Melitaea (Mellicta) athalia; Korb & Bolshakov, 2011, *Eversmannia Suppl.*, 2: 42.

形态 成虫：小型蛱蝶。翅橙黄色。前翅外缘带、亚外缘带、亚缘带黑色，略相平行，亚外缘带和亚缘带时有断续；中横带 S 形，突出部分宽；中室端部、中部、基部及 cu$_2$ 室基部和中部各有 1 个黑色斑纹或圈纹。反面斑纹较正面退化或消失。后翅正面端半部黑色翅脉和横带将翅面划分成网格状；基半部有波状纹。反面端缘有 1 列白色斑列，外侧镶有 2 条黑褐色带纹，内侧缘线黑色；亚缘线波浪形；中横斑列白色，浅 V 形；基部有大小不一的斑纹排列成梅花形；中室中上部有 1 个白色斑纹。

卵：球形；初产黄白色，孵化前褐色；有纵脊。

幼虫：黑色；枝刺褐色；有宽的黄色纵带，镶有白色点斑。

蛹：银白色；有黑色斑纹。

寄主 车前草科 Plantaginaceae 车前属 *Plantago* spp.；玄参科 Scrophulariaceae 山萝花属 *Melampyrum* spp.。

生物学 1 年 1 代，以 4 龄幼虫越冬。成虫多见于 6 月。卵堆产在寄主植物叶片上半部，每卵块有 100~200 粒卵。低龄幼虫喜群居生活。

分布 中国（黑龙江、吉林、内蒙古、河南、新疆），俄罗斯，朝鲜，日本，土耳其，欧洲。

大秦岭分布 河南（嵩县、栾川）。

网纹蜜蛱蝶 *Mellicta dictynna* (Esper, 1778)

Papilio dictynna Esper, 1778, *Die Schmett.*, *Th.*, *I*, *Bd.* 1(8): pl. 48, f. 2a, b.

Melitaea diamina diamina; Kemal & Koçak, 2011, *Priamus*, 25(Suppl.): 46.

Mellicta dictynna; Chou, 1994, *Mon. Rhop. Sin.*: 586.

形态　成虫：中型蛱蝶。与黄蜜蛱蝶 *M. athalia* 相似，主要区别为：本种前翅黑色横斑带较完整；黑色脉纹和斑纹形成网格状。后翅反面基横斑列斑纹排列整齐，大小差异不大。

分布　中国（黑龙江、吉林、内蒙古、甘肃），朝鲜，欧洲。

大秦岭分布　甘肃（卓尼、舟曲、玛曲）。

环蝶亚科 Amathusiinae Moore, 1894

Amathusiinae Moore, 1894.

Amathusiini (Morphinae); Vane-Wright & de Jong, 2003, *Zool. Verh. Leiden*, 343: 168.

Amathusiidae; Chou, 1998, *Class. Ident. Chin. Butt*: 53.

Amathusiinae (Amathusiidae); Chou, 1998, *Class. Ident. Chin. Butt*: 55.

Morphinae (Nymphalidae); Vane-Wright & de Jong, 2003, *Zool. Verh. Leiden*, 343: 168.

翅大而阔，多为黄色、灰色、棕色、褐色或蓝色；翅面有大型的环状纹；有的种类有蓝色金属斑。前翅前缘弧形弯曲；中室短阔，闭式，下角突出；R 脉 4 条或 5 条，R_2 脉常从 R_5 脉分出。后翅外缘平滑或波状；中室开式或半闭式；臀区大，凹陷；A 脉 2 条；无尾突；反面在 r_5 室与 cu_1 室常有眼斑。雄性后翅臀褶上有发香鳞。

全世界记载 107 种，主要分布于热带、亚热带地区。中国已知 24 种，大秦岭分布 7 种。

环蝶族 Amathusiini Moore, 1894

Amathusiini Moore, 1894.

Amathusiini (Morphinae); Vane-Wright & de Jong, 2003, *Zool. Verh. Leiden*, 343: 168.

Amathusiini (Amathusiinae); Chou, 1998, *Class. Ident. Chin. Butt*: 55.

两翅近圆形；前翅顶角与后翅臀角圆；脉纹完整，有合并或交叉。

中国记录 11 种，大秦岭分布 7 种。

方环蝶属 *Discophora* Boisduval, 1836

Discophora Boisduval, 1836, *Hist. nat. Ins.*, *Spec. gén. Lépid.*, 1: pl. 4, f. 12, pl. 12, f. 3. **Type species**: *Papilio menetho* Fabricius, 1793.

Zerynthia Hübner, [1825], *Samml. exot. Schmett.*, 2: pl. [60] (preocc. *Zerynthia* Ochsenheimer, 1816). **Type species**: *Zerynthia ogina* Hübner, [1825].

Discophorus; Boisduval, [1836], *Hist. nat. Ins.*, *Spec. gén. Lépid.*, 1: pl. 4, f. 12 (orig. missp.).

Discophora (Nymphalinae); Moore, [1880], *Lepid. Ceylon*, 1(1): 35.

Discophora (Amathusiini); Vane-Wright & de Jong, 2003, *Zool. Verh. Leiden*, 343: 170; Schroeder & Treadaway, 2005, *Butts. world*, 20: 3.

Discophora (Discophorinae); Chou, 1998, *Class. Ident. Chin. Butt*: 54.

Discophora; Wu & Xu, 2017, *Butts. Chin.*: 687.

翅黄褐色或黑褐色；有黄色、白色和黑色斑纹。雌性色较淡；斑纹较明显。翅短阔，略呈方形；臀角成角度。前翅顶角尖；外缘平直。后翅外缘浅波状；有时 M_3 脉端部突出。前翅 R_1 脉与 Sc 脉及 R_2 脉均有交叉；M_1 脉与 M_2 脉从中室上角同一点生出；中室短阔，不及翅长的 1/2，闭式，端脉凹入。后翅肩脉及 Sc+R_1 脉长；中室小，开式。雄性后翅反面在 M_3 脉至 Cu_2 脉生出处有由特殊鳞片组成的圆斑。

雄性外生殖器：背兜短；钩突钩状；囊突大；抱器刀片状，端部长指状外延，末端多齿突；阳茎直，约与抱器等长。

雌性外生殖器：囊导管细长；交配囊体长袋状；交配囊片细长；位于交配囊体中部。

寄主为禾本科 Gramineae 植物。

全世界已记载 11 种，分布于东洋区。中国已知 2 种，大秦岭分布 1 种。

凤眼方环蝶 *Discophora sondaica* Boisduval, 1836

Discophora sondaica Boisduval, 1836, *Hist. nat. Ins.*, *Spec. gén. Lépid.*, 1: pl. 12, f. 3, explic. 4. **Type locality**: Java.

Papilio tullia Cramer, [1775], *Uitl. Kapellen*, 1(1-7): 127, (8): 154 (preocc.); Moore, 1878, *Proc. zool. Soc. Lond.*, (4): 826.

Discophora sondaica; D'Abrera, 1986, *Butts. Orient. Reg.*: 512; Chou, 1994, *Mon. Rhop. Sin.*: 295; Eliot, Corbet & Pendlebury, 1992, *Butt. Malay Peninsula*, 4th: 145, pl. 63; Wu & Xu, 2017, *Butts. Chin.*: 687, f. 688: 1-2.

形态　成虫：中大型蛱蝶。雄性：翅正面黑褐色，反面棕黄色；密布褐色细纹。前翅正面端缘色稍淡；亚缘区有1列白色眼状斑，瞳点黑色。反面外缘区有灰白色V形斑列；端半部有灰白色宽横带，两侧弧形凹入，外侧顶端直达顶角，下端直达臀角。后翅正面无斑；周缘棕褐色；中域有棕褐色香鳞区。反面端半部灰白色，内侧镶有深色缘带和1列模糊的圆形眼斑，外侧有2列模糊的波状纹。雌性：翅棕褐色。前翅正面中域有1列白色斑纹，上半段斑纹条形，斜向排列，下半段斑纹近菱形。反面棕色，宽横带内2列斑纹与正面斑纹相同。后翅外缘波状；M$_3$脉端部角状突出；正面外缘带浅棕色；亚缘有白色眼斑列，瞳点黑褐色；中域白色斑列未达臀角；臀区棕色。反面近前缘中部有1个黑色圆眼斑。

卵：淡黄色；扁鼓形；表面有枣红色环纹。

幼虫：低龄幼虫黑色；密布白色环纹和长毛。末龄幼虫黑褐色，密布黄褐色和白色点斑、灰白色长毛和环纹；背中部有由红、白、黄3色组成的花边形纵带纹；背两侧有成列的红色瘤突，其上簇生黑、白色长毛；足基带白色。

蛹：纺锤形；有翠绿色和淡褐色2种色型；头部顶端有细长尖突；胸背面圆形突起；末节细；翅区两侧有乳黄色细线纹。

寄主　禾本科 Gramineae 箣竹属 *Bambusa* spp. 植物。

生物学　1年多代。成虫多见于5~8月。飞行较迅速，路线不规则，常在林下及林缘活动，不访花，喜吸食树汁液及腐烂果实。卵聚产于寄主植物叶面。幼虫群栖。

分布　中国（陕西、江西、福建、台湾、广东、海南、香港、广西、贵州、云南、西藏），印度，尼泊尔，缅甸，越南，老挝，泰国，菲律宾，马来西亚，新加坡，印度尼西亚。

大秦岭分布　陕西（南郑）。

串珠环蝶属 *Faunis* Hübner, 1819

Faunis Hübner, 1819, *Verz. bek. Schmett.*, (4): 55. **Type species**: *Papilio eumeus* Drury, [1773].

Clerome Westwood, [1850], *Gen. diurn. Lep.*, (2): 333, pl. 54, f. 5. **Type species**: *Papilio arcesilaus* Fabricius, 1787.

Faunis (Faunini); Chou, 1998, *Class. Ident. Chin. Butt*: 58.

Faunis (Amathusiini); Vane-Wright & de Jong, 2003, *Zool. Verh. Leiden*, 343: 168; Schroeder & Treadaway, 2005, *Butts. World*, 20: 1.

Faunis; Wu & Xu, 2017, *Butts. Chin.*: 721.

翅近圆形；翅色多变，有褐色、红褐色、灰白色及灰棕色等。雄性正面多无斑纹；反面亚缘有淡色点斑列。前翅 Sc 脉与 R_1 脉长，平行；R_2-R_4 脉从 R_5 脉梳状分出；M_1 脉与 M_2 脉分出处靠近；中室端脉 S 形弯曲。后翅 Sc+R_1 脉很长；中室弯曲，在 M_2 与 M_3 脉间敞开。雄性前翅后缘近基部瓣状突出。后翅反面有发香鳞斑，在 Cu 脉下及 1a 室基部有 2 块毛刷。

雄性外生殖器：背兜长，弱隆起；钩突粗短，弯曲；颚突弯臂形；囊突小；抱器长，基部宽，中部臂状，端部掌状变宽，端缘多齿状突起；阳茎两端尖。

雌性外生殖器：囊导管极短；交配囊体椭圆形；交配囊片长，2 条，纵贯囊体，表面有刺突。

寄主为菝葜科 Smilacaceae、芭蕉科 Musaceae、露兜树科 Pandanaceae、苏铁科 Cycadaceae 及棕榈科 Palmae 植物。

全世界记载 9 种，分布于古北区与东洋区。中国已知 3 种，大秦岭分布 2 种。

种检索表

翅红褐色 ·· **串珠环蝶 *F. eumeus***

翅非红褐色 ·· **灰翅串珠环蝶 *F. aerope***

灰翅串珠环蝶 *Faunis aerope* (Leech, 1890)

Clerome aerope Leech, 1890, *Entomologist*, 23: 31. **Type locality**: Ichang.

Faunis indistincta Mell, 1942, *Arch. Naturgesch.* (N.F.), 11: 243. **Type locality**: China.

Faunis aerope; Chou, 1994, *Mon. Rhop. Sin.*: 303; Nakamura, Wakahara & Miyamoto, 2010, *Trans. lepid. Soc. Jap.*, 60(4): 277 (note); Wu & Xu, 2017, *Butts. Chin.*: 721, f. 724: 7-9, 725: 10-12.

形态 成虫：中型蛱蝶。两翅正面灰色至棕灰色；顶角及外缘区褐色至黑褐色。反面色稍深；有黑褐色波状基线，中线和端线各 1 条；外中域有 1 列大小不等的淡黄色点斑；中室端斑近 V 形。前翅后缘基部有 1 个闪光斑，与后翅前缘毛簇相对应。雌性反面点斑更明显。

卵：圆形；初产时乳白色，后变成淡黄色，表面有雕刻纹。

幼虫：圆柱形。初龄幼虫白色，末龄幼虫头部黑色，有 2 个角状突起；体节多横皱纹，密布白色长毛；背面橙色，侧缘黑色。

蛹：翠绿色；梭形；头部有 1 对黄绿色尖突。

寄主　菝葜科 Smilacaceae 菝葜 *Smilax china*、剑叶菝葜 *S. lanceaefolia*；芭蕉科 Musaceae 芭蕉属 *Musa* spp.；露兜树科 Pandanaceae 露兜树属 *Pandanus* spp.；苏铁科 Cycadaceae 攀枝花苏铁 *Cycas panzhihuaensis*；棕榈科 Palmae 棕榈 *Trachycarpus fortunei*。

生物学　1 年 1 代。成虫多见于 6~8 月。多在黄昏飞翔，飞行缓慢，路线不规则，喜阴暗潮湿环境，停留在阴湿的腐枝烂叶上，在溪沟、林下阴凉处活动，不访花，喜吸食树汁液。卵常聚产于寄主植物叶片背面。幼虫多在低洼沟内及阴坡活动。

分布　中国（陕西、甘肃、安徽、浙江、湖北、江西、湖南、福建、广东、海南、广西、重庆、四川、贵州、云南、西藏），越南，老挝。

大秦岭分布　陕西（凤县、西乡、略阳、留坝、宁陕、商南）、甘肃（麦积、秦州、武都、文县、徽县、两当）、湖北（兴山、神农架）、重庆（巫溪、城口）、四川（都江堰、安州、平武）。

串珠环蝶 *Faunis eumeus* (Drury, [1773])

Papilio eumeus Drury, [1773], *Illust. Nat. Hist. Exot. Ins.*, 1: 4, pl. 2, f. 3.

Papilio decempunctatus (Goeze, 1779), *Ent. Beyträge*, 3(1): 212.

Papilio gripus (Fabricius, 1775), *Syst. Ent.*: 829.

Clerome assama Westwood, 1858, *Trans. ent. Soc. Lond.*, (2) 4(6): 185. **Type locality**: Assam (Khasi-Jaintia Hills).

Clerome burmana Tytler, 1939, *J. Bombay nat. Hist. Soc.*, 41(2): 248.

Faunis eumeus; Chou, 1994, *Mon. Rhop. Sin.*: 303; Nakamura, Wakahara & Miyamoto, 2010, *Trans. lepid. Soc. Jap.*, 60(4): 277 (note); Wu & Xu, 2017, *Butts. Chin.*: 721, f. 722: 3, 723: 4-6.

形态　成虫：中型蛱蝶。翅圆阔；正面红褐色；反面色较深；基部、中域及亚缘区各有 1 条黑褐色线纹，贯穿两翅。前翅正面亚顶区有橙色弧形宽带，并向前缘和外缘延伸，边界模糊。反面顶角区及亚顶区色稍淡；外中域有 1 列浅黄色圆形斑纹；后缘棕黄色。后翅正面前缘及后缘色稍淡；反面外中域斑列弱弧形，斑纹圆形，淡黄色，大小不一。雌性个体较雄性大；翅色稍浅。前翅弧形斑带更宽，边界较清晰。

卵：圆形；黄绿色；表面有雕刻纹和锈红色环纹。

幼虫：圆柱形；末龄幼虫头部黑色；体节多横皱纹，密布白色长毛；背面橙色，侧缘黑色。

蛹：翠绿色；梭形；头部有 1 对黄绿色尖突。

寄主　菝葜科 Smilacaceae 菝葜 *Smilax china*、马甲菝葜 *S. lanceifolia*、肖菝葜 *Heterosmilax* *japonica*；百合科 Liliaceae 山麦冬 *Liriope spicata*、阔叶山麦冬 *L. platyphylla*；棕榈科 Palmae 刺葵 *Phoenix hanceana*。

生物学 1 年多代。成虫多见于 5 ~ 7 月。喜在溪沟、林下阴凉处活动，飞行缓慢。卵常聚产于寄主植物叶片背面。

分布 中国（甘肃、四川、湖北、台湾、广东、海南、香港、广西、云南），印度，缅甸，越南，老挝，泰国，柬埔寨。

大秦岭分布 甘肃（文县）、四川（宣汉）、湖北（兴山）。

箭环蝶属 *Stichophthalma* C. & R. Felder, 1862

Stichophthalma C. & R. Felder, 1862, *Wien. ent. Monats.*, 6(1): 27. **Type species**: *Thaumantis howqua* Westwood, 1851.

Stichophthalma (Faunini); Chou, 1998, *Class. Ident. Chin. Butt*: 58.

Stichophthalma (Amathusiini); Wahlberg, 2005, *Proc. R. Soc. B*, 272: 1577-1586.

Stichophthalma; Wu & Xu, 2017, *Butts. Chin.*: 703.

环蝶中最大的种类。翅阔圆；沿外缘有成列的黑色箭状纹；反面有黑色和淡色的波状横带；亚缘有成列的眼状斑。前翅 Sc 脉及 R_1 脉长，平行；R_2 脉与 R_3 脉合并；R_4 脉与 R_5 脉分叉很小；M_1 脉与 M_2 脉基部接近。后翅 Sc+R_1 脉短，只到前缘中部。雄性后翅正面 Rs 脉基部有性标；中室基部有毛束。

雄性外生殖器：背兜隆起；钩突长于背兜；颚突及囊突长；抱器狭长，基部窄，端部尖；阳茎直长。

雌性外生殖器：囊导管中等长；交配囊体椭圆形；交配囊片长梭形，2 条，纵贯囊体，表面有刺突；囊尾有或无。

寄主为棕榈科 Palmae 及禾本科 Gramineae 植物。

全世界记载 10 种，分布于古北区及东洋区。中国已知 8 种，大秦岭分布 4 种。

种检索表

1. 翅正面橙黄色 ··· 2
   翅正面基部黄褐色，端部淡黄色至白色 ······················ **白袖箭环蝶 *S. louisa***
2. 后翅反面仅 2 ~ 3 个眼斑完整；雌性前翅顶角有白色点斑 ····· **双星箭环蝶 *S. neumogeni***
   后翅反面 5 个眼斑均完整；雌性前翅顶角无白色点斑 ····························· 3
3. 后翅正面臀角区斑纹箭头形 ···································· **箭环蝶 *S. howqua***
   后翅正面臀角区斑纹块状 ···································· **华西箭环蝶 *S. suffusa***

蛱蝶科
Nymphalidae

双星箭环蝶 *Stichophthalma neumogeni* **Leech, [1892]**（图版 69：153—154）

Stichophthalma neumogeni Leech, [1892], *Butts. Chin. Jap. Cor.*, (1): 114.

Stichophthalma neumogeni; Chou, 1994, *Mon. Rhop. Sin.*: 305; Huang, 2003, *Neue Ent. Nachr.*, 55: 47
(note), f. 66; Wu & Xu, 2017, *Butts. Chin.*: 703, f. 709: 9-11, 710: 12.

形态　成虫：中大型蛱蝶。翅形圆阔；橙黄色至橙红色，基部色较深。反面端缘有 2 列
飞鸟形线纹；基部和中域各有淡黄色细带纹，内侧缘线黑色。前翅正面顶角黑褐色；翅端缘
有 1 列黑色箭头形斑纹。反面基半部深橙色，端半部淡黄色；外中域有 4 个橙红色圆形眼斑，
瞳点白色，其中中间 2 个时有退化消失；中室端斑 S 形。后翅正面端缘有 1 列箭头形斑纹，
相互分离。反面外中域有 2~3 个明显的橙红色圆形眼斑，其余 2 个淡黄色，模糊退化，无瞳
点；后缘淡黄色；臀角有黑色斑纹，覆有淡蓝色鳞粉。雌性个体较大；斑纹较大且清晰；两
翅基部和中域的淡黄色带纹较宽；眼斑列完整而清晰，内侧有黑褐色带纹。前翅正面顶角有
白色圆斑。

寄主　棕榈科 Palmae 棕榈 *Trachycarpus fortunei*；禾本科 Gramineae 柳叶箬属 *Isachne*
spp.、刚竹属 *Phyllostachys* spp. 植物。

生物学　1 年 1 代。成虫多见于 6~8 月。在针阔混交林、竹林中活动，波浪式飞翔，喜
在地面吸食人畜尿液、腐烂水果，常栖息于潮湿的树林或石崖下。

分布　中国（陕西、甘肃、浙江、湖北、江西、湖南、福建、广东、海南、重庆、四川、
贵州、云南、西藏），越南北部。

大秦岭分布　陕西（鄠邑、周至、陈仓、太白、凤县、洋县、南郑、勉县、西乡、留坝、
佛坪、宁陕、商南、山阳、镇安）、甘肃（康县、文县、徽县、两当）、湖北（兴山、神农架、
郧西）、重庆（巫溪、城口）、四川（宣汉、都江堰）。

箭环蝶 *Stichophthalma howqua* **(Westwood, 1851)**

Thaumantis howqua Westwood, 1851, *Trans. ent. Soc. Lond.*, (2) 1(5): 174.

Stichophthalma howqua; Chou, 1994, *Mon. Rhop. Sin.*: 308; Wu & Xu, 2017, *Butts. Chin.*: 703, f.
704: 1-2, 705: 3.

形态　成虫：大型蛱蝶。与双星箭环蝶 *S. neumogeni* 近似，主要区别为：本种个体较大；
翅色稍淡；反面外中域 5 个橙红色圆形眼斑完整，不退化。雌性前翅顶角无白色圆斑；两翅
中域淡黄色带纹宽。

　　卵：圆形；乳黄色，透明；卵壳上有模糊的红褐色环纹；表面光滑，有亮光。

幼虫：圆柱形；绿色；头部黄绿色；体表密布白色刚毛；背面有深绿色和淡黄色纵条纹；足基带黄色。

蛹：绿色；梭形；背部两侧有稀疏的黑色点斑，中部突起处有 1 条黄色横带纹；头部有 1 对黄色角突。

寄主　禾本科 Gramineae 油芒 *Spodiopogon cotulifer*、芒 *Miscanthus sinensis*、毛竹 *Phyllostachys heterocycla*、桂竹 *P. reticulata*、淡竹 *P. glauca*、孟宗竹 *P. edulis*、青皮竹 *Bambusa textilis*、粉单竹 *B. chungii*、撑篙竹 *B. pervariabilis*；棕榈科 Palmae 棕榈 *Trachycarpus fortunei*、山棕 *Arenga tremula*、黄藤 *Daemonorops margaritae*。

生物学　1 年 1 代。成虫多见于 5～7 月。常在针阔混交林、山地活动，喜在竹林、树林间缓慢飞翔，多在石崖或树下栖息，喜吸食树汁液、腐烂果实和人畜排泄物。卵聚产于寄主植物叶片背面。幼虫有取食卵壳和群栖习性。老熟幼虫选择在寄主植物叶片或枝条上化蛹。

分布　中国（陕西、甘肃、江苏、安徽、浙江、湖北、江西、湖南、福建、台湾、广东、海南、广西、重庆、四川、贵州、云南），越南。

大秦岭分布　陕西（太白、南郑、城固、洋县、西乡、宁强、略阳、留坝、佛坪、商南、山阳）、甘肃（麦积、秦州、武都、文县、徽县、两当）、湖北（兴山、神农架、武当山）、重庆（巫溪、城口）、四川（宣汉、万源、青川、都江堰、安州、平武、汶川）。

白袖箭环蝶 *Stichophthalma louisa* (Wood-Mason, 1877)

Thaumantis louisa Wood-Mason, 1877, *Proc. Asiat. Soc. Bengal*: 163. **Type locality**: Myanmar (Tenasserim).

Stichophthalma louisa; Chou, 1994, *Mon. Rhop. Sin.*: 306.

形态　成虫：大型蛱蝶。翅形圆阔；两翅正面橙色，端缘有黑色或黑褐色箭头形斑列。反面棕黄色；端缘有 2 条波浪形线纹；外中域有 1 列黄褐色或红褐色圆形眼斑，未达后缘，瞳点白色，圈纹黄、黑 2 色。前翅正面顶角黑褐色，亚顶区至向下延伸至臀角和中室外侧的区域白色；基半部黄褐色。反面基半部赭黄色，端半部淡黄色至白色；白色中横带上宽下窄，内侧缘线黑色，外侧有褐色带纹相伴；中室端斑 S 形；基横带灰绿色，外侧缘线黑色。后翅正面端缘的箭头形斑纹相互连接。反面白色中斜带未达臀角，内侧缘线黑色，外侧伴有直达臀角的灰黑色带纹；基斜带灰绿色，未达臀角，外侧缘线黑色；臀角有 1 个圆形黑色斑纹。

生物学　成虫多见于 4～8 月。

分布　中国（四川、云南），越南，老挝，泰国，柬埔寨。

大秦岭分布　四川（安州）。

华西箭环蝶 *Stichophthalma suffusa* Leech, 1892

Stichophthalma howqua var. *suffusa* Leech, 1892, *Butt. China*, 1:114, pl. 1:3. **Type locality**: Omei-shan, Sichuan.

Stichophthalma howqua suffusa; Chou, 1994, *Mon. Rhop. Sin*.: 308; Huang, 2003, *Neue Ent. Nachr*., 55: 46 (note), f. 65.

Stichophthalma suffusa; Wu & Xu, 2017, *Butts. Chin*.: 703, f. 706: 4-5, 707: 6-7, 708: 8.

形态 成虫：大型蛱蝶。与箭环蝶 *S. howqua* 相似，由其华西亚种 *S. howqua suffusa* 提升而来，主要区别为：本种后翅正面外缘的箭头形斑纹粗大；近臀角区的斑纹融合成大块斑，不呈箭头形。

卵：圆形；初产时淡蓝色，透明，后渐变为黄蓝色；孵化前卵壳上出现红褐色环纹；表面光滑，有亮光。

幼虫：圆柱形；初孵幼虫白色，透明。2~4龄幼虫变为绿色；头部黄色，两侧有黑色大斑；体表密布白色刚毛；背面有深绿色和白色纵条纹。5龄之后幼虫头上黑色斑纹消失，变为红色斑纹，其上长有黑色刚毛；气门线上有1列黄色眼斑，瞳点黑色。

蛹：绿色；梭形；背部密布黑色点斑，中部凸起处有1条横带纹，黄色和红褐色2色；头部有1对黄色角突。

寄主 禾本科 Gramineae 孟宗竹 *Phyllostachys edulis*。

生物学 1年1代，以幼虫越冬。成虫多见于5~7月。喜在竹林、密林间和林荫等阴暗处活动，飞翔缓慢，常在道路及树干上吸食树汁液、腐烂果实和人畜排泄物。卵聚产于寄主植物叶片背面。幼虫有取食卵壳和群栖习性。老熟幼虫化蛹于寄主植物叶下或枝条下。

分布 中国（甘肃、湖北、江西、湖南、福建、台湾、广东、海南、广西、重庆、四川、贵州、云南），越南。

大秦岭分布 四川（彭州、青川、都江堰、江油）。

眼蝶亚科 Satyrinae (Biosduval, 1833)

Satyrides Biosduval, 1833, *Ic des Lép. Nou. Co*., 1: 128. **Type genus**: *Satyrus* Latreille, 1810.

Satyridae; Swainson, 1840, *Cab. Cycl*., 86. **Type genus**: *Satyrus* Latreille, 1810; Doubleday, 1850, *Gen. Diu. Lep*.: 1; Seitz, 1907, *Fau. Pal*.: 79; Evans, 1932, *Ident. Ind. Butt*.: 94; Taybot, 1947, *Fau. Bri. Ind*.: 106; Chou, 1998, *Class. Ident. Chin. Butt*.: 60.

Agapedidae; Dyar, 1902, *Bull. U.S. nat. Mus.*, 52: 27. **Type genus**: *Satyrus* Latreille, 1810.

Agapetidae; Dyar, 1903, *Bull. U.S. nat. Mus.*, 52: 27(incl.).

Satyrinae; Bates, 1861, *Journ. Ent.*: 220. **Type genus**: *Satyrus* Latreille, 1810; Moore, 1880a, *Lep. Cey.*: 13; Marshall & de Nicéville, 1883, *Butt. Ind. Bur. Ley.*: 95; Bingham, 1905, *Fau. Brit. Ind.*: 47; Miller, 1968, *Mem. Amer. Ent. Soc.*, 24: 1-174; Lamas, 2004, *Atlas Neo. Lep.*, 4A: 205.

Satyrinae (Nymphalidae); Vane-Wright & de Jong, 2003, *Zool. Verh. Leiden*, 343: 171.

Satyridae (Papilionoidea); Korb & Bolshakov, 2011, *Eversmannia Suppl.*, 2: 43.

通常颜色暗，多为黑褐色、褐色、灰褐色或黄褐色，少数橙黄色、黄色或白色；多数种类有较醒目的外横眼斑列或圆形斑纹，少数种类无斑；翅阔。后翅外缘光滑或锯齿形或有小尾突。前翅脉纹 12 条，通常 Sc 脉、中室后缘脉、2A 脉中 1~3 条基部加粗膨大；R 脉 5 条；A 脉 1 条。后翅脉纹 9 条，A 脉 2 条，多数种类有短的肩脉。两翅中室闭式，少数端脉中部不明显或中断。雄性通常有第二性征，主要表现在前翅正面近 A 脉基部有腹褶及后翅正面亚前缘区有特殊鳞斑，斑上有倒逆的毛簇等。

飞翔力强或弱，多波浪形飞行，喜在林荫、竹丛中活动，早晚常见，多分布在山地，少数种类活动于平原地区，有的取食树汁液，为害果实，或吸食动物粪便或尸体。卵散产在寄主植物上。幼虫多数取食禾本科植物，有的是水稻的重要害虫（如眉眼蝶属 *Mycalesis*），少数属食羊齿类植物（如玳眼蝶属 *Ragadia*）。

本亚科种类很多，全世界记载 3000 余种，世界各地均有分布。中国已知 400 余种，大秦岭分布 164 种。

族检索表

1. 前翅顶角斜截；外缘 M$_2$ 脉端部钩状突出 ·············**暮眼蝶族 Melanitini**
   前翅顶角非斜截；外缘 M$_2$ 脉端部不呈钩状突出 ································ 2
2. 后翅中室开式 ···**玳眼蝶族 Ragadiini**
   后翅中室闭式 ·· 3
3. 复眼有毛，如无毛则前翅翅脉基部不加粗或膨大 ·············**锯眼蝶族 Elymniini**
   复眼无毛，前翅有 1~3 条脉纹基部膨大·······················**眼蝶族 Satyrini**

暮眼蝶族 Melanitini Reuter, 1896

Melanitini Reuter, 1896.

Melanitini (Satyrinae); Vane-Wright & de Jong, 2003, *Zool. Verh. Leiden*, 343: 171; Henning & Henning, 1997, *Metamorphosis*, 8(3): 135 (key).

复眼光滑无毛。前翅顶角斜截；外缘 M_2 脉处钩状突出。后翅外缘 M_3 脉处有角状小尾突。全世界记载约 24 种，分布于古北区、东洋区、非洲区及澳洲区等。中国记录 3 种，大秦岭分布 2 种。

暮眼蝶属 *Melanitis* Fabricius, 1807

Melanitis Fabricius, 1807, *Mag. f. Insektenk*. (Illiger), 6: 282. **Type species**: *Papilio leda* Linnaeus, 1758.

Hipio Hübner, [1819], *Verz. bek. Schmett*., (4): 56. **Type species**: *Papilio constantia* Cramer, [1777].

Cyllo Boisduval, 1832, *Voy. Astrolabe* (Faune ent. Pacif.), 1: 151. **Type species**: *Papilio leda* Linnaeus, 1758; Westwood, 1851a, *Gen. diurn. Lep*., 360.

Melatanis; Mabille, 1876, *Bull. Soc. zool. Fr*., 1: 199 (missp.).

Melanitis (Satyrinae); Moore, [1880], *Lepid. Ceylon*, 1(1): 14, Leech, 1892, *Butt. Chin. Jap. Cor*., 105; D'Abrera, 1985, *Butt. Ori. Reg*., II: 410; Chou, 1998, *Class. Ident. Chin. Butt*.: 61.

Melanitis (Melaniniti); Vane-Wright & de Jong, 2003, *Zool. Verh. Leiden*, 343: 172.

Melanitis; Wu & Xu, 2017, *Butts. Chin*.: 432.

前翅外缘 M_2 脉端部钩状突出；脉纹基部不膨大；中室闭式，长约为前翅长的 1/2；Sc 脉长于中室；R_1 和 R_2 脉由中室前缘分出。后翅外缘 M_3 脉处有角状尾突；Cu_2 脉处多突出；$Sc+R_1$ 脉长于中室，接近顶角；中室闭式，长约为后翅长的 1/2；肩脉短直，伸向前缘。有湿季型与旱季型之分，旱季型个体较大；翅外缘突出。后翅的枯叶斑较明显。

雄性外生殖器：背兜宽；钩突与抱器狭长，弯曲；无颚突；阳茎及囊突细长。

寄主为禾本科 Gramineae 植物。

全世界记载 12 种，分布于古北区、东洋区、非洲区及澳洲区。中国已知 3 种，大秦岭分布 2 种。

种检索表

个体较大；翅方阔；前翅正面亚顶区眼斑雄性较退化 ······················**睇暮眼蝶 *M. phedima***

个体稍小；翅稍窄；前翅正面亚顶区眼斑雄性较发达 ······················**（稻）暮眼蝶 *M. leda***

（稻）暮眼蝶 *Melanitis leda* (Linnaeus, 1758)

Papilio leda Linnaeus, 1758, *Syst. Nat.* (Edn 10), 1: 474.

Papilio solandra Fabricius, 1775, *Syst. Ent.*: 500.

Melanitis leda; Fabricius, 1807, *Ill. Mag.*, 6: 282; Moore, 1880a, *Lep. Ceyl.*, 1(1): 15, pl. 10, f. 1a-b; Wood-Mason & de Nicéville, 1881, *J. asiat. Soc. Bengal*, 49 Pt. II (4): 226; Distant, 1883, *Con. Malay. Ent.*, 41; Marshall & de Nicéville, 1890, *Butt. Ind.*, 1: 252; Kudrna, 1974, *Atalanta*, 5: 102; D'Abrera, 1985, *Butt. Ori. Reg.*, II : 410; Chou, 1994, *Mon. Rhop. Sin.*: 317; Vane-Wright & de Jong, 2003, *Zool. Verh. Leiden*, 343: 172; Peña, 2006, *Mole. Phy. Evol.*, 40: 29; Wu & Xu, 2017, *Butts. Chin.*: 432, f. 434: 1-4, 435: 5-8.

Melanitis ismene; Moore, 1880a, *Lep. Ceyl.*, 1: 14; Marshall & de Nicéville, 1890, *Butt. Ind.*, 1: 256.

Hipparchia leda; Horsfield, 1829, *Descr. Cat. Lep. E. I. C.*, 8.

Cyllo leda; Butler, 1867, *Ann. Mag. nat. Hist.*, 3: 51; Hewitson, 1864, *Journ. Linn. Soc. Lond. Zool.*, 8: 144.

Melanitis[sic] *barnardi* Lucas, 1892, *Proc. R. Soc. Qd.*, 8(3): 71. **Type locality**: Rockhampton to Brisbane.

Melanitis leda solandra; Fruhstorfer, 1902, *Stett. ent. Ztg.*, 63(1): 352; Fruhstorfer, 1908c, *Ent. Zs.*, 22(22): 87; Holloway & Peters, 1976, *J. Nat. Hist.*, 10: 301.

Melanitis leda sumbana van Eecke, 1933, *Zool. Meded.*, 16(6): 62. **Type locality**: Kambera, NE. Soemba.

蛱蝶科 Nymphalidae

228

形态 成虫：中型蛱蝶。翅棕褐色或黑褐色；反面色稍淡；密布褐色细纹。前翅 M_2 脉处钩状外突；正面亚顶区黑色眼斑大，双瞳，瞳点白色，圈纹橙黄色。反面顶角区有 2 个小眼斑；亚缘中部眼斑时有断续或消失；外斜带、中斜带及基斜带有或消失。后翅外缘 M_3 脉及 Cu_2 脉端部各有 1 个小尾突；亚缘眼斑列正面多有消失。反面亚缘眼斑列斑纹大小不一；弧形中横带时有退化或消失。有明显的季节型，翅反面的颜色和斑纹因季节变化极大。夏型浅黄色，满布灰褐色细横纹，眼状纹明显；秋型色深，枯叶色，眼状纹退化甚至消失。

卵：白色至白绿色，半透明；球形。

幼虫：5 龄期。体表密布短毛；初孵幼虫白绿色，细长；尾端有 1 对黄绿色水平伸展的尾突；末龄幼虫绿色；头部绿色或黑色，头顶有 1 对棒状突起，黑色或红褐色，密布刺毛；背中线淡蓝色。

蛹：翠绿色；长椭圆形；头部平截。

寄主 禾本科 Gramineae 水蔗草 *Apluda mutica*、稻 *Oryza sativa*、玉米 *Zea mays*、甘蔗 *Saccarum officinarum*、毛花雀稗 *Paspalum dilatatum*、偏序钝叶草 *Stenotaphrum secundatum*、大黍 *Panicum maximum*、五节芒 *Miscanthus floridulus*、棕叶狗尾草 *Setaria palmifolia* 等。

生物学 1年2至多代，以成虫越冬。成虫多见于8~9月。常在阴湿树丛下或沿地面活动，波浪式缓慢飞翔，清晨或黄昏时活动，不访花，喜吸食树汁液和腐烂果实。卵聚产于叶片背面。低龄幼虫有聚集性。4龄后分散生活，栖息于叶背。老熟幼虫化蛹于叶片下方。

分布 中国（山东、河南、陕西、甘肃、安徽、浙江、湖北、江西、湖南、福建、台湾、广东、海南、广西、重庆、四川、贵州、云南），日本，缅甸，越南，老挝，泰国，柬埔寨，菲律宾，马来西亚，新加坡，印度尼西亚，澳大利亚，非洲。

大秦岭分布 陕西（眉县、南郑、留坝）、甘肃（文县）、四川（安州、汶川）。

睇暮眼蝶 *Melanitis phedima* (Cramer, [1780])

Papilio phedima Cramer, [1780], *Uitl. Kapellen*, 4(25-26a): 8, iapl. 292, f. B. **Type locality**: Java.

Melanitis suyudana Moore, 1857, *Cat. lep. Ins. Mus. East India Coy*, (1): 4. **Type locality**: Java.

Melanitis bethami de Nicéville, 1887, *Proc. zool. Soc. Lond.*, (3): 451. **Type locality**: Pachmarhi, Central Provinces, 3500ft.

Melanitis phedima muskata Fruhstorfer, 1908c, *Ent. Zs.*, 22(20): 80. **Type locality**: W. China.

Melanitis phedima muskata f. *autumnalis* Fruhstorfer, 1908c, *Ent. Zs.*, 22(20): 80. **Type locality**: W. China.

Melanitis phedima var. *asakurae* Matsumura, 1919, *Thous. Ins. Japan. Addit.*, 3: 554. **Type locality**: Horisha, Hoppo, "Formosa" [Taiwan, China].

Melanitis phedima; Lewis, 1974, *Butts. World*: 169; D'Abrera, 1985, *Butt. Ori. Reg.*: 412; Chou, 1994: 320 *Mon. Rhop. Sin.*: 320; Vane-Wright & de Jong, 2003, *Zool. Verh. Leiden*, 343: 172; Wu & Xu, 2017, *Butts. Chin.*: 432, f. 436: 9-11, 437: 12-15, 438: 16-19.

Melanitis phedima oitensis; Kudrna, 1974, *Atalanta*, 5: 102.

形态 成虫：中大型蛱蝶。与（稻）暮眼蝶 *M. leda* 相似，主要区别为：本种个体较大；翅型较方阔。前翅亚顶区眼斑的白色瞳点从中心移至外侧；M_2 脉处钩状突向下弯曲。

卵：白色，半透明；球形。

幼虫：5龄期。体表密布淡色短毛；黄绿色；头顶有1对红褐色棒状突起，密布黑、白2色刺毛；背中线淡蓝色；尾端有1对白色水平伸展的尾突；足基带黄色。

蛹：翠绿色；长椭圆形；头部平截。

寄主 禾本科 Gramineae 刚莠竹 *Microstegium ciliatum*、棕叶狗尾草 *Setaria palmifolia*、芒 *Miscanthus sinensis*、象草 *Pennisetum purpureum*、台湾芦竹 *Arundo formosana*。

生物学 1年多代。成虫多见于5~10月。常出现在林缘、山地和村庄附近，多于傍晚活动，飞翔缓慢，喜吸食树汁液或有甜味的汁液。卵聚产于叶片背面。低龄幼虫有聚集性。大龄后分散生活，栖息于叶片背面。老熟幼虫化蛹于叶片下方。

分布　中国（陕西、湖北、江西、湖南、福建、台湾、广东、海南、广西、重庆、贵州、云南、西藏），印度，缅甸，越南，泰国。

大秦岭分布　陕西（汉台、南郑、西乡、留坝）、湖北（兴山、神农架）。

锯眼蝶族 Elymniini Herrich-Schäeffer, 1864

Elymniini Herrich-Schäeffer, 1864, *Prod. system. Lepid.*: 124.

Eurytelidae Westwood, 1851a, *Gen. Diur. Lepid.*: 403.

Elymninae Herrich-Schäffer, 1864, *Prod. system. Lepid.*: 124.

Enodiinae Clark, 1947, *Proc. Ent. Soc. Washington*, 49(6):149.

Lethinae Clark, 1948, *Proc. Bid. Soc. Lond.*, 61: 77.

Elymniina (Elymniini); Henning & Henning, 1997, *Metamorphosis*, 8(3): 135 (key); Vane-Wright & de Jong, 2003, *Zool. Verh. Leiden*, 343: 174.

复眼上通常有毛；前翅脉纹基部加粗或膨大；如复眼无毛则前翅脉纹基部不加粗或膨大。本族是眼蝶亚科中最大的族，较原始，分布于古北区、东洋区、非洲区和新北区，全世界记载 500 余种，中国记录 180 余种，大秦岭分布 85 种。

亚族检索表

1. 前翅脉纹基部不加粗或膨大；眼光滑 ·· **帻眼蝶亚族 Zetherina**

   前翅脉纹基部加粗或膨大；眼常有毛 ·· 2

2. 前翅 3 条脉基部均膨大 ·· **眉眼蝶亚族 Mycalesina**

   前翅只 Sc 脉基部加粗或膨大 ····································· **黛眼蝶亚族 Lethina**

黛眼蝶亚族 Lethina Reuter, 1896

Lethina Reuter, 1896.

Enodiinae Clark, 1947, *Proc. Ent. Soc. Wash.* 49(6): 149.

Lethinae Clark, 1948, *Proc. Biol. Soc. Lond.*, 61:77.

Lethina (Parargini); Korb & Bolshakov, 2011, *Eversmannia Suppl.*, 2: 44.

Lethina (Elymniini); Henning & Henning, 1997, *Metamorphosis*, 8(3): 135; Vane-Wright & de Jong, 2003, *Zool. Verh. Leiden*, 343: 176.

Parargina (Parargini); Korb & Bolshakov, 2011, *Eversmannia Suppl.*, 2: 44.

眼常有毛。前翅仅 1 条脉纹基部加粗或膨大；Cu_1 脉基部与 M_3 脉远离。后翅 M_3 脉与 Cu_1 脉同点从中室下端角分出。

全世界记载 199 种，分布于古北区、东洋区、新北区及非洲区。中国记录约 150 种，大秦岭分布 77 种。

属检索表

1. 前翅脉基部加粗，但不膨大 ·· 2
   前翅 Sc 脉基部明显膨大 ·· 5
2. 前翅有宽的蓝色斜带；R_2 脉与 R_5 脉共柄 ························ **丽眼蝶属 *Mandarinia***
   前翅无蓝色斜带；R_2 脉从中室前缘分出 ·· 3
3. 前翅中室端脉上段凹陷；后翅 M_3 脉近基部强度弯曲 ············ **宁眼蝶属 *Ninguta***
   前翅中室端脉不凹入；后翅 M_3 脉近基部稍有弯曲 ································· 4
4. 后翅 $Sc+R_1$ 脉和 Rs 脉很长，到达翅顶角；反面 $sc+r_1$ 室有眼斑 ···**荫眼蝶属 *Neope***
   后翅 $Sc+R_1$ 脉和 Rs 脉短，未达翅顶角；反面 $sc+r_1$ 室无眼斑 ···**黛眼蝶属 *Lethe***
5. 前翅 M_2 脉从中室前缘端部分出；后翅反面有平行的斜线 ········ **网眼蝶属 *Rhaphicera***
   前翅 M_2 脉从中室端脉分出；后翅反面无平行的斜线 ······························ 6
6. 前翅亚缘有多个眼斑 ·· **链眼蝶属 *Lopinga***
   前翅只顶角附近有 1 个眼斑 ··· 7
7. 两翅反面有网状纹 ··· **多眼蝶属 *Kirinia***
   两翅反面斑纹不如上述 ·· 8
8. 前翅 Cu 脉基部加粗，中室端脉前段凹入 ···························· **毛眼蝶属 *Lasiommata***
   前翅 Cu 脉基部及中室端脉不如上述 ·· 9
9. 后翅反面白色或淡黄色，后缘中部有条形斑纹 ···················· **藏眼蝶属 *Tatinga***
   后翅反面褐色，后缘中部无条形斑纹 ······························ **带眼蝶属 *Chonala***

黛眼蝶属 *Lethe* Hübner, [1819]

Lethe Hübner, [1819], *Verz. bek. Schmett.*, (4): 56. **Type species**: *Papilio europa* Fabricius, 1775.

Tanaoptera Billberg, 1820, *Enum. Ins. Mus. Billb.*: 79. **Type species**: *Papilio europa* Fabricius, 1775.

Zophoessa Doubleday, [1849], *Gen. diurn. Lep.*, (1): pl. 61, f. 1. **Type species**: *Zophoessa sura* Doubleday, [1849].

Debis Doubleday, [1849], *Gen. diurn. Lep.*, (1): pl. 61, f. 3. **Type species**: *Debis samio* Doubleday, [1849].

Hanipha (Satyrinae) Moore, [1880], *Lepid. Ceylon*, 1(1): 18. **Type species**: *Lethe sihala* Moore, 1872.

Lethe (Satyrinae); Moore, [1880], *Lepid. Ceylon*, 1(1): 16.

Tansima Moore, 1881, *Trans. ent. Soc. Lond.*, (3): 305. **Type species**: *Lethe satyrina* Butler, 1871.

Charma Doherty, 1886, *J. asiat. Soc. Bengal*, 55 Pt.II (2): 117. **Type species**: *Zophoessa baladeva* Moore, [1866].

Rangbia Moore, [1892], *Lepid. Ind.*, 1: 232. **Type species**: *Debis scanda* Moore, 1857.

Nemetis Moore, [1892], *Lepid. Ind.*, 1: 237. **Type species**: *Papilio minerva* Fabricius, 1775.

Pegada Moore, [1892], *Lepid. Ind.*, 1: 224 nota. **Type species**: *Mycalesis oculatissima* Poujade, 1885.

Kirrodesa Moore, [1892], *Lepid. Ind.*, 1: 237 nota. **Type species**: *Debis sicelis* Hewitson, 1862.

Placilla Moore, [1892], *Lepid. Ind.*, 1: 253. **Type species**: *Lethe christophi* Leech, 1891.

Archondesa Moore, [1892], *Lepid. Ind.*, 1: 270. **Type species**: *Lethe lanaris* Butler, 1877.

Choranesa Moore, [1892], *Lepid. Ind.*, 1: 270. **Type species**: *Lethe trimacula* Leech, 1890.

Dionana Moore, [1892], *Lepid. Ind.*, 1: 271. **Type species**: *Lethe margaritae* Elwes, 1882.

Sinchula Moore, [1892], *Lepid. Ind.*, 1: 275. **Type species**: *Debis sidonis* Hewitson, 1863.

Kerrata Moore, [1892], *Lepid. Ind.*, 1: 285. **Type species**: *Lethe tristigmata* Elwes, 1887.

Putlia Moore, [1892], *Lepid. Ind.*, 1: 287 (unn. repl. *Charma* Doherty, 1886). **Type species**: *Zophoessa baladeva* Moore, [1866].

Harima Moore, [1892], *Lepid. Ind.*,1: 299. **Type species**: *Neope callipteris* Butler, 1877.

Magula Fruhstorfer, 1911, *In*: Seitz, *Gross-Schmett. Erde*, 9: 313. **Type species**: *Zophoessa jalaurida* de Nicéville, 1881.

Hermias Fruhstorfer, 1911, *In*: Seitz, *Gross-Schmett. Erde*, 9: 324. **Type species**: *Satyrus verma* Kollar, [1844].

Lethe (Lethini); Chou, 1998, *Class. Ident. Chin. Butt.*: 63.

Zophoessa (Lethina); Korb & Bolshakov, 2011, *Eversmannia Suppl.*, 2: 44.

Lethe (Lethina); Vane-Wright & de Jong, 2003, *Zool. Verh. Leiden*, 343: 176; Korb & Bolshakov, 2011, *Eversmannia Suppl.*, 2: 44.

Lethe; Wu & Xu, 2017, *Butts. Chin.*: 441.

翅多褐色或红褐色。后翅反面多有亚缘眼斑列。前翅脉纹基部较粗，除有些种类 Sc 脉基部略膨大外，一般不膨大；R_1 及 R_2 脉与 M_1 脉均从中室上端角附近分出；R_3-R_5 脉共长柄，从中室上端角生出。后翅 M_3 脉与 Cu_1 脉从中室下端角同点生出；M_3 脉基部弧形弯曲，端部角状突出；肩脉短；$Sc+R_1$ 脉长于中室，末端远离顶角；Cu_1 脉分支点接近中室下端角顶点。雄性反面前翅后缘与后翅正面前缘有镜区；A 脉中部有发香鳞。

雄性外生殖器：背兜宽；钩突发达，细长，弯曲；多有长颚突；抱器狭长，末端尖或斜截；囊突短或长；阳茎粗壮，末端斜截且膨大。

雌性外生殖器：囊导管细长，膜质；交配囊多长袋形；1 对交配囊片发达，长带状，密生细齿突。

寄主为禾本科 Gramineae 及莎草科 Gyperaceae 植物。

全世界记载 119 种，分布于古北区及东洋区。中国已知 90 余种，大秦岭分布 46 种。

种检索表

14. 前翅反面亚顶区白斑列与中斜斑带相连成 Y 形纹 ············ **紫线黛眼蝶 _L. violaceopicta_**

　　前翅反面亚顶区白斑未与中斜斑带相连 ············ **圣母黛眼蝶 _L. cybele_**

15. 雄性前翅正面从后缘中部至中室端部有黑褐色性标 ·············· 16

　　雄性前翅正面该部位无上述性标 ·············· 20

16. 前翅正面有淡色亚缘斑列 ·············· 17

　　前翅正面无亚缘斑列 ·············· 18

17. 前翅反面中室端半部有 2 个红褐色宽条斑 ············ **蟠纹黛眼蝶 _L. labyrinthea_**

　　前翅反面中室端半部有 2 个棕色细条斑 ············ **妍黛眼蝶 _L. yantra_**

18. 雄性前翅正面中部性标远离中室端下角 ············ **罗氏黛眼蝶 _L. luojiani_**

　　雄性前翅正面中部性标与中室端下角相连 ·············· 19

19. 雄性前翅正面中部性标窄长，倾斜 ············ **细黑黛眼蝶 _L. liyufeii_**

　　雄性前翅正面中部性标宽短，较直 ············ **黑带黛眼蝶 _L. nigrifascia_**

20. 后翅外缘 M_3 脉末端尾突大而尖 ·············· 21

　　后翅外缘 M_3 脉末端尾突小而圆 ·············· 22

21. 前翅正面有白色中斜斑带 ············ **小云斑黛眼蝶 _L. jalaurida_**

　　前翅正面无白色中斜斑带 ············ **黛眼蝶 _L. dura_**

22. 后翅反面前缘中部有鲜黄色斑纹 ············ **彩斑黛眼蝶 _L. procne_**

　　后翅反面前缘中部无上述斑纹 ·············· 23

23. 后翅反面褐色外横带中部 V 形外突 ·············· 24

　　后翅反面褐色外横带中部无 V 形外突 ·············· 25

24. 翅正面棕色，反面棕黄色 ············ **李氏黛眼蝶 _L. leei_**

　　翅正面棕褐色，反面棕褐色 ············ **中华黛眼蝶 _L. armandina_**

25. 后翅反面的深色外横带未达后缘 ············ **厄黛眼蝶 _L. uemurai_**

　　后翅反面的深色外横带达后缘 ············ **明带黛眼蝶 _L. helle_**

26. 前翅反面外中区有开口于前缘的深 V 形带纹 ············ **奇纹黛眼蝶 _L. cyrene_**

　　前翅反面外中区无上述斑纹 ·············· 27

27. 雄性前翅正面有白色或黄色中斜带 ·············· 28

　　雄性前翅正面无上述中斜带 ·············· 29

28. 前翅反面中室有 2 条红褐色线纹 ············ **普里黛眼蝶 _L.privigna_**

　　前翅反面中室有 1 条灰白色线纹 ············ **白带黛眼蝶 _L. confusa_**

29. 后翅反面有黄色外横斑列 ············ **曲纹黛眼蝶 _L. chandica_**

　　后翅反面无黄色外横斑列 ·············· 30

30. 后翅反面亚缘 rs 室眼斑远大于 cu_1 室眼斑 ············ **罗丹黛眼蝶 _L. laodamia_**

　　后翅反面亚缘 rs 室眼斑比 cu_1 室眼斑小或等大 ·············· 31

31. 后翅反面外中线中部 V 形外突 ············ **苔娜黛眼蝶 _L. diana_**

黛眼蝶 *Lethe dura* **(MARSHALL, 1882)**（图版 70：155）

Zophoessa dura Marshall, 1882, *J. asiat. Soc. Bengal*., 51 Pt II(2-3): 38, pl. 4, f. 2. **Type locality**: Upper
    Tenasserim.

Zophoessa gammiei Moore, 1890-1892, *Lep. Ind*., I: 294, pl. 91, fig.3.

Lethe dura; Lewis, 1974, *Butts. World*, 201; D'Abrera, 1985, *Butt. Ori. Reg*.: 412; Chou, 1994, *Mon.*
    Rhop. Sin.: 322; Wu & Xu, 2017, *Butts. Chin*.: 441, f. 442: 1-6, 443: 7-9.

形态　成虫：中型眼蝶。两翅正面黑褐色；反面棕褐色；眼斑黑色，瞳点白色。前翅正面外缘带棕褐色；亚顶区前缘斑反面较正面清晰，白色。反面亚缘眼斑2～3个，时有模糊或消失；外缘带及中室中部横带紫灰色，内侧缘带黑褐色；中斜带紫灰色，内侧缘带黑褐色，外侧带纹呈弥散样外延。后翅外缘锯齿形；M₃脉端形成角状尖尾突；正面外缘带黄褐色；亚外缘线白色；亚缘眼斑列淡棕黄色，斑纹紧密相连。反面中横带黑褐色，中部近V形外突；基半部有云纹状斑纹；亚缘眼斑列瞳点白色；其余斑纹同后翅正面。雌性个体大；色彩、斑纹似雄性。

寄主　禾本科Gramineae芒 Miscanthus sinensis、玉山竹 Yushania niitkayamensis 和刚竹属 Phyllostachys spp. 植物。

生物学　成虫多见于5～9月。飞翔迅速，常在林缘、溪谷活动，喜阴湿环境，有吸食树汁液和人畜粪便的习性。

分布　中国（河南、陕西、甘肃、浙江、湖北、江西、台湾、广东、重庆、四川、贵州、云南），印度，不丹，缅甸，越南，老挝，泰国，柬埔寨。

大秦岭分布　河南（嵩县、栾川）、陕西（蓝田、长安、周至、渭滨、眉县、太白、凤县、汉台、南郑、洋县、略阳、留坝、佛坪、岚皋、汉阴、石泉、宁陕、商州、山阳、镇安）、甘肃（麦积、武都、康县、文县、徽县、两当）、湖北（兴山、神农架、武当山、竹溪）、四川（宣汉、彭州、青川、安州）。

波纹黛眼蝶 Lethe rohria (Fabricius, 1787)

Papilio rohria Fabricius, 1787, *Mant. Ins.*, 2: 45. **Type locality**: S. India.

Lethe rohria; Moore, 1878, *Proc. zool. Soc. Lond.*, (4): 824; Lewis, 1974, *Butts. World*: 167; D'Abrera, 1985, *Butt. Ori. Reg.*, 418; Chou, 1994, *Mon. Rhop. Sin.*: 327; Wu & Xu, 2017, *Butts. Chin.*: 476, f. 479: 9-12.

Lethe rohria borneensis Kalis, 1933, *Tijdschr. Ent.*, 76(1-2): 69. **Type locality**: Borneo.

形态　成虫：中型眼蝶。两翅正面棕色至棕褐色；反面色稍淡；斑纹白色或黑色。前翅正面顶角区有2个白色斑纹；亚外缘线灰白色；亚缘眼斑列弧形排列，多模糊；中斜带模糊，中下部与亚缘眼斑列叠加。反面亚缘眼斑列清晰；中斜带中下部内移变窄；基横带弧形；中室端部及中部各有1条斑纹；其余斑纹同前翅正面。后翅外缘锯齿形；M₃脉端形成角状尾突；正面亚外缘线白色；亚缘斑列黑褐色；外横眼斑列眼斑排列紧密，模糊。反面外横列眼斑形状不一，第1个黑色眼斑大而圆，第2～4个眼斑有多个小眼，长圆形；基半部有多条灰白色线纹；其余斑纹同后翅正面。雌性个体稍大；前翅白色外横带正面清晰，反面中下部不变窄。

寄主　禾本科 Gramineae 芒 *Miscanthus sinensis*、绿竹 *Bambusa oldhamii*、桂竹 *Phyllostachys reticulata*。

生物学　1 年多代。成虫多见于 5 ~ 10 月。

分布　中国（浙江、江西、福建、台湾、广东、海南、云南、四川），巴基斯坦，印度，不丹，尼泊尔，孟加拉国，缅甸，越南，老挝，泰国，柬埔寨，斯里兰卡，马来西亚，新加坡，印度尼西亚。

大秦岭分布　四川（宣汉）。

曲纹黛眼蝶 *Lethe chandica* (Moore, [1858])

Debis chandica Moore, [1858], *In*: Horsfield & Moore, *Cat. lep. Ins. Mus. East India Coy*,1: 219. **Type locality**: Darjeeling, India.

Debis isabella Butler, 1866, *Proc. zool. Soc. Lond.*, (1): 41, pl. 3, f. 4. **Type locality**: Philippines.

Lethe chandica; Lewis, 1974, *Butts. World*, 166; D'Abrera, 1985, *Butt. Ori. Reg.*, 422; Chou, 1994, *Mon. Rhop. Sin.*: 329; Wu & Xu, 2017, *Butts. Chin.*: 477, f. 482: 26-31, 483: 32.

形态　成虫：中型眼蝶，雌雄异型。雄性：两翅正面黑褐色；反面棕褐色；斑纹多白色或黑色。前翅正面无斑；顶角区及外缘区棕褐色。反面亚外缘线波形；亚顶区灰白色；亚缘眼斑列眼斑瞳点黑色；中斜带及基斜带灰白色，内侧缘线红褐色；中室端线红褐色。后翅外缘锯齿形，M3 脉端形成角状小尾突；正面端缘棕色；亚缘斑列黑色。反面亚外缘带灰白色；亚缘眼斑列黑色，瞳点数个，白色；中域中部色深，褐色；黄色外横斑列未达前后缘；外横线及基横线红褐色；外横线中部近 V 形外突，与外横斑列重叠；臀角有 1 个灰白色三角斑。雌性：两翅正面红棕色，反面棕灰色。前翅正面顶半部黑褐色；顶角区有 1 个白色斑纹；亚外缘带褐色；亚缘区棕色，亚缘眼斑列模糊；白色中斜带下端蝴蝶结形，未达臀角；基横线红褐色。后翅斑纹同雄性。

卵：球形；白色至淡绿色，半透明。

幼虫：5 龄期。初孵幼虫淡绿色；头部深褐色。末龄幼虫绿色，密布皱褶环纹；头部绿色；头顶有 1 对锈红色触角状突起；背部有 1 列红褐色斑纹，外围黄色，此斑列个体间变化大；尾端有 1 对合拢并水平伸展的尾突；老熟幼虫体色变为浅褐色。

蛹：有绿色及淡褐色 2 种色型。体密布褐色细纹；胸背部中央锥状突起；头顶有 1 对角突。

寄主　禾本科 Gramineae 箬竹 *Indocalamus tessellatus*、刚莠竹 *Microstegium ciliatum*、绿竹 *Bambusa oldhamii*、孝顺竹 *B. multiplex*、桂竹 *Phyllostachys reticulata*、毛竹 *P. heterocycla*。

生物学　1 年多代，以幼虫越冬。成虫多见于 4 ~ 10 月。飞行缓慢，多在较阴暗的竹林和林缘附近活动，喜吸食大树流出的汁液。卵单产于寄主植物叶面。幼虫喜栖息于寄主叶片反面靠近主脉的位置，傍晚取食。老熟幼虫化蛹于寄主叶片反面。

分布　中国（陕西、甘肃、安徽、浙江、江西、福建、台湾、广东、海南、广西、四川、贵州、云南、西藏），印度，孟加拉国，缅甸，越南，老挝，泰国，菲律宾，马来西亚，新加坡，印度尼西亚。

大秦岭分布　陕西（佛坪）、甘肃（文县）、四川（朝天、剑阁、青川、彭州、都江堰、平武、汶川）。

小云斑黛眼蝶 *Lethe jalaurida* (de Nicéville, 1881)

Zophoessa jalaurida de Nicéville, 1881, *J. asiat. Soc. Bengal*, 49 Pt. Ⅱ (4): 245. **Type locality**: Jalauri Pass, NW. Himalayas.

Lethe jalaurida; Chou, 1994, *Mon. Rhop. Sin.*: 328; Wu & Xu, 2017, *Butts. Chin.*: 448, f. 451: 18-20.

形态　成虫：中型眼蝶。两翅正面棕褐色；反面色稍淡；斑纹白色或黑色。前翅正面亚外缘斑带黑褐色；顶角区有白色斑纹；亚缘区中部有 3 个白色点斑；中斜斑列波曲形，内侧缘带黑褐色；中室端部条斑白色，缘线黑褐色。反面亚缘端半部有眼斑列；亚外缘带白色；其余斑纹同前翅正面。后翅外缘锯齿形；M₃脉端形成角状尾突；外缘带及外横带黑褐色；亚缘斑列黑色，斑纹圆形；后缘灰白色。反面外缘带橙色；亚外缘带白色；亚缘眼斑列瞳点银白色，有白色的外环圈纹；中横带从前缘中部达中室端脉外侧；基半部密布白色云纹斑。

生物学　成虫多见于 6 ~ 8 月。飞翔缓慢，常在针阔叶混交林林缘活动。

分布　中国（陕西、甘肃、湖北、四川、云南、西藏），印度，尼泊尔。

大秦岭分布　陕西（鄠邑、周至、太白、凤县、汉台、佛坪、留坝、商南）、甘肃（徽县、两当、舟曲、合作、玛曲）、湖北（神农架）、四川（安州、平武）。

明带黛眼蝶 *Lethe helle* (Leech, 1891)（图版 70：156）

Zophoessa helle Leech, 1891, *Entomologist*, 24 (Suppl.): 1. **Type locality**: Wa-Shan; Chia-Ting-Fu; Huang-Mu-Chang.

Lethe helle; Lewis, 1974, *Butts. World*, 201; Chou, 1994, *Mon. Rhop. Sin.*: 334; Wu & Xu, 2017, *Butts. Chin.*: 447, f. 449: 2-3.

Zophoessa helle; Huang, Wu & Yuan, 2003, *Neue Ent. Nachr.*, 55: 151 (note).

形态　成虫：中型眼蝶。两翅正面棕褐色；反面色稍淡；亚外缘带黑褐色。前翅正面顶角区有前缘斑；白色外斜带覆有棕黄色晕染，模糊，内侧缘线黑色；中室端部条斑棕黄色，缘线黑色。反面亚外缘带棕色，未达臀角；亚缘中上部有 2 个小眼斑；中斜带上白下黄；中室端部条斑白色；其余斑纹同前翅正面。后翅外缘齿形；M_3 脉端角状外突小；正面外缘带橙色；亚外缘线黑、白两色；亚缘眼斑列黑色，瞳点白色，圈纹黄、白 2 色；黑褐色外横带细，后半部模糊不清。反面端缘覆有黑褐色晕染；外缘带黄褐色；亚外缘线黑、白 2 色，泛有紫色光泽；亚缘眼斑列瞳点蓝色；外横带黑褐色，到达翅后缘，波曲形，缘线白色；中横带及基横带缘线白紫色，中横带仅达中部；臀角有 1 个白紫色三角形斑纹。

寄主　禾本科 Gramineae 竹亚科 Bambusoideae 植物。

生物学　成虫多见于 5~8 月。飞行缓慢，喜在湿地吸水，多生活于高海拔的高山灌木丛中。

分布　中国（陕西、甘肃、湖北、重庆、四川、云南、贵州）。

大秦岭分布　陕西（长安、鄠邑、眉县、太白、南郑、洋县、留坝、佛坪、宁陕）、甘肃（徽县）、湖北（兴山、神农架）、重庆（巫溪、城口）。

中华黛眼蝶 *Lethe armandina* (Oberthür, 1881)

Debis armandina Oberthür, 1881, *Étud. d'Ent.*, 6: 16, pl. 7, f. 6.

Zophoessa armandina; Huang, Wu & Yuan, 2003, *Neue Ent. Nachr.*, 55: 151 (note).

Lethe armandina; Wu & Xu, 2017, *Butts. Chin.*: 447, f. 449: 4.

形态　成虫：中型眼蝶。与明带黛眼蝶 *L. helle* 相似，主要区别为：本种两翅正面棕褐色，不泛黄色；中斜斑列窄，棕白色，无黄色调。后翅正面外横带较完整，中部 V 形外突；反面亚外缘带后半部宽，泛有紫色调，清晰；臀角白紫色三角形斑纹较大。

生物学　成虫于 5~6 月份出现。

分布　中国（陕西、甘肃、四川），印度，缅甸。

大秦岭分布　陕西（眉县、太白）、甘肃（文县）。

彩斑黛眼蝶 *Lethe procne* (Leech, 1891)

Zophoessa procne Leech, 1891, *Entomologist*, 24 (Suppl.): 2. **Type locality**: Wa-Shan; Huang-Mu-Chang; Ta-Tsien-Lu.

Zophoessa procne; Huang, Wu & Yuan, 2003, *Neue Ent. Nachr.*, 55: 151.

Lethe procne; Wu & Xu, 2017, *Butts. Chin.*: 447, f. 449: 5-6, 450, 7.

形态　成虫：中型眼蝶。与明带黛眼蝶 *L. helle* 相似，主要区别为：本种翅面略带金属光泽；两翅反面色偏黄，为赭黄色。前翅正面外斜斑列鲜黄色，中下部斑纹分离；反面外斜斑列和中室条斑黄色。后翅反面前缘中部有 1 个鲜黄色斑纹；外横带中上部 V 形外突；中横带及基横带缘线黄色；臀角三角形斑纹白色。

生物学 成虫多见于 6~8 月。

分布 中国（陕西、甘肃、广西、四川、贵州、云南）。

大秦岭分布 陕西（眉县、太白、佛坪、岚皋）、甘肃（麦积、徽县、两当）。

厄黛眼蝶 *Lethe uemurai* (Sugiyama, 1994)

Zophoessa uemurai Sugiyama, 1994, *Pallarge*, 3: (1-12).

Zophoessa uemurai; Huang, Wu & Yuan, 2003, *Neue Ent. Nachr.*, 55: 151 (note).

Lethe procne; Wu & Xu, 2017, *Butts. Chin.*: 448, f. 450: 11-12.

形态 成虫：中小型眼蝶。与明带黛眼蝶 *L. helle* 相似，主要区别为：本种体稍小；两翅反面色偏黄。前翅正面外斜斑列中下部斑纹分离；反面外斜斑列单色，白色或黄色。后翅反面褐色外横带未达后缘；中横带及基横带缘线和臀角三角形斑纹雄性黄色，雌性白紫色。

生物学 成虫多见于 6~7 月。

分布 中国（陕西、甘肃、四川、重庆）。

大秦岭分布 陕西（长安、鄠邑、凤县、佛坪、宁陕）、甘肃（文县、宕昌）、四川（九寨沟）。

黑带黛眼蝶 *Lethe nigrifascia* Leech, 1890（图版 71：157）

Lethe nigrifascia Leech, 1890, *Entomologist*, 23: 28. **Type locality**: Hubei, Chang Yang.

Lethe nigrifascia ab. *fasciata* Seitz, [1909], *Gross-Schmett. Erde*, 1: 86, pl. 31d. **Type locality**: Sichuan, Pu-tsu-fong.

Lethe nigrifascia; Leech, [1892], *Butts. Chin. Jap. Cor.*, (1): 33; Seitz, [1909], *Gross-Schmett. Erde*, 1: 85, 86, pl. 31e; Lewis, 1974, *Butts. World*: 202; Chou, 1994, *Mon. Rhop. Sin.*: 334; Huang, 1998, *Neue Ent. Nachr.*, 41: 225(note), pl. 4, f. 3c, 4c; Huang, 1999, *Lambillionea*, 99(1): 129-131, f. 1b, 2b, 3b; Wu & Xu, 2017, *Butts. Chin.*: 452, f. 454: 6.

Lethe nigrifascia fasciata; Seitz, 1909, *Gross-Schmet. Erde*, 1: 86.

Zophoessa nigrifascia; de Lesse, 1956, *Ann. Soc. Ent. Fr.*, 125: 79; Huang, 2003, *Neue Ent. Nachr.*, 55: 91 (note), f. 138; Huang, Wu & Yuan, 2003, *Neue Ent. Nachr.*, 55: 148, pl. 12, f. 2.

形态 成虫：中型眼蝶。两翅棕色。前翅正面亚外缘带黑褐色；顶角区有白色亚前缘斑，内侧有黑褐色晕染区，此为本种主要特征。反面外缘有白、黄 2 色细线纹；中室端部有白色宽条斑，两侧缘带褐色；中域性标灰黑色。后翅外缘波状，M_3 脉端短角状外突小；正面外缘有 2 条白色线纹；亚外缘带黑褐色；黑色亚缘眼斑列瞳点白色；褐色外横带中部 V 形外突，模糊。反面中横带宽于基横带，波形，两侧缘线白紫色；臀角三角形斑纹白色；其余斑纹同后翅正面。雄性前翅中室端下角至后缘中部有 1 条锯齿状黑色横带（性标）。

寄主 禾本科 Gramineae 刚竹属 *Phyllostachys* spp. 植物。

生物学 成虫多见于 6～8 月。常在林区活动。

分布 中国（河南、陕西、宁夏、甘肃、湖北、江西、湖南、重庆、四川）。

大秦岭分布 河南（内乡、栾川、嵩县、卢氏）、陕西（长安、眉县、太白、凤县、汉台、南郑、洋县、留坝、佛坪、宁陕、商南）、甘肃（麦积、秦州、文县、徽县、两当、舟曲、迭部）、重庆（巫溪）、四川（青川、平武）。

细黑黛眼蝶 *Lethe liyufeii* Huang, 2014（图版 71：158）

Lethe liyufeii Huang, 2014, *Atalanta*, 45(1/4): 151-162.
Lethe liyufeii; Wu & Xu, 2017, *Butts. Chin*.: 452, f. 454: 7, 455: 8.

形态 成虫：中型眼蝶。与黑带黛眼蝶 *L. nigrifascia* 相似，主要区别为：本种前翅狭长；正面中部性标窄长，中上部外倾角度大。反面中斜带内侧端部不平滑，凹凸明显；中室白色条斑宽。

生物学 成虫多见于 6～7 月。

分布 中国（河南、陕西、甘肃、四川）。

大秦岭分布 陕西（佛坪、宁陕）、甘肃（舟曲）。

罗氏黛眼蝶 *Lethe luojiani* Lang & Wang, 2016

Lethe luojiani Lang & Wang, 2016, *Atalanta*, 47(1/2):225, figs. 1-3, 7, 8f, 9, 13a. **Type locality**: Fengxian, Shaanxi.
Lethe luojiani; Wu & Xu, 2017, *Butts. Chin*.: 452, f. 455: 9.

形态 成虫：中型眼蝶。与黑带黛眼蝶 *L. nigrifascia* 相似，主要区别为：本种前翅正面中部性标窄，中上部外倾角度大，远离中室下端角。

生物学 成虫多见于 6～7 月。

分布 中国（陕西、甘肃）。

大秦岭分布 陕西（鄠邑、凤县、宁陕）。

李氏黛眼蝶 *Lethe leei* Zhao & Wang, 2000

Lethe belle leei Wang & Zhao, 2000. *Lep. Chin. S. Satyridae*, p. 44. **Type locality**: Ningshan, Shaanxi.
Zophoessa zhangi Huang, Wu & Yuan, 2003, *Neue Ent. Nachr.*, 55: 151. **Type locality**: Lixian, Sichuan.
Lethe leei; Wu & Xu, 2017, *Butts. Chin.*: 453, f. 455: 10-11.

形态 成虫：中型眼蝶。与黑带黛眼蝶 *L. nigrifascia* 相似，主要区别为：本种前翅正面中部性标斑分别位于 Cu_1、Cu_2 及 2A 脉上。

生物学 成虫多见于 6 ~ 7 月。

分布 中国（陕西）。

大秦岭分布 陕西（佛坪、宁陕）。

蟠纹黛眼蝶 *Lethe labyrinthea* Leech, 1890

Lethe labyrinthea Leech, 1890, *Entomologist*, 23: 28. **Type locality**: Chang Yang.
Lethe labyrinthea; Lewis, 1974, *Butts. World*: 201; Chou, 1994, *Mon. Rhop. Sin.*: 334; Wu & Xu, 2017,
　　Butts. Chin.: 453, f. 456: 15-16.

形态 成虫：中型眼蝶。两翅正面棕红色，反面灰黄色。前翅外缘及亚外缘带深褐色；棕黄色亚缘斑列斑纹长短不一；外横斑列中部斑纹缺失；中室端部有棕黄色条斑，中部翅脉上有黑色性标斑。反面中斜带黑褐色，锯齿形；中室有 2 条红褐色条斑。后翅外缘波状；M_3 脉端短角状外突小；正面外缘有 2 条平行的棕黄色线纹；亚外缘带黑褐色；亚缘眼斑列黑褐色，圈纹黄色。反面外缘带橙黄色；亚外缘带细，银白色；亚缘眼斑列眼斑瞳点白色；外横带黑褐色，锯齿形；基半部被褐色线纹分割成云纹状斑带；臀角有 1 个银白色三角形斑纹。

生物学 成虫多见于 6 ~ 8 月。飞行迅速，常在竹林中活动，停留在岩石上或湿地吸水，喜阴暗潮湿的环境，吸食腐烂果实和动物排泄物。

分布 中国（河南、陕西、湖北、福建、重庆、四川、贵州）。

大秦岭分布 陕西（洋县、西乡、留坝、佛坪、汉滨、紫阳、宁陕）、湖北（兴山、神农架）、四川（都江堰、平武）。

妍黛眼蝶 *Lethe yantra* Fruhstorfer, 1914

Lethe yantra Fruhstorfer, 1914, *Ent. Rundschau*, 31(5): 25. **Type locality**: Yunnan.
Lethe yantra; Chou, 1994, *Mon. Rhop. Sin.*: 334; Wu & Xu, 2017, *Butts. Chin.*: 453, f. 456: 18.

形态　成虫：中型眼蝶。与蟠纹黛眼蝶 L. labyrinthea 相似，主要区别为：本种翅面色偏黄。前翅正面性标黑褐色，从中室下顶角至后缘形成带纹，外侧沿翅脉尖齿状外突。后翅外横带窄。

生物学　成虫多见于 7~8 月。

分布　中国（陕西、湖北、福建、重庆、四川）。

大秦岭分布　陕西（西乡）、重庆（巫溪）。

门左黛眼蝶 *Lethe manzora* (Poujade, 1884)

Satyrus manzorum Poujade, 1884, *Bull. Soc. Ent. Fr.*, (6)4: 134.

Lethe manzorum; Lewis, 1974, *Butts. World*: 202, f. 3.

Lethe manzora; Chou, 1994, *Mon. Rhop. Sin.*: 342; Wu & Xu, 2017, *Butts. Chin.*: 457, f. 458: 1-2.

形态　成虫：中型眼蝶。两翅正面棕褐色，反面棕黄色。前翅正面亚外缘带黑褐色；亚顶区有 1~2 个小眼斑；外横带暗褐色，外侧缘带乳黄色；中室端斑及中部有 2 个暗褐色条斑。反面斑纹同前翅正面。后翅外缘波曲；正面外缘带赭黄色，内侧缘线褐、白 2 色；亚外缘带黑褐色；亚缘眼斑列黑色，cu_1 室圆形眼斑最大，有白色瞳点，其余眼斑多无瞳点；外横带、基斜带及中室端斑深褐色。反面亚缘圆形眼斑上下各有 2 个黑色眼斑，上大下小，白瞳，中部 2 个眼斑退化，模糊不清；其余斑纹同后翅正面。两翅反面带纹均为红褐色。

寄主　禾本科 Gramineae 刚竹属 *Phyllostachys* spp. 植物。

生物学　成虫多见于 6~8 月。

分布　中国（陕西、甘肃、湖北、江西、广东、广西、重庆、四川、贵州、云南）。

大秦岭分布　陕西（太白、汉台、南郑、洋县、佛坪）、甘肃（麦积）、湖北（兴山）、四川（青川、平武）。

斯斯黛眼蝶 *Lethe sisii* Lang & Monastyrski, 2016

Lethe sisii Lang & Monastyrski, 2016, *Zootaxa*, 4103(5): 454, figs. 7, 8, 17, 18, 25c, 27. **Type locality**: Heisbugou, Ebian, Sichuan.

Lethe sisii; Wu & Xu, 2017, *Butts. Chin.*: 457, f. 458: 3-6.

形态　成虫：中型眼蝶。与门左黛眼蝶 *L. manzora* 近似，主要区别为：本种两翅外横带及基横带较细。后翅反面外横带与顶角眼斑相距较远。

生物学　成虫多见于 5~8 月。

分布　中国（陕西、甘肃、湖北、江西、福建、重庆、四川），印度，缅甸，越南，老挝，泰国。

大秦岭分布　陕西（凤县）、甘肃（麦积、康县）。

奇纹黛眼蝶 *Lethe cyrene* Leech, 1890（图版 72：159）

Lethe cyrene Leech, 1890, *Entomologist*, 23: 37. **Type locality**: Chang Yang.

Lethe cyrene; Chou, 1994, *Mon. Rhop. Sin*.: 337; Wu & Xu, 2017, *Butts. Chin*.: 457, f. 460: 14-15.

形态 成虫：中型眼蝶。两翅正面棕褐色，反面淡棕色或棕色。前翅正面亚外缘带黑褐色；亚缘眼斑列模糊；中斜带淡黄色。反面端半部褐色；外缘线黑、白2色；亚外缘带白色；亚缘眼斑列黑色，瞳点白色，内侧缘带白色，并与白色外斜带组成1个大V形带纹；外斜带宽，内侧缘带深褐色；中室端斑条形，深褐色；中室中上部有白色宽条斑，两侧缘斑褐色；cu_2 室基部有1条褐色条纹。后翅外缘波形；M_3 脉端角状突小；正面外缘有2条淡黄色线纹；亚外缘带黑褐色；亚缘眼斑列黑色。反面亚缘眼斑列黑色，瞳点白色，两侧伴有白色带纹；中斜带白色或淡黄色，长楔形，两侧黑褐色缘带在臀角相连，外侧缘带中部弧形外突；中室端斑条形，深褐色；其余斑纹同后翅正面。

生物学 成虫多见于6~8月。常在林下、溪沟边及竹林中活动，停留在岩石上或湿地吸水，喜阴暗潮湿的环境，吸食腐烂果实和动物排泄物。

分布 中国（河南、陕西、甘肃、湖北、重庆、四川）。

大秦岭分布 河南（内乡、西峡、栾川）、陕西（周至、凤县、汉台、南郑、洋县、勉县、留坝、佛坪、石泉、宁陕、商南）、甘肃（麦积、秦州、康县、徽县、两当）、湖北（兴山、神农架）、四川（平武）。

康定黛眼蝶 *Lethe sicelides* Grose-Smith, 1893

Lethe sicelides Grose-Smith, 1893, *Ann. Mag. nat. Hist*., (6)11(63): 218. **Type locality**: Omei-shan, Sichuan, China.

Lethe sicelides; Chou, 1999, *Mon. Rhop. Sin*.: 339; Wu & Xu, 2017, *Butts. Chin*.: 461, f. 464: 13-14.

形态 成虫：中型眼蝶。与奇纹黛眼蝶 *L. cyrene* 相似，主要区别为：本种前翅亚缘眼斑仅有2~3个，位于亚缘区前端；外斜带未与亚缘白色带纹相连，未形成大V形带纹；白色外斜带窄，外侧边界模糊；中室条斑窄。后翅正面亚缘眼斑小；臀角有1个橙黄色斑纹。反面亚缘眼斑列两侧无白色缘带相伴；中斜带较宽；臀角有1个白色三角形斑纹和3~4个橙黄色斑纹，橙黄色斑纹有时模糊。

生物学 成虫多见于6~8月。多在林荫下活动，常停留在岩石上或湿地吸水，喜阴暗潮湿的环境，吸食腐烂果实和动物排泄物。

分布 中国（辽宁、陕西、湖北、重庆、四川、云南）。

大秦岭分布 陕西（佛坪）、湖北（神农架）、四川（青川、安州、平武）。

罗丹黛眼蝶 *Lethe laodamia* Leech, 1891

Lethe laodamia Leech, 1891b, *Entomologist*, 24(Suppl.): 67. **Type locality**: Wa-Shan.

Lethe laodamia; Chou, 1994, *Mon. Rhop. Sin*.: 338; Wu & Xu, 2017, *Butts. Chin*.: 465, f. 467: 8.

形态 成虫：中型眼蝶。与康定黛眼蝶 *L. sicelides* 相似，主要区别为：本种前翅反面亚缘眼斑列有 4 个眼斑；中室端部灰白色条斑宽。后翅反面亚缘 rs 室眼斑远大于其余眼斑；中横带较宽，外侧缘线外突处偏下，离亚缘第 1 个眼斑较远。

寄主 禾本科 Gramineae 刚竹属 *Phyllostachys* spp. 植物。

生物学 成虫多见于 6～10 月。常在林缘活动，喜吸食树汁液。

分布 中国（陕西、甘肃、安徽、浙江、湖北、江西、广东、重庆、四川、贵州、云南）。

大秦岭分布 陕西（太白、凤县、南郑、洋县、留坝、佛坪）、甘肃（麦积、秦州、文县、徽县、两当）、湖北（兴山、神农架）、四川（青川、平武）。

泰妲黛眼蝶 *Lethe titania* Leech, 1891

Lethe titania Leech, 1891b, *Entomologist*, 24(Suppl.): 67. **Type locality**: Pt-su-fong; Kia-ting-fu.

Lethe titania; Chou, 1994, *Mon. Rhop. Sin*.: 339; Wu & Xu, 2017, *Butts. Chin*.: 465, f. 467: 9-10.

形态 成虫：中型眼蝶。与康定黛眼蝶 *L. sicelides* 相似，主要区别为：本种前翅反面外斜带深褐色，弯曲弧度较大，内侧弥散，边界不清，外侧锯齿大。后翅反面亚缘 rs 室与其后眼斑靠近，等大；m_3 室眼斑白色；中横带宽，外侧缘线锯齿状外突。

生物学 成虫多见于 5～6 月。

分布 中国（陕西、湖北、江西、湖南、广东、重庆、四川）。

大秦岭分布 陕西（眉县）、湖北（神农架）、四川（青川）。

孪斑黛眼蝶 *Lethe gemina* Leech, 1891

Lethe gemina Leech, 1891a, *Entomologist*, 24 (Suppl.): 24. **Type locality**: Moupin.

Lethe gemina var. *wilemani* Matsumura, 1909, *Ent. Zs*., 23(19): 91. **Type locality**: "Formosa" [Taiwan, China].

Lethe gemina gafuri Tytler, 1924, *J. Bombay nat. Hist. Soc*., 29(2): 530, pl. 12, f. D 3, 1. **Type locality**: Naga Hills.

Lethe gemina; D'Abrera, 1985, *Butt. Ori. Reg*.: 428; Chou, 1994, *Mon. Rhop. Sin*.: 342; Wu & Xu, 2017, *Butts. Chin*.: 457, f. 459: 9-11, 460: 12-13.

形态 成虫：中型眼蝶。两翅正面棕黄色，反面色稍淡。前翅正面亚外缘带深褐色；亚顶区黑色眼斑小；外横带棕褐色，未达前后缘；中室端斑褐色。反面外缘带橙色，内侧缘线黑、白2色；其余斑纹同前翅正面。后翅正面外缘带及其缘线和亚外缘带同前翅反面；亚缘眼斑列黑色，大小不一，圈纹黄色；外横带褐色，模糊。反面亚缘眼斑列中部眼斑退化，上端1个及下端2个眼斑清晰，黑色，瞳点白色；外横带褐色，3字形；中室端斑条形，褐色；其余斑纹同后翅正面。

寄主 禾本科 Gramineae 刚竹属 *Phyllostachys* spp. 和玉山竹 *Pleioblastus niitakayamensis*。

生物学 成虫多见于6~7月。

分布 中国（甘肃、安徽、浙江、江西、福建、台湾、广东、广西、四川）。

大秦岭分布 甘肃（武都）、四川（安州）。

连纹黛眼蝶 *Lethe syrcis* (Hewitson, 1863)（图版 73：161—162）

Debis syrcis Hewitson, 1863, *Ill. exot. Butts.*, 3(46): 77, (54): pl. 3, f. 13-14. **Type locality**: North China.

Debis syrcis ab. *confluens* Oberthür, 1913, *Étud. Lépid. Comp.*, 7: 669, pl. 186, f. 1820-1821. **Type locality**: Ta-tsien-lu, Sichuan, China.

Lethe syrcis; Lewis, 1974, *Butts. World*: 168; D'Abrera, 1985, *Butt. Ori. Reg.*; 427; Chou, 1994, *Mon. Rhop. Sin.*: 338; Wu & Xu, 2017, *Butts. Chin.*: 457, f. 459: 9-11, 460: 16-17.

形态 成虫：中型眼蝶。两翅正面棕褐色，反面灰黄色；亚外缘带宽，黑褐色；中室端脉褐色。前翅正面外横带细，深褐色。反面基斜线淡褐色；亚缘区淡黄色；其余斑纹同前翅正面。后翅外缘微波形；M$_3$脉端部角状突出；正面外缘带黑褐色，镶有2条淡黄色线纹；亚缘4个圆斑黑褐色，圈纹黄色；外横线及基横线褐色，两线在臀角附近相接，外横线中部V形外突。反面外缘带乳白色，镶有黑色线纹；亚缘眼斑列黑色，中部眼斑时有退化，瞳点白色，下端眼斑双瞳；其余斑纹同后翅正面。

卵：扁圆形；淡绿色，半透明，表面光洁。

幼虫：6龄期。初孵幼虫绿色。末龄幼虫淡绿色；密布皱褶环纹和淡黄色刻点突；头部绿色，头顶有1对并拢的锥突，端部锈红色；背中线绿色，两侧伴有白色带纹；体侧有黄色细线纹；尾端有1对合拢并水平伸展的尾突；足基带白色。

蛹：绿色；胸背部中央锥状突起；头顶有1对尖突；腹背面有2排黄色斑列；翅周缘黄色。

寄主 禾本科 Gramineae 楠竹 *Phyllostachys edulis*、刚莠竹 *Microstegium ciliatum*。

生物学 1年2代，以低龄幼虫越冬。成虫多见于5~9月。不访花，有吸食树汁液习性，飞行路线多变，常活动于竹林和开阔地。卵单产于寄主植物叶片反面。幼虫有取食皮蜕和做丝垫的习性。

分布　中国（黑龙江、河南、陕西、甘肃、安徽、浙江、湖北、江西、福建、广东、广西、重庆、四川、贵州），越南。

大秦岭分布　陕西（凤县、汉台、洋县、留坝、佛坪、丹凤、商南、山阳、镇安）、甘肃（武都、文县）、湖北（兴山、神农架、郧阳、竹山）、重庆（城口）、四川（宣汉、万源、绵竹）。

华山黛眼蝶 *Lethe serbonis* (Hewitson, 1876)（图版 72：160）

Debis serbonis Hewitson, 1876, *Ent. mon. Mag.*, 13(7) : 151. **Type locality**: Darjeeling.

Debis davidi Oberthür, 1881, *Étud. d'Ent.*, 6: 15, pl. 7, f. 5. **Type locality**: Mou-Pin.

Lethe serbonis naganum Tytler, 1914, *J. Bombay nat. Hist. Soc.*, 23(2): 219. **Type locality**: Kabru Peak, Manipur, Naga Hills.

Lethe serbonis; Chou, 1994, *Mon. Rhop. Sin.*: 330; Wu & Xu, 2017, *Butts. Chin.*: 461, f. 463: 7-12.

形态　成虫：中型眼蝶。两翅正面黑褐色，反面棕褐色；中室端斑条形，黑褐色。前翅正面亚外缘带黑褐色。反面顶角前缘斑白色，模糊；外缘线及亚外缘线黑褐色；亚缘眼斑列眼斑 2~3 个，位于亚缘区上半部，瞳点白色，多有退化；外斜带淡棕色，弱弧形，内侧缘线黑褐色；中室端部条斑淡棕色，两侧缘线黑褐色。后翅外缘微波形；M_3 脉端部角状突出；正面 2 条淡色外缘线模糊；亚外缘带黑褐色；亚缘黑褐色眼斑列有 4 个眼斑。反面外横带及基横带未达后缘，外横带中部弧形外突；亚缘眼斑列有 6 个眼斑，中部眼斑时有退化，瞳点白色；其余斑纹同后翅正面。

生物学　成虫多见于 7~8 月。飞行迅速，停留在岩石上或湿地吸水，喜阴暗潮湿的环境，吸食腐烂果实和动物排泄物。

分布　中国（陕西、甘肃、湖北、江西、福建、重庆、四川、云南、西藏），印度，不丹，尼泊尔。

大秦岭分布　陕西（凤县、洋县、佛坪、宁陕）、甘肃（麦积、徽县、两当、宕昌）、湖北（神农架）、四川（平武）。

棕褐黛眼蝶 *Lethe christophi* Leech, 1891（图版 74：163—164）

Lethe christophi Leech, 1891b, *Entomologist*, 24(Suppl.): 67. **Type locality**: Omei-Shan, Chang Yang.

Lethe christophi; Lewis, 1974, *Butts. World*: pl. 201, f. 10; D'Abrera, 1985, *Butt. Ori. Reg.*: 426; Chou, 1994, *Mon. Rhop. Sin.*: 337; Wu & Xu, 2017, *Butts. Chin.*: 465, f. 466: 1-4, 467: 5.

形态　成虫：中型眼蝶。两翅正面棕褐色，反面色稍淡；反面中横带宽，两侧缘线红褐色。前翅正面无斑。反面褐色亚外缘线波状；亚缘眼斑列模糊不清，瞳点白色；中室端部及中部条斑红褐色。后翅外缘波形；M_3 脉端部角状突出；正面外缘线及亚外缘带黑褐色；亚缘黑褐色眼斑列无瞳，下部眼斑消失。反面中横带仅达 2A 脉，外侧缘线中部弧形外突；亚缘眼斑列有 6 个黑色眼斑，瞳点白色，m_3 室眼斑白色，下端眼斑双瞳；黑褐色中室端斑线状。雄性后翅正面中室端部下侧有 1 个黑色大块斑。

寄主 禾本科 Gramineae 刚竹属 *Phyllostachys* spp. 植物。

生物学 成虫多见于 5~8 月。飞行迅速，常在林缘和竹林中活动。

分布 中国（河南、陕西、甘肃、安徽、浙江、湖北、江西、湖南、福建、台湾、广东、四川、贵州）。

大秦岭分布 陕西（临潼、长安、周至、太白、南郑、洋县、留坝、佛坪、岚皋、宁陕、丹凤）、甘肃（武都、徽县、两当）、四川（绵竹、安州、平武）。

甘萨黛眼蝶 *Lethe kansa* (Moore, 1857)

Debis kansa Moore, 1857, *Cat. lep. Ins. Mus. East India Coy*, 1: 220. **Type locality**: Darjeeling.

Lethe kansa; Lewis, 1974, *Butts. World*: pl. 167, f. 7; Chou, 1994, *Mon. Rhop. Sin.*: 324; Wu & Xu, 2017, *Butts. Chin.*: 472, f. 475: 14-15.

形态 成虫：中型眼蝶。两翅正面黑褐色，反面色淡；眼斑黑色，瞳点白色。前翅顶角外突；正面亚缘区上半部有 3~4 个污白色小圆斑。反面亚缘区眼斑列淡黄色，未达后缘；中域有 2 条近平行的褐色细带纹；中室端部及中部各有 1 个褐色条斑，时有退化。后翅外缘锯齿状；M_3 脉端部外突呈短尾状；臀角 V 形凹入；正面黑色亚缘眼斑列眼斑大小不一，圈纹黄色，瞳点白色或无。反面亚缘眼斑列弱弧形排列，眼斑由黄、橙、白 3 色圈纹组成，瞳点白色；中室端斑细长，褐色；中域 2 条细带纹褐色，外侧 1 条弱弧形弯曲，内侧 1 条直；臀角有 1 个污白色三角斑。

生物学 1 年多代。成虫多见于 5~9 月。

分布 中国（湖北、海南、云南），印度，尼泊尔，缅甸，越南，老挝，泰国。

大秦岭分布 湖北（神农架）。

直带黛眼蝶 *Lethe lanaris* Butler, 1877（图版 75：165—166）

Lethe lanaris Butler, 1877, *Ann. Mag. nat. Hist.*, (4)19 (109): 95.

Lethe lanaris; Lewis, 1974, *Butts. World*: 202; D'Abrera, 1985, *Butt. Ori. Reg.*: 428; Chou, 1994, *Mon. Rhop. Sin.*: 341; Wu & Xu, 2017, *Butts. Chin.*: 461, f. 462: 1-4.

形态　成虫：中型眼蝶，雌雄异型。两翅黑褐色或棕褐色；反面中域时有紫灰色晕染；外缘及亚外缘线白色。前翅正面亚缘眼斑列模糊；亚外缘区及亚顶区淡褐色。反面白色外斜带弱弧形，内侧缘线深褐色；外斜带至外缘淡褐色；亚缘眼斑列未达后缘；中室端部 2 条褐色条纹时有模糊。后翅外缘微波形；正面亚缘眼斑列稍模糊。反面亚缘眼斑列 rs 室眼斑大；中横带端部窄，两侧缘线深褐色，外侧缘线中部 V 形外突；中室端斑褐色。雌性个体及斑纹较大。前翅正面灰白色斜带较清晰，内移成中斜带，较直，稍加宽。

寄主　禾本科 Gramineae 刚竹属 *Phyllostachys* spp. 植物。

生物学　1 年多代。成虫多见于 6～9 月。飞行迅速，雄性领地意识较强，常在林地活动；喜在椿树破皮处吸取树汁液。

分布　中国（河南、陕西、甘肃、安徽、浙江、湖北、江西、福建、广东、海南、重庆、四川、贵州），缅甸，越南，老挝，泰国。

大秦岭分布　河南（内乡）、陕西（蓝田、长安、鄠邑、陈仓、周至、太白、凤县、南郑、洋县、西乡、镇巴、留坝、佛坪、宁陕、柞水）、甘肃（麦积、秦州、康县、文县、徽县、两当）、湖北（兴山、神农架）、重庆（巫溪、城口）、四川（宣汉、青川、安州、平武、汶川）。

苔娜黛眼蝶 *Lethe diana* (Butler, 1866)（图版 76：167—168）

Debis diana Butler, 1866a, *J. Linn. Soc. Lond., Zool.*, 9(34): 55. **Type locality**: Hakodate, Hokkaido, Japan.

Lethe whitelyi Butler, 1867b, *Ann. Mag. nat. Hist.*, (3) 20(120): 403, pl. 9, f. 8. **Type locality**: Nagasaki (North Japan).

Lethe consanguis Butler, 1881, *Ann. Mag. nat. Hist.*, (5) 7(38): 133. **Type locality**: Japan.

Lethe diana; Lewis, 1974, *Butts. World*: 201; Kudrna, 1974, *Atalanta*, 5: 101; Tuzov, 1997, *Gui. Butt. Rus. Adj. Ter.*, 1: 183; Chou, 1994, *Mon. Rhop. Sin.*: 339; Korb & Bolshakov, 2011, *Eversmannia Suppl.*, 2: 44; Wu & Xu, 2017, *Butts. Chin.*: 468, f. 469: 1-4.

形态　成虫：中型眼蝶。两翅正面黑褐色至褐色；反面色稍淡；外缘线及亚外缘线灰白色。前翅正面无斑。反面顶角至中斜带间棕色；顶角前缘斑灰白色；黑色亚缘眼斑位于亚缘中上部，缘线蓝紫色或灰白色；外斜带灰白色，外侧弥散状，内侧缘线黑褐色；黑褐色基斜带未达后缘；中室中部条斑黑褐色；雄性前翅后缘中部有簇生的黑色细长毛。后翅外缘微波形；M_3 脉端部角状突出小；正面亚缘眼斑列较模糊，白色瞳点有或无；rs 室基部有 1 个污白色椭圆形斑纹。反面亚缘黑色眼斑列清晰，瞳点白色，有淡黄色和蓝紫色圈纹；中横带上窄下宽，两侧缘线黑褐色，外侧缘线中部 V 形外突；中室端斑条形，黑褐色。

卵：球形；乳白色，半透明，表面光洁。

幼虫：初孵幼虫草绿色；头黑色。老龄幼虫有绿色及褐色 2 种色型。绿色型：体有黄色纵条纹；头顶有 2 个尖锐的突起。褐色型：末龄幼虫淡褐色；头褐色，顶部有 1 对锥状突起；体表密布黑褐色斑点；背中线黑褐色，两侧有深褐色齿突形斜斑列；尾端有 1 对水平伸展的尾突。

蛹：淡褐色，体表密布深褐色线纹和点斑；胸背部及腹背部各有 1 个角状突起；头顶有 1 对尖突。

寄主　禾本科 Gramineae 川竹 *Pleioblastus simonii*、桂竹 *Phyllostachys reticulata*、紫竹 *P. nigra*、青篱竹属 *Arundinaria* spp.、日本苇 *Phragmites japonicus*。

生物学　1 年 2～3 代，以幼虫越冬。成虫多见于 6～10 月。常在林缘和竹林中活动，喜在椿树上吸食汁液。卵单产于寄主植物叶片上。

分布　中国（辽宁、吉林、河北、河南、陕西、甘肃、安徽、浙江、湖北、江西、湖南、福建、广东、广西、重庆、四川、贵州、云南），朝鲜，日本。

大秦岭分布　河南（内乡、嵩县、栾川）、陕西（蓝田、长安、鄠邑、周至、陈仓、眉县、太白、凤县、南郑、洋县、西乡、宁强、留坝、佛坪、汉阴、宁陕、商州、丹凤、商南、山阳、镇安、柞水）、甘肃（麦积、秦州、康县、文县、徽县、两当、舟曲、迭部）、湖北（神农架）、重庆（城口）、四川（南江、都江堰、安州、平武）。

边纹黛眼蝶 *Lethe marginalis* Motschulsky, 1860

Lethe marginalis Motschulsky, 1860, *Étud. d'Ent.*, 9: 29. **Type locality**: Hakodate, Hokkaido, Japan.

Satyrus (Pararge) davidianus Poujade, 1885, *Bull. Soc. Ent. Fr.*, (6)5: xciv. **Type locality**: Mou-Pin.

Lethe marginalis; Kudrna, 1974, *Atalanta*, 5: 101; Chou, 1994, *Mon. Rhop. Sin.*: 338; Korb & Bolshakov, 2011, *Eversmannia Suppl.*, 2: 44; Wu & Xu, 2017, *Butts. Chin.*: 468, f. 469: 5-7, 470: 8-10.

形态　成虫：中型眼蝶。与苔娜黛眼蝶 *L. diana* 近似，主要区别为：本种两翅较圆阔；反面眼斑无蓝紫色环纹。前翅反面无基斜带；后缘中部无黑色细毛。后翅正面眼斑清晰；雄性 rs 室基部无斑纹；反面亚缘 rs 室眼斑远大于其余眼斑。

卵：圆球形；淡绿色。

幼虫：初孵幼虫绿色。

蛹：粗糙，翠绿色；突起不尖锐；两侧各有 1 条黄色纵条纹。

寄主　禾本科 Gramineae 芒 *Miscanthus sinensis*、大油芒 *Spodiopogon sibiricus*；莎草科 Cyperaceae 球穗薹草 *Scirpus wichurae*、薹草属 *Carex* spp. 植物。

生物学　1 年多代，以 4～5 龄幼虫越冬。成虫多见于 6～9 月。常在林缘和竹林中活动，停留在岩石上或湿地吸水，喜阴暗潮湿的环境，吸食腐烂果实和动物排泄物。卵单产在寄主植物叶片上。

分布 中国（黑龙江、吉林、辽宁、河南、陕西、甘肃、浙江、湖北、江西、福建、广东、重庆、四川、云南），俄罗斯，朝鲜，日本。

大秦岭分布 河南（鲁山、内乡、嵩县、栾川、卢氏）、陕西（鄠邑、周至、眉县、太白、凤县、南郑、洋县、西乡、镇巴、佛坪、宁陕）、甘肃（麦积、秦州、康县、文县、徽县、两当、卓尼、玛曲）、湖北（兴山、神农架、武当山）、重庆（巫溪、城口）、四川（青川、都江堰、安州、平武、汶川）。

深山黛眼蝶 *Lethe insana* (Kollar, 1844)

Satyrus insana Kollar, 1844, *In*: Hügel, *Kasch. Reich Siek*, 4(2): 448, pl. 16, f. 3-4.

Satyrus hyrania (Kollar, [1844]), *In*: Hügel, *Kasch. Reich Siek*, 4: 449, pl. 17, f. 1-2.

Lethe insana caerulescens Mell, 1923, *Dt. ent. Zs.*, (2): 155. **Type locality**: Kuangtung.

Lethe insane; D'Abrera, 1985, *Butt. Ori. Reg.*: 420; Chou, 1994, *Mon. Rhop. Sin.*: 331; Yoshino, 2008, *Futao*, 54: 9, pl. 2, f. 5-6; Wu & Xu, 2017, *Butts. Chin.*: 468, f. 470: 11-15, 471: 16-17.

形态 成虫：中型眼蝶，雌雄异型。两翅正面棕褐色；反面色稍淡；翅缘及中部时有红褐色晕染；外缘带及亚外缘带乳白色。前翅正面顶角区亚前缘斑白色；亚缘 3 个眼斑位于亚缘中上部，时有模糊；白色中斜带雌性宽，雄性模糊。反面顶角及亚缘眼斑列覆有紫灰色晕染；中室端部有 2 个褐色条纹；其余斑纹同前翅正面。后翅外缘微波形；M_3 脉端部角状突出；正面亚缘眼斑列瞳点白色；m_1 室眼斑被 1 个黑色椭圆形斑纹覆盖。反面黑色亚缘眼斑列清晰；紫灰色中横带较宽，两侧缘线红褐色至黑褐色，外侧缘线波形；黑色中室端斑线形。

寄主 禾本科 Gramineae 青篱竹 *Arundinaria falcate*、茶秆竹 *Pseudosasa amabilis*、玉山竹 *Yushania niitakayamensis*。

生物学 1 年多代。成虫多见于 5 ~ 10 月。飞行迅速，常在林缘和竹林中活动，喜吸食树汁液。

分布 中国（陕西、甘肃、浙江、湖北、江西、湖南、福建、台湾、广东、海南、广西、重庆、四川、贵州、云南），印度，不丹，缅甸，越南，老挝，泰国，马来西亚。

大秦岭分布 陕西（长安、太白、汉台、南郑、留坝、佛坪、宁陕、商南、山阳）、甘肃（武都、文县）、湖北（兴山、神农架）、重庆（巫溪）、四川（青川、安州、平武）。

华西黛眼蝶 *Lethe baucis* Leech, 1891

Lethe baucis Leech, 1891, *Entomologist*, 24(Suppl.): 3. **Type locality**: Wa-Shan; Chia-Kou-Ho; Ta-Tsien-Lu.

Lethe insana baucis; Chou, 1994, *Mon. Rhop. Sin.*: 331.

Lethe baucis; Wu & Xu, 2017, *Butts. Chin.*: 468, f. 471: 18-21.

形态　成虫：中型眼蝶。与深山黛眼蝶 *L. insana* 近似，主要区别为：本种翅缘及中部无红褐色晕染。前翅反面亚缘有 4 个眼斑。

生物学　成虫多见于 5~8 月。

分布　中国（陕西、甘肃、湖北、江西、福建、重庆、四川、云南）。

大秦岭分布　陕西（眉县、佛坪、岚皋）、甘肃（康县）、四川（城口）。

普里黛眼蝶 *Lethe privigna* Leech, [1892]

Lethe privigna Leech, [1892], *Butts. Chin. Jap. Cor.*, (1): 32, pl. 5, f. 3-4.

Lethe privigna; Wu & Xu, 2017, *Butts. Chin.*: 487, f. 489: 3-4.

形态　成虫：中型眼蝶。与华西黛眼蝶 *L. baucis* 近似，主要区别为：本种两翅反面缘线红褐色。前翅中域有黑褐色或红褐色晕染。反面亚缘眼斑列下移至 cu_1 室；中室淡色条斑宽。后翅正面亚缘眼斑无瞳；臀角附近有黑褐色性标斑。反面中横带外侧缘线中下部弧形外突；外缘至中横带之间区域呈黑褐色或红褐色。

生物学　成虫多见于 5~8 月。

分布　中国（陕西、甘肃、湖北、四川、云南）。

大秦岭分布　陕西（凤县、佛坪、宁陕）、甘肃（康县）、湖北（神农架）、四川（南江）。

白带黛眼蝶 *Lethe confusa* Aurivillius, 1898

Lethe confusa Aurivillius, 1898, *Ent. Tidskr.*, 18(3/4): 142. **Type locality**: [India].

Lethe confuse; Smart, 1976, *Ill. Ency. Butt. World*: 270; Lewis, 1974, *Butts. World*: 166; D'Abrera, 1986, *Butt. Ori. Reg.*: 420; Chou, 1994, *Mon. Rhop. Sin.*: 331; Wu & Xu, 2017, *Butts. Chin.*: 472, f. 473: 1-5.

形态　成虫：中型眼蝶。与深山黛眼蝶 *L. insana* 近似，主要区别为：本种两翅色较深，黑褐色。雌雄性前翅正面均有中斜带；反面有灰白色基斜线；无中室条斑。后翅长卵圆形；正面 m_1 室无黑色椭圆形斑纹。反面中横带两侧缘线紫灰色，下端在后缘相接；亚缘 rs 室眼斑远大于其余眼斑。

卵：圆球形；白色，透明。

幼虫：绿色；头顶有1对触角状突起；体表密布皱褶纹；背面黄绿色；背中线淡绿色；腹末端有1对合拢的细锥状尖突。

蛹：翠绿色；头顶有1对尖突；背中央有圆形突起。

寄主 禾本科 Gramineae 刚莠竹 *Microstegium ciliatum*、凤凰竹 *Bamhusa multiplex*。

生物学 1年多代。成虫多见于4~9月。飞行迅速，喜阴暗潮湿环境和吸食树汁液。

分布 中国（甘肃、安徽、浙江、湖北、江西、福建、广东、海南、香港、广西、重庆、四川、贵州、云南），印度，尼泊尔，缅甸，越南，老挝，泰国，新加坡，柬埔寨，马来西亚，印度尼西亚。

大秦岭分布 甘肃（文县）、湖北（兴山）、重庆（巫溪）、四川（宣汉）。

玉带黛眼蝶 *Lethe verma* (Kollar, [1844])

Satyrus verma Kollar, [1844], *In*: Hügel, *Kasch. Reich Siek*, 4: 447, pl. 16, f. 1-2.

Lethe verma; Moore, 1878, *Proc. zool. Soc. Lond*., (4): 824; Lewis, 1974, *Butts. World*: 168; D'Abrera, 1985, *Butt. Ori. Reg*.: 420; Chou, 1994, *Mon. Rhop. Sin*.: 332; Wu & Xu, 2017, *Butts. Chin*.: 472, f. 473: 6-7, 474: 8-13.

形态 成虫：中型眼蝶。两翅正面黑褐色，反面色稍淡；白色外缘线及亚外缘线平行排列。前翅正面白色中斜带雌雄性均有，宽而清晰，从前缘中部伸向臀角上方。反面顶角区亚前缘斑白色；亚缘上部有2个黑色眼斑；中室中部有1个棕色线纹；其余斑纹同前翅正面。后翅外缘微波形；正面亚缘眼斑列模糊。反面黑色亚缘眼斑列清晰，瞳点白色，前缘第1个眼斑大；中横带两侧缘线波曲形。

卵：圆球形；黄色，半透明。

幼虫：绿色；头顶有1对触角状突起；体表密布皱褶纹；背面黄绿色，中部有红褐色线纹；背中线淡绿色；腹末端有1对合拢的细锥状尖突。

蛹：黄绿色；头顶有1对尖突；背中央有角状突起。

寄主 禾本科 Gramineae 刚莠竹 *Microstegium ciliatum*、台湾桂竹 *Phyllostachys makinoi*。

生物学 成虫多见于5~9月。飞行迅速，常在林缘和竹林活动，喜吸食树汁液。

分布 中国（浙江、湖北、江西、湖南、福建、台湾、广东、海南、广西、重庆、四川、贵州、云南、西藏），印度，不丹，缅甸，越南，老挝，泰国，马来西亚。

大秦岭分布 湖北（保康、神农架）、四川（宣汉、彭州、都江堰、绵竹）。

八目黛眼蝶 *Lethe oculatissima* (Poujade, 1885)（图版 77：170）

Mycalesis oculatissima Poujade, 1885, *Bull. Soc. Ent. Fr.*, (6)5: 24.

Lethe occulta Leech, 1890, *Entomologist*, 23: 26. **Type locality**: Chang Yang.

Lethe oculatissima; Chou, 1994, *Mon. Rhop. Sin*.: 332; Wu & Xu, 2017, *Butts. Chin*.: 477, f. 481: 22-25.

形态　成虫：中型眼蝶。两翅正面黑褐色至棕色，反面色稍淡；外缘线及亚外缘线平行，白色或淡黄色。前翅正面翅端部色稍淡；亚缘 m_1 和 cu_1 室各有 1 个黑褐色圆眼斑。反面翅端部有灰白色晕染；亚缘眼斑列有 5 个圆眼斑；外横带及基横带细，黑褐色。后翅外缘微波形；M_3 脉处无尾突；正面亚缘眼斑列中 m_1 和 cu_1 室的眼斑清晰，其余眼斑多退化。反面翅端部密布灰白色鳞片；亚缘眼斑瞳点白色，rs 室之后的眼斑近直线排列；外横带及基横带细，波形，黑褐色；中室端斑灰白色。

寄主　禾本科 Gramineae 茶秆竹属 *Arundinania* spp. 植物。

生物学　成虫多见于 6~8 月。雄性常占枝头，互相追逐时飞行迅速，喜吸食腐烂水果和树汁液。

分布　中国（陕西、甘肃、浙江、湖北、江西、福建、广东、重庆、四川、云南）。

大秦岭分布　陕西（长安、鄠邑、周至、眉县、太白、凤县、洋县、镇巴、佛坪、宁陕）、甘肃（麦积、秦州、武山、武都、康县、徽县、两当）、湖北（兴山、神农架）、重庆（城口）、四川（青川、平武）。

蛇神黛眼蝶 *Lethe satyrina* Butler, 1871（图版 77：169）

Lethe satyrina Butler, 1871, *Trans. ent. Soc. Lond*., (3): 402; Lewis, 1974, *Butts. World*: 202; Chou, 1994, *Mon. Rhop. Sin*.: 343.

Lethe naias Leech, 1889, *Trans. ent. Soc. Lond*., (1): 100, pl. 8, f. 4. **Type locality**: Kiukiang.

Mycalesis styppax Oberthür, 1890, *Étud. d'Ent*., 13: 44, pl. 10, f. 110.

Lethe satyrina; Wu & Xu, 2017, *Butts. Chin*.: 476, figs. 481: 20-21.

形态　成虫：中型眼蝶。两翅正面黑褐色，反面色稍淡；外缘线及亚外缘线平行，白色或紫灰色；亚外缘带波形。前翅正面亚顶区棕色，有淡色亚前缘斑；亚缘端部眼斑模糊或清晰。反面亚缘区棕色；其余斑纹同前翅正面。后翅外缘微平滑；正面亚缘眼斑列未达前后缘。反面亚缘眼斑列清晰，瞳点白色，rs 室眼斑大；中横带两侧缘线紫灰色，外侧缘线中上部先 C 形内凹再向外角状突出。

寄主　禾本科 Gramineae 竹亚科 Bambusoideae 植物。

生物学　成虫多见于 4~9 月。常在林缘和竹林活动。

分布　中国（河南、陕西、甘肃、上海、安徽、浙江、湖北、江西、湖南、福建、广东、重庆、四川、贵州）。

　　大秦岭分布　河南（南郑、内乡、栾川）、陕西（西乡、略阳、留坝、佛坪、镇安）、甘肃（麦积、武都、文县）、湖北（兴山、郧阳、竹溪）、重庆（城口）、四川（安州、平武）。

圆翅黛眼蝶 *Lethe butleri* Leech, 1889（图版 78：171）

Lethe butleri Leech, 1889, *Trans. ent. Soc. Lond.*, (1): 99, pl. 8, f. 3. **Type locality**: Kiukiang.

Mycalesis turpilius Oberthür, 1890, *Étud. d'Ent.*, 13: 43, pl. 9, f. 101.

Lethe butleri; Chou, 1994, *Mon. Rhop. Sin.*: 342; Wu & Xu, 2017, *Butts. Chin.*: 476, f. 480: 16-18, 481: 19.

　　形态　成虫：中型眼蝶。两翅正面深褐色，反面棕色；外缘线及亚外缘带平行，淡黄色，亚外缘带波曲形；眼斑圈灰黄色。前翅正面顶角区有 1 个黑色眼斑；亚缘区眼斑模糊；2 色外斜带波曲形，淡棕色和黑褐色，内外侧边界不清，呈弥散状；中室端斑黑褐色。反面亚缘区淡棕色，有 4 个大小不一的黑色眼斑；中室中部线纹褐色。后翅外缘平滑；正面亚缘眼斑列后部 2 个斑纹大而清晰。反面亚缘眼斑列黑色，瞳点白色，前缘中下部眼斑大；外横线端部 C 形内凹，中部 V 形外突；内横线较直；内外横线及中室端斑均为深褐色。

　　寄主　禾本科 Gramineae 露籽草 *Ottochloa nodosa*。

　　生物学　成虫多见于 7~8 月。常在阔叶林中活动。

　　分布　中国（北京、河南、陕西、甘肃、安徽、浙江、湖北、江西、台湾、广东、广西、重庆、四川、贵州）。

　　大秦岭分布　河南（内乡、栾川）、陕西（洋县）、甘肃（麦积、秦州、武都、康县、徽县、两当）、湖北（兴山）、四川（安州、平武）。

白条黛眼蝶 *Lethe albolineata* (Poujade, 1884)（图版 78：172）

Debis albolineata Poujade, 1884, *Bull. Soc. Ent. Fr.*, (6) 4: 154.

Lethe albolineata; Lewis, 1974, *Butts. World*: 201; Chou, 1994, *Mon. Rhop. Sin.*: 335; Wu & Xu, 2017, *Butts. Chin.*: 441, f. 444: 13-16.

　　形态　成虫：中型眼蝶。两翅正面深褐色，反面黄褐色；外缘线及亚外缘带平行，白色，正面模糊，反面清晰。前翅亚缘眼斑列模糊；外侧区有 1 个白色模糊的倒八字形斑纹。反面中室端部有白色条斑；其余斑纹同前翅正面，但较正面清晰。后翅外缘锯齿状；M_3 及 Cu_2 脉端角状外突；正面亚缘眼斑列黑褐色，多无瞳。反面亚缘眼斑列清晰，黑色，瞳点白色，圈纹橙色；两侧缘带白色；中斜带白色，中下部外侧有 1 个小刺突。

寄主 禾本科 Gramineae 竹亚科 Bambusoideae 植物。

生物学 成虫多见于 6~8 月。飞行迅速，常在竹林活动。

分布 中国（河南、陕西、甘肃、湖北、江西、福建、重庆、四川）。

大秦岭分布 河南（西峡、栾川）、陕西（长安、凤县、留坝、佛坪、宁陕）、甘肃（康县、麦积）、湖北（兴山、神农架）、重庆（巫溪、城口）、四川（南江、青川、都江堰、平武）。

安徒生黛眼蝶 *Lethe andersoni* (Atkinson, 1871)

Zophoessa andersoni Atkinson, 1871, *Proc. zool. Soc. Lond.*: 215, pl. 12, f. 3. **Type locality**: Yunnan.

Zophoessa andersoni; Chou, 1994, *Mon. Rhop. Sin.*: 336; Huang, 2003, *Neue Ent. Nachr.*, 55: 91 (note); Wu & Xu, 2017, *Butts. Chin.*: 441, f. 444: 17-18.

形态 成虫：中型眼蝶。与白条黛眼蝶 *L. albolineata* 近似，主要区别为：本种两翅反面色更偏黄，为赭黄色。前翅反面亚缘眼斑退化成点状或消失。后翅 M_3 及 Cu_2 脉端角状外突大而尖；反面 rs 室眼斑与臀角眼斑等大。

生物学 成虫多见于 5~6 月。常在林缘活动。

分布 中国（陕西、甘肃、湖北、四川、云南），印度，缅甸。

大秦岭分布 陕西（凤县、南郑）、甘肃（合作、舟曲、迭部、玛曲）、湖北（神农架）、四川（平武）。

林黛眼蝶 *Lethe hayashii* Koiwaya, 1993

Lethe hayashii Koiwaya, 1993, *Stud. Chin. Butt.*, 2: 72. **Type locality**: Shennongjia, Hubei.

形态 成虫：中型眼蝶。两翅正面棕褐色，反面黄褐色；外缘线黑、白2色。前翅正面隐约可见反面斑纹的透射。反面亚缘区眼斑列黑色，未达后缘，瞳点白色，圈纹乳白色，内侧有白色带纹相伴；外斜带从前缘近1/3处直达臀角附近；中室中部有1个白色条斑；中室下缘至后缘有大片污白区。后翅外缘浅波状；M_3 脉端部角状外突；臀角凹入；正面有2条白色及1条黑色细线纹；黑色亚缘眼斑列无瞳，圈纹黄色。反面亚缘眼斑列弱弧形排列，眼斑黑色，瞳点白色，圈纹白、褐2色；中室端斑细长，白色；中斜带白色，从前缘斜向臀角。

生物学 成虫多见于 5~8 月。

分布 中国（陕西、甘肃、湖北）。

大秦岭分布 陕西（凤县、宁陕）、甘肃（康县）、湖北（兴山、神农架）。

银线黛眼蝶 *Lethe argentata* (Leech, 1891)

Zophoessa argentata Leech, 1891, *Entomologist*, 24(Suppl.): 1. **Type locality**: Wa-Shan; Chia-Ting-Fu;
Huang-Mu-Chang.

Lethe argentata; Chou, 1994, *Mon. Rhop. Sin*.: 336; Wu & Xu, 2017, *Butts. Chin*.: 445, f. 446: 1-2.

形态 成虫：中小型眼蝶。与安徒生黛眼蝶 *L. andersoni* 近似，主要区别为：本种体型
较小；前翅亚外缘带宽；亚缘眼斑列未消失，但眼斑小。后翅 M_3 及 Cu_2 脉端角状外突小。
反面亚外缘带纹断开成条斑列；中斜带下段窄，内移，上段下部分成 3 叉，并与银白色翅脉
交错。

生物学 成虫多见于 5～6 月。

分布 中国（四川、云南）。

大秦岭分布 四川（平武、汶川）。

云南黛眼蝶 *Lethe yunnana* D'Abrera, 1990（图版 79：173）

Lethe yunnana D'Abrera, 1990, *Butts. Hol*., 1: 130. **Type locality**: Yunnan.

Lethe yunnana; Chou, 1994, *Mon. Rhop. Sin*.: 336; Wu & Xu, 2017, *Butts. Chin*.: 445, f. 446: 6-7.

形态 成虫：中小型眼蝶。与银线黛眼蝶 *L. argentata* 近似，主要区别为：本种翅色更深。
前翅反面亚外缘带较细；亚缘眼斑列清晰，较大，排列紧密。后翅 Cu_2 脉端角状外突较 M_3
脉外突小。反面亚缘眼斑列外侧白色缘带完整；中斜带连续，下半段不内移。

生物学 成虫多见于 5～7 月。飞行迅速。

分布 中国（陕西、甘肃、四川、云南）。

大秦岭分布 陕西（长安、鄠邑、周至、太白、凤县、佛坪、宁陕）、甘肃（麦积、徽县、
两当）、四川（平武、九寨沟）。

紫线黛眼蝶 *Lethe violaceopicta* (Poujade, 1884)（图版 79：174）

Debis violaceopicta Poujade, 1884, *Bull. Soc. Ent. Fr*., (6)4 : 158.

Lethe calisto Leech, 1891a, *Entomologist*, 24(Suppl): 23. **Type locality**: Omei-Shan.

Lethe violaceopicta; Chou, 1994, *Mon. Rhop. Sin*.: 333; Wu & Xu, 2017, *Butts. Chin*.: 488, f. 491:
14-17.

Zophoessa violaceopicta; Huang, 2003, *Neue Ent. Nachr*., 55: 91 (note), f. 143.

形态 成虫：中小型眼蝶，雌雄异型。雄性：两翅正面深褐色；反面色稍淡。前翅正面

无斑纹。反面顶角前缘斑及中斜斑列白色或淡黄色；中斜斑列弧形；亚缘区中上部有 2 个紫色小眼斑；亚外缘带白色。后翅外缘微波形；M_3 脉端稍有角状外突；正面外缘带及亚外缘带细，淡黄色，模糊；亚缘斑列黑褐色。反面外缘带橙黄色；亚外缘带白紫色；亚缘眼斑列围有紫色圈纹；基半部密布紫色波曲状细线纹；外中域上半部有黑褐色晕染，下半部有淡黄色斑块。雌性：前翅正面顶角前缘斑及中斜斑列白色或乳白色；亚缘区中上部有 2 个淡黄色小斑。后翅正面亚缘区有眼斑列；反面外中域黄色斑纹清晰。

幼虫：末龄幼虫淡绿色；头部绿色，顶部有 1 对棕红色触角状突起；背中线青绿色；体侧有黄色线纹；背中部有红褐色线纹；腹末端有 1 对合拢的细锥状尖突。

蛹：淡绿色；头顶有 1 对尖突；背中线青绿色，两侧各有 1 列黄色斑列；胸部中央有角状突起。

寄主 禾本科 Gramineae 冷箭竹 *Sinobambusa fangiana*、刚竹属 *Phyllostachys* spp. 植物。

生物学 1 年 1 代。成虫多见于 6～10 月。飞行迅速，常于竹林中活动，飞行路线多变，不访花，喜吸食树汁液。

分布 中国（陕西、甘肃、安徽、浙江、湖北、江西、湖南、福建、广东、广西、重庆、四川、贵州），印度，缅甸，越南。

大秦岭分布 陕西（太白、洋县、留坝、佛坪、岚皋、宁陕）、甘肃（武都、康县、文县、徽县、两当）、湖北（兴山、神农架）、四川（青川、都江堰、安州、平武）。

圣母黛眼蝶 *Lethe cybele* Leech, 1894

Lethe cybele Leech, 1894, *Butts. Chin. Jap. Cor.*, Pt. 2. Appendix: 643.

Lethe cybel; Chou, 1994, *Mon. Rhop. Sin.*: 333; Wu & Xu, 2017, *Butts. Chin.*: 488, f. 490: 12, 491: 13.

形态 成虫：中小型眼蝶。与紫线黛眼蝶 *L. violaceopicta* 极近似，主要区别为：本种翅色较深。前翅顶角较圆；正面端缘黑褐色。后翅正面亚外缘斑列斑纹较大；雌雄性亚缘均有 1 列模糊的眼斑。

生物学 成虫多见于 5～8 月。喜在森林中近地面处活动。

分布 中国（陕西、湖北、四川、贵州、云南、西藏）。

大秦岭分布 陕西（略阳、佛坪、宁陕）、湖北（神农架）、四川（青川、平武）。

比目黛眼蝶 *Lethe proxima* Leech, [1892]

Lethe proxima Leech, [1892], *Butts. Chin. Jap. Cor.*, (1): 32, pl. 6, f. 8.

Lethe proxima; Lewis, 1974, *Butts. World*: 202; Chou, 1994, *Mon. Rhop. Sin.*: 341; Bozano, 2000, *Gui. Butt. Pal. Reg.*: 46; Wu & Xu, 2017, *Butts. Chin.*: 484, f. 486: 8-10.

形态　成虫：中型眼蝶。两翅正面棕色至棕黄色，反面色稍淡；眼斑黑色，瞳点白色；外缘及亚外缘带乳白色。前翅正面亚顶区中部黑色眼斑大，瞳点白色；外斜带弧形，淡黄色，内侧缘带黑褐色，此带纹雌性较雄性清晰。反面顶角区有白色斑驳纹；亚顶区眼斑较正面小，有时下方连有1个小眼斑；中室端部有2个褐色条斑；其余斑纹同前翅正面。后翅外缘平滑；M$_3$脉端部不外突；正面亚缘眼斑列上半部眼斑多退化或模糊。反面前缘中部有2个黑色并列眼斑；亚缘眼斑列弧形；中室端斑条形，黑色；基半部有灰白色斑块与褐色波曲纹交织，呈云纹状。

生物学　成虫多见于6~8月。飞行迅速，常在针阔混交林活动。

分布　中国（陕西、甘肃、湖北、重庆、四川）。

大秦岭分布　陕西（凤县、南郑、洋县、留坝、佛坪、岚皋、宁陕、商南）、甘肃（武都、文县）、四川（安州）。

重瞳黛眼蝶 *Lethe trimacula* Leech, 1890

Lethe trimacula Leech, 1890, *Entomologist*, 23: 27.

Lethe trimacula; Chou, 1994, *Mon. Rhop. Sin.*: 341; Wu & Xu, 2017, *Butts. Chin.*: 484, f. 485: 5-7.

形态　成虫：中小型眼蝶。与比目黛眼蝶 *L. proxima* 近似，主要区别为：本种后翅反面前缘2个眼斑融合在一起，形成1个双瞳的大眼斑；基半部2条褐色波曲纹相距近，曲折幅度小。

卵：圆球形；白色，半透明。

幼虫：绿色；头顶有1对触角状突起；体侧有黄色线纹；腹末端有1对细锥状尖突。

蛹：黄绿色；体表有红褐色细线纹；胸背中央有角状突起；腹背部有2列白色锥突。

寄主　莎草科 Cyperaceae 莎草属 *Cyperus* spp. 植物。

生物学　1年1代，以3~4龄幼虫在寄主叶片反面越冬。成虫多见于5~8月。常在林缘、溪流附近活动，有在湿地吸水、吸食动物排泄物的习性。卵单产于寄主植物叶片反面。老熟幼虫化蛹于寄主植物叶片背面。

分布　中国（陕西、甘肃、浙江、湖北、福建、江西、广东、重庆、四川、贵州）。

大秦岭分布　陕西（长安、汉台、南郑、留坝、宁陕）、甘肃（麦积、秦州、武都、文县、两当）、湖北（兴山）、四川（青川、安州）。

舜目黛眼蝶 *Lethe bipupilla* Chou & Zhao, 1994

Lethe bipupilla Chou & Zhao, 1994, *Mon. Rhop. Sin.*: 755, 341, f. 17. **Type locality**: Dayi (1000 m), Sichuan.

形态　成虫：中小型眼蝶。与比目黛眼蝶 *L. proxima* 近似，主要区别为：本种翅面泛紫色光泽。后翅反面前缘中部有 2 个眼斑，一大一小。

生物学　成虫多见于 6~7 月。飞行迅速，常在林缘活动。

分布　中国（陕西、四川）。

大秦岭分布　陕西（汉台、南郑、留坝）、四川（安州、平武）。

荫眼蝶属 *Neope* Moore, [1866]

Neope Moore, [1866], *Proc. zool. Soc. Lond*., 1865(3): 770 (repl. *Enope* Moore, 1857). **Type species**: *Lasiommata bhadra* Moore, 1857.

Enope Moore, 1857, *In*: Horsfield & Moore, *Cat. lep. Ins. Mus. East India Coy*, (1): 228 (preocc. *Enope* Walker, 1854).

Neope Butler, 1867a, *Ann. Mag. nat. Hist*., (3)19: 166 (repl. *Enope* Moore, 1857). **Type species**: *Lasiommata bhadra* Moore, 1857; Wu & Xu, 2017, *Butts. Chin*.: 494.

Blanaida Kirby, 1877, *Synon. Cat. Diurn. Lep*. (Suppl): 699 (unnec. repl. *Neope* Moore, [1866]). **Type species**: *Lasiommata bhadra* Moore, 1857.

Patala Moore, [1892], *Lepid. Ind*., 1: 305. **Type species**: *Zophoessa yama* Moore, [1858].

Neope (Lethini); Chou, 1998, *Class. Ident. Chin. Butt*.: 66, 67.

Neope (Lethina); Korb & Bolshakov, 2011, *Eversmannia Suppl*, 2: 44.

与黛眼蝶属 *Lethe* 近似，复眼有毛。前翅 Sc 脉基部粗壮，膨大不明显；中室长约为前翅长的 1/2；Sc 脉长于中室；R_1 和 R_2 脉由中室前缘分出。后翅 M_1 脉与 Rs 脉分出点接近；M_3 脉强弯；Sc+R_1 脉及 Rs 脉很长，到达顶角附近；正面的眼斑为凤眼形；反面 Sc+R_1 室有 1 个眼斑，但位置偏外，不与 rs 室至 cu_2 室眼斑列在同一弧线上。

雄性外生殖器：背兜近三角形；钩突发达，长于背兜；颚突尖锥状，细长，长于背兜；抱器狭长，末端尖，阳茎较短。

寄主为禾本科 Gramineae 植物。

全世界记载 19 种，分布于中国及印度北部。中国已知 18 种，大秦岭分布 13 种。

种检索表

1. 翅正面无黄色或暗黄色斑纹 ·· 2
   翅正面有黄色或暗黄色斑纹 ·· 4
2. 前翅反面中室内有 4 个相连的圆形小环纹 ····························· **蒙链荫眼蝶 *N. muirheadii***
   前翅反面中室内无上述环纹 ·· 3

阿芒荫眼蝶 *Neope armandii* (Oberthür, 1876)（图版 80：175）

Satyrus armandii Oberthür, 1876, *Étud. d'Ent.*, 2: 26, pl. 2, f. 5.

Neope armandii; Oberthür, 1879, *Étud. d'Ent.*, 4: 108; Lewis, 1974, *Butts. World*: 203; D'Abrera, 1985, *Butt. Ori. Reg.*: 432; Chou, 1994, *Mon. Rhop. Sin.*: 345; Wu & Xu, 2017, *Butts. Chin.*: 494, f. 495: 3-4, 496: 5-8, 497: 9-12.

形态 成虫：中型眼蝶。两翅褐色至黑褐色。前翅正面亚缘斑列、中室端斑及顶角和亚顶区前缘斑均为乳白色或淡黄色；m₁ 和 m₃ 室的亚缘斑中间镶有黑色圆斑。反面中室白色与黑色条斑相间排列；中室下方至后缘淡黄色；其余斑纹同前翅正面。后翅外缘锯齿状；M₃ 脉端部角状外突；正面外缘及亚外缘线淡黄色；亚缘眼斑列有 7 个眼斑，无瞳，端部 2 个眼斑错位内移；中室端斑黑色，外侧缘线淡黄色。反面基半部黑色，白色带纹将其划分成不规则的网状纹；亚缘眼斑列黑色，瞳点白色。

寄主 禾本科 Gramineae 佛肚竹 *Bambusa ventricosa*。

生物学 1年多代。成虫多见于4~10月。飞翔快速，常在林下地面活动，喜吸食树汁液。幼虫群栖。

分布 中国（陕西、甘肃、浙江、湖北、江西、湖南、福建、台湾、广东、广西、重庆、四川、贵州、云南），印度，缅甸，越南，老挝，泰国。

大秦岭分布 陕西（太白、凤县、汉台、南郑、洋县、镇巴、佛坪、宁陕、柞水）、甘肃（麦积、秦州、武山、徽县、两当）、湖北（兴山、神农架）、重庆（巫溪、城口）、四川（青川）。

黄斑荫眼蝶 *Neope pulaha* (Moore, [1858])（图版 80：176）

Lasiommata pulaha Moore, [1858], *In*: Horsfield & Moore, *Cat. lep. Ins. Mus. East India Coy*, (1): 227.
Neope pulaha; Lewis, 1974, *Butts. World*: 167; D'Abrera, 1985, *Butt. Ori. Reg*.: 434; Chou, 1994, *Mon. Rhop. Sin*.: 346; Wu & Xu, 2017, *Butts. Chin*.: 500, f. 688: 1-3.

形态 成虫：中型眼蝶。两翅正面黑褐色，反面色稍淡；斑纹黄色。前翅正面顶角及亚顶区均有前缘斑；亚缘斑列 m_1、m_3 室斑纹中间镶有黑色圆斑；中室下缘脉及与其相连的脉纹黄色；雄性中室下方有暗色性标。反面顶角区灰白色；中室有 3 条横带纹和 1 条纵楔形纹；后缘区黄色；其余斑纹同前翅正面。后翅正面亚缘斑梭形，黄色，中部有黑色圆斑。反面外缘及亚外缘线黄色；翅面密布灰白色麻点纹及线纹，与黑褐色碎斑纹和黄色小圆斑形成杂乱的斑驳纹；前缘中部和翅中央有白色和黑色斑纹；亚缘有 7 个黑色眼斑，瞳点白色；基部有 3 个黑色小圆斑，中心黄色。雌性前翅有黄色中室端斑。

寄主 禾本科 Gramineae 玉山竹 *Pleioblastus niitakayamensis*、大明竹 *P. gramineus*。

生物学 成虫多见于5~8月。飞行迅速，常在林缘及竹林中活动，喜栖息于树干和房屋下。

分布 中国（河南、陕西、甘肃、安徽、浙江、湖北、江西、福建、台湾、广东、广西、重庆、四川、贵州、云南、西藏），印度，不丹，缅甸，老挝。

大秦岭分布 陕西（长安、周至、太白、凤县、华州、南郑、洋县、勉县、西乡、宁强、留坝、佛坪、汉阴、宁陕、商州、柞水）、甘肃（麦积、秦州、武都、康县、文县、徽县、两当、合作、舟曲、迭部）、湖北（兴山、神农架、竹山）、重庆（城口）、四川（南江、青川、都江堰、安州、平武）。

黑斑荫眼蝶 *Neope pulahoides* (Moore, 1892)（图版 81：177）

Blanaida pulahoides Moore, 1892, *Lep. Ind*., 1: 277. **Type locality**: Karen Hills.
Neope pulahoides; Chou, 1994, *Mon. Rhop. Sin*.: 346; Huang, 2001, *Neue Ent. Nachr*., 51: 107; Huang, 2002, *Atalanta*, 33(3/4): 362; Wu & Xu, 2017, *Butts. Chin*.: 500, f. 502: 4-6, 503: 7-8.

形态　成虫：中型眼蝶。与黄斑荫眼蝶 *N. pulaha* 近似，主要区别为：本种翅色较暗；斑纹偏白色。雄性前翅正面中室有条形端斑；中室下方无暗色性标。后翅外缘 M_3 脉端角状突出大而明显。

　　生物学　1 年多代。成虫多见于 4~8 月。飞行迅速，喜在地面吸水和吸食动物排泄物。

　　分布　中国（陕西、甘肃、湖北、福建、广东、广西、重庆、四川、贵州、云南、西藏），印度，尼泊尔。

　　大秦岭分布　陕西（凤县、太白、留坝）、甘肃（麦积、秦州、文县）、湖北（神农架）、重庆（城口）。

德祥荫眼蝶 *Neope dejeani* Oberthür, 1894

Neope dejeani Oberthür, 1894, *Étud. d'Ent.*, 19: 18, pl. 7, f. 63.

Neope dejeani; Chou, 1994, *Mon. Rhop. Sin.*: 349; Wu & Xu, 2017, *Butts. Chin.*: 501, f. 505: 19-20.

　　形态　成虫：中型眼蝶。与黑斑荫眼蝶 *N. pulahoides* 近似，主要区别为：本种翅正面斑纹色淡，乳白色；亚缘眼斑两端尖细。前翅正面中室下缘脉及其相连脉纹与翅色相同。后翅外缘 M_3 脉端突出极不明显；中室端外侧无黑色斑纹。反面灰白色鳞粉较密集；基部小圆斑红棕色。

　　生物学　成虫多见于 5~8 月。分布海拔可达 3000 m 以上。

　　分布　中国（陕西、湖南、四川、云南、西藏）。

　　大秦岭分布　陕西（太白、凤县、宁陕）。

布莱荫眼蝶 *Neope bremeri* (C. & R. Felder, 1862)

Lasiommata bremeri C. & R. Felder, 1862, *Wien. ent. Monats.*, 6(1): 28. **Type locality**: Ning-Po.

Neope romanovi Leech, 1890, *Entomologist*, 23: 29. **Type locality**: Chang Yang.

Neope bremeri; Chou, 1994, *Mon. Rhop. Sin.*: 347; D'Abrera, 1985, *Butt. Ori. Reg.*: 434; Wu & Xu, 2017, *Butts. Chin.*: 494, f. 498: 13-17, 499: 18-21.

　　形态　成虫：中型眼蝶。有高温型和低温型 2 种色型。与黄斑荫眼蝶 *N. pulaha* 近似，主要区别为：本种高温型体型较大；翅色较淡；斑纹清晰。两翅反面多棕黄色。前翅脉纹同底色，不明显；雄性正面中室下方暗色性标显著。反面亚缘眼斑圆形，有黄色圈纹，瞳点白色，外侧有白色缘带；褐色中横带波曲形，外侧缘带白色。后翅反面斑纹清晰；基部 3 个褐色圆斑较清晰。低温型与黄斑荫眼蝶极相似，体色深；斑纹复杂；显著区别为雄性前翅正面中室有黄色端斑。

卵：圆球形；黄绿色，半透明；表面有小凹刻。

幼虫：初孵幼虫白色，取食后变为黄绿色。末龄幼虫淡褐色，梭形；体表密布褐色小斑纹；背中线黑褐色，两侧伴有黑褐色锯齿纹；腹部末端有 1 对细锥状尖突。

蛹：褐色；近椭圆形；体表密布黑褐色细纹；腹背圆。

寄主　禾本科 Gramineae 芒 *Miscanthus sinensis*、五节芒 *M. floridulus*、箭竹 *Yushania niitakayamensis*、桂竹 *Phyllostachys malcinoi*。

生物学　1 年多代，以蛹越冬。成虫多见于 4 ~ 9 月。飞行缓慢，常在林中、地面、溪谷、岩石等地活动，喜在湿地吸水，吸食人畜粪便和树汁液。卵聚产于寄主植物叶片反面。幼虫有取食卵壳和群栖习性，5 龄幼虫分散取食。老熟幼虫化蛹于地面枯叶、寄主或杂草根部。

分布　中国（陕西、甘肃、安徽、浙江、湖北、江西、湖南、福建、台湾、广东、海南、广西、重庆、四川、贵州、云南、西藏），印度，不丹，尼泊尔，缅甸，越南。

大秦岭分布　陕西（长安、太白、汉台、南郑、洋县、留坝、佛坪、汉阴、宁陕）、甘肃（麦积、秦州、武山、武都、文县、徽县、两当）、湖北（神农架）、重庆（城口）、四川（宣汉、南江、汶川）。

白水荫眼蝶 *Neope shirozui* Koiwaya, 1989

Neope shirozui Koiwaya, 1989, *Stud. Chin. Butt.*, 1: 206. **Type locality**: Emeishan, Sichuan.

Neope qinlingens Xu & Niu, 2006, *Entomotaxonomia*, 28(1): 54-56. **Type locality**: Foping, Shaanxi.

形态　成虫：中型眼蝶。与布莱荫眼蝶 *N. bremeri* 低温型极近似，主要区别为：本种翅色较淡，呈棕褐色至黄褐色。后翅反面基部的灰白色鳞粉更密集。

生物学　成虫多见于 5 ~ 8 月。

分布　中国（陕西、甘肃、四川）。

大秦岭分布　陕西（凤县、佛坪、宁陕）、甘肃（康县）、四川（南江）。

田园荫眼蝶 *Neope agrestis* (Oberthür, 1876)

Satyrus agrestis Oberthür, 1876, *Étud. d'Ent.*, 2: 27, pl. 2, f. 3a-b.

Neope agrestis var. *albicans* Leech, [1892], *Butts. Chin. Jap. Cor.*, (1): 54, pl. 7, f. 7.

Neope argestoides Murayama, 1995. **Type locality**: Tuguancun, NW. Yunnan.

Neope agrestis; Chou, 1994, *Mon. Rhop. Sin.*: 348; Wu & Xu, 2017, *Butts. Chin.*: 500, f. 503: 9-11.

Neope argestis[sic]; Huang, 2003, *Neue Ent. Nachr.*, 55: 96 (note).

形态　成虫：中型眼蝶。与黄斑荫眼蝶 *N. pulaha* 近似，主要区别为：本种前翅反面中室黄色带纹宽；后缘棕褐色。后翅反面亚缘眼斑列外侧伴有红褐色斑纹；外中域黄色斑纹多而显著；前缘基部有半月形淡黄色斑纹；基半部黑色。

　　生物学　成虫多见于 5～7 月。

　　分布　中国（河南、陕西、甘肃、安徽、重庆、四川、贵州、云南）。

　　大秦岭分布　河南（西峡、嵩山）、陕西（周至、佛坪、宁陕）、甘肃（武都、文县、迭部、漳县）、四川（青川、平武）。

奥荫眼蝶 *Neope oberthüeri* Leech, 1891（图版 81：178）

Neope oberthüeri Leech, 1891a, *Entomologist*, 24 (Suppl): 24. **Type locality**: Emeishan.

Neope oberthüeri[sic]; Lewis, 1974, *Butts. World*: pl. 203, f. 15 (text only, missp.).

Neope oberthüeri; Chou, 1994, *Mon. Rhop. Sin.*: 352; Wu & Xu, 2017, *Butts. Chin.*: 500, figs. 504: 16, 505: 17-18.

　　形态　成虫：中型眼蝶。与田园荫眼蝶 *N. agrestis* 近似，主要区别为：本种翅色较深。前翅反面中室下方多红褐色；亚缘 m_2 室斑纹为白色。后翅反面端半部色偏深；亚缘眼斑列外侧无红褐色斑纹，但眼斑圈纹为红褐色；外中域白色斑纹模糊退化。

　　生物学　成虫多见于 5～7 月。常在林缘活动，常栖息于房屋墙壁及屋檐下。

　　分布　中国（河南、陕西、甘肃、湖北、重庆、四川、云南、西藏）。

　　大秦岭分布　河南（西峡）、陕西（眉县、太白、凤县、南郑、城固、佛坪、宁陕）、甘肃（麦积、康县、徽县、两当）、湖北（神农架）、重庆（城口）、四川（南江、青川）。

拟网纹荫眼蝶 *Neope simulans* Leech, 1891

Neope simulans Leech, 1891b, *Entomologist*, 24 (Suppl.): 66.

Neope simulans; Chou, 1994, *Mon. Rhop. Sin.*: 349; Wu & Xu, 2017, *Butts. Chin.*: 500, f. 504: 14-15.

　　形态　成虫：中型眼蝶。两翅褐色至黑褐色。前翅正面亚缘斑列、中室端斑及顶角和亚顶区前缘斑均为淡黄色；除 m_2 室的亚缘斑外，其余亚缘斑中间镶有黑色圆斑。反面顶角区有灰白色晕染；中室白色与黑色条斑相间排列；其余斑纹同前翅正面。后翅外缘锯齿状；M_3 脉端部角状突出不显著；外缘带黑色；正面亚缘淡黄色梭形斑中间镶有黑色圆斑，无瞳。反面淡黄色线纹、灰白色和褐色麻点纹与黑褐色斑纹交织形成大理石状斑纹；亚缘眼斑列黑色，无瞳；rs 室眼斑瓜子形。

生物学　成虫多见于 5~8 月。

分布　中国（甘肃、安徽、四川、云南、西藏）。

大秦岭分布　甘肃（麦积、徽县、两当、迭部）。

蒙链荫眼蝶 *Neope muirheadii* (C. & R. Felder, 1862)（图版 82：179—180）

Lasiommata muirheadii C. & R. Felder, 1862, *Wien. ent. Monats.*, 6(1): 28. **Type locality**: Tse-Kiang.

Debis segonax Hewitson, 1862, *Ill. exot. Butts.* [4] (Debis I): [34], pl. [18], f. 5. **Type locality**: China.

Debis segonacia Oberthür, 1881, *Étud. d'Ent.*, 6: 14, pl. 7, f. 4.

Neope muirheadii; D'Abrera, 1985, *Butt. Ori. Reg.*: 434.

Neope muirheadii; Chou, 1994, *Mon. Rhop. Sin.*: 349; Wu & Xu, 2017, *Butts. Chin.*: 501, f. 506: 25-26, 507: 27-30.

形态　成虫：中大型眼蝶。两翅正面褐色至黑褐色；亚缘斑有或无，如有则为黑色。反面棕色，密布灰白色鳞粉；外缘及亚外缘线褐色至黑褐色，波状；亚缘眼斑列黑色，瞳点白色，外侧有灰白色带纹相伴；白色外横带贯穿前后翅，时有退化模糊，内侧缘带深褐色。前翅顶角及亚顶区亚前缘斑灰白色；反面中室中部有 4 个相连的小圈纹，两侧各有 1 条弯曲的细纹。后翅外缘微波曲；M_3 脉端向外角状突出不明显。反面褐色基横带细，波状；基部有 3 个褐色小环斑。

卵：长圆形；白色，半透明；表面光洁。

幼虫：初孵幼虫乳黄色，后变为黄绿色至淡褐色；体侧有黑色纵纹。末龄幼虫黄褐色；梭形；头部圆形，棕褐色；体表密布皱褶环纹和细毛；有绿褐色纵纹和黑色背中线；腹部末端有 1 对锥状尖突。

蛹：褐色；近椭圆形；体表密布黑褐色细纹和斑带；腹背圆。

寄主　禾本科 Gramineae 稻 *Oryza sativa*、刚竹属 *Phyllostachys* spp.、桂竹 *P. reticulata*、刚莠竹 *Microstegium ciliatum*、绿竹 *Bambusa oldhamii*。

生物学　1 年 2~3 代。成虫多见于 5~9 月。成虫有补充营养习性，如吸食一些树木的花、成熟果、树汁液及人畜粪便等，多在林间近地面处单独飞行或在林间道路上停留，动作敏捷，喜在空气湿度较大、有水源和寄主植物的环境活动。灰褐色的体色与环境一致，形成保护色。卵聚产于寄主植物叶片反面。低龄幼虫群聚，多栖息于叶巢内。老熟幼虫化蛹于近地面的杂草、枯枝落叶和石块附近。

分布　中国（河南、陕西、甘肃、江苏、上海、安徽、浙江、湖北、江西、湖南、福建、台湾、广东、海南、香港、广西、重庆、四川、贵州、云南），印度，缅甸，越南，老挝。

大秦岭分布　河南（内乡）、陕西（周至、眉县、太白、凤县、南郑、洋县、西乡、宁强、留坝、平利、宁陕、商南、镇安）、甘肃（秦州、麦积、武都、文县、徽县、两当、合作、临潭、碌曲、玛曲）、湖北（兴山、保康、神农架、武当山、郧阳、郧西）、重庆（巫溪、城口）、四川（宣汉、安州、汶川）。

丝链荫眼蝶 *Neope yama* (Moore, [1858])

Zophoessa yama Moore, [1858], *In*: Horsfield & Moore, *Cat. lep. Ins. Mus. East India Coy*, (1): 221.
    Type locality: Bhutan, N. India.
Neope yama; Lewis, 1974, *Butts. World*: 171; D'Abrera, 1985, *Butt. Ori. Reg.*: 434; Chou, 1994, *Mon. Rhop. Sin.*: 351; Monastyrskii, 2005, *Atalanta*, 36: 147; Wu & Xu, 2017, *Butts. Chin.*: 501, f. 508: 34, 509: 35.

形态　成虫：中大型眼蝶。两翅正面红褐色至深褐色；亚缘圆眼斑黑色，无瞳。反面棕色，密布灰白色鳞粉；外缘及亚外缘带红棕色；亚缘眼斑列黑色，有灰白色带纹相伴，瞳点白色。前翅顶角及亚顶区亚前缘斑白色。反面中室黑白带纹相间排列；中斜带黑褐色，两侧缘线灰白色。后翅外缘微波曲；M₃ 脉端向外角状突出。反面密布白紫色麻点和线纹组成的斑驳带纹；亚缘眼斑列端部 2 个眼斑内移；前缘基半部至中室下缘有多条黑褐色带纹。

寄主　禾本科 Gramineae 稻 *Oryza sativa*、刚竹属 *Phyllostachys* spp. 植物。

生物学　1 年 1 代。成虫多见于 6～9 月。不访花，喜吸食树汁液，飞行路线不规则，常于林缘及林间阴湿地带活动。

分布　中国（天津、河南、陕西、甘肃、安徽、浙江、湖北、江西、福建、广东、重庆、四川、贵州、云南、西藏），印度，不丹，缅甸。

大秦岭分布　河南（内乡、栾川）、陕西（长安、鄠邑、周至、眉县、太白、凤县、汉台、南郑、洋县、西乡、留坝、佛坪、商南）、甘肃（麦积、秦州、武山、文县、徽县、两当）、湖北（兴山、神农架、武当山）、重庆（城口）、四川（青川、都江堰、安州、平武）。

黑翅荫眼蝶 *Neope serica* Leech, 1892（图版 83：181）

Neope yama var. *serica* Leech, 1892, *Butt. Chin.*: 49, pl.8: 1. **Type locality**: W. China.
Neope yama serica; Chou, 1994, *Mon. Rhop. Sin.*: 351; Wu & Xu, 2017, *Butts. Chin.*: 501, f. 509: 36-37.

形态　成虫：中大型眼蝶。与丝链荫眼蝶 *N. yama* 近似，主要区别为：本种翅色更深。两翅正面亚缘眼斑列退化，模糊不清或无。

生物学　1 年 1 代。成虫多见于 6～8 月。

分布　中国（天津、山东、河南、陕西、甘肃、安徽、浙江、江西、福建、广东、广西、重庆、四川、云南）。

大秦岭分布　河南（栾川）、陕西（宁陕、商州）、甘肃（康县）。

大斑荫眼蝶 *Neope ramosa* Leech, 1890

Neope ramosa Leech, 1890, *Entomologist*, 23: 29. **Type locality**: Chang Yang, Hubei.

Neope pulaha ramosa; Chou, 1994, *Mon. Rhop. Sin.*: 346.

Neope ramosa ramosa; Huang, 2002, *Atalanta*, 33(3/4): 362.

Neope ramosa; Huang, 2001, *Neue Ent. Nachr.*, 51: 107, f. 111; Huang, 2002, *Atalanta*, 33(3/4): 362; Huang, 2003, *Neue Ent. Nachr.*, 55: 96 (note), f. 159; Wu & Xu, 2017, *Butts. Chin.*: 500, f. 504: 13.

形态　成虫：中大型眼蝶。与黄斑荫眼蝶 *N. pulaha* 近似，主要区别为：本种个体较大。翅色更深；斑纹较发达，色暗。前翅反面中室横条斑宽而长。后翅反面基半部白色斑纹密集，多而大。

生物学　成虫多见于 6~8 月。

分布　中国（河南、陕西、甘肃、浙江、湖北、江西、湖南、重庆、四川、贵州、云南）。

大秦岭分布　河南（内乡）、陕西（佛坪）、甘肃（武都）、四川（南江）。

宁眼蝶属 *Ninguta* Moore, [1892]

Ninguta Moore, [1892], *Lepid. Ind.*, 1: 310. **Type species**: *Pronophila schrenkii* Ménétnés, 1859.

Aranda Fruhstorfer, 1909c, *Int. ent. Zs.*, 3(24): 134. **Type species**: *Pronophila schrenkii* Ménétnés, 1859.

Ninguta (Lethina); Korb & Bolshakov, 2011, *Eversmannia Suppl.*, 2: 44.

Ninguta (Lethini); Chou, 1998, *Class. Ident. Chin. Butt.*: 67.

Ninguta; Wu & Xu, 2017, *Butts. Chin.*: 510.

翅正面有黑色斑；反面眼斑清晰。雄性后翅内缘性标有丝状光泽。前翅 Sc 脉基部膨大成囊状；R_1 及 R_2 脉由中室前缘分出；M_3 脉弯曲弧度小；中室阔，端脉凹入，长度超过前翅长的 1/2；中室下缘脉及 A 脉基部较粗，但不膨大。后翅肩脉短，弯向外侧；$Sc+R_1$ 脉长于中室，末端不达顶角；M_3 脉近基部强弯。

雄性外生殖器：背兜近三角形；钩突发达，约为背兜长的 2 倍；颚突与背兜等长，尖锥状；囊突及阳茎粗短，短于抱器；抱器狭长，末端钝，端部背缘有细齿突。

寄主为禾本科 Gramineae 植物。

全世界记载 1 种，分布于古北区及东洋区。大秦岭有分布。

宁眼蝶 *Ninguta schrenkii* (Ménétnés, 1859)（图版 83：182）

Pronophila schrenkii Ménétnés, 1859a, *Bull. phys.-math. Acad. Sci. St. Pétersb.*, 17(12-14): 215. **Type locality**: Kingansky Mts, Amur region.

Pronophila schrenckii; Ménétnés, 1859, *Reise Forsch. Amur-Lande*, 2(1): 33, pl. 3, f. 3; Korb & Bolshakov, 2011, *Eversmannia Suppl.*, 2: 44.

Ninguta schrenkii; Lewis, 1974, *Butts. World*: 204; Chou, 1994, *Mon. Rhop. Sin.*: 353; Tuzov, 1997, *Gui. Butt. Rus. Adj. Ter.*, 1: 183; Wu & Xu, 2017, *Butts. Chin.*: 510, f. 511: 1-3.

形态 成虫：大型眼蝶。两翅圆阔；正面棕褐色，反面淡棕色；外缘线及亚外缘线褐色。前翅正面亚顶区中部有 1~2 个黑色圆斑。反面中斜带细，褐色，锯齿形；中室端脉及端部细横纹褐色。后翅外缘波状；正面亚缘区棕色；亚缘眼斑列近 V 形排列，眼斑黑色，无瞳。反面黑色亚缘眼斑列清晰，瞳点白色；中横线中部近 V 形外突；基横线较直；中室端斑细长，褐色。

卵：球形，光滑；黄白色。

幼虫：鲜绿色。1 龄头部黑褐色，没有角状突起。2 龄以后，头部有 1 对长突起；尾部细长，有 1 对突起。

蛹：有淡绿色和褐色 2 种色型，淡绿色型的侧面有 2 条白色斜线。

寄主 莎草科 Cyperaceae 日本薹草 *Carex japonica* 及球穗藨草 *Scirpus wichurae*。

生物学 1 年 1 代。成虫多见于 5~9 月。飞行缓慢，常在林缘活动。卵成排产于寄主植物叶面上。老熟幼虫化蛹于寄主植物附近。

分布 中国（黑龙江、吉林、辽宁、河南、陕西、甘肃、新疆、安徽、浙江、湖北、江西、福建、重庆、四川），俄罗斯，朝鲜，日本。

大秦岭分布 河南（内乡、嵩县、栾川）、陕西（蓝田、长安、鄠邑、眉县、太白、凤县、华州、汉台、南郑、洋县、西乡、镇巴、留坝、佛坪、岚皋、石泉、宁陕、商州、丹凤、商南、山阳、镇安、柞水）、甘肃（麦积、秦州、武山、武都、康县、文县、两当、徽县）、湖北（兴山、保康、神农架、郧阳、房县）、重庆（巫溪、城口）、四川（宣汉、青川、都江堰、安州、平武）。

丽眼蝶属 *Mandarinia* Leech, [1892]

Mandarinia Leech, [1892], *Butts. Chin. Jap. Cor.*, (1): 9. **Type species**: *Mycalesis regalis* Leech, 1889.
Mandarinia; Chou, 1998, *Class. Ident. Chin. Butt.*: 68-69; Wu & Xu, 2017, *Butts. Chin.*: 512.

翅面黑褐色；反面亚缘有成列的眼斑；中室长不足翅长的 1/2。前翅有蓝色斜带，雄性斜带宽，雌性斜带略呈弧形，较窄；雄性后缘基半部弧形外突；Sc 脉约为翅长的 2/3，基部粗壮，无明显膨大；R_1 脉由中室前缘近顶角处分出；R_2 脉与 R_5 脉共柄。后翅 Sc+R_1 脉长，但不达顶角；Rs、M_1 及 M_2 脉同点分出；肩脉短，向外侧弯曲；雄性中室及 m_2 和 m_3 室有黑色毛状性标；中室闭式；M_3 脉微弧形弯曲。

雄性外生殖器：背兜头盔形；钩突剑状；囊突短；抱器狭长，端部锥状尖出；阳茎细长。

雌性外生殖器：囊导管中部有 1 个宽的骨化环；交配囊长袋形；交配囊片对生，长条状，密生齿状突。

寄主为天南星科 Araceae 植物。

全世界记载 2 种，分布于古北区和东洋区。大秦岭均有分布。

种检索表

前翅蓝色斜带伸入中室端部 ·· 斜斑丽眼蝶 *M. uemurai*
前翅蓝色斜带未伸入中室端部 ·· 蓝斑丽眼蝶 *M. regalis*

蓝斑丽眼蝶 *Mandarinia regalis* (Leech, 1889)（图版 84：183—184）

Mycalesis regalis Leech, 1889, *Trans. ent. Soc. Lond.*, (1): 102, pl. 8, f. 2, 2A.

Mandarinia regalis; Fruhstorfer, 1908e, *Verh. Zool.-Bot. Ges. Wien*, 58 (4/5): 134 (list); Lewis, 1974, *Butts. World*: 202; D'Abrera, 1985, *Butt. Ori. Reg.*: 436; Chou, 1994, *Mon. Rhop. Sin.*: 353; Wu & Xu, 2017, *Butts. Chin.*: 512, f. 513: 1-4.

Mandarinia regalis duchessa Fruhstorfer, 1913a, *Dt. ent. Z. Iris*, 27(3): 138. **Type locality**: Kanton, S. China.

Mandarinia regalis callotaenia Fruhstorfer, 1913b, *Ent. Rundschau*, 30(23): 134. **Type locality**: Ta-Tsien-Lu, W. China.

形态 成虫：中小型眼蝶。两翅正面黑褐色，具蓝紫色金属光泽；反面栗黑色。前翅正面雄性外缘平直；中斜带宽，蓝色，未达前缘；后缘基半部弧形外突。反面翅端缘白色；外缘及亚外缘线深褐色，波曲形；亚缘眼斑列眼斑黑色，圈纹及瞳点白色；后缘淡棕色。后翅正面中室及 m_2 和 m_3 室有黑色毛状性标；前缘及后缘棕黄色。反面外缘带及亚外缘带白色；亚缘眼斑列黑色，瞳点白色，两侧有模糊的白色带纹。雌性前翅外缘弧形；正面蓝色外斜带较窄，微弧形，无蓝紫色闪光；后缘平直，不外突。

卵：圆形；白色，透明；表面有刻纹。

幼虫：淡绿色；体表有短毛和黄色纵条纹。

蛹：绿色；体表密布灰白色云状纹；胸背部角状突起；腹背部有2列瘤突。

寄主　天南星科 Araceae 菖蒲 *Acorus calamus*、金钱蒲 *A. gramineus*。

生物学　成虫多见于5~9月。飞行疾速，但飞行距离较近，喜在林区阴湿环境活动。

分布　中国（河南、陕西、甘肃、江苏、安徽、浙江、湖北、江西、湖南、福建、广东、广西、重庆、四川、贵州），缅甸，越南，老挝，泰国。

大秦岭分布　陕西（南郑、洋县、留坝、镇安、柞水）、甘肃（武都、文县）、湖北（兴山、神农架）、重庆（城口）、四川（宣汉、南江、都江堰、安州）。

斜斑丽眼蝶 *Mandarinia uemurai* Sugiyama, 1993

Mandarinia uemurai Sugiyama, 1993, *Pallarge*, 2: 4, figs. 7, 8, 17. **Type locality**: Dujiangyan, Sichuan.

Mandarinia rgalis oliqia Zhao, 1994, *In*: Chou, *Mon. Rhop. Sin*.: 353. **Type locality**: Mt Qingcheng, Sichuan.

Mandarinia uemurai; Wu & Xu, 2017, *Butts. Chin*.: 512, f. 513: 5.

形态　成虫：中大型眼蝶。与蓝斑丽眼蝶 *M. regalis* 近似，主要区别为：本种雄性前翅正面的蓝色斜斑向内倾斜角度更大，蓝斑进入中室端部。

寄主　天南星科 Araceae 菖蒲属 *Acorus* spp. 植物。

生物学　成虫多见于6~7月。飞行能力强，多在溪边活动。

分布　中国（甘肃、湖北、福建、四川）。

大秦岭分布　甘肃（康县）、湖北（神农架）、四川（都江堰）。

网眼蝶属 *Rhaphicera* Butler, 1867

Rhaphicera Butler, 1867a, *Ann. Mag. nat. Hist*., (3)19: 164. **Type species**: *Lasiommata satricus* Doubleday, [1849].

Raphicera; Röber, [1889], *Exot. Schmett*., 2(5): 202 (missp.).

Rhaphicera; Chou, 1998, *Class. Ident. Chin. Butt*.: 69; Wu & Xu, 2017, *Butts. Chin*.: 514.

翅面密布网状排列的黄色斑纹；中室长约为翅长的1/2。前翅 Sc 脉基部囊状膨大，与中室基本等长；中室后缘脉基部有小突起；R_1 和 R_2 脉由中室前缘分出；M_3 脉微弧形。后翅肩脉短，向外缘弯曲；Sc+R_1 脉约与中室等长；M_3 脉基部强弯。

雄性外生殖器：背兜头盔形；钩突长于背兜，末端尖；颚突细，尖锥状，短于背兜；囊突与背兜约等长；抱器狭长，末端尖；阳茎细长，短于抱器。

寄主为莎草科 Cyperaceae 植物。

全世界记载 3 种,分布于东洋区。中国均有记录,大秦岭分布 1 种。

网眼蝶 *Rhaphicera dumicola* (Oberthür, 1876)（图版 85：185—186）

Satyrus dumicola Oberthür, 1876, *Étud. d'Ent.*, 1: 29, pl. 4, f. 7.

Rhaphicera dumicola; Lewis, 1974, *Butts. World*: 204; Chou, 1994, *Mon. Rhop. Sin.*: 354; Wu & Xu, 2017, *Butts. Chin.*: 514, f. 515: 1-2.

形态　成虫:中型眼蝶。两翅黑褐色;密布大小形状不一的黄色斑纹;外缘线及亚外缘带淡黄色;亚缘黄色条斑中部多有黑褐色圆斑镶嵌,正面无瞳,反面有黄色瞳点;斑纹翅正面黄色,反面淡黄色。前翅密布水平排列的斑纹;cu$_2$ 室基部有 1 个近三角形环纹。后翅外缘波曲形;臀角有黑色圆斑;翅面密布斜向排列的斑纹;亚外缘带后半部加宽,橙黄色。

寄主　莎草科 Cyperaceae 薹草属 *Carex* spp. 植物。

生物学　成虫多见于 4 ~ 8 月。常在林缘、溪边活动。

分布　中国(河南、陕西、甘肃、浙江、湖北、江西、湖南、广东、重庆、四川、贵州)。

大秦岭分布　河南(内乡、栾川)、陕西(周至、眉县、太白、凤县、洋县、西乡、留坝、佛坪、岚皋、宁陕、商南、镇安)、甘肃(麦积、武都、文县、徽县、两当)、湖北(兴山、神农架)、重庆(巫溪、城口)、四川(青川、都江堰、安州、平武)。

带眼蝶属 *Chonala* Moore, 1893

Chonala Moore, 1893, *Lepid. Ind.*, 2(13): 14. **Type species**: *Debis masoni* Elwes.

Chonala; Chou, 1998, *Class. Ident. Chin. Butt.*: 71; Wu & Xu, 2017, *Butts. Chin.*: 519.

黑褐色种类。前翅有斜带;后翅有亚缘眼斑列。前翅中室闭式,长约为前翅长的 1/2;Sc 脉基部囊状膨大,稍长于中室;R$_1$ 和 R$_2$ 脉由中室前缘分出;M$_3$ 脉微弯曲。后翅外缘波状;肩脉短;Sc+R$_1$ 脉约与中室等长;中室闭式,长约为后翅长的 1/2;M$_3$ 脉基部强弯。

雄性外生殖器:背兜头盔形;钩突锥状,与背兜约等长;颚突中等长,楔形;囊突粗短;抱器斜方形,端部变窄,弯曲,有成簇的齿突;阳茎细长。

寄主为禾本科 Gramineae 植物。

全世界记载 8 种,分布于东洋区。中国均有记录,大秦岭分布 4 种。

棕带眼蝶 *Chonala praeusta* (Leech, 1890)

Pararge praeusta Leech, 1890, *Entomologist*, 23: 188. **Type locality**: Wa-Shan; Huang-mu-Chang.

Pararge proeusta; Lewis, 1974, *Butts. World*: 204; Huang, 2001, *Neue Ent. Nachr.*, 152.

Chonala praeusta; Chou, 1994, *Mon. Rhop. Sin.*: 356; Bozano & Bruna, 2006, *Nacr. Ent. Ver. Apollo NF*, 27(1/2): 62; Wu & Xu, 2017, *Butts. Chin.*: 519, f. 520: 3-6, 521: 7.

形态 成虫：中型眼蝶。两翅正面黑褐色至褐色，反面棕褐色；外缘及亚外缘线淡黄色。前翅正面顶角区色深，有 2 个黄色前缘斑和 1 个无瞳黑色眼斑；外斜带橙黄色，中下部 V 形弯曲。反面顶角前缘斑白色；中央棕红色。后翅正面亚缘黑色眼斑列多模糊或消失。反面密布灰白色鳞粉层；前缘近臀角处大眼斑黑色，内侧有白色斑纹相连；黑色亚缘眼斑列瞳点白色；其余翅面稀疏散布多条红褐色至褐色细带纹。

生物学 成虫多见于 7~8 月。喜在路边潮湿土坡上活动。

分布 中国（甘肃、江西、重庆、四川、贵州、云南）。

大秦岭分布 甘肃（文县）。

带眼蝶 *Chonala episcopalis* (Oberthür, 1885)

Chonala episcopalis (Oberthür, 1885), *Bull. Soc. Ent. Fr.*, (6)5: 227. **Type locality**: Ta-tsien-lou.

Pararge episcopalis; Lewis, 1974, *Butts. World*: pl. 204, f. 5.

Chonala episcopalis; Chou, 1994, *Mon. Rhop. Sin.*: 356; Bozano & Bruna, 2006, *Nacr. Ent. Ver. Apollo NF*, 27(1/2): 62; Wu & Xu, 2017, *Butts. Chin.*: 519, f. 520: 1-2.

形态 成虫：中型眼蝶。与棕带眼蝶 *C. praeusta* 近似，主要区别为：本种前翅顶角前缘斑小，点状，白色；外斜带中部微波曲，白色，无 V 形外突。

寄主 禾本科 Gramineae 植物。

生物学 成虫多见于 7~9 月。喜在路边土坡和岩壁上停栖。

眼蝶亚科 Satyrinae

273

分布　中国（陕西、甘肃、福建、四川、云南）。

大秦岭分布　陕西（留坝、佛坪）、甘肃（武都、文县、临潭）。

迷带眼蝶 *Chonala miyatai* (Koiwaya, 1996)

Pararge miyatai Koiwaya, 1996, *Studs. Chin. Butts.*, 3: 240. **Type locality**: Daba Shan, N. Sichuan.

Chonala miyatai; Bozano & Bruna, 2006, *Nacr. Ent. Ver. Apollo NF*, 27(1/2): 63; Wu & Xu, 2017, *Butts. Chin.*: 519, f. 521: 8.

形态　成虫：中型眼蝶。与带眼蝶 *C. episcopalis* 近似，主要区别为：本种前翅顶角2个白色斑纹分别位于顶角眼斑上下侧；外斜带不连续，下部断开，上端较直，正面淡黄色，反面白色至乳白色；反面中室有2条黑褐色线纹。后翅正面眼斑多清晰，白色瞳点有或无。反面灰白色；中室端斑及基部带纹深褐色。

生物学　成虫多见于6~7月。

分布　中国（陕西、四川）。

大秦岭分布　陕西（镇坪）、四川（青川、平武）。

劳拉带眼蝶 *Chonala laurae* Bozano, 1999

Chonala laurae Bozano, 1999, *Guide Butt. Palearctic.*, 1: 20. **Type locality**: Ningshan, Shaanxi, China.

Chonala laurae; Bozano & Bruna, 2006, *Nacr. Ent. Ver. Apollo NF*, 27(1/2): 62.

形态　成虫：中型眼蝶。与迷带眼蝶 *C. miyatai* 近似，主要区别为：本种两翅反面色较深。前翅斜带长，到达亚顶区眼斑下方近外侧处，黄色较鲜艳。反面 cu_2 室黄色斑大，近长方形；中室横斑模糊。后翅前缘眼斑大，黑色区域宽。

生物学　成虫多见于6~7月。

分布　中国（陕西）。

大秦岭分布　陕西（宁陕）。

藏眼蝶属 *Tatinga* Moore, 1893

Tatinga Moore, 1893, *Lepid. Ind.*, 2(13): 5. **Type species**: *Satyrus thibetanus* Oberthür, 1876.

Tatinga; Chou, 1998, *Class. Ident. Chin. Butt.*: 72; Wu & Xu, 2017, *Butts. Chin.*: 522.

外形和翅脉特征均与带眼蝶属 *Chonala* 很相似，但后翅反面白色至淡黄色；有明显的黑色眼斑与条形斑。前翅 Sc 脉基部膨大；R_1 和 R_2 脉由中室前缘分出；M_3 脉较平直；中室较阔，长约为前翅长的 1/2。后翅外缘略波曲；M_3 脉处突出不明显；肩脉短直；$Sc+R_1$ 脉短，末端远离顶角；中室短于后翅长的 1/2；M_3 脉基部强弯。

　　雄性外生殖器：背兜近三角形；钩突长钩形，长于背兜；颚突极短，指状；囊突粗短；抱器狭长，末端钝，弯曲，背缘密生齿突；阳茎短于抱器。

　　雌性外生殖器：囊导管膜质；交配囊长圆形；1 对交配囊片短，条带状，密生细齿状突。

　　全世界记载 1 种，分布于古北区及东洋区。中国特有种，大秦岭亦有分布。

藏眼蝶 *Tatinga thibetanus* (Oberthür, 1876)（图版 86：187—188）

Satyrus thibetanus Oberthür, 1876, *Étud. d'Ent.*, 2: 28, pl. 2, f. 4.

Tatinga thibetana; Chou, 1994, *Mon. Rhop. Sin.*: 357; Wu & Xu, 2017, *Butts. Chin.*: 522, f. 523: 3-6.

　　形态　成虫：中型眼蝶。两翅正面黑褐色；反面前翅黑褐色，后翅白色。前翅正面顶角区和亚顶区有 3~4 个黄色斑纹和 1 个黑色眼斑；黄色外斜斑带锯齿形。反面亚外缘有 1 列相连的淡黄色环纹，时有模糊，未达臀角；中室有横竖 2 个条斑；中室下缘至后缘黄色，中部镶有褐色斑纹；其余斑纹同前翅正面。后翅正面无斑纹，但隐约透视反面斑纹。反面白色至淡黄色；斑纹黑色至褐色；外缘带黑色；亚外缘斑列斑纹上圆下方；亚缘眼斑列经顶角上延至前缘基部；m_3 室基部至后缘中部有 1 排 4 个斑纹组成的斑列，顶端 1 个三角形，其余斑纹长方形；中室中部有 2 个小圆斑，中室端脉处有 1 个被脉纹分割的大斑。

　　生物学　1 年 1 代。成虫多见于 6~9 月。飞行迅速，常在山地、林缘、溪谷活动。

　　分布　中国（内蒙古、北京、河北、河南、陕西、宁夏、甘肃、湖北、重庆、四川、云南、贵州、西藏）。

　　大秦岭分布　河南（鲁山、内乡、西峡、嵩县、灵宝）、陕西（蓝田、长安、鄠邑、周至、眉县、太白、凤县、汉台、南郑、城固、洋县、西乡、留坝、佛坪、宁陕）、甘肃（麦积、秦州、武山、文县、徽县、两当、合作、临潭、舟曲、迭部）、湖北（神农架）、重庆（巫溪、城口）、四川（北川、青川、平武、茂县、九寨沟）。

链眼蝶属 *Lopinga* Moore, 1893

Lopinga Moore, 1893, *Lepid. Ind.*, 2(13): 11. **Type species**: *Pararge dumetorum* Oberthür, 1886.

Crebeta Moore, 1893, *Lepid. Ind.*, 2(13): 11. **Type species**: *Hipparchia deidamia* Eversmann, 1851.

Polyargia Verity, 1957, *Var. géograph. saison. Pap. diurn. Fr.*, (3): 436. **Type species**: *Papilio achine* Scopoli, 1763.

Lopinga (Lethina); Chou, 1998, *Class. Ident. Chin. Butt.*: 72.

Lopinga (Parargina); Korb & Bolshakov, 2011, *Eversmannia Suppl.*, 2: 44.

Lopinga; Wu & Xu, 2017, *Butts. Chin.*: 524.

前翅外缘弧形；Sc 脉基部囊状膨大；中室长于前翅长的 1/2，端脉中段内凹，有短回脉；R_1 和 R_2 脉由中室前缘分出；M_3 脉基部较直。后翅外缘微波曲；肩脉短；Sc+R_1 脉约与中室等长，末端远离顶角；M_3 脉基部强弯。

雄性外生殖器：背兜头盔形；钩突约与背兜等长，末端尖；颚突剑状；阳茎中部细长，有刺突；抱器狭长。

寄主为禾本科 Gramineae 及莎草科 Cyperaceae 植物。

全世界记载 8 种，分布于古北区及东洋区。中国已知 7 种，大秦岭分布 5 种。

种检索表

1. 翅乳白色或乳黄色 ·· 白链眼蝶 *L. eckweileri*
   翅黑褐色或棕褐色 ··· 2
2. 后翅反面基部无白色斑纹 ··· 黄环链眼蝶 *L. achine*
   后翅反面基部有白色斑纹 ·· 3
3. 前翅亚缘有 5 个眼斑 ··· 卡特链眼蝶 *L. catena*
   前翅亚缘有 1 ~ 3 个眼斑 ··· 4
4. 前翅斑纹多白色 ·· 丛林链眼蝶 *L. dumetorum*
   前翅斑纹橙色或鲜黄色 ·· 金色链眼蝶 *L. fulvescens*

黄环链眼蝶 *Lopinga achine* (Scopoli, 1763)（图版 87：191）

Papilio achine Scopoli, 1763, *Ent. Carniolica*: 156. **Type locality**: "Kärnten", S. Austria.

Lopinga achine; Tuzov, 1997, *Gui. Butt. Rus. Adj. Ter.*, 1: 186; Smart, 1976, *Ill. Enc. Butt. World*: 275; Lewis, 1974, *Butts. World*: 7; Chou, 1994, *Mon. Rhop. Sin.*: 357; Korb & Bolshakov, 2011, *Eversmannia Suppl.*, 2: 44; Wu & Xu, 2017, *Butts. Chin.*: 524, f. 527: 1-2.

形态　成虫：中型眼蝶。两翅正面棕褐色；反面色稍淡；外缘线及亚外缘线白色。前翅正面亚缘眼斑列黑色，无瞳，眼斑紧密相连，从上到下逐渐变大；外横带近 V 形，未达后缘，淡黄色，时有模糊。反面亚缘眼斑瞳点白色；外横带白色，清晰。后翅正面黑色亚缘眼斑大小不一，无瞳；反面亚缘眼斑列近 V 形排列，内侧白色缘带时有断续。

卵：长卵形；有纵脊；初产时黄白色，渐变为浅茶褐色，孵化前深褐色。

蛱蝶科 Nymphalidae

幼虫：淡绿色；体上有短毛和黄白色细纵纹。

蛹：淡绿色；粗短；每侧有 2 条白色或茶褐色对斑。

寄主 禾本科 Gramineae 黑麦草属 *Lolium* spp.、小麦属 *Triticum* spp.、冰草属 *Agropyron* spp.、鸭茅属 *Dactylis* spp.、臭草属 *Melica* spp.；莎草科 Cyperaceae 薹草属 *Carex* spp. 植物。

生物学 1 年 1 代，以 2 ~ 4 龄幼虫越冬。成虫多见于 6 ~ 8 月。常在林缘活动。

分布 中国（黑龙江、吉林、辽宁、内蒙古、北京、河北、山西、河南、陕西、宁夏、甘肃、青海、新疆、湖北、重庆、四川），俄罗斯，朝鲜，日本，欧洲。

大秦岭分布 河南（内乡、西峡、栾川）、陕西（长安、鄠邑、周至、陈仓、眉县、太白、凤县、洋县、镇巴、留坝、佛坪、宁陕、柞水）、甘肃（麦积、秦州、武山、文县、徽县、两当、合作、临潭、舟曲、迭部、碌曲）、湖北（保康、神农架、郧阳）、重庆（巫溪、城口）、四川（青川、平武）。

卡特链眼蝶 *Lopinga catena* (Leech, 1890)（图版 87：189—190）

Pararge catena Leech, 1890, *Entomologist*, 23: 30. **Type locality**: Chang Yang.

Lopinga achine catena; Chou, 1994, *Mon. Rhop. Sin*.: 357.

Lopinga catena; Wu & Xu, 2017, *Butts. Chin*.: 524, f. 527: 3-4.

形态 成虫：中型眼蝶。本种与黄环链眼蝶 *L. achine* 近似，主要区别为：前翅外横带宽而长；反面中室有宽条斑，条斑外侧有 1 个淡黄色块斑；后缘灰白色。后翅反面基部密布白色斑纹；亚缘区至外中区白色。

生物学 1 年 1 代。成虫多见于 6 ~ 7 月。

分布 中国（陕西、甘肃、湖北、四川）。

大秦岭分布 陕西（周至、眉县、凤县、佛坪、宁陕）、甘肃（文县）、湖北（神农架、武当山）、四川（南江）。

丛林链眼蝶 *Lopinga dumetorum* (Oberthür, 1886)

Pararge dumetorum Oberthür, 1886, *Étud. d'Ent*., 11: 23, pl. 4, f. 20. **Type locality**: Ta-Tsien-Lou, Kangding, Sichuan.

Lopinga dumetorum; Chou, 1994, *Mon. Rhop. Sin*.: 358.

Lopinga dumetora; Wu&Xu, 2017, *Butts, Chin*.: 524, figs. 528. 10.

形态 成虫：中型眼蝶。两翅正面棕褐色，反面色稍淡；斑纹多白色；外缘及亚外缘各有 1 条淡黄色波状细带纹。前翅正面亚缘斑列较模糊；亚顶区有 1 个黑色眼斑；外斜带中部断开，仅达 cu₁ 室；中室端斑条形。反面斑纹同前翅正面，但较清晰。后翅正面黑色亚缘眼斑列上部眼斑模糊，瞳点白色。反面亚缘眼斑列弧形排列，圈纹污白色；外横带近 V 形，内侧锯齿状；基部密布白色不规则小斑。

生物学 1 年 1 代。成虫多见于 7~8 月。

分布 中国（陕西、甘肃、四川、云南、西藏）。

大秦岭分布 陕西（留坝）、甘肃（武都、文县）、四川（都江堰）。

金色链眼蝶 *Lopinga fulvescens* (Alphéraky, 1889)

Pararge dumetorum var. *fulvescens* Alphéraky, 1889, *In: Romanoff, Mem. Lep.*, 5: 118. **Type locality**: Tcha-tchi-Kou.

形态 成虫：中型眼蝶。与丛林链眼蝶 *L. dumetorum* 近似，主要区别为：本种两翅色深，黑褐色。前翅正面斑纹橙色或鲜黄色；亚顶区眼斑 1~3 个，其中 1 个大而清晰，圈纹橙黄色；中横斑带宽而长，下半部近 C 形弯曲。反面斑纹多鲜黄色；中室条斑较宽。后翅亚缘眼斑列大而清晰，圈纹橙。反面外横斑带较宽，后半部多有断续；基部斑纹大而稀疏。

生物学 1 年 1 代。成虫多见于 7~8 月。

分布 中国（甘肃、四川）。

大秦岭分布 甘肃（迭部）、四川（松潘、九寨沟）。

白链眼蝶 *Lopinga eckweileri* Görgner, 1990

Lopinga eckweileri Görgner, 1990, *Ent. Z.*, 100: 333. **Type locality**: Jiuzhaigou, Sichuan.

形态 成虫：中型眼蝶。两翅乳白色至乳黄色；翅端缘正面黑褐色至褐色，反面乳白色，镶有 2 条褐色细线纹；脉纹黑褐色，加宽；翅面覆有黑褐色晕染；亚缘斑列斑纹圆形，乳白色至乳黄色。

生物学 成虫多见于 6~7 月。

分布 中国（甘肃、四川）。

大秦岭分布 四川（九寨沟）。

毛眼蝶属 *Lasiommata* Westwood, 1841

Lasiommata Westwood, 1841, *In*: Humphreys & Westwood, *Brit. Butt. Trans.*, [ed. 1]: 65. **Type species**: *Papilio megera* Linnaeus, 1767.

Amecera Butler, 1867a, *Ann. Mag. nat. Hist.*, (3)19: 162. **Type species**: *Papilio megera* Linnaeus, 1767.

Lopinga (Lethina); Chou, 1998, *Class. Ident. Chin. Butt.*: 73, 74.

Lasiommata (Parargina); Korb & Bolshakov, 2011, *Eversmannia Suppl.*, 2: 45.

Lasiommata; Wu & Xu, 2017, *Butts. Chin.*: 525.

和链眼蝶属 *Lopinga* 翅脉近似。前翅 Sc 脉基部囊状膨大；中室后缘脉基部膨大不明显；2A 脉基部粗壮；中室长约为前翅长的 1/2；Sc 脉长于中室；R_1 和 R_2 脉由中室前缘分出；M_3 脉基部微弧形弯曲。后翅肩脉短，向外侧伸出，与 Sc+R_1 脉间夹角极小；M_3 脉强弧形弯曲。

雄性外生殖器：背兜头盔形；钩突基部粗，短于背兜；颚突细；囊突直；抱器狭长，末端尖；阳茎细长。

寄主为禾本科 Gramineae 和莎草科 Cyperaceae 植物。

全世界记载 17 种，分布于古北区和非洲区。中国已知 7 种，大秦岭分布 2 种。

种检索表

后翅反面基半部密布灰白色鳞片 ·· 铠毛眼蝶 *L. kasumi*

后翅反面基半部无灰白色鳞片 ·· 斗毛眼蝶 *L. deidamia*

斗毛眼蝶 *Lasiommata deidamia* (Eversmann, 1851)（图版 88：193—194）

Hipparchia deidamia Eversmann, 1851, *Bull. Soc. imp. Nat. Moscou*, 24(2): 617. **Type locality**: Irkutsk.

Pararge deidamia; Lewis, 1974, *Butts. World*, 204.

Lasiommata deidamia; Chou, 1994, *Mon. Rhop. Sin.*: 360.

Lopinga deidamia; Tuzov, 1997, *Gui. Butt. Rus. Adj. Ter.*, 1: 187; Korb & Bolshakov, 2011, *Eversmannia Suppl.*, 2: 44; Wu & Xu, 2017, *Butts. Chin.*: 525, f. 529: 17-19, 530: 20.

形态 成虫：中型眼蝶。两翅正面棕褐色至黑褐色；反面灰棕色至褐色；外缘线及亚外缘线灰白色。前翅正面顶部及外缘色深；顶角区有 1 个黑色圆形眼斑，瞳点白色；外中区有 2 条斜斑，淡黄色或白色。反面中室端部有 1 个褐色条斑；其余斑纹同前翅正面。后翅正面亚缘眼斑列清晰或部分退化；反面亚缘眼斑列近 V 形排列，瞳点蓝白色，两侧各有 1 条白色带纹相伴，内侧 1 条较宽。

卵：长圆形；初产时黄白色，透明，后变为乳白色。

幼虫：1龄幼虫头部黑色，胴体淡黄色。2龄后头、体及尾部叉突均为黄绿色；背中线翠绿色；体表密布白色细毛。

蛹：有绿色型和黑色型2种色型；胸背部有角状突起。

寄主 禾本科 Gramineae 鹅观草 Elymus kamoji、野青茅 Deyeuxia pyramidalis、剪股颖属 Agrostis spp.、拂子茅属 Calamagrostis spp.、偃麦草属 Elytrigia spp.；莎草科 Cyperaceae 大披针薹草 Carex lanceolata。

生物学 1年2代，多以4~5龄幼虫越冬。成虫于5~9月出现。多在林缘活动，飞行能力强，喜在岩石、地面停息。幼虫有取食卵壳习性。

分布 中国（黑龙江、吉林、辽宁、内蒙古、北京、天津、河北、山西、山东、河南、陕西、宁夏、甘肃、青海、江苏、安徽、湖北、福建、重庆、四川），俄罗斯，朝鲜，日本。

大秦岭分布 河南（荥阳、登封、内乡、西峡）、陕西（临潼、蓝田、长安、鄠邑、周至、眉县、华州、太白、汉台、南郑、西乡、留坝、商州、丹凤、商南、山阳）、甘肃（麦积、秦州、武山、武都、文县、徽县、两当、合作、舟曲、碌曲）、湖北（兴山、保康、武当山）、重庆（巫溪、城口）。

铠毛眼蝶 *Lasiommata kasumi* Yoshino, 1995

Lasiommata kasumi Yoshino, 1995, *Neo Lepid.*, 1: 3, f. 17-20. **Type locality**: Mt. Taipai, Shaanxi.

Lasiommata kasumi; Wu & Xu, 2017, *Butts. Chin.*: 526, f. 530: 22-23.

形态 成虫：中型眼蝶。与斗毛眼蝶 *L. deidamia* 近似，主要区别为：本种前翅外中区中部无斜斑，仅在端部有1个淡黄色斜斑。后翅反面基半部密布灰白色鳞粉层；有黑褐色波曲状基横线。

生物学 1年1代。成虫多见于6~7月。

分布 中国（陕西、甘肃）。

大秦岭分布 陕西（周至、太白、凤县、宁陕）、甘肃（麦积、徽县、两当）。

多眼蝶属 *Kirinia* Moore, 1893

Kirinia Moore, 1893, *Lepid. Ind.*, 2(13): 14. **Type species**: *Lasiommata epimenides* Ménétnés, 1859.

Esperarge Nekrutenko, 1988, *Vestn. Zool.*, (1): 50 (repl. *Esperia* Nekrutenko, 1987). **Type species**: *Papilio climene* Esper, 1783.

Esperia Nekrutenko, 1987, *Vestn. Zool.*, (2): 84 (preocc.). **Type species**: *Papilio climene* Esper, 1783.

Kirinia (Lethina); Chou, 1998, *Class. Ident. Chin. Butt.*: 74.

Marginarge Korb, 2005: 34. **Type species**: *Hipparchia eversmanni* Eversmann, 1847.

Esperarge (Parargina); Korb & Bolshakov, 2011, *Eversmannia Suppl.*, 2: 44.

Marginarge (Parargina); Korb & Bolshakov, 2011, *Eversmannia Suppl.*, 2: 45.

Kirinia (Parargina); Korb & Bolshakov, 2011, *Eversmannia Suppl.*, 2: 44.

Kirinia; Wu & Xu, 2017, *Butts. Chin.*: 531.

前翅 Sc 脉基部极膨大；中室后缘脉、2A 脉基部略膨大；R_1 和 R_2 脉由中室前缘分出；中室端脉凹入，具 1 条短回脉。后翅肩脉短，弯向外侧；$Sc+R_1$ 脉末端远离顶角；rs 室眼斑大；M_3 脉基部强度弯曲；内缘无性标；cu_2 室内具 1 条游离伪脉。

雄性外生殖器：背兜发达，与钩突连接处有凹陷；钩突粗直；颚突小；囊突长；抱器狭长，末端尖，有小齿；阳茎短，末端尖。

寄主为禾本科 Gramineae 和莎草科 Cyperaceae 植物。

全世界记载 5 种，分布于古北区和东洋区。中国已知 2 种，大秦岭均有分布。

种检索表

后翅反面斑纹鲜黄色 ·· 多眼蝶 *K. epaminondas*
后翅反面斑纹棕灰色 ·· 淡色多眼蝶 *K. epimenides*

多眼蝶 *Kirinia epaminondas* (Satudinger, 1887)（图版 88：192）

Pararge epimenides epaminondas Staudinger, 1887, *In*: Romanoff, *Mém. Lépid.*, 3: 150, pl. 17, f. 1-2.
　　Type locality: Radd, S. Amur region.

Pararge epaminondas Lang, 1884, *Rhop. Eur. Des. Del.*, 1: 328 (Stdgr.).

Kirinia epaminondas; Kudrna, 1974, *Atalanta*, 5: 102; Chou, 1994, *Mon. Rhop. Sin.*: 360; Tuzov, 1997, *Gui. Butt. Rus. Adj. Ter.*, 1: 184; Korb & Bolshakov, 2011, *Eversmannia Suppl.*, 2: 44; Wu & Xu, 2017, *Butts. Chin.*: 531, f. 532: 1-2.

形态　成虫：中型眼蝶。两翅正面棕褐色至黑褐色，反面鲜黄色；端缘黑褐色；外缘及亚外缘线淡黄色。前翅正面顶角区有 1 个黑色眼斑，眼斑上下各有 1 个淡黄色圆斑；其余斑纹为反面斑纹的透射。反面黑褐色带纹与脉纹交错成不规则网纹，并将淡黄色翅面划分成大小长短不一的淡黄色斑纹。后翅正面亚缘 4 个眼斑黑色，无瞳；其余斑纹为反面斑纹的透射。反面亚缘眼斑列有 6 个黑色眼斑，瞳点白色；基半部密布黑褐色不规则网纹。

卵：圆形；初产时乳白色，后变为淡褐色；有纵脊。

眼蝶亚科 Satyrinae

281

幼虫：7龄期。老龄幼虫灰绿色；体上有细长毛；背中线深绿色；头部突起短；胴部中间粗，两头细。

蛹：黄绿色；近椭圆形；翅缘黄色；雄性背部角状隆起；腹背面有2列小黄斑。

寄主　禾本科 Gramineae 早熟禾 *Poa annua*、乌库早熟禾 *P. ochotensis*、细叶早熟禾 *P. angustifolia*、马唐 *Digitaria sanguinalis*、羊茅属 *Festuca* spp.、大油芒属 *Spodiopogon* spp.、披碱草属 *Elymus* spp.、臭草属 *Melica* spp.、短柄草属 *Brachypodium* spp.；竹亚科 Bambusoideae 冰草 *Agropyron cristatum*；莎草科 Cyperaceae 莎草 *Cyperus rotundus* 等。

生物学　1年1代，以1龄幼虫越冬。成虫多见于5~9月。多在山地、林缘活动。卵聚产于枯叶中。

分布　中国（黑龙江、吉林、辽宁、内蒙古、北京、河北、山西、山东、河南、陕西、甘肃、安徽、浙江、湖北、江西、福建、重庆、四川、贵州），朝鲜。

大秦岭分布　河南（栾川、陕州、灵宝）、陕西（蓝田、长安、鄠邑、周至、渭滨、陈仓、眉县、太白、凤县、华阴、汉台、南郑、洋县、勉县、留坝、商州、丹凤、山阳）、甘肃（麦积、秦州、武都、文县、徽县、两当、临潭、舟曲、迭部、碌曲、玛曲、岷县）、湖北（兴山、保康、神农架、武当山）、重庆（巫溪、城口）、四川（青川、安州、平武）。

淡色多眼蝶 *Kirinia epimenides* (Ménétnés, 1859)

Lasiommata epimenides Ménétnés, 1859, *In*: Schrenck, *Reise Forsch. Amur-Lande*, 2(1): 39, pl. 3, f. 8-9. **Type locality**: S. Amur region.

Neope fentoni Butler, 1877, *Ann. Mag. nat. Hist*., (4) 19(109): 91.

Lethe epimenides atratus Kurentzov, 1941, *Trudy Gorno-Taeyzhn. stants*., 4:363. **Type locality**: South and Mid Sikhote-Alin.

Kirinia epimenides; Korb & Bolshakov, 2011, *Eversmannia Suppl*., 2: 44; Wu & Xu, 2017, *Butts. Chin*.: 531, f. 532: 3.

形态　成虫：中型眼蝶。与多眼蝶 *K. epaminondas* 近似，主要区别为：本种个体稍小；翅面色淡；斑纹灰棕色。后翅反面亚缘区至外中区灰白色。

生物学　成虫多见于7~9月。常在林间活动，喜停栖在树木主干上。

分布　中国（黑龙江、吉林、辽宁、北京、山西、山东、河南、陕西、甘肃、浙江、福建、四川），俄罗斯，朝鲜，日本。

大秦岭分布　陕西（长安、佛坪、宁陕）、甘肃（舟曲）、四川（九寨沟）。

眉眼蝶亚族 Mycalesina Reuter, 1896

Mycalesina Reuter, 1896.

Mycalesini; Miller, 1968, *Mem. Amer. Ent. Soc.*, 24:57.

Mycalesina (Elymniini); Henning & Henning, 1997, *Metamorphosis*, 8(3): 135 (key); Vane-Wright & de Jong, 2003, *Zool. Verh. Leiden*, 343: 176.

翅黑色、黑褐色或黄褐色；反面有淡色外横线及亚缘眼斑列。前翅有 3 条脉基部囊状膨大；M_1 脉与 Rs 脉分支点极接近；M_3 脉弯曲弧度小；雄性前翅后缘基部略弧形突出。

全世界记载 260 余种，分布于古北区、东洋区、非洲区和澳洲区。中国已知 13 种，大秦岭分布 5 种。

眉眼蝶属 *Mycalesis* Hübner, 1818

Mycalesis Hübner, 1818, *Zuträge Samml. exot. Schmett.*, 1: 17. **Type species**: *Papilio francisca* Stoll, [1780].

Dasyomma C. & R. Felder, 1860, *Wien. ent. Monats.*, 4(12): 401 (nec *Dasyomma* Macquart, 1841). **Type species**: *Dasyomma fuscum* C. & R. Felder, 1860.

Culapa Moore, 1878, *Proc. zool. Soc. Lond.*, (4): 825. **Type species**: *Mycalesis mnasicles* Hewitson, 1864.

Mydosama Moore, 1880, *Trans. ent. Soc. Lond.*, (4): (repl. *Dasyomma* C. & R. Felder, 1860). **Type species**: *Dsayomma fuscum* C. & R. Felder, 1860.

Calysisme Moore, [1880], *Lepid. Ceylon*, 1(1): 20. **Type species**: *Papilio drusia* Cramer, [1775].

Calysisme Moore, 1880, *Trans. ent. Soc. Lond.*, (4): 161. **Type species**: *Papilio drusia* Cramer, [1775].

Dalapa Moore, 1880, *Trans. ent. Soc. Lond.*, (4): 158. **Type species**: *Mycalesis sudra* C. & R. Felder, [1867].

Gareris Moore, 1880, *Trans. ent. Soc. Lond.*, (4): 156. **Type species**: *Mycalesis sanatana* Moore, [1858].

Indalasa Moore, 1880, *Trans. ent. Soc. Lond.*, (4): 166. **Type species**: *Mycalesis moorei* C. & R. Felder, [1867].

Jatana Moore, 1880, *Trans. ent. Soc. Lond.*, (4): 164. **Type species**: *Mycalesis mynois* Hewitson, 1864.

Kabanda Moore, 1880, *Trans. ent. Soc. Lond.*, (4): 168. **Type species**: *Mycalesis malsarida* Butler, 1868.

Loesa Moore, 1880, *Trans. ent. Soc. Lond.*, (4): 177. **Type species**: *Mycalesis oroatis* Hewitson, 1864.

Martanda Moore, 1880, *Trans. ent. Soc. Lond.*, (4): 169. **Type species**: *Mycalesis janardana* Moore, 1857.

Nasapa Moore, 1880, *Trans. ent. Soc. Lond.*, (4): 176. **Type species**: *Mycalesis aramis* Hewitson, 1866.

Nebdara Moore, 1880, *Trans. ent. Soc. Lond.*, (4): 173. **Type species**: *Mycalesis tagala* C. & R. Felder, 1863.

Nissanga Moore, [1880], *Lepid. Ceylon*, 1(1): 23. **Type species**: *Mycalesis patnia* Moore, 1857.

Nissanga Moore, 1880, *Trans. ent. Soc. Lond.*, (4): 169. **Type species**: *Mycalesis patnia* Moore, 1857.

Pachama Moore, 1880, *Trans. ent. Soc. Lond.*, (4): 165. **Type species**: *Mycalesis mestra* Hewitson, 1862.

Sadarga Moore, 1880, *Trans. ent. Soc. Lond.*, (4): 157. **Type species**: *Mycalesis gotama* Moore, 1857.

Samanta Moore, 1880, *Trans. ent. Soc. Lond.*, (4): 166. **Type species**: *Mycalesis malsara* Moore, 1857.

Satoa Moore, 1880, *Trans. ent. Soc. Lond.*, (4): 157. **Type species**: *Mycalesis maianeas* Hewitson, 1864.

Sevanda Moore, 1880, *Trans. ent. Soc. Lond.*, (4): 174. **Type species**: *Satyrus duponcheli* Guérin-Méneville, 1830.

Suralaya Moore, 1880, *Trans. ent. Soc. Lond.*, (4): 159. **Type species**: *Mycalesis orseis* Hewitson, 1864.

Telinga Moore, 1880, *Trans. ent. Soc. Lond.*, (4): 167. **Type species**: *Satyrus adolphei* Guérin-Méneville, 1843.

Virapa Moore, 1880, *Trans. ent. Soc. Lond.*, (4): 155. **Type species**: *Mycalesis anaxias* Hewitson, 1862.

Myrtilus de Nicéville, 1891, *J. Bombay nat. Hist. Soc.*, 6(3): 341. **Type species**: *Mycalesis mystes* de Nicéville, 1891.

Samundra Moore, [1891], *Lepid. Ind.*, 1: 162. **Type species**: *Mycalesis anaxioides* Marshall & de Nicéville, 1883.

Hamadryopsis Oberthür, 1894, *Étud. d'Ent.*, 19: 17. **Type species**: *Hamadryopsis drusillodes* Oberthür, 1894.

Drusillopsis Oberthür, 1894, *Étud. d'Ent.*, 19: 16. **Type species**: *Drusillopsis dohertyi* Oberthür, 1894.

Drusillopsis Fruhstorfer, 1908e, *Verh. Zool.-Bot. Ges. Wien*, 58(4/5): 217. **Type species**: *Drusillopsis dohertyi* Oberthür, 1894.

Bigaena van Eecke, 1915, *Nova Guinea*, 13(1): 66. **Type species**: *Bigaena pumilio* van Eecke, 1915.

Samenta; Fruhstorfer, 1911, *In*: Seitz, *Gross-Schmett. Erde*, 9: 342 (missp.).

Mycalesis (Mycalesini); Chou, 1998, *Class. Ident. Chin. Butt.*: 74.

Lohora (Mycalesina); Vane-Wright & Fermon, 2003, *Invert. Syst.*, 17: 130.

Mycalesis (Mycalesina); Vane-Wright & de Jong, 2003, *Zool. Verh. Leiden*, 343: 177.

Mycalesis; Wu & Xu, 2017, *Butts. Chin.*: 533.

　　雄性后翅正面中室上方有毛簇，与前翅反面后缘的毛簇区相贴合。有明显的季节性，旱季前翅正面眼斑较大；反面颜色变淡。两翅中室闭式，长约为翅长的 1/2。前翅 Sc 脉、中室后缘脉、2A 脉基部囊状膨大；R_1 和 R_2 脉由中室前缘分出；Sc 脉长于中室；中室端脉凹入。后翅肩脉较长；Sc+R_1 脉短，略长于中室；M_3 与 Cu_1 脉共柄极短；M_3 脉强弯。

　　雄性外生殖器：背兜发达；钩突基部宽，末端尖；颚突细长；囊突粗壮；抱器狭长，基部粗，端部尖，上弯；阳茎与抱器约等长。

　　雌性外生殖器：囊导管长，膜质；交配囊长圆形；无交配囊片。

寄主为禾本科 Gramineae 和莎草科 Cyperaceae 植物。

全世界记载 97 种，分布于古北区、东洋区及澳洲区。中国已知 12 种，大秦岭分布 5 种。

种检索表

1. 前翅正面只 cu_1 室有 1 个大眼斑，近顶角无眼斑 ····························· **小眉眼蝶 *M. mineus***

   前翅正面除 cu_1 室大眼斑外，近顶角有小眼斑 ···································· 2

2. 翅反面白色带窄；后翅 7 个眼斑中第 4～5 眼斑大 ················ **僧袈眉眼蝶 *M. sangaica***

   翅反面白色带较宽；后翅 7 个眼斑中仅第 5 眼斑最大 ·························· 3

3. 两翅反面基部密布灰白色和黑褐色细波纹 ··················· **密纱眉眼蝶 *M. misenus***

   两翅反面基部不如上述 ··· 4

4. 雄性前翅后缘有黑色性标；后翅前缘性标银灰色 ············· **拟稻眉眼蝶 *M. francisca***

   无上述性标 ·· **稻眉眼蝶 *M. gotama***

稻眉眼蝶 *Mycalesis gotama* Moore, 1857（图版 89：196—197）

Mycalesis gotama Moore, 1857, *In*: Horsfield & Moore, *Cat. lep. Ins. Mus. East India Coy*, (1): 232. **Type locality**: China (Chusan).

Mycalesis madjicosa Butler, 1868, *Cat. diurn. Lep. Satyridae Brit. Mus.*: 137, pl. 3, f. 10. **Type locality**: Madjico-Sima.

Mycalesis borealis C. & R. Felder, [1867], *Reise Fregatte Novara*, Bd 2 (Abth. 2)(3): 500. **Type locality**: China Septentrional, Shanghai.

Mycalesis (Mycalesis) gotama; Fruhstorfer, 1908e, *Verh. Zool.-Bot. Ges. Wien*, 58(4/5): 147, 132 (list).

Mycalesis gotama; Lewis, 1974, *Butts. World*: 203; D'Abrera, 1985, *Butt. Ori. Reg.*: 454; Chou, 1994, *Mon. Rhop. Sin.*: 362; Takahashi, 1978, *Tyô Ga*, 29(4): 188; Wu & Xu, 2017, *Butts. Chin.*: 534, f. 537: 30, 538: 31.

形态 成虫：中小型眼蝶。两翅正面棕褐色，反面棕色；端缘乳白色，内侧弥散状，镶有 3 条线纹，外侧 2 条平滑，内侧 1 条波形；外横带贯穿两翅，灰白色；基横线褐色。前翅正面亚缘有 2 个黑色眼斑，上小下大；反面亚缘小眼斑上下各有 1 个相连的更小的眼斑。后翅正面亚缘眼斑列及外横带模糊；反面亚缘眼斑列有 6～7 个黑色眼斑，其中 cu_1 室眼斑最大。雄性后翅正面基部近前缘性标为黄色，毛簇黄灰色。夏型斑纹多而清晰。春型有些斑纹不明显或消失；两翅反面端缘密布灰白色鳞片。

卵：淡绿色；圆形。

幼虫：5 龄期。1 龄幼虫绿色，头黑色。3 龄后有绿色型和褐色型 2 种；头顶有 1 对短锥突；尾部 1 对突起细锥状；足基带白色。

蛹：近长椭圆形；有绿色型和褐色型 2 种色型。绿色型背部有 2 列白色小斑。

寄主 禾本科 Gramineae 穇属 *Eleusine* spp.、马唐属 *Digitaria* spp.、稻 *Oryza sativa*、甘蔗 *Saccharum officinarum*、箣竹属 *Bambusa* spp.、芒 *Miscanthus sinesis*、五节芒 *M. floridulus*、棕叶狗尾草 *Setaria palmifolia*、柳叶箬 *Isachne globosa*；竹亚科 Bambusoideae；莎草科 Cyperaceae 薹草属 *Carex* spp.。

生物学 本种是水稻的重要害虫之一。1 年 2 至多代，以 4 龄幼虫越冬。成虫多见于 5 ~ 9 月。常在林缘、山地、农田、溪沟活动。卵聚产于寄主植物叶片上。

分布 中国（辽宁、河南、陕西、甘肃、江苏、安徽、浙江、湖北、江西、湖南、福建、台湾、广东、海南、广西、重庆、四川、贵州、云南、西藏），朝鲜，日本，印度，缅甸，越南，泰国等。

大秦岭分布 河南（内乡、西峡）、陕西（蓝田、长安、周至、陈仓、眉县、凤县、汉台、南郑、洋县、西乡、勉县、略阳、留坝、佛坪、汉滨、岚皋、汉阴、宁陕、商州、丹凤、商南、山阳、镇安）、甘肃（麦积、武都、文县、徽县、两当）、湖北（兴山、神农架、郧阳、竹山、竹溪）、重庆（城口）、四川（宣汉、昭化、青川、都江堰、安州、江油、平武、汶川）。

拟稻眉眼蝶 *Mycalesis francisca* (Stoll, 1780)（图版 89：195）

Papilio francisca Stoll, 1780, *In*: Cramer, *Uitl. Kapellen*, 4: 90(26b-28). **Type locality**: China.

Mycalesis perdiccas Hewitson, [1862], *Ill. exot. Butts.*, 3 (42): 84, (54): pl. 3, f. 15, (Mycalesis) pl. 3, f. 15.

Mycalesis penicillata Poujade, 1884, *Bull. Soc. Ent. Fr.*, (6) 4: cxxxv.

Mycalesis sanatana gomia Fruhstorfer, 1908e, *Verh. Zool.-Bot. Ges. Wien*, 58(4/5): 146. **Type locality**: Annam.

Mycalesis sanatana magna; Fruhstorfer, 1908e *Verh. Zool.-Bot. Ges. Wien*, 58(4/5): 146(note).

Mycalesis sanatana penicillata; Fruhstorfer, 1908e, *Verh. Zool.-Bot. Ges. Wien*, 58(4/5): 146 (note).

Mycalesis perdiccas var. *horishana* Matsumura, 1909, *Ent. Zs.*, 23(19): 92. **Type locality**: Horisha, "Formosa" [Taiwan, China].

Mycalesis sanatana var. *coronensis* Matsumura, 1909, *Ent. Zs.*, 23(19): 92. **Type locality**: "Formosa" [Taiwan, China] (Toroen, 4000ft).

Mycalesis francisca gomia; Evans, 1920, *J. Bombay nat. Hist. Soc.*, 27(2): 358.

Mycalesis francisca; Fruhstorfer, 1908e, *Verh. Zool.-Bot. Ges. Wien*, 58(4/5): 147; Lewis, 1974, *Butts. World*: 203; D'Abrera, 1985, *Butt. Ori. Reg.*: 452; Chou, 1994, *Mon. Rhop. Sin.*: 364; Wu & Xu, 2017, *Butts. Chin.*: 534, f. 538: 32-40, 539: 41-42.

形态 成虫：中小型眼蝶。与稻眉眼蝶 *M. gotama* 相似，主要区别为：本种翅色深，褐色至黑褐色；两翅反面外横带淡紫色。雄性前翅正面后缘中部有 1 个黑色性标。后翅正面前缘近基部的性标为淡黄色长毛束；反面亚缘有 7 个眼斑。

卵：球形；黄绿色，半透明。

幼虫：1 龄幼虫淡黄绿色；头黑色。高龄幼虫红褐色；体表密布黄色斑纹和刻点；头部红褐色，顶部有 1 对角状突起；尾部有 1 对锥状突起。

蛹：有绿色型和褐色型 2 种色型。绿色型黄绿色；体表密布墨绿色细线纹和斑纹；背部有 2 列白色点斑。

寄主　禾本科 Gramineae 箣竹属 *Bambusa* spp.、白茅 *Imperata cylindrica*、芒 *Miscanthus sinensis*、棕叶狗尾草 *Setaria palmifolia*、求米草 *Oplismenus undulatifolius*、稻 *Oryza sativa*。

生物学　1 年 2~3 代，以老熟幼虫越冬。成虫多见于 4~10 月。波浪形飞翔，常栖息于山地、农田、溪沟环境，喜早晚在林荫、林缘及竹林活动，吸食树汁液及果实、动物排泄物。

分布　中国（辽宁、河南、陕西、甘肃、安徽、浙江、湖北、江西、湖南、福建、台湾、广东、海南、广西、重庆、四川、贵州、云南），朝鲜，日本。

大秦岭分布　河南（登封、西峡、栾川、洛宁、陕州、灵宝）、陕西（蓝田、长安、鄠邑、周至、渭滨、陈仓、岐山、眉县、太白、凤县、华州、汉台、南郑、城固、洋县、西乡、勉县、略阳、留坝、佛坪、平利、岚皋、石泉、汉阴、宁陕、商州、丹凤、商南、山阳、镇安）、甘肃（文县、徽县、两当）、湖北（兴山、南漳、谷城、神农架、郧阳、房县、郧西）、重庆（巫溪、城口）、四川（万源、青川、都江堰、安州、北川、平武）。

小眉眼蝶 *Mycalesis mineus* (Linnaeus, 1758)

Papilio mineus Linnaeus, 1758, *Syst. Nat.* (Edn 10), 1: 471, no. 84. **Type locality**: Canton, China.

Papilio mineus Linnaeus, 1767, *Syst. Nat.* (Edn 12), 1(2): 768, no. 126.

Papilio drusia Cramer, [1775], *Uitl. Kapellen*, 1(1-7): 132, pl. 84, f. C, D.

Papilio otrea Stoll, [1780], *In*: Cramer, *Uitl. Kapellen*, 4(26b-28): 50, pl. 314, f. A, B.

Papilio justina Stoll, [1780], *In*: Cramer, *Uitl. Kapellen*, 4(26b-28): 75, pl. 326, f. C.

Mycalesis otrea; Wood-Mason & de Nicéville, 1881, *J. asiat. Soc. Bengal*, 49 Pt Ⅱ (4): 226.

Calysisme carpenteri Butler, 1886a, *Ann. Mag. nat. Hist.*, (5) 18(105): 183. **Type locality**: Kabwett, on the Irrawaddy (lat. 22°44'N).

Calysisme mineus; Moore, [1880], *Lepid. Ceylon*, 1(1): 22, pl. 11, f. 4a-b.

Calysisme drusia; Moore, [1890], *Lepid. Ind.*, 1: 20, pl. 11, f. 3, 3a.

Mycalesis (Mycalesis) mineus; Fruhstorfer, 1908e, *Verh. Zool.-Bot. Ges. Wien*, 58 (4/5): 153, 131 (list).

Mycalesis mineus; Moore, 1878, *Proc. zool. Soc. Lond.*, (4): 825; Wood-Mason & de Nicéville, 1881, *J. asiat. Soc. Bengal*, 49 Pt. Ⅱ (4): 226; Lewis, 1974, *Butts. World*: 170; D'Abrera, 1985, *Butt. Ori. Reg.*: 458; Chou, 1994, *Mon. Rhop. Sin.*: 362; Vane-Wright & de Jong, 2003, *Zool. Verh. Leiden*, 343: 179; Wu & Xu, 2017, *Butts. Chin.*: 533, f. 535: 1-9.

形态 成虫：中小型眼蝶。与稻眉眼蝶 *M. gotama* 相似，主要区别为：本种前翅正面亚缘中下部仅有 1 个大眼斑；雄性后缘基半部弱弧形外突；反面 2A 脉上有橙色性标斑。后翅正面前缘中部有灰黄色长毛簇。本种有春、夏型之分，春型翅反面斑纹消失，仅留少数小点；夏型黑色眼斑清晰。

卵：球形；初产时白色，透明，后呈淡黄色。

幼虫：5 龄期。黄褐色；头顶有 1 对短突起；背中部有黑褐色结节状带纹，两侧有红褐色和褐色交织的螺旋状带纹；尾部有 1 对小锥突。

蛹：有绿色和褐色 2 种色型。褐色型黄褐色；密布褐色细纹和斑点；背两侧有 2 列乳白色瘤突。

寄主 禾本科 Gramineae 刚莠竹 *Microstegium ciliatum*、金丝草 *Pogonatherum crinitinum*、棕叶芦 *Thysanolaena maxima*、稻 *Oryza sativa*、李氏禾 *Leersia hexandra*、鸭嘴草 *Ischaemum aristatum*、柳叶箬 *Isachne globosa*。

生物学 1 年多代，以成虫越冬。成虫多见于 5~9 月。飞行缓慢。卵单产于寄主植物叶片反面。

分布 中国（河南、陕西、甘肃、安徽、浙江、湖北、江西、湖南、福建、台湾、广东、海南、香港、广西、四川、贵州、云南），印度，尼泊尔，缅甸，泰国，新加坡，马来西亚，印度尼西亚，伊朗。

大秦岭分布 河南（西峡）、陕西（周至、勉县）、甘肃（文县）、四川（宣汉）。

僧袈眉眼蝶 *Mycalesis sangaica* Butler, 1877

Mycalesis sangaica Butler, 1877, *Ann. Mag. nat. Hist.*, (4) 19(109): 95.

Mycalesis sangaica rokkina Sonan, 1931, *Zephyrus*, 3(3/4): 202.

Mycalesis sangaica f. *ushiodai* Matsumura, 1935, *Ins. Matsum.*, 9(4): 174. **Type locality**: Honshu.

Mycalesis (*Mycalesis*) *sangaica*; Fruhstorfer, 1908e, *Verh. Zool.-Bot. Ges. Wien*, 58(4/5): 211, 133 (list).

Mycalesis sangaica; D'Abrera, 1985, *Butt. Ori. Reg.*: 450; Chou, 1994, *Mon. Rhap. Sin.*: 363; Wu & Xu, 2017, *Butts. Chin.*: 534, f. 537: 25-29.

形态 成虫：中小型眼蝶。与稻眉眼蝶 *M. gotama* 相似，主要区别为：本种两翅正面色较深，黑褐色或褐色；反面翅面密布深褐色细线纹；外横带紫白色。后翅反面亚缘有 7 个完整眼斑。雄性后翅正面前缘基部毛簇为黑、黄 2 色；2A 脉基半部另有 1 条毛簇。

寄主 禾本科 Gramineae 芒 *Miscanthus sinensis*、五节芒 *M. floridulus*、棕叶狗尾草 *Setaria palmifolia*、柳叶箬 *Isachne globosa*、求米草 *Oplismenus undulatifolius*、狼尾草 *Pennisetum alopecuroides*、象草 *P. purpureum*。

生物学　1 年多代。成虫多见于 5 ~ 10 月。

分布　中国（甘肃、浙江、上海、安徽、湖北、江西、湖南、福建、台湾、广东、海南、广西、云南、重庆、四川、贵州），缅甸，越南，老挝，泰国。

大秦岭分布　甘肃（文县）、湖北（兴山、神农架）、四川（都江堰）。

密纱眉眼蝶 *Mycalesis misenus* de Nicéville, 1889

Mycalesis (*Samantha*) *misenus* de Nicéville, 1889, *J. Bombay nat. Hist. Soc.*, 4(3): pl. A, f. 8 ♂. **Type locality**: Sikkim, Khasi Hills.

Mycalesis (*Mycalesis*) *misenus*; Fruhstorfer, 1908e, *Verh. Zool.-Bot. Ges. Wien*, 58(4/5): 149, 132 (list).

Mycalesis misenus; Evans, 1920, *J. Bombay nat. Hist., Soc.*, 27(2): 361; Chou, 1994, *Mon. Rhop. Sin.*: 366; Wu & Xu, 2017, *Butts. Chin.*: 540, f. 541: 2-5.

形态　成虫：中型眼蝶。两翅正面黑褐色，反面褐色；外缘及亚外缘带灰白色；外横带贯穿两翅，淡黄色，翅正面模糊；反面翅面密布黑褐色和灰白色线纹。前翅正面外缘带较亚外缘带窄而平滑；亚缘有 2 个黑色眼斑，上小下大；反面亚缘色淡，密布褐色细纹和点斑，镶有 5 个眼斑，其中 cu_1 室眼斑最大，其余眼斑有时退化成白色点斑。后翅正面亚缘眼斑时有退化，但 cu_1 室眼斑大而清晰；反面亚缘眼斑列有 7 个黑色眼斑，其中 cu_1 室眼斑最大，其余眼斑时有退化。雄性前翅正面后缘中部有带黑色毛簇的性标，反面后缘基部有银灰色性标；后翅正面基部近前缘性标银灰色，毛簇黄灰色。

生物学　1 年 1 代。成虫多见于 7 ~ 8 月。飞行路线不规则，常于林缘及林间阴凉处活动，成虫不访花，喜吸食树汁液。

分布　中国（陕西、浙江、江西、湖北、湖南、广东、广西、重庆、四川、贵州、云南），缅甸，泰国，印度。

大秦岭分布　陕西（洋县、佛坪、西乡）、湖北（兴山）、重庆（巫溪）。

帻眼蝶亚族 Zetherina Reuter, 1896

Zetherini Reuter, 1896.

Zetherini; Chou, 1998, *Class. Ident. Chin. Butt.*: 76.

Zetherina (Elymniini); Vane-Wright & de Jong, 2003, *Zool. Verh. Leiden*, 343: 175.

前翅脉纹基部不膨大。翅上无明显的眼斑。

全世界记载 22 种，分布于古北区及东洋区。中国已知 8 种，大秦岭分布 3 种。

属检索表

1. 翅有眼斑；后翅 M_3 脉端角状外突 ·· **凤眼蝶属 *Neorina***

   翅无眼斑；后翅外缘无角状外突 ·· 2

2. 翅反面端缘有箭状纹；后翅外缘平滑 ··· **粉眼蝶属 *Callarge***

   翅反面端缘无箭状纹；后翅外缘波曲 ··· **斑眼蝶属 *Penthema***

斑眼蝶属 *Penthema* Doubleday, [1848]

Penthema Doubleday, [1848], *Gen. diurn. Lep*., (1): pl. 39, f. 3. **Type species**: *Diadema lisarda* Doubleday, 1845.

Penthema; Westwood, [1850], *Gen. diurn. Lep*., (2): 281, Chou, 1998, *Class. Ident. Chin. Butt.*:76, 77; Wu & Xu, 2017, *Butts. Chin*.: 543.

Paraplesia C. & R. Felder, 1862, *Wien. ent. Monats*., 6(1): 26 (preocc.). **Type species**: *Paraplesia adelma* C. & R. Felder, 1862.

Isodema C. & R. Felder, 1863, *Wien. ent. Monats*., 7(4): 109 nota (unnec. repl. *Paraplesia* C. & R. Felder, 1862). **Type species**: *Paraplesia adelma* C. & R. Felder, 1862.

拟似斑蝶科的种类，有的有紫色闪光；翅面无眼斑。与粉眼蝶属 *Callarge* 及凤眼蝶属 *Neorina* 近缘。前翅 Sc 脉基部无明显膨大；中室不及翅长 1/2；R_1 和 R_2 脉由中室前缘分出。后翅肩脉短；Sc+R_1 脉末端接近顶角；M_3 脉基部强弯；Cu_1 脉与 M_3 脉由中室后角极接近处分出。

雄性外生殖器：背兜宽；钩突与背兜基本等长；颚突短于钩突，锥状；囊突短；抱器狭长，背缘中部具角状突起，末端尖；阳茎粗短。

寄主为禾本科 Gramineae 竹亚科 Bambusoideae 植物。

全世界记载 5 种，分布于东洋区。中国已知 3 种，大秦岭分布 1 种。

白斑眼蝶 *Penthema adelma* (C. & R. Felder, 1862)（图版 90：198）

Paraplesia adelma C. & R. Felder, 1862, *Wien. ent. Monats*., 6(1): 26. **Type locality**: Ning-po.

Isodema adelma var. *latifasciata* Lathy, 1903, *Entomologist*, 36: 12. **Type locality**: Central China; Western China; Tibet.

Penthema adelma; Lewis, 1974, *Butts. World*: 197; Chou, 1994, *Mon. Rhop. Sin*.: 368; Wu & Xu, 2017, *Butts. Chin*.: 543, f. 544: 1-3.

形态 成虫：大型眼蝶。两翅正面黑褐色至褐色，反面色稍淡；斑纹白色至乳白色，正反面基本一致。前翅亚外缘斑列斑纹点状、三角形或 V 形；亚缘斑列未达后缘；中斜斑列近 Y 形。后翅顶角有 2 个白色条斑，条斑中部镶有褐色线纹；亚缘斑列斑纹三角形或 V 形，自顶角到臀角斑纹逐渐缩小，且由清晰逐渐变模糊；外中域点斑列完整或退化消失；反面外缘有月牙形白斑；中横斑列斑纹较模糊，未达前后缘。

卵：圆形，顶部稍尖；白色，透明。

幼虫：5～6 龄期。梭形；初孵幼虫乳白色，取食后黄绿色；头顶及尾端各有 1 对并拢的长锥突。依环境不同出现褐色型和绿色型 2 种色型。

蛹：淡褐色；与幼虫形态相似，梭形；密布褐色细纹和斑点；头部有 1 对长锥突。

寄主 禾本科 Gramineae 绿竹 *Sinocalamus oldhami*、凤凰竹 *Bambusa multiplex*、毛竹 *Phyllostachys pubescens*、箬竹 *Indocalamus tessellatus*、孟宗竹 *Phyllostachys edulis*。

生物学 1 年 1 代，以老熟幼虫越冬。成虫多见于 5～7 月。飞翔迅速，常在林缘、山地、溪边及阳光充足的林下活动，有吸食腐烂水果、树汁液和动物粪便的习性。卵单产于寄主植物叶片反面。幼虫夜晚取食，白天栖息于寄主植物叶片正面或枝条上。老熟幼虫化蛹于寄主植物小枝条上。

分布 中国（陕西、甘肃、安徽、浙江、湖北、江西、湖南、福建、台湾、广东、广西、重庆、四川、贵州、西藏）。

大秦岭分布 陕西（眉县、太白、凤县、华阴、南郑、洋县、西乡、留坝、佛坪、宁陕、商州、丹凤、商南、山阳）、甘肃（武山、武都、文县、徽县）、湖北（兴山、神农架）、重庆（城口）、四川（宣汉、青川、都江堰、安州、平武）。

粉眼蝶属 *Callarge* Leech, [1892]

Callarge Leech, [1892], *Butt. Chin. Jap. Cor.*, (1): 57. **Type species**: *Zethera sagitta* Leech, 1890.
Callarge (Zetherini); Chou, 1998, *Class. Ident. Chin. Butt.*: 77.
Callarge; Wu & Xu, 2017, *Butts. Chin.*: 548.

后翅有箭状纹。外形像绢粉蝶属 *Aporia*，脉纹同斑眼蝶属 *Penthema*。两翅无眼斑。前翅 Sc 脉基部不膨大；Sc 脉长于中室；R_1 脉由中室前缘分出；R_2 脉自中室前缘极近顶点处分出；R_3-R_5 脉共柄。后翅肩脉短，末端弯向翅基部；Sc+R_1 脉接近顶角；M_3 脉基部强弯；cu_2 及 2a 室各具 1 条游离伪脉。

雄性外生殖器：背兜近四边形；钩突长于背兜，下弯；颚突尖锥状；囊突短；抱器刀状，上弯；阳茎直。

全世界记载 2 种，分布于古北区及东洋区。中国均有分布，大秦岭分布 1 种。

粉眼蝶 *Callarge sagitta* (Leech, 1890)（图版 91：199—200）

Zethera sagitta Leech, 1890, *Entomologist*, 23: 26. **Type locality**: Chang Yang.

Callarge sagitta, Lewis, 1974, *Butts. World*: pl. 200, f. 4; Chou, 1994, *Mon. Rhop. Sin*.: 371; Wu & Xu, 2017, *Butts. Chin*.: 548, f. 549: 1-2.

形态　成虫：中型眼蝶。两翅黑色至黑褐色；外缘斑列斑纹多与亚缘箭头纹套叠；中室外侧放射状排列数条长短不一的条斑。前翅中室乳白色，中部横条斑黑色。后翅中室白色或淡黄色。

生物学　成虫多见于 5~7 月。常在林地出现，有采食花蜜习性。

分布　中国（河南、陕西、甘肃、安徽、湖北、江西、湖南、重庆、四川、云南），越南。

大秦岭分布　河南（灵宝）、陕西（长安、周至、渭滨、陈仓、太白、凤县、汉台、南郑、洋县、西乡、留坝、佛坪、石泉、宁陕、商南、柞水）、甘肃（麦积、秦州、康县、徽县、两当）、湖北（神农架）、重庆（城口）、四川（都江堰、安州）。

凤眼蝶属 *Neorina* Westwood, [1850]

Neorina Westwood, [1850], *Gen. diurn. Lep*., (2): pl. 65, f. 2. **Type species**: *Neorina hilda* Westwood, [1850].

Neorhina [sic, recte *Neorina*]; Fruhstorfer, 1893, *Ent. Nachr*., 19(21/22): 337.

Hermianax Fruhstorfer, 1911, *In*: Seitz, *Gross-Schmett. Erde*, 9: 326. **Type species**: *Neorina lowii latipicta* Fruhstorfer, 1897.

Herminax [sic, recte *Hermianax*]; Gaede, 1931, *In*: Strand, *Lepid. Cat*., 29(43): 316 (missp.).

Neorina; Chou, 1998, *Class. Ident. Chin. Butt*.: 77, 78; Wu & Xu, 2017, *Butts. Chin*.: 548.

翅黑色或黑褐色。前翅有白色或黄色宽斜带；Sc 脉基部不膨大；R_1 和 R_2 脉由中室前缘分出；中室短，长短于前翅长的 1/2，端脉凹入。后翅肩脉短，略弯；Sc+R_1 脉末端接近顶角；M_3 与 Cu_1 脉分支点极接近；M_3 脉基部强弯，端部有尾突；反面 rs 至 cu_2 室有眼斑。雌雄相似，无第二性征。

雄性外生殖器：背兜发达，侧面近梯形；钩突短于背兜；颚突尖锥状；囊突细短；抱器狭长，末端斜截；阳茎粗短。

寄主为禾本科 Gramineae 竹亚科 Bambusoideae 植物。

全世界记载 5 种，分布于东洋区及古北区。中国已知 2 种，大秦岭分布 1 种。

凤眼蝶 *Neorina patria* Leech, 1891

Neorina patria Leech, 1891a, *Entomologist*, 24 (Suppl.): 25. **Type locality**: Moupin.

Neorina patria; Chou, 1994, *Mon. Rhop. Sin*.: 371; Wu & Xu, 2017, *Butts. Chin*.: 548, f. 550: 4-6.

形态 成虫：大型眼蝶。两翅正面黑褐色，反面色稍淡；亚缘区密布灰白色鳞片；亚外缘线及亚缘线黑色，波形；斑纹白色或乳白色。前翅正面顶角区有 1 个米粒形斑纹和 1 个小点斑，白色；亚顶区有 2 个黑色模糊眼斑，瞳点白色；中斜带宽，自前缘中部斜伸至臀角，边缘锯齿形；黑褐色中室端斑近 V 形。反面亚顶区有 1 个黑色大眼斑，瞳点白色；其余斑纹同前翅正面。后翅外缘波状；M_3 脉端部角状突出；正面顶角区有白色或乳白色斑纹；中室、cu_2 室及臀区基部被长细毛。反面外中区眼斑列弧形，眼斑黑色，瞳点蓝白色，首尾眼斑大而清晰，内侧覆有黄色斑纹，其余眼斑小而模糊；中域及后缘密布灰白色鳞片。雌性个体较大；斑纹发达。

寄主 禾本科 Gramineae 竹亚科 Bambusoideae 植物。

生物学 成虫多见于 6~8 月。常在中海拔的林地活动。

分布 中国（甘肃、江西、湖南、福建、广东、广西、重庆、四川、贵州、云南、西藏），印度，缅甸，越南，老挝，泰国。

大秦岭分布 甘肃（康县）、四川（青川、安州、平武、汶川）。

玳眼蝶族 Ragadiini Herrich-Schäffer, 1864

Ragadiina Herrich-Schäffer, 1864.

Ragadiinae (Satyridae); Chou, 1998, *Class. Ident. Chin. Butt*.: 81.

Ragadiini (Satyrinae); Vane-Wright & de Jong, 2003, *Zool. Verh. Leiden*, 343: 181.

眼有极细的毛。前翅 R_2-R_5 脉同柄。后翅中室极短，端脉细或开式。

全世界记载 13 种，分布于东洋区及澳洲区。中国已知 3 种，大秦岭分布 1 种。

颠眼蝶属 *Acropolis* Hemming, 1934

Acropolis Hemming, 1934a, *Entomologist*, 67(4): 77. **Type species**: *Acrophthalmia thalia* Leech, 1891.

Pharia Fruhstorfer, 1911, *In*: Seitz, *Gross-Schmett. Erde*, 9: 295 (preocc. *Pharia* Gray, 1840). **Type species**: *Acrophthalmia thalia* Leech, 1891.

Acropolis; Chou, 1998, *Class. Ident. Chin. Butt*.: 81; Wu & Xu, 2017, *Butts. Chin*.: 559.

两翅外缘光滑；正面黑褐色；有贯穿两翅的中横带。前翅 Sc 脉基部囊状膨大；中室后缘脉基部粗壮；R_1 脉从中室前缘分出；R_2-R_5 脉共柄；M_1 与 M_2 脉由近中室顶角分出，共短柄；中室短阔，不及前翅长的 1/2，闭式，端脉直；Sc 脉长于中室。后翅肩脉短；Rs 脉和 M_1 脉在中室端外侧共柄短；M_3 脉及 Cu_1 脉由中室端后角同点分出；中室闭式，端脉极弱；2A 和 3A 脉基部有短的相连。

雌性外生殖器：囊导管长，膜质；交配囊长圆形；1 对交配囊片狭长，位于交配囊上半部，密生细齿突。

全世界记载 1 种，分布于东洋区。中国已知 1 种，大秦岭有分布。

颠眼蝶 *Acropolis thalia* (Leech, 1891)

Acrophthalmia thalia Leech, 1891a, *Entomologist*, 24 (Suppl.): 25. **Type locality**: Pautze-Fang; Omei-Shan.

Acropolis thalia; Chou, 1994, *Mon. Rhop. Sin*.: 377; Wu & Xu, 2017, *Butts. Chin*.: 559, f. 559: 6-8.

形态 成虫：小型眼蝶。两翅正面黑褐色至褐色，反面色稍淡；斑纹翅正反面基部一致，但翅反面斑纹较清晰。前翅近正三角形；后翅窄小；白色中横带贯穿两翅；外缘及亚外缘线乳白色。前翅顶角眼斑瞳点白色。后翅亚缘眼斑列有 4 个黑色眼斑，圈纹橙色，中间 2 个眼斑小；臀角眼斑远大于顶角眼斑，眼斑内侧有灰色 C 形纹环绕；反面臀角有橙色线纹。

生物学 成虫多见于 6~7 月。

分布 中国（浙江、湖北、江西、湖南、福建、广东、重庆、四川、贵州）。

大秦岭分布 湖北（神农架）、重庆（城口）。

眼蝶族 Satyrini Boisduval, 1833

Satyrini Boisduval, 1833. **Type genus**: *Satyrus* Latreille, 1810.

Satyrini (Satyrinae); Henning & Henning, 1997, *Metamorphosis*, 8(3): 135 (key); Vane-Wright & de Jong, 2003, *Zool. Verh. Leiden*, 343: 182; Pelham, 2008, *J. Res. Lepid.*, 40: 398; Korb & Bolshakov, 2011, *Eversmannia Suppl.*, 2: 45.

Satyrinae (Satyridae); Chou, 1998, *Class. Ident. Chin. Butt.*: 82.

Satyrini (Satyrinae); Vane-Wright & de Jong, 2003, *Zool. Verh. Leiden*, 343: 182.

Satyrinae (Satyridae); Korb & Bolshakov, 2011, *Eversmannia Suppl.*, 2: 43.

两翅外缘圆，无突出；中室均为闭式，端脉清晰。前翅多 1~3 条翅脉，基部囊状膨大。中国已知 220 余种，大秦岭分布 76 种。

亚族检索表

1. 翅白色；脉纹黑色；无眼斑；前翅脉纹不加粗或膨大 ·············· **绢眼蝶亚族 Davidinina**
   有色斑及眼斑；前翅有的脉基部加粗或膨大 ··· 2
2. 前翅有 3 条脉纹膨大或加粗 ································ **珍眼蝶亚族 Coenonymphina**
   前翅仅 Sc 脉加粗或膨大 ··· 3
3. 前翅黑白斑纹相间；眼斑退化，只见于后翅反面 ············· **白眼蝶亚族 Melanargiina**
   不如上述 ··· 4
4. 前翅顶角眼斑只有 1 个瞳点 ····························· **眼蝶亚族 Satyrina**
   前翅顶角有 1 个双瞳眼斑，或有几个眼斑 ··· 5
5. 两翅反面密布波状细纹 ···································· **矍眼蝶亚族 Ypthimina**
   两翅反面不如上述 ··· 6
6. 两翅端区有红色斑，斑内有双瞳及单瞳眼斑 ·················· **红眼蝶亚族 Erebiina**
   两翅无红色斑，有双瞳眼斑或红色眶 ····················· **古眼蝶亚族 Palaeonymphina**

绢眼蝶亚族 Davidinina

Davidinini (Satyridae); Chou, 1998, *Class. Ident. Chin. Butt.*: 82.

翅白色；脉纹黑色；无眼斑。前翅脉纹不加粗。
本亚族仅包括 1 属。全世界记载 2 种，分布于古北区。中国特有种，大秦岭分布 1 种。

绢眼蝶属 *Davidina* Oberthür, 1879

Davidina Oberthür, 1879, *Étud. d'Ent.*, 4: 19. **Type species**: *Davidina armandi* Oberthür, 1879.

Leechia Röber, [1907], *In*: Seitz, *Gross-Schmett. Erde*, 1: 43 (preocc. *Leechia* South, 1901). **Type species**: *Davidina alticola* Röber, [1907].

Davidina (Oeneini); Lukhtanov & Eitschberger, 2000, *Butt. World*, 11: 9.

Davidina (Davidinini); Chou, 1998, *Class. Ident. Chin. Butt.*: 82-83.

Davidina; Wu & Xu, 2017, *Butts. Chin.*: 587.

外形与粉蝶科绢粉蝶属 *Aporia* 的种类相似。翅白色；长卵形，外缘圆；脉纹黑色；中室阔而长，超过翅长的 1/2，有叉状纹。前翅脉纹基部不加粗；Sc 脉约为前翅长的 2/3，基部略膨大；R_1 脉由中室前缘近顶角处分出；R_2-R_5 脉共柄；cu_2 室中部有 1 条褐色伪脉。后翅外缘圆滑；肩脉短，基部直，端部弯向外侧；Sc+R_1 脉不达顶角，与中室约等长。

雄性外生殖器：背兜发达；钩突短于背兜，末端尖；颚突细，尖锥状，短于钩突；囊突短直；抱器狭三角形；阳茎细长，末端有 2 个叉状排列的小骨片。

雌性外生殖器：囊导管膜质，短于交配囊；交配囊长袋状；交配囊片 2 个，对生，长条状，密布细齿突。

寄主为莎草科 Cyperaceae 植物。

全世界记载 2 种，分布于古北区。中国特有种，大秦岭分布 1 种。

绢眼蝶 *Davidina armandi* Oberthür, 1879（图版 92：202—203）

Davidina armandi Oberthür, 1879, *Étud. d'Ent.*, 4: 19, 108, pl. 2, f. 1.

Davidina armandi; Chou, 1994, *Mon. Rhop. Sin.*: 389; Lukhtanov & Eitschberger, 2000, *Butt. World*, 11: 9; Wu & Xu, 2017, *Butts. Chin.*: 587, f. 589: 9-12.

形态　成虫：小型眼蝶。两翅白色；无眼斑；中室内 Y 形纹黑褐色；外缘区散布稀疏的浅褐色鳞片；各翅室端部有 1 条黑色短线纹；臀角及外缘圆弧形。前翅近三角形。后翅卵圆形。

寄主　莎草科 Cyperaceae 羊胡子草 *Carex rigescens*。

生物学　1 年 1 代。成虫多见于 4～10 月。常在林缘、山地活动。

分布　中国（辽宁、北京、天津、山西、河南、陕西、甘肃、湖北、重庆、四川、西藏）。

大秦岭分布　河南（登封、内乡、西峡、嵩县、栾川、灵宝）、陕西（长安、鄠邑、周至、眉县、太白、华阴、汉台、南郑、留坝、佛坪、商南、镇安）、甘肃（麦积、秦州、武山、武都、徽县、两当）、湖北（兴山）、重庆（巫溪）。

白眼蝶亚族 Melanargiina Wheeler, 1903

Melanargiina Wheeler, 1903.

Melanargiinae; Verity, 1920, *Boll. Lab. Ziol. Portici*, 14:56.

Agapetinae Verity, 1953, *Le Farfalle diurn. d'Italia*, 5: 3, 46.

Melanargiini; Chou, 1998, *Class. Ident. Chin. Butt.*: 83.

Melanargiina (Satyrini); Korb & Bolshakov, 2011, *Eversmannia Suppl.*, 2: 45.

翅色黑白相间。前翅 Sc 脉基部膨大。

本亚族仅包括 1 属。全世界记载 25 种，分布于古北区及非洲区。中国已知 9 种，大秦岭分布 8 种。

白眼蝶属 *Melanargia* Meigen, 1828

Melanargia Meigen, 1828, *Syst. Beschr. eur. Schmett.*, 1: 97. **Type species**: *Papilio galathea* Linnaeus, 1758.

Arge Hübner, [1819], *Verz. bek. Schmett.*, (4): 60 (preocc. *Arge* Schrank, 1802). **Type species**: *Papilio psyche* Hübner, [1799].

Agapetes Billberg, 1820, *Enum. Ins. Mus. Billb.*: 78 (suppr.). **Type species**: *Papilio galathea* Linnaeus, 1758.

Ledargia Houlbert, 1922, *In*: Oberthür, *Étud. Lépid. Comp.*, 19(2): 157, 162. **Type species**: *Arge yunnana* Oberthür, 1891.

Epimede Houlbert, 1922, *In*: Oberthür, *Étud. Lépid. Comp.*, 19(2): 132, 142, 160. **Type species**: *Halimede menetriesi* Oberthür & Houlbert, 1922.

Parce Oberthür & Houlbert, 1922, *C. R. Acad. Sci. Paris*, 174: 192. **Type species**: *Parce fergana* Oberthür & Houlbert, 1922.

Halimede Oberthür & Houlbert, 1922, *C. R. Acad. Sci., Paris*, 174: 192 (preocc. *Halimede* de Haan, 1835, *Halimede* Rathke, 1843). **Type species**: *Halimede asiatica* Oberthür & Houlbert, 1922.

Lachesis Oberthür & Houlbert, 1922, *C. R. Acad. Sci. Paris*, 174: 192 (preocc. *Lachesis* Daudin, 1803, *Lachesis* Risso, 1826, *Lachesis* Audouin, 1826, *Lachesis* Saunders, 1871). **Type species**: *Lachesis ruscinonensis* Oberthür & Houlbert, 1922.

Argeformia Verity, 1953, *Le Farfalle diurn. d'Italia*, 5: 47, 49. **Type species**: *Papilio arge* Sulzer, 1776.

Melanargia (Melanargiina); Korb & Bolshakov, 2011, *Eversmannia Suppl.*, 2: 45.

Melanargia (Melanargiini); Chou, 1998, *Class. Ident. Chin. Butt.*: 83, 84.

Melanargia; Wu & Xu, 2017, *Butts. Chin.*: 561.

前翅近三角形；狭长。后翅近梨形。前翅 Sc 基部囊状膨大，Sc 脉长于中室；中室长约为前翅长的 1/2，中室内有短回脉；R_1 与 R_2 脉由中室前缘近端部分出；R_3-R_5 脉共柄；M_3 脉微弧形。后翅肩脉向外侧弯曲；中室闭式；Sc+R_1 脉与中室约等长，不达顶角；M_3 脉近基部稍弯；cu_2 室内有 1 条游离伪脉。

雄性外生殖器：背兜头盔形；钩突短于背兜，端部钩状；颚突下弯；囊突粗短；抱器近三角形，端部有成簇的齿突；阳茎长，端圆。

寄主为禾本科 Gramineae、莎草科 Cyperaceae 植物。

全世界记载 25 种，分布于古北区及非洲区。中国已知 9 种，大秦岭分布 8 种。

种检索表

白眼蝶 *Melanargia halimede* (Ménétnés, 1859)（图版 92：201）

Arge halimede Ménétnés, 1859a, *Bull. phys.-math. Acad. Sci. St. Pétersb*., 17(12-14): 216. **Type locality**: Amur.

Halimede menetriesi Oberthür & Houlbert, 1922, *C. R. Acad. Sci. Paris*, 174: 707 (unn. repl. *Arge halimede* Ménétnés, 1859).

Melanargia halimede; Tuzov, 1997, *Gui. Butt. Rus. Adj. Ter*., 1: 191; Lewis, 1974, *Butts. World*: 203; Chou, 1994, *Mon. Rhop. Sin*.: 378; Korb & Bolshakov, 2011, *Eversmannia Suppl*., 2: 46; Wu & Xu, 2017, *Butts. Chin*.: 561, f. 563: 1-3.

形态 成虫：中型眼蝶。两翅白色；斑纹及翅脉黑色或黑褐色；反面外缘线及亚外缘线平行。前翅顶角区、外缘区及后缘区黑色或黑褐色；顶角区有 3~4 个白色斑纹；亚顶区斜带及中斜带波曲形。反面亚缘带波曲形；中室端部有 2 个带纹；其余斑纹同前翅正面，但退化变窄。后翅正面亚缘带外侧锯齿状，镶有模糊不清的眼斑列，端部于 m_1 室错位内移；中室端上角有小圈纹，端部上下方均有细线纹。反面斑纹同后翅正面，但斑纹较退化，褐色；亚缘眼斑较清晰。

卵：馒头形；黄白色；中部周缘有纵脊。

幼虫：黄绿色；体表密布短毛；背中线深绿色；头圆形，棕褐色；腹末端有 1 对锥形突。

老熟幼虫淡褐色；体表有淡黄色和褐色纵条纹。

蛹：长椭圆形；淡褐色；体表密布褐色细纹；腹部有褐色斑纹。

寄主 禾本科 Gramineae 拂子茅 *Calamagrostis epigeios*、稻 *Oryza sativa* 及竹亚科 Bambusoideae；莎草科 Cyperaceae 亚澳薹草 *Carex brownii*。

生物学 1年1代。成虫多见于6~8月。常在林缘活动，与本属其他种混合出现，有访花习性。

分布 中国（黑龙江、吉林、辽宁、山西、山东、河南、陕西、宁夏、甘肃、青海、湖北、湖南、重庆、四川、贵州），俄罗斯，蒙古，韩国。

大秦岭分布 陕西（蓝田、长安、鄠邑、周至、眉县、太白、凤县、华州、汉台、南郑、洋县、西乡、镇巴、留坝、宁陕、商南）、甘肃（麦积、秦州、武山、武都、康县、文县、宕昌、徽县、合作、临潭、迭部、碌曲、玛曲、漳县、岷县）、湖北（兴山、保康、神农架、郧阳、武当山）、重庆（巫溪、城口）、四川（青川、平武）。

甘藏白眼蝶 *Melanargia ganymedes* Rühl, 1895

Melanargia ganymedes Rühl, 1895, *In*: Heyne, *Palaearkt. Grossschmett.*, 1: 804.

Melanargia ganymedes; Chou, 1994, *Mon. Rhop. Sin.*: 379; Wu & Xu, 2017, *Butts. Chin.*: 561, f. 564: 8-10.

形态 成虫：中型眼蝶。与白眼蝶 *M. halimede* 相似，主要区别为：本种两翅白色区域面积大；外缘线清晰。前翅中斜带位于 cu₁ 室的带纹细。后翅亚缘带端部断开，相距远，带内镶有的眼斑清晰。

生物学 成虫多见于6~8月。

分布 中国（黑龙江、陕西、甘肃、新疆、重庆、四川、云南、西藏）。

大秦岭分布 陕西（眉县、太白）、甘肃（武山、武都、文县、合作、迭部、舟曲、碌曲、漳县）、重庆（巫溪）、四川（青川、平武）。

华北白眼蝶 *Melanargia epimede* Staudinger, 1887

Melanargia epimede Staudinger, 1887, *In*: Romanoff, *Mém. Lépid.*, 3: 147, pl. 16, f. 10. **Type locality**: "Raddefka", Amur.

Melanargia epimede; Chou, 1994, *Mon. Rhop. Sin.*: 379; Korb & Bolshakov, 2011, *Eversmannia Suppl.*, 2: 46; Wu & Xu, 2017, *Butts. Chin.*: 561, f. 564: 11.

形态 成虫：中型眼蝶。与白眼蝶 *M. halimede* 相似，主要区别为：本种两翅黑色斑纹较发达。前翅正面顶角区白斑小，退化；中斜带到达前缘脉。后翅亚缘带宽，反面亚缘带亦发达，6个完整眼斑镶嵌在带内。雌性后翅反面乳黄色。

寄主　禾本科 Gramineae 华北剪股颖 *Agrostis clavata*。

生物学　1年1代，以幼虫越冬。成虫多见于6~8月。常在林缘活动，有吸食花蜜习性。

分布　中国（黑龙江、吉林、辽宁、北京、河北、山西、山东、河南、陕西、甘肃、湖北、重庆），俄罗斯，蒙古，朝鲜。

大秦岭分布　陕西（蓝田、长安、周至、眉县、太白、凤县、汉台、南郑、洋县、西乡、镇巴、留坝、佛坪）、甘肃（麦积、秦州、康县、文县、宕昌、徽县、两当）、湖北（兴山）、重庆（巫溪、城口）。

华西白眼蝶 *Melanargia leda* Leech, 1891

Melanargia leda Leech, 1891b, *Entomologist*, 24 (Suppl.): 57. **Type locality**: How-kow, Tibet.

Melanargia leda; Chou, 1994, *Mon. Rhop. Sin.*: 378; Wu & Xu, 2017, *Butts. Chin.*: 561, f. 563: 4-6, 564: 7.

形态　成虫：中型眼蝶。与白眼蝶 *M. halimede* 相似，主要区别为：本种后翅反面亚缘带端部断开距离大；臀角附近有 M 形斑纹。

生物学　成虫多见于7~8月。多生活于高海拔地区。

分布　中国（甘肃、四川、云南、西藏）。

大秦岭分布　甘肃（合作、舟曲、碌曲、玛曲）、四川（青川、汶川）。

亚洲白眼蝶 *Melanargia asiatica* (Oberthür & Houlbert, 1922)（图版93：204—205）

Halimede asiatica Oberthür & Houlbert, 1922, *C. R. Acad. Sci., Paris*, 174: 192, f. 1.

Melanargia asiatica; Chou, 1994, *Mon. Rhop. Sin.*: 378; Wu & Xu, 2017, *Butts. Chin.*: 562, f. 565: 15.

形态　成虫：中型眼蝶。与白眼蝶 *M. halimede* 相似，主要区别为：本种个体稍大。两翅黑色斑纹退化，带纹变窄。前翅亚缘区带纹细，有间断；中斜带窄，仅达 Cu_1 脉。后翅中室下方无线纹。

寄主　禾本科 Gramineae 稻 *Oryza sativa*、甘蔗 *Saccharum officinarum* 及竹亚科 Bambusoideae 等。

生物学　成虫多见于6~9月。

分布　中国（吉林、天津、河南、陕西、甘肃、湖北、四川、贵州、云南）。

大秦岭分布　河南（灵宝）、陕西（长安、眉县、太白、华阴、汉台、南郑、佛坪、宁陕）、甘肃（秦州、麦积、文县、迭部、碌曲）、湖北（神农架）。

黑纱白眼蝶 *Melanargia lugens* Honrath, 1888 （图版 94：207—208）

Melanargia helimede var. *lugens* Honrath, 1888, *Ent. Nachr.*, 14(11): 161. **Type locality**: Kiukiang.

Melanargia lugens; Chou, 1994, *Mon. Rhop. Sin.*: 379; Wu & Xu, 2017, *Butts. Chin.*: 561, f. 564: 12, 565: 13-14.

形态 成虫：中型眼蝶。翅正面与白眼蝶 *M. halimede* 相似，主要区别为：本种翅面黑色区域面积大。前翅 cu$_2$ 室大部分区域及 2a 室全部为黑褐色。后翅前缘、亚缘带与外缘带融合为宽的黑褐色区域；中室除下缘外其余部分均为黑褐色；反面前缘 2 个黑色眼斑清晰。翅反面斑纹似甘藏白眼蝶 *M. ganymedes*，但前翅亚顶区斜带较完整，前缘 2 个黑色眼斑清晰。后翅反面中室上方有 2 个细带纹，下方有细横线。

寄主 禾本科 Gramineae 竹亚科 Bambusoideae、稻 *Oryza sativa*。

生物学 成虫多见于 6 ~ 8 月。常在高山、林缘、山地活动，有吸食花蜜的习性。

分布 中国（黑龙江、吉林、辽宁、北京、河南、陕西、宁夏、甘肃、安徽、浙江、湖北、江西、湖南、四川）。

大秦岭分布 陕西（蓝田、长安、鄠邑、周至、眉县、太白、凤县、华阴、汉台、洋县、城固、留坝、佛坪、宁陕、商州、商南）、甘肃（麦积、秦州、武山、武都、康县、文县、两当、漳县）、湖北（兴山、神农架）、四川（青川）。

曼丽白眼蝶 *Melanargia meridionalis* C. & R. Felder, 1862 （图版 93：206）

Melanargia halimedes var. *meridionalis*, C. & R. Felder, 1862, *Wien. ent. Monats.*, 6(1): 29. **Type locality**: Ning-Po.

Melanargia meridionalis; Chou, 1994, *Mon. Rhop. Sin.*: 379; Wu & Xu, 2017, *Butts. Chin.*: 562, f. 565: 16-18, 566: 19.

形态 成虫：中型眼蝶。与黑纱白眼蝶 *M. lugens* 相似，主要区别为：翅黑褐色区域面积更大，色调偏黄；斑纹白色、乳白色或乳黄色，清晰或模糊。后翅反面中室端上方仅有 1 条细横线，下方无细横线。

寄主 禾本科 Gramineae 植物。

生物学 1 年 1 代。成虫多见于 6 ~ 10 月。常在林缘、山地活动，有吸食花蜜的习性。

分布 中国（河南、陕西、甘肃、浙江、四川）。

大秦岭分布 河南（登封、鲁山、内乡、西峡、嵩县、栾川、陕州、灵宝、卢氏）、陕西（长安、鄠邑、周至、华阴、陈仓、眉县、太白、凤县、汉台、洋县、留坝、佛坪、宁陕、商州、柞水）、甘肃（麦积、秦州、武都、文县、宕昌、两当、徽县）、四川（青川、平武）。

山地白眼蝶 *Melanargia montana* Leech, 1890

Melanargia halimede var. *montana* Leech, 1890, *Entomologist*, 23: 26.

Melanargia montana; Chou, 1994, *Mon. Rhop. Sin*.: 380; Wu & Xu, 2017, *Butts. Chin*.: 562, f. 566: 22-23.

形态 成虫：中大型眼蝶。两翅白色；斑纹黑褐色；外缘线及亚外缘线褐色至黑色。前翅顶角、外缘及后缘黑褐色带纹窄，时有退化消失；亚缘区中部有 1 个黑褐色小圆斑，斜带在小圆斑处断开，时有退化或消失；中斜带窄，在 cu_2 室变成细线或断开；反面斑纹同前翅正面，但斑纹多有退化变小。后翅亚外缘线锯齿形；亚缘眼斑在 m_1 和 m_2 室消失，多有黑色鳞粉覆盖使其模糊不清；中室端部上方有细带纹；反面斑纹同后翅正面，但亚缘眼斑列较清晰，黑色鳞粉多环绕于眼斑周围。

生物学 成虫多见于 5～7 月。飞翔缓慢，常在山顶、林缘活动，有吸食花蜜习性。

分布 中国（陕西、甘肃、湖北、重庆、四川）。

大秦岭分布 陕西（南郑、洋县、镇巴、留坝、佛坪）、甘肃（武都、康县、文县）、湖北（兴山、神农架）、重庆（巫溪、城口）、四川（青川、都江堰、安州、平武、汶川）。

眼蝶亚族 Satyrina Boisduval, 1833

Satyrina Boisduval, 1833.

Ypthimini (Satyrinae); Korb & Bolshakov, 2011, *Eversmannia Suppl*., 2: 43.

Oeneina (Satyrini); Korb & Bolshakov, 2011, *Eversmannia Suppl*., 2: 54.

Ypthimina (Satyrini); Vane-Wright & de Jong, 2003, *Zool. Verh. Leiden*, 343: 182; Henning & Henning, 1997, *Metamorphosis*, 8(3): 136 (key).

Satyrina (Satyrini); Henning & Henning, 1997, *Metamorphosis*, 8(3): 136 (key); Korb & Bolshakov, 2011, *Eversmannia Suppl*., 2: 60.

前翅狭；有 2 条脉纹基部膨大或加粗，通常 Sc 脉基部膨大，Cu 脉基部加粗。

中国已知 40 余种，大秦岭分布 18 种。

属检索表

1. 前翅亚缘有 1 个模糊眼斑，白色外横斑带 Y 形 ···2

   前翅亚缘有清晰眼斑，无 Y 形白色外横斑带··3

2. 体小型，横带窄；前翅中室长约为前翅长的 1/2 ·················· **拟酒眼蝶属 *Paroeneis***
   体中大型，横带宽；前翅中室长超过前翅长的 1/2 ·················· **林眼蝶属 *Aulocera***
3. 瞳点蓝紫色 ·· **蛇眼蝶属 *Minois***
   瞳点非蓝紫色 ·· 4
4. 正面无横贯两翅的宽带纹 ··· 5
   正面有横贯两翅的宽带纹 ··· 6
5. 后翅反面端缘有 2 ~ 3 条白色横带纹 ·················· **眼蝶属 *Satyrus***
   后翅反面无上述带纹 ·································· **云眼蝶属 *Hyponephele***
6. 前翅反面橙色斑紧密相连成带 ···················· **寿眼蝶属 *Pseudochazara***
   前翅正面橙色斑在 2 个眼斑间有分离带 ·· 7
7. 前翅反面中室有宽的横斑 ···························· **岩眼蝶属 *Chazara***
   前翅反面中室无宽的横斑 ·························· **仁眼蝶属 *Hipparchia***

眼蝶属 *Satyrus* Latreille, 1810

Satyrus Latreille, 1810, *Cons. gén. Anim. Crust. Arach. Ins*.: 355, 440. **Type species**: *Papilio actaea* Esper, 1781.

Satyrus (Satyrini); Chou, 1998, *Class. Iden. Chin. Butt*.: 84.

Satyrus (Satyrina); Korb & Bolshakov, 2011, *Eversmannia Suppl*., 2: 64.

Satyrus; Wu & Xu, 2017, *Butts. Chin*.: 570.

前翅 Sc 脉基部加粗，长于中室；有时 Cu 脉基部也略加粗；R$_1$ 和 R$_2$ 脉由中室前缘端部分出；中室端脉上段向内凹入；中室内有短回脉。后翅肩脉短，向外侧强弯；Sc+R$_1$ 脉与中室约等长；后翅 M$_3$ 脉弱弧形弯曲。

雄性外生殖器：背兜头盔形；钩突略长于背兜；颚突短；囊突粗短；阳茎长于抱器；抱器狭长，基部阔，末端尖。

寄主为禾本科 Gramineae 植物。

眼蝶属为古老的大属，原先包括很多的种，但多已分出独立成属。目前全世界记载 13 种，分布于古北区和东洋区。中国已知 2 种，大秦岭分布 1 种。

玄裳眼蝶 *Satyrus ferula* (Fabricius, 1793)

Papilio ferula Fabricius, 1793, *Ent. Syst*., 3(1): 225. **Type locality**: Valdieri, Italy.

Papilio cordula Fabricius, 1793, *Ent. Syst*., 3(1): 226.

Satyrus cordula actaeina Oberthür, 1909, *Étud. Lépid. Comp*., 3: 280.

Papilio hippodice Hübner, [1813], *Samml. eur. Schmett.*, [1]: pl. 142, f. 718-719.

Satyrus actaea milada Fruhstorfer, 1908h, *Int. ent. Zs.*, 1(46): 351. **Type locality**: nr Täsch and Zermatt.

Eumenis ferula actaeina; Fruhstorfer, 1910a, *Soc. ent.*, 25(15): 59.

Minois actaea milada; Fruhstorfer, 1909a, *Int. ent. Zs.*, 3(16): 88.

Satyrus ferula; Chou, 1994, *Mon. Rhop. Sin.*: 381; Tuzov, 1997, *Gui. Butt. Rus. Adj. Ter.*, 1: 244; Korb
    & Bolshakov, 2011, *Eversmannia Suppl.*, 2: 64; Wu & Xu, 2017, *Butts. Chin.*: 570, f. 572: 1-3.

Minois undata; Chou & Yuan, 2001, *Entomotaxonomia*, 23: 203.

Boeberia polyommata; Chou & Yuan, 2001, *Entomotaxonomia*, 23: 203.

形态 成虫：中型眼蝶，雌雄异型。两翅正面黑褐色，反面棕褐色。前翅亚缘 m_1、cu_1 室各有 1 个黑色圆形大眼斑，白色瞳点明显，两眼斑间有 2 个白色点斑。反面前缘区、顶角区及外缘区密布棕灰色和白色麻点纹；m_1 室眼斑眶纹橙色；中室端部有 2 条黑色线纹；外横带黑褐色；其余斑纹同前翅正面。后翅正面亚外缘黑色斑列模糊；臀角眼斑有或无。反面脉纹白色；翅面密布褐色及灰白色线纹和麻点；亚外缘带及外横带灰白色，内侧缘线黑色；基横线波曲状；臀角有 1~2 个黑色圆形斑纹。雌性翅面颜色较浅，偏红色调；斑纹较雄性清晰。前翅正面有 2 个大眼斑，有橙红色眼眶，相连；反面中域多有橙色晕染。

寄主 禾本科 Gramineae 针茅属 *Stipa* spp.、羊茅属 *Festuca* spp.、发草 *Deschampsia cespitosa*。

生物学 1 年 1 代。成虫多见于 7~8 月。飞行敏捷，常在中高海拔的草原、草甸地带活动，较警觉，喜访花。

分布 中国（黑龙江、内蒙古、河北、陕西、甘肃、青海、新疆、四川），俄罗斯。

大秦岭分布 甘肃（武山、文县、迭部、漳县）。

蛇眼蝶属 *Minois* Hübner, [1819]

Minois Hübner, [1819], *Verz. bek. Schmett.*, (4): 57. **Type species**: *Papilio phaedra* Linnaeus, 1764.

Minois (Satyrina); Korb & Bolshakov, 2011, *Eversmannia Suppl.*, 2: 61.

Minois (Satyrini); Chou, 1998, *Class. Iden. Chin. Butt.*: 85.

Minois; Wu & Xu, 2017, *Butts. Chin.*: 571.

从眼蝶属 *Satyrus* 中分出。两翅外缘多波状；正面褐色或棕色，反面色稍淡；眼斑瞳点有蓝紫色闪光。前翅 Sc 脉基部囊状膨大；中室闭式，长约为前翅长的 1/2，短于 Sc 脉；R_1 和 R_2 脉由中室前缘分出；中室端脉上段深凹入，无回脉。后翅肩脉向外强弯；Sc+R_1 脉与中室约等长；Rs 与 M_1 脉分出点接近。

雄性外生殖器：背兜发达，侧观近梯形；钩突末端尖；颚突长；囊突短；抱器狭长，端部缩窄，末端有齿突；阳茎细长。

寄主为禾本科 Gramineae 植物。

全世界记载 4 种，分布于古北区及东洋区。中国均有记录，大秦岭分布 2 种。

种检索表

后翅正面亚缘眼斑 2～4 个 ··· 异点蛇眼蝶 *M. paupera*
后翅正面亚缘眼斑 1 个 ··· 蛇眼蝶 *M. dryas*

蛇眼蝶 *Minois dryas* (Scopoli, 1763)（图版 94—95：209—210）

Papilio dryas Scopoli, 1763, *Ent. Carniolica*: 153, Nr. 429.

Papilio phaedra Linnaeus, 1764, *Mus. Lud. Ulr.*: 280.

Satyrus bipunctatus Motschulsky, 1860, *Etudes Ent.*, 29.

Satyrus dryas drymeia Fruhstorfer, 1908, *Int. ent. Zs.*, 1(47): 358.

Satyrus dryas agda Fruhstorfer, 1908, *Int. ent. Zs.*, 1(47): 359. **Type locality**: How-Kow.

Satyrus dryas kawara Fruhstorfer, 1908, *Int. ent. Zs.*, 1(47): 359.

Satyrus dryas okumi Fruhstorfer, 1908, *Int. ent. Zs.*, 1(47): 359.

Satyrus dryas tassilo Fruhstorfer, 1908, *Int. ent. Zs.*, 1(47): 359.

Minois dryas; Lewis, 1974, *Butts. World*: 203, Chou, 1999, *Mon. Rhop. Sin.*: 382; Korb & Bolshakov, 2011, *Eversmannia Suppl.*, 2: 61; Yakovlev, 2012, *Nota lepid.*, 35(1): 86; Wu & Xu, 2017, *Butts. Chin.*: 571, f. 572: 4-6, 573: 7.

形态 成虫：中型眼蝶。两翅正面棕褐色、棕色或褐色；反面色稍淡。前翅正面亚缘区 m_1 和 cu_1 室各有 1 个黑色圆形眼斑，瞳点蓝紫色，眼斑多上小下大。反面端缘及顶角覆有灰白色鳞粉和褐色细线纹；亚外缘带褐色；眼斑较正面大而清晰。后翅外缘波状明显；正面亚缘有黑褐色模糊带纹；cu_1 室内有 1 个小眼斑，瞳点蓝紫色。反面翅面密布灰白色鳞粉和褐色波纹；外横带较模糊，内侧有深色缘线，波状；内横带短，达中室后缘，时有消失；其余斑纹同后翅正面。雌性较雄性个体及眼斑大，颜色浅。斑带宽而清晰。

卵：圆形；淡棕褐色；表面光洁。

幼虫：淡褐色；头部圆，无突起，有 6 条平行的深褐色纵纹；背部密布灰白色波状细线纹；尾部有 1 对锥状突起。

蛹：红褐色；椭圆形，无突起和斑纹。

寄主 禾本科 Gramineae 稻 *Oryza sativa*、芒 *Miscanthus sinensis*、早熟禾 *Poa annua*、大

油芒属 *Spodiopogon* spp.、结缕草 *Zoysia japonica*、燕麦草 *Arrhenatherum elatius*、天蓝麦氏草 *Molinia caerulea*、披碱草属 *Elymus* spp.、臭草属 *Melica* spp. 及竹亚科 Bambusoideae 等。

生物学 1 年 1 代，以幼虫越冬。成虫多见于 6~9 月。常在林下、树丛及草灌木丛中活动，喜访花。卵产于地面上。老熟幼虫化蛹于土中或地面。

分布 中国（黑龙江、吉林、辽宁、北京、天津、河北、山西、山东、河南、陕西、宁夏、甘肃、青海、新疆、安徽、浙江、湖北、江西、湖南、福建、重庆、四川、贵州），俄罗斯，朝鲜，日本，欧洲。

大秦岭分布 河南（内乡、西峡、登封）、陕西（临潼、蓝田、长安、鄠邑、周至、岐山、眉县、太白、凤县、华州、华阴、南郑、洋县、西乡、镇巴、宁强、略阳、留坝、佛坪、宁陕、商州、丹凤、商南、山阳、镇安、柞水）、甘肃（麦积、秦州、武山、武都、康县、文县、徽县、两当、合作、临潭、舟曲、迭部、碌曲、玛曲）、湖北（兴山、保康、神农架、武当山、郧阳）、重庆（巫溪、城口）、四川（青川、北川、平武）。

异点蛇眼蝶 *Minois paupera* (Alphéraky, 1888)

Satyrus dryas var. *paupera* Alphéraky, 1888, *Stett. Ent. Ztg.*, 49: 67. **Type locality**: Honton R.

Satyrus thibetana; Lewis, 1974, *Butts. World*: pl. 204, f. 16.

Minois paupera guangxiensis, Chou & Yuan, 2001, *Entomotaxonomia*, 23: 203.

Minois paupera; Wu & Xu, 2017, *Butts. Chin.*: 571, f. 573: 10-12.

形态 成虫：中型眼蝶。与蛇眼蝶 *M. dryas* 相似，主要区别为：本种前翅眼斑上大下小。后翅亚缘有 2~4 个眼斑。

分布 中国（甘肃、四川）。

大秦岭分布 甘肃（迭部）。

拟酒眼蝶属 *Paroeneis* Moore, 1893

Paroeneis Moore, 1893, *Lep. Ind.*, 2(14): 36. **Type species**: *Chionobas pumilus* C. & R. Felder, [1867].

Paroeneis (Hipparchiini); Chou, 1998, *Class. Iden. Chin. Butt.*: 95, 96.

Paroeneis; Wu & Xu, 2017, *Butts. Chin.*: 574.

高海拔种类。前翅 Sc 脉基部膨大；中室后缘脉粗壮；中室闭式，长约为前翅长的 1/2；Sc 脉略长于中室；R_1、R_2 脉由中室前缘分出；中室内具短回脉；M_1、M_2、M_3 脉基部微弯。后翅肩脉短，向外侧强弯；Sc+R_1 脉约与中室等长；M_3 脉平直。

蛱蝶科 Nymphalidae

雄性外生殖器：背兜发达；钩突及颚突粗短；囊突较细短；抱器长方形，末端二分叉，背缘密生齿突；阳茎长于抱器。

雌性外生殖器：囊导管短，骨化；交配囊长圆形；1 对交配囊片发达，条带状，密生细刺突。

全世界记载 6 种，分布于古北区。中国已知 5 种，大秦岭分布 2 种。

种检索表

雄性后翅反面外横带宽 ⋯⋯⋯⋯⋯⋯⋯⋯⋯⋯⋯⋯⋯⋯⋯⋯⋯ **锡金拟酒眼蝶** *P. sikkimensis*

雄性后翅反面外横带细窄 ⋯⋯⋯⋯⋯⋯⋯⋯⋯⋯⋯⋯⋯⋯⋯⋯ **古北拟酒眼蝶** *P. palaearctica*

古北拟酒眼蝶 *Paroeneis palaearctica* (Staudinger, 1889)

Oeneis (*Satyrus*) *palaearctica* Staudinger, 1889, *Stett. Ent. Ztg*., 50(1-3): 20.

Paroeneis palaearctica; Chou, 1994, *Mon. Rhop. Sin*.: 383; Wu & Xu, 2017, *Butts. Chin*.: 574, f. 575: 1-7.

Satyrus palaearctica; Lewis, 1974, *Butts. World*: pl. 204, f. 13.

Aulocera palaearctica; Korb & Bolshakov, 2011, *Eversmannia Suppl*., 2: 61.

形态 成虫：中型眼蝶。两翅红褐色至黄褐色；端缘色深；斑纹多乳白色；缘毛黑白相间。前翅外缘平滑，微弧形；臀角圆；外中域有 1 列 Y 形排列的乳白色小斑，m_1 室 Y 纹分叉处有 1 个黑褐色眼斑。反面顶角区覆有白色鳞粉；前缘、外缘及中室有黑褐色线纹和点斑；其余斑纹同前翅正面。后翅正面外横斑带窄，近 V 形，缘线黑褐色，雌性稍宽。反面翅面密布黑褐色及白色细线纹和麻点斑；脉纹白色；基部黑褐色。

生物学 成虫多见于 7 月。

分布 中国（甘肃、青海、四川、西藏），喜马拉雅山区，中亚地区。

大秦岭分布 甘肃（合作、临潭、卓尼、迭部、碌曲）。

锡金拟酒眼蝶 *Paroeneis sikkimensis* (Staudinger, 1889)

Oeneis (*Satyrus*) *palaearcticus* var. *sikkimensis* Staudinger, 1889, *Stett. Ent. Ztg*., 50(1-3): 21; 384.

Paroeneis sikkimensis; Chou, 1994, *Mon. Rhop. Sin*.: 384; Huang, 2001, *Neue Ent. Nachr*., 51: 98 (note)；Wu & Xu, 2017, *Butts. Chin*.: 574, f. 575: 8-9.

形态 成虫：中型眼蝶。与古北拟酒眼蝶 *P. palaearctica* 极相似，主要区别为：本种前翅亚顶区眼斑模糊；中室端部有褐色条斑。后翅反面外横带宽。

生物学　成虫多见于 7 月。

分布　中国（青海、甘肃、四川、西藏），喜马拉雅山区等。

大秦岭分布　甘肃（迭部）、四川（九寨沟）。

林眼蝶属 *Aulocera* Butler, 1867

Aulocera Butler, 1867c, *Ent. mon. Mag.*, 4: 121. **Type species**: *Satyrus brahminus* Blanchard, 1853.

Aulocera (Satyrini); Chou, 1998, *Class. Iden. Chin. Butt*.: 85.

Aulocera (Satyrina); Korb & Bolshakov, 2011, *Eversmannia Suppl*., 2: 61.

Aulocera; Wu & Xu, 2017, *Butts. Chin*.: 584.

翅黑褐色；有贯穿两翅的白色横斑带。前翅 Sc 脉基部囊状膨大；中室后缘脉、2A 脉基部粗壮，无明显膨大；中室长超过前翅长的 1/2，端脉前段凹入，有短回脉；Sc 脉略长于中室；R_1 和 R_2 脉由中室前缘分出；M_3 脉平直。后翅肩脉短，二分叉；中室长不及后翅长的 1/2；$Sc+R_1$ 脉远长于中室，不达顶角；M_3 脉弱弧形弯曲。

雄性外生殖器：背兜发达；钩突短于背兜；颚突较短，末端平截，有细齿突；囊突粗短；抱器长方形，端部二分裂，背瓣末端有细齿突；阳茎长于抱器。

寄主为禾本科 Gramineae 植物。

全世界记载 13 种，分布于古北区。中国已知 11 种，大秦岭分布 5 种。

种检索表

小型林眼蝶 *Aulocera sybillina* (Oberthür, 1890)

Satyrus sybillina Oberthür, 1890, *Étud. d'Ent*., 13: 40, pl. 10, f. 106.

Satyrus sybillina pygmaea Holik, 1949, *Zs. Wiener Ent. Ges*., 34: 98. **Type locality**: Kansu mer., Peiling han, Taupingfluss.

Satyrus sybillina; Lewis, 1974, *Butts. World*: pl. 204, f. 15.

Aulocera sybillina; Chou, 1994, *Mon. Rhop. Sin*.: 388; Wu & Xu, 2017, *Butts. Chin*.: 587, f. 588: 1-6.

形态 成虫：中型眼蝶。两翅正面黑褐色，反面色稍淡；斑纹多白色；缘毛黑白相间排列；端缘黑色。前翅正面外横斑列 Y 形，斑纹相互分离；m_1 室圆斑模糊。反面前缘区、顶角区、亚外缘区及中室有白色和褐色波纹和点斑；中室白色斑纹边界模糊；Y 形外横斑列斑纹间排列较正面紧密。后翅正面中横斑带弧形，上部斑纹向内弯曲明显。反面密布黑色、棕褐色和白色波纹；亚缘斑列黑色，斑纹参差不齐；中横带内侧缘线黑色；前缘基部有白色斑纹，时有退化或消失。

生物学 成虫多见于 7~8 月。飞行迅速，常在中高海拔的林地、岩石和高山草甸环境栖息，有访花习性。

分布 中国（陕西、甘肃、青海、四川、云南、西藏）。

大秦岭分布 陕西（略阳）、甘肃（合作、舟曲、迭部、碌曲、玛曲）。

细眉林眼蝶 *Aulocera merlina* (Oberthür, 1890)

Satyrus merlina Oberthür, 1890, *Étud. d'Ent*., 13: 40, pl. 10, f. 105.

Aulocera merlina, Chou, 1994, *Mon. Rhop. Sin*.: 388; Wu & Xu, 2017, *Butts. Chin*.: 584, f. 586: 5-7.

形态 成虫：大型眼蝶。与小型林眼蝶 *A. sybillina* 相似，主要区别为：本种个体较大。前翅 Y 形外横斑列中 m_3 室及 cu_1 室斑纹中部镶有黑褐色圆斑，Y 形纹分叉点下方斑纹长；中室有剑状带纹，反面较正面清晰。后翅反面基半部白色波状线纹较稀疏，端半部线纹粗，分布不均匀，形成云状斑驳纹；中横带浅 V 形。

生物学 成虫多见于 7~8 月。飞行迅速，常在中高海拔的林地、岩石和高山草甸环境栖息，有访花习性。

分布 中国（陕西、云南、四川）。

大秦岭分布 陕西（宁陕）。

棒纹林眼蝶 *Aulocera lativitta* (Leech, 1892)

Aulocera magica lativitta Leech, 1892, *Butt. Chin. Jap. Cor*.: 73.

Aulocera lativitta; Chou & Yuan, 2001, *Entomotaxonomia*, 23: 202; Wu & Xu, 2017, *Butts. Chin*.: 587, f. 589: 8.

形态　成虫：大型眼蝶。与细眉林眼蝶 *A. merlina* 相似，主要区别为：本种前翅中室剑纹宽；Y 形斑列中 cu_1、cu_2 室及 2a 室白色斑纹均向内延伸至所在翅室的基部。后翅中室有白色剑形纹；正面中横带的 cu_1、cu_2 室及 2a 室白色斑纹均向内延伸至所在翅室的基部。反面白色波纹分布较均匀；中横带较宽。

生物学　成虫多见于 7 月。飞行迅速，有访花习性，多在林地、岩石和高山草甸栖息。

分布　中国（河北、甘肃）。

大秦岭分布　甘肃（武都、舟曲、迭部）。

四射林眼蝶 *Aulocera magica* (Oberthür, 1886)

Satyrus magica Oberthür, 1886, *Étud. d'Ent.*, 11: 24, pl. 4, f. 21.

Aulocera magica; Chou, 1994, *Mon. Rhop. Sin.*: 388; Wu & Xu, 2017, *Butts. Chin.*: 584, f. 586: 8.

形态　成虫：大型眼蝶。与棒纹林眼蝶 *A. lativitta* 相似，主要区别为：本种前翅 cu_2 室白色带纹断成两截，且较细窄；cu_1、cu_2 室及 2a 室白色斑纹短，未向内延伸至所在翅室的基部。后翅正面 cu_1、cu_2 室及 2a 室白色斑纹短，仅位于外中区；cu_2 室及 2a 室基半部密布白色细波纹。

生物学　成虫多见于 7~8 月。

分布　中国（甘肃、云南、西藏）。

大秦岭分布　甘肃（舟曲、迭部）。

喜马林眼蝶 *Aulocera brahminoides* Moore, [1896]

Aulocera brahminoides Moore, [1896], *Lepid. Ind.*, 2(13): 29, pl. 99, f. 2, 2m.

Aulocera brahminoides; Chou, 1994, *Mon. Rhop. Sin.*: 388.

形态　成虫：大型眼蝶。与小型林眼蝶 *A. sybillina* 相似，主要区别为：本种前翅反面中室无白色斑纹。后翅反面外横带较直。

分布　中国（甘肃、西藏），印度，尼泊尔。

大秦岭分布　甘肃（舟曲、迭部）。

云眼蝶属 *Hyponephele* Muschamp, 1915

Hyponephele Muschamp, 1915, *Ent. Rec. J. Var.*, 27(7 & 8): 156. **Type species**: *Papilio lycaon* Rottemburg, 1775.

Hyponephele (Hipparchiini); Chou, 1998, *Class. Iden. Chin. Butt.*: 95.

Hyponephele (Satyrina); Korb & Bolshakov, 2011, *Eversmannia Suppl.*, 2: 65.

Hyponephele; Wu & Xu, 2017, *Butts. Chin.*: 567.

　　前翅 Sc 脉、中室后缘脉基部囊状膨大；2A 脉基部膨大不明显；中室闭式，长不及前翅长的 1/2，端脉前段凹入；Sc 脉长于中室；R_1 和 R_2 脉由中室前缘分出。后翅外缘波状；肩脉粗短，弯向翅基部；中室闭式；Sc+R_1 脉与中室约等长；M_3 脉近基部弧形弯曲；臀角瓣状突出。

　　雄性外生殖器：背兜头盔形；钩突长于背兜，端部钝；颚突短；囊突粗壮；抱器狭长，端部钝；阳茎细，与抱器约等长。

　　雌性外生殖器：囊导管膜质，细长；交配囊体长圆形；1 对交配囊片长条状，密生刺状突。寄主为禾本科 Gramineae 植物。

　　全世界记载 60 余种，主要分布于古北区。中国已知 10 种，大秦岭分布 5 种。

种检索表

1. 雄性前翅亚缘有 2 个眼斑 ·························· **西北云眼蝶 H. nordoccidentaris**
   雄性前翅亚缘有 1 个眼斑 ··· 2
2. 后翅反面有 3 个眼斑 ································· **黄翅云眼蝶 H. davendra**
   后翅反面无眼斑或少于 3 个眼斑 ··· 3
3. 前翅正面棕褐色，无橙色区域 ······················· **居间云眼蝶 H. interposita**
   前翅正面有橙色区域 ···4
4. 后翅反面横带中部弧形外突 ·························· **黄衬云眼蝶 H. lupina**
   后翅反面横带角状外突 ······························· **西方云眼蝶 H. dysdora**

西方云眼蝶 *Hyponephele dysdora* (Lederer, 1869)

Epinephele dysdora Lederer, 1869, *Horae Soc. ent. Ross.*, 6(2): 85 pl. 5, f. 3-4. **Type locality**: Hajiabad, N. Iran.

Epinephele dysdora; Grum-Grshimailo, 1890, *In*: Romanoff, *Mém. Lép.*, 4: 490.

Hyponephele dysdora; Chou, 1994, *Mon. Rhop. Sin.*: 381; Samodurow, Korolew & Tschikolowez, 1996, *Atalanta*, 27(1/2): 223; Tuzov, 1997, *Gui. Butt. Rus. Adj. Ter.*, 1: 223; Korb & Bolshakov, 2011, *Eversmannia Suppl.*, 2: 66; Wu & Xu, 2017, *Butts. Chin.*: 567, f. 568: 4.

　　形态　成虫：小型眼蝶。前翅有三角形橙黄色区域；翅周缘及中室基部棕褐色；亚缘区 m_1 室有 1 枚黑褐色圆形眼斑；雄性沿中室后缘有长条形灰褐色性标斑。后翅外缘波曲状；正面棕褐色；亚外缘线黑褐色。反面灰褐色；外缘带灰白色，覆有褐色鳞粉；亚缘 cu_1、cu_2 室各有 1 枚黑褐色圆形小眼斑，无瞳；外横带灰白色，略波曲状，于 M_2 脉处向内弯折，近 V 形，内侧缘线黑褐色。雌性前翅亚缘区橙色；m_1、cu_1 室各有 1 枚黑褐色圆形眼斑。后翅反面外横带较宽。

生物学　成虫多见于 7 月。

分布　中国（黑龙江、吉林、内蒙古、河北、甘肃、新疆），俄罗斯。

大秦岭分布　甘肃（武山、舟曲、合作、碌曲、漳县）。

黄衬云眼蝶 *Hyponephele lupina* (Costa, 1836)

Satyrus lupinus Costa, 1836, *Fauna Reg. Nap. Lepid*.: [69], [311], (Lep. Diurn) pl. 4, f. 3-4. **Type locality**: Otranto, Naples, Italy.

Hyponephele lupinus celtibera de Sagarra, 1924, *Butll. Inst. Catal. Hist. Nat*., (2) 4(9): 198. **Type locality**: Albarracin (Aragó), 1100m.

Hyponephele lupina; Chou, 1994, *Mon. Rhop. Sin*.: 380; Samodurow, Korolew & Tschikolowez, 2001, *Atalanta*, 32(1/2): 150; Korb & Bolshakov, 2011, *Eversmannia Suppl*., 2: 65; Yakovlev, 2012, *Nota lepid*., 35(1): 84; Wu & Xu, 2017, *Butts. Chin*.: 567, f. 569: 7-8.

形态　成虫：中小型眼蝶。与西方云眼蝶 *H. dysdora* 相似，主要区别为：本种个体稍大；翅反面黄褐色。前翅中室下方性标斑灰褐色。后翅反面外横带近 3 字形。

分布　中国（黑龙江、内蒙古、山西、甘肃、新疆），哈萨克斯坦，阿富汗，尼泊尔，欧洲。

大秦岭分布　甘肃（武山、两当、礼县、漳县）。

黄翅云眼蝶 *Hyponephele davendra* (Moore, 1865)

Epinephele davendra Moore, 1865, *Proc. zool. Soc. Lond*., (2): pl. 30, f. 7. **Type locality**: "Spiti", N.W. Himalaya, India.

Epinephele roxane C. & R. Felder, [1867], *Reise Fregatte Novara*, Bd 2 (Abth. 2)(3): 491, (4) pl. 99, f. 12-13.

Epinephele davendra; Grum-Grshimailo, 1890, *Mém. Lép*., 4: 490.

Hyponephele davendra; Lewis, 1974, *Butts. World*: pl. 201, f. 5-6; Chou, 1994, *Mon. Rhop. Sin*.: 381; Lukhtanov, 1996, *Atalanta*, 27(3/4): 582; Korb & Bolshakov, 2011, *Eversmannia Suppl*., 2: 65.

形态　成虫：中小型眼蝶。与黄衬云眼蝶 *H. lupina* 相似，主要区别为：本种前翅亚顶区眼斑较退化；中室下缘外侧黑色性标斑宽短，黑褐色。后翅反面亚缘有 3 个眼斑。

分布　中国（甘肃、新疆、西藏），阿富汗，巴基斯坦，印度，喜马拉雅山区。

大秦岭分布　甘肃（武山、武都、文县、礼县、迭部、碌曲、漳县）。

居间云眼蝶 *Hyponephele interposita* (Erschoff, 1874)

Epinephele interposita Erschoff, 1874, *In*: Fedschenko, *Travel. Turkestan.*, 2(5): 22, pl. 2, f. 16. **Type locality**: Samarkand.

Epinephele interposita; Grum-Grshimailo, 1890, *In*: Romanoff, *Mém. Lép.*, 4: 496.

Hyponephele interposita; Chou, 1994, *Mon. Rhop. Sin.*: 380; Samodurow, Tschikolowez & Korolew, 1995, *Atalanta*, 26 (1/2): 182; Tuzov, 1997, *Gui. Butt. Rus. Adj. Ter.*, 1: 219; Korb & Bolshakov, 2011, *Eversmannia Suppl.*, 2: 65; Yakovlev, 2012, *Nota lepid.*, 35(1): 84.

形态　成虫：中小型眼蝶。与黄衬云眼蝶 *H. lupina* 相似，主要区别为：本种前翅正面棕褐色，无橙色区域。后翅反面灰褐色。

生物学　成虫多见于 7~9 月。

分布　中国（黑龙江、内蒙古、北京、山西、甘肃、新疆），俄罗斯，哈萨克斯坦，吉尔吉斯斯坦，塔吉克斯坦，巴基斯坦，印度。

大秦岭分布　甘肃（武山、礼县、漳县）。

西北云眼蝶 *Hyponephele nordoccidentaris* Chou & Yuan, 2001

Hyponephele nordoccidentaris; Chou & Yuan, 2001, *Entomotaxonomia*: 203.

形态　成虫：小型眼蝶。与黄衬云眼蝶 *H. lupina* 相似，主要区别为：本种前翅亚缘有 2 个黑褐色圆形眼斑，m_1 室眼斑大，瞳点白色；反面眼斑清晰，m_1 室眼斑长圆形，双瞳，cu_1 室眼斑小，白瞳。后翅反面灰褐色；基部黑褐色，线纹模糊；雄性亚缘区有 4 个黑褐色圆形小斑；雌性仅 cu_1、cu_2 室内有黑褐色圆斑；外横线模糊，中部向外突起明显。

生物学　成虫多见于 7~8 月。

分布　中国（北京、山西、陕西、甘肃）。

大秦岭分布　甘肃（武都、迭部）。

寿眼蝶属 *Pseudochazara* de Lesse, 1951

Pseudochazara de Lesse, 1951, *Rev. franç. Lépid.*, 13(3/4): 42. **Type species**: *Hipparchia pelopea* Klug, 1832.

Pseudochazara (Satyrina); Korb & Bolshakov, 2011, *Eversmannia Suppl.*, 2: 62.

Pseudochazara (Hipparchiini); Chou, 1998, *Class. Iden. Chin. Butt.*: 97.

Pseudochazara; Wu & Xu, 2017, *Butts. Chin.*: 577.

翅黄褐色。前翅有 2 个大眼斑。后翅反面密布深色细波纹。前翅 Sc 脉、中室后缘脉基部囊状膨大；Sc 脉略长于中室；R_1 和 R_2 脉由中室前缘分出；M_1 脉基部接近 Rs 脉；中室内有短回脉。后翅肩脉短，弯曲明显。

雄性外生殖器：背兜发达，头盔形；钩突略长于背兜；颚突锥状，短于钩突；囊突粗短；抱器狭长，端部窄，阳茎短于抱器。

全世界记载 33 种，分布于古北区及非洲区。中国已知 3 种，大秦岭分布 1 种。

寿眼蝶 *Pseudochazara hippolyte* (Esper, 1783)

Papilio hippolyte Esper, 1783, *Die Schmett., Th. I,* Bd. 2(8): 164, pl. 84, f. 4. **Type locality**: S. Russia.

Pseudochazara hippolyte; Higgins & Riley, 1970, *Gui. Butt. Bri. Eur*.: 148; Lewis, 1974, *Butts. World*: 8; Gross, 1978, *Atalanta*, 9: 46; Chou, 1994, *Mon. Rhop. Sin*.: 385; Tuzov, 1997, *Gui. Butt. Rus. Adj. Ter*., 1: 253; Yakovlev, 2012, *Nota lepid*., 35(1): 86; Wu & Xu, 2017, *Butts. Chin*.: 577, f. 578: 4-6, 579: 7-8.

形态 成虫：中型眼蝶。两翅正面黄褐色；外缘区覆有黑褐色鳞片；亚外缘线黑褐色；反面棕黄色；外缘有黑、白 2 条细线纹。前翅正面前缘区密布黑色细线纹；亚缘区至外中区有橙黄色宽带，带内 m_1、cu_1 室各有 1 个黑色圆形眼斑；中室端部有 2 条黑色条纹；中横带黑褐色，波曲状，边界模糊。反面斑纹同前翅正面。后翅正面亚缘至外中区有橙黄色宽带，弧形弯曲；cu_1 室有 1 个黑褐色圆形小眼斑。反面密布棕褐色麻点和黑褐色细波纹；亚外缘带、中横带及基横带黑褐色，波曲形，外侧有灰白色带纹相伴。

生物学 1 年 1 代。成虫多见于 6 ~ 7 月。常在中海拔以上林缘、山地活动。

分布 中国（辽宁、内蒙古、北京、河北、陕西、宁夏、甘肃、新疆），俄罗斯，蒙古，中亚，欧洲。

大秦岭分布 陕西（留坝）。

仁眼蝶属 *Hipparchia* Fabricius, 1807

Hipparchia Fabricius, 1807, *Mag. f. Insektenk*. (Illiger), 6: 281. **Type species**: *Papilio hermione* Linnaeus, 1764.

Eumenis Hübner, [1819], *Verz. bek. Schmett*., (4): 58. **Type species**: *Papilio autonoe* Esper, 1783; Wu & Xu, 2017, *Butts. Chin*.: 580.

Nytha Billberg, 1820, *Enum. Ins. Mus. Billb*.: 77. **Type species**: *Papilio hermione* Linnaeus, 1764.

Melania Sodoffsky, 1837, *Bull. Soc. imp. Nat. Moscou*, 10(6): 81 (unn. repl. *Hipparchia* Fabricius, 1807, preocc. *Melania* Lamarck, 1799, *Melania* Perry, 1811). **Type species**: *Papilio hermione* Linnaeus, 1764.

Pseudotergumia Agenjo, 1947, *Graellsia*, 5(3): [sept. secund. Fam. 1]. **Type species**: *Papilio fidia* Linnaeus, 1767.

Neohipparchia de Lesse, 1951, *Rev. franç. Lépid.*, 13(3/4): 40. **Type species**: *Papilio statilinus* Hufnagel, 1766.

Hipparchia (Hipparchiini); Chou, 1998, *Class. Iden. Chin. Butt.*: 97, 98.

外形及翅脉近似寿眼蝶属 *Pseudochazara*。前翅 Sc 脉膨大不明显；中室后缘脉膨大明显；R$_1$ 和 R$_2$ 脉由中室前缘分出；Sc 脉稍长于中室；M$_3$ 脉平直。后翅肩脉短，端部略向外弯曲；M$_3$ 脉略弯曲。

雄性外生殖器：背兜头盔形，较窄；钩突长于背兜；颚突短，末端尖；囊突粗短；抱器近四边形，狭长，端部斜截；阳茎长。

雌性外生殖器：囊导管粗短，膜质；交配囊椭圆形；交配囊片成对，宽带状，密生细齿突。

寄主为禾本科 Gramineae 及莎草科 Cyperaceae 植物。

全世界记载 21 种，分布于古北区及非洲区。中国已知 1 种，大秦岭有分布。

仁眼蝶 *Hipparchia autonoe* (Esper, 1783)

Papilio autonoe Esper, 1783, *Die Schmett.*, Th. I, Bd, 2(8): 167, pl. 86, f. 1-3.

Hippaarchia autonoe; Tuzov, 1997, *Gui. Butt. Rus. Adj. Ter.*, 1: 240.

Eumenis autonoe; Lewis, 1974, *Butts. World*: pl. 201, f. 1; Chou, 1994, *Mon. Rhop. Sin.*: 386; Wu & Xu, 2017, *Butts. Chin.*: 580, f. 582: 1-3.

Hipparchia autonoe; Yakovlev, 2012, *Nota lepid.*, 35(1): 86.

Hipparchia (*Hipparchia*) *autonoe*; Korb & Bolshakov, 2011, *Eversmannia Suppl.*, 2: 60.

形态 成虫：中型眼蝶。两翅正面黑褐色至棕褐色，反面棕黄色；外缘有黑、白 2 条细线纹。前翅正面外缘带黑色至黑褐色；亚缘斑带淡黄色，带内 m$_1$、cu$_1$ 室各有 1 个黑色圆形眼斑，瞳点白色或消失。反面前缘区、顶角区、外缘区及中室有黑褐色及白色波纹和麻点斑；亚外缘线黑褐色；其余斑纹同前翅正面。后翅正面端缘黑色至黑褐色；外横带淡黄色或白色，外侧边界模糊，弧形，内侧波形；亚缘 cu$_1$ 室有 1 个黑色圆形眼斑。反面密布黑褐色及白色波纹和麻点斑；脉纹清晰，白色；亚外缘带及中横带白色，波曲形，内侧缘线黑色，中横带宽于亚外缘带；cu$_2$ 室有 1 条灰白色游离伪脉；中室中部至前缘有 1 条白色细带纹，内侧缘线黑色。

寄主 禾本科 Gramineae 早熟禾属 *Poa* spp.；莎草科 Cyperaceae 莎草属 *Cyperus* spp. 植物。

生物学 1 年 1 代。成虫多见于 6～8 月。主要栖息于高山草甸以及水源丰富的地方，隐藏能力很强，有时会在潮湿地面活动。

分布　中国（黑龙江、内蒙古、河北、山西、陕西、宁夏、甘肃、青海、新疆、四川），俄罗斯。

大秦岭分布　陕西（周至）、甘肃（麦积、秦州、武山、文县、徽县、两当、合作、临潭、迭部、碌曲、玛曲、漳县）。

岩眼蝶属 *Chazara* Moore, 1893

Chazara Moore, 1893, *Lep. Ind.*, 2(13): 21. **Type species**: *Papilio briseis* Linnaeus, 1764.
Philareta Moore, 1893, *Lep. Ind.*, 2(13): 23. **Type species**: *Satyrus hanifa* Herrich-Schäffer, [1850].
Chazara (Hipparchiini); Chou, 1998, *Class. Iden. Chin. Butt.*: 96.
Chazara (Satyrina); Korb & Bolshakov, 2011, *Eversmannia Suppl.*, 2: 62.
Chazara; Wu & Xu, 2017, *Butts. Chin.*: 581.

前翅 Sc 脉、中室后缘脉基部膨大；R$_1$ 和 R$_2$ 脉由中室前缘分出；中室闭式，约为前翅长的 1/2；Sc 脉长于中室。后翅肩脉短，外弯；Sc+R$_1$ 脉与中室约等长；M$_1$-M$_3$ 脉弧形，弯曲弧度小。

雄性外生殖器：背兜头盔形；钩突、颚突长，末端尖；囊突短；抱器方阔，端部指状尖出；阳茎长于抱器。

全世界记载 10 种，分布于古北区和非洲区。中国已知 5 种，大秦岭分布 1 种。

花岩眼蝶 *Chazara anthe* (Ochsenheimer, 1807)

Papilio anthe Ochsenheimer, 1807, *Schmett. Eur.*, 1(1): 169.
Satyrus anthe var. *hanifa* Nordmann, 1851, *Bull. Soc. imp. Nat. Moscou*, 24(2): 406, pl. 9, f. 1-3.
Minois anthe Fruhstorfer, 1908a, *Int. ent. Zs.*, 2(2): 10 (nom. nov. *persophone* Bingham).
Satyrus anthe; Grum-Grshimailo, 1890a, *In*: Romanoff, *Mém. Lép.*, 4: 457.
Chazara anthe; Chou, 1994, *Mon. Rhop. Sin.*: 387; Wu & Xu, 2017, *Butts. Chin.*: 581, f. 582: 4-6, 583: 7.
Chazara persephone; Korb & Bolshakov, 2011, *Eversmannia Suppl.*, 2: 62.

形态　成虫：中型眼蝶。两翅正面黑褐色至棕褐色，反面棕色；外缘有黑、白 2 条细线纹。前翅正面基半部棕色；亚缘斑带橙黄色，带内 m$_1$、cu$_1$ 室各有 1 个黑色圆形眼斑，无瞳。反面前缘区、顶角区、外缘区及中室有黑褐色及白色波纹和麻点斑；亚外缘线黑褐色，波曲形；翅中央橙黄色；其余斑纹同前翅正面。后翅正面端缘黑色至黑褐色；外横带橙黄色或淡黄色，弧形，未达前后缘；亚缘 cu$_1$ 室有 1 个黑色模糊圆斑。反面密布黑褐色、黄褐色及白色波纹和麻点斑；亚外缘带白色，波曲形；外横带白色，内侧缘线黑色，波曲形，雌性多有退化或消失；cu$_2$ 室有 1 条灰白色游离伪脉。

生物学 1年1代。成虫多见于7月。

分布 中国（宁夏、甘肃、新疆），俄罗斯，哈萨克斯坦，阿富汗。

大秦岭分布 甘肃（碌曲）。

矍眼蝶亚族 Ypthimina Reuter, 1896

Ypthimina Reuter, 1896.

Ypthimini (Satyrinae); Chou, 1998, *Class. Iden. Chin. Butt.*: 86, 88; Korb & Bolshakov, 2011, *Eversmannia Suppl.*, 2: 43.

Ypthimina (Satyrini); Vane-Wright & de Jong, 2003, *Zool. Verh. Leiden*, 343: 182; Henning & Henning, 1997, *Metamorphosis*, 8(3): 136 (key).

中小型眼蝶。翅反面密布细波纹；亚缘有数量不等的黑色眼斑，眶纹橙黄色。前翅 Sc 脉基部膨大。

矍眼蝶属 *Ypthima* Hübner, 1818

Ypthima Hübner, 1818, *Zuträge Samml. exot. Schmett.*, 1: 17 [missid. **Type species**: *Papilio philomela* Esper, [1804]. **Type species**: *Ypthima huebneri* Kirby, 1871.

Xois Hewitson, 1865, *Trans. ent. Soc. Lond.*, (3) 2(4): 282. **Type species**: *Xois sesara* Hewitson, 1865.

Ypthima (Satyrinae); Moore, [1880], *Lepid. Ceylon*, 1(1): 24; Wu & Xu, 2017, *Butts. Chin.*: 590.

Yphthima; Scudder, 1875b, *Proc. Amer. Acad. Arts Sci.*, 10(2): 289 (missp.).

Kolasa Moore, 1893, *Lepid. Ind.*, 2(14): 57, (15): 82. **Type species**: *Satyrus chenui* [sic, recte *chenu*] Guérin-Méneville, 1843.

Thymipa Moore, 1893, *Lepid. Ind.*, 2(14): 57, 58. **Type species**: *Papilio baldus* Fabricius, 1775.

Nadiria Moore, 1893, *Lepid. Ind.*, 2(14): 57, (15): 85. **Type species**: *Ypthima bolanica* Marshall, 1882.

Pandima Moore, 1893, *Lepid. Ind.*, 2(14): 58, (15): 86. **Type species**: *Satyrus nareda* Kollar, [1844].

Lohana Moore, 1893, *Lepid. Ind.*, 2(14): 58, (16): 92. **Type species**: *Yphthima*[sic] *inica* Hewitson, 1865.

Dallacha Moore, 1893, *Lepid. Ind.*, 2(14): 58, (16): 94. **Type species**: *Yphthima*[sic] *hyagriva* Moore, 1857.

Shania Evans, 1912, *J. Bombay nat. Hist. Soc.*, 21(2): 564. **Type species**: *Ypthima megalia* de Nicéville, 1897.

Iphthima; Westwood, [1851], *Gen. diurn. Lep.*, (2): pl. 67 (missp.).

Thympia; Hemming, 1967, *Bull. Br. Mus. nat. Hist*., (Ent.), Suppl.: 442 (missp.).

Ypthima (Ypthimini); Chou, 1998, *Class. Iden. Chin. Butt*.: 86, 88.

Ypthima (Ypthimina); Vane-Wright & de Jong, 2003, *Zool. Verh. Leiden*, 343: 183.

Ypthima (Ypthimini); Korb & Bolshakov, 2011, *Eversmannia Suppl*., 2: 43.

翅褐色至黑褐色。前翅亚顶区有 1 个双瞳大眼斑；Sc 脉、中室后缘脉基部囊状膨大极明显；2A 脉基部略膨大；中室略长于前翅长的 1/2；Sc 脉长于中室；R_2-R_5 脉共柄较长；M_3 脉弧形弯曲。后翅肩脉短；中室闭式，长约为后翅长的 2/3；Sc+R_1 脉长；M_3 脉短，微弯曲。

雄性外生殖器：背兜胯形；钩突狭；无颚突；囊突短；抱器基部阔，端部狭长或二分裂；阳茎直或弯曲。

寄主为禾本科 Gramineae、莎草科 Cyperaceae 植物。

全世界记载 147 种，分布于古北区、东洋区、非洲区及澳洲区。中国已知约 60 种，大秦岭分布 22 种。

种检索表

蛱蝶科 Nymphalidae

10. 后翅正面臀角有 2 个眼斑 ·························· **中华矍眼蝶** *Y. chinensis*

后翅正面臀角有 1 个眼斑 ··· 11

11. 翅展约 45 mm ······································· **东亚矍眼蝶** *Y. motschulskyi*

翅展约 35 mm 以下 ·································· **小矍眼蝶** *Y. nareda*

12. 后翅反面眼斑 4 个 ··· 13

后翅反面眼斑 5 个以上 ··· 16

13. 后翅反面顶角及臀角各有 2 个眼斑 ·················· **普氏矍眼蝶** *Y. pratti*

后翅反面顶角有 1 个眼斑，臀角有 3 个眼斑 ································ 14

14. 后翅反面顶角眼斑与其余眼斑相差不大 ·············· **大波矍眼蝶** *Y. tappana*

后翅反面顶角眼斑远大于其余眼斑 ································· 15

15. 后翅反面亚缘上下眼斑间有宽的白色波纹带 ·········· **前雾矍眼蝶** *Y. praenubila*

后翅反面亚缘上下眼斑间无宽的白色波纹带 ·········· **鹭矍眼蝶** *Y. ciris*

16. 后翅反面有 6 个眼斑 ·· 17

后翅反面有 5 个眼斑 ·· 19

17. 后翅反面中上部 4 个眼斑相互分离 ···················· **阿矍眼蝶** *Y. argus*

后翅反面中上部眼斑不如上述 ································· 18

18. 前翅眼斑大；后翅眼斑小而退化 ······················ **卓矍眼蝶** *Y. zodia*

前翅眼斑较小；后翅眼斑未退化 ······················ **矍眼蝶** *Y. baldus*

19. 后翅反面眼斑间白色带纹 X 形 ······················ **幽矍眼蝶** *Y. conjuncta*

后翅反面眼斑间白色带纹非 X 形 ································· 20

20. 后翅反面眼斑间白色带纹条带形 ····················· **魔女矍眼蝶** *Y. medusa*

后翅反面眼斑间无上述白色带纹 ································· 21

21. 后翅反面前缘 2 个眼斑融合在一起 ···················· **融斑矍眼蝶** *Y. nikaea*

后翅反面前缘 2 个眼斑仅相连，不融合 ·············· **连斑矍眼蝶** *Y. sakra*

矍眼蝶 *Ypthima baldus* (Fabricius, 1775)（图版 95：211—212）

Papilio baldus Fabricius, 1775, *Syst. Ent.*: 829, no. 202-3. **Type locality**: India.

Yphthima[sic] *baldus*; Hewitson, 1865, *Trans. ent. Soc. Lond.*, (3) 2(4): 286.

Ypthima argus Butler, 1866a, *J. Linn. Soc. Zool Lond.*, 9(34): 56. **Type locality**: Hakodate, Japan; Elwes & Edwards, 1893, *Trans. ent. Soc. Lond.*, (1): 35, pl. 2, f. 28; Forster, [1948], *Mitt. Münch. Ent. Ges.*, 34(2): 476; Kudrna, 1974, *Atalanta*, 5: 99; Korb & Bolshakov, 2011, *Eversmannia Suppl.*, 2: 43.

Ypthima prattii Elwes & Edwards, 1893, *Trans. ent. Soc. Lond.*, (1): 35, pl. 2, f. 55. **Type locality**: Ichang.

Ypthima baldus kangeana Kalis, 1933, *Tijdschr. Ent.*, 76(1-2): 55. **Type locality**: Kangean.

Ypthima (*Thymipa*) *argus*; Shima, 1988, *Spec. Bull. Lepid. Soc. Jap.*, (6): 80.

Ypthima balda; Chou, 1994, *Mon. Rhop. Sin.*: 390.

Ypthima baldus; Moore, 1878, *Proc. zool. Soc. Lond.*, (4): 825, Elwes & Edwards, 1893, *Trans. ent. Soc. Lond.*, (1): 14, pl. 1, f. 15-16; Tuzov, 1997, *Gui. Butt. Rus. Adj. Ter.*, 1: 192; Lewis, 1974, *Butts. World*: pl. 172, f. 15; D'Abrera, 1985, *Butt. Ori. Reg.*: 466; Wu & Xu, 2017, *Butts. Chin.*: 590, f. 591: 1-8.

形态　成虫：中小型眼蝶。两翅正面黑褐色或褐色；反面黑色至棕褐色，翅面密布灰白色波纹；外缘带色深。前翅亚顶区中上部眼斑大，双瞳蓝紫色，眶纹橙色，环绕眼斑的淡色波纹区 V 形。后翅正面亚缘区 m_3 和 cu_1 室各有 1 个眼斑；反面亚缘眼斑列 6 个眼斑两两结合分成 3 组；中域 2 条平行的暗色横带有或无。低温型后翅反面眼斑小，时有消失。

卵：长圆形；初产淡蓝色，后变为白色，透明，孵化前浅褐色；表面有刻纹。

幼虫：5 龄期。初孵幼虫白色。高龄幼虫淡褐色；头顶有 1 对小锥突；背中线红褐色，两侧有红褐色斜斑；体侧有褐色纵纹；体表密布白色刻点突；尾部有 1 对锥状突起。

蛹：褐色；近椭圆形；体表密布黑褐色细波纹和宽带纹；胸背部有角状突起；腹背面有 3 条横脊状突起。

寄主　禾本科 Gramineae 刚莠竹 *Microstegium ciliatum*、金丝草 *Pogonatherum crinitinum*、早熟禾 *Poa annua*、稗 *Echinochloa crus-galli*、结缕草 *Zoysia japonica*、两耳草 *Paspalum conjugatum*、柳叶箬 *Isachne globosa*、棕叶狗尾草 *Setaria palmifolia*、毛马唐 *Digitaria chrysoblephara*、淡竹叶 *Lophatherum gracile*。

生物学　1 年多代，以蛹或成虫越冬。成虫多见于 4～9 月。飞行缓慢，跳跃式飞行，常在浅山区、林缘、山地活动，喜阴湿环境。卵单产于寄主植物近地面的茎秆上或其周边的枯草和碎石上。幼虫喜栖息于寄主植物叶片反面，有假死习性，受惊吓后滚落至地面，长时间装死不动。老熟幼虫化蛹于寄主植物的茎秆或叶上。

分布　中国（黑龙江、吉林、辽宁、天津、山西、河南、陕西、甘肃、青海、安徽、浙江、湖北、江西、湖南、福建、台湾、广东、海南、香港、广西、重庆、四川、贵州、云南、西藏），巴基斯坦，印度，不丹，尼泊尔，缅甸，马来西亚。

大秦岭分布　河南（荥阳、新密、登封、镇平、内乡、西峡、南召、栾川、洛宁、渑池、灵宝）、陕西（临潼、蓝田、长安、鄠邑、周至、渭滨、陈仓、岐山、眉县、太白、凤县、华州、华阴、潼关、南郑、汉台、洋县、西乡、勉县、略阳、留坝、佛坪、汉滨、旬阳、平利、镇坪、岚皋、紫阳、汉阴、石泉、宁陕、商州、丹凤、商南、山阳、镇安、柞水、洛南）、甘肃（麦积、秦州、武山、文县、徽县、两当、礼县、合作、舟曲、迭部、碌曲、玛曲）、湖北（兴山、南漳、保康、神农架、武当山、郧阳、房县、竹山、竹溪、郧西）、重庆（巫溪、城口）、四川（宣汉、利州、青川、都江堰、安州、江油、平武）。

卓矍眼蝶 *Ypthima zodia* Butler, 1871

Ypthima zodia Butler, 1871, *Trans. ent. Soc. Lond.*, (3): 402.

Ypthima albescens Poujade, 1885, *Bull. Soc. Ent. Fr.*, (6)5 : xli; Elwes & Edwards, 1893, *Trans. ent. Soc. Lond.*, (1): 28.

Ypthima zodia; Elwes & Edwards, 1893, *Trans. ent. Soc. Lond.*, (1): 27, pl. 1, f. 12-13; Forster, [1948], *Mitt. Münch. Ent. Ges.*, 34(2): 473, pl. 30-31, f. 1; Chou, 1994, *Mon. Rhop. Sin.*: 391; Wu & Xu, 2017, *Butts. Chin.*: 590, f. 591: 9-12, 592: 13-19.

Ypthima zodia tapaishani Forster, [1948], *Mitt. Münch. Ent. Ges.*, 34(2): 474, pl. 30-31, f. 2-3. **Type locality**: Tapaishan.

Ypthima zodia septentrionalis Forster, [1948], *Mitt. Münch. Ent. Ges.*, 34(2): 474, pl. 30-31, f. 4. **Type locality**: Mienshan.

Ypthima melli Forster, [1948], *Mitt. Münch. Ent. Ges.*, 34(2): 475, pl. 30-31, f. 10-11. **Type locality**: N. Yunna, Likiang.

Ypthima (Thymipa) zodia; Shima, 1988, *Spec. Bull. Lepid. Soc. Jap.*, (6): 80.

形态　成虫：中小型眼蝶。与矍眼蝶 *Y. baldus* 极相似，主要区别为：本种前翅亚顶区双瞳眼斑较大。后翅反面眼斑较退化。

卵：圆形；淡蓝绿色；表面有细小刻纹。

幼虫：5 龄期。初孵幼虫淡粉色；密布淡色长毛；头部淡褐色。末龄幼虫淡褐色；头顶有 1 对小锥突；背中线淡灰色，两侧缘线粉红色；体背和侧面有褐色及粉红色纵纹和纵斑列；尾部有 1 对锥状突起。

蛹：淡褐色；近椭圆形；体表密布褐色细波纹和宽带纹；胸背部有角状突起；腹背面有 2 条横脊状突起。

寄主　禾本科 Gramineae 竹亚科 Bambusoideae 及结缕草 *Zoysia japonica* 等。

生物学　1 年多代。成虫于 4～8 月出现。

分布　中国（河南、陕西、甘肃、江苏、安徽、浙江、湖北、江西、福建、台湾、广东、广西、重庆、四川、贵州、云南）。

大秦岭分布　河南（宜阳、栾川）、陕西（长安、周至、渭滨、陈仓、眉县、太白、凤县、汉台、南郑、洋县、勉县、镇巴、留坝、佛坪、岚皋、镇安）、甘肃（麦积、康县、文县、徽县、两当）、湖北（兴山、神农架）、重庆（城口）、四川（青川、江油、平武）。

阿矍眼蝶 *Ypthima argus* Butler, 1866

Ypthima argus Butler, 1866a, *J. Linn. Soc. Zool. Lond.*, 9(34): 56. **Type locality**: Hakodate, Japan.

Ypthima argus; Elwes & Edwards, 1893, *Trans. ent. Soc. Lond.*, (1): 35, pl. 2, f. 28; Forster, [1948], *Mitt.*

Münch. Ent. Ges., 34(2): 476; Kudrna, 1974, *Atalanta*, 5: 99; Korb & Bolshakov, 2011, *Eversmannia Suppl.*, 2: 43; Wu & Xu, 2017, *Butts. Chin.*: 590, f. 592: 20.

Ypthima (*Thymipa*) *argus*; Shima, 1988, *Spec. Bull. Lepid. Soc. Jap.*, (6): 80.

形态 成虫：中小型眼蝶。与矍眼蝶 *Y. baldus* 极相似，主要区别为：本种个体稍大。后翅反面亚缘眼斑的前缘和中部的 2 个眼斑相互分离。

生物学 1 年 1 代。成虫多见于 5～8 月。

分布 中国（黑龙江、吉林、辽宁、河北、河南、浙江、湖南、福建），俄罗斯，朝鲜，日本，印度。

大秦岭分布 河南（内乡、陕州）。

幽矍眼蝶 *Ypthima conjuncta* Leech, 1891（图版 96：213）

Ypthima conjuncta Leech, 1891b, *Entomologist*, 24 (Suppl.) : 66. **Type locality**: Ta-chien-lu, Moupin; Chia-Kow-Ho, Omei-Shan; Wa-shan; Huang-mu-chang; Chang Yang; Ichang.

Ypthima conjuncta; Elwes & Edwards, 1893, *Trans. ent. Soc. Lond.*, (1): 39, pl. 2, f. 32; Forster, [1948], *Mitt. Münch. Ent. Ges.*, 34(2): 481; Lewis, 1974, *Butts. World*: pl. 205, f. 1; D'Abrera, 1985, *Butt. Ori. Reg.*, 471; Chou, 1994, *Mon. Rhop. Sin.*: 391; Wu & Xu, 2017, *Butts. Chin.*: 593, f. 596: 15-20.

Ypthima conjuncta luxurians Forster, [1948], *Mitt. Münch. Ent. Ges.*, 34(2): 482, pl. 32-33, f. 1-2. **Type locality**: Fukien; Kuatun, 2300m.

Ypthima (*Thymipa*) *conjuncta*; Shima, 1988, *Spec. Bull. Lepid. Soc. Jap.*, (6): 80.

形态 成虫：中型眼蝶。两翅褐色至棕褐色，反面色稍淡，密布灰白色细纹；外缘带深褐色。前翅亚顶区中部眼斑大，双瞳蓝紫色，眶纹宽，环绕眼斑的淡色波纹区 Y 形；反面中斜带清晰或模糊。后翅正面亚缘至外中区色淡，亚缘下半部有 3 个眼斑。反面眼斑列端部 2 个错位内移；亚缘下半部有 3 个眼斑，其中臀角眼斑双瞳；亚缘眼斑间白色波纹近 X 形；中域 2 条暗色平行横带有或无。

寄主 禾本科 Gramineae 植物。

生物学 1 年 1 代。成虫多见于 5～9 月。常在浅山、丘陵及树丛下活动。

分布 中国（天津、河南、陕西、甘肃、安徽、浙江、湖北、江西、湖南、福建、台湾、广东、海南、广西、重庆、四川、贵州、云南）。

大秦岭分布 河南（鲁山、内乡、嵩县、栾川）、陕西（周至、眉县、太白、凤县、汉台、南郑、洋县、西乡、留坝、佛坪、宁陕、丹凤、商南、山阳、镇安、柞水）、甘肃（麦积、秦州、徽县、两当、武都、文县、岷县）、湖北（兴山、保康、神农架、武当山、郧阳、郧西）、重庆（巫溪、城口）、四川（青川、都江堰、安州、平武）。

连斑矍眼蝶 *Ypthima sakra* Moore, 1857

Ypthima[sic] *sakra* Moore, 1857, *In*: Horsfield & Moore, *Cat. lep. Ins. Mus. East India Coy*, 1: 236.

Ypthima[sic] *sakra*; Hewitson, 1865, *Trans. ent. Soc. Lond.*, (3) 2(4): 290, pl. 18, f. 18.

Ypthima sakra; Elwes & Edwards, 1893, *Trans. ent. Soc. Lond.*, (1): 40; Lewis, 1974, *Butts. World*: pl. 173, f. 9; D'Abrera, 1985, *Butt. Ori. Reg.*: 472; Chou, 1994, *Mon. Rhop. Sin.*: 392; Wu & Xu, 2017, *Butts. Chin.*: 593, f. 596: 7-11.

Ypthima (Thymipa) sakra; Shima, 1988, *Spec. Bull. Lepid. Soc. Japan*, (6): 80.

形态　成虫：中小型眼蝶。与幽矍眼蝶 *Y. conjuncta* 近似，主要区别为：本种个休稍小。翅反面波纹较均匀。前翅反面无中斜带。后翅正面顶角眼斑可见或模糊；反面顶角 2 个眼斑的黄色眶纹合二为一，椭圆形；中域无暗色平行横带。

生物学　1 年多代。成虫多见于 4～9 月。

分布　中国（陕西、甘肃、湖北、云南、四川、贵州、西藏），印度，不丹，尼泊尔，缅甸，越南。

大秦岭分布　陕西（周至、洋县、西乡、佛坪、宁陕、商州、商南）、甘肃（武山、徽县）、湖北（神农架）、四川（都江堰）。

融斑矍眼蝶 *Ypthima nikaea* Moore, [1875]

Ypthima[sic] *nikaea* Moore, [1875], *Proc. zool. Soc. Lond.*, (4): 567. **Type locality**: NW. Himalayas.

Ypthima sakra; Elwes & Edwards, 1893, *Trans. ent. Soc. Lond.*, (1): 40.

Ypthima nikaea; Chou, 1994, *Mon. Rhop. Sin.*: 392.

Ypthima (Thymipa) nikaea; Shima, 1988, *Spec. Bull. Lepid. Soc. Japan*, (6): 80.

形态　成虫：中小型眼蝶。与连斑矍眼蝶 *Y. sakra* 近似，主要区别为：本种后翅反面前缘 2 个眼斑融合在一起。

分布　中国（陕西、云南），巴基斯坦，印度，不丹。

大秦岭分布　陕西（西乡）。

魔女矍眼蝶 *Ypthima medusa* Leech, [1892]

Ypthima medusa Leech, [1892], *Butts Chin. Jap. Cor.*, (1): 84, pl. 10, f. 6. **Type locality**: Szechwan.

Ypthima medusa; Forster, [1948], *Mitt. Münch. Ent. Ges.*, 34(2): 485; Chou, 1994, *Mon. Rhop. Sin*.: 392; Wu & Xu, 2017, *Butts. Chin.*: 599, f. 601: 21-22.

Ypthima (*Thymipa*) *medusa*; Shima, 1988, *Spec. Bull. Lepid. Soc. Jap*., (6): 80.

形态 成虫：中型眼蝶。与幽矍眼蝶 *Y. conjuncta* 近似，主要区别为：本种个体稍小。两翅正面亚缘淡色区不明显；眼斑眶纹窄，色较淡。后翅反面亚缘下半部的 3 个眼斑排列整齐，连成直线；亚缘眼斑间白色波纹密集带较直，从前 2 个眼斑外侧伸向亚缘中下部 3 个眼斑的内侧到达后缘。

寄主 禾本科 Gramineae 植物。

生物学 成虫多见于 6 ~ 9 月。

分布 中国（陕西、甘肃、江苏、安徽、湖北、广西、重庆、四川、贵州、云南）。

大秦岭分布 陕西（周至、眉县、太白、西乡、商南）、甘肃（武山、武都、文县、漳县）、湖北（兴山、神农架）、重庆（城口）、四川（都江堰、安州、平武）。

大波矍眼蝶 *Ypthima tappana* Matsumura, 1909

Ypthima tappana Matsumura, 1909, *Ent. Zs*., 23(19): 92. **Type locality**: "Formosa" [Taiwan, China], Tappan, 4000ft.

Ypthima tappana; Uemura, 1984, *Tyô Ga*, 35(3): 137; D'Abrera, 1985, *Butt. Ori. Reg*.: 472; Chou, 1994, *Mon. Rhop. Sin*.: 392; Wu & Xu, 2017, *Butts. Chin.*: 604, f. 605: 8-13.

Ypthima (*Thymipa*) *tappana*; Shima, 1988, *Spec. Bull. Lepid. Soc. Jap*., (6): 80.

形态 成虫：中型眼蝶。两翅褐色至棕褐色，反面色稍淡，密布灰白色细纹；亚外缘线深褐色。前翅亚顶区中部眼斑大，双瞳蓝紫色，眶纹宽，环绕眼斑的淡色波纹区近 Y 形；外斜带深褐色。后翅亚缘有 4 个眼斑，1 个位于亚缘区近前缘处，该眼斑在翅正面较反面模糊，其余 3 个位于亚缘区下半部，排列不整齐，其中前 2 个大，近臀角 1 个稍小或等大，多有外移，有蓝紫色双瞳；外横带深褐色；正面亚缘至外中区色淡。

卵：圆形；淡绿色；表面密布细小刻纹。

幼虫：初孵幼虫乳白色；密布淡色长毛；头部淡黄色；末龄幼虫淡黄褐色；头顶有 1 对小锥突；体表密布褐色纵纹；尾部有 1 对锥状突起。

蛹：褐色；近椭圆形；体表密布灰白色、黑色和淡褐色细波纹和斑纹；腹背面有 2 条横脊状突起；头顶有 1 对小锥突。

寄主 禾本科 Gramineae 竹叶青 *Lophantherum gracile*、求米草属 *Oplismenus* spp. 植物。

生物学 1 年多代。成虫多见于 5 ~ 9 月。

分布 中国（河南、陕西、安徽、浙江、湖北、江西、湖南、福建、台湾、广东、海南、重庆、四川、贵州、云南），越南。

大秦岭分布 河南（内乡）、陕西（太白、汉台、南郑、西乡、商州、山阳）、湖北（兴山）、四川（平武）。

前雾矍眼蝶 *Ypthima praenubila* Leech, 1891（图版 96：214）

Ypthima praenubila Leech, 1891b, *Entomologist*, 24(Suppl.): 66. **Type locality**: Ta-chien-lu, Chia-Kow-Ho, Moupin; Omei-Shan; Wa-Shan; Kiukiang.

Ypthima praenubila; Elwes & Edwards, 1893, *Trans. ent. Soc. Lond*., (1): 18, pl. 3, f. 47; Forster, [1948], *Mitt. Münch. Ent. Ges*., 34(2): 481; Lewis, 1974, *Butts. World*: pl. 205, f. 2; Chou, 1994, *Mon. Rhop. Sin*.: 393; Wu & Xu, 2017, *Butts. Chin*.: 593, f. 594: 1-6.

Ypthima (*Ypthima*) *praenubila*; Shima, 1988, *Spcc. Bull. Lcpid. Soc. Jap*., (6): 80.

形态 成虫：中型眼蝶。与大波矍眼蝶 *Y. tappana* 近似，主要区别为：本种个体较大。后翅反面无外横带；第 1 个眼斑错位内移，远大于其余眼斑；亚缘下半部 3 个相连的眼斑排列整齐，瞳点连成直线；大小相差大，中间的眼斑较其余 2 个大，其中臀角的眼斑双瞳；亚缘眼斑间白色波纹带从第 1 个眼斑外侧伸向亚缘中下部 3 个眼斑的内侧到达后缘。

寄主 禾本科 Gramineae 金丝草 *Pogonatherum crinitinum*、芒 *Miscanthus sinensis*。

生物学 1 年 1 代。成虫多见于 5 ~ 7 月。

分布 中国（陕西、甘肃、安徽、浙江、湖北、江西、福建、台湾、广东、海南、香港、广西、重庆、四川、贵州）。

大秦岭分布 陕西（周至、太白、南郑、洋县、镇巴、佛坪、紫阳）、甘肃（徽县、两当）、湖北（兴山、保康、郧阳、房县）、重庆（城口）、四川（青川、都江堰、安州、平武）。

鹭矍眼蝶 *Ypthima ciris* Leech, 1891

Ypthima ciris Leech, 1891, *Entomologist*, 24(Suppl.): 4. **Type locality**: Wa-Shan; Chia-Ting-Fu; Ta-Tsien-Lu; Huang-Mu-Chang.

Ypthima (*Ypthima*) *ciris*; Shima, 1988, *Spec. Bull. Lepid. Soc. Jap*., (6): 80.

Ypthima clinia Oberthür, 1891, *Étud. d'Ent*., 15: 16, pl. 2, f. 13.

Ypthima ciris; Elwes & Edwards, 1893, *Trans. ent. Soc. Lond*., (1): 41; Forster, [1948], *Mitt. Münch. Ent. Ges*., 34(2): 486; Lewis, 1974, *Butts. World*: pl. 205, f. 2 (text only); Chou, 1994, *Mon. Rhop. Sin*.: 393; Huang, 2001, *Neue Ent. Nachr*., 51: 91 (note) ; Wu & Xu, 2017, *Butts. Chin*.: 602, f. 603: 4.

形态 成虫：中小型眼蝶。与前雾矍眼蝶 *Y. praenubila* 近似，主要区别为：本种个体较小。两翅正面亚缘淡色区不明显。后翅反面亚缘下半部的 3 个眼斑排列不整齐，臀角的双瞳眼斑稍外移；亚缘眼斑间白色波纹密集带较窄。

生物学 成虫多见于 5～8 月。

分布 中国（甘肃、湖北、四川、贵州、云南）。

大秦岭分布 甘肃（文县）、湖北（兴山）。

东亚矍眼蝶 *Ypthima motschulskyi* (Bremer & Grey, 1853)（图版 96：215）

Satyrus motschulskyi Bremer & Grey, 1853, *Schmett. N. Chin.*: 8, pl. 2, f. 2.

Yphthima motschulskiji[sic]; Hewitson, 1865, *Trans. ent. Soc. Lond.*, (3) 2(4): 290.

Ypthima motschulskyi; Elwes & Edwards, 1893, *Trans. ent. Soc. Lond.*, (1): 16, pl. 2, f. 34; Forster, [1948], *Mitt. Münch. Ent. Ges.*, 34(2): 479; Kudrna, 1974, *Atalanta*, 5: 99; Tuzov, 1997, *Gui. Butt. Rus. Adj. Ter.*, 1: 192; Lewis, 1974, *Butts. World*: pl. 205, f. 6; Chou, 1994, *Mon. Rhop. Sin.*: 394; Korb & Bolshakov, 2011, *Eversmannia Suppl.*, 2: 44.

Ypthima obscura Elwes & Edwards, 1893, *Trans. ent. Soc. Lond.*, (1): 17, pl. 2, f. 35. **Type locality**: Gensan, Korea.

Ypthima akragas var. *takamukuana* Matsumura, 1919, *Thous. Ins. Japan Addit.*, 3: 526, pl. 37, f. 4, 4a. **Type locality**: "Formosa" [Taiwan, China].

Ypthima perfecta akragas; Uemura, 1984, *Tyô Ga*, 35(3): 136.

Ypthima (*Ypthima*) *motschulskyi*; Shima, 1988, *Spec. Bull. Lepid. Soc. Jap.*, (6): 80.

形态 成虫：中小型眼蝶。两翅棕褐色；反面密布灰白色和黑褐色细波纹；外缘带黑褐色。前翅亚顶区中部眼斑大，双瞳，眶纹黄色；反面中斜带时有模糊。后翅正面 cu_1 室眼斑清晰；反面亚缘区有 3 个眼斑，瞳点蓝白色，近前缘的眼斑大，内移，其余 2 个眼斑位于臀角区，最下部眼斑双瞳。

卵：长圆形；绿色；表面有刻纹。

幼虫：黄绿色；头圆；体表密布环形皱褶纹；两侧有绿色纵纹；尾部有 1 对锥状突起。

蛹：黄绿色；近椭圆形；腹部黄色，密布黑褐色点斑列；胸背部有角状突起；腹背面有 1 条白、褐 2 色的横脊状突起；翅缘白、褐 2 色。

寄主 禾本科 Gramineae 淡竹叶属 *Lophatherum* spp.、刚莠竹 *Microstegium ciliatum*、柔枝莠竹 *M. vimineum*、稻 *Oryza sativa*、马唐 *Digitaria sanguinalis*；莎草科 Cyperaceae 植物。

生物学 1 年 2 代，以幼虫越冬。成虫多见于 4～9 月。常在林缘、山地活动。卵单产于寄主植物茎上。

分布 中国（黑龙江、吉林、辽宁、天津、河南、陕西、甘肃、安徽、浙江、湖北、江西、湖南、广东、海南、重庆、四川、贵州），朝鲜，澳大利亚。

大秦岭分布 河南（内乡）、陕西（长安、鄠邑、周至、陈仓、眉县、太白、华州、华阴、汉台、南郑、城固、洋县、西乡、宁强、略阳、镇巴、留坝、佛坪、汉滨、紫阳、汉阴、石泉、宁陕、商州、丹凤、商南、山阳、镇安）、甘肃（麦积、武都、文县、徽县、两当）、湖北（兴山、南漳、神农架、郧阳、郧西）、重庆（巫溪、城口）、四川（都江堰、安州、平武）。

中华矍眼蝶 *Ypthima chinensis* Leech, [1892]

Ypthima newara var. *chinensis* Leech, [1892], *Butts. Chin. Jap. Cor*., (1): 89, pl. 10, f. 5.

Ypthima chinensis; Forster, [1948], *Mitt. Münch. Ent. Ges*., 34(2): 477; Chou, 1994, *Mon. Rhop. Sin*.: 394; Huang & Wu, 2003, *Neue Ent. Nachr*., 55: 120 (note)；Wu & Xu, 2017, *Butts. Chin*.: 599, f. 601: 19-20.

Ypthima (Ypthima) chinensis; Shima, 1988, *Spec. Bull. Lepid. Soc. Jap*., (6): 80.

形态 成虫：中小型眼蝶。与东亚矍眼蝶 *Y. motschulskyi* 近似，主要区别为；本种两翅反面波纹细而均匀；无黑褐色外缘带。后翅正面近臀角有 2 个清晰的眼斑。反面近臀角的 2 个眼斑向内移动，离臀角和外缘稍远。

寄主 禾本科 Gramineae 植物。

生物学 1 年 1 代。成虫多见于 4 ~ 10 月。

分布 中国（河北、山东、河南、陕西、甘肃、安徽、浙江、湖北、江西、湖南、福建、广东、广西、重庆、四川、云南、贵州）。

大秦岭分布 河南（登封、内乡、西峡、栾川、陕州、卢氏）、陕西（长安、鄠邑、周至、眉县、太白、凤县、洋县、西乡、略阳、留坝、佛坪、岚皋、宁陕、商州、商南、山阳）、甘肃（麦积、武都、康县、文县、徽县、两当、舟曲）、湖北（当阳、兴山、保康、神农架、武当山、郧阳）、重庆（巫溪、城口）、四川（都江堰）。

小矍眼蝶 *Ypthima nareda* (Kollar, [1844])

Satyrus nareda Kollar, [1844], *In*: Hügel, *Kasch. Reich Siek*, 4(2): 451.

Ypthima nareda; Elwes & Edwards, 1893, *Trans. ent. Soc. Lond*., (1): 20, pl. 1, f. 2, pl. 2, f. 40; Lewis, 1974, *Butts. World*: pl. 173, f. 4; D'Abrera, 1985, *Butt. Ori. Reg*.: 470; Chou, 1994, *Mon. Rhop. Sin*.: 394; Huang, 2003, *Neue Ent. Nachr*., 55: 122 (note).

Ypthima newara; Lee, 1982, *In*: Huang, *Ins. Xizang*, 2: 135, No. 23 (65) part (missid.).

Ypthima (Ypthima) nareda; Shima, 1988, *Spec. Bull. Lepid. Soc. Jap*., (6): 80.

形态　成虫：小型眼蝶。与东亚矍眼蝶 *Y. motschulskyi* 极近似，主要区别为：本种体型较小，翅展 35 mm 以下。

寄主　禾本科 Gramineae 植物。

生物学　成虫多见于 5~9 月。

分布　中国（陕西、甘肃、江苏、安徽、湖北、湖南、广东、重庆、四川、贵州、云南），克什米尔地区，喜马拉雅山，印度，尼泊尔，缅甸。

大秦岭分布　陕西（周至、太白、镇安）、甘肃（麦积、两当）、湖北（兴山、神农架）、重庆（巫溪）、四川（都江堰）。

完璧矍眼蝶 *Ypthima perfecta* Leech, [1892]

Ypthima motschulskyi var. *perfecta* Leech, [1892], *Butts. Chin. Jap. Cor.*, (1): 88, pl. 10, f. 7.

Ypthima perfecta; Elwes & Edwards, 1893, *Trans. ent. Soc. Lond.*, (1): 19, pl. 2, f. 37; Forster, [1948], *Mitt. Münch. Ent. Ges.*, 34(2): 477; Chou, 1994, *Mon. Rhop. Sin.*: 393; Huang, 2001, *Neue Ent. Nachr.*, 51: 91 (note).

Ypthima (*Ypthima*) *perfecta*; Shima, 1988, *Spec. Bull. Lepid. Soc. Jap.*, (6): 80.

形态　成虫：中型眼蝶。两翅正面褐色至黑褐色，雄性翅正面中下部黑色，端部色较浅；反面棕褐色，密布白色细波纹。前翅亚外缘线黑色；亚顶区中部眼斑大，2 个瞳点青蓝色，眼斑所在处为 1 个淡色三角区，黄色眶纹明显。反面眼斑所在处有三角形灰白色波纹密集区；亚外缘带及中斜带褐色。后翅正面前缘区 cu$_1$ 室有 1 个清晰的黑色眼斑。反面翅端部有 3 个眼斑，近前缘的 1 个眼斑大，臀角区的眼斑小，双瞳；亚缘至外中区有 1 条宽的白色波纹密集带，从顶角经第 1 个眼斑外侧，斜穿第 1 和第 2 个眼斑之间，经过第 2 和第 3 个眼斑内侧到达后缘；后缘区及外缘下半部亦有白色波纹密集带。

寄主　禾本科 Gramineae 芒 *Miscanthus sinensis*、高山芒 *M. transmorrisonensis*、求米草 *Oplismenus undulatifolius*。

生物学　成虫多见于 4~8 月。常在阔叶林地活动。

分布　中国（陕西、甘肃、安徽、湖北、江西、湖南、福建、台湾、重庆、四川、贵州、云南）。

大秦岭分布　陕西（南郑、洋县、西乡、镇巴、佛坪、商州）、甘肃（武都、徽县、两当）、湖北（兴山、神农架）、重庆（巫溪、城口）。

密纹璂眼蝶 *Ypthima multistriata* Butler, 1883（图版 97：216）

Ypthima multistriata Butler, 1883b, *Ann. Mag. nat. Hist.*, (5) 12(67): 50. **Type locality**: Ichang.

Ypthima arcuata Matsumura, 1919, *Thous. Ins. Jap. Addit.*, 3: 699, pl. 53, f. 17. **Type locality**: "Formosa" [Taiwan, China], Horisha; Uemura, 1984, *Tyô Ga*, 35(3): 135.

Ypthima multistriata; Elwes & Edwards, 1893, *Trans. ent. Soc. Lond.*, (1): 18, pl. 2, f. 36; Forster, [1948], *Mitt. Münch. Ent. Ges.*, 34(2): 480; D'Abrera, 1985, *Butt. Ori. Reg.*: 466; Chou, 1994, *Mon. Rhop. Sin.*: 395; Dubatolov & Lvovsky, 1997, *Trans. lepid. Soc. Jap.*, 48(4): 195; Huang, 2001, *Neue Ent. Nachr.*, 51: 91 (note); Korb & Bolshakov, 2011, *Eversmannia Suppl.*, 2: 43; Wu & Xu, 2017, *Butts. Chin.*: 599, f. 600: 9-12, 601: 13-14.

形态　成虫：中型眼蝶。与完璧璂眼蝶 *Y. perfecta* 近似，主要区别为：本种个体较小。雄性正面基部黑色。前翅反面眼斑区有近 Y 形白色波纹密集区。后翅反面端部白色波纹密集区近 X 形。

卵：圆形；淡绿色；表面密布细小刻纹。

幼虫：初孵幼虫白色；密布淡粉色纵纹和白色长毛；头部淡褐色。末龄幼虫黄绿色；头部绿色；头顶有 1 对小锥突；体表密布白色细毛；尾部有 1 对锥状突起。

蛹：淡绿色；长椭圆形；体表密布绿色波纹和斑纹；腹背面中部有 1 条褐色横脊突。

寄主　禾本科 Gramineae 芒 *Miscanthus sinensis*、棕叶狗尾草 *Setaria palmifolia*、柳叶箬 *Isachne globosa*、两耳草 *Paspalum conjugatum*。

生物学　1 年多代。成虫多见于 4～10 月。

分布　中国（辽宁、北京、河北、河南、陕西、甘肃、江苏、上海、安徽、浙江、湖北、江西、福建、台湾、海南、广西、重庆、四川、贵州、云南），朝鲜，日本。

大秦岭分布　陕西（太白、佛坪、紫阳、镇安）、甘肃（武都、文县、徽县）、湖北（兴山、南漳、保康、谷城、神农架、郧阳）、重庆（巫溪）、四川（剑阁、北川、汶川）。

江崎璂眼蝶 *Ypthima esakii* Shirôzu, 1960

Ypthima esakii Shirôzu, 1960, *Butts. Formosa Colour*. 128.

Ypthima esakii; Chou, 1994, *Mon. Rhop. Sin.*: 394; Wu & Xu, 2017, *Butts. Chin.*: 599, f. 601: 17-18.

Ypthima (Ypthima) esakii; Shima, 1988, *Spec. Bull. Lepid. Soc. Jap.*, (6): 80.

形态　成虫：中型眼蝶。与完璧璂眼蝶 *Y. perfecta* 近似，主要区别为：本种个体较小。雄性正面基部黑色。前翅反面眼斑区有近 V 形白色波纹密集区，未达后缘。后翅反面端部白色波纹密集区近 8 字形。

眼蝶亚科 Satyrinae

寄主 禾本科 Gramineae 芒 *Miscanthus sinensis*、棕叶狗尾草 *Setaria palmifolia*、柳叶箬 *Isachne globosa*、两耳草 *Paspalum conjugatum*、台湾芦竹 *Arundo formosana*。

生物学 1年多代。成虫多见于4~10月。

分布 中国（甘肃、安徽、湖北、江西、福建、台湾、广东、重庆、贵州）。

大秦岭分布 甘肃（文县）、湖北（兴山）、重庆（城口）。

拟四眼矍眼蝶 *Ypthima imitans* Elwes & Edwards, 1893

Ypthima imitans Elwes & Edwards, 1893, *Trans. ent. Soc. Lond.*, (1): 17, pl. 3, f. 53. **Type locality**: Hainan.

Ypthima imitans; Chou, 1994, *Mon. Rhop. Sin.*: 394; Huang, 2001, *Neue Ent. Nachr.*, 51: 91 (note)；Wu & Xu, 2017, *Butts. Chin.*: 599, f. 600: 1-5.

Ypthima (*Ypthima*) *imitans*; Shima, 1988, *Spec. Bull. Lepid. Soc. Jap.*, (6): 80.

形态 成虫：中型眼蝶。与密纹矍眼蝶 *Y. multistriata* 近似，主要区别为：本种个体稍大。前翅反面眼斑大，眶纹鲜艳而明显，眼斑区有近 V 形白色波纹密集区，未达后缘。雄性前翅正面无眼斑；中域中下部黑色。

生物学 1年多代。成虫多见于4~10月。

分布 中国（吉林、陕西、安徽、湖北、广东、海南、香港、四川、贵州、云南），越南。

大秦岭分布 陕西（洋县）、湖北（兴山）、四川（平武）。

普氏矍眼蝶 *Ypthima pratti* Elwes, 1893

Ypthima pratti Elwes, 1893.

Ypthima pratti; Wu & Xu, 2017, *Butts. Chin.*: 599, f. 600: 6-8.

形态 成虫：中小型眼蝶。两翅正面褐色至黑褐色；反面褐色，密布白色细波纹。前翅亚顶区中部眼斑黄色眶纹明显，有 2 个瞳点，紫蓝色，眼斑周缘有近 Y 形白色波纹密集区，到达后缘；反面中斜带褐色。后翅正面亚缘区至外中区色稍淡；亚缘区可见眼斑 2~3 个；反面亚缘区有 4 个眼斑，上部 2 个眼斑相连，臀角眼斑小，双瞳；亚缘至外中区上下眼斑间有 1 条宽的白色波纹密集带，近 X 形。

生物学 1年多代。成虫多见于5~9月。

分布 中国（陕西、浙江、湖北、江西、福建、四川、贵州）。

大秦岭分布 陕西（洋县）、四川（都江堰）。

乱云矍眼蝶 *Ypthima megalomma* Butler, 1874（图版 97：217）

Ypthima megalomma Butler, 1874, *Cistula ent.*, 1(9): 236.

Ypthima megalomma; Elwes & Edwards, 1893, *Trans. ent. Soc. Lond.*, (1): 44; Forster, [1948], *Mitt. Münch. Ent. Ges.*, 34(2): 491; Lewis, 1974, *Butts. World*: pl. 204, f. 4(text only); Chou, 1994, *Mon. Rhop. Sin.*: 395; Wu & Xu, 2017, *Butts. Chin.*: 597, f. 598: 3.

Ypthima (*Ypthima*) *megalomma*; Shima, 1988, *Spec. Bull. Lepid. Soc. Jap.*, (6): 80.

形态 成虫：中小型眼蝶。两翅正面深褐色；反面褐色，翅基部散落有稀疏的灰白色细波纹。前翅亚顶区中部有 1 个长圆形眼斑，双瞳蓝紫色，黄色圈纹宽而清晰；反面眼斑周缘有近 Y 形白色波纹密集区，到达后缘。后翅正面亚缘 cu_1 室有 1 个黑色圆形眼斑；反面无眼斑；端半部有不规则的灰白色宽横带，较易与本属其他种类区别。

寄主 禾本科 Gramineae 植物。

生物学 1 年 1 代。成虫多见于 4~7 月。常在林缘、山地活动。

分布 中国（辽宁、天津、河北、河南、陕西、甘肃、安徽、浙江、湖北、江西、重庆、四川、贵州）。

大秦岭分布 河南（登封、内乡、嵩县、栾川）、陕西（临潼、蓝田、长安、周至、渭滨、眉县、太白、华州、汉台、南郑、城固、洋县、勉县、镇巴、留坝、佛坪、宁陕、商州、镇安、柞水、洛南）、甘肃（麦积、秦州、武都、康县、文县、徽县、两当、迭部、碌曲）、湖北（兴山）。

曲斑矍眼蝶 *Ypthima zyzzomacula* Chou & Li, 1994

Ypthima zyzzomacula Chou & Li, 1994, *In*: Chou, *Mon. Rhop. Sin.*: 1: 395. **Type locality**: Gengma, Yunnan.

形态 成虫：中型眼蝶。与乱云矍眼蝶 *Y. megalomma* 近似，主要区别为：本种前翅顶角外侧平截。后翅反面白色细波纹密集区主要位于顶角区、外缘区下半部、臀角区和翅基部。

分布 中国（甘肃、湖北、四川、云南）。

大秦岭分布 甘肃（麦积、礼县）、湖北（兴山）、四川（平武）。

不孤矍眼蝶 *Ypthima insolita* Leech, 1891

Ypthima insolita Leech, 1891b, *Entomologist*, 24 (Suppl.): 66. **Type locality**: Wa-ssu-Kou.

Ypthima insolita; Elwes & Edwards, 1893, *Trans. ent. Soc. Lond.*, (1): 45; Lewis, 1974, *Butts. World*: pl. 205, f. 4.

Ypthima (*Ypthima*) *insolita*; Shima, 1988, *Spec. Bull. Lepid. Soc. Jap.*, (6): 80.

形态　成虫：中型眼蝶。与乱云矍眼蝶 *Y. megalomma* 近似，主要区别为：本种前翅亚顶区中部有 1 个很大的圆形眼斑，下缘可达 Cu₁ 脉，圈纹橙黄色，双瞳蓝紫色；亚缘 cu₁ 室眼斑在前翅正面较反面大，后翅正面大而清晰，反面变成 1 个模糊的黑褐色圆斑。

分布　中国（江苏、浙江、重庆、四川、贵州、云南）。

大秦岭分布　重庆（城口）。

宽波矍眼蝶 *Ypthima beautei* Oberthür, 1884

Ypthima beautei Oberthür, 1884, *Étud. d'Ent.*, 9: 18, pl. 2, f. 1. **Type locality**: Tatsienlo, West China.

Ypthima beautei; Lewis, 1974, *Butts. World*: pl. 205, f. 4 (text only); Huang & Wu, 2003, *Neue Ent. Nachr.* 55: 115 (note).

Ypthima (Ypthima) beautei; Shima, 1988, *Spec. Bull. Lepid. Soc. Jap.*, (6): 80.

形态　成虫：中型眼蝶。与乱云矍眼蝶 *Y. megalomma* 近似，主要区别为：本种前翅亚顶区眼斑大而圆。后翅反面亚缘 cu₁ 室无眼斑；灰白色带纹 S 形。

生物学　成虫多见于 5～7 月。常在林区活动。

分布　中国（陕西、青海、四川）。

大秦岭分布　陕西（洋县、留坝）。

古眼蝶亚族 Palaeonymphina

Palaeonymphini (Satyrinae); Chou, 1998, *Class. Iden. Chin. Butt.*: 89.

翅土褐色、红褐色或黑褐色；眼斑少，通常前翅只有 1 个大的双瞳眼斑（酒眼蝶属 *Oeneis* 例外），或 2 个眼斑连在一起。前翅 Sc 脉基部膨大。

属检索表

1. 后翅反面无波状细纹 ……………………………………………………… **古眼蝶属 *Palaeonympha***
   后翅反面密布波状细纹 …………………………………………………………………………… 2
2. 前翅亚顶区眼斑小，单瞳 ……………………………………………… **酒眼蝶属 *Oeneis***
   前翅亚顶区眼斑大，双瞳或仅反面双瞳 ………………………………………………………… 3

3. 前翅正面亚顶区眼斑单瞳，反面双瞳 ⋯⋯⋯⋯⋯⋯⋯⋯⋯⋯⋯⋯ **山眼蝶属 *Paralasa***

   前翅正反面亚顶区眼斑均为双瞳 ⋯⋯⋯⋯⋯⋯⋯⋯⋯⋯⋯⋯⋯⋯⋯⋯⋯⋯⋯ 4

4. 前翅反面褐色至黑褐色；后翅有眼斑 ⋯⋯⋯⋯⋯⋯⋯⋯⋯⋯ **艳眼蝶属 *Callerebia***

   前翅反面橙红色至红褐色或后翅无眼斑 ⋯⋯⋯⋯⋯⋯⋯⋯ **舜眼蝶属 *Loxerebia***

古眼蝶属 *Palaeonympha* Butler, 1871

Palaeonympha Butler, 1871, *Trans. ent. Soc. Lond*., (3): 401. **Type species**: *Palaeonympha opalina* Butler, 1871.

Palaeonympha (Palaeonymphini); Chou, 1998, *Class. Iden. Chin. Butt*.: 90.

Palaeonympha; Wu & Xu, 2017, *Butts. Chin*.: 606.

棕色至淡褐色；两翅眼斑少。前翅 Sc 脉基部囊状膨大；中室后缘脉基部略膨大；R_1 脉由中室前缘分出；R_2-R_5 脉共柄；M_3 脉与 M_2 脉基本平行。后翅肩脉短，外弯；中室长超过后翅长的 1/2；Sc+R_1 脉短于中室；3A 脉短。

雄性外生殖器：背兜发达，侧观近椭圆形；钩突剑状；颚突细长；囊突细；抱器方阔，末端斜截，有小锯齿；阳茎细，短于抱器。

雌性外生殖器：囊导管中等长；交配囊体长圆形；交配囊片不发达，骨化弱，密生刺突。

寄主为禾本科 Gramineae 及莎草科 Cyperaceae 植物。

全世界记载 1 种，分布于古北区及东洋区。中国特有种，大秦岭有分布。

古眼蝶 *Palaeonympha opalina* Butler, 1871（图版 97：218）

Palaeonympha opalina Butler, 1871, *Proc. zool. Soc. Lond*.: 401.

Palaeonympha opalina; Lewis, 1974, *Butts. World*: pl. 204, f. 2; Chou, 1994, *Mon. Rhop. Sin*.: 396; Wu & Xu, 2017, *Butts. Chin*.: 606, f. 607: 1-6.

形态 成虫：中型眼蝶。两翅正面棕黄色至淡褐色；反面色稍淡；斑纹正反面基本相同；外缘线及亚外缘线褐色；外横线及基横线两翅贯通；亚外缘区至外中区有淡色宽带区。前翅亚顶区中部有 1 个黑色眼斑，圈纹黄色，双瞳银白色。后翅亚缘眼斑列在翅正面多无瞳或双瞳；反面双瞳，共有 3~5 个眼斑，中部 2 个眼斑多退化或消失。

寄主 禾本科 Gramineae 淡竹叶 *Lophatherum gracile*、求米草 *Oplismenus undulatifolius*、小叶求米草 *O. undulatifoLius* var. *microphyllus*、芒 *Miscanthus sinensis*；莎草科 Cyperaceae 浆果薹草 *Carex baccans*。

生物学　1年1代。成虫多见于5~7月。常在林缘、山地活动。

分布　中国（河南、陕西、甘肃、安徽、浙江、湖北、江西、湖南、台湾、广东、重庆、四川、贵州、云南）。

大秦岭分布　河南（内乡、西峡、嵩县、栾川、陕州）、陕西（长安、鄠邑、周至、渭滨、眉县、太白、华州、汉台、南郑、洋县、西乡、镇巴、勉县、略阳、留坝、佛坪、汉滨、汉阴、石泉、宁陕、商州、丹凤、商南、山阳、镇安、柞水）、甘肃（麦积、武都、文县、徽县、两当）、湖北（保康、神农架、武当山、郧阳）、重庆（巫溪、城口）、四川（剑阁、青川、平武）。

艳眼蝶属 *Callerebia* Butler, 1867

Callerebia Butler, 1867b, *Ann. Mag. nat. Hist.*, (3) 20(117): 217. **Type species**: *Erebia scanda* Kollar, [1844].

Callerebia (Palaeonymphini); Chou, 1998, *Class. Iden. Chin. Butt.*: 90.

Callerebia; Wu & Xu, 2017, *Butts. Chin.*: 608.

与矍眼蝶属 *Ypthima* 近似，但 R_2 脉从中室前缘端部分出。前翅亚顶区大眼斑双瞳，圈纹橙红色。后翅眼斑多退化；反面密布细波纹。两翅 M_3 脉略弯曲；中室闭式。前翅 Sc 脉基部囊状膨大，比中室稍长；中室后缘脉基部粗壮；中室长约为前翅长的 1/2；R_1 和 R_2 脉由中室前缘分出。后翅肩脉向外侧弯曲；$Sc+R_1$ 脉长，接近顶角；Cu_1 脉分出点远离 M_3 脉。

雄性外生殖器：背兜近三角形；钩突长；颚突与背兜等长；囊突短；抱器狭长，背缘中部突起尖锐，密生刺状突；阳茎短。

寄主为禾本科 Gramineae 植物。

全世界记载 12 种，分布于古北区及东洋区。中国已知 5 种，大秦岭分布 3 种。

种检索表

1. 前翅有 2 个眼斑，一大一小 ··· **多斑艳眼蝶 *C. polyphemus***
   前翅仅有 1 个大眼斑 ·· 2
2. 前翅眼斑椭圆形，橙黄色圈纹宽，下端角状外突 ····························· **大艳眼蝶 *C. suroia***
   前翅眼斑圆形，橙黄色圈纹窄，下端无外突 ································· **混同艳眼蝶 *C. confusa***

大艳眼蝶 *Callerebia suroia* Tytler, 1914

Callerebia suroia Tytler, 1914, *J. Bombay nat. Hist. Soc.*, 23(2): 218, 23 (3) pl. 1, f. 2. **Type locality**: Manipur, Assam.

Callerebia suroia; Chou, 1994, *Mon. Rhop. Sin.*: 397; Huang, 2003, *Neue Ent. Nachr.*, 55: 57, f. 78-79, pl. 7, f. 7-8, 16; Roy, 2013, *J. Threatened Taxa*, 5(13): 4733 (list).

形态 成虫：中型眼蝶。两翅正面黑褐色；外缘区及反面色稍淡。前翅顶角区有1个椭圆形黑色眼斑，向内倾斜，双瞳蓝白色，橙黄色圈纹宽，边界弥散状，下端角状外突；反面顶角及外缘区密布灰白色麻点纹；眼斑外围多有黑褐色V形纹。后翅正面亚缘cu₁室有1个黑色圆形小眼斑，圈纹橙色，瞳点灰白色。反面翅面密布灰白色线纹和麻点斑，上部及外缘较稀疏；亚缘有1条宽的灰白色线纹和麻点斑的密集带；外横带和内横带锈褐色。

生物学 成虫多见于6~9月。跳跃式飞翔，常在林缘、山地活动，喜吸食人畜粪便。

分布 中国（陕西、甘肃、安徽、浙江、湖北、江西、重庆、四川、贵州、云南）。

大秦岭分布 陕西（南郑、西乡、镇巴）、甘肃（武都、康县、文县、舟曲、迭部）、湖北（兴山）、重庆（巫溪、城口）、四川（青川、安州、平武）。

混同艳眼蝶 *Callerebia confusa* Watkins, 1925

Callerebia confusa Watkins, 1925, *Ann. Mag. nat. Hist.*, (9)16: 235. **Type locality**: Chang Yang, Hubei.
Callerebia confusa; Chou, 1994, *Mon. Rhop. Sin.*: 398.
Callerebia polyphemus confusa; Huang, 2003, *Neue Ent. Nachr.*, 55: 56, f. 88-90, pl. 7, f. 12-14.

形态 成虫：中型眼蝶。与大艳眼蝶 *C.suroia* 极相似，主要区别为：本种体型较小。前翅眼斑圆形，橙黄色圈纹窄，边缘较清晰，下端无外突；反面灰白色亚缘带宽。

寄主 禾本科 Gramineae 稻 *Oryza sativa*、菱白 *Zizania latifolia*。

生物学 成虫多见于6~8月。常在溪沟、林缘活动，有吸食动物粪便习性，傍晚多停栖在长有青苔的石块上或林间的杂草丛中。

分布 中国（陕西、甘肃、宁夏、浙江、湖北、江西、湖南、福建、重庆、四川、贵州）。

大秦岭分布 陕西（太白、留坝）、甘肃（武都、文县）、湖北（兴山、神农架）、重庆（巫溪）、四川（都江堰）。

多斑艳眼蝶 *Callerebia polyphemus* (Oberthür, 1877)

Erebia polyphemus Oberthür, 1877, *Étud. d'Ent.*, 2: 33, pl. 2, f. 2. **Type locality**: Muping.
Loxerebia polyphemus; Lewis, 1974, *Butts. World*: pl. 202, f. 15.
Callerebia polyphemus; Chou, 1994, *Mon. Rhop. Sin.*: 399; Roy, 2013, *J. Threatened Taxa*, 5(13): 4733 (list) ; Wu & Xu, 2017, *Butts. Chin.*: 608, f. 609: 1-6.

形态 成虫：中型眼蝶。与大艳眼蝶 *C. suroia* 极相似，主要区别为：本种前翅亚顶区黑色大眼斑下方的 m_3 室内有 1 个黑色圆形小眼斑。后翅反面臀角 cu_1 及 cu_2 室各有 1 个圈纹模糊的黑色小眼斑。

寄主 禾本科 Gramineae 稻 *Oryza sativa* 及茭白 *Zizania latifolia*。

生物学 1 年 1 代。成虫多见于 6～8 月。喜栖息于林缘或林间空旷地带。

分布 中国（甘肃、湖北、重庆、四川、云南、贵州、西藏），印度，尼泊尔，缅甸。

大秦岭分布 甘肃（武都、文县、舟曲、迭部）、湖北（兴山）、四川（平武、汶川）。

舜眼蝶属 *Loxerebia* Watkins, 1925

Loxerebia Watkins, 1925, *Ann. Mag. nat. Hist.*, (9)16: 237. **Type species**: *Callerebia pratorum* Oberthür, 1886.

Hemadara Moore, 1893, *Lepid. Ind.*, 2(16): 106. **Type species**: *Yphthima*[sic] *narasingha* Moore, 1857.

Hedamara; Goltz, 1939, *Ent. Rundsch.*, 56: 42 (missp.).

Loxerebia (Palaeonymphini); Chou, 1998, *Class. Iden. Chin. Butt.*: 91.

Loxerebia; Wu & Xu, 2017, *Butts. Chin.*: 611.

近似艳眼蝶属 *Callerebia*。两翅反面橙红色或红褐色；中室闭式。前翅 Sc 脉基部囊状膨大；Sc 脉长于中室；中室约为前翅长的 1/2；R_1 和 R_2 脉由中室前缘分出；M_3 脉微弧形。后翅肩脉短，弯向外侧；Sc+R_1 脉长，接近顶角；M_3 脉短，基部微弯。

雄性外生殖器：背兜头盔形；钩突长；颚突与背兜等长；囊突粗短；抱器近多边形，端部窄，末端斜截；阳茎粗壮，强弯。

寄主为禾本科 Gramineae 及莎草科 Cyperaceae 植物。

全世界记载 19 种，分布于古北区及东洋区。中国已知 18 种，大秦岭分布 7 种。

种检索表

5. 后翅反面有近 V 形外横带 ···································· **草原舜眼蝶 *L. pratorum***

   后翅反面无 V 形外横带 ···································· **白点舜眼蝶 *L. albipuncta***

6. 前翅亚缘有 4 个眼斑 ······································ **罗克舜眼蝶 *L. loczyi***

   前翅亚缘有 3 个眼斑 ······································ **十目舜眼蝶 *L. carola***

白瞳舜眼蝶 *Loxerebia saxicola* (Oberthür, 1876)

Erebia saxicola Oberthür, 1876, *Étud. d'Ent.*, 2: 32, pl. 4, f. 1.

Loxerebia saxicola; Chou, 1994, *Mon. Rhop. Sin.*: 399; Huang, 2003, *Neue Ent. Nachr.*, 55: 124 (note); Wu & Xu, 2017, *Butts. Chin.*: 611, f. 612: 1-2.

形态　成虫：中型眼蝶。两翅正面深褐色。前翅正面亚顶区中部有 1 个黑色大眼斑，圈纹红褐色，双瞳，向内倾斜。反面红褐色，翅周缘棕褐色；顶角有灰白色麻点纹；眼斑同前翅正面。后翅正面无斑或在亚缘 cu_1 室有 1 个模糊的小眼斑。反面密布灰棕色细点和褐色细纹；外侧区灰棕色麻点纹密集带清晰或模糊；亚缘 cu_1 室眼斑圆，黑色。

生物学　1 年 1 代。成虫多见于 5~10 月。常在林区、山顶、溪沟及林荫下活动。

分布　中国（辽宁、北京、河北、山西、河南、陕西、甘肃、湖北、广东、重庆、四川、云南、西藏），蒙古。

大秦岭分布　河南（内乡、西峡、栾川、灵宝、卢氏、陕州）、陕西（长安、蓝田、周至、太白、华阴、南郑、洋县、西乡、佛坪、平利、岚皋、宁陕、商州、丹凤、商南、山阳、柞水、洛南）、甘肃（麦积、秦州、文县、徽县、舟曲、迭部）、湖北（兴山、神农架）、重庆（巫溪、城口）、四川（宣汉、青川、平武）。

草原舜眼蝶 *Loxerebia pratorum* (Oberthür, 1886)（图版 98：219）

Callerebia pratorum Oberthür, 1886, *Étud. d'Ent.*: 11: 25, pl. 4, f. 26.

Loxerebia pratorum; Chou, 1994, *Mon. Rhop. Sin.*: 400; Wu & Xu, 2017, *Butts. Chin.*: 611, f. 612: 5-7.

形态　成虫：中型眼蝶。与白瞳舜眼蝶 *L. saxicola* 相似，主要区别为：本种两翅正面色更深，黑褐色。前翅正面亚顶区中部大眼斑的圈纹鲜艳，橙红色，有明显的外延，形成拖尾。后翅正面亚缘 cu_1 室黑褐色小眼斑清晰，圈纹橙红色。反面密布灰白色云状纹，顶角区及基部更密集；外横带近 V 形，白色或淡黄色，缘线红褐色；亚缘有白色点斑列。雄性前翅正面中部有灰黑色性标斑，前端未达前缘，后侧至后缘。

生物学　成虫多见于 7~9 月。多活动于中高海拔区域。

分布　中国（陕西、甘肃、湖南、湖北、重庆、四川、贵州、云南、西藏）。

大秦岭分布　陕西（长安、眉县、太白、华阴）、甘肃（两当、文县、舟曲、迭部）、重庆（巫溪、城口）、四川（青川、平武）。

白点舜眼蝶 *Loxerebia albipuncta* (Leech, 1890)

Callerebia albipuncta Leech, 1890, *Entomologist*, 23: 31. **Type locality**: Chang Yang; Ichang.
Loxerebia albipuncta; Wu & Xu, 2017, *Butts. Chin*.: 611, f. 612: 3.

　　形态　成虫：中型眼蝶。与白瞳舜眼蝶 *L. saxicola* 相似，主要区别为：本种前翅亚顶区眼斑眶纹较鲜艳，淡黄色。后翅反面白色云状纹更密集；亚缘有白色点斑列；cu_1 室圆形眼斑清晰，圈纹翅正面红褐色，反面淡黄色。

　　生物学　成虫多见于 8~9 月。

　　分布　中国（河南、陕西、甘肃、湖北、湖南、贵州）。

　　大秦岭分布　河南（内乡）、陕西（西乡、留坝）、甘肃（成县）、湖北（兴山、神农架）。

圆睛舜眼蝶 *Loxerebia rurigena* (Leech, 1890)

Erebia rurigena Leech, 1890, *Entomologist*, 23: 187. **Type locality**: Ta-Chien-Lu, Moupin; Wa-shan.
Hemadara rurigena; Wu & Xu, 2017, *Butts. Chin*.: 616, f. 620: 5-6.

　　形态　成虫：中小型眼蝶。与白瞳舜眼蝶 *L. saxicola* 相似，主要区别为：本种个体稍小。翅正面色稍淡。前翅亚顶区眼斑眶纹较鲜艳，黄色；正面中域中下部有黑灰色性标斑。反面棕色；亚外缘线和中斜带红褐色。后翅无眼斑。反面灰白色云状纹更密集；外中域有灰白色云纹带；中横带及基横带多模糊，红褐色。

　　生物学　1 年 1 代。成虫多见于 6~7 月。喜停栖于潮湿岩壁，常在溪谷、路边穿行。

　　分布　中国（陕西、湖北、四川、贵州）。

　　大秦岭分布　陕西（南郑、镇巴、佛坪）、湖北（神农架）。

横波舜眼蝶 *Loxerebia delavayi* (Oberthür, 1891)

Callerebia delavayi Oberthür, 1891, *Étud. d'Ent*., 15: 13, pl. 2, f. 18.
Loxerebia delavayi; Chou, 1994, *Mon. Rhop. Sin*.: 399.
Hemadara delavayi; Wu & Xu, 2017, *Butts. Chin*.: 616, f. 620: 7.

　　形态　成虫：中小型眼蝶。与圆睛舜眼蝶 *L. rurigena* 相似，主要区别为：本种前翅亚顶区眼斑圈纹翅正面棕黄色，反面淡黄色。后翅反面灰白色云状纹更密集；白色云纹带从顶角伸至后缘中部，外侧缘带红褐色，内侧呈弥散状扩散；前缘有数条红褐色波曲纹。

生物学 1年1代。成虫多见于6月。喜在林间湿地和溪谷活动。

分布 中国（甘肃、云南）。

大秦岭分布 甘肃（麦积、两当）。

罗克舜眼蝶 *Loxerebia loczyi* Frivaldzky, 1885

Loxerebia loczyi Frivaldzky, 1885, *Term. Fuz. Magyar Nem. Mus.*, 10: 40, pl. 4, f. 4.

Loxerebia loczyi; Wu & Xu, 2017, *Butts. Chin.*: 613, f. 614: 7.

形态 成虫: 中型眼蝶。两翅正面黑褐色。前翅亚缘有4个眼斑，前3个眼斑大，紧密相连，圈纹多融合在一起，蓝白色瞳点大，端部内倾，第4个眼斑较小，圈纹独立。反面红褐色，周缘黑褐色；眼斑列同前翅正面。后翅正面亚缘有3个眼斑，瞳点蓝白色，圈纹红褐色，分别位于亚缘的 m_2、m_3 和 cu_1 室，其中 m_2 室眼斑较小。反面棕褐色；密布黄褐色云状麻点纹，顶角区较稀疏；亚缘上半部有3个白色点斑，下半部有3个黑色无瞳眼斑，中间1个较大。

生物学 成虫多见于5~7月。

分布 中国（陕西、甘肃、四川），印度，缅甸。

大秦岭分布 陕西（宁陕）、甘肃（武都）。

十目舜眼蝶 *Loxerebia carola* (Oberthür, 1893)

Callerebia carola Oberthür, 1893, *Étud. d'Ent.*, 18: 18, pl. 6, f. 79, 79a.

Loxerebia carola; Chou, 1994, *Mon. Rhop. Sin.*: 400; Wu & Xu, 2017, *Butts. Chin.*: 611, f. 612: 4.

形态 成虫: 中型眼蝶。两翅正面黑褐色；眼斑黑色，瞳点蓝白色，圈纹红褐色。前翅正面亚缘有3个眼斑，自上而下眼斑变小，端部1个极大，双瞳，后2个较小。反面红褐色，周缘褐色；顶角有灰绿色麻点纹；眼斑列同前翅正面。后翅亚缘有3个黑色圆形眼斑，分别位于亚缘的 m_2、m_3 和 cu_1 室，其中 m_2 室眼斑较小。反面褐色，密布灰绿色云状麻点纹；亚缘点斑列白色；外横带白色，较模糊，内侧缘线红褐色。

生物学 成虫多见于8~9月。

分布 中国（陕西、甘肃、四川、云南）。

大秦岭分布 陕西（宁陕）、甘肃（麦积、徽县、两当、迭部）。

酒眼蝶属 *Oeneis* Hübner, [1819]

Oeneis Hübner, [1819], *Verz. bek. Schmett.*, (4): 58. **Type species**: *Papilio norna* Thunberg, 1791.

Chionobas Boisduval, 1832b, *Icon. hist. Lépid. Eur.*, 1(17-18): 182. **Type species**: *Papilio aello* Hübner, [1803].

Chionabas; Doubleday, 1848, *List Spec. lep. Ins. Brit. Mus.*, 3(Appendix): 31 (missp.).

Oenois (Oeneini); Lukhtanov & Eitschberger, 2000, *Butts. World*, 11: 1-9.

Protoeneis Gorbunov, 2001, *Butt. Russ. classif.*: 228. **Type species**: *Chionobas nanna* Ménétnés, 1859.

Protoeneis (Oeneis); Pelham, 2008, *J. Res. Lepid.*, 40: 425; Korb & Bolshakov, 2011, *Eversmannia Suppl.*, 2: 56.

Oeneis (Satyrina); Pelham, 2008, *J. Res. Lepid.*, 40: 418.

Oeneis (Oeneina); Korb & Bolshakov, 2011, *Eversmannia Suppl.*, 2: 56.

Oeneis (Palaeonymphini); Chou, 1998, *Class. Iden. Chin. Butt.*: 94.

Oeneis; Wu & Xu, 2017, *Butts. Chin.*: 622.

前翅亚缘有眼斑。后翅反面有云纹斑。前翅 Sc 脉基部囊状膨大；中室后缘脉粗壮；中室闭式，超过前翅长的 1/2；Sc 脉长于中室；R_1 脉由中室前缘分出；R_2-R_5 脉共柄；M_3 脉平直。后翅肩脉短，粗壮；Sc+R_1 脉与中室等长；Rs 脉与 M_1 脉分出点接近；M_3 脉平直。

雄性外生殖器：背兜头盔形；钩突末端钝；颚突短，尖锥状；囊突粗短；抱器方阔；阳茎细长，明显长于抱器，有齿突。

寄主为莎草科 Cyperaceae 植物。

全世界记载 44 种，分布于古北区及新北区。中国已知 12 种，大秦岭分布 3 种。

种检索表

1. 前翅亚缘有 3 个眼斑 ·· 菩萨酒眼蝶 *O. buddha*
   前翅亚缘有 1~2 个眼斑 ··· 2
2. 翅正面黄褐色，脉纹红褐色 ·· 蒙古酒眼蝶 *O. mongolica*
   翅正面淡橙色至浅棕色，脉纹灰白色 ································ 娜娜酒眼蝶 *O. nanna*

菩萨酒眼蝶 *Oeneis buddha* Grum-Grshmailo, 1891

Oeneis buddha Grum-Grshimailo, 1891, *Horae Soc. ent. Ross.*, 25(3-4): 458.

Oeneis buddha; Chou, 1994, *Mon. Rhop. Sin.*: 402; Wu & Xu, 2017, *Butts. Chin.*: 622, f. 623: 3-6.

形态 成虫：中小型眼蝶。两翅黄褐色至灰褐色。前翅较狭长；正面亚外缘线黑褐色；

亚缘有 1 列橙黄色至淡黄色水滴状眼斑，分别位于 m_1、m_3 和 cu_1 室，位于 m_1 室的眼斑圈纹宽，单瞳蓝白色。反面外横线及中室 2 个条斑黑褐色；其余斑纹同前翅正面。后翅长卵圆形；正面亚缘斑带弧形，淡黄色，下半部镶有黑色圆形眼斑，有瞳或无瞳，时有退化或消失。反面脉纹清晰；密布黑褐色云状纹；亚缘带及基横带白色或淡黄色，缘线黑褐色。

生物学 1 年 1 代。成虫多见于 4~7 月。

分布 中国（黑龙江、辽宁、陕西、甘肃、青海、四川、西藏），印度。

大秦岭分布 陕西（眉县、太白）、甘肃（迭部）。

娜娜酒眼蝶 *Oeneis nanna* (Ménétnés, 1859)

Chionobas nanna Ménétnés, 1859, *In*: Schrenck, *Rei. Fors. Amur-Lande*, 2(1): 38, pl. 3, f. 5. **Type locality**: Amur River.

Chionobas nanna; Tuzov, 1997, *Gui. Butt. Rus. Adj. Ter.*, 1: 237; Lewis, 1974, *Butts. World*: 203; Chou, 1994, *Mon. Rhop. Sin.*: 402; Yakovlev, 2012, *Nota lepid.*, 35(1): 86.

Oeneis (*Protoeneis*) *nanna*; Korb & Bolshakov, 2011, *Eversmannia Suppl.*, 2: 56.

形态 成虫：中小型眼蝶。两翅淡橙色至浅棕色。前翅前缘区、顶区及外缘区有灰褐色麻点纹及横波纹；亚缘带橙黄色，m_1 及 cu_1 室各镶有 1 个圆形黑褐色眼斑，m_1 室眼斑稍大，有白色瞳点。反面色稍淡；中室有黑褐色横纹；其余斑纹同前翅正面。后翅正面覆有黑褐色和白色斑驳云状纹，反面较正面密集；亚缘眼斑列 C 形排列，圈纹橙黄色至乳白色。反面外缘、基部和后缘的斑驳纹更密集；黑色外横带中部 V 形外突；其余斑纹同前翅正面。

生物学 成虫多见于 6~7 月。

分布 中国（黑龙江、吉林、辽宁、河南、宁夏、新疆），蒙古，朝鲜。

大秦岭分布 河南（灵宝）。

蒙古酒眼蝶 *Oeneis mongolica* (Oberthür, 1876)

Chionobas mongolica Oberthür, 1876, *Étud. d'Ent.* 2: 31, pl. 4, f. 6. **Type locality**: Mongolia.

Oeneis mongolica; Wu & Xu, 2017, *Butts. Chin.*: 622, f. 623: 7-10.

形态 成虫：小型眼蝶。与娜娜酒眼蝶 *O. nanna* 相似，主要区别为：本种翅黄褐色；亚缘斑带退化消失，只留黑色圆形斑纹。后翅反面端半部斑驳纹较稀疏。

寄主 莎草科 Cyperaceae 白颖薹草 *Carex duriuscula*。

生物学 1 年 1 代。成虫多见于 4~6 月。

分布 中国（北京、河北、内蒙古、陕西、宁夏、甘肃）。

大秦岭分布 陕西（商南）。

山眼蝶属 *Paralasa* Moore, 1893

Paralasa Moore, 1893, *Lepid. Ind*., 2(16): 103. **Type species**: *Erebia kalinda* Moore, 1865.

Paralasa (Erebina); Korb & Bolshakov, 2011, *Eversmannia Suppl*., 2: 48.

Paralasa (Palaeonymphini); Chou, 1998, *Class. Iden. Chin. Butt*.: 92, 93.

Paralasa; Wu & Xu, 2017, *Butts. Chin*.: 618.

前翅 Sc 脉基部囊状膨大，长于中室；R_1 脉由中室前缘脉分出；R_2、R_5 脉与 M_1 脉均从中室上顶角分出；M_3 脉平直。后翅肩脉弯曲；中室长约为后翅长的 1/2；Sc+R_1 脉与中室约等长，不达顶角；M_3 脉微弯。

雄性外生殖器：背兜发达；钩突粗短；无颚突；囊突及阳茎细；抱器近三角形，基部阔，端部狭，端背缘有刺状突。

全世界记载 27 种，分布于古北区。中国已知 8 种，大秦岭分布 2 种。

种检索表

前翅正面亚缘黄斑近三角形，斑内仅有 1 个双瞳眼斑 ⋯⋯⋯⋯⋯⋯⋯⋯ **山眼蝶 *P. batanga***

前翅正面亚缘橙红色大斑近肾形，斑内有 1 个双瞳大眼斑和 1～2 个小黑斑⋯⋯⋯⋯⋯⋯⋯

⋯⋯⋯⋯⋯⋯⋯⋯⋯⋯⋯⋯⋯⋯⋯⋯⋯⋯⋯⋯⋯⋯⋯⋯⋯⋯⋯ **耳环山眼蝶 *P. herse***

山眼蝶 *Paralasa batanga* Goltz, 1939

Paralasa batanga Goltz, 1939, *Dt. ent. Z. Iris*, 53: 37.

Paralasa batanga; Chou, 1994, *Mon. Rhop. Sin*.: 401.

形态 成虫：小型眼蝶。翅狭长；黑褐色。前翅中室红褐色；亚缘至外中区有 1 个黑褐色圆形大眼斑，双瞳白色，眼斑环绕 1 个橙色环斑，并向下部延伸至臀角附近。后翅正面无斑；反面密布暗色细纹。

分布 中国（甘肃、青海、云南）。

大秦岭分布 甘肃（碌曲）。

耳环山眼蝶 *Paralasa herse* (Grum-Grshimailo, 1891)

Erebia herse Grum-Grshimailo, 1891, *Horae Soc. ent. Ross*., 25(3-4): 457.

Paralasa herse; Chou, 1994, *Mon. Rhop. Sin*.: 401.

形态　成虫：小型眼蝶。与山眼蝶 *P. batanga* 相似，主要区别为：本种前翅正面亚缘至外中区有 1 个肾形橙红色大斑，斑内有 1 个双瞳大眼斑和 1~2 个小黑斑；反面锈红色，周缘黑褐色至褐色，前缘及顶角有白色横纹和麻点纹。后翅反面密布深褐色和白色细纹，翅周缘细纹更密集。

生物学　1 年 1 代。成虫多见于 5~6 月。

分布　中国（甘肃、青海、四川、西藏），蒙古。

大秦岭分布　甘肃（舟曲、合作、碌曲）。

珍眼蝶亚族 Coenonymphina Tutt, 1896

Coenonymphina Tutt, 1896.

Coenonymphini (Satyrinae); Chou, 1998, *Class. Iden. Chin. Butt*.: 98, 99.

Coenonymphina (Satyrini); Pelham, 2008, *J. Res. Lepid*., 40: 398; Korb & Bolshakov, 2011, *Eversmannia Suppl*., 2: 46.

眼无毛。前翅 Sc 脉及 Cu 脉基部膨大；有的种类 2A 脉亦膨大。

中国记录 16 种，大秦岭分布 6 种。

属检索表

小型眼蝶；前翅 2A 脉基部膨大 ⋯⋯⋯⋯⋯⋯⋯⋯⋯⋯⋯⋯⋯⋯⋯⋯⋯⋯ **珍眼蝶属 *Coenonympha***

中小型眼蝶；前翅 2A 脉基部只加粗，不膨大 ⋯⋯⋯⋯⋯⋯⋯⋯⋯⋯ **阿芬眼蝶属 *Aphantopus***

珍眼蝶属 *Coenonympha* Hübner, [1819]

Coenonympha Hübner, [1819], *Verz. bek. Schmett*., (5): 65. **Type species**: *Papilio geticus* Esper, 1794.

Chortobius Dunning & Pickard, 1858, *Accent. List Brit. Lep*.: 5. **Type species**: *Papilio pamphilus* Linnaeus, 1758; Doubleday, 1859, *Zool. Syn. List. Brit. Butt*., (Ed. 2): 2 (Preoccupied).

Chortobius Doubleday, 1859, *Zool. Syn. List. Brit. Butt.*, (Ed. 2): 2 (preocc. Dunning & Pickard, [1859]).

Sicca Verity, 1953, *Le Farfalle diurn. d'Italia*, 5: 83. **Type species**: *Papilio dorus* Esper, 1782.

Coenonympha (Coenonymphina); Pelham, 2008, *J. Res. Lepid.*, 40: 398; Korb & Bolshakov, 2011, *Eversmannia Suppl.*, 2: 46.

Coenonympha (Coenonymphini); Chou, 1998, *Class. Iden. Chin. Butt.*: 98, 99.

Coenonympha; Wu & Xu, 2017, *Butts. Chin.*: 626.

翅正面橙黄色至黑褐色；反面比正面色稍淡。前翅 Sc、Cu 脉及 2A 脉基部囊状膨大；中室闭式，端脉凹入，有短回脉，长约为前翅的 1/2；R_1 脉由中室前缘分出；R_2-R_5 脉共柄；Sc 脉稍长于中室。后翅肩脉极短；中室闭式，长约为后翅的 1/2；Sc+R_1 脉短于中室。发香鳞通常分布于前翅正面。

雄性外生殖器：背兜头盔形，较窄；钩突发达，约为背兜长的 2 倍；颚突长于背兜，短于钩突，末端尖；囊突短；抱器狭长；阳茎短于抱器。

寄主为莎草科 Cyperaceae、禾本科 Gramineae 及鸢尾科 Iridaceae 植物。

全世界记载 40 种，分布于古北区、新北区及非洲区。中国已知 11 种，大秦岭分布 4 种。

种检索表

牧女珍眼蝶 *Coenonympha amaryllis* (Stoll, [1782])（图版 99：220—221）

Papilio amaryllis Stoll, [1782], *In*: Cramer, *Uitl. Kapellen*, 4(32-32): 210, pl. 391, f. A, B. **Type locality**: "de la Sibérie".

Coenonympha amaryllis; Lewis, 1974, *Butts. World*: pl. 200, f. 5; Chou, 1994, *Mon. Rhop. Sin.*: 403; Tuzov, 1997, *Gui. Butt. Rus. Adj. Ter.*, 1: 194; Korb & Bolshakov, 2011, *Eversmannia Suppl.*, 2: 47; Yakovlev, 2012, *Nota lepid.*, 35(1): 78; Wu & Xu, 2017, *Butts. Chin.*: 626, f. 688: 6-9.

形态 成虫：小型眼蝶。两翅橙色；基部黑褐色；反面外缘带白色，镶有黑色外缘线；亚缘黑色眼斑列正面时有模糊或消失，圈纹淡黄色，反面清晰，内侧伴有灰白色锯齿纹。后

蛱蝶科 Nymphalidae

翅反面灰绿色至灰黄色；基部灰黑色；亚缘区橙色；亚缘眼斑列近 L 形，黑色，圈纹淡黄色，瞳点蓝白色。

卵：长圆形；乳白色；表面密布橙褐色斑纹和纵脊。

幼虫：黄绿色；筒状；头部圆，绿色；背部有绿色和白色纵带纹；腹末端有 1 对棕红色锥状突起；足基带乳黄色。

蛹：淡绿色；近长椭圆形；体表有黄绿色颗粒状斑点；胸背部圆形突起。

寄主　莎草科 Cyperaceae 香附子 Cyperus rotundus、油莎豆 C. esculentus、大披针薹草 Carex lanceolata；禾本科 Gramineae 稻 Oryza sativa、马唐 Digitaria sanguinalis。

生物学　1 年多代。成虫多见于 5~9 月。常在灌草丛中活动。

分布　中国（黑龙江、吉林、辽宁、内蒙古、北京、天津、山西、山东、河南、陕西、甘肃、青海、新疆、浙江、四川），朝鲜，中亚地区。

大秦岭分布　河南（登封、内乡、南召、西峡、栾川、灵宝、卢氏、嵩县、渑池、陕州）、陕西（临潼、蓝田、长安、周至、渭滨、陈仓、眉县、太白、凤县、华州、华阴、宁陕、商州、商南、洛南）、甘肃（麦积、武山、康县、文县、两当、合作、舟曲、迭部、碌曲、漳县）。

新疆珍眼蝶 *Coenonympha xinjiangensis* Chou & Huang, 1994

Coenonympha xinjiangensis Chou & Huang, 1994, *In*: Chou, *Mon. Rhop. Sin*.: 403, f. 32-33. **Type locality**: Jiandengyu, Xinjiang.

形态　成虫：小型眼蝶。与牧女珍眼蝶 *C. amaryllis* 很相似，主要区别为：本种翅色暗。前翅反面无橙红色带纹。后翅反面大部分黑色；亚缘无白色波曲带纹；亚缘第 2~3 个眼斑内侧有 1 个白色斑纹。

寄主　莎草科 Cyperaceae 植物。

分布　中国（甘肃、新疆）。

大秦岭分布　甘肃（迭部）。

西门珍眼蝶 *Coenonympha semenovi* Alphéraky, 1887

Coenonympha semenovi Alphéraky, 1887, *In*: Romanoff, *Mém. Lép*., 3: 405.

Coenonympha semenori; Lewis, 1974, *Butts. World*.: pl. 200, f. 6.

Coenonympha semenovi; Chou, 1994, *Mon. Rhop. Sin*.: 404; Wu & Xu, 2017, *Butts. Chin*.: 626, f. 628: 1-3.

形态　成虫：小型眼蝶。与牧女珍眼蝶 *C. amaryllis* 相似，主要区别为：本种个体较小。翅反面灰绿色；亚缘无眼斑，但有白色的圆斑列。

寄主　莎草科 Cyperaceae 植物。

生物学　成虫多见于 6~7 月。常在中高海拔的草甸活动。

分布　中国（陕西、甘肃、青海、新疆、四川、西藏），中亚。

大秦岭分布　陕西（长安、鄠邑、陈仓、太白）、甘肃（卓尼、舟曲、迭部、碌曲、玛曲）。

爱珍眼蝶 *Coenonympha oedippus* (Fabricius, 1787)

Papilio oedippus Fabricius, 1787, *Mant. Ins*., 2: 31. **Type locality**: S. Russia.

Papilio geticus Esper, 1794, *Die Schmett., Suppl. Th*, 1(3-4): 51, (5-6): pl. 102, f. 2.

Coenonympha annulifer Butler, 1877, *Ann. Mag. nat. Hist*., (4) 19(109): 91. **Type locality**: 370 miles from Tokei (Yedo).

Coenonympha oedippus; Tuzov, 1997, *Gui. Butt. Rus. Adj. Ter*., 1: 196; Lewis, 1974, *Butts. World*: 6; Chou, 1994, *Mon. Rhop. Sin*.: 403; Korb & Bolshakov, 2011, *Eversmannia Suppl*., 2: 46; Wu & Xu, 2017, *Butts. Chin*.: 626, f. 628: 4-5.

形态　成虫：小型眼蝶。两翅正面褐色或黑褐色；反面黄褐色；眼斑黑色，圈纹淡黄色，瞳点白色。前翅亚缘眼斑个体间变化较大，无眼斑或有 1~5 个眼斑不等；反面亚缘线黑色。后翅亚缘眼斑列正面时有模糊或消失，反面清晰，内侧常伴有淡黄色间断斑带；前缘中部有 1 个黑色圆形大眼斑；亚外缘线银白色。

卵：卵圆形；黄色或绿色，孵化前淡褐色；表面有纹脊。

幼虫：5 龄期。绿色；筒状；越冬幼虫黄褐色，体上有纵纹。

蛹：有绿色和褐色 2 种色型。

寄主　禾本科 Gramineae 芦苇 *Phragmites communis*、马唐 *Digitaria sanguinalis*、黑麦草属 *Lolium* spp.；莎草科 Cyperaceae 大披针薹草 *Carex lanceolata*；鸢尾科 Iridaceae 黄菖蒲 *Iris pseudacorus*。

生物学　1 年 1 代。成虫多见于 5~8 月。飞行较缓慢，常在灌草丛中活动。

分布　中国（黑龙江、吉林、辽宁、内蒙古、北京、天津、河北、山西、山东、河南、陕西、宁夏、甘肃、江西），朝鲜，日本，欧洲。

大秦岭分布　河南（登封、内乡、西峡、陕州）、陕西（临潼、眉县、华州、华阴、洋县、宁陕、商州、山阳、洛南）、甘肃（麦积、秦州、武山、文县、徽县、两当、漳县、舟曲、迭部）。

阿芬眼蝶属 *Aphantopus* Wallengren, 1853

Aphantopus Wallengren, 1853, *Skand. Dagfjär*.: 9, 30. **Type species**: *Papilio hyperantus* Linnaeus, 1758.

Aphantopus (Coenonymphini); Chou, 1998, *Class. Iden. Chin. Butt*.: 99.

Aphantopus (Maniolina); Korb & Bolshakov, 2011, *Eversmannia Suppl*., 2: 48.

Aphantopus; Wu & Xu, 2017, *Butts. Chin*.: 629.

两翅棕褐色至黑褐色。前翅 Sc 脉、Cu 脉基部囊状膨大；中室长不足前翅长的 1/2；Sc 脉略长于中室；R_1 和 R_2 脉由中室前缘分出；M_3 脉略弯曲。后翅肩脉短或无肩脉；Sc+R_1 脉短于中室；M_3 脉基部弯曲。

雄性外生殖器：背兜头盔形；钩突末端尖锐；颚突直，末端尖；囊突短；阳茎直，短于抱器；抱器近菱形，端部长指状外突。

寄主为禾本科 Gramineae 及莎草科 Cyperaceae 植物。

全世界记载 3 种，分布于古北区。中国均有记录，大秦岭分布 2 种。

种检索表

后翅反面眼斑间有灰白色斜带 ································ **大斑阿芬眼蝶 *A. arvensis***

后翅反面眼斑间无上述斜带 ····························· **阿芬眼蝶 *A. hyperantus***

大斑阿芬眼蝶 *Aphantopus arvensis* (Oberthür, 1876)（图版 100：222）

Satyrus arvensis Oberthür, 1876, *Étud. d'Ent*., 2: 30, pl. 4, f. 2.

Aphantopus arvensis; Lewis, 1974, *Butts. World*.: pl. 200, f. 3; Wu & Xu, 2017, *Butts. Chin*.: 629, f. 630: 4-6.

形态　成虫：小型眼蝶。两翅正面褐色至深褐色，反面棕色至棕褐色；基半部颜色略深；外缘线及亚外缘线黑褐色；眼斑黑色，圈纹淡黄色至黄褐色，瞳点白色。前翅亚顶区有 2 个斜向排列的眼斑，前大后小；亚缘带浅棕色，两侧缘线黑褐色。后翅正面有 2 组眼斑，分别位于前缘中部和亚缘下半部，但仅亚缘 m_3、cu_1 室的眼斑清晰。反面前缘中部 2 个眼斑紧密相连；亚缘下半部有 3 个眼斑，其中臀角的眼斑较小；亚缘灰白色带纹从前缘眼斑的外侧经亚缘眼斑到达后缘，缘线黑褐色。

生物学　1 年 1 代。成虫多见于 6~8 月。

分布　中国（陕西、宁夏、甘肃、青海、浙江、湖北、广西、重庆、四川、云南）。

大秦岭分布 陕西（蓝田、周至、凤县、洋县、佛坪、宁陕）、甘肃（麦积）、湖北（兴山、神农架）、重庆（巫溪）、四川（青川、汶川）。

阿芬眼蝶 *Aphantopus hyperantus* (Linnaeus, 1758)

Papilio hyperantus Linnaeus, 1758, *Syst. Nat.* (Edn 10), 1: 471. **Type locality**: Sweden.

Aphantopus hyperantus rufilius Fruhstorfer, 1909b, *Int. ent. Zs.*, 3(21): 121. **Type locality**: S. Tirol.

Aphantopus hyperantus; Smart, 1976, *Ill. Enc. Butt. World*: 270; Lewis, 1974, *Butts. World*: pl. 5, f. 10; Chou, 1994, *Mon. Rhop. Sin.*: 405; Tuzov, 1997, *Gui. Butt. Rus. Adj. Ter.*, 1: 232; Korb & Bolshakov, 2011, *Eversmannia Suppl.*, 2: 48; Wu & Xu, 2017, *Butts. Chin.*: 629, f. 630: 1-3.

形态 成虫：小型眼蝶。两翅正面深褐色；反面棕色、棕褐色至黄褐色，基半部颜色略深；外缘线黑褐色；中横线深褐色，时有消失；眼斑黑色，圈纹淡黄色至黄褐色，瞳点白色。前翅外斜眼斑列有 2~3 个眼斑，末端眼斑时有退化或消失；亚缘带浅棕色，两侧缘线黑褐色。后翅正面仅亚缘 m_3、cu_1 室的眼斑清晰。反面前缘中部 2 个眼斑紧密相连；亚缘下半部有 3 个眼斑，其中臀角的眼斑较小。

卵：乳黄色；球形，光滑。

幼虫：灰黄褐色；梭形；体表有深浅相间的条纹。

寄主 禾本科 Gramineae 梯牧草 *Phleum pratense*、早熟禾属 *Poa* spp.、粟草属 *Milium* spp.、拂子茅属 *Calamagrostis* spp.、鸭茅属 *Dactylis* spp.、偃麦草属 *Elytrigia* spp.、绒毛草属 *Holcus* spp.、黄花茅属 *Anthoxanthum* spp.；莎草科 Cyperaceae 薹草属 *Carex* spp. 植物。

生物学 1 年 1 代。成虫多见于 6~9 月。飞行缓慢，跳跃式飞翔，常在林缘或阴暗的林下活动。

分布 中国（黑龙江、吉林、辽宁、北京、河南、陕西、宁夏、甘肃、青海、湖北、重庆、四川、云南、西藏），俄罗斯，蒙古，朝鲜，西欧。

大秦岭分布 河南（鲁山、内乡、西峡、嵩县、灵宝）、陕西（蓝田、长安、鄠邑、周至、太白、凤县、华阴、南郑、洋县、镇巴、留坝、佛坪、宁陕、商州、商南）、甘肃（麦积、秦州、武山、康县、文县、宕昌、徽县、两当、礼县、舟曲、迭部、碌曲、漳县）、湖北（神农架）、四川（青川）。

红眼蝶亚族 Erebiina Tutt, 1896

Erebiina Tutt, 1896.

Erebiina; Chou, 1998, *Class. Iden. Chin. Butt*.: 88.

Erebiina (Satyrini); Pelham, 2008, *J. Res. Lepid*., 40: 411; Korb & Bolshakov, 2011, *Eversmannia Suppl*., 2: 48.

黑褐色；两翅亚缘有橙红色斑带；亚顶区有 1 个双瞳眼斑或 2 个眼斑愈合在一起。前翅 Sc 脉基部膨大。

全世界记载 154 种，分布于古北区、新北区和非洲区。中国已知 30 余种，大秦岭分布 5 种。

红眼蝶属 *Erebia* Dalman, 1816

Erebia Dalman, 1816, *K. svenska Vetensk Akad. Handl.* (1): 58. **Type species**: *Papilio ligea* Linnaeus, 1758.

Syngea Hübner, [1819], *Verz. bek. Schmett*., (4): 62. **Type species**: *Papilio pronoe* Esper, 1780.

Epigea Hübner, [1819], *Verz. bek. Schmett*., (4): 62. **Type species**: *Papilio ligea* Linnaeus, 1758.

Phorcis Hübner, [1819], *Verz. bek. Schmett*., (4): 62. **Type species**: *Phorcis epistygne* Hübner, [1819].

Marica Hübner, [1819], *Verz. bek. Schmett*., (4): 63. **Type species**: *Papilio stygne* Hübner, [1806].

Gorgo Hübner, [1819], *Verz. bek. Schmett*., (4): 64. **Type species**: *Papilio ceto* Hübner, [1803].

Atercoloratus Bang-Haas, 1938, *Ent. Zeit*., 52(22): 178. **Type species**: *Coenonympha alini* Bang-Haas, 1937.

Triariia Verity, 1953, *Le Farfalle diurn. d'Italia*, 5: 186. **Type species**: *Papilio triarius* de Prunner, 1798.

Truncaefalcia Verity, 1953, *Le Farfalle diurn. d'Italia*, 5: 188. **Type species**: *Papilio aethiops* Esper, 1777.

Medusia Verity, 1953, *Le Farfalle diurn. d'Italia*, 5: 179. **Type species**: *Papilio medusa* Denis & Schiffermüller, 1775.

Simplicia Verity, 1953, *Le Farfalle diurn. d'Italia*, 5: 194 (preocc. *Simplicia* Guenée, 1854). **Type species**: *Papilio epiphron* Knoch, 1783.

Simplospinosia Verity, 1957, *Ent. Rec. J. Var*., 69: 225 (repl. *Simplicia* Verity, 1953). **Type species**: *Papilio epiphron* Knoch, 1783.

Erebia (Erebiina); Chou, 1998, *Class. Iden. Chin. Butt*.: 88, 89.

Erebia (Erebiina); Pelham, 2008, *J. Res. Lepid*., 40: 411; Korb & Bolshakov, 2011, *Eversmannia Suppl*., 2: 49.

Erebia; Wu & Xu, 2017, *Butts. Chin*.: 634.

两翅亚缘有橙红色带纹，镶有成列的眼状斑。前翅 Sc 脉基部膨大，长于中室；中室闭式，长约为前翅长的 1/2；R_1 及 R_2 脉由中室前缘分出；M_1 脉与 R_3-R_5 脉共柄极短；M_3 脉弱弯曲。后翅肩脉短，向外弯曲；Sc+R_1 脉与中室约等长，不达顶角；M_3 脉弧形弯曲。

雄性外生殖器：背兜发达，头盔形；钩突端部尖；颚突短，锥状；囊突粗短；抱器长阔，端部指状尖出；阳茎稍长或与抱器等长，直或弯曲。

雌性外生殖器：囊导管膜质，细长，略短于交配囊；交配囊长，袋状；1 对交配囊片短，密布细齿突。

寄主为禾本科 Gramineae 及莎草科 Cyperaceae 植物。

全世界记载 108 种，分布于古北区和新北区。中国已知 30 余种，大秦岭分布 5 种。

种检索表

1. 翅面无眼斑 ·········· 阿红眼蝶 *E. atramentaria*
   翅面有眼斑 ·········· 2
2. 前翅仅有 1 个双瞳眼斑 ·········· 秦岭红眼蝶 *E. tristior*
   前翅有 1 个以上眼斑 ·········· 3
3. 前翅亚缘斑 6 个，无橙色带 ·········· 乌红眼蝶 *E. nikitini*
   前翅亚缘斑 2~4 个，镶有橙色或黄色带 ·········· 4
4. 雄性前翅正面中室下方无性标 ·········· 红眼蝶 *E. alcmena*
   雄性前翅正面中室下方有性标 ·········· 暗红眼蝶 *E. neriene*

红眼蝶 *Erebia alcmena* Grum-Grshimailo, 1891（图版 100：223）

Erebia alcmena Grum-Grshimailo, 1891, *Horae Soc. ent. Ross*., 25(3-4): 457.

Erebia neoridas veldmani Kotzsch, 1929, *Ent. Zs*., 43: 206, f. 8-9. **Type locality**: "Kansu, Richthofen-gebirge, Süd-Datungsche Berge", 3600m.

Erebia alcmena; Lewis, 1974, *Butts. World*: pl. 200, f. 8; Chou, 1994, *Mon. Rhop. Sin*.: 406; Wu & Xu, 2017, *Butts. Chin*.: 634, f. 635: 1-5.

形态 成虫：中小型眼蝶。两翅正面黑褐色；反面深褐色，基半部颜色略深；眼斑黑色，圈纹橙红色，瞳点白色。前翅亚缘带橙色，上宽下窄，中部有缢缩，带纹内镶有 1 列眼斑，雄性带纹缢缩处眼斑消失。后翅正面亚缘橙色带纹近弧形，边缘锯齿形，带内镶有眼斑列，带纹和眼斑列时有退化和消失。反面亚缘带及基横带灰白色，覆有褐色麻点纹，缘线深褐色；亚缘眼斑常退化为白色点斑。

寄主 莎草科 Cyperaceae 羊胡子草 *Carex rigescens*、白颖薹草 *C. duriuscula* 等。

生物学　1年1代。成虫多见于6~10月。常在中高海拔林地活动。

分布　中国（黑龙江、河南、陕西、宁夏、甘肃、浙江、四川、西藏）。

大秦岭分布　河南（西峡、灵宝）、陕西（蓝田、长安、鄠邑、周至、眉县、太白、凤县、洋县、佛坪、宁陕、商州、丹凤、商南、山阳、镇安）、甘肃（麦积、秦州、文县、徽县、两当、合作、迭部、碌曲）。

乌红眼蝶 *Erebia nikitini* Mori & Cho, 1938

Erebia nikitini Mori & Cho, 1938, *Rep. Inst. Sci. Res. Manchoukuo*, 2: 8.

Erebia nikitini; Wang, 1999, *Mon. Ori. Butt. Chin. NE.*: 128.

Coenonympha tianshanica Chou & Yuan, 2001, *Entomotaxonomia*, 23: 206.

形态　成虫：中小型眼蝶。两翅正面棕褐色；反面浅褐色。前翅亚缘有6个模糊的黑褐色眼斑，略呈S形排列，瞳点白色，m_1及m_2室眼斑愈合，r_5室斑极小。后翅亚缘有7个眼斑，弧形排列，瞳点白色，cu_2室有2个眼斑，前大后小。反面基部颜色深；亚缘眼斑较清晰，rs室眼斑最小，cu_1室眼斑最大。

生物学　成虫多见于6~7月。

分布　中国（黑龙江、吉林、辽宁、内蒙古、宁夏、甘肃），塔吉克斯坦，蒙古。

大秦岭分布　甘肃（麦积）。

阿红眼蝶 *Erebia atramentaria* Bang-Haas, 1927

Erebia atramentaria Bang-Haas, 1927, *Horae Macrolep. Palaearct.*, 1: 113.

Erebia atramentaria; Wu & Xu, 2017, *Butts. Chin.*: 638, f. 639: 1.

形态　成虫：中小型眼蝶。两翅正面褐色；反面浅褐色；无斑纹。

生物学　成虫多见于7月。

分布　中国（甘肃、青海）。

大秦岭分布　甘肃（武都、迭部）。

秦岭红眼蝶 *Erebia tristior* Goltz, 1937

Erebia tristis tristior Goltz, 1937, *Dt. ent. Z. Iris*, 51: 190.

Erebia sinyaevi Tuzov, 2006: 33. **Type locality**: Gansu, nr Wudu.

Erebia tristior; Nakatani, 2012, *Lepid. Sci.*, 63(2): 61; Wu & Xu, 2017, *Butts. Chin.*: 638, f. 639: 5-6.

形态 成虫：中型眼蝶。两翅正面黑褐色，反面色稍淡。前翅亚缘中部有 1 个椭圆形眼斑，黑色，双瞳白色。后翅无斑纹。

生物学 1 年 1 代。成虫多见于 6 月。

分布 中国（陕西、甘肃）。

大秦岭分布 陕西（鄠邑）、甘肃（武都）。

暗红眼蝶 *Erebia neriene* (Böber, 1809)

Erebia neriene Böber, 1809, *Mém. Soc. Imp. Nat. Moscou*, 2: 307.

Erebia neriene; Chou, 1994, *Mon. Rhop. Sin*.: 407; Korb & Bolshakov, 2011, *Eversmannia Suppl*., 2: 51; Wu & Xu, 2017, *Butts. Chin*.: 634, f. 635: 6-9.

形态 成虫：中小型眼蝶。与红眼蝶 *E. alcmena* 近似，主要区别为：本种雄性前翅正面中室下方有性标。

寄主 禾本科 Gramineae 拂子茅属 *Calamagrostis* spp.、鸭茅属 *Dactylis* spp.、羊茅属 *Festuca* spp.；莎草科 Cyperaceae 薹草属 *Carex* spp. 植物。

生物学 1 年 1 代。成虫多见于 7~8 月。

分布 中国（黑龙江、吉林、内蒙古、甘肃）。

大秦岭分布 甘肃（临潭、碌曲）。

参考文献

白水隆. 1997. 中国地方的蝶分布与特异性. 日本鳞翅学会第44回大会讲演要旨集, 5.

蔡继增, 杨庆森, 周杰, 等. 2010. 甘肃省蝶类新记录. 草原与草坪, 30(6): 69-71.

蔡继增. 2011. 甘肃省小陇山蝶类志. 兰州: 甘肃科学技术出版社.

陈德来, 张静, 马正学. 2011. 甘肃省蝶类二新记录种记述. 甘肃科学学报, 23(1): 65-66.

陈正军. 2016. 贵州蝴蝶. 贵阳: 贵州科技出版社.

窦亮, 曹书婷, 程香, 等. 2018. 四川龙溪-虹口国家级自然保护区蝶类调查. 四川动物, 37(6): 703-707.

樊程, 曹紫娟, 李家练, 等. 2020. 四川老河沟自然保护区蝴蝶多样性研究. 北京大学学报 (自然科学版), 56(4): 587-599.

方健惠, 李秀山. 2004. 嘉翠蛱蝶的生物学特性初步观察. 昆虫知识, 41(6): 592-593, 图版 I.

方健惠. 2005. 甘肃省白水江自然保护区珍稀蝶类生物学及昆虫多样性研究 (硕士论文). 西北农林科技大学.

方正尧. 1986. 常见水稻弄蝶. 北京: 农业出版社.

房丽君. 2018. 秦岭昆虫志 9 鳞翅目 蝶类. 西安: 世界图书出版公司.

戈昕宇, 滕悦, 洪雪萌, 等. 2017. 赛罕乌拉国家自然保护区蝶类调查及区系分析. 内蒙古大学学报 (自然科学版), 48(5): 557-569.

谷宇. 2003. 斑网蛱蝶. 大自然, (4): 17-20.

顾茂彬, 陈佩珍. 1997. 海南岛蝴蝶. 北京: 中国林业出版社.

顾茂彬, 陈锡昌, 周光益, 等. 2018. 南岭蝶类生态图鉴 (国家级自然保护区生物多样性保护丛书). 广州: 广东科技出版社.

姜婷, 黄人鑫. 2004. 绢粉蝶和朱蛱蝶在新疆危害林木的初步观察. 昆虫知识, 41(3): 238-240, 图版 I.

蒋宇婕, 陈斌, 闫振天. 2019. 重庆市城口县蝴蝶种类调查及区系分析. 重庆师范大学学报 (自然科学版), 36(6): 47-52.

李爱民, 邓合黎, 陈常卿. 2010. 重庆市蝶类新记录. 西南师范大学学报 (自然科学版), 35(1): 146-149.

李昌廉. 1994. 云南山眼蝶属一新种及二新亚种 (蝶亚目: 眼蝶科). 西南农业大学学报, 15(2): 98-100.

李昌廉. 1995. 云南眼蝶一新种及四新亚种 (蝶亚目: 眼蝶). 昆虫分类学报, 17(1): 38-43.

李长军. 2019. 内蒙古乌兰坝国家级自然保护区蝴蝶调查. 安徽农学通报, 25(4): 98-101.

李朝晖, 华春, 虞蔚岩, 等. 2008. 黑脉蛱蝶的生物学特性与生境调查. 昆虫知识, 45(5): 754-757, 图版 III.

李传隆. 1958. 蝴蝶. 北京: 科学出版社.

李传隆, 朱宝云. 1992. 中国蝶类图谱. 上海: 上海远东出版社.

李传隆, 李昌廉. 1995. 云南蝴蝶. 北京: 中国林业出版社.

李后魂, 胡冰冰, 梁之聘, 等. 2009. 八仙山蝴蝶. 北京: 科学出版社.

李建锋. 2010. 陕西米仓山自然保护区蝶类初步调查. 黑龙江农业科学, (3): 94-95.

李密, 周红春, 谭济才, 等. 2011. 湖南乌云界蝴蝶物种多样性及区系特点研究. 四川动物, 30(6): 897-902, 915.

李树恒. 2003. 重庆市大巴山自然保护区蝶类垂直分布及多样性的初步研究. 昆虫知识, 40(1): 63-67.

李晓东, 昝艳燕, 王裕文. 1992. 神农架自然保护区蝶类资源调查. 河南科学, 10(4): 376-383.

李欣芸, 杨益春, 贺泽帅, 等. 2020. 宁夏贺兰山自然保护区蝴蝶群落多样性及其环境影响因子. 环境昆虫学报, 42(3): 660-673.

李宇飞, 张雅林, 周尧. 2000. 秦岭北坡的蝶类区系及其季节变化(鳞翅目). 见: 张雅林. 昆虫分类区系研究. 北京: 中国农业出版社: 200-207.

刘建文, 蒋国芳. 2003. 广西元宝山自然保护区蝴蝶种类组成及垂直分布. 四川动物, 22(3): 162-165.

刘良源, 熊起明, 舒畅, 等. 2009. 江西生态蝶类志. 南昌: 江西科学技术出版社.

刘曙雯, 嵇保中, 居峰, 等. 2007. 蒙链荫眼蝶的初步研究. 江苏林业科技, 34(2): 36-39.

刘文萍. 2001. 重庆市蝶类调查报告(Ⅰ)凤蝶科、绢蝶科、粉蝶科、眼蝶科、蛱蝶科. 西南农业大学学报, 23(6): 489-493, 497.

刘文萍, 邓合黎. 2001. 大巴山自然保护区蝶类调查. 西南农业大学学报, 23(2): 149-152.

刘文萍, 邓合黎, 李树恒. 2000. 大巴山南坡蝶类调查. 西南农业大学学报, 22(2): 140-145.

刘艳梅, 杨航宇. 2008. 麦积山风景区不同生境类型蝶类的多样性. 昆虫知识, 45(3): 465-469.

罗春梅. 2017. 神农架地区蝴蝶资源. 北京: 中国林业出版社.

吕学农, 段晓东, 王文广, 等. 1998. 阿勒泰山蝴蝶种类调查及其垂直分布的研究. 生物多样性, 7(1): 8-14.

马长林. 1982. 平凉地区蝶类名录. 甘肃省平凉地区昆虫区系研究初报, (1): 1-26.

马雄, 马怀义, 马正学, 等. 2017. 甘肃尕海-则岔自然保护区蝶类群落及其区系. 草业科学, 34(2): 389-395.

毛王选, 王洪建. 2015. 甘肃省蝶类新记录. 甘肃农业大学学报, 50(6): 99-103.

毛王选. 2015. 迭部蝴蝶图志. 兰州: 甘肃科学技术出版社.

茅晓渊, 常向前, 喻大昭, 等. 2016. 湖北省昆虫图录. 北京: 中国农业科学技术出版社.

倪一农, 吕植, 潘文石, 等. 2001. 秦岭南坡蝶类区系研究. 北京大学学报(自然科学版), 37(4): 454-469.

牛浩, 梁文琴. 2012. 雾灵山自然保护区鳞翅目昆虫调查研究. 安徽农业科学, 40(4): 2049-2053.

欧永跃, 诸立新. 2008. 安徽省蝶类新记录. 四川动物, 27(1): 69.

彭徐, 雷电. 2007. 四川石棉县蝴蝶资源调查报告. 四川动物, 26(4): 903-905.

钱学聪, 魏焕志. 1994. 中国蛇眼蝶属一新亚种的记述(鳞翅目: 眼蝶科). 昆虫分类学报, 16: 60-62.

潜祖琪, 童雪松. 1999. 黑紫蛱蝶生物学特性的研究. 华东昆虫学报, 8(1): 62-65.

屈国胜. 1996. 佛坪自然保护区蝶类调查初报. 安康师专学报, (2): 69-72.

任毅, 刘明时, 田联会, 等. 2006. 太白山自然保护区生物多样性研究与管理. 北京: 中国林业出版社.

申效诚, 任应党, 牛瑶, 等. 2014. 河南昆虫志(区系及分布). 北京: 科学出版社.

沈荣武, 王建国, 詹根祥. 1991. 黄钩蛱蝶生物学的初步研究. 江西农业大学学报, 13(1): 19-23.

寿建新, 周尧, 李宇飞. 2006. 世界蝴蝶分类名录. 西安: 陕西科学技术出版社.

苏绍科, 刘文萍, 李明军. 1998. 四川省宣汉县百里峡蝶类. 西南农业大学学报, 20(4): 337-344.

孙雪梅, 张治, 张谷丰, 等. 2004. 姜弄蝶在襄荷上的发生规律及防治. 昆虫知识, 41(3): 261-262.

汤春梅, 杨庆森. 2016. 甘肃麦积山景区的蝶类资源 (三). 甘肃农业科技, (8)：1-4.

唐宇翀, 陈晓鸣, 周成理. 2017. 金斑蝶成虫行为学特征. 林业科学研究, 30(1)：131-136.

陶万强, 潘彦平, 刘寰, 等. 2009. 北京松山国家自然保护区鳞翅目昆虫区系分析. 安徽农业科学, 37(6)：2592-2595.

田立新, 胡春林. 1989. 昆虫分类学的原理和方法. 南京：江苏科学技术出版社.

田恬, 胡平, 张晖宏, 等. 2020. 四川省蝶类物种组成及名录. 四川动物, 39(2)：229-240.

童雪松. 1993. 浙江蝶类志. 杭州：浙江科学技术出版社.

万继扬, 李树恒. 1994. 四川西部部分地区蝶类调查与省新纪录. 四川文物, (S1)：76-80.

汪松, 解焱. 2004. 中国物种红色名录 (第一卷) 红色名录. 北京：高等教育出版社.

王翠莲. 2007. 皖南山区蝴蝶资源调查研究. 安徽农业大学学报, 34(3)：446-450.

王国红, 章士美. 1997. 鳞翅目蝶亚目幼虫期食性分析. 江西农业大学学报, 19(1)：76-78.

王洪建, 高岚. 1994. 甘肃白水江自然保护区的蝶类. 兰州大学学报 (自然科学版), 30(1)：87-95.

王魁源, 韩晓玥, 伊焕峰, 等. 2014. 大兴安岭地区白钩蛱蝶生物学特性研究. 生物灾害科学, 37(4)：297-300.

王梅松, 何学友, 江凡, 等. 2001. 福州国家森林公园蝶类名录 (I). 华东昆虫学报, 10(2)：29-34.

王敏. 1993. 中国环蛱蝶族分类研究 (硕士论文). 西北农林科技大学.

王晓燕, 袁兴中. 2008. 重庆市主城区蝴蝶物种多样性的初步研究. 资源开发与市场, 24(9)：815-819.

王旭娜, 钱宏革, 白晓拴. 2018. 包头市九峰山蝴蝶群落多样性. 生态学杂志, 37(7)：2040-2044.

王裕文. 1986. 泰山蝶类 (鳞翅目：锤角亚目) 调查初报. 山东大学学报, 21(1)：134-139.

王直诚. 1999. 东北蝶类志. 长春：吉林科学技术出版社.

王治国, 陈棣华, 王正用. 1990. 河南蝶类志. 郑州：河南科学技术出版社.

王治国, 牛瑶, 陈棣华. 1998. 河南昆虫志·鳞翅目：蝶类. 郑州：河南科学技术出版社.

王治国, 牛瑶. 2002. 中国蝴蝶新种记述 (II) (鳞翅目). 昆虫分类学报, 24(4)：276-284.

王治国, 汪锦华. 2002. 银豹蛱蝶 *Childrena childreni*(Gray) 的异常型. 河南科学, 20(3)：249-251.

吴琦. 2008. 斐豹蛱蝶. 大自然, (1)：74-77.

吴世君, 马秀英. 2016. 安徽蝶类志. 合肥：安徽科学技术出版社.

吴伟, 蔡村旺, 陈静. 2003. 红锯蛱蝶生物学特性研究. 西南林学院学报, 23(4)：54-57.

武春生, 徐堉峰. 2017. 中国蝴蝶图鉴 (Vol.2-3). 福州：海峡书局.

西北农学院植物保护系. 1978. 陕西省经济昆虫图志 鳞翅目：蝶类. 西安：陕西人民出版社.

邢连喜, 袁朝辉. 2002. 长青国家级自然保护区的陕西蝶类新记录. 西北大学学报 (自然科学版), 32(5)：571-572.

徐敏. 2014. 斐豹蛱蝶的生物学特性及防治初步研究. 山地农业生物学报, 33(6)：38-41.

徐新宇, 邹思成, 吴淑玉, 等. 2019. 江西省蝴蝶一新记录属五新记录种. 南方林业科学, 47(4)：55-59.

徐中志, 王化新, 余自荣, 等. 2000. 玉龙雪山云南蝴蝶新记录. 云南农业大学学报 (自然科学), 15(4)：305-307.

许家珠, 魏焕志, 赖平芳. 2010. 秦岭巴山蝴蝶图记. 西安：陕西科学技术出版社.

许升全, 牛瑶. 2006. 陕西荫眼蝶属一新种 (鳞翅目：眼蝶科). 昆虫分类学报, 28：54-56.

颜修刚, 张鹏. 2016. 贵州蝶类新纪录 3 种. 贵州林业科技, 44(1)：47-50.

杨大荣. 1998. 西双版纳片断热带雨林蝶类群落结构与多样性研究. 昆虫学报, 41(1): 48–55.

杨宏, 王春浩, 禹平. 1994. 北京蝶类原色图鉴. 北京: 科学技术文献出版社.

杨丽红, 涂朝勇, 石红艳, 等. 2009. 四川省安县蝶类资源及区系分析. 江苏农业科学, (5): 297–299.

杨萍, 漆波, 邓合黎, 等. 2005. 枯叶蛱蝶的生物学特性及饲养. 西南农业大学学报 (自然科学版), 27(1): 44–49.

杨庆森, 蔡继增, 成珍君, 等. 2011. 甘肃小陇山林区的蝶类资源 (三). 甘肃农业科技, (3): 22–27.

杨庆森, 蔡继增, 马喜迎, 等. 2011. 小陇山林区的蝶类资源 (二). 甘肃农业科技, (3): 19–22.

杨庆森, 蔡继增, 牟顺泰, 等. 2010. 甘肃省蝶类新记录. 草原与草坪, 30(5): 88–90.

杨庆森, 蔡继增, 汤春梅. 2014. 甘肃小陇山蝴蝶的保护种、珍稀种及世界名蝶. 资源保护与开发, (10): 32–35.

杨星科. 2005. 秦岭西段及甘南地区昆虫. 北京: 科学出版社.

杨镇. 2010. 甘肃蝶类群落特征及区系研究 (硕士论文). 西北师范大学.

杨自忠, 毛本勇, 杨增胜. 2002. 云南 8 种蝶类新纪录. 大理学院学报, 1(4): 52.

雍继伟, 柴长宏. 2016. 甘肃头二三滩自然保护区蝶类区系研究. 安徽农业科学, 44(1): 46–49, 167.

余逊玲, 黄丽珣, 荣秀兰, 等. 1983. 武当山蝶类调查初报. 华中农学院学报, 2(4): 27–31.

余逊玲, 黄丽珣, 荣秀兰, 等. 1984. 武当山蝶类续报. 华中农学院学报, 3(2): 94–95.

余志祥, 杨永琼, 刘军, 等. 2009. 灰翅串珠环蝶对攀枝花苏铁的危害及其防治. 四川林业科技, 30(3): 80–84.

袁峰, 史宏亮, 李宇飞, 等. 2008. 中国粉眼蝶属分类研究 (鳞翅目: 蛱蝶科: 眼蝶亚科). 四川动物, 27(5): 725–727.

袁峰. 2008. 中国勇红眼蝶一新亚种记述 (鳞翅目: 蛱蝶科: 眼蝶亚科). 昆虫分类学报, 30: 266–270.

袁锋. 1996. 昆虫分类学. 北京: 中国农业出版社.

袁锋. 2000. 中国珍蛱蝶属二新记录种. 中国蝴蝶, (5): 11–12.

袁荣才, 张富满, 文贵柱, 等. 1993. 孔雀蛱蝶研究初报. 吉林农业科学, (3): 36–38.

袁荣才, 宗秋菊, 袁雨. 2000. 长白山区黄缘蛱蝶研究初报. 农业与技术, 20(6): 9–11, 13.

张劲松. 2005. 河南蝶类二新记录种. 河南科学, 23: 209–210.

张军生, 滕文霞, 康尔年. 2002. 红线蛱蝶生物学特性初步研究. 内蒙古林业科技, (1): 20–22.

张珑. 2012. 嵩山景区蝶类初步调查. 河南科学, 30(5): 575–576.

张叔勇. 2012. 湖北省蝶类新纪录——铂铠蛱蝶. 四川动物, 31(3): 487.

张孝波, 邹娜, 魏晓红. 2011. 吉林省新纪录的 18 种蝶类种类. 绿色科技, (11): 30–31.

张雅林, 陈艳霞. 2006. 蜘蛱蝶属 *Araschnia* Hübner 分类研究 (鳞翅目: 凤蝶总科: 蛱蝶科). 昆虫分类学报, 28(1): 49–53.

赵金学, 杨爱东, 王治国. 1997. 河南蝶类二新记录种. 河南科学, 15(1): 56.

赵越, 梁飞燕, 睢敏, 等. 2010. 天目山苎麻珍蝶生物学特性与生境调查初步研究. 南京师大学报 (自然科学版), 33(2): 58–62.

郑乐怡. 1987. 动物分类学的原理与方法. 北京: 高等教育出版社.

周成武, 赵淑梅. 2001. 吉林省蝶类新记录——朴喙蝶 (*Libythea celtis* Godert) 和欧洲粉蝶 (*Pieris brassicaw* Linnawus). 通化师范学院学报, 22(2): 59–60.

周奇，徐新社，刘良源．2016．迷蛱蝶生物学特性观察和利用．江西科学，34(5)：587–588，601．

周欣，孙路，潘文石，等．2001．秦岭南坡蝶类区系研究．北京大学学报（自然科学版），37(4)：454–469．

周尧，黄炳文．1998．中国蛱蝶科二新记录属、二新记录种．中国蝴蝶，试刊三号：36–37．

周尧，李海滨．1993．紫蛱蝶属第三种的记述（鳞翅目：蛱蝶科）．昆虫分类学报，15(1)：206–207．

周尧，刘思孔，谢卫平，译．1993．[Edited by Tuxen S L *et al.* 1969]. 昆虫外生殖器在分类上的应用．香港：天则出版社．

周尧，齐石成．1999．眼蝶科一新种记述（鳞翅目）．华东昆虫学报，8(2)：6．

周尧，袁向群，殷海生，等．2002．中国蝴蝶新种、新亚种及新记录种(VI)．昆虫分类学报，24(1)：52–68．

周尧，袁向群，张传诗．2001．中国蝴蝶新种，新亚种及新记录种(V)（鳞翅目：眼蝶科）．昆虫分类学报，23(3)：201–216．

周尧，邱琼华．1962．太白山的蝶类及其垂直分布．昆虫学报，11(增刊)：90–102．

周尧．1994．中国蝶类志（上下册）．郑州：河南科学技术出版社．

周尧．1998．中国蝴蝶分类与鉴定．郑州：河南科学技术出版社．

周尧．1963．有关昆虫分类学的一些观点．昆虫学报，12(5)：586–596．

周繇，朱俊义．2003．中国长白山蝶类彩色图志．长春：吉林教育出版社．

朱弘复，邓国藩，谭娟杰，等，译．1988．国际动物命名法规（原书第三版，1985）．北京：科学出版社．

诸立新，欧永跃，秦思，等．2010．安徽省蝶类新纪录．滁州学院学报，12(2)：66–67．

诸立新．2005．安徽天堂寨国家级自然保护区蝶类名录．四川动物，24(1)：47–49．

猪又敏男．1990．原色蝶类检索图鉴．东京：北隆馆．

祝梦怡，魏淑婷，冉江洪，等．2019．四川黑竹沟国家级自然保护区昆虫调查初报．四川动物，38(6)：703–713．

邹娜，张孝波，魏晓红．2011．吉林省蝶类区系及分布．绿色科技，(7)：142．

左传莘，王井泉，郭文娟，等．2008．江西井冈山国家级自然保护区蝶类资源研究．华东昆虫学报，17(3)：220–225．

Acerbi G. 1802. Travels through Sweden, Finland and Lapland to North Cape, in the years 1798 and 1799. *Trav. N. Cape.*, 2: 253, pl. 2, f. 1–2.

Ackery P R & Vane-Wright R I. 1984. Milkweed butterflies, their cladistics and biology. British Museum (Natural History): 209, pl. 9–11, 19, f. 98, 112–115, 133, 150, 152.

Agenjo R. 1962. Una nueva raza española de *Brenthis pales* (Schiff., 1776) (Lep. Nymphalidae). *Eos.* 38(3): 337–338.

Alphéraky S N. 1887. Diagnoses de quelques lépidoptères inédits du Thibet in Romanoff. *Mém. Lép.*, 3: 403–406.

Alphéraky S N. 1888. Neue Lepidopteren. *Stettin ent. Ztg.*, 49: 67.

Alphéraky S N. 1895. Lépidoptères nouveaux. *Dt. ent. Z. Iris*, 8(1): 181.

Atkinson W S. 1871. Descriptions of three new species of Diurnal Lepidoptera from western Yunan collected by Dr. Anderson in 1868. *Proc. zool. Soc. Lond.*: 215–216, pl. 12, f. 3.

Aurivillius C. 1898. Bemerkungen zu den von. J. Chr. Fabricius aus danischen Sammlungen beschriebenen Lepidopteren. *Ent. Tidskr.*, 18(3/4): 142.

Bang-Haas O. 1927. Rhopalocera. *Horae Macrolep. Palaearct.*, 1: 113.

Bang-Haas O. 1938. Neubeschreibungen und berichtigungen der palaearaktischen Macrolepidoptera. XXXVI. *Ent. Zeit.*, 52(22): 178.

Belter G. 1934. Neues aus der Melitaea didyma Esp. Gruppe mit berücksichtigung des materials des deutschen entomologischen instituts. *Arb. Morph. Taxon. Ent. Berl.*, 1(2): 113–114.

Bergsträsser J A B. 1780. Nomenclatur und beschreibung der insecten in der Graftschaft Hanau-Münzenburg. *Nomen. Ins.*, 4: 27, 32, 34, pl. 86, f. 1–2.

Bernardi G. 1959. La variation géographique du polymorphisme chez les Hypolimnas du continent africain (Lep. Nymphalidae). *Bull. I. F. A. N.* (A), 21: 1023.

Bingham G T. 1905. The Fauna of British India, including Ceylon and Burma. London: Taylor & Francis. 1: 7, 47, pl. 2.

Billberg G J. 1820. Enumeratio insectorum. *Enum. Ins. Mus. Billb.*: 77–79.

Blanchard E. 1871. Remarques sur la faune de la principauté thibétane du Moupin. *C. R. Hebd. Seanc. Acad. Sci.*, 72: 810.

Böber J V. 1809. Description de quelques nouvelles espèces de papillons découverts en Sibérie. *Mém. Soc. Imp. Nat. Moscou*, 2: 307.

Boisduval J B A. 1832. Voyage de découvertes de l'Astrolabe exécuté par ordre du Roi, pendant les années 1826–1827–1828–1829, sous le commandément de M. J. Dumont d'Urville. Faune entomologique de l'Océan Pacifique, avec l'illustration des insectes nouveaux recueillis pendant le voyage. Lépidoptères in d'Urville. Paris: J Tastu., 1: 135, 151, 11: 17.

Boisduval J B A. 1832a, [1833]. Icones historique des Lépidoptères nouveaux ou peu connus. collection, avec figures coloritées, des Papillons d'Europe nouvellement découverts; ouvrage formant le complément de tous les auteurs iconographes. Paris: A la Librairie Encyclopédique de Roret. 1(17–18): 182(1832b), 1(9–10): 84, 128[1833].

Boisduval J B A. 1836. Histoire naturelle des insectes: species général des Lépidoptéres. Paris: A la Librairie Encyclopédique de Roret. 1: pl. 4, 10, 12, f. 3, 11, 12.

Borkhausen M B. 1788. Naturgeschichte der europäischen schmetterlinge nach systematischer ordnung. Frankfurt: Varrentrapp und Wenner. 1: Tagschmetterlinge: 36–38, 41.

Boonsong L, Askins K, Nabhitabhata J, *et al*. 1977. Field guide to the butterflies of Thailand: 140, pl. 68, fig. 340.

Boudinot J. 1986. Description d'un genre nouveau parmi les Limenitini paléarctiques (Lepidoptera, Nymphalidae). *Nouv. Rev. Ent.* (n.s.), 2(4): 405.

Bozano G C & Bruna. 2006. A survey of the genus *Chonala* Moore, 1893 with description of a new species. *Nacr. Ent. Ver. Apollo NF*, 27(1/2): 62–63.

Bremer O. 1861. Neue Lepidopteren aus Ost-Sibirien und dem Amur-Lande gesammelt von Radde und Maack, beschrieben von Otto Bremer. *Bull. Acad. Imp. Sci. St. Petersb.*, 3: 466–467.

Bremer O & Grey W. [1852]. Diagnoses de Lépidopterères nouveaux, trouvés par MM. Tatarinoff et Gaschkewitch aux environs de Pekin in Motschulsky. *Étud. d'Ent.*, 1: 59.

Bremer O & Grey W. 1853. Beiträge zur schmetterlings-fauna des nördlichen China. *Schmett. N. China*: 7–8, pl. 1–2, f. 2, 4.

Brower A V Z, Wahlberg N, Ogawa J R, *et al*. 2010. Phylogenetic relationships among genera of danaine butterflies (Lepidoptera: Nymphalidae) as implied by morphology and DNA sequences. *Syst. Biodiv.*, 8(1): 8, 75–89.

Bryk F. 1940. Geographische variabilität von *Melitaea didyma* (Esper). *Folia Zool. Hydrobiol.*, 10 (2): 336.

Bush M G & Kolesnichenko K A. 2016. The possibility of using characters of the female genital armature for species diagnostics and classification of the genus *Mellicta* Billberg, 1820 (Lepidoptera, Nymphalidae): 1. Mellicta athalia (Rottemburg, 1775) Species Group. *Zool. Zh.*, 95(5): (557–566), 468.

Butler A G. 1865. Description of four new species of butterflies in the collection of the British Museum. *Ann. Mag. nat. Hist.*, (3) 16(96): 398.

Butler A G. 1866. Descriptions of some new exotic butterflies in the National Collection. *Proc. zool. Soc. Lond.*, (1): 41, pl. 3, f. 4.

Butler A G. 1866a. A list of the diurnal Lepidoptera recently collected by Mr. Whitely in Hakodadi (North Japan). *J. Linn. Soc. Zool. Lond.*, 9(34): 50–56.

Butler A G. 1867. Descriptions of five new genera and some new species of Satyride Lepidoptera. *Ann. Mag. nat. Hist.*, 3: 51.

Butler A G. 1867a. Description of new or little-known species of Asiatic Lepidoptera. *Ann. Mag. nat. Hist.*, (3)19: 162, 164, 166.

Butler A G. 1867b. Descriptions of some remarkable new species and a new genus of diurnal Lepidoptera. *Ann. Mag. nat. Hist.*, (3) 20(117): 217, (3) 20(120): 403, pl. 9, f. 8.

Butler A G. 1867c. Description of a new genus and species of diurnal Lepidoptera. *Ent. Mon. Mag.*, 4: 121.

Butler A G. 1868. A catalogue of diurnal Lepidoptera of the family Satyridae in the collection of the British Museum. London: printed by order of the trustees: 137, pl. 3, f. 4.

Butler A G. [1869]. A monographic revision of the Lepidoptera hitherto included in the genus *Adolias*, with descriptions of new genera and species. *Proc. zool. Soc. Lond.*, 1868(3): 614.

Butler A G. 1871. Descriptions of five new species, and a new genus, of diurnal Lepidoptera, from Shanghai. *Trans. ent. Soc. Lond.*, (3): 401–403.

Butler A G. 1874. Descriptions of four new asiatic butterflies. *Cist. Ent.*, 1(9): 236.

Butler A G. 1874a. Descriptions of six new species of diurnal Lepidoptera in the collection of the British Museum. *Ent. mon. mag.*, 11(7): 163.

Butler A G. 1877. On Rhopalocera from Japan and Shanghai, with descriptions of new species. *Ann. Mag. nat. Hist.*, (4) 19(109): 91, 95.

Butler A G. 1878. On some butterflies recently sent home from Japan by Mr. Montagne Fenton. *Cist. Ent.*, 2(19): 281–282.

Butler A G. 1881. On a collection of butterflies from Nikko, Central Japan. *Ann. Mag. nat. Hist.*, (5) 7(38): 133.

Butler A G. 1881a. On butterflies from Japan, with which are incorporated notes and descriptions of new species by Montague Fenton. *Proc. zool. Soc. Lond.*: 850–851.

Butler A G. 1883. On a collection of Indian Lepidoptera received from Lieut. Colonel Charles Swinhoe; with numerous notes by the collector. *Proc. zool. Soc. Lond.*, (2): 145, pl. 24, f. 9.

Butler A G. 1883a. On some Lepidoptera from the Victoria Nyanza. *Ann. Mag. nat. Hist.*, (5) 12(68): 102.

Butler A G. 1883b. On a third collection of Lepidoptera made by Mr. H. E. Hobson in "Formosa" [Taiwan, China]. *Ann. Mag. nat. Hist.*, (5) 12(67): 50.

Butler A G. [1885]. An account of two collections of Lepidoptera recently received from Somali–land. *Proc. Zool. Soc. Lond.* (4): 758.

Butler A G. 1886. On Lepidoptera collected by Major Yerbury in Western India. *Proc. zool. Soc. Lond.*, (3): 360.

Butler A G. 1886a. On a collection of Lepidoptera made by Commander Alfred Carpenter, R. N., in Upper Burma, in the winter of 1885–86. *Ann. Mag. nat. Hist.*, (5) 18(105): 183.

Collier. 1933. Beschreibung einiger neuer Argynniden. *Ent. Rundsch.*, 50: 54–55.

Corbet A S, Pendlebury H M & Eliot J N. 1992. The butterflies of the Malay Peninsula. Fourth Edition revised by J. N. Eliot with plates by Bernard D'Abrèra. *Butts. Malay Peninsula*, 4th ed.: 145, 165, pl. 24, 63, f. 8–9.

Cosmovici. 1892. Contributions a l'étude de la faune entomologique Roumaine. *Le Naturaliste*, (2) 6(136): 256.

Costa A M. [1836]. Lepidotteri. In Fauna del Regno di Napoli ossia enumerazione di tutti gli animali che abitano le diverse di questo regno e le acque che le bagnano contenente la descrizione de nuovi o poco esattamente conosciuti. *Fauna Reg. Nap. Lepid.*: [69], [311], (Lep. Diurn) pl. 4, f. 3–4.

Cramer P. 1775. De uitlandsche kapellen, voorkomende in de drie waerelddeelen Asia, Africa en America [Papillons exotique des trois parties de Mondel'Asie, l'Afrique etl'Amerique.]. Amsteldam: Chez S. J. Baalde, Chez Barthelmy Wild. *Uitl. Kapellen*, 1(1–7): 48, 85, 127, 132, pl. 28, 30, 54, 84, f. A, B, C, D, (8): 154.

Cramer P. 1779. De uitlandsche kapellen, voorkomende in de drie waerelddeelen Asia, Africa en America. Amsteldam: Chez S. J. Baalde, chez barthelmy wild. *Uitl. Kapellen*, 3(17–21): 23, 30, 37, pl. 203, 206, 209, 214, f. A, C, D, E, F.

Cramer P. 1780. De uitlandsche kapellen, voorkomende in de drie waereld-deelen Asia, Africa en America [Papillons exotique des trois parties de Monde l'Asie, l'Afrique et l'Amerique.]. Amsteldam: Chez S. J. Baalde, Chez Barthelmy Wild. *Uitl. Kapellen*, 4(25–26a): 8, pl. 292, f. B.

Crotch G R. 1872. On the generic nomenclature of Lepidoptera. *Cist. Ent. London*, 1: 62.

Felder C. & Felder R. 1860. Lepidoptera nova in paeninsula Malayica collecta diagnosibus instructa. *Wien. ent. Monats.*, 4(12): 401.

Felder C. & Felder R. 1862. Observationes de Lepidoteris nonullis Chinae centralis et Japoniae. *Wien. ent. Monats.*, 6(1): 24–28.

Felder C. & Felder R. 1863. Lepidoptera nova a Dr. Carolo Semper in Insulis Philippinis collecta diagnosibus. (3). *Wien. ent. Monats.*, 7(4): 109.

Felder C. & Felder R. [1867]. Reise der österreichischen Fregatte Novara um die Erde in den Jahren 1857, 1858, 1859 unter den Behilfen des Commodore B. von Wüllerstorf-Urbair. Zoologischer Theil. Band 2. Abtheilung 2. Lepidoptera. Rhopalocera. Wien: Carl Gerold's Sohn. (3): 404, 491, 500, (4) pl. 99, f. 12–13.

D'Abrera B. 1985. *Butterflies of the Oriental Region*. London: Hill House Publishers. Part II: 2, 32, 252, 274, 276, 279, 281, 293, 297, 321–322, 350, 372, 374, 378–379, 389, 398, 406, 410, 412, 418, 420, 428, 434.

D'Abrera B. 1986. *Butterflies of the Oriental Region*. London: Hill House Publishers. Part III: 512.

D'Abrera B. 1992. *Butterflies of the Holarctic Region*. London: Hill House Publishers. Part II–III: 290, 302, 320–323, 326(Part II), 350(Part III).

Dalman J W. 1816. Försök till systematiks Uppställing af Sveriges Fjärilar. *Kungliga Svenska VetenskAkad. Handl.* Stockholm, (1): 55–58.

Dannehl F. 1933. Neues aus meiner Sammlung. (Macrolepidoptera). *Ent. Zs.*, 46(23): 244.

de Lesse H. 1951. Divisions génériques et subgénériques des anciens genres *Satyrus* et *Eumenis* (s.l.). *Rev. franç. Lépid.*, 13(3/4): 40, 42.

de Lesse H. 1956. Revision du genre *Lethe* (s.l.) (Lep. Nymphalidae Satyridae). *Ann. Soc. Ent. Fr.*, 125: 79.

de Moya R S, Savage W K, Tenney C, *et al*. 2017. Interrelationships and diversification of *Argynnis* Fabricius and *Speyeria* Scudder butterflies. *Syst. Ent.*, 42(4): 643.

de Nicéville L. 1881. List of diurnal Lepidoptera from Port Blair, Andaman Islands. *J. asiat. Soc. Bengal*, 49 Pt. II (4): 226–229, 245.

de Nicéville L. 1884. On new and little-known butterflies from the Indo-Malayan region. *J. asiat. Soc. Bengal*, 63 Pt. II (1): 18.

de Nicéville L. 1886. The butterflies of India, Burma and Ceylon 2. Calcutta, *Butt, Ind.*, 2: 68, 71, 73, 121, 225, 227, 229, 232, 235–238.

de Nicéville L. 1886a. On some New Indian Butterflies. *J. asiat. Soc. Bengal*, Pt. II. 55(3): 249–256, pl. II, f. 1.

de Nicéville L. 1887. Descriptions of some new or little-known butterflies from India, with some notes on the seasonal dimorphism obtaining in the genus. *Proc. zool. Soc. Lond.*, (3): 451.

de Nicéville L. 1889. On new and little-known butterflies from the Indian region, with revision of the genus *Plesioneura* of Felder and of Authors. *J. Bombay nat. Hist. Soc.*, 4(3): 164–165, pl. A, f. 6 ♀ , 8 ♂ .

de Nicéville L. 1891. On new and little-known butterflies from the Indo-Malayan region. *J. Bombay nat. Hist. Soc.*, 6(3): 341, 349, pl. F, f. 6.

de Nicéville L. 1893. On new and little-known butterflies from north-east Sumatra collected by Hofrath Dr. L. Martin. *J. Bombay nat. Hist. Soc.*, 8(1): 54.

de Nicéville L. 1894. On new and little-known butterflies from the Indo-Malayan region. *J. asiat. Soc. Bengal*, 63 Pt. II (1): 6, pl. 1, f. 8.

de Nicéville L 1897. On new or little-known butterflies from the Indo- and Austro-Malayan regions. *J. asiat. Soc. Bengal*, 66 Pt. II(3): 550, pl. 2: 9.

de Nicéville L. 1900. On a new genus of butterflies from Western China allied to Vanessa. *J. asiat. Soc. Bengal*, 68 Pt. II (3): 234.

Denis J N C & Schiffermüller I. 1775. Ankündung eines systematischen Werkes von den Schmetterlingen der Wienergegend. Wien: Augustin Bernardi: 172, 175–177, 179.

de Prunner. 1798. Lepidoptera Pedemontana illustrata. Turin.1. *Lepid. Pedemont.*: 28.

de Sagarra I. 1924. Noves formes de Lepidòpters ibèrics. *Butll. Inst. Catal. Hist. Nat.*, (2) 4(9):198–200.

de Sagarra I. 1925. Anotacions a la Lepidopterologica ibèrica. *Butll. Inst. Catal. Hist. Nat.*, (2) 5(1): 45, (9): 270.

de Sagarra I. 1926. Anotacions a la lepidopterologia Ibérica IV (1). *Butll. Inst. Catal. Hist. Nat.*, (2) 6(6–7): 132, 135.

de Sagarra I. 1930. Anotacions a la lepidopterologia Ibérica V (2). Formes noves de lepidòpters ibérics. *Butll. Inst. Catal. Hist. Nat.*, (2) 10(7): 113.

de Villiers, Guenée. 1835. Tableaus Synoptiques des Lépidoptères d'Europe contenant la description de tous le Lépidotères. *Tabl. Synop.* 1: 56.

Dhungel B & Wahlberg N. 2018. Molecular systematics of the subfamily Limenitidinae (Lepidoptera: Nymphalidae). *PeerJ*, 6(4311): 31, 35, 37.

Diószghy. 1913. Adatok Magyarország lepkefaunájához. *Rovart. Lapok*, 20: 193.

Distant W L. 1883. Contributions to a knowledge of Malayan entomology 1. *Ann. Mag. nat. Hist.*, (5) 12(70): 241.

Doherty Y V. 1886. A list of butterflies taken in Kumaon. *J. asiat. Soc. Bengal*, (2) 55, Pt. II (2): 117.

Doherty Y V. 1889. Notes on Assam butterflies. *J. asiat. Soc. Bengal*, (2) 58 Pt. II (1): 125, pl. 10, f. 2.

Doubleday E. 1843. Description de deux nouvelles espèces de *Charaxes* des Index orientales, de la Collection de M. Henri Doubleday. *Ann. Soc. Ent. Fr.*, (2) 1(3): 218, pl. 8.

Doubleday E. 1844. List of the specimens of Lepidopterous insects in The Collection of the British Museum. *List. Lepid. Ins. Brit. Mus.*, 1: 105.

Doubleday E. [1847]. The genera of diurnal Lepidoptera, comprising their generic characters, a notice of their habitats and transformations, and a catalogue of the species of each genus; illustrated with 86 plates by W. C. Hewitson. *Gen. diurn. Lep.*, (1): pl. 21, f. 1.

Doubleday E. 1848. List of the Specimens of Lepidopterous insects in The Collection of the British Museum. *List Spec. Lep. Ins. Brit. Mus.*, 3(Appendix): 31.

Doubleday E. [1848a]. The genera of diurnal Lepidoptera, comprising their generic characters, a notice of their habitats and transformations, and a catalogue of the species of each genus; illustrated with 86 plates by W. C. Hewitson. *Gen. diurn. Lep.*, (1): 140–142, 190, 202, pl. 2, 35, 39, f. 3–4.

Doubleday E. [1849]. The genera of diurnal Lepidoptera, comprising their generic characters, a notice of their habitats and transformations, and a catalogue of the species of each genus; illustrated with 86 plates by W. C. Hewitson. *Gen. diurn. Lep.*, (1): 202, pl. 52, 61, f. 1–3.

Doubleday E. 1859. Zoologist Synonymic List of British Butterflies and Moths. *Zool. Syn. List. Brit. Butt. Moths*, (Ed. 2): 2.

Drury D. [1773]. Illustrations of natural history; wherein are exhibited. *Illust. Nat. Hist. Exot. Insects*, 1: 4, 9, pl. 2, 4, 6, f. 2, 3 (& Index).

Dubatolov V V & Lvovsky A L. 1997. What is true *Ypthima motschulskyi* (Lepidoptera, Satyridae). *Trans. Lepid. Soc. Japan*, 48(4): 195.

Dufrane A. 1948. Note sur les Danaidae. *Bull. mens. Soc. linn. Lyon*, 17(10): 192.

Dunning J W & Pickard O. 1858. An accentuated list of the British Lepidoptera with hints on the derivation of the names. London: The Entomological Society of Oxford.: 5.

Dyar H G. 1903. A list of north American Lepidoptera and key to the literature of this order of insects. *Bull. U.S. Natn. Mus.*, 52: 16–17, 23–24, 27.

Edwards W H. 1870. Descriptions of new species of diurnal Lepidoptera found within the United States. *Trans. Amer. Ent. Soc.*, 3(1): 16.

Eisner T. 1942. Einige ergebnisse der Sichtung der Gattungen *Melitaea* und *Argynnis* im Rijksmuseum van Natuurlijke Historie, Leiden. *Zool. Meded. Leiden*, 24(4): 122–123.

Eliot J N. 1959. New or little known butterflies from Malaya. *Bull. Br. Mus. nat. Hist.* (*Ent.*), 7(8): 375, pl. 10, f. 1.

Eliot J N. 1969. An analysis of the Eurasian and Australian Neptini (Lepidoptera: Nymphalidae). *Bull. Br. Mus. nat. Hist.* (Ent.) *Suppl.*, 15: 6, 25, 38, 49, 55–60, 68–70, 74, 78, 89–90, 92–93, 98, 100, 103–118, 130, pl. 1–2, f. 2.

Eltringham H. 1912. A monograph of the African species of the genus *Acraea* Fab., with a supplement on those of the Oriental Region. *Trans. ent. Soc. Lond.*, (1): 350.

Elwes H J. 1888. A catalogue of the Lepidoptera of Sikkim, by H. J. Elwes, F. L. S., F. Z. S. & C., with additions, corrections, and notes on seasonal and local distribution, by Otto Möller. *Trans. ent. Soc. Lond.*: 354, 363, pl. 9, f. 4.

Elwes H J & Edwards J. 1893. A revision of the genus *Ypthima*, with especial reference to the characters afforded by the male genitalia. *Trans. ent. Soc. Lond.*, (1): 14, 16–17, 19–20, 27–28, 35, 39–41, 44–45, pl. 1–3, f. 12–13, 15–16, 28, 32, 34, 37, 40, 53, 55.

Esper E J C. 1777–1780. Die Schmetterlinge in Abbildungen nach der Natur mit Beschreibungen. Theil I. Die Tagschmetterlinge. Erlangen: Wolfgang Walthers. 1(7): pl. 37, f. 1 (1777), (9): 314, 346, f. 1(1777), 1(7): pl. 41, 44, f. 3, (8): pl. 48, f. 2a, b(1778), 2(1): 35, pl. 56, f. 5 (1780).

Esper E J C. 1781. Die Schmetterlinge in Abbildungen nach der Natur mit Beschreibungen. Theil I. Die Tagschmetterlinge. Erlangen: Wolfgang Walthers. 2(2): pl. 61, f. 1, 3a, 3b, (3): 69, 77, pl. 62–63, f. 3a, 3b, 4, (4): 109, pl. 71, f. 2–3.

Esper E J C. 1783. Die Schmetterlinge in Abbildungen nach der Natur mit Beschreibungen. Theil I. Die Tagschmetterlinge. Erlangen: Wolfgang Walthers. 2(7): 142, pl. 81, f. 3–4, (8): 164, 167–168, pl. 84, 86–87, f. 1–4.

Esper E J C. 1789. Die Schmetterlinge in Abbildungen nach der Natur mit Beschreibungen. Theil I. Die Tagschmetterlinge. Supplement Theil 1. Abschnitt 1. Erlangen: Wolfgang Walthers. 1(1–2): 3, pl. 94, f. 3.

Esper E J C. 1794. Die Schmetterlinge in Abbildungen nach der Natur mit Beschreibungen. Theil I. Die Tagschmetterlinge. Supplement Theil 1. Abschnitt. Erlangen: Wolfgang Walthers. 1, (3–4): 51, (5–6): pl. 102, f. 2.

Esper E J C. 1800. Die Schmetterlinge in Abbildungen nach der Natur mit Beschreibungen. Theil I. Die Tagschmetterlinge. Supplement Theil 1. Abschnitt 1. Erlangen: Wolfgang Walthers. 1(10): pl. 114, f. 3–4.

Erschoff N G. 1874. Travels in Turkestan. Volume 2. Zoogeographical Investigations. Lepidoptera in Fedschenko. *Travel. Turkestan.*, 2(5): 22, pl. 2, f. 16. (in Russian).

Evans W H. 1912. A list of Indian butterflies. *J. Bombay nat. Hist. Soc.*, 21(2): 558, 564, 582.

Evans B W H. 1920. A note on the species of the genus *Mycalesis* (Lepidoptera [Satyridae]) occurring within the Indian limits. *J. Bombay nat. Hist. Soc.*, 27(2): 358, 361.

Evans B W H. 1924. The identification of Indian butterflies (5–8). *J. Bombay nat. Hist. Soc.*, 30(1): 74.

Eversmann E. 1837. Kurze notizen ueber einige Schmetterlinge Russlands. *Bull. Soc. imp. Nat. Moscou*, (1): 10.

Eversmann E. 1847. Lepidoptera quaedam nova Rossiae et Sibiriae indigena descripsit et delineavit. *Bull. Soc. imp. Nat. Moscou*, 20(3): 67, pl. 1, f. 3–4.

Eversmann E. 1851. Description de quelques nouvelles espéce de Lépidoptéres de la Russie. *Bull. Soc. imp. Nat. Moscou*, 24(2): 617.

Fabricius J C. 1775. Systema entomologiae, sistens insectorum classes, ordines, genera, species, adiectis synonymis, locis, descriptionibus, observationibus. Lipzig: Korte: 500, 829.

Fabricius J C. 1787. Mantissa insectorum sistens species nuper detectas adiectis synonymis, observationibus, descriptionibus, emendationibus. Vol. 3. Hafniae: Christian Gottlieb Proft. 2: 14, 31, 45, 50, 59.

Fabricius J C. 1793. Entomologia systematica emendata et aucta. Secundum classes, ordines, genera, species adjectis synonimis, locis, observationibus, descriptionibus, Vol. 3. Hafniae: Christian Gottlieb Proft, 3(1): 71, 111, 143, 225–226.

Fabricius J C. 1798. Supplementum entomologiae systematicae (supplementum). Hafniae: Proft et Storc. (Suppl.): 424.

Fabricius J C. 1807. Systema glossatorum. *In*: Illiger. Die neueste Gattungs-Eintheilung der Schmetterlinge aus den Linnéischen Gattungen *Papilio* und *Sphinx*. *Mag. f. Insektenk*., 6: 280–284.

Fabricius J C. 1938. Systema glossatorum secundum ordines, gnera, species aadiectis synonymi locis, observationibus, descriptionibus in Bryk. *Syst. Glossatorum*: 77–78.

Fang L J & Zhang Y L. 2018. Review of the genus *Polyura* Billberg (Lepidoptera: Nymphalidae) from China with description of a new species. *Entomotaxonomia*, 40(1): 27–45.

Felder C. 1860. Lepidopterorum Amboienensium species novae diagnosibus. *Sber. Akad. Wiss. Wien*, 40(11): 450.

Felder C. 1861. Ein neues Lepidopteron aus der familie der Nymphaliden und seine Stellnung im natürlichen system, begründet aus der Synopse der rigen. *Nov. Act. Leop. Carol*., 28(3): 25, 31, 34, 41.

Fixsen C. 1887. Lepidoptera aus Korea in Romanof. *Mém. Lépid*., 3: 289, 295, pl. 13, f. 7a, b.

Forbes W. 1939. Revisional notes on the Danainae. *Ent. Am.* (*N.S.*) 19: 129 (in part).

Forster W. [1948]. Beitrage zur Kenntnis der ostasiatischen *Ypthima*-Arten. *Mitt. Münch. Ent. Ges*., 34(2): 473–477, 479, 481–482, 485 pl. 30–33, f. 1–4, 10–11.

Freyer C F. 1829. Beiträge zur Geschichte europäischer Schmetterlinge mit Abbildungen nach der Natur. Nürnberg, Rieger, Augsburg, beim verfasser. 2: 67.

Fruhstorfer H. 1893. Neue Java–Rhopaloceren. I–IV. *Ent. Nachr*., 19 (21/22): 337.

Fruhstorfer H. 1898. Neue asiatische Lepidopteren. *Ent. Zs*., 12(14): 99.

Fruhstorfer H. 1898a. Neue Lepidopteren aus Asien. *Berl. Ent. Zs*., 43(1/2): 191.

Fruhstorfer H. 1899. Beitrag zur Kenntniss der Fauna der Liu–Kiu–Inseln Stettin. *Stettin Ent. Ztg*., 59(10–12): 412.

Fruhstorfer H. 1899a. Uebersicht der Indo-Australischen Danaiden und Beschreibung neuer Formen. *Berl. Ent. Zs*., 44(1/2): 76, 114, 120.

Fruhstorfer H. 1899b. Neue Euripus aus dem malayischen Gebiet. *Dt. ent. Z. Iris*, 12(1): 71.

Fruhstorfer H. 1900. Rhopalocera Bazilana. Verzeichniss der von W. Doherty auf der Insel Bazilan gesammelten Tagfalte. *Berl. Ent. Zs*., 45(1/2): 22.

Fruhstorfer H. 1902. Beitrag zur Kenntniss der Lepidopteren der Viti-Inseln. *Stettin Ent. Ztg.*, 63(1): 352.

Fruhstorfer H. 1906. Historisches und Morphologisches über das Genus *Athyma* und dessen Verwandte. *Verh. Zool.-Bot. Ges. Wien*, 56(6/7): 397–398, 420, 432–433.

Fruhstorfer H. 1906a. Neue Euthaliidae. *Insekten–Börse*, 23(15): 60.

Fruhstorfer H. 1907. Neues über eine alte *Neptis. Int. ent. Zs*., 1(21): 149 (17 August), 1(22): 159.

Fruhstorfer H. 1907a. Neue Argynnis. *Soc. Ent*., 22(9): 68.

Fruhstorfer H. 1907b. Historische Notizen über *Neptis lucilla* Denis und Beschreibung von neuen Formen. *Soc. Ent*., 22(7): 51.

Fruhstorfer H. 1908. Neue Satyriden des paläarkt. Faunen-Gebietes. *Int. ent. Zs*., 1(47): 358–359.

Fruhstorfer H. 1908a. Eine für Indien neue *Satyride. Int. ent. Zs*., 2(2): 10.

Fruhstorfer H. 1908b. Drei neue Limenitis-Rassen. *Int. ent. Zs*., 2(8): 50.

Fruhstorfer H. 1908c. Monographische revision der Gattung Melanitis. *Ent. Zs*., 22(20): 80, 22(22): 87, 22(31): 127.

Fruhstorfer H. 1908d. Lepidopterologisches Pêle-Mêle. V. Neue und seltene Rhopaloceren der Insel "Formosa" [Taiwan, China]. *Ent. Zs*., 22(25): 102.

Fruhstorfer H. 1908e. Neue indo-australische *Mycalesis* und Besprechung verwandter Formen. *Verh. zool.-bot. Ges. Wien*., 58(4/5): 131, 132, 133, 134, 146–147, 149, 153, 211, 217, pl. 1.

Fruhstorfer H. 1908f. Lepidopterologisches Pêle–Mêle. VI. Neue Rhopaloceren von "Formosa" [Taiwan, China]. *Ent. Zs*., 22(29): 118–119.

Fruhstorfer H. 1908g. Versuch einer monographischen revision der Indo-Australischen Neptiden. *Stettin Ent. Ztg*., 69(2): 256–259, 266, 287, 291, 324–327, 334–338, 352, 356, 376, 388–392, 396 pl. 1–3.

Fruhstorfer H. 1908h. Zwei neue Lokalrassen von *Satyrus actaea* Esp. *Int. ent. Zs*., 1(46): 351.

Fruhstorfer H. 1908i. Eine neue Argynnis-Rasse aus Spanien. *Ent. Zs*., 22(39): 161.

Fruhstorfer H. 1909. Zwei neue paläarktische *Neptis. Ent. Zs*., 23(8): 40, 42.

Fruhstorfer H. 1909a. Neue Limenitis-Rassen. *Int. ent. Zs*., 3(16): 88 (17 July), 3(17): 95.

Fruhstorfer H. 1909b. Neue Palaearkten. *Int. ent. Zs*., 3(21): 121.

Fruhstorfer H. 1909c. Neue Satyriden. *Int. ent. Zs*. 3(24): 134.

Fruhstorfer H. 1910. Neue palaearktische Argynnisrassen. *Ent. Zs*., 24(7): 37.

Fruhstorfer H. 1910a. Neue palaearktische Rhopaloceren. *Soc. Ent*., 25(15): 59.

Fruhstorfer H. 1910b. 3. Familie: Danaidae in Seitz. *Gross-Schmett. Erde*, 9: 193, 202, 205, 209, pl. 77e, 78a (in part).

Fruhstorfer H. 1911. 4. Familie: Satyridae in Seitz. *Gross-Schmett. Erde*, 9: 295 (15 February, 1911): 313, 324, 326, (before 25 April, 1911), 342.

Fruhstorfer H. 1912. 6. Familie: Nymphalidae, in Seitz. *Gross-Schmett. Erde*, 9: 515–516, 522, 527, 547.

Fruhstorfer H. 1913. 6. Familie: Nymphalidae. in Seitz, *Gross-Schmett. Erde*, 9: 609, 682, 700.

Fruhstorfer H. 1913a. Neue Indo-Australiche[sic] Rhopaloceren. *Dt. ent. Z. Iris*, 27(3): 138.

Fruhstorfer H. 1913b. Neue Rhopaloceren. *Ent. Rundschau*, 30 (23): 134.

Fruhstorfer H. 1914. Neue Satyriden. *Ent. Rundschau*, 31(5): 25.

Fruhstorfer H. 1914a. 6. Familie: Nymphalidae in Seitz. *Gross-Schmett. Erde*, 9: 722–723, 743, pl. 134d.

Fruhstorfer H. 1915. 6. Familie: Nymphalidae in Seitz. *Gross-Schmett. Erde*, 9: 745–746.

Fruhstorfer H. 1917. Zwei neue Argynnis Rassen. *Soc. Ent.*, 32(6): 26.

Fruhstorfer H. 1917a. Neue Rhopaloceren aus der Sammlung Leonhard. *Archiv Naturg.*, 82A(2): 17–18.

Fruhstorfer H. 1919. Neue südeuropäische *Melitaea*-Formen. *Archiv Naturg.*, 83A(6): 12.

Fukuda H, Minotani N & Takahashi M. 1999. Studies on *Neptis pryeri* Butler (Lepidoptera, Nymphalidae): (2) The continental populations mingled with two species. *Trans. Lepid. Soc. Japan*, 50(3): 129.

Gaede M. 1931. Satyridae. *In*: Lepidopterorun Catalogus. Berlin. 29(43): 316.

Gmelin J F. 1790. *In*: Linnaeus, C., Systema Naturae (edn 13). Lipsiae. 1(5): 2308.

Godart J B. 1819. Encyclopédie Méthodique. Histoire naturelle Entomologie, ou histoire naturelle des crustacés, des arachnides et des insects. *Encycl. Méth.*, 9(1): 192, 248, 262, (4): 306, 313.

Godart J B. [1824]. Encyclopédie Méthodique. Histoire naturelle Entomologie, ou histoire naturelle des crustacés, des arachnides et des insectes. *Encycl. Méth.*, 9(2): 431.

Godman F D & Salvin O. 1879, 1882, 1884. Biologia Centrali-Americana. Lepidopter-Rhopalocera (1879–1886). London. 1: 1(1879), 214–217, 219(1882), 311(1884).

Godman F D & Salvin O. 1901. Biologia Centrali-Americana. Lepidopter-Rhopalocera. (1887–1901). London. 2: 682–683.

Goeze J A E. 1779. Entomologische Beyträge zu des Ritter Linné zwölften Ausgabe des Natursystems. *Ent. Beyträge*, 3(1): 212.

Goltz D H F. 1937. Neue Erebienformen. *Dt. ent. Z. Iris*, 51: 190.

Goltz D H F. 1939. Die Callerebien der Ausbeute Höne. *Ent. Rundsch.*, 56: 37, 42.

Gorbunov P Y. 2001. The butterflies of Russia: classification, genitalia. keys for identification (Lepidoptera: Hesperioidea and Papilionoidea).-"Thesis" Ekaterinbugr: 228.

Gray J E. 1831. The Zoological Miscellany. London, (1): 33. (in Russian).

Gray G R. 1846. Descriptions and figures of some new Lepidopterous insects chiefly from Nepal. London: Longman, Brown, Green, and Longmans: 13, pl. 12, f. 1.

Grose-Smith H & Kirby W F. 1891. Rhopalocera exotica, being illustrations of new, rare, and unfigured species of butterflies. London: Gurney and Jackson. [2] 1: (*Euthalia*) 5, 7, pl. 2–3, f. 1–4.

Grose-Smith H & Kirby W F. 1892. Rhopalocera exotica, being illustrations of new, rare, and unfigured species of butterflies. London: Gurney and Jackson. [2] 1: 1, 2 (*Apatura*), pl. 1, f. 1–4.

Grose-Smith H & Kirby W F. 1898. Rhopalocera exotica, being illustrations of new, rare, and unfigured species of butterflies. *Rhop. Exot.*, [2] 3: (*Dichorragia*) 16, pl. 1, f. 3–4.

Grose-Smith H. 1893. Descriptions of four new species of butterflies from Omei-shan, North-west China, in the collection of H. Grose Smith. *Ann. Mag. nat. Hist.*, (6) 11(63): 217–218.

Grose-Smith H. 1895. Descriptions of new species of butterflies, captured by Mr. Doherty in the islands of the Eastern Archipelago, and now in the Museum of the Hon. Walter Rothschild at Tring. *Novit. zool.*, 2(2): 77.

Grosser N. 1979. *Clossiana speranda* n. sp., eine neue Clossiana-Art aus der Mongolei (Lepidoptera, Nymphalidae). *Reichenbachia*, 17(39): 331.

Grote R A. 1873. On Mr. Scudder's systematic revision of some New England butterflies. *Can. Ent.*, 5(4): 62–63, 5(8): 144.

Grum-Grshimailo G E. 1890. Le Pamir et sa faune lépidoptérologique in Romanoff, *M* in Romanoff, *Mém. Lép.*, 4: 425–426, 429, 439, 457, 490, 496.

Grum-Grshimailo G E. 1891. Lepidoptera nova in Asia centrali novissime lecta et descripta. *Horae Soc. ent. Ross.*, 25(3–4): 454, 456–458.

Grünberg K. 1908. Einige neue Lepidopteren-Formen von den Sunda-Inseln. *S. B. Ges naturf. Fr. Berl.*: 290.

Grund. 1908. Neue Rhopalocera-Formen aus der Umgebung von Agram (Zagreb, Kroatien). *Soc. Ent.*, 23: 81.

Hemming F. 1934. Some notes in the nomenclature of Palaearctic and African Rhopalocera. *Stylops*, 3(5): 97.

Hemming F. 1934a. New names for three genera of Rhopalocera. *Entomologist*, 67(4): 77.

Hemming F. 1939. Notes on the generic nomenclature of the Lepidoptera Rhopalocera, I. *Proc. R. ent. Soc. Lond.*, (B) 8(3): 39, 136.

Hemming F. 1942. On the correct name of the species commonly known as *Argynnis aglaja* (Linnaeus, 1758) (Lep. Nymphalidae) and matters incidental hereto. *Proc. R. ent. Soc. Lond.*, (B) 11(11): 159.

Hemming F. 1943. Notes on the generic nomenclature of the Lepidoptera Rhopalocera II. *Proc. R. ent. Soc. Lond.*, (B) 12(2): 30.

Hemming F. 1964. Establishment of a new genus in the family Danaidae. *In* Hemming F. London. *Annot. Lep.*, (4): 126.

Hemming F. 1967. Generic names of the butterflies and their type-species (Lepidoptera: Rhopalocera). *Bull. Br. Mus. nat. Hist.* (Ent.), Suppl.: 442.

Henning W. 1992. Phylogenetic notes on the African species of the subfamily Acraeinae. Part 1. (Lepidoptera: Nymphalidae). *Metamorphosis*, 3(3): 101.

Henning W. 1993. Phylogenetic notes on the African species of the subfamily Acraeinae. Part 2–3. (Lepidoptera: Nymphalidae). *Metamorphosis*, 4(1): 5, 6–7, (2): 53, 62.

Henning G A & Henning C A. 1997. Revisional notes on the African Satyrinae (Lepidoptera: Nymphalidae) with a description of a new genus. *Metamorphosis*, 8(3): 135–136.

Henning G A & Williams M C. 2010. Taxonomic notes on the afrotropical taxa of the the tribe Acraeini Boisduval, 1833 (Lepidoptera Nymphalidae: Heliconiinae). *Metamorphosis*, 21(1): 4.

Herrich-Schäffer G A W. [1858]. Sammlung neuer oder wenig bekannter aussereuropäischer Schmetterlinge, 1850–[1869]: Rhopalocera (Tagfalter). *Samml. aussereurop. Schmett.*, (II) 1: 54.

Hewitson W C. 1854, 1862–1863. Illustrations of new species of exotic butterflies selected chiefly from the collections of W. Wilson Saunders and William C. Hewitson. *Ill. exot. Butts.*, [3] (Nymphalis): [85], pl. [45], f. 1, 4(1854), [3] (Adolias II): [65], pl. [35], f. 5, [4] (Debis I): [34], pl. [18], f. 5, 3(42): 84, (54): pl. 3, f. 15 (Mycalesis). (1862), [3] (Diadema): (Systematic Index) [20], pl. [10], f. 2–3, 3(46): 77, (54): pl. 3, f. 13–14(1863).

Hewitson W C. 1864. Descriptions of new species of diurnal Lepidoptera. *Trans. ent. Soc. Lond.*, 2(3): 246.

Hewitson W C.1865. A monograph of the genus *Yphthima*, with descriptions of two new genera of diurnal Lepidoptera. *Trans. ent. Soc. Lond.*, (3) 2(4): 282, 286, 290, pl. 18, f. 18.

Hewitson W C. 1876. Notes on Mr. Atkinson's collection of East Indian Lepidoptera, with descriptions of new species of Rhopalocera. *ent. Mon. Mag.*, 13(7): 151.

Higgins L G. 1940. A new species and two new subspecies of *Melitaea* (Lep. Nymphalidae). *Entomologist*, 73: 51–53.

Higgins L G. 1955. A descriptive catalogue of genus *Mellicta* Billberg and its species, with supplementary notes on the genera. *Melitaea* and *Euphydryas*. *Trans. R. ent. Soc. Lond.*, 106 (1): 41–42, pl. 1, f. 19.

Higgins L G. 1981. A revision of *Phyciodes* Hübner and related genera, with a review of the classification of the Melitaeinae. *Bull. Br. Mus. nat. Hist.* (Ent.), 43(3): 165–166, 77–243, f. 1–490, 124a,125a.

Higgins L G & Riley N D. 1970. A Field Guide to the Butterflies of Britain and Europe. London: Collins: 148.

Hoffmannsegg. 1804. Alphabetisches Verzeichniss zu J. Hübner's Abbildungen der Papilionen mit den beigefügten vorzüglichsten Synonymen. *Mag. f. Insektenk*. (Illiger), 3: 196.

Hoffmannsegg. 1806. Erster Nachtrag zu des Gr. v. Hoffmansegg alphabetischem Verzeichnissa von Hübner's Papilionen. *Mag. f. Insektenk.*, 5: 180.

Holik O. 1949. Ueber die Gattung Satyrus L. (Lepidoptera, Satyridae). *Wiener Ent. Ges.*, 34: 98.

Holland W J. 1920. Lepidoptera of the Congo. Being a systematic list of the butterflies and moths collected by the American Museum of Natural History Congo expedition together with descriptions of some hitherto undescribed species. *Bull. Amer. Mus. Nat. Hist.*, 43(6): 116, 164.

Holloway J D & Peters J V. 1976. The butterflies of New Caledonia and the Loyalty Islands. *J. Nat. Hist.*, 10: 301.

Honrath E G. 1888. Zwei neue Tagfalter-Varietäten aus Kiukiang (China). *Neue Ent. Nachr.*, 14(11): 161.

Horsfield T. [1829]. Descriptive catalogue of the Lepidopterous insects contained in the museum of the Honourable East-India Company, illustrated by coloured figures of new species. London. (2): (expl.) [1–2] pl. 5–8.

Houlbert C V. 1922. *In*: Oberthür C. Contribution à l'étude des Melanargiinae de Chine et de Sibérie. *Étud. Lépid. Comp.*, 19(2): 132, 142, 157, 160, 162.

Huang H. 1998. Research on the butterflies of the Namjagbarwa Region, S. E. Tibet (Lepidoptera: Rhopalocera). *Neue Ent. Nachr.*, 41: 225, 234, 236, 239, pl. 4, 9–10, f. 1a, 1c–e, 2a, 3a–b, 3c–d, 4a–c.

Huang H. 1999. Some new butterflies from China. 1 Rhopalocera. *Lambillionea*, 99(1): 129–131, f. 1b, 2b, 3b.

Huang H. 2001. Report of H. Huang's 2000 expedition to SE. Tibet for Rhopalocera. *Neue Ent. Nachr.*, 51: 85, 88, 91, 98, f. 111.

Huang H. 2002. Some new satyrids of the tribe Lethini from China. *Atalanta*, 33(3/4): 361–372, pl. 19–23.

Huang H. 2003. A list of butterflies collected from Nujiang (Lou Tse Kiang) and Dulongiang, China with descriptions of new species, and revisional notes. *Neue Ent. Nachr.*, 55: 56, 57, 124, pl. 7, f. 7–8, 12–14, 16, 78–79, 88–90.

Huang H & Wu C S. 2003. New and little known Chinese butterflies in the colletion of the Institute of Zoology, Academia Sinica, Beijing 1 (Lepidoptera Rhopalocera). *Neue Ent. Nachr.*, 55: 115, 120 (note).

Huang H, Wu C S & Yuan F. 2003. *Zophoessa ocellata* (Poujade, 1885) and its allies in China with the description of two new species. A review of the genera *Lethe*, *Zophoessa* and *Neope* in China–1. *Neue Ent. Nachr.*, 55: 151.

Huang R X & Murayama S. 1992. Butterflies of Xinjiang Province, China. *Tyô Ga*, 43(1): 7.

Hübner J. [1799–1800]. Sammlung europäischer Schmetterlinge. I. Papiliones–Falter ("Erste Band"). Augsburg: Verfasser. [1]: 9, pl. 7, 21, f. 38–39, 99. [1]: 9, pl. 7, f. 39–38 pl. 21, f. 99.

参考
文献

References

Hübner J. [1806]. Tentamen determinationis digestionis alque denominationis singlarum stripium Lepidopterorum, peritis ad inspiciendum et dijudicandum communicatum, a Jacob Hübner. 2pp. [Augsburg].

Hübner J. [1813]. Sammlung europäischer Schmetterlinge. I. Papiliones-Falter ("Erste Band"). Augsburg: Verfasser. [1]: pl. 142, f. 718–719.

Hübner J. 1816. Verzeichniss bekannter Schmettlinge, 1816–[1826]. Augsburg. 1(1): 15–16 (1816), (2): 33–34, 42.

Hübner J. 1818. Zuträge zur Sammlung exotischer Schmettlinge, Vol. 1 [1808] –1818. *Zuträge Samml. exot. Schmett.*, 1: 7, 17.

Hübner J. [1819]. Verzeichniss bekannter Schmettlinge, 1816–[1826]. Augsburg. (2): 27–32, (3): 33–38, 41, 43–44, 45, 46, (4): 50, 55–58, 60, 62(5): 65.

Hübner J. 1821. Index Exoticorum Lepidopterorum, *Index exot. Lep.*: [5].

Hübner J. [1821], [1825]. Sammlung exotischer Schmetterlinge, Vol. 2 ([1819] – [1827]). *Samml. exot. Schmett.*, 2: pl. [24](1821), pl. [60](1825).

Hübner J. [1826]. Anzeiger der im Verzeichniss bekannter Schmettlinge angenommenen Benennungen ihrer Horden, Rotten, Stämme, Familien, Vereine und Gattungen. *Verz. bek. Schmett.* (Anz.), (1–9): 7.

Hübner J & Libraries S. 1822. Systematisch-alphabetisches Verzeichniss aller bisher bey den Fürbildungen zur Sammlung europäischer Schmetterlinge angegebenen Gattungsbenennungen, mit Vormerkung auch augsburgischer Gattungen, von Jacob Hübner.: 3.

Jung. 1792. Alphabetisches Verzeichnis der bisher bekannten Schmetterlinge aus allen Welttheilen mit ihren Synonymen. *Alph. Verz. Schmett.*, 2: 239.

Joicey J J & Talbot G. 1926. New forms of Lepidoptera Rhopalocera. *Encycl. Ent.*, (B III) 2(1): 13.

Kalis J P A. 1933. Bijdrage tot de kennis van de Lepidoptera Rhopalocera van Nederlandsch-Indië. *Tijdschr. Ent.*, 76(1–2): 69.

Kardakov V N. 1928. Zur Kenntnis der Lepidopteren des Ussuri-Gebietes. *Ent. Mitt.*, 17 (4): 269, pl. 6, f. 14–15.

Kawazoé & Wakabayashi. 1977. Coloured illustrations of the butterflies of Japan [revised edition] [viii]. Osaka: 185, pl. 38, fig. 1–2.

Kemal M & Koçak A. 2011. A synonymical, and distributional checklist of the Papilionoidea and Hesperioidea of East Mediterranean countries, including Turkey (Lepidoptera). *Priamus*, 25(Suppl.): 46.

Kirby W F. 1837. Fauna Boreali-Americana or the zoology of the northern parts of British America in Richardson. *Fauna Boreal Amer.*: 292.

Kirby W F. 1877. A Synonymic Catalogue of Diurnal Lepidoptera. Supplement. London: J van Voorst: 699.

Kluk K. 1780. Historyja naturalna zwierzat domowych i dzikich, osobliwie kraiowych, historyi naturalney poczatki, i gospodarstwo: potrzebnych I pozytecznych donowych chowanie, rozmnozenie, chorob leczenie, dzikich lowienie, oswaienie: za·zycie; szkodliwych zas wygubienie. 4 vols. *Hist. Nat. Pocz. Gospod.*, 4: 84, 86.

Kluk K. 1802. Zwierzat domowych i dzikich osobliwie kraiowych. *Zwierz. Hist. Nat. Pocz. Gospod.*, 4: 86.

Koçak A Ö. 1980. Changes in the generic names of some West-Palearctic Lepidoptera (Part 1). *Comm. Fac. Sci. Univ. Ankara*, (C) 24(3): 30.

Koiwaya S. 1993. Descriptions of three new genera, eleven new species and seven new subspecies of butterflies from China. *Stud. Chin. Butts.*, 2: 72.

Koiwaya S. 1996. Ten new species and twenty-four new subspecies of butterflis from China, with notes on systematic positions of Five Taxa. *Stud. Chin. Butts.*, 3: 240.

Kollar V. 1844. Insecten. *In* Hügel, C. A. A. von. *Kasch. Reich Siek*, 4(2): 427, 4(5): 424, 426, 428, 447–449, 451, pl. 6–7, 16–17, f. 1–4.

Kollar V. 1848. Aufzählung und Beschreibung der von Freiherr Carl. v. Hügel auf seiner Reise durch Kaschmir und das Himaleya gebirge gesammelten Insekten in Hügel. *Kasch. Reich Siek*, 4: 425, 437, pl. 3, f. 3–4.

Kôno. 1931. Akan. Mashu fukin no Chôrui. *Zephyrus*, 3: 219.

Korb S & Bolshakov L V. 2011. [A catalogue of butterflies (Lepidoptera: Papilioformes) of the former USSR. Second edition, reformatted and updated] *Eversmannia Suppl.*, 2: 28–38, 42–49, 51, 54, 56, 60–62, 64–66. (in Russian).

Korshunov Y P & Dubatolov V V. 1984. [New data on the systematics of USSR butterflies (Lepidoptera, Rhopalocera)]. *Ins. Helmints*, 17: 52 (Novye i Maloizvestnye Vidy Fauny Sibiriri).

Korshunov Y P. 1995. Dnevnye babochki Aziatskoi chasti Rossii. Spravochnik. [Butterflies of the Asian part of Russia. A handbook]. *Butt. Asian Russia*: 81.

Kotzsch. 1929. Neue Falter aus dem Richthofengebirge usw. *Ent. Zs.*, 43: 206, f. 8–9.

Ksienschopolski. 1911. The Rhopalocera of South-west Russia. *Trudy Obshch. Izsl. Volyni Zitomir*, 8: 40, pl. 1, f. 5.

Kudrna O. 1974. An annotated list of Japanese butterflies. *Atalanta*, 5: 98–99, 101–107.

Kudrna O & Belicek J. 2005. The 'Wiener Verzeichnis', its authorship, publication date and some names proposed for butterflies therein. *Oedippus*, 23: 28.

Kurentzov. 1937. [New and interesting Lepidoptera from Sikhote-Alin]. *Bull. Far Eastern Branch USSR Acad. Sci.*, 26: 116, 130.

Kurentsov. 1949. *Neptis kusnetzovi* Kurentzov sp. n. (Lepidoptera, Nymphalidae) from Central Sikhote-Alin. *Ent. Obozr.*, 30: 362. (in Russian).

Küppers. 2006. Nymphalidae XI. Cethosia. *Butt. World*, 24: 1.

Lamas G. (Ed.) 2004. Atlas of Neotropical Lepidoptera: Checkelist Pt. 4a, Hesperioidea–Papilionoidea. Gainesville: Association for Tropical Lepidoptera/Scientific Publishers. 4A: 205.

Lang H C. 1884. Rhopalocera Europa Descripta et Delineata- The butterflies of Europe, described and figured. London: L. Reeve & Co. 1: 17, 170, 172–173, 175–176, 188, 328 (Stdgr.).

Lang H G. 1789. Verzeichniss seiner Schmetterlinge, in dem Gegenden um Augburg gesammelt und nach dem Wiener systematischen Verzeichniss eingetheilt, mit den Linneischen, auch deutschen und französischen Namen, und Anführung derjenigen Werke, worinn sie mit Farben abgebildet find. Augsburg. (ed. 2): 44.

Lang S Y. 2010. Study on the tribe Chalingini Morishita, 1996 (Lepidoptera, Nymphalidae, Limenitinae). *Far Eastern Ent.*, 218: 3, 5, 33.

Lang S Y & Han H X. 2009. Study on some nymphalid butterflies from China (Lepidoptera, Nymphalidae). *Atalanta*, 41(1/2): 497.

Lang S Y & Monastyrski A L. 2016. Description of two new species of the *Lethe* manzorum-group (Lepidoptera, Nymphalidae, Satyrinae) from China. *Zootaxa*, 4103(5): 454, figs. 7. 8. 17. 18. 25c 27.

Lang S Y & Wang X J. 2010. Study on some nymphalid butterflies from China-2 (Lepidoptera, Nymphalidae). *Atalanta*, 41: 224.

Larsen T B. 1996. The Butterflies of Kenya and their natural history. Oxford: Oxford University Press (2nd): 256, pl. 27, f. 385.

Lathy P I. 1903. On a new subspecies of Isodema adelma, Feld. *Entomologist,* 36: 12.

Latreille P A. 1804. Tableaux méthodiques d'Hist. nat.. *Nouv. Dict. Hist. nat*., 24(6): 184–185, 199.

Latreille P A. 1807. Latreille's Eintheilung der Linnéischen Gattungen *Papilio* und *Sphinx. Mag. Für Insektenkunde*, 6: 291.

Latreille P A. 1809. Genera Crustaceorum et Insectorum: secundum ordinem naturalem in familias disposita, iconibus, exemplisque plumiris explicata. Parisiis & Argentorati. 4: 201 (preocc. Kluk, 1780).

Latreille P A. 1810. Considérations générales sur l'orde naturel des animaux composant les classes des crustacés, des arachnides et des insectes; avec un tableau méthodique de leurs genres, disposés en familles. Paris, F. Schoell.: 355, 440.

Le Cerf F. 1933. Formes nouvelles de Lépidoptères Rhopalocéres. *Bull. Mus. Paris*, (2) 5: 212.

Lederer J. 1853. Lepidopterologisches aus Sibirien. *Verh. Zool.–Bot. Ver. Wien*, 3: 356–357, pl. 1, Abb. 4.

Lederer J. 1869. Verzeichniss der von Herrn Jos. Haberhauer bei Astrabad in Persion gesammelten Schmetterlinge. *Horae Soc. ent. Ross*., 6(2): 85 pl. 5, f. 3–4.

Lee Y J. 2005. Review of the *Argynnis* adippe species group (Lepidoptera, Nymphalidae, Heliconiinae) in Korea. *Lucanus*, 5: 6.

Leech J H. 1887. On the Lepidoptera of Japan and Corea, Pt I. Rhopalocera. *Proc. zool. Soc. Lond*.: 417, 419, 423–424, pl. 35, f. 2.

Leech J H. 1889. On a collection of Lepidoptera from Kiukiang. *Trans. ent. Soc. Lond*., (1): 99–100, 102, 107, pl. 8, f. 1–4, 1a, 2A.

Leech J H. 1890. New species of Lepidoptera from China. *Entomologist*, 23: 26–38, 187–190, pl. 22, figs. 4–6.

Leech J H. 1891. New species of Lepidoptera from China. *Entomologist*, 24 (Suppl.): 1–4.

Leech J H. 1891a. New species of Rhopalocera from North-west China. *Entomologist*, 24 (Suppl.): 23–29.

Leech J H. 1891b. New species of Rhopalocera from Western China. *Entomologist*, 24 (Suppl.): 57, 66–67.

Leech J H. [1892–1894]. Butterflies from China, Japan, and Corea. *Butts. Chin. Jap. Cor*., (1): 1, 32–33, 49, 54, 57, 73, 84, 88–89, 105, 114, 143, 150, 164, 176, 191, 196, 211, 219, 233, 239–240, 246, 249, 251–252, 255–256, 260–261, 263, 266, 270, 272–273, 282, pl. 3, 5–7, 10, 15–16, 18, 22–23, f. 1, 3–5, 6–9, 10, (2): 297, 655.

Lewis. 1872. New names for European butterflies. *Zoologist*, (2) 7: 3074(rej.).

Lewis H L. 1974. Butterflies of the World. London: Steven Tilston: 6–8, 146, 166–171, 197, 201–204, 271, 288, pl. 2–3, 144, 147, 150, 167, 172–173, 194, 196–197, 200–205, f. 1–10, 13, 15–18, 21, X: pl. 2, 149, 194, 196, f. 4–5, 10, 14, 25.

Linnaeus C. 1758. Systema naturae per regna tria naturae, secundum clases, ordines, genera, species, cum characteribus, differentiis, symonymis, locis. tomis I. 10th Edition. *Syst. Nat.* (Edn 10), 1: 471–479, 481, 486, f. 81.

Linnaeus C. 1761. Fauna Suecica Sistens Animalia Sueciae Regni: mamalia, aves, amphibia, pisces, insecta, vermes. Distributa per classes, ordines, genera, species, cum differentiis specierum, synonymis auctorum, nominibus incolarum, locis natalium, descriptionibus insectorum. *Fauna Suecica*, (Edn 2): 281.

Linnaeus C. 1763. In Johansson (Thesis), Centuria Insectorum. Holmiae. [Reprint of a dissertation by Johanssin B.]. *Amoenitates Acad.*, 6: 406, 408.

Linnaeus C. 1764. Museum S'ae R'ae M'tis Ludovicae Ulricae Reginae Svecorum, Gothorum, Vandalorumque. *Mus. Lud. Ulr.*: 264, 280, 473.

Linnaeus C. 1767. Systema Naturae per Regna tria Naturae, secundum classes, ordines, genera, species, cum characteribus, differentiis, synonymis locis. Editio Duocecima Reformata. Tom. 1. Part II. *Syst. Nat.* (Edn 12), 1(2): 755, 768, 785–786.

Lucas T P. 1866. Quelques remarques sur les Lépidoptères du genre *Argynnis* qui habitent les environs de Pékin et description d'une espèce nouvella appartenant a cette coupe générique. *Ann. Soc. Ent. Fr.*, (4)6: 221, pl. 3, f. 3 ♂, 3b ♀.

Lucas T P. 1892. On 34 new species of Australian Lepidoptera with additional localities. Hospital: Queen Square. *Proc. R. Soc. Qd*, 8(3): 71.

Lukhtanov V A & Eitschberger U. 2000. Illustrated catalogue of the genera *Davidina* (Nymphalidae, Satyrinae Oeneini). Keltern: Goecke & Evers Publisher. *In: Butt. World*, 11: 9.

Lumma. 1938. Entomologische Neuheiten aus Ostpreußen. *Ent. Zs.*, 52(13): 104.

Mabille P. 1876. Catalogue des Lépidoptères de la cote occidentale d'Afrique. *Bull. Soc. zool. Fr.*, 1: 199, 203.

Mabille P. 1877. Catalogue des Lépidoptères de la cote occidentale d'Afrique. *Bull. Soc. zool. Fr.*, 1: 280.

Mabille P. 1887. In Grandidier. *Hist. phys. nat. pol. Madagascar*, 18(Lép. 1): 82–85.

Marshall G F L. 1882. Some new or rare species of Rhopalocerous Lepidoptera from the Indian region. *J. asiat. Soc. Beng.*, 51 Pt II (2–3): 38, pl. 4, f. 2.

Marshall G F L & de Nicéville L. 1890. The butterflies of India, Burmah and Ceylon. Calcutta: Central Press Co.: 252, 256.

Martin L. 1903. Das genus *Cyrestis. Dt. ent. Z. Iris*, 16(1): 81, 83, 86, 160.

Martin L. 1913. Neue Rhopaloceren aus Celebes. *Dt. ent. Z. Iris*, 27(2): 109.

Masui A & Inomata T. 1997. Apaturinae of the World (Lepidoptera, Nymphalidae)–8. *Yadoriga*, 170: 7, 10, 13, 17.

Matsumura S. 1908. Die Nymphaliden Japans. *Ent. Zs.*, 22(39): 157–158.

Matsumura S. 1909. Die Danaiden und Satyriden Japans. *Ent. Zs.*, 23(19): 91–92.

Matsumura S. 1919. Thousand insects of Japan. Additamenta 3 [Shin Nihon senchu zukai]. *Thous. Ins. Japan. Addit.*, 3: 526, 554, 699, pl. 37, 53, f. 4, 4a, 17.

Matsumura S. 1927. Some new butterflies. *Ins. Matsum.*, 1: 161, 2(2): 114.

Matsumura S. 1929. Some new butterflies from Korea received from Mr. T. Takamuku. *Ins. Matsum.*, 3(4): 111, 154–155.

Matsumura S. 1931. New species and new forms of butterflies from Japan. *Ins. Matsum.*, 6(1–2): 44, fig. 2.

Matsumura S. 1931a. 6000 illustrated insects of the Japan-Empire. Tokyo.: 511–512.

Matsumura S. 1939. New forms of butterflies from "Formosa"[Taiwan, China]. *Ins. Matsum.*, 13(4): 111.

Meigen J W. 1828. Systematische Beschreibung der europäischen Schmetterlinge; mit Abbildungen auf Steintafeln 1. Aachen; Leipzig: Mayer. 1: 97.

Mell R E. 1923. Noch unbeschriebene Lepidopteren aus Südchina (II). Berlin. *Dt. Ent. Zs.*, (2): 155.

Mell R. 1935. Beiträge zur Fauna sinica. XII. Die Euthaliini (Lep., Nymphal.) Süd-und Südostchinas. Berlin. *Dt. Ent. Z.*, 1934: 243, pl. 2.

Mell R. 1942. Die Amathusiidae und Satyriden Süd (un Südost-) Chinas. *Arch. Naturgesch.* (N.F.), 11: 243.

Ménétnés E. 1858. Lépidoptères de la Sibérie orientale et en particulier des rives de l'Amour. *Bull. Phys.-Math. Acad. Sci. St. Pétersb.*, 17(12–14): 214–215, pl. 3, f. 1.

Ménétnés E. 1859. Lépidoptères de la Sibérie orientale et en particulier des rives de l'Amour in Schrenck. *Reise Forschungen Amur-Lande*, 2(1): 33, 38–39, pl. 3, f. 3, 5, 8–9.

Ménétnés E. 1859a. Lépidoptères de la Sibérie orientale et en particulier des rives de. *Bull. Phys.-Math. Acad. Sci. St. Pétersb.*, 17(12–14): 214–216, pl. 2–3, f. 1, 8.

Miyata T & Hanafusa H. 1989. Two new subspecies of Nymphalid butterflies from China and Indonesia. *Futao*, (2): (1–2).

Moltrecht. 1909. Nachtrag zu dem Aufsatz "Neues aus dem Amurlande". *Ent. Zs.*, 23(29): 131.

Monastyrskii A L. 2005. New taxa and new records of butterflies from Vietnam (3). *Atalanta*, 36: 147–148, 150.

Moore F. 1857–1858. A catalogue of the Lepidopterous insects in the Museum of the Hon. East-India Company in Horsfield & Moore. London: M. H. Allen and Co. 1: 4, 137–138, 143, 156, 162–166, 171–172, 175–176, 178, 180, 199, 200–201, 219–221, 227–228, 232, 236, pl.3, 3a, 4a, 5, 5a, 6a, f. 1–6.

Moore F. 1858. Descriptions of three new species of diurnal Lepidoptera. *Ann. Mag. nat. Hist.*, (3) 1: 48.

Moore F. 1858a. A monograph of the Asiatic species of *Neptis* and *Athyma*, two genera of diurnal Lepidoptera belonging to the family Nymphalidae. *Proc. zool. Soc. Lond.*, (347/348): 4–6, 9, 11, 14–15, 17–18, pl. 49, f. 3.

Moore F. 1859. A monograph of the genus *Adolias*, a genus of diurnal Lepidoptera belonging to the family Nymphalidae. *Trans. ent. Soc. Lond.*, (2) 5 (2): 78, 80, pl. 8–9, f. 1, 3.

Moore F. 1865. List of diurnal Lepidoptera collected by Capt. A. M. Lang in the N. W. Himalayas. *Proc. Zool. Soc. Lond.*, (2): 502, pl. 30, f. 7.

Moore F. [1866]. On the Lepidopterous insects of Bengal. *Proc. zool. Soc. Lond.*, 1865(3): 763–764, 770, pl. 41, f. 1.

Moore F. 1872. Descriptions of new Indian Lepidoptera. *Proc. zool. Soc. Lond.*, (2): 558–560, 562–563, pl. 32, f. 5.

Moore F. [1875]. Descriptions of new Asiatic Lepidoptera. *Proc. zool. Soc. Lond.*, (4): 567.

Moore F. 1877. Descriptions of Asiatic Diurnal Lepidoptera. *Ann. Mag. nat. Hist.*, (4) 20: 43.

Moore F. 1878. A list of the Lepidopterous insects collected by Mr. Ossian Limborg in Upper Tenasserim, with descriptions of new species. *Proc. zool. Soc. Lond.*, (4): 822, 824–826, 828.

Moore F. 1879. Descriptions of the species of the Lepidopterous genus *Kallima. Trans. ent. Soc. Lond.*: 11.

Moore F. 1880. On the Asiatic Lepidoptera referred to the genus *Mycalesis*, with descriptions of new genera and species. *Trans. ent. Soc. Lond.*, (4): 155–159, 161, 164–169, 173–174, 176–177.

Moore F. 1880–1881. The Lepidoptera of Ceylon. London. 1(1): 4–8, 13–16, 18, 20,22– 24, 28–30, 34–36, 39–40, pl. 1, 3–4, 10–11, f. 1a–b, 2, 2a, 4a–b (Dec 1880), (2): 41–43, 48, 50–51, 53–54, 56–57, 59–60, 67, pl. 21–22, 27, 29, 31, f. 1, 1a–c, 2, 2a–b (Jan 1881).

Moore F. 1881. Descriptions of new Asiatic diurnal Lepidoptera. *Trans. ent. Soc. Lond.*, (3): 305, 309.

Moore F. 1882. List of the Lepidoptera collected by the Rev. J. H. Hocking, chiefly in the Kangra Discrict, N.W Hiamalaya; with descriptions of new genera and species. *Proc. zool. Soc. Lond.*, (1): 240–241.

Moore F. 1883. A monograph of *Limnaina* and *Euploeina*, two groups of diurnal Lepidoptera belonging to the subfamily Euploeinae; with descriptions of new genera and species. Part I & II. *Proc. zool. Soc. Lond.*, (2): 229, 233, 235, 238–239, 241, 244–245, 248–250.

Moore F. 1890–1892. Lepidoptera Indica. Rhopalocera, Family Nymphalidae. Sub-families Euploeinae and Satyrinae. London: L. Reeve & Co. 1: 20, 34, 36, 45, 48, 60, 65, (1890), 1: 162, 224, 232, 237, 253, 270–271, 275(1891), 1: 277, 285, 287, 294, 299, 305, 310, (1892). pl. 7–8, 10, 11, 14, 91, f. 1, 1a–e, 2, 2a–b, 3, 3a.

Moore F. 1893, 1896. Lepidoptera Indica. Rhopalocera. Family Nymphalidae. Sub-families Satyrinae (continued), Elymniinae, Amathusiinae, Nymphalinae (Group Charaxina). London: L. Reeve & Co. 2(13): 5, 11, 14, 21, 23, 29, 2(14): 36, 57–58, 2(15): 82, 85–86, 2(16): 92, 94, 103, 106(1893), 2(24): 263, 3(25): 7–10, 13–14, 3(26): 34, 37, 39, 46(1896), pl. 99, 201–202, f. 1, 1a–b, 2, 2m.

Moore F. 1897–1899. Lepidoptera Indica. Rhopalocera. Family Nymphalidae. Sub-family Nymphalinae (continued), Groups Potamina, Euthalina, Limenitina. London: L. Reeve & Co. 3(27): 49, 3(29): 100–101, 110(1897), 3(31): 130–132, 135, 137 ; 3(32): 146–148, 154, 3(33): 172–174, 176, 192, 180, 3(34): 208, 214–215(1898), 4(35): 218, 248, 4(37): 1, 10, 15, 4(39): 44, 4 (41): 91(1899).

Moore F. [1899–1900]. Lepidoptera Indica. Rhopalocera. Family Nymphalidae. Sub-family Nymphalinae (continued), Groups Limenitina, Nymphalina, and Argynnina. London: L. Reeve & Co. 4(39): 58,108, 4(48): 241, 243, pl. 320, f. 3.

Morishita K. 1977. *Polyura eudamippus. Yadoriga*, 91/92: 3, figs 1, 3, 4, 6, 8–14.

Morishita K. 1981. Danaidae. *In* Tsukada, E., Butterflies from south east Asian islands. Japan. 2: 445, 449, pl. 85–89, figs 1–21, 2–24.

Morishita K. 1996. *Seokia pratti,* and *Chalinga elwesi* (Nymphalidae: Limenitinae). *Butterflies*, 13: 41.

Motschulsky V. 1860. Insectes du Japon. *Étud. d'Ent.*, 9: 29.

Motschulsky V. 1866. Catalogue des Lépidoptères rapportés des environs du fleuve Amour depuis la Schilka jusqu'à Nikolaevsk. *Bull. Soc. imp. Nat. Moscou*, 39(3): 117.

Murayama S.1958. Über die einigen Aberrantförmigen und die unbekannte Schmetterlinge aus "Formosa"[Taiwan, China]. *New Ent.*, 7(1): 27.

Murayama S. 1961. An unrecorded and some aberrant butterflies from "Formosa"[Taiwan, China]. *Tyô Ga*, 11(4): 57, f. 8, 13, 15–17, 21–23. (in Japanese).

Murayama S. 1978. Some butterflies from Ussuri, U.S.S.R., and Korea, with description of two new subspecies. *Tyô Ga*, 29(3): 159. (in Japanese).

Murayama S & Shimonoya T. 1963. On some interesting butterflies from "Formosa"[Taiwan, China], with descriptions of 2 new species, 2 new races, and 7 new aberrant forms. *Tyô Ga*, 13(3): 55, f. 5, 8. (in Japanese).

Murayama S & Shimonoya T. 1966. Some Formosan butterflies of new species, new race, new aberrant forms or little known species and forms. *Tyô Ga*, 15(3/4): 60–61, f. 35–36.

Muschamp P A H. 1915. The Ci-devant genus *Epinephele*. *Ent. Rec. J. Var.*, 27(7 & 8): 156.

Nakamura N, Wakahara H & Miyamoto T. 2010. Notes on the butterflies of Laos (V): description of a new subspecies of *Faunis aerope* (Leech, 1890) (Lepidoptera, Nymphalidae, Morphinae) from a montane are of Central Laos. *Trans. Lepid. Soc. Japan.*, 60(4): 277.

Nakatani T. 2012. On a little known species of genus *Erebia* (Lepidoptera Nymphalidae) in China. *Lepid. Sci.*, 63(2): 61.

Nekrutenko Y P. 1987. [A new genus of the subfamily Lethinae (Lepidoptera, Satyridae)]. *Vestn. Zool.*, (2): 84. (in Russian).

Nekrutenko Y P. 1988. Esperarge Nekrutenko (Lepidoptera, Satyridae), nom. n. pro Esperela Nekrutenko 1897. *Vestn. Zool.*, (1): 50.

Neustetter H. 1916. Neue und wenig bekannte afrikanische Rhopalozeren. *Dt. ent. Z. Iris*, 30(2–3): 99.

Niculescu E V. 1961. L'aberration comme phénomène biologique. *Bull. Soc. Ent. Mulhouse*, 17: 46.

Nire. 1917. Descriptions of a new species and some aberrant forms of Japanese Rhopalocera. *Dobuts. Zasshi*, 29: (145–148).

Nire. 1920. On new species and subspecies of butterflies native to this country. *Zool. Mag. Tokyo*, 32: 49, 51. (in Japanese).

Nomura K. 1937. On the forms of Polygonia c-album Linné occurring in the Japanese Empire. *Zephyrus*, 7: 119.

Nordmann A. 1851. Neue Schmetterlinge Russlands. *Bull. Soc. imp. Nat. Moscou*, 24: 406, 439, pl. 9, f. 1–3.

Oberthür C. 1876. Espèces nouvelles de Lépidopterès recueillis en Chine par M. l'abbé A. David / Lépidoptères nouveaux de la Chine. *Étud. d'Ent.*, 1: 29, pl. 4, f. 7, 2: 23, 25–28, 30–32, pl. 2, 4, f. 1, 3a–b, 4, 4a–b, 5, 8.

Oberthür C. 1877. Espèces nouvelles de Lépidopterès recueillis en Chine par M. l'abbé A. David / Lépidoptères nouveaux de la Chine. *Étud. d'Ent.*, 2: 33, pl. 2, f. 2.

Oberthür C. 1879. Catalogue raisonné des Papilionidae de la Collection de Ch. Oberthür. *Étud. d'Ent.*, 4: 19, 107–108, pl. 2, f. 1.

Oberthür C. 1881. Lépidoptères de Chine. II. Lep. d'Amerique. *Étud. d'Ent.*, 6: 15–16, pl. 7, f. 5–6.

Oberthür C. 1884. Lépidoptères du Thibet. *Étud. d'Ent.*, 9: 15, 18, pl. 2, f. 1, 9. 9: 15, pl. 2, f. 9 9: 18, pl. 2, f. 1.

Oberthür C. 1885. Note synonymique sur le genre Lemodes, Boh. et descrition de deux espèces nouvelles. *Bull. Soc. Ent. Fr.*, (6)5: 227.

Oberthür C. 1886. Espèces Nouvelles de Lépidoptères du Thibet/Nouveaux Lépidoptères du Thibet. *Étud. d'Ent.*, 11: 17–18, 23–25, pl. 2, 4–5, f. 13–14, 20–21, 26. 31–32.

Oberthür C. 1890. Lépidoptères de Chine. *Étud. d'Ent.*, 13: 39–40, 43–44, 35–45, pl. 9–10, f. 96, 101, 105–106, 110.

Oberthür C. 1891. Nouveaux Lépidoptères d'Asie. *Étud. d'Ent.*, 15: 10, 13, 16, pl. 1–2, f. 6, 13, 18.

Oberthür C. 1893. Lépidoptères d'Asie. *Étud. d'Ent.*, 18: 13, 16, 18, pl. 6, 7: 81, f. 79–79a, 83.

Oberthür C. 1894. Lépidoptères d'Europe, d'Algérie, d'Asie et d'Océanie. *Étud. d'Ent.*, 19: 16–18, pl. 7–8, f. 63, 69.

Oberthür C. 1906. Observations sur les *Neptis* à taches jaunes de la région sino–thibétaine. *Étud. Lépid. Comp.*, 2: 9, 12–13, 16, pl. 8, 9: 1, f. 5.

Oberthür C. 1907. Observations sur les espèces sino thibétaines du genre *Euthalia* et description de formes nouvelles. *Bull. Soc. Ent. Fr.*: 260.

Oberthür C. 1909. Notes pour servir à établir la Faune Francaise et Algeriénne des Lépidoptères. *Étud. Lépid. Comp.*, 3: 203, 209, 216, 280.

Oberthür C. 1912. Explication des Planches. *Étud. Lépid. Comp.*, 6: 314, 316, pl. 103, 106, f. 966, 975.

Oberthür C. 1913. Explication des Planches coloriées, n CLXI à CXCVII inclus, se trouve imprimée avec le texte. *Étud. Lépid. Comp.*, 7: 669, pl. 186, f. 1820–1821.

Oberthür C. 1917. Lépidoptères des frontiers chinoises du Thibet. *Étud. Lépid. Comp.*,14: 125–126, pl. cdlxxiv.

Oberthür C. 1919. Description de deux espéces ou forms nouvelles de Lépidoptéres provenant du Yunnan. *Bull. Soc. Ent. Fr.*, 1919: 174.

Oberthür C. 1920. Explication des Planches coloriées. *Étud. Lépid. Comp.*, 17: 17, 19, pl. 513: 4302, 516: 4313.

Oberthür C & Houlbert C. 1922. Quelques vues nouvelles sur la Systématique des Melanargia (Lépidoptères: Satyridae). *C. R. Acad. Sci. Paris*, 174: 190, 707, f. 1.

Ochsenheimer F. 1807. Die Schmetterlinge von Europa. Erster Theil. Falter, oder Tagschmetterlinge. *Schmett. Eur.*, 1(1): 169.

Ochsenheimer F. 1816. Die Schmetterlinge von Europa. Fierter Band. *Schmett. Eur.*, 4: 18, 32.

Ohshima Y & Yata O. 2005. The systematic position of the Black-eyed plane, *Pantoporia venilia* (Linnaeus, 1758) (Lepidoptera, Nymphalidae), with redescription of the genus *Acca* Hübner, 1819. *Trans. Lepid. Soc. Japan*, 56(4): 298.

Özdikmen. 2008. Replacement names for two preoccupied butterfly genus group names (Lepidoptera: Papilionoidea). *Mun. Ent. Zool.*, 3(1): 321.

Paluch M. 2006. Revisão das espécies de Actinote Hübner, [1819] (Lepidoptera, Nymphalidae, Heliconiinae, Acraeini). *PhD. Dissert*: 77.

Pallas V I. 1771. Reise durch verschiedene Provinzen des Russischen Reichs in den Jahren 1768–1774. St. Petersburg: Kayserl. Akademie der Wissenschaften. 1: 470–471.

Panzer G W F, Hilpert J A & Schèaffer J C. 1804. D. Jacobi Christiani Schaefferi Iconum insectorum circa Ratisbonam indigenorum enumeratio systematica. *Icones Ins.*: 143, 2 pl. 152, f. 3.

Pazhenkova E A, Zakharov E V & Lukhtanov V A. 2015. DNA barcoding reveals twelve lineages with properties of phylogenetic and biological species within *Melitaea didyma* sensu lato (Lepidoptera, Nymphalidae). *ZooKeys*, 538: 43.

Pelham J P. 2008. A catalogue of the butterflies of the United States and Canada with a complete bibliography of the descriptive and systematic literature. *J. Res. Lepid.*, 40: 290, 295–296, 298, 306, 398, 411, 418, 425, 442.

Peschke. 1934. Neubeschreibungen und Ergänzungen der palaearktischen Lepidopteren fauna I. *Int. ent. Zs.*, 28: 431.

Petersen B. 1947. Die geographische variation einiger fennoskandischer Lepidopteren. *Zool. Bidr. Uppsala*, 26: 404, 406.

Pierre & Bernaud. 2009. Nymphalidae XVI. *Acraea* subgenus *Actinote. Butt. World*, 31: 4, pl. 18, f. 11–14.

Poda N. 1761. Insecta Musei Graecensis, quae in ordines, genera et species juxta Systema Naturae Caroli Linnaei digessit. Graecii: Wildmanstadii. *Ins. Mus. Graecensis*: 70, 75.

Reakirt. 1866. Descriptions of some new species of diurnal Lepidoptera. *Proc. Acad. nat. Sci. Philad.*, 18(3): 247.

Rebel H. 1933. Lepidopteren aus der Umgebung Ankaras. *Ann. Mus. Wien*, 46: 3.

Reuss T. 1920. Die Androconien von Yramea cytheris Drury und die nächtststehenden analogen Schuppenbildungen bei Dione Hbn. und Brenthis Hbn. (Lep.). *Ent. Mitt.*, 9: 192.

Reuss T. 1922. Eine Androconialform von "*Argynnis*" niobe L., f. n., und durch entsprechende ♂♂ gekennzeichnete ostasiatische Formen oder Arten, die bisher zu "adippe" L. (rect. cydippe L.) gerechnet wurden, sich aber nunmehr durch Art und Verteilung der Androconien abtrennen lassen. Mit einer Revision des "Genus *Argynnis* F.". *Archiv Naturg.*, 87A (11): 197, 221.

Reuss T. 1926. Systemischer uberlich der Dryadinae T. Rss mit einigen Neubeschreibungen. *Dt. Ent. Zs.*, (1): 65–67, 69–70.

Reuss T. 1926a. Über Funktion der Sexualarmaturen bei Lepidopteren (Rhop.) und die resultierende Weiterentwicklung meines versuchten natürlichen Systems der Dryadinae T. R. *Deuts. ent. Z.*, (5): 434–435.

Reuss T. 1926b. Systemischer uberlich der Dryadinae T. Rss mit einigen Neubeschreibungen. *Int. ent. Zs.*, 20: 253.

Reuss T. 1928. Die Argyreidae T. Rss., fam. nov. *Int. Ent. Z.*, 22: 146.

Reuss T. 1939. Einige vergleichende Neubeschreibungen (Lepidopt. Nymphalidae). *Ent. Zs.*, 53(1)(1): 3.

Röber J. 1889. II. Theil. Die Familien und Gattungen der Tagfalter systematisch und analytisch bearbeitet in Staudinger & Schatz. *Exot. Schmett.*, 2(5): 202.

Roepke W. 1938. Nymphalidae. *Rhopal. Javanica*, 3: 346.

Rossi P. 1794. Mantissa insectorum exhibens species nuper in Etruria collectas a Petro Rossio adiectis faunae etruscae illustrationibus, ac emendationibus. *Mant. Ins.*, 2: 9.

Rothschild W. 1892. Notes on a collection of Lepidoptera made by William Doherty in Southern Celebes during August and September 1891. Part I, Rhopalocera. *Dt. ent. Z. Iris*, 5(2): 430–431.

Rothschild W. 1894. Some new species of Lepidoptera. *Novit. Zool.*, 1(2): 535, pl. 12, f. 7.

Rothschild W. 1915. On Lepidoptera from the islands of Ceram (Seran), Buru, Bali, and Misol. *Novit. zool.*, 22(1): 116, 206.

Rothschild W & Jordan K. 1898. A monograph of *Charaxes* and the allied *Prionopterous* genera. (1). *Novit. zool.*, 5(4): 562, pl. 8–9, 13, f. 1–6, 15–16.

Rothschild W & Jordan K. 1899. A monograph of *Charaxes* and the allied *Prionopterous* genera. (2). *Novit. zool.*, 6(2): 263, 271, 277, pl. 7, figs. 9–10.

Rothschild W & Jordan K. 1900. A monograph of *Charaxes* and the allied *Prionopterous* genera. (3). *Novit. zool.*, 7(3): 325, 334.

Rottemburg S. A. von. 1775. Unmertungen zu den Hufnagelifchen Tabellen der Schmetterlinge. *Der Naturforscher*, 6: 5, 19. pl. 1, f. 3–4.

Roy P. 2013. *Callerebia dibangensis* (Lepidoptera: Nymphalidae: Satyrinae), a new butterfly species from the eastern Himalaya, India. *J. Threatened Taxa*, 5(13): 4733 (list).

Samodurow G D, Tschikolowez W W & Korolew W A. 1995. Eine Übersicht über die Satyriden der Gattung *Hyponephele* Muschamp, 1915. I. Die Arten *Hyponephele* haberbaueri (Staudinger, 1886)，*H. germana* (Staudinger, 1887), *H. Maureri* (Staudinger, 1886), *H. rueckbeili* (Staudinger, 1887) und *H. interposita* (Erschoff, 1874) (Lepidoptera, Satyridae). *Atalanta*, Wirzburg 26(1/2): 182, Farbtafel III–V, abb.1–14, Karte 1–3.

Samodurow G D, Korolew V A & Tschikolowez V V. 1996. Neue Taxa der Satyrinen-Gattung *Hyponephele* Muschamp. 1915. Eine Übersicht über die Satyriden der Gattung *Hyponephele* (Muschamp, 1915) II. Die Arten *Hyponephele dysdora* (Lederer, 1870), *H. tristis* (Grum-Grshimailo, 1899), *H. prasolovi* (Lukhtanov, 1990), *H. murzini* (Dubatolov, 1989) und *H. jasavi* (Lukhtanov, 1990) (Lepidoptera, Satyridae). *Atalanta*, 27(1/2): 223.

Samodurow G D, Korolew W A & Tschikolowez W W. 2001. Eine Übersicht über die Satyriden der Gattung *Hyponephele* (Muschamp, 1915)–VII. Die Arten *Hyponephele lycaon* (Rottemburg, 1775), *H. pasimelas* (Staudinger, 1886), *H. lycaonoides* (D. Weiss, 1978), *H. przhewalskyi* (Dubatolov, Sergeev & Zhdanko, 1994), *H. dzhungarica* (Samodurov, 1996), *H. galtscha* (Grum-Grshimailo, 1893) und *H. lupina* (Costa, 1836) (Lepidoptera, Satyridae). *Atalanta*, 32(1/2): 150, 111–186.

Schiffermüller. 1775. Ankündung eines systematischen Werkes von den Schmetterlingen der Wienergegend. *Ank. syst. Schmett. Wienergegend*: 173, 175.

Schneider. 1785. Nomenclator Entomologicus oder systematisches Nahmen-Verzeichniß der bis jezt bekannt gewordenen Insekten. *Nomencl. Entomol.*: 36.

Schroeder H & Treadaway G. 2005. Nymphalidae IX, Amathusiini of the Philippine Islands. *Butt. World*, 20: 1, 3.

Schrank P. 1801. Fauna Boica. Durchgedachte Geschichte der in Baiern einheimischen und zahmen Thiere. *Fauna Boica*, 2(1): 186, 188, 191.

Schultz A. 1903. Vanessa l-albus Esp. aberr. nov. chelone. *Dt. ent. Z. Iris*, 15(2): 324.

Schultze A. 1920. Lepidoptera (1 & 2) Ergeb. 2tn. Dt. Zent. Afrika Exp. *Ergeb*. 2tn. *Dt. Zent. Afrika Exp.*, 1(14): 823.

Scopoli J A. 1763. Entomologica Carniolica exhibens insecta carnioliae indigena et distributa in ordines, genera, species varietates methodo Linnaeana. Vindobonae, Trattner: 156, 153, 165, Nr. 429, f. 443.

Scopoli J A. 1777. Introductio ad Historiam naturalem sisteus Genera Lapidum, Plantarum et Animalium detecta, Characteribus - in tribus divisa, subinde ad Leges Naturae. *Introd. Hist. Nat.*: 431.

Scudder S H. 1872. A systematic revision of some of the American butterflies; with brief notes on those known to occur in Essex County, Mass. 4th. *Ann. Rep. Peabody Acad. Sci.* (1871): 29, 44.

Scudder S H. 1875. Historical sketch of the generic names proposed for butterflies: A contribution to systematic nomenclature. *Proc. Amer. Acad. Arts Sci.*, 10(2): 170, 238, 258.

Scudder S H. 1875a. Synonymic list of the butterflies of North America, north of Mexico. (1) Nymphales. *Bull. Buffalo Soc. nat. Sci.*, 2: 238, 258.

Scudder S H. 1875b. Historical sketch of the generic names proposed for butterflies. A contribution to systematic nomenclature. *Proc. Amer. Acad. Arts Sci.*, 10(2): 289 (missp.).

Scudder S H. 1882. Universal index to genera in Zoology. Complete list of generic names employed in zoology and paleontology to the close of the year 1879, as contained in the nomenclators of Agassiz, Marschall, and Scudder, and in the zoological record. *Bull. U.S. nat. Mus.*, 19(2): 97.

Scudder S H. 1889. The butterflies of the Eastern United States and Canada, with special reference to New England. *Butts Eastern U.S. Canada*, 1: 387, 434.

Seitz A. 1907. Papilionidae: *Papilio, Luehdorfia, Armandia, Sericinus, Thais, Hypermnestra*. *In*: Seitz A. Die Gro [S-Schmetterlinge der Erde. Die Grofschmetterlinge des Palaearktischen Faunengebietes. Die palaearktischen Tagfalter. Stuttgart, Lehmann Vrlg. *Fau. Pal.*: 79.

Seitz A. 1908. Die Großschmetterlinge des Palaearktischen Faunengebietes. 1. Die Palaearktischen Tagfalter. *Gross-Schmett. Erde,* 1: 183, 185.

Seitz A. 1908a. The Maceolepidoptera of the World: 77, pl. 28d.

Seitz A. 1909. Die Großschmetterlinge des Palaearktischen Faunengebietes. 1. Die Palaearktischen Tagfalter. *Gross-Schmett. Erde*, 1: 85–86, 219, 230, pl. 31d–e, 66e, 68a.

Seitz A. 1929. The Maceolepidoptera of the World, Suppl. I. Stuttgart [s. n.]: 191.

Seok D M. 1936. Pri la du novaj specoj de Papilioj, *Neptis okazimai* kaj *Zephyrus ginzii*. *Zool. Mag.*, 48: 60–66. (in Japanese).

Seok D M. 1937. On two new subspecies of butterflies. *Zephyrus*, 7: 31, 58, 170–171.

Seok D M.1937a. Prof. H. Kuwano's collection of butterflies from China. *Annot. Zool. Jap.*, 16(2): 109.

Shima. 1988. Phylogenetic relationships of the genus *Ypthima* Hübner (Lepidoptera, Satyridae). *Spec. Bull. Lepid. Soc. Japan*, (6): 80. (in Japanese).

Shirôzu T. 1953. New or little know butterflies from the North–Eastern Asia, with some synonymic notes. (1) & (2). *Sieboldia*, 1(1952): 26.

Shirôzu T. 1959. Some new Formosan butterflies. *Kontyû*, 27(1): 91 (note).

Shirôzu T. 1960. Butterflies of "Formosa"[Taiwan, China] in Colour. Osaka, Hoikusha: 128.

Shirôzu T & Nakanishi A. 1984. A revision of the genus *Kallima* Doubleday (Lepidoptera; Nymphalidae). *Tyô Ga*, 34(3): 97–110.

Shirôzu T & Saigusa T. 1973. The systematic position of *Argynnis argyrospilata* Kotzsch (Lepidoptera: Nymphalidae). *Sieboldia*, 4(3): 111.

Sibatani A. 1943. Über einige Nymphaliden-formen aus Nippon (Lepidoptera). *Trans. Kansai Ent. Soc.*, 13(2): 12.

Smart P. 1976. The Illustrated Encyclopedia of the Butterfly World. London: Hamlyn. *Illust. Encyp. Butt. World*: 167, 270, 275.

Smetacek. 2011. A review of west Himalayan Neptini (Nymphalidae). *J. Lep. Soc.*, 65(3): 157.

Smiles R L. 1982. The taxonomy and phylogeny of the genus *Polyura* Billberg (Lepidoptera; Nymphalidae). *Bull. Br. Mus. nat. Hist.*, 44(3): 126, 194, 199, 208.

Snellen P C T. 1894. Lepidopterologische Aanteekeningen. *Tijdschr. Ent.*, 37: 67.

Sodoffsky C H W. 1837. Entomologische untersuchungen ueber die Gattungsnamen der Schmetterlinge. *Bull. Soc. imp. nat. Moscou,* 10(6): 80–81.

Sonan J. 1931. Notes on some butterflies from "Formosa"[Taiwan, China] (2). *Zephyrus*, 3(3/4): 202.

Staudinger O. 1886. Exotische Tagfalter in sysmatischer Reihenfolge mit Berücksichtigung neuer Arten in Staudinger & Schatz. *Exot. Schmett.*, 1(13): 152, (10) pl. 53. 1(13): 152, (10) pl. 53.

Staudinger O. 1887. Neue Arten und Varietäten von Lepidopteren aus dem Amur–Gebiete in Romanoff. *Mém. Lépid.*, 3: 145–147, 150, pl. 7, 10, 16–17, f. 1–2, 3a–b.

Staudinger O. 1889. Centralasiatische Lepidopteren. *Stett. Ent. Ztg.*, 50(1–3): 20–21.

Staudinger O. 1892. Die Macrolepidopteren des Amurgebiets. I. Theil. Rhopalocera, Sphinges, Bombyces, Noctuae in Romanoff. *Mém. Lépid.*, 6: 173, 196, pl. 14, f. 1a, b.

Stoll C. 1780, 1782. *In*: Cramer. Uitlandsche Kapellen (Papillons exotiques). *Uitl. Kapellen*, 4(26b–28): 50, 75, 90, pl. 314, 326, f. A, B, C (1780), (32–33): 210, pl. 391, f. A, B (1782).

Sugiyama H. 1994. New butterflies from Western China (2). *Pallarge*, 3: (1–12).

Swainson W. 1832. Zoological illustrations, or original figures and descriptions of new, rare or interesting animals, selected chiefly from the classes of ornithology, entomology, and conchology, and arranged according to their apparent affinities. Second series. *Zool. Illustr.*, (2) 2(19): pl. 90 (suppr.).

Swinhoe C. 1893. A list of the Lepidoptera of the Khasi Hills. Part I. *Trans. ent. Soc. Lond.*, (3): 268 (missp.).

Swinhoe C. 1915. New species of Indo-Malayan Lepidoptera. *Ann. Mag. nat. Hist.*, (8) 16(93): 171.

Stichel H. 1908. Lepidoptera Rhopalocera. Fam. Nymphalidae. Subfam. Dioninae. *Gen. Ins.*, 63: 23.

Strecker H. 1878. Butterflies and moths of North America. Complete synonymical catalogue of Macrolepidoptera. *Synon. Cat. Macroplep.*: 118.

Takahashi. 1978. Inter-subspecific hybrids of "*Mycalesis gotama* Moore" (Lepidoptera: Satyridae) and a revision of the "species". *Tyô Ga*, 29(4): 188. (in Japanese).

Talbot.1943. Revisional notes on the genus *Danaus* Kluk (Lep. Rhop. Danaidae). *Trans. R. Ent. Soc. Lond.*, 93(1): 122.

Tanaka. 1941. On some aberrant form of Butterflies from Honshu and "Formosa" [Taiwan, China]. *Zephyrus*, 9(1): 4.

Tancré. 1881. Eine neue *Limenitis*-Art vom Amur. *Ent. Nachr.*, 7(8): 120.

Turati F. 1921. Nuove forme di lepidotteri. IV. Correzione e note critiche. *Naturalista sicil.*, 23(7–12): 230.

Turati F. 1932. Spizzichi di Lepidotterologia III. *Boll. Soc. ent. ital.*, 64: 58.

Tutt J W. 1896. British butterflies, being a popular hand-book for young students and collectors. *Brit. Butts.*: 84, 86, 286, 290–292, 380.

Tuzov V K. 1997. Guide to the butterflies of Russia and adjacent territories: Hesperiidae, Papilionidae, Pieridae, Satyridae. *Gui. Butt. Rus. Adj. Ter.*, 1: 183–184, 186–187, 191–192, 194, 196, 219, 223, 232, 237, 240, 244, 253.

Tuzov V K. 2000. Guide to the butterflies of Russia and adjacent territories: Libytheidae, Danaidae, Nymphalidae, Riodinidae, Lycaenidae. *Guide Butt. Rusr.*, 2: 13, 15, 32, 36, 79, pl. 18, 23, f. 1–15.

Tytler H C. 1914–1915. Notes on some new and interesting butterflies from Manipur and the Naga Hills. Part 1–3. *J. Bombay nat. Hist. Soc.*, 23(2): 218–219 (1914), 23(3): 510, pl. 1, f. 2, 24(1): pl. 3, f. 20 (1915).

Tytler H C. 1939. Notes on some new and interesting butterflies chiefly from Burma 1 & 2. *J. Bombay nat. Hist. Soc.*, 41(2): 248. 41(2): 248.

Tytler H C. 1940. Notes on some new and interesting butterflies chiefly from Burma 1 & 2. *J. Bombay nat. Hist. Soc.*, 42(1): 120. 42(1): 120.

Uemura Y. 1984. A list of the *Ypthima* species (Lepidoptera, Satyridae) described by Matsumura, with lectotype designations. *Tyô Ga*, 35(3): 135–137.

Ushoda. 1938. On some aberrant forms of Japanese butterflies, Part I & II. *Ent. World Tokyo*, 6: 155.

van Eecke R. 1913. Fauna Simalurensis. Lepidoptera Rhopalocera, fam. Satyridae, Morphidae and Nymphalidae. *Notes Leyden Mus.*, 35: 245.

van Eecke R. 1915. Studies on Indo-Australian Lepidoptera. II. The Rhopalocera, collected by the Third New Guinea expedition. Résultats de l'expedition scientifique Néerlandaise à la Nouvelle Guinée en 1912 et 1913 sous les auspices de A. Franssen Herderschee. *Nova Guinea*, 13(1): 66.

van Eecke R. 1933. Some new Malayan Lepidoptera. *Zool. Meded.*, 16(6): 62.

Vane-Wright R I, Boppré M & Ackery P R. 2002. *Miriamica*, a new genus of milkweed butterflies with unique androconial organs (Lepidoptera: Nymphalidae). *Zool. Anz.*, 241: 255–267.

Vane-Wright R I & de Jong R. 2003. The butterflies of Sulawesi: annotated checklist for a critical island fauna. *Zool. Verh. Leiden*, 343: 167, 185–187, 214–215, 220–218, 222, 229, 235–237, 3–268, pl. 1–16.

Varin. 1945. *Argynnis niobe* L. race sequanica Varin [Lep. Nymphalidae]. *Bull. Soc. Ent. Fr.*, 49(6): 83.

Verity R. 1913. Revision of the Linnean types of Palaearctic Rhopalocera. *J. Linn. Soc. Zool. Lond.*, 32(215): 180, 183, 190.

Verity R. 1914. Contributo allo studio della variazione nei Lepidotteri. *Boll. Soc. ent. ital.*, 45: 213–214, f. 4–5.

Verity R. 1928. Zygaeninae, Grypocera and Rhopalocera of the Cottian Alps compared with other races. *Ent. Rec.*, 40: 143.

Verity R. 1929. Des races européennes de l'*Argynnis niobe* L. [Lep. Nymphalidae]. *Bull. Soc. Ent. Fr.*, 34(15): 241.

Verity R. 1929a. Races de l'Europe occidentale de l'*Argynnis phryxa* Bergstr. qu'on nomme, à tort, adippe L. [Lep. Nymphalidae]. *Bull. Soc. Ent. Fr.*, 34(17): 277–280.

Verity R. 1936. The Lowland races of butterflies of the Upper Rhone Valley. *Ent. Rec. J. Var.*, (Suppl) 48: 84–85.

Verity R. 1937. The butterfly races of Macedonia. *Ent. Rec. J. Var.* (Suppl.), 49: 21.

Verity R. 1950. 1953. Le Farfalle diurn. d'Italia. Marzocco, Firenze. 4: 89, 90, 157, 247(1950), 5: 47, 49, 83, 179, 186, 188, 194(1953).

Verity R. 1953. Le Farlalle Diurne d'Italia. 5. Divisione Papilioidea. Seizione Nymphalina: Famiglia Satyridae. Marzocco: Firenze: 3, 46.

Verity R. 1957. Les variations géographiques et saisonnières des Papillons diurnes en France 3. Paris: Le Charles: 436.

Wallengren H D J. 1853. Lepidoptera Scandinaviae Rhopalocera. Skandinaviens Dagfjärilar. *Skand. Dagfjär.*: 9, 30.

Warren B C S. 1942. Genus *Pandoriana* gen. nov. A preliminary description. *Entomologist*, 75: 245–246.

Watkins H T G.1925. New Callerebias. *Ann. Mag. Nat. Hist.*, (9) 16: 235.

Watkins H T G. 1927. Butterflies from N.W. Yunnan. *Ann. Mag. Nat. Hist.*, (9)19: 316, 512.

Westwood J O. 1841. British butterflies and their transformations in Humphreys & Westwood. *Brit. Butt. Trans.*, [ed. 1]: 65.

Westwood J O. 1847. The Cabinet of Oriental Entomology. *Cabinet Orient. Ent.*: 55, pl. 27, figs. 2–3.

Westwood J O. [1850]. The genera of diurnal Lepidoptera, comprising their generic characters, a notice of their habitats and transformations, and a catalogue of the species of each genus; illustrated with 86 plates by W. C. Hewitson. *Gen. Diurn. Lep.*, (2): 272, 276, 281, 291, 303, 306, 309, 333, pl. 54, 65, f. 2, 5.

Westwood J O. 1851. On the *Papilio telamon* of Donovan, with descriptions of two other Eastern butterflies. *Trans. ent. Soc. Lond.*, (2) 1(5): 174.

Westwood J O. 1851a. *In*: Doubleday. The genera of diurnal Lepidoptera, comprising their generic characters, a notice of their habitats and transformations, and a catalogue of the species of each genus. London: Longman, Brown, Green & Longmans: 360, 403, pl. 67.

Westwood J O. 1858. On the Oriental species of butterflies related to the genus *Morpho*. *Trans. ent. Soc. Lond.*, (2) 4(6): 185.

Weymer G. 1884. *Danais clarippus* n. sp. *Ent. Nachr.*, 10 (17): 257.

Wichgraf F. 1918. Neue afrikanische Lepidopteren. *Int. Ent. Z.*, 12: 26.

Wood-Mason T. 1877. New insects from Tenasserim. *Proc. Asiat. Soc. Bengal*: 163.

Wood-Mason T & de Nicéville L. 1881. List of diurnal Lepidoptera from Port Blair, Andaman Islands. *J. asiat. Soc. Bengal*, 49 Pt. II (4): 226–229.

Wynter-Blyth M A. 1957. Butterflies of the Indian Region (1982 Reprint). Bombay: Bombay Natural History Society, (1982 Reprint): 148–149, pl. 21, fig. 1.

Yakovlev R V. 2012. Checklist of butterflies (Papilionoidea) of the Mongolian Altai Mountains, including descriptions of new taxa. *Nota lepid.*, 35(1): 78, 84, 86–88, 91–92.

Yokochi T. 1999. Type series of the tribe Euthalini in Zoologisches Museum, Humboldt Universität (ZMHU), Berlin, with designation of lectotypes and some notes. *Trans. Lepid. Soc. Japan*, 50(3): 179, 182.

Yokochi T. 2005. Description of a new species and six new subspecies of the genus *Euthalia* (subgenus *Limbusa*), with designation of lectotype of *Euthalia pratti occidentalis* (Lepidoptera, Nymphalidae). *Trans. Lepid. Soc. Japan*, 56(1): 15.

Yoshino K. 1995. New Butterflies from China. *Neo Lepid.*, 1: 3, f. 17–20.

Yoshino K. 1997. New Butterflies from China. *Neo Lepid.*, 2(2): 4, 5, figs. 29–30, 33–36, 39–40, 74.

Yoshino S. 2016. A revision of *Limenitis helmanni* and its related species (Nymphalidae) from Central and South China. *Butterflies*, (73): 8, 13, 15.

Zerny H, Rebel H & Zerny H. 1932. Die Lepidopterenfauna Albaniens (mit Berücksichtigung der Nacharbegiete). *Denkschr. Akad. Wiss. Wien.*, 103: 70.

Zhang Y L & Chen Y X A. 2006. Taxonomic study on the genus *Araschnia* Hübner (Lepidoptera: Papilionoidea: Nymphalidae). *Entomotaxonomia*, 28(1): 49–53.

Lepidoptera https://www.nic.funet.fi/pub/sci/bio/life/insecta/lepidoptera/

植物数据库 http://1.zhiwutong.com/index.asp

植物智 http://www.iplant.cn/

参考文献 References

中文名索引

学名索引

索引 Index

393

Colour Plates

图版

蛱 蝶 科　　2—100

图版阅读说明

Libythea celtis ---------- 学　名

 ---------- 雄　性

---------- 雌　性

1 ---------- 正面（标本背部朝上）

① ---------- 反面（标本腹部朝上）

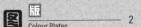

1—3. 朴喙蝶 *Libythea celtis*

4. 金斑蝶 *Danaus chrysippus*
5—6. 大绢斑蝶 *Parantica sita*

7—8. 二尾蛱蝶 *Polyura narcaea*

9. 雅二尾蛱蝶 *Polyura eleganta*
10. 大二尾蛱蝶 *Polyura eudamippus*

11

⑪

12

⑫

11—12. 大卫绢蛱蝶 *Calinaga davidis*

13—14. 黑绢蛱蝶 *Calinaga lhatso*

15

16

15

16

15—16. 绿豹蛱蝶 *Argynnis paphia*

17

18

⑰

⑱

17—18. 斐豹蛱蝶 *Argyreus hyperbius*

19—20. 云豹蛱蝶 *Nephargynnis anadyomene*

21—22. 小豹蛱蝶 *Brenthis daphne*
23. 老豹蛱蝶 *Argyronome laodice*

24

24

25

25

24—25. 青豹蛱蝶 *Damora sagana*

26. 银豹蛱蝶 *Childrena childreni*
27. 曲纹银豹蛱蝶 *Childrena zenobia*

28

28

29

29

30

30

28. 银斑豹蛱蝶 *Speyeria aglaja*

29—30. 灿福蛱蝶 *Fabriciana adippe*

31—32. 曲斑珠蛱蝶 *Issoria eugenia*
33. 珍蛱蝶 *Clossiana gong*

34

34

34. 嘉翠蛱蝶 *Euthalia kardama*

35

36

35

36

35. 巧克力线蛱蝶 *Limenitis ciocolatina*
36. 红线蛱蝶 *Limenitis populi*

37

37

38

38

37—38. 横眉线蛱蝶 *Limenitis moltrechti*

39

39

40

40

39—40. 折线蛱蝶 *Limenitis sydyi*

41—42. 重眉线蛱蝶 *Limenitis amphyssa*

43—44. 扬眉线蛱蝶 *Limenitis helmanni*

45

45

46

46

45—46. 戟眉线蛱蝶 *Limenitis homeyeri*

47

47

48

48

47—48. 残锷线蛱蝶 *Limenitis sulpitia*

49

50

49

50

49. 断眉线蛱蝶 *Limenitis doerriesi*
50. 虬眉带蛱蝶 *Athyma opalina*

51

51

52

52

51—52. 玉杵带蛱蝶 *Athyma jina*

53. 幸福带蛱蝶 *Athyma fortuna*
54. 倒钩带蛱蝶 *Athyma recurva*

55

55

56

56

55—56. 拟缕蛱蝶 *Litinga mimica*

57. 中华黄葩蛱蝶 *Patsuia sinensis*
58. 婀蛱蝶 *Abrota ganga*

59

60

59

60

59—60. 锦瑟蛱蝶 *Seokia pratti*

61

61

62

62

63

63

61—62. 小环蛱蝶 Neptis sappho
63. 矛环蛱蝶 Neptis armandia

64. 耶环蛱蝶 *Neptis yerburii*
65. 姿环蛱蝶 *Neptis soma*

66

66

67

67

66—67. 断环蛱蝶 *Neptis sankara*

68

68

69

69

68. 羚环蛱蝶 *Neptis antilope*
69. 司环蛱蝶 *Neptis speyeri*

70—71. 朝鲜环蛱蝶 *Neptis philyroides*

72. 茂环蛱蝶 *Neptis nemorosa*
73. 折环蛱蝶 *Neptis beroe*

74

75

74. 蛛环蛱蝶 *Neptis arachne*
75. 莲花环蛱蝶 *Neptis hesione*

76—77. 黄环蛱蝶 *Neptis themis*
78. 海环蛱蝶 *Neptis thetis*

79

79. **伊洛环蛱蝶** *Neptis ilos*

80. **提环蛱蝶** *Neptis thisbe*

81. **单环蛱蝶** *Neptis rivularis*

82. 链环蛱蝶 *Neptis pryeri*
83. 细带链环蛱蝶 *Neptis andetria*

84—85. 重环蛱蝶 *Neptis alwina*

86—87. 黑条伞蛱蝶 *Aldania raddei*

88

88

88—89. 长波电蛱蝶 *Dichorragia nesseus*

90. 秀蛱蝶 *Pseudergolis wedah*
91. 素饰蛱蝶 *Stibochiona nicea*
92. 紫闪蛱蝶 *Apatura iris*

93

93

94

94

95

95

93—95. 柳紫闪蛱蝶 *Apatura ilia*

96

97

96—97. 曲带闪蛱蝶 *Apatura laverna*

98—99. 迷蛱蝶 *Mimathyma chevana*

100

101

100—101. 夜迷蛱蝶 *Mimathyma nycteis*

102

103

102

103

102—103. 白斑迷蛱蝶 *Mimathyma schrenckii*

104. 武铠蛱蝶 *Chitoria ulupi*
105. 猫蛱蝶 *Timelaea maculata*
106. 明窗蛱蝶 *Dilipa fenestra*

107

107

108

108

107—108. 累积蛱蝶 *Lelecella limenitoides*

109

109

110

110

109. 黄帅蛱蝶 *Sephisa princeps*
110. 黑脉蛱蝶 *Hestina assimilis*

111. 银白蛱蝶 *Helcyra subalba*
112—113. 拟斑脉蛱蝶 *Hestina persimilis*

114

114

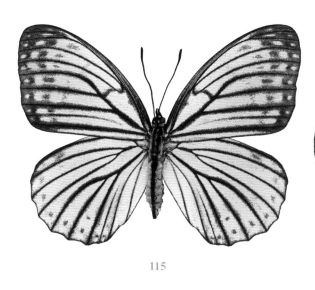

115

115

114—115. 绿脉蛱蝶 *Hestina mena*

116

116. 黑紫蛱蝶 *Sasakia funebris*

117—118. 大紫蛱蝶 *Sasakia charonda*

119

119

120

120

121

121

119—121. 翠蓝眼蛱蝶 *Junonia orithya*

122

122

123

123

124

124

122. 翠蓝眼蛱蝶 *Junonia orithya*
123—124. 小红蛱蝶 *Vanessa cardui*

125

125

125

126

126

125—126. 朱蛱蝶 *Nymphalis xanthomelas*

127

128

127—128. 琉璃蛱蝶 *Kaniska canace*

129

130

131

129. 大红蛱蝶 *Vanessa indica*

130. 白钩蛱蝶 *Polygonia c-album*

131. 黄钩蛱蝶 *Polygonia c-aureum*

132

133

132—133. 黄钩蛱蝶 *Polygonia c-aureum*

134

135

135

134—135. 孔雀蛱蝶 *Inachis io*

136

136

137

137

138

138

136. 散纹盛蛱蝶 *Symbrenthia lilaea*
137. 斑豹盛蛱蝶 *Symbrenthia leopard*
138. 直纹蜘蛱蝶 *Araschnia prorsoides*

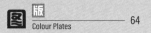

139

139

140

140

139—140. 曲纹蜘蛱蝶 *Araschnia doris*

141

141

142

143

142

143

141. 断纹蜘蛱蝶 *Araschnia dohertyi*
142. 中华蜘蛱蝶 *Araschnia chinensis*
143. 黎氏蜘蛱蝶 *Araschnia leechi*

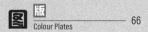

144. 普网蛱蝶 *Melitaea protomedia*
145—146. 斑网蛱蝶 *Melitaea didymoides*

147

147

148

148

149

149

150

150

147. 黑网蛱蝶 *Melitaea jezabel*
148—149. 帝网蛱蝶 *Melitaea diamina*
150. 兰网蛱蝶 *Melitaea bellona*

151

151

152

152

151—152. 大网蛱蝶 *Melitaea scotosia*

153

153

154

154

153—154. 双星箭环蝶 *Stichophthalma neumogeni*

155

155

156

156

155. 黛眼蝶 *Lethe dura*
156. 明带黛眼蝶 *Lethe helle*

157

157

158

158

157. 黑带黛眼蝶 *Lethe nigrifascia*
158. 细黑黛眼蝶 *Lethe liyufeii*

159

159

160

160

159. 奇纹黛眼蝶 *Lethe cyrene*
160. 华山黛眼蝶 *Lethe serbonis*

161

161

162

162

161—162. 连纹黛眼蝶 *Lethe syrcis*

163

163

164

164

163—164. 棕褐黛眼蝶 *Lethe christophi*

165—166. 直带黛眼蝶 *Lethe lanaris*

167

167

168

168

167—168. 苔娜黛眼蝶 *Lethe diana*

169

169

170

170

169. 蛇神黛眼蝶 *Lethe satyrina*
170. 八目黛眼蝶 *Lethe oculatissima*

171

171

172

172

171. 圆翅黛眼蝶 *Lethe butleri*
172. 白条黛眼蝶 *Lethe albolineata*

173

173

174

174

173. 云南黛眼蝶 *Lethe yunnana*
174. 紫线黛眼蝶 *Lethe violaceopicta*

175

175

176

176

175. 阿芒荫眼蝶 *Neope armandii*
176. 黄斑荫眼蝶 *Neope pulaha*

177. 黑斑荫眼蝶 *Neope pulahoides*
178. 奥荫眼蝶 *Neope oberthüeri*

179

179

180

180

179—180. 蒙链荫眼蝶 *Neope muirheadii*

181. 黑翅荫眼蝶 *Neope serica*
182. 宁眼蝶 *Ninguta schrenkii*

183—184. 蓝斑丽眼蝶 *Mandarinia regalis*

185

185

186

186

185—186. 网眼蝶 *Rhaphicera dumicola*

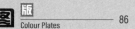

187

187

188

188

187—188. 藏眼蝶 *Tatinga thibetanus*

189—190. 卡特链眼蝶 *Lopinga catena*
191. 黄环链眼蝶 *Lopinga achine*

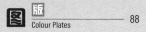

192

192

193

193

194

194

192. 多眼蝶 *Kirinia epaminondas*

193—194. 斗毛眼蝶 *Lasiommata deidamia*

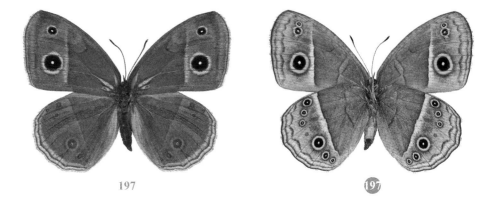

195. 拟稻眉眼蝶 *Mycalesis francisca*
196—197. 稻眉眼蝶 *Mycalesis gotama*

198

198

198. 白斑眼蝶 *Penthema adelma*

199

200

199

200

199—200. 粉眼蝶 *Callarge sagitta*

201

201

202

202

203

203

201. 白眼蝶 *Melanargia halimede*

202—203. 绢眼蝶 *Davidina armandi*

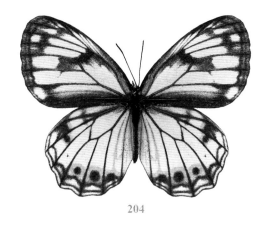

204—205. 亚洲白眼蝶 *Melanargia asiatica*
206. 曼丽白眼蝶 *Melanargia meridionalis*

207

207

208

208

209

209

207—208. 黑纱白眼蝶 *Melanargia lugens*
209. 蛇眼蝶 *Minois dryas*

210

211

212

210. 蛇眼蝶 *Minois dryas*
211—212. 矍眼蝶 *Ypthima baldus*

213

213

214

214

215

215

213. 幽矍眼蝶 *Ypthima conjuncta*

214. 前雾矍眼蝶 *Ypthima praenubila*

215. 东亚矍眼蝶 *Ypthima motschulskyi*

216

216

217

218

217

218

216. 密纹矍眼蝶 *Ypthima multistriata*
217. 乱云矍眼蝶 *Ypthima megalomma*
218. 古眼蝶 *Palaeonympha opalina*

219

219

219. 草原舜眼蝶 *Loxerebia pratorum*

220

221

220

221

220—221. 牧女珍眼蝶 *Coenonympha amaryllis*

222

222

223

223

222. 大斑阿芬眼蝶 *Aphantopus arvensis*
223. 红眼蝶 *Erebia alcmena*